标　准　学

——标准的科学理论

Standardology:

Science Theory of Standard

麦绿波　著

科 学 出 版 社

北　京

内 容 简 介

本书是标准的科学理论原创著作，系统性地创建了标准学的理论和方法，包括标准的起源及发展形式、理性认识和理论模型、广义及狭义概念、基本分类、地位、性质、功能和作用、基本原理，标准体系构建的方法论，分析型和自适应型标准体系的理论和构建方法，标准体系的优化方法，标准构建的方法论，典型类别标准的研制方法，团体标准的理论关系和构建方法，标准的军民通用模式，标准途径的技术积累模式，标准的合格评价，标准的实施与监督方法，标准的维护方法等内容，构建了标准学的理论体系。

本书适合各专业的工程技术人员、研究人员、大学教师、高级管理人员研究和应用，以及高等学校高年级本科生和研究生的专业教育。

图书在版编目(CIP)数据

标准学：标准的科学理论/麦绿波著. —北京：科学出版社，2019. 1
ISBN 978-7-03-061020-1

Ⅰ. ①标…　Ⅱ. ①麦…　Ⅲ. ①标准-理论研究　Ⅳ. ①G30

中国版本图书馆 CIP 数据核字(2019)第 068995 号

责任编辑：裴　育　纪四稳 / 责任校对：王萌萌
责任印制：赵　博 / 封面设计：陈　敬

科学出版社 出版
北京东黄城根北街 16 号
邮政编码：100717
http://www.sciencep.com
北京市金木堂数码科技有限公司印刷
科学出版社发行　各地新华书店经销

*

2019 年 1 月第　一　版　开本：720×1000　1/16
2025 年 1 月第五次印刷　印张：33 1/2
字数：653 000

定价：228.00 元

(如有印装质量问题，我社负责调换)

前　言

标准学是研究标准的科学理论的学说，是标准系统性的科学理论。标准学和标准化学是标准化学科领域的两大核心科学理论，一个是研究标准化的"因"，另一个是研究标准化的"果"，它们有各自的理论体系。标准化学主要是研究统一化的形式、状态、价值、方法等规律的学问，是研究"统一化"的学问。**标准学主要是研究标准的类型、特性、原理、体系、研制方法、评价、实施、监督、维护等的学问，是研究"约定"的学问**。在《标准化学》出版后，《标准学》的出版就健全了标准化学科领域的两个核心理论体系。标准学的内容随着本书的诞生而产生。标准学的中文名词是由著名科学家钱学森在 20 世纪 70 年代末提出的，他认为标准的科学化应由标准学来论述。但当时，标准学理论的研究和储备不充分，使得它的诞生拖延了近 40 年，直到今天才得以构建。在标准学的内容建立起来后，标准学就成为有实在理论内容支撑的名称。由于标准制定是世界性、国家性、地区性、企业性的广泛技术活动，几乎覆盖了所有专业技术和业务领域，世界上有大量的国际性组织或机构在从事标准的研制和编制工作，如国际标准化组织（ISO）、国际电工委员会（IEC）、国际电信联盟（ITU）等，所以标准学的理论和知识不仅是中国需要的，也是世界需要的，那些从事标准研制和编制的大量的机构和专家一直期盼他们的工作能获得标准的理论和方法的指导。像标准化学"standardizology"一样，我为"标准学"取了一个英文名称"standardology"。标准学和标准化学是标准化学科的两大科学理论，它们一起组成了标准化完整的科学理论体系。

标准学的标准概念包括广义标准概念和狭义标准概念。广义标准概念包括自然界建立的客观存在的标准、主观建立的标准和主观认识的客观规律标准。主观建立的标准是人类自己建立的标准，包括行为标准、物质标准、文件标准、现象标准等。**广义标准概念的本质是"约定"，是"统一化的约定集合"**，约定的形式和结果可以是意识的、物质的、表述的、行为的、现象的等，约定的施主既可以是客观规律，又可以是主观意识。广义标准包含了狭义标准，狭义标准是主观建立的标准。在人们的概念中，标准就是那些"规范性文件"，这一概念是狭义标准中的文件标准。狭义标准不仅包括文件标准，还包括物质标准、行为标准、现象标准等。为了使狭义标准具有全面的包容性，本书将狭义标准定义为"为统一化而协商同意，由认可机构批准的文件、物质、行为、现象等的约定"。本书对广义标准和狭义标准都赋予了"统一化"这一本质特性，以"统一化"来定义标准建立的动机和目的。以"约定"作为标准的核心内涵，使标准具有广泛的包容性和自身特质性。"约定"包容了物质、能量、信息、行为、意识、现象、规范性文件等各种客观存在的、主观建立的和主观认识的客观规律的标准。主观建立的标准反映了标准是基于协商、共识、认同、自愿遵循等条件形成的成果。一切自然界合理、稳定的现象都是有其内在标准的，是其标准复制和扩散的结果。标准的内容是竞存的优势形态，这个优势形态赋予了标准承载对象强势的竞争、对抗、生存、繁衍、延续等能力。

标准学的理论体系揭示了标准的本质内涵、本征属性和形成的规律，为标准的认识提供了系统性的理论解释和深刻含义，为标准的建立和使用提供了理性的深度指导。狭义标准的建立是主观的，但标准使用的效果是客观的。标准学给出了标准特性(地位、性质、功能、作用等)系统性的理论关系，建立了标准认识的核心理论要素。

标准是统一化的约定或依据，具有国际纽带地位、公共契约地位、有效知识地位、可信依据地位，这几个维度的地位说明了标准国际层面的作用地位、标准内容的使用性质地位。标准联通国际贸易、国际技术关系、世界各国专家的知识等，体现了标准的国际纽带地位。标准是通过公平参与和协商一致构建的，是广泛认同和自愿遵循的规则和知识，体现了标准的公共契约地位。标准是知识的提炼和优化，是专家集体智慧的结晶，是科学技术知识体系的组成部分，并且是经过验证证明有效的知识，形成了能解决实际问题的有效知识体系，具有突出的使用价值，体现了标准的有效知识地位。标准按照依据需求和严格的制定程序建立，并通过正确性验证和科学性、合理性认定，是达成共识的知识成果，保证了标准内容的可信任性和权威性，体现了标准的可信依据地位。

标准的性质就是标准特有的和固有的性质，是区别于其他事物的标志性性质，也是标准被称为标准的特质。可以从不同角度给出标准许多属性，但最重要的是标准的本体性质，它不仅是标准形成必须应具有的，而且是用于说明标准自身身份所需要的。标准的本体性质主要有：基准性、规则性、知识性、公认性、可信性、公益性、普适性、稳定性。认识标准的性质有利于标准的使用。标准的性质给出了标准的优势或优点。标准的性质是始终附随在标准上的性质，是合格标准应具有的性质。标准的性质是标准的“身份证”，起标准的鉴别作用。具有标准的性质的标准才能称为真正的标准。如果标准没有标准的性质，那么它就是“伪标准”。

标准的功能和作用是标准价值的镜子，也是认识标准意义的窗口，人们对标准产生兴趣往往始于其功能和作用。为了深化对标准使用功能和作用的认识，标准学归纳提炼出标准的五个主要功能和十个主要作用，即：标杆功能、约束功能、指导功能、组织功能、传播功能；统一作用、复制作用、仲裁作用、互通作用、保护作用、连接作用、简化作用、引领作用、推动作用、积累作用。这些标准的功能和作用填补了标准理论的空缺，充实和丰富了标准理论的内容，深化了标准理论的发展。除上述标准单项的功能和作用外，标准还有综合性的标准控制作用等。标准的控制作用可以使无序化状态的复杂系统在标准系统的约束下转变为有序化状态的系统。

科学是解释存在，标准是确定存在的解释。科学是从重复性规律中发现真理，标准是重复性规律的真理，或者说**标准是科学所发现的真理**。标准是可信任的知识，是形成标准化的根据。**标准是需重复性统一化、共同性统一化的约定。标准要么是人们共同愿望的取向，要么是独立于人们愿望的客观取向**。任何科学成果都不可能是绝对真理，只是对真理的逼近。而标准是对真理的当期认定，**标准是现实真理、历史性真理**。标准是真伪博弈的结果，具有高可靠度和高信任度。**标准是理性满意的选择和验证有效的选择。标准形成的博弈过程是一个排他和优化的过程，是走向唯一化根据的道路；基准、标杆、准则等在博弈道路中取胜形成。知识博弈的过程是对自己的拯救和延续**。知识博弈取胜的结局是使其成为标准，它将以最高信任度的知识地位服务于使用者和承载者。**标准是构建存在的有序化、竞争性、稳定性、持续性等的优化思维成果或竞争优势的传承成果。**

标准具有规则性和知识性的双重性（简称**规知双重性**），它不只是规则，也不只是知识。作为规则，标准是共同认可的和自愿遵循的约定；作为知识，标准是大量知识中合理性和有效性部分的提取和升华，是共识的综合最佳解决方案。标准是规则性的有效知识，因此它具有自己特有的使用优势，能解决单一性质难以解决的问题。标准体系既是一个有效知识体系，也是一个规则体系。作为知识体系，标准体系提供有效知识服务于专业领域的专业性知识的需要；作为规则体系，标准体系构建了企业需要、行业需要、国家需要、国际需要的规则生态，同时也为法规和合同等提供了通过直接引用其标准内容构成法规和合同等组成部分的备选用的规则体系。这个体系为社会构建了一个保护共同利益的公正规则环境。有知识没规则会犯自由主义，有规则没知识会犯教条主义，规则和知识的结合是完美的结合，标准正好为我们提供了这种所需要的结合形式。

标准学是研究“约定”的建立、使用、评价、维护等的学问。制定标准是论证、研究、构建和提供当期和未来一段时期最可信的合理依据。标准是知识的选择、优化和重构的成果，或知识的开发、优化和新构的成果。在多维因素中，标准不是单一因素的最佳性，而是综合因素最佳的选择。在多条可能实现的路径中，标准是对最合理、最有效的那条路径的选择。标准是最可靠、最有效的实践经验和方法的知识成果。标准提供可信任的可靠依据，信任依赖标准来表达。标准是专家集体智慧的创建成果，是相关领域优秀专家的共识。标准是成熟、可靠、有效的知识。标准是在平等、公平、正义、尊重条件下形成共识的统一化的依据成果。

通常，每项标准都包含大量的知识内容，一项标准就是一个子知识体系，因此标准体系是由大量子知识体系构建出的庞大知识体系。**标准知识体系的有效性和质量取决于其中的标准是否“有用”、“管用”、“好用”和“耐用”**。“有用”是标准有明确的使用地方和需求；“管用”是标准能提供所期望的有效、可靠的依据和方法等，能用于解决实际问题;“好用”是标准可操作性好,使用方便、简单;“耐用”是标准内容稳定,有效期长。标准“有用”、“管用”、“好用”和“耐用”是标准制定追求的根本目标。当标准真正成为“四用”标准时,才能成为人们期待的权威知识。

标准与社会文明进步密切相关,它们的关系就像水与船的关系,标准这个“水”的水平有多高,社会文明进步这个“船”的水平就有多高,高标准是社会高质量发展的核心因素。

从应用和实践角度来看,标准化学主要是指导标准化方法建设的学问,标准学主要是指导方法标准化建设的学问。能深刻阐述和认识标准化方法和方法标准化,就讲清了标准化的大关系,理清了标准化的大脉络。

本书是在我三十多年的标准理论研究,标准体系设计与建设,标准论证、研制、编制、审查、复审、实施、督查等大量具体工作实践的感性积累和理性思考的基础上,用了八年的时间集中深入研究标准理论要素撰写而成的标准科学理论著作。在标准学理论的研究过程中,我从国内外学者的有关著作中汲取了一些营养,在此,对这些学者表示真诚的感谢!

在本书完成之时,我同样怀着崇敬和感激之情,将本书献给我亲爱敬爱的父亲麦伟麟和母亲李慕兰,他们的培育和教导使我具有了今天的执著精神和研究能力。我还要感谢我的哥哥、妹妹等亲人的鼓励和替我尽了许多义务,以及妻子和儿子的支持。最后,感谢我工作的单位给我提供了许多标准研究和实践的机会。

麦绿波

2018 年 3 月

目　　录

第三篇　标准体系篇

第四篇　标准研制篇

第五篇　标准实施与监督篇

第六篇 标准维护篇

第一篇　标准认识篇

第1章　标准学建立的必要性

1.1　标准学概念的提出

标准化学和标准学是标准化学科建设的两大理论支柱，标准化学是研究统一化的形式、状态、价值、方法等规律的学问，标准学是研究标准的类型、特性、原理、体系、研制方法、评价、实施、监督、维护等的学问。建设标准化学的理论和标准学的理论是标准化学科理论建设的两件大事，但难度都非常大。

标准学这个学科名词最早是由我国著名科学家钱学森提出的。1978年年底，国家标准总局走访钱学森同志时，钱老阐述了对标准化学科理论建设的观点，并提出了“标准学”一词。钱老说：“标准化是现代化的标志之一。不搞标准化是小农经济……外国都标准化了，连柜子都是标准化的，一定规格的纸，放在一定规格的夹子里，放在一定规格的柜子里，很方便，甚至活页纸打的孔也是标准化的。我们的建筑也要标准化，门、窗都要标准化，那就方便多了……”[1]钱老还说：“标准化也是一门系统工程，任务就是设计、组织和建立全国的标准体系，使它促进社会生产力的持续高速发展。但标准化系统工程这项技术似乎还没有牢固的理论基础，还缺一门‘标准学’。‘标准学’是把标准化作为社会的一项活动，历史的经验教训是什么？到底应该怎么组织？它不光是自然科学问题，还是政治问题、经济问题；它介乎自然科学和社会科学之间，社会科学成分更大一些……因此，标准化研究所的重点是研究‘标准学’……总之，首先要建立‘标准学’，要有人研究这门学问，作为研究所的重要任务，下硬功夫。”[1]20世纪70年代末，钱老推测了标准化活动的指导应有“标准学”的理论，并对标准化学科的理论建设非常重视，强调了标准化研究机构应将“标准学”作为其研究的重点任务来开展。1979年年底，钱老在论述现代系统工程体系时，再次强调了建立“标准学”的必要性，他说：“从系统科学的角度来看，存在着标准系统工程，它横跨了自然科学、社会科学、技术科学和工程技术。标准化专业特有的科学基础即为标准学。”[2]建立“标准学”的设想由钱学森于1978年年底提出，并在1979年年底论述现代系统工程体系时推断了这门科学存在和建立的必要性，这是老一辈科学家对标准化科学发展的预见性，也体现了老一辈科学家对理论工作的高度重视。

钱学森提出标准学的概念，引起了标准化界对这一话题的热议和关心。由于标准化理论的薄弱，当时一些学者认为要建立标准学难度很大，还有很长的路要走。有的研究人员说："我们承认标准学是一门独立的学科，但是，目前在我国它是不是已经形成了这样的学科呢？我认为还没有，它目前仍只是一块尚待人们去开垦的'处女地'……迄今为止，这方面的理论或者总结仍然欠缺，以致人们对此没有弄得十分清楚，或者说至少在认识上很不一致……一门独立的学科成熟的标志，还在于它拥有一套特有的概念和范畴，形成自己特有的学科体系。"[3]学者的观点反映出对标准学的关心和重视，并认为标准学建立首先面临的是概念和原理这些最重要理论问题还没有坚实的科学性内容或基础理论，导致人们在标准学理论问题上的认识比较混乱，因此还不具备标准学学科建立的条件。尽管标准学的建立难度很大，但学者对标准学的建立持以积极、客观的态度，认为："总的来说，'标准学'是一门具有深远意义的学科，它当前还是尚在研究的东西，还处在形成的初始阶段，当然是不完整、未成熟的，在基础理论和技术手段方面还有不少的问题需要研究和解决。"[3]

另外，在"标准学"和"标准化学"命名上，标准化界一直存在不同的看法[4]，有的认为"标准学"包括了"标准化学"的内容，有的认为标准化是总概念，包含了标准，"标准化学"应包括"标准学"，并指出国外的标准化论著几乎都以标准化来命名。有人认为，在逻辑上标准先于标准化，标准应包括标准化，这是一种因果的包含逻辑思维。本书的观点是，标准和标准化是互为因果的关系。从标准建立的目的角度，标准化是标准的原因，因为制定标准是为了标准化，不能为制定标准而制定标准。从学术界争论双方谁也说服不了谁来看，两个内容一定有各自独立的理论体系的客观存在，即既有"标准学"的理论体系客观存在，也有"标准化学"的理论体系客观存在，两者谁也不能包含谁。当能分别提出标准化学科两个不同的理论体系的组成要素及其价值时，就论证了标准化学科两个理论（"标准学"和"标准化学"）分别存在和建立的必要性。经过深入研究分析，可看出两个理论的对立客观存在。"标准化学"是研究"统一化"的学问，研究的重点是如何建立和评价"统一化状态"；"标准学"是研究"约定"的学问，研究的重点是如何建立和评价"约定"或"标准"。显然两个学科的研究方向和研究内容是不同的，因此，它们的理论体系也是不同的。所以，标准化学科应分别建立"标准化学"和"标准学"两个理论体系和两个学术门类。"标准学"和"标准化学"谁代替谁都是行不通的，无论用"标准学"代替"标准化学"还是用"标准化学"代替"标准学"，都将是一种强制的结合，而且我们还会面对用哪个名称来命名这个学科也无法取得共识和协调一致的困惑。

有的学者表达了学科建设名称命名意见不同的正常性和学科建立的必然性的观点，即"诚然，在一门学科尚未面世之前，存在命名上的分歧是不奇怪的。不过，这种在一门学科名称的命名上的分歧正是不同学术观点和学术派别学术争鸣的正常现象。而这种凡属学术理论研究上的观点、见解的各异和学派的产生，在历史上，在国际上并不罕见。这恰好证明了事物的发展由不成熟到成熟的客观规律是普遍的。任何一门学科的产生和发展，都有一个从不为人们所承认到为人们所公认或从潜在的隐性到现实的显性的转化过程，这个过程一旦完成，事物就臻于完善圆满而举世瞩目。"[4]当看清了标准化学科存在着用于解决两类不同问题的理论体系时，我们就应坚定地进行标准化学科两个理论体系的建设。

尽管著名科学家钱学森于 1978 年年底就提出了建立"标准学"的建议，但是这项理论建设工作进展缓慢。由于标准化学科领域发表标准相关理论的论著和论文很少，标准学的理论研究还不够深入、储备还不够充分，所以标准学理论拖延了近 40 年才得以构建。本书作者对标准化学科两个理论体系的建设虽然有点先后时间差，但大部分内容的建设几乎是同步进行的。标准化学先行完成，并公开出版[5]。

1.2　标准学的客观需求

在当今社会中，标准是一种**公共契约**，是社会联系的纽带，是共识和互信的成果，是有效可靠的知识体，是判定的基准，是共同承诺的宣言，标准已成为社会普遍需求的必备要素。标准的制定在横向覆盖科学技术、生产、贸易、服务、生活、社会事业、组织、军事等各个领域，在纵向贯穿国际、国家、区域、省市、企业等各个层面，标准的覆盖面之广、层面之多是其他学科难以相比的。仅国际标准化组织（ISO）就拥有技术委员会（TC）和分技术委员会（SC）755 个（247 个 TC＋508 个 SC）、工作组（WG）2674 个，覆盖了大部分技术领域，有 163 个国家成员体参加，截止到 2016 年已制定 21740 项国际标准及标准类文件。ISO 已成为当前世界上最大的技术组织之一。世界性的标准化组织除了 ISO 外，还有国际电工委员会（IEC）和国际电信联盟（ITU），以及被 ISO 确认的一些从事本业务领域国际性标准制定的国际组织，如国际计量局（BIPM）、国际化学纤维标准化局（BISFA）、国际食品法典委员会（CAC）、国际照明委员会（CIE）、国际原子能机构（IAEA）、国际乳品业联合会（IDF）、国际劳工组织（ILO）、国际海事组织（IMO）、国际材料与结构研究实验联合会（RILEM）、国际铁路联盟（UIC）、世界卫生组织（WHO）等。

在标准化的业务工作中，大部分工作是从事标准制定和标准的实施与监督工作。统计到 2017 年年底仅 ISO 就已制定国际标准及标准化文件 2 万多项（不含 IEC、ITU 等国际性标准化组织的标准），我国已制定国家级标准 3 万多项，制定行业标准 10 万项以上，企业制定的标准更是不计其数。

一个横向覆盖各个领域、纵向贯穿从国际到企业各个层面如此大规模的标准工作领域，如果没有系统性的理论指导，是难以保证其工作的方向正确性、有效性和正义性的。标准作为"追求统一合理性的历史最高认识"[5]，不能没有一套系统性、完备性的理论。

标准对其理论系统性的需求应包括对标准的认识、标准的基本理论、标准体系的构建方法、标准的研制方法、标准的评价方法、标准的实施与监督方法、标准的维护方法等。在标准的理论中，理论特征最强的是对标准的认识和标准的基本理论。对标准的认识包括对标准学建立的必要性认识、对标准起源和发展的认识。标准的基本理论包括标准的理性认识和理论模型、标准的概念、标准的存在形式、标准的地位、标准的性质、标准的功能、标准的作用、标准的原理、标准的分类、标准的型式等。标准理论中的方法部分是指导操作方面的理论，包括标准体系构建、标准研制、标准评价、标准维护等方法。标准的这些理论内容组成了标准学的系统理论，用于解决对标准认识、概念、分类、特性、方法的理性需求问题。

一个学科的理论的贫乏，将会导致学科发展的乏力或迷失发展方向。建立标准学是标准化理论建设的需要，是标准理性发展的需要，是标准有效建立和有效实施的需要，是标准寿命周期科学发展的需要。

1.3 标准学的理论体系

标准学是标准学科理论建设的需要和推动标准学科发展的需要。标准学的理论建设需要一套系统的理论体系来支撑。标准学的理论应由论述标准的基本规律、指导标准的建立和使用等一系列理论所组成，是标准系统性的理论关系，是全面反映标准的发展历史、概念、特性、体系、构建、评价、实施、监督、维护等理论要素的体系，主要内容包括标准的认识、标准的基本理论、标准体系的构建方法、标准的研制方法、标准的评价方法、标准的实施与监督方法、标准的维护方法等方面。标准的理论体系主要有以下内容：

(1) 标准学的理论体系组成关系；

(2) 标准的起源及发展形式；

(3) 标准的理性认识和理论模型；

(4) 标准的概念；

(5) 标准的存在形式；

(6) 标准的地位；

(7) 标准的性质；

(8) 标准的功能和作用；

(9) 标准的形成原理；

(10) 标准的分类和型式；

(11) 标准体系的类型和构建方法；
(12) 标准的研制方法；
(13) 标准的评价方法；
(14) 标准的实施方法；
(15) 标准的实施监督方法；
(16) 标准的符合性评定；
(17) 标准的维护方法。

以上标准学的理论体系主要由标准认识理论、标准基本理论、标准体系构建理论、标准构建理论、标准实施与监督理论、标准维护理论六个理论板块组成。标准认识理论包括标准学的理论体系组成关系、标准的起源和发展形式等；标准基本理论包括标准的理性认识和理论模型、概念、形式、地位、性质、功能和作用、形成原理、分类和型式等；标准体系构建理论包括标准体系的概念和特点、分类、结构、型式、构建方法论及应用等；标准构建理论包括标准构建的方法论以及产品标准、接口标准、试验方法标准、信息交换标准、品种规格系列标准、命名标准等重点标准的研制方法；标准实施与监督理论包括标准实施方法、标准产品化、标准实施监督方法、标准符合性评定等；标准维护理论包括标准复审方法、标准修订方法、标准维护方法等。标准基本理论是标准理论体系中最核心的理论部分，它定位了标准的理性认识和理论模型、标准的概念、标准的存在形式和标准的特性。标准理论为标准体系如何构建、标准如何建立、标准如何实施与监督、标准如何维护等提供了深刻的理解和科学方法。标准学为标准知识建立起了理性化、逻辑化、结构化、模型化、体系化和专门化的关系，形成了反映标准自身规律的知识体系。

从全面性的角度，可将标准学内容扩展成两部分，一部分是标准学基础理论的内容，另一部分是由各领域和各专业的标准精华知识组成的标准工程学的内容。标准学基础理论的内容主要有标准学的理论体系组成关系、标准的起源及发展形式、标准的理性认识和理论模型、标准概念、分类、形式、性质、原理、功能、作用等基本理论，有标准体系设计、标准研制、标准评价、标准实施与监督、标准维护等方法，这些知识形成了标准学科的理论体系。标准工程学的内容包括基础标准知识、技术标准知识、管理标准知识和工作标准知识等，这些知识实体就是各领域或各专业制定的标准集合，它们构成了标准学的应用知识体系，是一个庞大的、无限发展的知识体系。关于标准工程学的知识，基础标准主要涉及术语、标志、代码、互换性、制图、标准件等标准的内容，技术标准主要涉及各科学技术专业的技术体制、产品规范、设计方法、计算方法、试验方法、工艺方法、评价方法等具有广泛使用性、通用性强的有效知识内容，管理标准主要涉及质量管理体系、安全管理体系、环境管理体系、社会责任管理体系、风险管理体系等标准中的内容，工作标准主要涉及岗位评价、操作程序、工作流程等内容。标准工程学的内容应该是在各专业中具有通用性的、方法论属性的内容。标准覆盖了科学、技术、工业生产、农业生产、服务业、社会事业等各个领域，并作为这些领域的基准和依据。标准学有自己科学的系统理论和有效知识，标准学是科学的；标准工程学提炼各类科学技术的知识精华，这些知识内容是科学的，因此标准学和标准工程学的内容都是具有科学性的。

参考文献

[1] 《标准化通讯》编辑部. 钱学森同志谈标准化和标准学研究[J]. 标准化通讯，1979，(3)：13.
[2] 钱学森. 大力发展系统工程，尽早建立系统科学的体系[N]. 光明日报，1979-11-10.
[3] 李腾杰. 关于标准学问题的浅见[J]. 航空标准化与质量，1980，(6)：13-16.
[4] 杨鸣铭. 标准学导言[J]. 质量指南，1995，(4)：3-6.
[5] 麦绿波. 标准化学——标准化的科学理论[M]. 北京：科学出版社，2017.

第 2 章　标准的起源及发展形式[1,2]

历史是事物产生和发展的过程。研究历史可以了解事物产生和形成的脉络，是事物科学规律研究的重要方面。标准发展的历史是标准化科学规律研究的重要内容之一。尽管此前已对标准化的历史进行过多次研究和讨论[3,4]，但是，对作为标准化的关键因素——标准的历史还未做过专题的深入研究和讨论。本章深入研究标准的起源，其原因有两个：一是为获得符合客观事实的标准的起源；二是通过标准起源的探究感悟标准的本质关系和性质，感悟标准的实质价值。标准是标准化的因，没有标准就不会有标准化。标准化是标准应用和推广的结果状态。标准的历史研究属于标准认识的研究。研究标准的起源、标准的形成过程和标准的历史作用是标准认识论的命题，是对标准本质关系认识的重大命题。人类历史上的标准化里程碑事件，其实就是标准形成的里程碑事件。

2.1　标准的基本分类和起源

2.1.1　标准的基本分类

标准是一种统一化的根本因素，承载着能普遍化和客观化的统一要素。事物只有按照标准的形式方能长期存在。标准凝聚着优势性和稳定性要素，具有复制特性，它使符合标准的事物得以扩散和传承。从形成关系上可将标准分为三大类：第一大类是自然界建立的客观存在的标准；第二大类是主观建立的标准；第三大类是主观认识的客观规律标准。第一大类客观存在的标准是大自然规律形成的物质、能量、规律的标准，与动物的意识作用无关。在自然界有意识的动物出现后，第一大类标准中还要增加动物的本能行为标准，这是由动物的基因、体型决定的本能生存行为标准，它是由物质、能量、规律和本能意识共同作用形成的，也是客观的标准。第一大类标准是非常稳定的，基本上不会变化，或变化极慢、极小。第二大类主观建立的标准是有意识动物的意识，特别是人的意识构建的行为、意识（知识）、物质、能量、规律等标准，是自然界从无到有的标准，是增长的标准、变化快的标准。第三大类主观认识的客观规律标准，是由主观想象提出并描述的客观化存在规律。第三大类主观认识的客观规律标准是以客观规律或现象为基础，人们对这些规律或现象的理解描述出标准，这类标准会随着人的认识能力深化而变化，这种变化是漫长的和剧烈的，不是从无到有，就是在有中进行了革命性的变化，例如，事物的运动规律由牛顿力学关系到爱因斯坦的相对论关系。不管人们对这种客观规律的认识标准如何变化，客观规律标准本身并不变化。第三大类标准是客观规律不变而由主观认识改变带来变化的标准。

自然界中所有能长期存在、保持、重复出现的无生命物质、有生命物质、能量、现象等中都拥有自己的第一大类标准，如晶体、海水、空气、雪花、植物、动物、闪电、刮风、光辐射、飘浮等的标准，这类标准是由大自然的元素、环境、规律等构建的，与人的行为无关。对于无生命的物质，其标准的核心是组成物质的化学元素成分及其比例。对于有生命的物质，无论是植物还是动物，其标准的核心是生命体的基因或DNA(脱氧核糖核酸)。所有动物都有基于本体有意识参与的本能行为标准，它是动物的基本行为标准，是动物本体结构决定、本能意识反应参与形成的客观的行为标准，是动物在自然界客观大环境中生存竞争形成的标准。凡是能长期存在和延续的动物，都拥有自己第一大类的动物本能行为标准。

第一大类标准和第三大类标准的内容是相应的物理学家、化学家、生物学家等关心和研究的内容，他们对相应学科自然界的物质、能量、规律、行为等研究的成就和成果给出的就是第一大类标准和第三大类标准。第二大类标准是人们为社会进步和发展的需要主观建立的标准，是标准化学科研究的范围，是标准化及各专业领域的科学家、专家关心和研究的内容，是他们为了满足科学技术发展，工农业产品提供、服务提供、事业管理等需要建立的标准。从标准学科的角度，标准发展的研究主要是研究主观产生和变化的标准，那些自然界形成的客观存在的基本不变的标准由相应领域的学科专业研究，目的就是要找到所研究对象的标准。在第一大类标准的动物本能行为标准中，大部分动物的本能行为标准是稳定的或变化微小的，极少的动物的本能行为标准会有一定的变化，而且这种变化导致新的行为产生，推动了第二大类标准的建立。由于动物本能行为标准与第二大类标准的形成有关，所以本章需要对动物本能行为标准进行一定的讨论。本章讨论的重点还是要聚焦在第二大类标准的形成和发展上，因为第二大类标准是标准化领域使命归属的和要研究的标准类别，而且所研究的标准发展形式就是那些新创建的和具有成长性的标准的发展形式。

2.1.2 标准的起源

标准起源的时间逻辑为：第一大类标准→第二大类标准→第三大类标准。第一大类标准是客观世界的物质、能量、规律的标准，是无生物和无意识时就有的标准，是天体形成过程所建立的标准。第一大类标准的起源是物质、能量、规律的起源。第二大类标准和第三大类标准是有了生物和意识后，尤其是有了人类后才建立的标准。由于第一大类标准和第三大类标准的起源是属于相应的物理、化学、生物、天文学、哲学等学科研究的范畴，所以本书不将它们作为研究的重点，而是由相应的学科去研究。本书所研究的标准起源主要是第二大类标准的起源，即人类主观建立的标准的起源。

第一大类标准中人的本能行为标准是第二大类标准产生的基础，第二大类标准是第三大类标准产生的基础。人类在其本能行为标准的基础上，针对专门目的的需要，建立了新的行为标准，由此拉开了主观建立标准的序幕，即开始了第二大类标准的建立。

在人类建立的第二大类标准中，最早的标准必然是人类基于自身本能生存的需要，通过主观意识作用建立的附随于人体上、优于本能觅食行为的劳动行为标准。这个劳动行为标准是基于人类生存的需要而逐步建立的更有效和更有保障的标准化觅食活动行为，是智力和体外物品应用形成的比本能觅食行为更有效的非遗传的劳动行为，是后天经过学习才能掌握的劳动行为。人类在初步有了觅食的劳动行为标准后，更有保障的生存状况给人类的思考和交流提供了空闲时间，人类群体一起生存的交流欲望，使人类逐步建立了第二个主观行为标准——语言行为标准。标准化工具的制作是基于人们相互间经验交流和具有高级表达能力才能完成的，因此，石骨竹器劳动工具标准是在语言行为标准后产生的。根据标准建立的支持逻辑关系以及支持人类生存的重要性和文明发展的需要，可推论人类主观建立的标准产生的顺序应为：劳动行为标准、语言行为标准、劳动工具标准（石骨竹器等工具标准）、文字标准、度量衡标准、文件标准等。

由于语言和工具都有鲜明的标准化特征，有人认为人类自己建立的最早标准是语言标准，有人认为是工具标准。本书对标准起源的认识结论，不同于以往的认识结论。本书作者原认为最早的标准形式是语言[3]。经过进一步研究分析，推断人类自己最早建立的标准形式是劳动行为标准形式，这一结论将标准的起源提前了 1～2 个历史阶段。人类历史中形成的标准形式，将在下面进行讨论和论证。

第二大类标准起源于人类对有效劳动行为模仿的需要，标准的作用地位随着其作用的扩大和深化而发展，形成了有效样板→有效知识→公认规则→法规的支撑内容→技术法规等作用地位的进阶关系。在这个进阶关系中，后面的作用地位对前面的不是取代和否定，而是包含和并存。

2.2　动物的本能行为标准及其特点

动物的本能行为是动物与生俱来的行为，不需要专门的训练和教育，是动物个体生存和生理需要的内在驱动和外界刺激的反应行为，这种行为即使在隔离的环境中也会自己出现，它由动物自身的物质形态和遗传或基因所决定。动物的本能行为从出生就具有，是动物生存的必要行为内容，随着一定的生长期而健全，成为同类动物统一的标准行为，属于动物的基本行为范畴。动物本能行为标准主要包括进食、排泄、休息、移动、觅食、保护、繁殖等。各种动物都有适合其生存的本能行为，这些行为在漫长的应用和优化过程中逐步形成了相对不变的标准行为。每种动物的本能行为与其身体构形和生存环境是密切相关的，如水中的鱼类靠鳍和尾部的运动来移动，陆上的动物靠足行走来移动，空中的动物靠翅膀来移动。不同动物在这七种本能行为方面是不会全部相同的，即使是它们的身体形状相似或相近，如马与驴的形象很相似，马灵活且奔跑速度快，而驴奔跑速度慢但有很好的耐劳力。各种动物的本能行为标准为它们建立了适应环境生存的能力。

人类七种本能行为标准的特点为：人类饮食比较全面，既食素又食荤，绝大部分动物是食单种类食物的动物，如食草类动物、食肉类动物，并且人类基本上是用手将食物送入口中，不直接用嘴取食，绝大部分动物用嘴直接取食(除了猿、猴、大象等极少数动物外)；人类排泄是蹲着或坐着并事后清洁，其他动物是站着，事后不处理；人类是躺卧式的放松休息，绝大部分动物是站立或趴卧式的戒备态休息，而且人类睡觉能深度休息，动物睡觉一般是浅度休息，比较容易惊醒；人类移动是两足站立行走或跑步移动，而四肢的动物基本上是四足行走；人类觅食方式除利用肢体采集自然界可食植物、人工捕捉动物外，还能用手使用体外物体(如木棍、竹竿、石头等)进行狩猎、渔捞等觅食(在自给的农耕、养殖等劳动之前)，其他动物主要是用自身身体的功能觅食，基本不会使用体外的东西；人类本能的保护主要是躲避、逃离、对抗攻击和找住所等保护，与其他动物的区别在于有更多的办法；人类直系血缘间不繁殖，而动物繁殖没有血缘界限关系。

人类的七大主要本能行为，构成了人类不同于其他动物的独特本能行为。人类的本能行为使其获得了优于其他动物的以下优势：人类既吃荤又吃素，能给大脑提供更全面的营养，有利于脑器官的生长，另外，人类用手进食锻炼了手的灵活性，刺激大脑改善，用手进食还能对食物进行选择和清洁，可保证进食的质量和卫生；人类蹲着或坐着排泄，排泄道与排出物下落方向一致，利用了内压和重力两个助力因素，增强了排泄的彻底性，减少排泄物滞留的机会，减少滞留废物毒素导致的疾病，且事后清洁，有利于卫生和健康，延长寿命，其他动物一般站立排泄，排泄道与排出物下落方向垂直，只利用了内压一个助力因素，排泄物滞留的机会要多一些，容易产生滞留废物毒素引发的疾病，且排泄后没有清洁行为，容易带来不卫生的疾病；人类是躺平睡觉，脑部与身体在同一高度水平，使脑部充分供血，有利于营养滋润大脑，而绝大部分动物休息时头部仍然高于身体部位或与非休息状态一样，脑部在休息时也不会有机会得到更好的保养，另外，人类能深度休息，能很好地恢复身体状况，保养身体器官，因此，除乌龟等少数动物以外，人类几乎是动物界寿命最长的动物；人类行走为站立姿势，提高了人眼的观察高度，具有视线宽和远的优势，比爬行动物可以获得更多的信息，能更多地刺激大脑改善，有利于躲避危险，能更好地保护自己的物种生存；人类的觅食除了利用自己的身体能力外，还会利用身体外的石头、树枝等体外物体觅食，增强了觅食能力，且觅食的对象范围宽，包括海、陆、空的动物和海、陆的植物，可食用的范围广，有更多的食物获取机会或有更多的食物保障，而其他动物靠自己的身体能力觅食，且食用对象一般比较单一（动物或植物）；人类对自己的保护有更多的方式，在遭到危险攻击时，除了可利用隐蔽躲避、爬高躲避（爬树、爬石崖）等能力外，还可用手使用体外物体（如木棍、石头等）进行攻击，大大超越了人类身体直接攻击的能力，增强了人类的保护能力，本质上是增强了在弱肉强食的远古时代的生存能力，使人类比其他动物有更多的自我保护能力，有些动物是攻击能手，如老虎、狮子等，有些动物是躲避能手，如变色龙、乌鱼等，而人类既是攻击能手，又是自我保护的能手，另外，在遮风避雨的住所方面，人类可以通过找洞穴、搭窝棚等多种方式建立自己的住所；人类直系血缘间不繁殖，大概率地避免了遗传基因缺陷带来的人种退化风险，而且人类大部分一胎生一个（自然情况下），有利于孩子的哺育质量。

人类不同于其他动物的独特本能行为，构成了人类自己的本能行为标准。一个物种要几百万年保存下来，必须在进食、排泄、休息、移动、觅食、保护、繁殖等本能行为上有适应环境的行为标准，只要本能行为中的一个重要行为有缺陷，就将会退化或被淘汰。这种行为标准是保证物种生存的标准，是最基本的标准。人类本能行为标准的优越性，不仅保证了物种的一代又一代繁衍，而且使人类物种在慢慢地优化和进化。优化是指人类的行为在改进，进化是指人类的基因在改进。人类的本能行为标准形成后，并没有在人类新的行为标准产生后而终止，而一直伴随着人类的进化在进行优化改变。最初形成的本能行为标准是人类生存的基本依靠，是人类生存不可没有的。人类自身最早的标准，应该是生存必需的标准，是支持人类最基本要求的标准，这个最基本的要求就是使人类存在、延续。时至今日，动物的七项最基本的行为标准已经历了几百万年、几千万年或几亿年，这么长的时间足以让我们认为这七项基本行为标准与过去相比将会是面目全非。当仔细审视动物的这七项本能行为标准时，我们会发现，除了觅食方式外，其他基本上没有本质性的大变化，只是有了极小的变化。对人类的七项本能行为标准进行具体考查，可以看出，除觅食行为外，人类经历了几百万年基本没有变化。

即使各物种有了自己的行为标准模式，也不等于每个个体的行为都完全一致化了，非标准化行为的现象依然会存在，只是非标准化行为的现象比较少和不常出现。非标准化行为在某些场合具有调节意义。

不同类别动物之间的差别，其实是它们之间自身的标准模式的差别。不同类别的动物，至少有两个自身标准模式有差别，一个是决定动物身体构成关系和结构形态的基因标准模式，另一个是决定动物本能行为的标准模式，即一个是动物静态的标准模式，另一个是动物动态的标准模式。动物基因和结构形态标准的差别，使大象、老鼠、老虎、鱼、虾、鸟、猴子等动物的身体构成形态形成了很大的差别。动物本能行为标准的差别,使它们的本能行为大不相同,例如:马是食草动物,人既食荤又食素;马是站立排泄,人是蹲着或坐着排泄;马是站着睡觉,人是躺着睡觉;马是四脚爬地走路,人是两脚直立走路;马是自然界直接觅食,人主要靠劳动成果间接觅食(可得到充分的食物保障);马靠自身条件和本能保护,人可应用自身条件保护和环境条件保护;马无血亲限制繁殖,人有血亲限制繁殖。动物之间本能行为的不一样,说明了各种动物都有自己的本能行为标准。人类的本能行为标准与其他动物的本能行为标准有明显的区别。

本能行为标准是以物种基因为基础的生存的基本行为标准。无论是人类还是其他动物,无论是高级的还是低级的动物,都有自己的本能行为标准,这是物种适应环境生存和不断繁衍的标准,是一种本能性的生存必需的标准。本能行为标准是他者不能替代的生物自身的标准,正如别人不能代替其他人吃饭、睡觉等。人类的本能行为标准是人类赖以生存的行为标准,是人类最早的、一直伴随着人类的行为标准。人类的本能行为标准不会随人类建立的新形式标准产生而消失,它是人类生存、繁衍的依靠。

观察一下整个意识世界或动物世界,许多动物经历几百万年、几千万年,甚至上亿年的繁衍,其生物形状和本能行为基本未发生变化,这种现象说明这些物种**停在了其基本标准状态**。这一基本标准应该由两种标准构成:一种是保持动物身体形状关系的基因标准;另一种是维持动物生存的本能行为标准。

本能行为标准状态是动物拥有**概念语言**和会**制作工具**前的标准状态。**概念语言**是有概念元素及其逻辑关系的语言,能叙述的语言,不只是那种对情感、环境等的反应性语言。在动物中,除了人类外,还没有发现其他动物进化到使用**概念语言**和会**制作工具**的阶段,也就是说它们仍然停留在**概念语言**前和会**制作工具**前的阶段。**概念语言**前阶段和会**制作工具**前阶段是一种动物只拥有本能行为标准的阶段或本能行为标准和劳动行为标准的阶段,人类同样也经历过相当长时间只有这种本能行为标准的阶段或本能行为标准和劳动行为标准的阶段。700 万年前,人类处于类猿人阶段,400 万年前人猿分野,旧石器早期是 250 万年前[4]。只是人类用自己的能力突破了只在单一的本能行为标准的状态里,增加了劳动行为的标准,增加了**概念语言**能力的标准,增加了**制作工具**能力的标准等。

标准既是改变世界的根据,也是改变结果的记录,什么地方有新标准的产生,什么地方就有相应的变化,新标准产生得越多,变化也越多。人类正是通过自己建立的第二大类标准,使自己发生了与其他物种大不相同的巨大变化。

2.3 劳动行为标准

人类的行为标准没有仅仅停留在本能行为标准上,而是在生存竞争中和追求发展中产生新的行为标准。人类的第二种行为标准是劳动行为标准，它是解决人类生存保障需要的获取食物的行为标准，是人类由偶然性、直观性的觅食行为提升到目标性、规律性、自主性、有效性获取食物的行为标准。

人类的劳动行为有一个与众不同的进步，就是人类能使用身体以外的物体（如木棍、石头等）增强自己获取食物的能力，为人类增加了身体能力以外的能力条件。身外物体的使用，使人类具有了其他动物不具有的非接触获取食物的能力。使用身外物体的优势，刺激人类进一步思考使用其他体外物体，扩大了人类劳动行为的范围。借助体外物体的获取食物劳动，是人类获取食物行为能力的优越之处（其他动物只靠自己的身体条件）。人类围绕这种劳动优势，巩固和增加有效获取食物的劳动行为，并逐步减少或抛弃身体直接接触和仅仅使用自身体能获取食物的劳动方式。

人类在各地域生存环境相应的劳动中，陆续建立了各种典型的劳动行为标准。人类劳动行为标准的建立和推广使用，使所有劳动者的劳动效率显著提高，尽管仍然存在因人与人之间体能和认识上的差距带来的效果差距，但整体上在标准劳动行为关系上显著提高。

在那个时期，人类还没有标准这种概念，而是自愿模仿有效劳动行为，形成了劳动行为的相同或相似的状态，将这种有效劳动行为关系推到了标准化的行为状态，使这种行为无意中成为劳动行为标准。人类使用体外物品使人类的上肢得到了更多的使用，上肢在获取食物、生活等方面的功能和使用频率大大增加，变得更加灵活。上肢能力的增强是人类的一个重要优势，也是人类优于其他动物的一个重要因素。人类上肢的功能和用途不断增加及频繁使用，逐渐推动了人类形体的改变，人类也由弯曲站立身体形状不断向竖直站立形状演变，人类形体演化的过程如图 2-1 所示[5]。

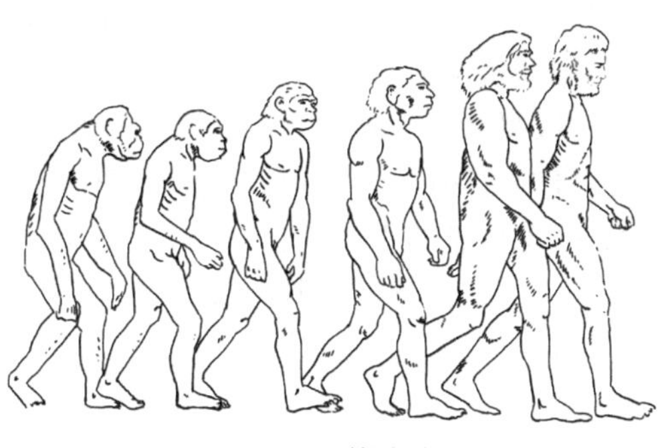

图 2-1　人类形体演化的过程

人类劳动行为的一致，使人类身体的变化关系也是一致的。劳动行为标准的传播形成的人类劳动行为标准化，使人类的身体整体同步进化。如果不是劳动行为的标准化，人类的身体进化就不会是整齐的，可能有些人的劳动行为方式能进化为直立行走，有些人的劳动方式使其形体仍然保持祖先的样子弯曲行走，有些人的劳动方式使其形体处于两者之间的状态。人类身体的同步进化，反过来也证明了人类劳动行为是标准化的。劳动行为标准不同于本能行为标准，它不是人类生存必需的，而是慢慢产生的。劳动行为标准是慢慢产生、改变、消失或增加的，例如，当新的畜牧业劳动行为和农业劳动行为标准在慢慢产生时，狩猎劳动行为和采摘劳动行为标准在慢慢地改变或消失。新产生的畜牧业劳动行为标准和农业劳动行为标准，逐渐成为新的劳动行为标准，之后又有手工劳动行为标准、机器劳动行为标准、服务劳动行为标准等产生。劳动行为标准是以身体为行为载体的意识驱动的行为标准。技能劳动行为不是每个人与生俱来的，是按照劳动标准传授、训练获得的，谁有心学习谁拥有，不学习的就没有。人类的劳动行为标准是在人类本能行为标准后新增加的一个行为标准。

2.4 语言行为标准

许多动物都有发声的功能，它们发出的声音主要用于表达饥饿、痛苦、高兴、愤怒、喜爱等情感和用于发出召集同类、危险警告等信号。这是一种感性的表达语言，是情绪、感觉类的表达语言，不是思维和概念交流的表达语言。这种情绪感觉的表达语言是一种低级语言，不算作精准信息表达的语言。人类在建立起自己的思维和概念表达的语言前，在语言能力上与其他动物没有本质差别，如同现在大猩猩的语言能力。人类的本能行为标准巩固了人类的生存，而后发展建立了目标性、规律性、复杂性、有效性地获取食物的劳动行为标准。标准化的劳动行为不是一种天生赋予的行为能力，而是后天经传授和学习获得的能力。当想把这种劳动行为的要点传授得更细致和更准确时，就需要有概念信息的表达能力。例如，传授用棍子叉鱼的劳动行为，只靠做示范动作传授是很难准确和有效地传授的，因为这里涉及猎物的对象、大小、地点、时间、方向、速度、用力等信息。这就驱使人类要寻找一种方式把劳动行为的要点表达清楚，将技能准确传授出去。发音是人类已有的信息传递方式，但在有概念语言前，它只能表达情绪和感觉类信息。这是那个时期人类能利用来传递信息的可能方式。人类试图利用声音来表达更多和更细致的信息，以解决复杂劳动技能标准的准确传授。为了精准交流，人类不满足于表达感情和发信号的吼叫声，开始探索传递精细信息的声音表达，逐步建立并丰富了自己的思维和概念信息的声音表达能力，形成了动物中的高级语言。这种能表达思维和概念的声音语言，作者称其为**概念语言**，它是迄今所有动物中，只有人类才拥有的高级语言。

细化的高级语言的基本内容主要有：对象（你、我、他、树、草、动物等）、动作（去、来、走、跑、躲、打、吃、喝、睡等）、时间（过去、现在、将来、昨天、今天、明天等）、位置（这儿、那儿、地上、水上、水下、空中等）、方向（前面、后面、左边、右边、上面、下面等）、大小（特大的、大的、中的、小的等）、轻重（特重的、重的、轻的等）等。当语言能表达这些基本信息概念关系时，才能成为可描述的表达语言。有了描述语言，人类才有了表达现场关系的能力，有了讲述故事的能力，有了设想未来的能力。

语言标准化是人类身体发音器官表达行为的标准化，是发音和听力的统一化。语言标准化是附随活体而存在的，是身体行为的标准化。语言标准化是输入和输出关系统一的标准化，是声音对象的标准化，是人类行为的又一个进步，是标准化最早的统一化高级形式，是语音基本元素的统一化和元素组合关系的统一化。概念语言标准是人类第二次建立的非本能直接需要的行为标准（第一次是劳动行为标准）。人类有了高级语言，使一个头脑可以拥有多个头脑的知识（通过交流获取他人知识），增强了人脑的进化。语言的能力不是每个人与生俱来的，而是接受语言传授和学习语言标准获得的，是后天的行为能力。

标准化劳动行为和语言行为的先后问题可能有人会有疑问。作者在这里做一个劳动行为先于语言行为（指概念语言）的证明。到现在为止，我们没有发现除人类以外的其他动物会说话（概念语言）。当然有人会说鹦鹉会说话，其实鹦鹉不是能说话，只是能学舌，因为它并不懂得它所说的意思是什么，它所说的话在其脑子里没有相应的概念和信息对应。在其他动物的劳动能力和使用体外工具能力方面，我们已教会了许多动物劳动，如牛拉犁、马拉车、驴拉磨、狗取物等。马戏团教会了动物使用工具和进行更高难度的表演。据英国《每日邮报》报道，美国类人猿信托研究机构里的一只 31 岁名叫肯兹的倭黑猩猩，居然能生火做饭，肯兹能收集适合生火的树枝，折成小段，并小心地堆砌成一个柴火堆，然后，它会娴熟地点燃一根火柴生起火来，还会在篝火上放个锅煮点东西吃。当研究人员让它用水把火灭掉时，它会小心翼翼地把水倒在火焰上，直到火苗全部熄灭。不可思议的是，现在肯兹正在向其他猩猩传授技能。对黑猩猩传授方面的研究只记录发现了它们大约 30 种不同的身体行为的交流姿态，而未见到有语言的交流。尽管许多动物很聪明，遗憾的是，我们目前还没有教会一种动物能使用语言，也没有发现其他动物能说话（概念语言）。这说明，拥有语言行为要比拥有劳动能力和使用工具难得多。我们也期待着黑猩猩在传授做饭方法欲望的驱使下，开始产生语言。

语言的形成应是先于石骨竹器的制作，至少是先于 250 万年前（人类制造石器最早的时间）[4]的一段时间。标准化的石骨竹器制作方法的传授，是一个需要描述许多概念信息的行为，没有这些信息概念的表达能力或概念语言，制作标准化石骨竹器的方法是无法普遍传授的。

2.5　劳动工具标准

人类在捕获了猎物后，如何充分地利用猎物成果成为特别关心的问题，因为猎物的捕获是不容易的，甚至是冒着生命危险的。另外，人口的增加，食物会显得越来越短缺。充分利用猎物成果已成为人类需要很好解决的问题。猎物的处理和利用，需要有效率高的工具，否则，猎物还未分割完，就已经生蛆，或被细菌侵蚀变质。人类开始尝试各种大自然提供的工具，如石头、竹片、骨片等，慢慢地，人们发现这些工具有些效率高，有些效率低，效率高的有其特定的形状。经过大量的对比和试用，他们确定了几种石器、骨器、竹器的形状，并作为标样，按此形状推广制作，制成了几乎完全一样的标准工具。这些标准工具本身就是实物标准。

标准工具的特点关系不是个别智者能把握的，需要许多智者讨论总结，才能形成对工具形状、材料选择、制造方法、使用方法的认识。在智者的工作下，将这些工具制作成标样。要使许多人都能拥有这些工具，就要传授这种工具的制作方法。一个好的石器工具需要把握许多环节，如工具材料的选择、工具的形状关系、这种形状的打制及处理方法等。工具制作好后，还要会使用。有工具不会使用就没有意义。这些工具的摸索、制作和使用，没有高级的语言是无法传授的，这时候，人类的语言起了重要作用。在拥有了高级语言后，人类就有了对高效石骨竹器等工具特征的描述能力和制作传授能力，可以教其他同胞打制相同形状特征的石骨竹器等工具。石骨竹器等工具的打造，不仅打造的工具成果是标准化的，而且工具制作的过程也是标准化的。这些石骨竹器的标准化不仅在同一时代是一样的，即使跨越多个时代，如旧石器时代、中石器时代、新石器时代也几乎是一样的，而且这个时间跨度是几十万年，甚至是几百万年。石骨竹器等工具的标准化制作，也为人类随后复杂工具的制作积累了丰富的经验，锻炼了人类细致观察能力、手工操作能力和尺寸符合程度的评判能力，使石骨竹器等工具的制作方式在人类群体形成和不断传授。

遗迹考古证明，标准化的石骨竹器产生于 250 万年前[4]。石骨竹器标准化是物质形状关系的标准化，是物体对象的标准化，是人类第一次建立身体以外的标准，也是人类历史上首次建立的实物标准。石骨竹器也可看成人类史上最早的标准产品，人类从此打开了制作标准产品的先河。在产品的制造历史上，都离不开标准化的关系，有的是整产品的标准化，有的是产品组成元素的标准化(产品是可以有个性的)，有的是制作过程的标准化。工具制作行为是人类非直接本能需要的行为。人类正是拥有了这些有战略意义的非本能行为，才与其他动物拉开了能力距离。

2.6 文字标准

语言打开了人类意识的交流通道，但它是不容易被准确和长期保留的，只能由听者和说者的记忆能力和倾向性保留(在没有现代录音手段前)。语言的另一个问题是，人们只有面对面才能交流，不可能了解和学习祖先的和异地的思想和经验，即不能与时间或空间不同的人交流(没有现代通信手段前)。因此，人类开始寻求新的记事方式和跨时空的交流手段。初期人们尝试用结绳、刻石、堆土、记号等来作为长期记事方式,这种记事方式属于直观形态记事方式。直观形态记事开始时是按个人的习惯做的,是个人的记事方式,不方便进行交流。记事的交流愿望驱动这种直观形态记事方式慢慢向可意识交流方向转变。可意识交流的记事需求促进了直观形态记事逐步转向符号表达,且在记载方式上也转向方便移动的记载方式。不方便移动的刻石、堆土和表达有限的结绳等记载方式逐步被记载在竹、骨、木、泥板等方式取代。可刻在竹、骨、木、泥板等材质上的统一象形符号成为可意识交流的记事方式,笔画表达成为记事符号的标准化元素。约公元前 3000 年,古代西亚的苏美尔(伊拉克南部)人在泥板上用楔形符号记账,渐渐用它们表示意思,由此创造了楔形文字[4]。距今约 6000 年前,中国人在彩陶上刻画符号、绘画,这些作品具有初级文字的性质(西安市东郊半坡村北遗址佐证)[4]。距今约 4800 年前,大汶口文化的象形陶符与古汉字息息相关,与甲骨文的结构十分相像(山东莒县陵阳河大汶口文化遗址佐证)[4]。距今约 3400 年前,殷周时代开始使用甲骨文,单字数量达 4000 多个[4]。文字从一建立就要具有标准地位,否则就不可交流。汉字的发展是在统一→改进→统一中优化发展的。汉字的发展经历了象形、组意、偏旁等的改进,使其书写更加简单,使汉字尽量与意思关联。汉字是字形与发音基本上不关联的文字,即用汉字的笔画和偏旁不能组合出其发音(绝大部分情况),而拉丁语用其字母组合的文字可组合出其发音。汉字是组合关系很多的文字,分别有笔画和偏旁的左右组合、上下组合、里外组合、交叉组合等,拉丁语只有字母左右组合关系。汉字的发展是由象形文字标准向结构文字标准转变的发展过程。

文字标准和语言标准一样,都是意识性的表达行为标准。文字标准是对对象、动作、时间、地点、大小、多少、性质、状态等书写表达的行为标准。文字和语言在表达的意思上是同源的,都是来自脑中的意识和概念,但在表现形式上是不相同的,语言是用音来表达意思的,文字是用形来表达意思的。文字解决了语言交流的局限性,可实现人之间异时异地的交流,是人类在语言交流能力基础上交流能力的扩展。由于文字是用形状表达的,刻或写出来后就能长期保留,易于模仿,有利于推广学习。文字具有可固化的性质,可以将其书写结构关系和含义做成字典,以字典方式形成文字标准。文字的书写和使用与意识密切相关,是一种人类身体内的行为标准。文字表达和语言表达一样,都是基于统一化才能有效使用的行为,是具有很强标准化要求的行为。

2.7　度量衡标准

度量衡中的三个词各有其不同的测量关系,度是用于测长度的工具,量是用于测容积的工具,衡是用于称物体轻重的工具。物体的长度、大小和轻重是早期测量的主要量,度量衡是对这三种测试的总称,后来把度量衡拓展成为测量的总概念。

度量衡是在社会发展达到一定水平时，社会劳动趋于分工化，以产品交换满足人们生活需要成为必然要求时产生的。做陶器和布匹的人需要粮食和肉食，打猎和种粮食的人需要陶器和布匹，人们的生活与其他人的劳动成果密切关联，交换是相互满足需求的必需环节。人们开始的交换是以物易物，即用物品换物品。以物易物的交换是粗放的，不能精准地进行交换，容易在等价关系上引起争议。随着交换需求的增长，人们开始有度量衡的需求。度量衡是公平交易的基础。度量衡的发展大约始于父系氏族社会末期(约 4700 年前)[4]。最初人们是用身体的关系来度量的，如“夫布指知寸，布手知尺，舒肘知寻，斯不远之则也。”这段话是说用人的手指、手掌和手臂作为长度测量的标准。由于人的身体部位的长度是因人而异的，用人体关系作为度量标准是有差异的，尽管考虑了用中等身材的人的身体作为标准，其结果也不会很准确。人们开始寻找客观的度量尺度标准。我国商代已有客观的计量长度的工具，有骨尺、牙尺，长度约合 16 厘米(商代遗址出土)，尺上有十进位的分寸刻划。货币和度量衡一样都是交换经济的产物，约有 4000 年的历史，分别经历了贝币、布币、刀币、圜钱、蚁鼻钱以及秦国流行的方孔钱。秦始皇统一中国后，针对秦国各地度量衡不统一的情况，推行“一法度衡石丈尺，车同轨，书同文”，颁发统一度量衡诏书并实施。商鞅为了保证国家的赋税收入，制造了标准的度量衡器，统一了斗、桶、权、衡、丈、尺等度量衡，规定的 1 标准尺约合今 0.23 公尺，1 标准升约合今 0.2 公升。货币属交换的度量标准，属价值度量标准的范畴，以虚拟价值标准作为交换媒介。度量衡是公平交易和互信的需要，只有在使用的时间和空间关系上实现统一，才能体现公平的关系。

度量衡标准是法规和实物标准的结合，是法规形式的标准，是身体外的标准，是用于量的评判的标准。度量衡是几何尺寸的度量(包括线尺寸、面尺寸、体积尺寸)，是体积的度量，是质量(重量)的度量。度量衡标准使人类生活由定性化生活时代进入定量化生活时代。没有定量关系就不会有精准，没有精准就难以公平。随着科学技术的发展，度量衡标准也在发展，发展的特点是向精密化方向发展，向现象基准方向发展，如以波长作为长度标准，以量子共振频率作为时间标准等。

度量衡是工业生产的要求，是分工协作式生产的必要条件，是制品验收和评判的依据。只有拥有量化的度量衡标准手段，人们才有制造精密产品的可能。据报道，对我国 2200 多年前秦俑坑兵器实测，结果数百件弩机的牙、栓、悬刀和其他部件，完全可以通用互换，轮廓误差不超过 1 毫米。

2.8 文件标准

20 世纪以前，所形成的各类标准基本不是公开发布的文字形式的标准。虽然早在 1798 年，惠特尼就应用公差技术标准解决来复枪制造的互换性问题，但运用的标准还是样板和量规等实物型标准。尽管这些样板和量规标准对解决来复枪制造的互换性起了很大作用,但这些实物标准只能用于特定对象,没有普遍的适用性。公差技术解决互换性问题是存在普遍性意义的,只要把这种技术本质从样板和量规等实物对象中抽象出来,建立普遍关系的标准,就可普遍使用。这种互换性关系需要用数学和数字关系来抽象其普遍关系。文字形式的标准是反映数学、数字关系和说明关系的有效途径。标准是具有准则属性的权威依据,它不像写书籍和写说明书一样由个人和小团体的观点决定,它应该由各相关方面的专家共同认定,由相关的机构同意。技术发展的新需求导致了新形式标准的产生,这种新形式的标准是用文字表述的和由机构管理的标准。这类用文字表述和由机构管理的标准称为**文件标准**。第一个文件标准是由英国纽瓦尔公司 1902 年编辑出版的《纽瓦尔标准——**极限表**》。根据文件标准发展的需要,制定文件标准的标准化机构在世界上纷纷成立。1901 年,英国工程标准委员会应运而生,其是世界上第一个国家标准化组织。到 1932 年,世界上已有 25 个国家相继成立了国家标准化机构。国际电工委员会(IEC)于 1906 年成立。1926 年,国际上建立了国家标准化协会国际联合会(ISA,为 ISO 的前身,1947 年正式成立 ISO)。

文件标准使标准由行为、实物等可直接感觉的形态推进到意识思考的形态,使标准成为意识认知的关系,成为一种抽象的标准关系。文件形式的标准是文字表述式的标准,是体外的标准,是标准的先进表达方式,是以控制意识来控制行为的标准。文件标准的制定和使用是需要专业化的教育、培训和特定条件的,不像行为标准和简单实物标准,通过模仿就能建立和使用。文件标准方式在深化意识要求的同时,简化了标准的外在构成关系,且扩展了标准的可适用范围。

文件标准是语言描述的标准,但不是任意建立的文字文件,它通常是由机构管理的文字标准。由于文件形式的标准是由机构管理的标准,所以文件标准有各个层次机构管理的标准,如企业文件标准、团体文件标准、地方文件标准、行业文件标准、国家文件标准、国际文件标准等。文件标准是在严谨的科学技术研究和必要的实践验证的基础上建立的,不是靠想象用笔和纸写出来的。文件形式的标准是当今制定最多的标准,因此被简称为我们今天常说的**标准**。

2.9　标准发展关系的综合分析

以上论证的历史形成的标准形式,只是人类历史上具有主流影响和作用的标准形式,不是所有的标准形式。人类发展的历史上还会有其他形式的标准产生,如音乐、舞蹈的行为标准等,但这些标准对社会发展的影响有限,本书不再作专门研讨。在对主流标准的产生论证和特点分析后,需要对这些标准的发展关系进行综合分析,以获取标准发展规律和价值的更深刻的认识。

2.9.1 标准形成的时间和关系

在其他动物还停留在自身的本能行为标准上时，人类依靠基因优势以及劳动和思考的刺激进化，在人类本能行为标准的基础上，陆续地建立了劳动行为标准、语言标准、工具标准、文字标准、度量衡标准、文件标准等。每一次新标准形式的建立，都导致人类进化的推进(大脑更发达、功能更强大)，都导致自身能力的超越(能使用工具、会说话、会写书、能制造产品等)。这些标准的形成时间顺序为：劳动行为标准→语言标准→工具标准→文字标准→度量衡标准→文件标准等。人类历史形成的标准都有其形成的时间、原因、条件、形式、归属、作用、后续发展类型等，这些关系如表 2-1 所示。

表 2-1 标准形成的时间和关系

标准类别	劳动行为标准	语言标准	工具标准	文字标准	度量衡标准	文件标准
形成时间	约 400 万年前	400 万年前至 250 万年前	约 250 万年前	约 5000 年前	4000 年前至 3000 年前	1902 年
形成原因	增强生存能力的需要	教授劳动技能的需要	提高劳动效率的需要	记账、记事的需要	商品交易的需要	机械产品制造统一的需要
形成条件	手能独立使用并能使用体外物品	有发声器官和有表达详细信息的需求	能总结有效工具特点和语言能表达	有语言表达的基础和手能画笔画	有制作尺子、量斗和秤的原理、材料和手艺	有技术概念、关系和文字表述能力
形式	肢体动作行为	声音表达行为	石骨竹器等实物	用笔画、字母等表达符号	尺子、容器、衡秤等实物	有特定标识和格式的文本
归属	运用意识与肢体的行为，身体为载体	运用意识与声音的行为，身体为载体	意识和简单加工的产物，体外实物	意识的产物，体外记载的符号	意识和精细加工的产物，体外实物	知识表达的成果，体外的知识载体
作用	增强生存能力，进化大脑	意识交流，吸取他人有效经验，进化大脑	提高劳动作业的效率，赢得更多思考时间	实现异时空交流，信息能长期保存，进化大脑	公平评价手段，支持商品经济发展	支持现代社会的进步和文明发展
后续发展类型	畜牧、农业、手工业、工业、服务、舞蹈等行为	语言不断丰富，逐渐统一；话剧、唱歌等艺术	发展刀、剑、斧、锄头、剪刀等金属工具；机电、光电等工具	由象形文字到结构文字；有关联发音和非关联发音两类文字	提高度量衡精度，扩展度量衡范围；由实物基准向现象基准发展等	由技术标准到管理标准、工作标准；载体由纸质到电子等

在人类标准形成的历史上，粗略地存在着一个定性规律：出现早的标准，标准形成时间长，直接应用标准的人口比例大；早期的标准，人体是标准的载体；当标准

脱离人载体后，标准的形式向多样化、复杂化、意识化发展，如工具、文字、计量、文件等标准，标准形成时间短，每种标准直接应用的人口比例降低；脱离人载体的标准不是每人必需的，而是专业人员使用的。如果以直接应用标准的人口比例为纵轴，人类形成标准的时间为横轴，那么它们图形像一个逐渐降低三角形高度的锯条，如图 2-2 所示。

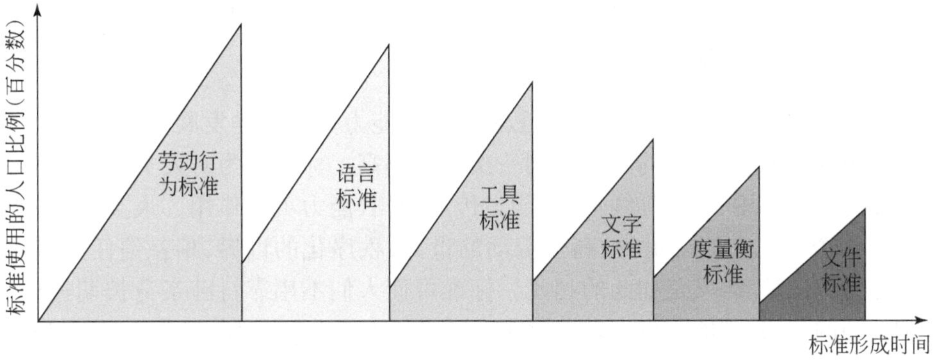

图 2-2　标准形成时间和使用比例关系

人类建立的标准都是意识的产物，标准的载体有两种情况：一种是由人的身体作为标准载体，如劳动行为标准、语言标准等；另一种是由人的身体以外的物质作为标准载体，如石骨竹器等工具标准、文字标准、度量衡标准、文件标准等。在以人体为载体的行为标准中，行为的类型不同，意识和行为占有的份额是不同的，有的是意识份额轻而行为份额重，如劳动行为标准等，有的是意识份额重而行为份额轻，如语言行为、书写行为标准等。

2.9.2　人类进化的机制

人脑优势推动劳动行为标准的建立，劳动行为标准刺激人脑进化，人脑进化再推动新的标准建立，这就是人类进化的重要互动机制。人脑进化和标准建立是在互动中进行的，进化激发了新标准模式的产生，新标准模式的产生又刺激了人脑的进化。人类正是在不断地建立行为标准和体外标准中得到进化和发展的。

最早的标准起源于身体，然后开始产生身体外的标准，如石骨竹器等工具标准。人类进化的一个重要特征是不断增加新的标准行为，而不像其他动物只停止在自己的本能行为标准上。人类的每一次新标准方式的建立和应用，都使人类的能力得到一次超越。劳动行为标准进化了人类的身体，使身体更直，身材更高，视野更宽。语言标准的建立，使人类相互之间能进行思想交流，增强了人类的思维能力，并能大量获得他人的智慧和经验，加速了人类大脑的进化。工具标准的建立，提高了劳动效率，使人类有更多的交流时间和思考时间，进一步刺激大脑进化。文字标准的建立使人类异时异地交流，进一步扩大了交流面。文字的记录性质可支持人类建立系统性的知识和保存不同时间和空间的知识及智慧，使知识和智慧更加丰富，经验可准确相传。动物的基因标准会受行为标准的影响，行为标准未改变的，基因标准很难发生变化。人类就是因为能不断增加新的行为标准，推动体形和大脑进化，才能不断优化人类自己的基因。其他动物几百万年基因保持不变，状态保持不变，主要是其没有新的行为标准的刺激来推进物种进化。

2.9.3　标准对人类发展的作用

新增加的行为标准给人类赋予了新的价值能力。在人类发展史上，每一个新标准行为的形成，都使人的能力得到一次新的提高。标准行为对人类群体和个人具有能力增强作用、能力延续作用、能力传承作用、能力巩固作用。人类应用标准建立了一个意识交流的世界、高效劳动的世界、秩序化的世界、相互信任的世界。标准是如此的朴实，又是如此的超凡。标准可使人们不用靠自己亲身长期经历经验和技巧的积累，就能获得许多有效知识。标准的建立和使用，压缩了人类普遍提高所需的时间，并缩小了人们能力间的差距。

人类的行为标准都是以意识为基础的，是意识认同其价值而建立的和意识驱使的行动。行为标准是意识在应用标准关系，使行为标准化。行为标准在重复使用的行为中形成，又用于重复行为中。劳动行为标准给出了人类生存的竞争力方式，语言标准使声音能传达他人的有用经验，标准形状的工具提高了人类的劳动效率，文字标准使意识可离现离时交流[6]，度量衡标准建立了定量评价的手段，文件标准能表达复杂的知识关系和要求。标准化使人类进化，改变了人类的能力和生活状态，新的标准能促进人类新的进化和产生新的能力。

2.9.4　标准发展的趋势

标准是标准化的根源，标准的发展关系决定标准化的发展关系。反之，标准化的需求又是标准建立的依据。标准建立的有效性通常是先有统一化的需求，再决定用什么标准来统一。另一种情形是，已存在大量重复使用的关系，需要对重复使用关系进行优化，提炼形成重复使用的标准，再用标准来控制和保证有效的重复使用关系不断使用。在没有明确的统一化目标时，先制定标准再推广其标准化，通常是无效的。这种为了制定标准而制定标准的行为是不符合标准的历史发展规律和现实发展需求的。人类经历了几大主流标准的发展后，需求关系发生了许多变化，形成了新时代的新标准关系需求。标准的发展趋势主要是统一化或标准化的需求趋势。标准在经历了历史的发展后，后续的标准化发展特点如下。

(1) 统一的对象多样化。标准化的对象由过去的劳动行为、意识信息表达行为等扩展到技术关系、管理关系、工作操作等对象。

(2) 统一的度量精密化。度量衡在建立了统一的物质基准标准后，向更精密的方向发展，以现象基准代替物质基准，建立了更精密的光波长度基准、电子秤、原子频率共振时间基准等。

(3) 统一的内容抽象化。标准化统一的内容由劳动行为、语言、文字、度量衡等有形和有声的内容，在向技术概念、技术体制、信息协议、数据模式等抽象内容转变。

(4) 统一的关系系统化和综合化。人类历史上建立的主流标准的内容主要是同类型事项的统一化，当今产品发展的复杂化和多技术的一体化集成，使标准化的统一扩展到系统化、体系化、多样化、综合化的统一。

围绕新的技术和社会发展需求建立标准，并推行标准化，已成为社会进步和文明的必然途径。这是因为标准化提高了工作效率，避免了重复性浪费，畅通了信息流、物质流、能量流，维护了社会秩序，保护了公共利益等。没有标准化就没有社会的文明和进步是一个不争的事实。

参考文献

[1] 麦绿波. 标准的起源和发展的形式(上)[J]. 标准科学，2012，(4)：6-10.
[2] 麦绿波. 标准的起源和发展的形式(下)[J]. 标准科学，2012，(5)：6-10.
[3] 麦绿波. 标准化的发展阶段划分新论[J]. 中国标准化，2011，(1)：34-37.
[4] 林甘泉，张海鹏，任式楠. 从文明起源到现代化[M]. 北京：人民出版社，2002.
[5] 麦绿波. 标准化学——标准化的科学理论[M]. 北京：科学出版社，2017.
[6] 麦绿波. 标准化是人类进化和社会进步的要素[J]. 标准科学，2012，(1)：6-11.

第二篇 基础理论篇

第3章 标准的理性认识和理论模型

3.1 标准的多维度理性认识

标准的深入认识，需要有多个维度的支持，这些维度主要包括标准的概念、特性、作用价值、社会关系等。只有对标准有多个维度的认识，才能构建起对标准认识的"立体"概念，深刻领会标准的含义、规律、价值等，才有利于有效地构建、使用和维护标准。

3.1.1 标准是什么

从广义的角度来看，标准是一种**"约定"**，包括**自然的"约定"**和人们**主观的"约定"**。自然的"约定"是由自然规律决定的，主观的"约定"是相关方协商认定的。广义的标准存在于世界的存在之中，或存在于物质、能量、规律的方方面面。狭义的标准是人类主观建立的标准，包括文件标准、物质标准(实物标准)、行为标准、现象标准等。文件标准是人们最常见和用得最多的标准，属于狭义标准中的主要种类，一般情况可简称为标准。

图3-1 标准概念体系的关系

标准称为**"约定"**的广义概念是高度抽象的概念，这个概念的定义是小内涵的定义，可加前缀和后缀形成大外延的定义，具有学术的理性地位，可由其建立起标准的概念体系，如图3-1所示。对这个概念加前缀可形成第一层次的外延概念，如工业标准、农业标准、服务标准、军用标准、信息化标准等。对这个概念加后缀可形成第二层次的外延概念，如标准制定、标准实施、标准实施监督、标准复审、标准修订、标准维护等。

标准是统一化的约定或依据，为统一化的实现提供方向和目标。标准具有**基准**、**标杆**、**典范**、**样板**、**楷模**、**依据**、**判定准则**等地位，是**行为准则**和**判定依据**，因此要求具有权威性、有效性和公认性等。标准通常是唯一性的基准，标准的唯一性是增强标准权威性的特征，也是支持标准好用的因素，不需要在标准中选择标准。发现、发明、归纳、总结的知识精华都可以建立成标准，由此可使人们聚焦有效知识的使用。标准是可靠的有效知识，是有效做事的依据。

标准是知识的精华，是由对大量知识进行筛选、优化及提炼的精华部分形成的。标准是专家集体智慧的结晶，是专家间优势知识的互补、集合，是诸要素综合权衡的选择，是试验验证和专家多重把关、认定的结果，是优选的最新技术价值体。标准具有先进性、有效性、经济性、可靠性、协调性和可操作性等。标准是突出优势和共同利益的选择，是在公平、平等、协商环境下建立的，是各方利益达成共识的成果。**标准凝聚知识精华，标准凝聚集体智慧，标准凝聚互利共识**。标准是相关方参与建立的，有很好的认同性和执行的自愿性。标准的可获得性好，一般是公开发行的，使其内容方便了解、学习和掌握。

3.1.2　标准建立的原因

建立标准最初的原因不是来自政府、组织和领导等的要求，而是来自标准相关的标准化客观规律所能带来的不可错失的巨大利益和好处。标准的建立最早来自人们的感性直觉行为，后来变成了人们自觉、自发、组织的行为。标准建立的原因是标准化的利益和好处需要标准提供依据才能发挥，而标准化的利益和好处的产生是由潜在的标准化客观规律来驱动的，这些客观规律主要是标准化的“变换定律”（第一定律）、“统一最大定律”（第二定律）、“互通定律”（第三定律）、“时域同态定律”（第四定律）、“空域同态定律”（第五定律）及“时空域同态定律”（第六定律）[1]。**标准的建立是需求“碰上”了标准化利益规律。建立标准是获取产品、技术和服务等的统一化利益的需要，是为产品、技术和服务等提供信任依据的需要，是向社会透明提供产品、技术和服务等内容以使用户拥有知情权的需要。简言之，标准是社会对利益、信任和知情需要的产物**。

将任意的劳动行为、知识、技术、产品等约定在它们的有效性范畴时再使用，就可得到普遍化的有效性劳动行为、知识、技术、产品等带来的利益，这是遵循了标准化的“变换定律”（第一定律）形成标准化状态所获得的利益。

社会上任意的交通行驶行为、批量化的同种产品零件间不同的配合关系等都分别会造成交通拥堵、产品零件间无法任意装配，将它们分别按各自的有益关系进行统一后，就实现了交通畅通、产品零件间能互换装配，这是遵循了标准化的“统一最大定律”（第二定律）消除阻碍和无效因素所获得的利益。

当约定语言交流或信息交换等的双方采用统一的信息形式（发音、符号等）及其含义时，就可实现双方的语言交流和信息交换，这是遵循了标准化的“互通定律”（第三定律）使交流或交换双方的信息可识别和可理解。

当企业用同一个标准在不同的时期生产相同产品时，生产出的产品能保证具有相同的质量，这是遵循了标准化的“时域同态定律”（第四定律）使产品实现时域重复一致性所获得的利益。

当企业用同一个标准在不同的国家或地区分布式生产相同产品时，生产出的产品能保证具有相同的质量，这是遵循了标准化的“空域同态定律”（第五定律）使产品实现空域共同一致性所获得的利益。

当企业用同一个标准在不同时期和不同国家或地区分布式生产相同产品时，生产出的产品能保证具有相同的质量，这是遵循了标准化的“时空域同态定律”（第六定律）使产品实现时域重复一致性和空域共同一致性所获得的利益。

标准的建立动机和自觉性来自对有效和优越技术、方法、知识等的共同需要，通过共同参与并贡献优势技术和智慧，建立推进技术进步和共同受益的当期先进共用知识，且制定标准为持续获得有效知识提供了建设途径。

3.1.3 标准的规则和知识双重性

标准具有规则性和知识性双重性。标准通常是由标准化组织或专业组织（政府的或非政府的）建立的，是组织共同认定、自愿遵守的约定，这使标准具有了规则性。标准的规则性在于标准内容体现的不是个人的观点和个人的愿望，标准是组织的共识和愿望，标准的使用具有组织的意志和要求，因此标准具有规则性。标准的广义概念为“统一化的约定集合”，约定本身就是一种规则，是约定参与方共同商定的规则，标准是约定者间的规则。标准是对标准使用者或可能使用者的规定，是产品、服务等的用方和用方代表对供方的规定。标准一般是用要求语气表达的，这支持了标准作规则使用的表达需要。标准的规则性来自其是由相关组织和群体建立的，拥有一定范围的共识和认同，使标准具有了实施的支持环境。

标准是对重复性使用和共同性使用的概念、要求、方法、程序、规则等进行提炼或开发、优化，并经过验证证明为有效的知识成果，或进行“去伪存真”并优化的知识成果，因此，标准具有知识性。标准的知识性来自其是从诸知识中提炼或开发出来的知识精华，是专家集体知识贡献和把关的成果，是正确的概念、典型的有效方法、合理的技术路径、验证有效的解决方案等知识。

标准具有规则性和知识性双重性特点，使其具有不同于单一性的优势，可以解决单一性不能解决的问题。规则性使标准具有约束性，是在其适用范围内应共同遵守的，且在法规和合同等文件引用时要强制遵守。知识性使标准具有了有用性，能为问题的解决提供有效的方法和解决方案等。标准不仅是“约束性规则”，更重要的是，标准是“帮助性规则”，它是**约束中的帮助**，约束标准使用者采用正确的知识、优选的技术路径、有效的解决方案等，避免低效、重复、无效工作的浪费和损失，它是“为标准使用者好”的“帮助性规则”。

3.1.4　标准是一种公共契约

标准的**规则性**、广泛**认同性**和遵守的**自觉性**等特性，使其成为一种“**公共契约**”[1]，有助于解决国际性、国家中、社会里、群体内不能形成统一而产生的人类矛盾和冲突问题，以及对环境的不良影响等。标准这个“公共契约”将以其特有的广泛共识性和统一性优点，发挥个体间契约和组织间契约所不能发挥的新的价值作用。由于这个“公共契约”建立的平等性，加上其“规则性”的软（非法律条款，且没有“契约”的强约束性）和“知识性”的硬（有效知识），不像契约那样要承担承诺的严格责任，可以轻松地去体验它的好处，因此容易形成大范围的“公共契约”支持群体，使人们更愿意亲近它和拥护它。标准这个“公共契约”不仅可以发挥其规则性对公共利益的保护作用，而且可以发挥其知识性提供的有效知识的有益服务作用。

3.1.5　标准的时空价值

标准是解决产品、服务、管理等时间重复性的统一化和空间共同性的统一化的依据和硬需求。时间重复性统一化解决了产品、服务、管理等在不同时间段的产品生产、服务提供、管理实施的质量一致性；空间共同性统一化解决了产品、服务、管理等在不同企业、不同地方的产品生产、服务提供、管理实施的质量一致性。标准既是对已成功事项知识的固化，对需重复使用和共同使用知识的重构，也是为了引领事项成功，对需重复使用和共同使用知识的创建。

3.1.6　标准的形成关系及其价值

1. 标准的形成路径及其价值

从路径的角度，标准的形成有三种路径：一是总结知识成果，按标准制定的程序建立的服务未来的标准；二是依靠企业自身的技术或服务优势，向市场广泛推广其优势技术或服务的应用而形成的“事实标准”；三是使研究或研制技术与标准研制同步，按标准制定程序建立引领发展的标准。其中，第三种路径是推荐采取的路径，是信息通信技术（ICT）领域取得较好效果的标准形成路径。从标准内容的性质角度来看，第一种路径建立的标准内容一般是知识的继承和优化，主要用于后续和未来发展，第二种路径和第三种路径建立的标准内容一般是知识的创建，主要起引领发展作用。第三种路径建立的标准有利技术或产品发展的先进性、领先性等，可节省技术和产品研制及市场推广的总费用，缩短技术或产品进入市场的认可时间周期。

2. 标准的形成根据及需求

标准提供共同面临问题或难题的解决方案。标准制定的初衷是以需求或问题为导向的，如有效方法的需求、评定基准的需求、规范秩序和良好行为的需求、提高效率的需求、互联互通的需求、保证质量的需求、消除浪费的需求、重复一致的需求、广泛统一的需求等，标准针对这些需求或问题建立的解决方案就提供了其相应的价值。标准的内容由用户的需求决定，反过来，标准的内容也可引导用户的需求。

3. 标准的形成精神及其价值

标准是相关方利益公正协调的产物，标准既包含利益，也包含公正，是利益和公正平衡的结果。在标准的制定过程中，相关方既是利益诉求的争取者，也是公正性的维护者，公正性的要素包含了标准的先进性、有效性、经济性、可实现性、广泛适用性、制定程序符合性等，标准制定相关方秉承维护程序正义（due process）和良好行为规范（code of good practice）的**标准形成精神，既是在为公共利益做贡献，也是在向公共利益做妥协**，建立出公认性的标准。公认性的标准保证了先进性、有效性、公益性等标准期望的属性，使标准成为人们愿意遵守和自觉遵守的“规则”。标准的良好行为规范是标准制定、采用和应用的良好行为规范（the Code of Good Practice for the Preparation，Adoption and Application of Standards），其包含在WTO（World Trade Organization，世界贸易组织）的 TBT（Technical Barriers to Trade）协议中。标准的良好行为规范通过开放（open）、透明（transparency）、协商一致（consensus）等国际上普遍采用的标准形成精神来支持。

4. 标准的形成要求

标准建立的要求是要形成共识的“最新技术水平”（the state of the art）的有效知识。因此，在管理层面，标准的建立给相关方平等参加的权利和机会，参加代表具有充分的标准内容的语言权；在技术层面，标准内容是优秀技术专家集体智慧的贡献，并通过试验对其有效性进行验证，以保证标准内容是具有高度信任性和可靠度的有效知识。标准形成要求还体现在以下深层次方面。

建立合格标准不仅要符合过程特性，也要符合标准的效用特性。判定标准合格性的过程特性是标准建立符合标准制定程序，效用特性是至少应有基准、准则、保护、利益、比对、畅通、统一、样板、通用等的一项或多项要素。标准如果只满足了过程特性而没有满足效用特性，那么其只是一个格式规范的标准“躯壳”。

标准不是追求指标最高的，而是最合适的。标准的定位是综合最优，是多目标平衡最佳，而不是某项单一指标的最优，即是先进性、经济性、方便性等的综合最佳。用户通常喜欢的特性是先进性、经济性、通用性、可操作性和方便性等的综合最佳,这些特性可看成“**标准的目标特性**”。考虑凝聚“标准的目标特性”的产品,就比追求单一性能最好的产品更有竞争力。

3.1.7　标准的社会关系分类

标准的社会关系是标准与社会相关的外部关系,主要是标准建立和标准使用与社会的关系,这些社会关系与标准自身的内部内容属性无关。标准的社会关系分类就是标准建立、标准使用和标准所有关系的分类。标准的内部关系分类将在本书后面的相关章节中详细论述。

1. 标准建立的社会关系分类

按标准建立的社会关系,标准可分为“**政府标准**”、“**非政府标准**”,“**供方标准**”、“**供用双方标准**”、“**用方标准**”。这个分类是以建立者的身份划分和命名的。

“政府标准”是由政府机构和政府授权的机构制定的标准,在我国主要是国家标准、国家军用标准、行业标准、地方标准。“非政府标准”是由非政府组织制定的标准,主要是团体标准(协会、学会、联盟等制定的标准)、企业标准。“非政府标准”包含“私有标准”是肯定的。但有一个难以断清的关系就是,“非政府标准”是否等于“私有标准”? 如果是,那么国有企业的标准是“非政府标准”,它是“私有标准”吗? 如果国有企业的标准算“私有标准”,那么在“私有标准”中的“有”应该是“用”的意思,这样就能成立。如果“私有标准”中的“有”是“所属权”的意思,“非政府标准”就不一定都是“私有标准”。

“供方标准”是由产品、服务等提供方的专家、代表等人员撰写、讨论和投票建立的标准。“供用双方标准”是由产品、服务的提供方和使用方两边的专家、代表等人员共同撰写、讨论和投票建立的标准。“用方标准”是由产品、服务使用方的专家、代表等人员撰写、讨论和投票建立的标准。

目前的社会阶段,标准主要是“供方标准”,“供方标准”存在一些难以避免的根本问题:可以形成强迫用方接受的标准,即使存在对用方可能的不利或危害因素,都可以强加或潜藏在标准中;优势企业供方可以利用标准进行垄断发展,形成其利益独占的标准;标准会成为供方企业间利益分配和平衡的平台,未必是用方最期望的;出于自我利益的需要制定的标准造成重复产出、不通用等社会资源浪费状况,如接口不通用、电源不通用等资源浪费现象。现在,社会整体是“供方标准”的现状,因为供方具有充足的专业化的专家和人员,有制定标准的费用支持能力等。随着社会进步、人员科技素质的提高,标准的制定关系将会逐步转向“供用双方标准”,最终转到“用方标准”。**“用方标准”才是社会关系中合理的标准建立关系**,即**产品、服务等谁消费、谁使用,标准谁决定**。“用方标准”的现象开始突现,如国家强制性标准由政府制定、军用核心关键标准由军队制定等。国家强制性标准就是政府作为公共利益的全体人民代表为“用方”(全体人民)制定标准。“用方标准”的制定,不一定是要由用方承担标准制定全过程的所有工作,只要掌握标准技术方案、功能、性能等要素的决策权和审定权就可以了,主要的起草工作还是可以交给供方来做或双方共同来做。

2. 标准使用的社会关系分类

按标准的使用属性关系,标准分可分为“**公用标准**”、“**私用标准**”。“公用标准”是公开发布并供公众使用的标准,例如,国际标准、国家标准、行业标准、地方标准都属于“公用标准”,某些团体标准也可声明为“公用标准”。“公用标准”的使用范围比较宽,具有明显的公益性。“私用标准”是不公开发布和不供公众使用的标准,如企业标准或者某些团体标准。“私用标准”的使用范围比较窄,主要是为标准建立者自己用,一般作为技术诀窍、内控标准等知识产权文件。“私用标准”经过一段时间会向“公用标准”转移,以扩大其使用范围和服务社会的作用。

3. 标准所有关系的社会关系分类

按标准制定的所有者关系,标准可分为“**公有标准**”、“**私有标准**”。“公有标准”是标准制定的所有者为政府的标准,例如,政府制定的国家标准、行业标准、地方标准属于“公有标准”,国有企业制定的标准也属于“公有标准”。“私有标准”是标准制定的所有者为私人的标准,如一些团体标准、企业标准等。“公有标准”、“私有标准”与“公用标准”、“私用标准”在使用属性上不是对应关系,如有些“公有标准”是属于“私用标准”等,有些“私有标准”具有“公用标准”的使用属性等。

3.1.8 标准的价值特性

标准受到青睐的原因主要是其具有以下价值特性:

(1) 标准是一种基准关系,也是一种信任关系。基准是事物判定和仲裁的尺子及依据,信任是意识接受的条件。

(2) 标准是必要性、有效性和公认性的知识和知识体系,其必要性经过了标准立项的论证,有效性经过了标准试验的验证,公认性经过了标准制定程序的保证。标准是具有独特优势的知识。

(3) 标准是协调一致的产物,采取标准利益相关方参加制定的机制,赋予了相关方参与的平等机会和话语的民主权利,体现了广泛参与和公平的精神,符合标准期望的要求。标准具有认同性。

(4) 标准是政府或社会组织制定的,体现了政府或社会组织的意志和要求,具有规则属性,使标准的使用具有很好的社会支持背景。

(5) 标准是由政府部门或认可机构颁发的，具有制定部门或机构赋予的相应权威性。

(6) 标准是公开发行的，具有可获得性和其信息掌握权的平等性。

(7) 标准是周期性复审和不断修改完善的，具有周期稳定性和长期有效性。

(8) 标准的内容是按程序确定的，无法因人、因事、因地而改变，具有客观性和公正性。

(9) 标准是成功技术或知识提炼的技术或知识精华，也是为了成功构建的技术或知识精华，前者说的是整理形成标准，后者说的是设计出标准，前者发挥的是继承使用优化的当期有效成果的作用，后者发挥的是指导和引领未来发展的作用。

(10) 标准不仅能发挥个体价值效应(单个标准发挥的效应)，更重要的是能发挥体系价值效应，体系化的标准使用将发挥出标准系统性的强大的协同互操作效应。

标准将个别有效的知识扩展到一般有效，将个体智慧提升到集体智慧，将一时效用延伸到长期效用，将局部使用推广到普遍使用。

3.2　标准的理论模型

对标准的认识除了以上从标准的概念、特性、作用价值、社会关系等多个维度的论述认识外，还可以用理论模型进行抽象和形象地深化表达，增加对标准理性认识的深度和广度，用于指导标准的深化应用和发展。标准理论模型抽象表达的内容主要有标准的形成、约束、特点、状态、关系、使用等。

3.2.1　标准和技术间形成关系的模型

标准和技术间形成关系有两个路径，一个路径是以技术为研究目标再有标准，另一个路径是以标准为研究目标再有技术，这里所说的技术是包含产品在内的广义的技术，这两条路径关系的模型如图3-2所示。先研究技术再获得标准是在完成技术研究的基础上，对技术进行通用化和稳定性的提炼和固化形成标准，这是一种接受技术现状水平建立标准的模式，属于传统式的标准产生模式。“研究技术获得标准”是有什么样的技术研究成果，就有什么样的标准，标准的前瞻性和引领性会受到一定限制。“研究标准获得技术”是以标准为研究目标，可引导技术的创建、提升和突破。“研究标准获得技术”是指在整个技术发展关系上，标准是技术的发展目标，例如：研究第五代通信标准，获得先进的通信技术方案；研究智能制造的标准，获得先进的智能制造技术方案。标准要跨越式提升水平和价值，应注重“研究标准获得技术”的工作模式，而不是只停留在“研究技术获得标准”的工作模式上。两个路径的差别是起点高度不同和目标要求不同。“研究标准获得技术”是一个高目标和高要求的研究模式，是站在高起点上的研究。"研究标准获得技术"的知识建立和使用，一般是一个从"公"到"私"的过程，即联合体或组织共同研究标准，先从标准的研究获得技术，再将其应用到相关企业生产产品。从"公"到"私"的"研究标准获得技术"有一个优势：有条件集中业内专家集体的知识和智慧来攀登技术高峰和攻克解决技术难题。"研究技术获得标准"的知识建立和使用，一般是一个从"私"到"公"的过程，即以某个企业的技术为基础，将其提炼为标准供各相关方和公众使用。从"私"到"公"的关系形成标准，标准的基础底子出自单一企业，标准的完备性、适用范围都会不够。还有一种模式是研究标准和研究技术同步进行，这种模式具有"研究技术获得标准"和"研究标准获得技术"的综合优点。以上所说的"公"和"私"是以"标准"和"技术"的使用性质说的，"标准"是"公"的性质，"技术"是"私"的性质。

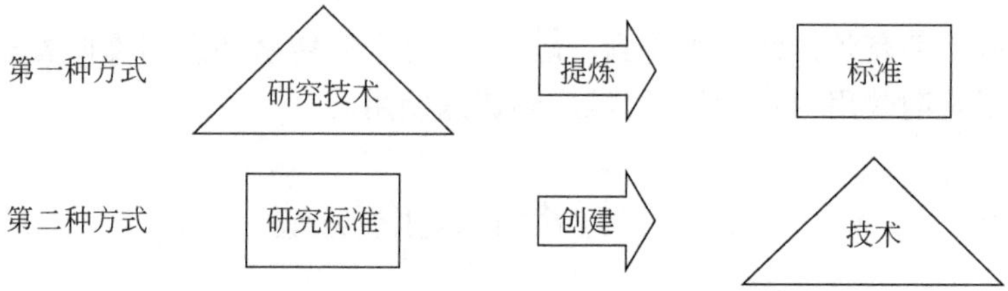

图 3-2 标准和技术间形成关系的模型

3.2.2 技术形成标准的途径

"研究技术获得标准"有三个形成途径：一是将技术或承载技术的产品直接固化制定为标准；二是先让产品进入市场发展，当产品在市场的发展达到一定范围时，以产品作为基础，制定为超出原产品范围的标准；三是将多个有代表性的产品或技术综合在一起制定为一个通用性的标准，如通用手机电池充电器标准。这三种技术形成标准的途径关系如图 3-3 所示。在这三种途径形成的标准中，第一种情况形成的标准的适用面比较窄，第三种情况形成的标准的适用面最宽。第一种情况不仅适用面窄，而且标准的寿命周期不会太长。第三种情况不仅适用面宽，而且标准的寿命周期也比较长。第二种情况的特点介于第一种和第三种之间。

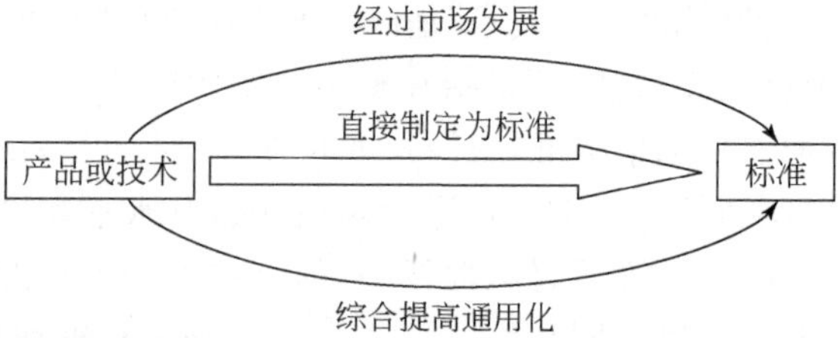

图 3-3 技术形成标准的三种路径

3.2.3　标准的时空约束模型

标准的一个重要功能是约束，约束也是标准使用的重要性质。标准约束是以空间或/和时间尺度关系对对象实施约束，这种约束在空间或/和时间尺度上有两种模型：一种是“光阑式”约束模型，如图3-4所示；另一种是“管道式”约束模型，如图3-5所示。“光阑式”约束模型对约束对象实施局部空间（或小范围）或/和一个时刻（短时间）的约束，是一种单位置或/和短时间的约束，约束后即释放为自由状态。“管道式”约束模型对约束对象实施大空间（或大范围）或/和一段时间（或长时间）的约束，是一种多个位置或/和长时间的约束，约束后即释放为自由状态。

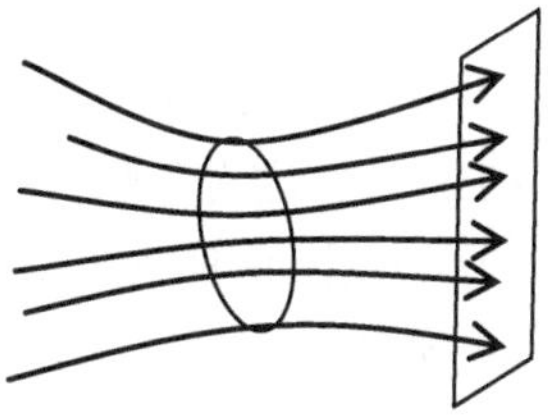

图3-4　“光阑式”约束模型

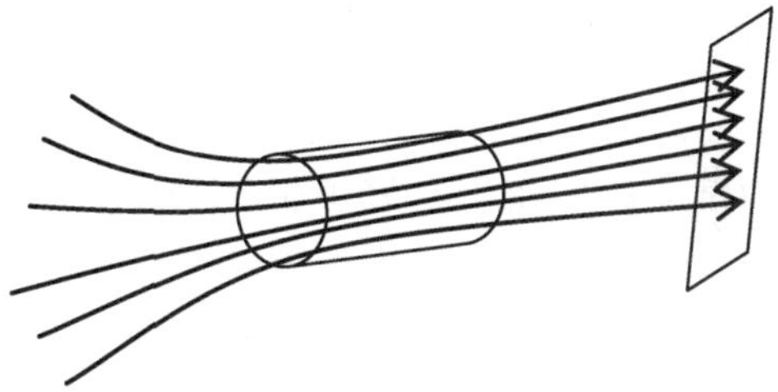

图3-5　“管道式”约束模型

“光阑式”约束模型表达的是对局部对象或/和短暂时刻的统一化，是一次性的约束作用。“管道式”约束模型表达的是对分布性对象或/和重复对象的多数的或/和长时间的统一化，是广泛性或/和持续性的约束作用。

3.2.4　标准的宏观与微观关系在时间和空间尺度的对立和统一

事件在时间维度，时间的宏观统计结果相同的或标准的，事件间的微观时刻过程是不相同的或不标准的。例如：两个宏观时间相同电子角量子运动状态p每个微观时刻的电子间运动轨迹和位置是不相同的，如图3-6所示；相同宏观时间段所生产出的一批相同产品的每个微观时刻的加工行为是不相同的；相同的宏观时间段鸡蛋孵化成一批相同鸡的每个微观时刻的鸡成长的变化是不相同的。

事件在空间维度，空间的宏观形状和内容不相同的事件，事件间的微观元素将是相同的或标准的。例如：组成不相同的宏观物质木材和钢铁的微观元素质子、中子和电子是相同的，如图3-7所示；不同书籍的不同宏观内容的文字的微观元素字母或笔画是相同的；不同歌曲的不同宏观旋律的微观音调元素是相同的。

时域中，宏观可求同，微观不会同。空域中，宏观可求异，微观必相同。如果在时域对宏观相同形态要求微观时刻也相同，**这将是反规律的或用巨大成本和巨大能量消耗也难以见效的**；空域不同形态要由不同微观构成，**这将是反规律的或不可能的。**

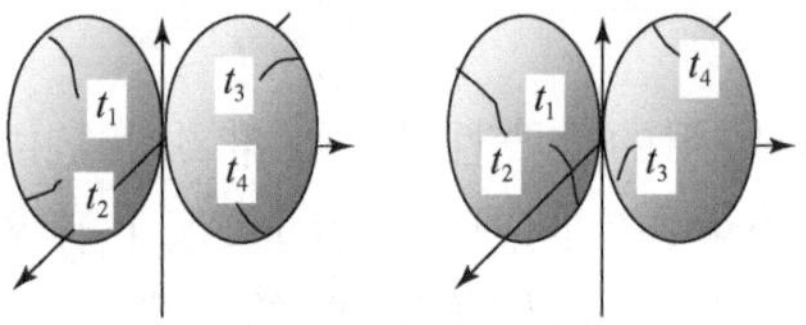

图 3-6 电子运动状态 p 的宏观与微观的同与异

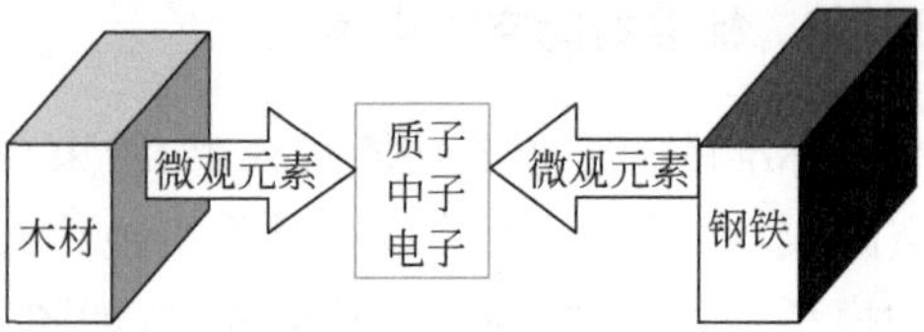

图 3-7 木材和钢铁的宏观与微观的同与异

时空世界中,空间宏观关系的多样化必基于微观底层关系的统一化或标准化;时间微观关系的多样化必可找到宏观层面关系的统一化或标准化。

3.2.5 标准的数值约束模式

标准的约束有定量约束和定性约束,定量约束是数值的约束,属于严谨约束,定性的约束是要求的约束,属于非严谨约束。数值的约束可表达为等值约束、小于等于或小于的单限值约束、大于等于或大于的单限值约束、双限值的区间约束共四种约束模型。标准数值约束的四种关系,可分别用公式模型和图形关系模型进行表示。

1) 标准数值等值约束模型

设在标准数值定义域 X 中,存在任意值 $x_i(i=1,2,\cdots)$,标准约束要求 x_i 应等于数值 $a_i(i=1,2,\cdots)$,以实现规定的定值统一要求,即

$$x_1=a_1,\quad x_2=a_2,\quad \cdots,\quad x_i=a_i \tag{3-1}$$

当所有常数相等时,即 $a_1=a_2=\cdots=a_i=a$,有

$$x_1=a,\quad x_2=a,\quad \cdots,\quad x_i=a \tag{3-2}$$

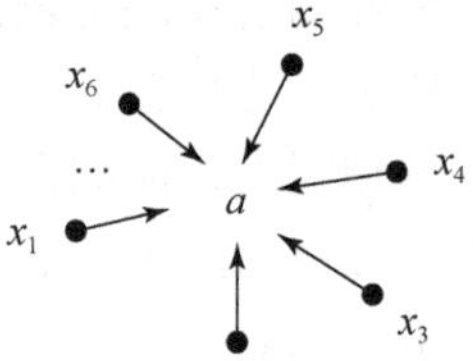

图 3-8 等值约束模型

式(3-2)为所有变量统一到一个值的情况,这种向单个值集中的标准等值约束模型如图 3-8 所示。

2) 标准数值小于等于或小于的单限值约束模型

设在标准数值定义域 X 中,存在任意值 $x_i(i=1,2,\cdots)$,标准约束要求 x_i 应小于等于或小于数值 $a_i(i=1,2,\cdots)$,以实现规定的数值小于等于或小于单限值的统一要求,即

$$x_1\leqslant a_1,\quad x_2\leqslant a_2,\quad \cdots,\quad x_i\leqslant a_i \tag{3-3}$$

或

$$x_1<a_1,\quad x_2<a_2,\quad \cdots,\quad x_i<a_i \tag{3-4}$$

当所有常数相等时,即 $a_1=a_2=\cdots=a_i=a$,有

$$\{x_1,x_2,\cdots,x_i\}\leqslant a \tag{3-5}$$

或

$$\{x_1, x_2, \cdots, x_i\} < a \tag{3-6}$$

式(3-5)和式(3-6)为所有变量不超过或小于一个常数值的情况，这种不超过或小于某数值是规定变量小于等于或小于的单限值约束的模型，如图3-9所示，图中的箭头尖为变量变化到的常数值位置(后续图3-10～图3-12中的箭头含义与图3-9的相同)。

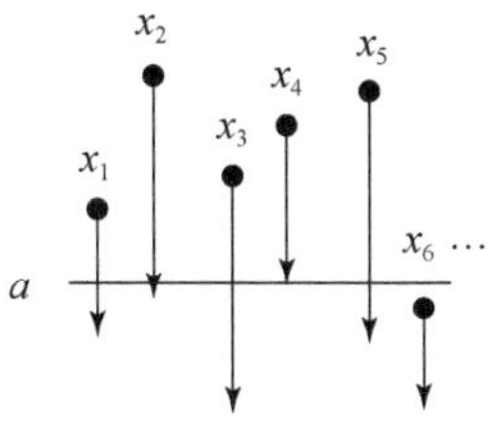

图3-9　小于等于或小于单限值约束模型

3) 标准数值大于等于或大于的单限值约束模型

设在标准数值定义域 X 中，存在任意值 x_i($i=1,2,\cdots$)，标准约束要求 x_i 应大于等于或大于数值 a_i($i=1,2,\cdots$)，以实现规定数值大于等于或大于单限值的统一要求，即

$$x_1 \geqslant a_1, \quad x_2 \geqslant a_2, \quad \cdots, \quad x_i \geqslant a_i \tag{3-7}$$

或

$$x_1 > a_1, \quad x_2 > a_2, \quad \cdots, \quad x_i > a_i \tag{3-8}$$

当所有常数相等时，即 $a_1 = a_2 = \cdots = a_i = a$，有

$$\{x_1, x_2, \cdots, x_i\} \geqslant a \tag{3-9}$$

或

$$\{x_1, x_2, \cdots, x_i\} > a \tag{3-10}$$

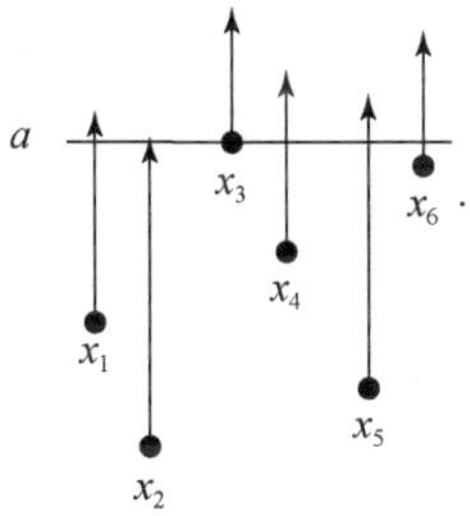

图3-10　大于等于或大于单限值约束模型

式(3-9)和式(3-10)为所有变量不小于或大于一个常数值的情况，这种不小于或大于某单限值是规定变量大于等于或大于的单限值约束的模型，如图3-10所示。

4) 标准数值双限值约束模型

设在标准数值定义域 X 中，存在任意值 x_i($i=1,2,\cdots$)，标准约束要求 x_i 应在某两个相应的定值 a_i 和 b_i($i=1,2,\cdots$)区间，以实现标准数值在区间内的统一要求，即

$$a_1 \leqslant x_1 \leqslant b_1, \quad a_2 \leqslant x_2 \leqslant b_2, \quad \cdots, \quad a_i \leqslant x_i \leqslant b_i \tag{3-11}$$

或

$$a_1 \leqslant x_1 < b_1, \quad a_2 \leqslant x_2 < b_2, \quad \cdots, \quad a_i \leqslant x_i < b_i \tag{3-12}$$

或

$$a_1 < x_1 \leqslant b_1, \quad a_2 < x_2 \leqslant b_2, \quad \cdots, \quad a_i < x_i \leqslant b_i \tag{3-13}$$

或

$$a_1 < x_1 < b_1, \quad a_2 < x_2 < b_2, \quad \cdots, \quad a_i < x_i < b_i \tag{3-14}$$

当两个系列的常数分别相等时，即 $a_1 = a_2 = \cdots = a_i = a$，$b_1 = b_2 = \cdots = b_i = b$，有

$$a \leqslant \{x_1, x_2, \cdots, x_i\} \leqslant b \tag{3-15}$$

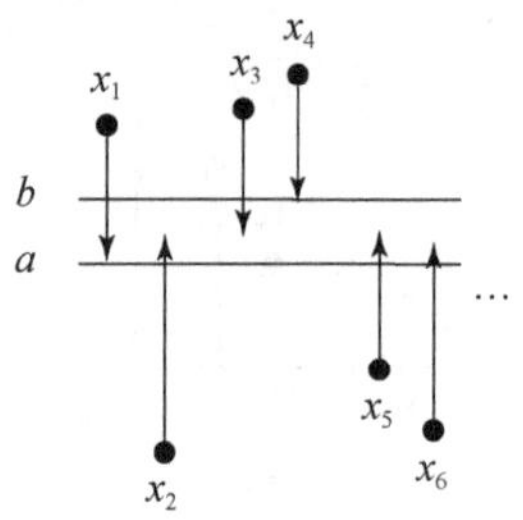

图 3-11　双限值约束模型

或

$$a \leqslant \{x_1, x_2, \cdots, x_i\} < b \tag{3-16}$$

或

$$a < \{x_1, x_2, \cdots, x_i\} \leqslant b \tag{3-17}$$

或

$$a < \{x_1, x_2, \cdots, x_i\} < b \tag{3-18}$$

式(3-15)～式(3-18)为所有变量值在一个常数值区间内的情况，是规定变量约束在双限值区间内的模型，如图 3-11 所示。

3.2.6　标准化状态传递的标准模型

通常，标准化状态传递是通过标准实现的。标准化状态传递的逻辑关系为：将需要实现标准化的要素以制定标准的方式记录在标准上，通过标准使这些要素传播并实施，建立起标准化状态。在标准化的传递过程中，标准成为记录复制标准化状态的“DNA”载体，标准化状态传递的标准模型如图 3-12 所示。标准对欲标准化的要素难以做到 100％的记录，即使已记录在标准中的要素也难 100％复现标准化。设欲标准化的总要素为 e_{zi}，标准记录下来的标准化要素(复制的“DNA”)为 e_{si}，标准化总要素输入成为标准化信息输入的保真传递函数(ITF)，为

$$\mathrm{ITF} = e_{si}/e_{zi} \tag{3-19}$$

式(3-19)的传递函数，是表征标准化输入信息保存在标准中的保真度函数，或称为标准化信息输入的保真传递函数，由标准制定结果的标准化要素符合性程度决定。当标准化信息输入的保真传递函数(ITF)为 1 时，说明标准化总要素输入的传递未失真；当 ITF 小于 1 时，说明标准化总要素输入的传递已有失真，ITF 值越小，输入的传递失真越大。

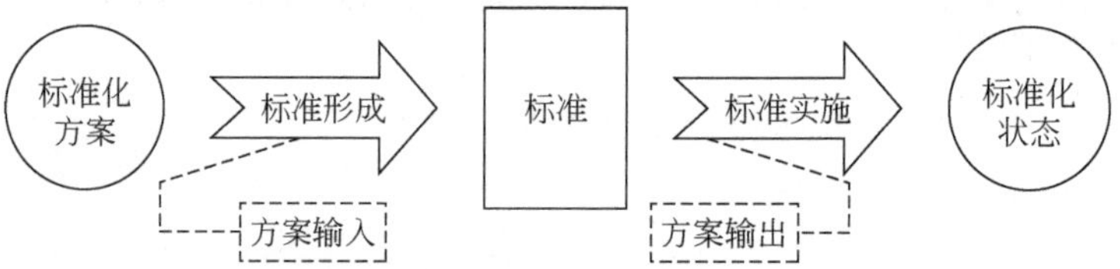

图 3-12　标准化状态传递的标准模型

标准化状态的建立是通过对标准的实施实现的，标准实施是对标准记录的标准化总要素的复现实现性。设标准记录下来的标准化要素(复制“DNA”)为 e_{si}，标准实施复现的标准化要素为 e_{so}，通过标准实施复现的标准化输出的保真传递函数(OTF)，为

$$\mathrm{OTF}=e_{so}/e_{si} \tag{3-20}$$

式(3-20)是通过标准对标准化状态复现的函数，是标准化输出的保真传递函数，或称为标准输出保真的传递函数，由标准实施对标准化要素复现的符合性程度决定。当 OTF 为 1 时，说明标准实施输出对标准化状态的记录复现没有失真；当 OTF 小于 1 时，说明标准实施输出对标准化状态记录的复现已有失真，OTF 值越小，输出复现的失真越大。

式(3-19)和式(3-20)分别是标准化状态从标准化方案或设计开始到标准化状态建立的两个过程阶段的传递函数。标准化状态全过程传递函数(GTF)为

$$\mathrm{GTF}=\mathrm{ITF}\cdot\mathrm{OTF}=(e_{si}/e_{zi})\times(e_{so}/e_{si})=e_{so}/e_{zi} \tag{3-21}$$

式(3-21)说明，标准化状态全过程传递函数(GTF)由标准实施复现标准化的要素 e_{so}除以欲标准化的总要素为 e_{zi}获得，是欲标准化的总要素 e_{zi}实现标准化结果的最终反映，或是欲标准化的总要素 e_{zi}丢失程度或保真的反映。当 GTF 为 1 时，说明欲标准化的状态复现没有失真；当 GTF 小于 1 时，说明欲标准化的状态复现已有失真，GTF 值越小，欲标准化的状态复现失真越大。

3.2.7　状态共轭变换的标准模型

标准化状态是对象的非标准化状态通过标准要素约束后变换形成的。标准为对象的变换过程注入标准化“基因 DNA”，使变换的结果呈现符合标准化“基因 DNA”的标准化状态。标准作为变换因子的变换关系模型如图 3-13 所示[1]。

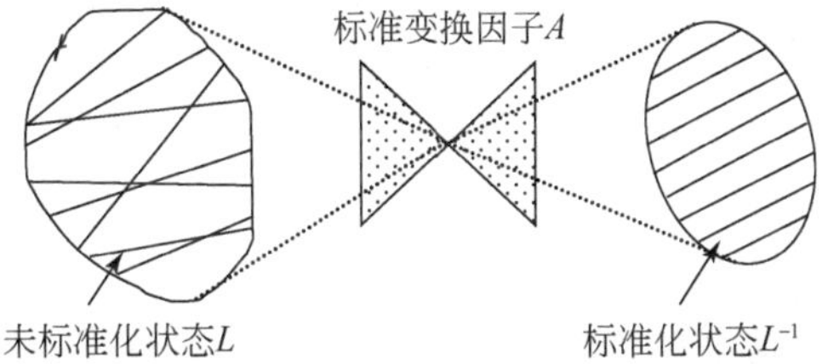

图 3-13　标准作为变换因子的变换关系模型

状态共轭变换的标准模型是一种共轭变换数学模型，变换的实质是对变换对象 L 注入标准化“基因 DNA”，这个标准化“基因 DNA”是共轭变换的约定控制关系 A(变换因子)，或共轭变换“控制器”，对象 L 经 A 约束控制作用后，变换成对象 L 的结果状态 L^{-1}，即标准化状态，其数学模型[1]为

$$L^{-1}AL$$

标准化的共轭变换模式是一种有益和有利的变换模式，因为变换的约束控制——标准具有知识集成性、有效性、传播性、可获得性等有益特性。对象通过标准约束控制变换能带来突出的有益增值。共轭变换的约束控制——标准能将对象

变换为有利的标准化新状态，使其能在秩序、畅通、效率、节省、保护等多个利益中至少获得利益之一。

3.2.8　标准内容建立模式的模型

标准内容建立模式的模型是标准依靠什么模式建立标准内容的模型，主要有四种标准内容建立模式的模型，一是“贴标准”模式，二是“抄标准”模式，三是“编标准”模式，四是“研标准”模式，这些标准内容建立模式的模型分别如图 3-14～图 3-17所示。

图 3-14　“贴标准”模式

图 3-15　“抄标准”模式

图 3-16　“编标准”模式

图 3-17　“研标准”模式

“贴标准”模式是直接在选定的现有标准的封面上贴上目标标准（需要建立的标准）的封面，如 A 国国家标准或 C 专业标准等的封面，或在现有标准的封面上印制自己的标记，使其方便、快捷地成为目标标准的方法，标准的内容是整体全面移植过来的，即贴封面或标记形成的标准，“贴标准”的模式如图 3-14 所示。“贴标准”只需要制作目标标准的封面，将源头标准的名称给予目标标准，并在目标标准封面上注明源头标准的编号信息和目标标准管理类信息，或直接在源头标准封面上印制自己的标记，无须对移植来的标准内容作任何文字改动和变化，包括不作任何翻译和编辑等工作，这是一种标准整体直接借用的模式。这种情况一般是在标准语言和格式相同的标准之间，如英国等语言为英语的国家对国际标准采用了“贴标准”的模式形成其国家标准的组成部分。“贴标准”可以极低的成本和最短的时间获得所需的标准。

“抄标准”模式是将选定的现有标准的内容整体性转换来建立另一个级别、另一国家或另一专业类别等的标准的方法，标准内容的建立几乎是靠照抄现有标准的内容形成的，主要是做翻译性和较少编辑性的工作，即等同采用或等效转化形成的标准，“抄标准”的模式如图 3-15 所示。“抄标准”情况有：将国际标准翻译转化为国家标准，将 A 国标准转化为 B 国标准，将不需要作太多变化的企业标准提升为行业标准，将国家标准或行业标准选择部分适用的转成企业标准等，主要是转换先进标准“为己所用”、提升标准的级别或摘录建立标准。“抄标准”也需做一定的工作，这些工作主要是翻译工作和/或编辑及格式规范性的工作，没有明显和深入的技术性工作。“抄标准”可以较低的成本和较短的时间获得所需的标准。

“编标准”模式是在成熟的技术、产品、过程、服务、管理等成果的基础上，或在总结有效技术、产品、过程、服务、管理等知识的基础上，或在已有标准的基础上，将这些成熟成果或有效知识通过修改、补充、优化、改进、提升、规范性表述等工作编制成标准，或将已有标准进行修改、补充、提升等编制成新标准的方法，标准内容是基于成熟成果、有效知识或已有标准形成的，即通过编制工作建立的标准，“编标准”模式如图 3-16 所示。“编标准”情况有：将成熟产品技术条件、工艺方法、试验方法、服务要求、生产管理方法等编制为标准等。“编标准”的工作将会对原有的技术或知识进行修改、补充、优化、改进、提升等，而且还要按标准的格式进行规范性的编写，有较明显和深入的技术性工作。“编标准”比“抄标准”花费的成本和时间要显著增加。“编标准”的过程和作用正如通常所说的**源于实践、优于实践、指导实践**。

“研标准”模式是在没有现成的技术、产品、过程、服务、管理等现成成果的基础上，开展所需标准研制，或与产品、技术等研制同步开展标准研制的方法，标准的内容是通过研制和验证工作形成的，即通过研制工作建立的标准，“研标准”模式如图 3-17 所示。“研标准”情况有：解决高精度基准需求问题研制基准标准；解决广泛使用产品通用化问题研制通用产品标准；发展下一代技术或产品的需要研制下一代技术或产品的标准等，例如，研制 5G 通信技术时同时研制 5G 通信标准等。“研标准”的工作是技术性很强的工作，一般是技术或知识创新的标准建立工作。“研标准”要比“编标准”花费的成本和时间高很多。“研标准”的过程和作用为**基于技术、高于技术、引领技术**。

3.2.9　标准形成和升级的路径模型

标准形成的逻辑和路径主要是由下向上根据需求形成的，也有少数情况是由上向下或平行关系根据需求直接形成的，标准形成的路径关系如图 3-18 所示（为了使图简洁、清楚，图 3-18 略去了标准平行形成关系的表达）。标准有各种层级的标准，如国际标准、国家标准、行业标准、地方标准、团体标准、企业标准等，标准由下向上的形成路径可以是逐级递升形成，也可是跨级形成，例如：企业标准升为地方标准，地方标准升为行业标准，行业标准升为国家标准，国家标准升为国际标准；企业标准升为国家标准，或团体标准升为国际标准等。

图 3-18 中标准形成的路径关系，多数情况是标准的升级路径。标准的升级是标准扩大其适用范围的需要。标准发展的方向是不断扩大标准的适用范围，标准升级的过程就是在加强这些特性。标准形成的路径中，由上向下形成标准的情况主要是国际标准转化为国家标准、国家标准摘入企业标准，平行形成标准的情况是

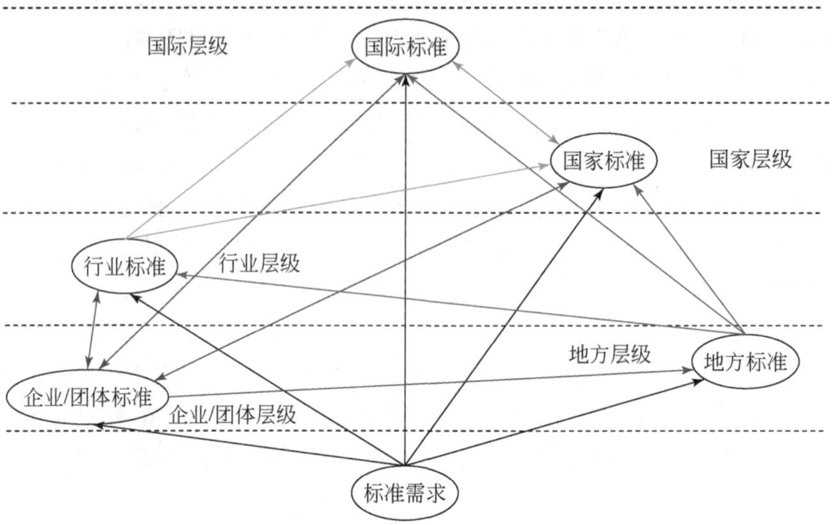

图 3-18 标准形成的路径关系

A 国家标准形成 B 国家标准等，这些情况在整个标准形成的路径关系中是少数情况。

3.2.10 标准实施的阻力模型

标准的实施既有动力，也有阻力。对标准实施直接产生的阻力主要有：长期形成的习惯与变化所产生的矛盾阻力；约束与自由所产生的矛盾阻力；习惯保持原状态惯性的阻力；对标准化效果不认同的阻力；极致要求与大众化所产生的矛盾阻力等。在标准制定/修订与实施的寿命周期中，将会产生标准实施的阻力振荡现象。这种阻力在标准首次制定后实施时最大，然后在随后的一次次修订后的实施周期中逐渐衰减，这种标准制定/修订后实施的阻力振荡关系如图 3-19 所示。标准实施的阻力来自人们不愿让执行标准改变了人们熟悉的习惯，以及抵抗或不愿支付标准实施可能的成本。

标准修订与实施时，其内容只是部分改变，未改变部分的内容在前一次标准制定/修订后实施时，在与阻力的斗争中已有所接受，因此标准的实施阻力总体明显降低。只有当标准实施的效益大于成本时，即效费比大于 1 时，标准的实施才能出现阻力周期性衰减振荡的现象。当标准实施的效益小于成本时，即效费比小于 1 时，标准的实施不会出现阻力周期性衰减振荡的现象，出现的是标准实施的阻力不断上升的现象。效费比小于 1 的标准是不该实施的。标准制定时如果不考虑效费比的有效关系，标准将是一个摆设，或是弊大于利。标准实施受到阻力的另外原因可能是标准没有很好权衡经济性，或是标准的内容空洞、无实质性的有益作用。

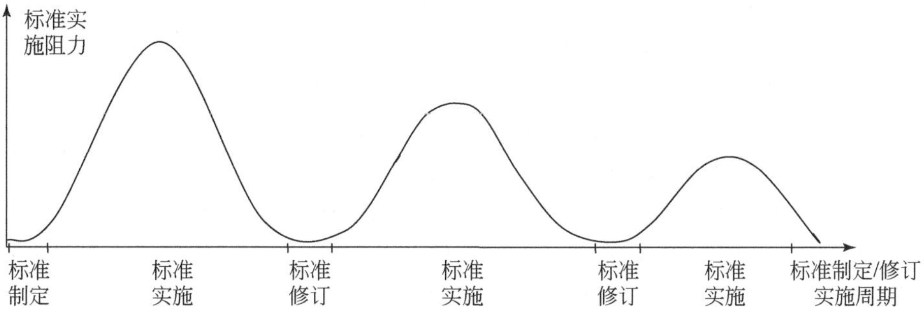

图 3-19　标准制定/修订后实施的阻力振荡关系

3.2.11　标准与产品间的转换模型

标准与产品间的转换有两种模型：一种是产品转换为标准的“产品标准化”转换模型，如图 3-20 所示；另一种是标准转换为产品的“标准产品化”转换模型，如图 3-21 所示。“产品标准化”的转换是将产品中需要重复使用或/和共同使用的要素提炼出来制定为标准，用于产品一致性复制、传播的需要。“标准产品化”的转换是将标准中可直接使用的要素制作为产品，满足标准直接使用的需要，如美国信息交换标准代码(ASCII)等。以上所说的“产品”是一个广义的概念，既可以是有形的实物产品，也可以是无形的技术、管理、服务、操作过程等产品。“产品标准化”的转换是属于标准建立或标准制定的事，“标准产品化”的转换是属于标准使用或标准实施的事。无论是“产品标准化”还是“标准产品化”，目标都是服务于产品而不是标准。

图 3-20　“产品标准化”转换模型

图 3-21　“标准产品化”转换模型

3.3　标准作用意义的认识

3.3.1　标准的综合作用意义

标准是**有效知识**，是**信任标签**，是**质量标杆**，是**互联互通互操作的必要保证**，是**市场的准入门槛**，是**争议仲裁的权威依据**，是**公共利益的保护宣言**，是**产品、服务等的可信任的推广广告**等。标准是**有效知识**，为使用者提供了经过验证可靠的科学性、先进性、正确性、经济性等的技术和方法,可带来突出利益。标准是**信任标签**,当产品和服务标识了其执行的相应标准时,可使消费者放心使用,避免了使用者各自验证产品质量的巨大成本和产品品质认定不统一的冲突等问题。标准是**质量标杆**,是质量的基础和依据,高质量的标准才能产生高质量的产品及服务水平。标准是**互联互通互操作的必要保证**,规定了实现信息交换的统一化要素,为互联互通互操作提供了实现的支持条件。标准是**市场的准入门槛**,是许可和限制的基线,阻止低质、有害等产品的生产,限制高危险、高消耗、高污染企业的存在和产生,可发挥对有害性、危险性等事情的**事前"拦住"、事后"抓住"**的作用。标准是**争议仲裁的权威依据**,是经过优化、验证的可靠知识,具有公认为同类可信任知识的地位,可为技术纠纷和异议提供裁定基准或准则。标准是**公共利益的保护宣言**,强制规定了安全生产、资源开采、环境保护等要求,并公开向全社会公布其内容,让公众掌握其要求,形成全社会共同监督和维护的环境,保证社会安全、资源合理利用和生态环境和谐。标准也是**产品、服务等的可信任的推广广告**,标准的发布、发行和宣贯就在对标准所承载的产品、服务等起着广泛宣传的推广广告作用,而且这个广告是具有很高信任地位的广告。

3.3.2 标准是社会文明和进步的重要手段

社会的相互关联性越多和相互依赖性越强,对标准化的依赖性就越强,多关联的系统只有标准化才能秩序化,只有秩序化系统才能有效运行和发展。**标准与社会文明进步的关系就像水与船的关系,标准的水平有多高,社会文明进步的水平就有多高,标准的水平决定社会文明进步的水平,高标准是社会高质量发展的核心要素**。社会涉及标准的深度决定社会文明和进步的程度,社会高度文明和进步的治理将是进入应用**标准治理的阶段。应用标准治理是社会治理进入高级阶段的良好状况**,它体现了社会治理"规则"建立的平等、公平参与和公认性,"规则"执行的认同性和自愿性。**社会普遍有标准和用标准**将会使社会的生活质量、生产质量、服务质量、管理质量的水平全面提高;**社会普遍懂标准**将会形成社会全面的质量监督能力和监督环境,使社会的生活质量、生产质量、服务质量、管理质量水平全面达标,"货真价实",以高的标准化传递函数值实现标准化状态;**社会普遍思考标准问题**,将使社会发展全面升级、改进,发展速度和发展质量全面跃升。**社会应该形成崇尚标准、建设标准、传播标准的氛围和环境,建立更加秩序化、畅通化、效率化、保护化的社会**。

3.3.3 标准剥离出人的知识形成能单独保留的能力

标准可将工作岗位的人掌握的技术和知识从人载体剥离出来,单独固化在文本中,成为完全客观性的工作岗位的技术和知识,不再会因为人的随意性和状态不稳定等因素而受影响和改变。标准使工作岗位的技术和知识的掌握可通过自学习、自复习、自操作的途径来实现，可脱离人教人的方式，省去人教人的人工费用成本，消除人教人容易出现的主观因素偏差和失误等。另外一个重要的方面是，标准使知识可脱离人形成能独立保留的能力，使企业能建立不依赖于人员状况影响的单独技术能力，避免了企业因人员变化带来的技术能力降低或丧失的风险，增强了企业的生存和发展能力。当企业面临精英离岗，工作没有人会干怎么办？照标准做。当企业新来人员没人教怎么办？还是照标准做。企业只要把其业务制定为标准，就保留了企业的技术能力，因为绝大部分企业都是以提供重复性的技术、知识、技能劳动服务于产品、市场和社会的工作模式，这些技术、知识、技能都可以通过标准固化下来。

用标准将高级技术和管理人员的知识剥离出来的另一个重要意义就是，标准可使**知识逻辑应用**变成**知识程序应用**，可大大降低对员工的技术水平和分析能力的要求，使高知识性和高智力性的技术工作可由普通人按验证有效的程序来做，以大大降低人工成本，提高工作效率。

3.3.4　标准是企业竞争力的重要体现

标准是**专家集体智慧的结晶**，是相关方协商一致认为的**当前最好水平的技术**，是**技术的“制高点”，是技术的“哲学境界”，具有引领性、提升性、推动性和规范性作用**。**标准是技术进步、业态规范、质量提升的重要手段**。标准的竞争就是技术先进性、优越性的竞争，也是产业技术领导权的竞争，掌握标准就掌握了发展的主动权。

标准是企业实力和竞争力的重要组成部分，是验证有效的重要技术资源。标准体现企业的**内在实力和外在话语权**，是引领发展和抢占市场的重要手段。标准既是企业的**技术实力载体和知识池**，也是企业开辟新领域和发展新技术、新产品的平台和基础。**制定标准是创新成果认定的有效途径**。标准可以承载软、硬两种实力，核心关键技术标准承载企业的硬实力，管理程序、方法、文化标准承载企业的软实力。有一种说法是：“一流企业做标准，二流企业做专利，三流企业做产品。”具有做标准能力和资格的企业必须是产品做得好的和创新能力强的企业，是**集技术执行优势和技术建设优势为一体**的企业。“得标准得天下”，这个“天下”就是“产品发展的市场”或“服务应用的领域”等的“天下”。

标准制定的过程是新知识代替旧知识的博弈过程和创新技术有效性认定的过程。标准争夺过程也是企业核心竞争力建设的过程。标准是占领市场的有力武器。“技术专利化、专利标准化、标准国际化”是成功企业发展的有效经验。一个强大的企业里面一定有一个强大的标准体系，标准是企业做大做强的有力支撑。

标准是企业保值增值的“技术资产”，成功企业系统性建立的标准，可用于到世界各地复制出一个个同样成功的企业，使企业迅速扩大发展，如麦当劳、肯德基等。

3.3.5 标准是社会协作关系的纽带

标准是社会协作关系建立的必要纽带。标准的时空统一功能为不同时间和不同地域的设计协作、生产协作、管理协作等的要求符合性和一致性提供了连接和协调的依据和手段。标准连接了社会协作细分的各专业技术的关系,使巨大数量、极其复杂的社会配合化生产关系和服务关系秩序化地统一起来。

3.3.6 标准制定模式构建专家集体建立有效知识的机制

标准制定模式构建了一种由优秀专家集体建立所需有效知识和知识体系的机制,这种机制为社会构建了能及时提供工业、农业、服务业、社会事业等方面所需有效技术和知识的能力和途径。个人构建知识的能力可以在专业性的深度上有突出贡献,但难以完成多专业组合、复杂性知识的体系化构建。标准制定建立的知识不同于专家个人建立的知识,其是通过专家间的知识互补进行完善的,并要通过标准制定程序验证和证实知识为有效的;标准建立的知识也不同于产品研制建立的技术文件,技术文件只服务于特定型号和考虑当期有效,而标准的内容是具有普遍适用性和长期有效性的,并能为一类或多类对象使用。

3.3.7 标准是支撑社会信任体系建立的巨大信任知识体系

标准是一种可信任的概念,具有可信任的地位,标准就是秉持这一理念建立的。标准是优选和验证为有效的知识成果。人类的可靠知识是建立在具有标准地位的知识基础上的,牢固的、可信任的知识体系,是由一层层具有标准地位的知识构建的,由此形成了能放心使用和相互支持的知识和知识体系。标准为社会信任体系的建立提供了巨大的信任知识体系,没有标准这个信任知识体系的支撑,工业、农业、服务业、社会事业等的信任就无法保证。

3.3.8 标准是创新依靠的基础、激发过程和价值实现的途径

标准既是技术创新的依靠基础,也是技术创新的摇篮,还是创新成果推广、价值实现的途径。技术创新是在大量有效知识基础上的创新,创新的产生也需要应用大量有效知识,标准为创新提供了大量可靠的知识,基于标准基础和应用的创新,可提高创新效率,降低创新风险,减少创新成本。标准的研制需要最好的技术,这一要求为技术创新起到了激发作用;标准制定中对支撑标准内容的根本理论的解释、关键数据的验证确认、问题解决方案的探索等研究过程,也可激发优质、实用的创新成果的产生,因此标准研制也是激发创新成果产生的过程和摇篮。

创新的成果、专利等不一定是有用的和能用的,不通过标准途径对创新成果进行认定,而是直接通过市场渠道推广的认定将是漫长的和艰难的,甚至会被废弃。

当创新的成果、专利等被标准纳入后，标准制定过程将对创新成果的有效性和可用性进行验证、完善和认定，巩固、增强创新成果的价值，并能通过标准的实施对其进行推广使用。标准为创新成果的完善和及时推广应用提供了一条有效途径。

3.3.9　标准为社会提供了知识福利

标准为社会提供了近似免费的高价值知识，人们无需亲自建立标准知识产生的条件，无需自已投入大量的人力、财力进行标准知识研究、有效性验证等漫长的理性认识和实践积累经历，就能以低成本直接、方便地获得标准所承载的可靠、有效的技术、方法、规定、解决方案等有效知识成果，使绝大部分标准知识使用者避免了获取这些知识所需的专业性高级技术劳动和大量经费的重复投入。标准为社会提供了知识福利，为同业的产品生产和服务提供者减省了获取有效知识的巨大成本，为低成本获得知识精华提供了便捷的途径。使用标准相当于以廉价和便捷的途径获取精英或大师的知识。

3.3.10　标准将为全球秩序化担当起重要使命

当今，社会越来越复杂，分工越来越细，文明程度越来越高，各单元间联系的相关维度越来越多并越来越强。**社会正在进入一个需要全面规则化、高度规则化的社会**。标准是相关方在“程序正义”、“良好行为规范”的指导下和学术民主的环境里建立的**公认规则**，正在向全社会的时间域、空间域进行全面**辐射**和**渗透**，满足社会对这一**价值性规则**全面性、实时性的急需，并以其有效知识间广泛性的**协同互操作**，成倍或乘方地增加其对社会发展和进步的贡献及效益。标准的作用已不仅为支持技术与经济发展、提升发展质量、维护公共利益等方面，现正在向支持全球治理、助力政治关系改善等方面延伸，**它将为全球秩序化对标准规则的全面需要而担当起重要的历史使命**。

3.4　标准与文件和专利的区别

3.4.1　标准与文件的区别

以上论述了标准的概念、特性、价值、理论模型、作用意义等，对标准的认识还需要有与其相近对象的区分认识，以厘清标准与它们的区别，这种对象有文件、专利等。标准与文件主要有以下区别：

(1) 标准与文件的颁发者不同，标准一般是由非政府机构或政府管理机构颁布，而文件一般是由政府机构或行政机构(含企业机构)颁布的。

(2) 标准与文件的形成方式不同，标准是相关方协商参与制定的具有公认性的规范性文件，标准体现了公平、平等、民主、协商等关系，而文件是由行政管理者建立的，反映管理者或制定者的意志，可以不协商制定，相关方不是必须参与的。

(3) 标准与文件的发放范围不同，标准是广泛公开、持续发行的，具有获得的公平性和方便性，而文件是管理范围内某时发放的，只能在发放范围内的人有获得的机会，通常标准的发行范围要远远广于文件。

(4) 标准与文件的使用寿命不同，标准的使用寿命较长，标准可以通过周期性修订不断改进或重生，具有稳定性，而文件的使用寿命取决于颁发机构存在的时间和领导者的思想，当机构变化、领导改变或领导思想改变时，文件就会变化和取消。

(5) 标准与文件的使用性质不同，标准有强制性使用、推荐性使用、自愿使用的，而文件一般是强制性使用的或严格使用的。

(6) 标准与文件的维护机制不同，标准是周期性维护的，如 5 年复审、修订的周期，而文件通常是一次性发布使用的，没有维护机制。

3.4.2 标准与专利的区别

标准与专利主要有以下区别：

(1) 标准与专利在知识有效性的确认上不同，标准知识的使用有效性是已验证或证实的，标准的知识是具有有效性的，而专利的有效性是待验证或待证实的。

(2) 标准与专利在内容的系统性上不同，标准的内容通常是系统性的、综合性的，其知识具有系统性，而专利知识通常是“点”知识或个别知识。

(3) 标准与专利在使用的约束性上不同，标准具有规则性，是要求相关方要遵守的，具有约束性和权威性，而专利的使用是喜好选择的，由使用者的需要、倾向和认定来选择，是选用者自己的行为。

(4) 标准与专利在形成方式上不同，标准是集体智慧的结晶和按照专门的工作程序由组织制定形成的，是组织行为建立的知识成果，而专利一般是个体或小群体的灵感创造的成果，一般是个体行为或小团体行为的知识成果。

(5) 标准与专利在所有关系的属性上是不同的，标准是政府部门、社会组织或企业制定的，是“公有属性”或“集体属性”的，是“公有”的知识成果，而专利一般是个人的发明或小群体的发明，是“私有属性”的，是“私有”的知识成果。

参考文献

[1] 麦绿波. 标准化学——标准化的科学理论[M]. 北京：科学出版社，2017.

第4章 标准的概念[1]

“标准的概念”是标准化学科最基本的概念，在标准化学科理论建设中具有重要地位，它既是标准化学的重要内容，也是标准学的重要内容。这部分内容尽管在《标准化学——标准化的科学理论》一书中已作过论述，但为了保证本书重要理论内容的完整性和连续性，本书对这部分的核心内容进行了保留。有关“各方对标准概念的定义”和“标准概念定义的局限性问题”的内容未纳入本书，这部分内容可参见《标准化学——标准化的科学理论》。本章主要介绍“标准的广义概念”、“标准的狭义概念”、“标准的形成范式”以及“标准和标准化的关系”的内容。

4.1 标准的广义概念

自20世纪50年代起，国际上的标准化专家学者和标准化机构纷纷开展对标准概念的定义，这些标准概念定义尽管经历半个多世纪的不断修改和完善，但始终没有跳出以标准制定工作方式定义标准概念和以机构管理的标准作为标准概念定义的“圈子”。因此，国际标准化组织定义的标准概念实际上只是机构管理的一类标准的情况。标准化是历史形成的，尽管没有人类历史久远，但它比人类文明史长得多，因此，标准史也是一个长远的历史，它是标准化的原因。标准这个词在我们的社会生活中到处应用，许多地方说的标准都没有批准的文件这个特点，难道说没有批准的文件这个特点的标准就不能称为标准吗？实际上，国际标准化组织定义的标准概念，在标准化出现的时间关系上只是很小的一段，在标准化的空间关系上也是很小的一部分。标准的概念应该是一个宽泛的范围，可以把标准从管理关系分为两大类：一类是有机构管理的标准，如国际标准、国家标准、行业标准、地方标准、团体标准、企业标准等；另一类是非机构管理的“标准”，如技术协议、联盟协定、公众认可的标准等。如果标准只有机构管理的“标准”，将会造成发展的阻碍，一是难以满足社会各方面对标准的巨大需求和应用，二是会限制标准形式和方式的由衷创造，限制标准化的繁荣发展。标准和标准化一样，拥有了机构管理的标准概念定义后，更需要广义的标准概念，以拓宽标准的建立和应用的范围，使标准能在有限规模的标准化机构之外得到更多关注以及有更大的发展和应用空间。广义标准概念的建立，也可解决现行标准化机构对标准概念定义的局限性问题，使标准的内涵和外延能够根据需要充分地扩展和应用，调动全社会关心标准化和应用标准化的积极性。广义标准概念可包括所有的标准概念,因此广义标准概念的建立不仅不会排斥机构管理标准关系的发展,而且会使更大范围的标准获得确认和名分。

要建立广义的标准概念就要对标准有深入的认识,要认识到标准的本质和精髓,要用覆盖性广和精炼的文字来表达。表达标准意思的词汇,需要选用有利于标准要义的词句。用以表达标准要义的词句有哪些呢?在人们的心目中,标准包含的意思有基准、标杆、样板、准则、规则、依据、尺度等,标准具有公平、公正、透明、客观尺度等含义,是人们向往的追求、理想的境界、认同的约束。实施标准的效果具有统一、一致、规范、秩序等状态。标准是以主观认同来建立的客观关系(纯客观标准除外),主观建立的过程一旦完成,它就成为不能随意改变的客观关系,是人们自觉共同遵守的规则。标准要有基准、标杆、准则等作用,就要能被共同认可。共同认可的前提是认可的内容具有明显的优越性和自愿追求性。广义标准的概念应消除机构对标准概念定义的标准目的的局限性、标准形式的局限性、标准用途的局限性、标准管理模式的局限性和标准内容来源的局限性等,要做到以标准的本质关系来定义。

鉴于上述标准定义的问题,标准定义的建立应摆脱依托工作思维的模式,建立学术性的标准概念,高度抽象标准概念的内涵,建立小内涵、大外延的标准概念,使标准的概念经得住广泛适用性的检验,并能为标准化的理论建设提供学术性支持。通过对标准本质关系的凝练,将广义标准概念定义为:**统一化的约定集合**。

广义标准概念的定义有以下内涵:

(1)“统一化”是标准化的本质,也是标准实施的目的。统一化是一种状态和持续关系,不是瞬间关系。“统一化”有客观形成的统一化和主观建立的统一化,包括自然现象的统一化和人类创建的统一化。“统一化”是有范围性的统一化,有国际、国家、区域、行业、地方、企业、团体、联盟、合作伙伴、人群等范围。统一的用途包含重复性、共同性、相通性、通用性、互换性等各种使用的统一。定义中的“统一化”既包含“欲实现的统一化”,也包含“已实现的统一化”,即“约定集合”既可以是为统一化的目的建立的,也可以是实现统一化状态的依据。

(2)“约定”具有协商、认同、认定的含义,“约定”是标准确立的特别要求。“约定”有自然界的“约定”和意识的“约定”,自然界的“约定”是自然规律的确定,意识的“约定”是生物间主观共同的确定。人类意识的“约定”是各方代表间的同意,至少是二人及二人以上,通常是多人。在没有专门声明时,将“约定”默认为人类意识的约定。“约定”可以按正式的机构批准方式约定,也可以用非正式的约定者间签署文件来约定。“约定”包括的标准类型有组织制定的标准、联盟协商确定的标准、公认的标准、相互认可的标准、客观关系的标准等。“约定俗成”是最朴素的标准化关系,约定是广义标准的共同认定概念,俗成是状态,“约定俗成”就是“共同认定”的“状态”,即标准化状态。标准化是改变旧习惯和建立统一化新习惯的过程,“约定俗成”就是这样一个过程。

(3)“集合”是实现“统一化”的约定“元素集合”或约定的“内容”，是广义标准的内容表述。“集合”包括的内容可以是文字描述的要求、规定、图样、表格、图形、图像等文件方式，也可以是物质、声音、现象、行为等非文件性质的内容。“集合”包括科学、技术、管理、操作程序等方面的内容，即包含技术标准内容、管理标准内容、工作标准内容等。

广义标准的概念包含狭义标准的概念，它是最广泛包容的标准概念，适用于以各种形式表现的标准和以各种方式形成的标准，包括机构管理的标准和非机构建立的标准。

4.2 标准的狭义概念

具有特定格式的文字型的文件标准可以看成标准的一种典型类型，这种类型是当今标准制定的主要工作类型，是常用类型，应该有其标准概念的定义。由于这种类型的标准只是广义标准中的一种，要对它进行标准概念的定义，它的定义只能是狭义的标准概念，而不能代表所有标准概念。我们把过去专家学者、国际机构、国家机构对标准概念的定义认为是对狭义标准概念的定义。但是，这些定义无法使大家满意，它们仍然存在作为狭义标准概念的局限性，不适合直接用作狭义标准概念的定义。这些标准概念定义的局限性主要有标准目的的局限性、标准用途的局限性、标准类型(技术标准)的局限性、标准机构的局限性等。因此，狭义标准的概念需要有新的定义，以对规范性文件等狭义标准有很好的包容性。

对于常见的文件标准类型，从标准概念应具有广泛适用性和学术性的角度，也应建立新的标准概念的定义。这类标准是标准大家族中的一员，是当今比较活跃和使用最多的一种标准，可将它命名为狭义标准。将狭义标准概念定义为：**为统一化而协商同意，由认可机构批准的文件、物质、行为、现象等的约定**。

在狭义标准概念的定义中：以“统一化”定位标准制定的目的，突出了标准的本质特征；标准的形成过程采取“协商同意”的方式，说明了标准建立的平等关系；狭义标准是由“认可机构”批准的，具有特定的形成程序环节和认可环节，是机构管理的对象；“认可机构”是一个宽泛的机构概念，可以是政府机构、政府认可的机构、团体认可的机构、联盟认可的机构、企业认可的机构和伙伴认可的机构等，也可以是官方性的和非官方性的；狭义标准中的文件标准是格式化的文件，文件具有特定的外观形式，采用规范性表述模式；文件标准是用文字、表格、图样、图形表达的，是表述性的文件。文件标准实际上相当于一种典型性的标准，它有明确的标准标记和特定格式，有专门的机构来管理，有很宽的应用面和重复使用率。由于文件标准已发展成为主流的标准，似乎成为标准的形象代表，所以也可将文件标准简称为“标准”。文件标准是特定的标准类型，它不包括其他非机构管理的文件式标准(事实标准)，只包括机构管理的规范性文件等标准。

文件标准的定义在大部分内容上与行政文件和法规有类似关系，但又有很多不同之处。它们之间最主要的区别在于：文件标准是基于相关方协商同意的，法规、行政文件不是以相关方同意为基础的，而是以政府意志或管理者意志为基础的，用于特定的控制和管理意图；标准的内容比较稳定，不会因管理者和机构的变更而变更，而文件的有效性附属于颁发机构，甚至是签批领导，文件管理机构和管理领导变更后，可能就会变更和废除文件；标准能公开获得，具有获得的公平性，文件只能在发放的范围内限定获得。在行为的引导上，标准和法规之间存在鲜明的区别：法规条款一般是用于阻止行为的，是行为“远离”性的，是“高压电”，禁止碰的；标准的条款一般是鼓励实现的，是行为“亲近”性的，但也有禁止触及的标准条款，如安全、环保等是具有控制属性的标准条款。

4.3 标准的形成范式

标准范式具有三种形成方式：第一种是由自然界客观形成的标准范式；第二种是人类主观建立的标准范式；第三种是主观对客观规律认识的标准范式。自然界是按照各自的标准范式建立存在的，其标准的类型主要有物质标准、能量标准、规律标准、生物标准、气候标准等。自然界所有的物质、能量、规律、生物、气候都有其标准的基元，它们的多样化形式是标准基元组合的结果。人类主观建立的标准范式具有多种形式，是随着人类进化的进程逐步形成的，既有物质、能量、规律、生物、气候的创造和调整，也有应用原有和新创物质构造新存在，如产品等，并用标准建立了一个新的人造世界。主观标准范式的形成是由低级形式逐步发展到高级形式的。人类主观建立的标准范式主要有行为标准、物质标准、文件标准、现象标准等范式。每一种标准范式，无论其在主观标准发展过程中原处于什么阶段，其自身总在不断深化发展，形成了自己的由低级到高级的标准范式。人类主观对客观规律认识的标准是一种意识形态的标准，主要是哲学、心理学和科学等范畴。意识形态的认识范式通常是无法直接验证和由器官感觉的，它具有抽象性和无形性。主观对客观规律认识的标准主要表现为对世界观、方法论、自然规律等的认识。三种标准形成的内容将在随后章节论述。

4.4 标准和标准化的关系

标准与标准化具有密切的关系。标准和标准化之间存在的关系是因果关系，标准是因，标准化是果，由标准的因产生标准化的果。标准是标准化的根，标准化是标准关系的普遍化。

制定标准是建立性的工作，标准化是标准实施性的工作。标准的制定是收敛性的工作，标准的实施是发散性的工作。好的标准一定是来自研究制定工作或研制(development)，即基于对标准制定对象的深入研究、验证、实践检验，汇集专家集体智慧，收敛优化关系，使标准内容具有高的权威性和信任度，而不仅仅是文字表达的“起草”工作。标准的制定工作只停留在单纯的“起草”方式上，将会编写成一个缺乏灵魂(科学、技术、知识、经验等)的标准，形成文字化的格式躯壳。标准化状态的形成首先是要使标准能广泛获得，要扩散标准的发行范围，使标准能大范围地实施。

参考文献

[1]　麦绿波. 标准化学——标准化的科学理论[M]. 北京：科学出版社，2017.

第 5 章　客观存在的标准形式[1,2]

提到“标准”，人们的脑海中自然会浮现出封面上具有“标准”标志的规范性文件的形象。而规范性文件标准只是诸多标准中的一种，而且只是人们主观建立的标准中的一种。标准是统一化的约定集合，是一个广义的概念。标准的形式具有客观存在的标准形式、主观建立的标准形式和主观对客观规律认识的标准形式，为了称呼简便，三大类标准可分别称为客观标准、主观标准和主客观标准。实际上，除了被贴上“标准标签”的标准外，更多的标准是我们没有注意到的。客观世界中的存在都有其标准。标准是事物再生或复制的依据，也是事物辨别、判定的基准。把标准看成规范性文件是标准化机构的特定概念，而一切具有准则、标杆、样板、基准、可信依据等属性的事物都可看成标准，这一概念与字典、词典[3]的解释是一致的。因此，标准不只是人们主观规定的规范性文件，还是客观存在的基准、准则的表达。客观世界的存在是基于其物质、能量、规律标准的存在，因此客观标准的存在是必然的，是不容置疑的。客观标准的概念不是目前标准化机构所定义的那种“规范性文件”，而是客观存在中的基准、准则、样板等。从科学的角度研究标准，标准对象的范围就应是所有的标准形式。

5.1　客观标准的概念和类型

客观标准是自然界客观存在的标准，是不以人的意志为转移的。对于客观标准，人类所做的工作是发现和认识。客观标准是物质判定、能量判定、生物判定、环境判定的基准，是最根本的根据和判定关系。客观存在的标准就是客观存在的基准或依据关系。客观存在形式的标准概念为：**客观现象统一化的公认特征关系**[4]。这一概念说明，**客观标准来自客观现象，是统一化现象的特征关系，是表现统一化的核心要素**。客观标准的特征关系是区别于其他事物的判据，也是归并(统一)同类的判据。客观标准不是绝对的客观，是有主观性影响的，是由主观认定的客观关系。由于标准的确认具有主观性因素，就难以实现所有人对标准认定的一致性，所以标准的认定应是由公认来界定的。公认是指全部或大部分业内人士认同，或权威性的专业组织或机构的认定，并不要求所有人都能认同。客观标准是公认的统一自然界客观存在的要素关系。如果能找到统一客观存在的要素关系，这些要素关系统一事物的有效性就能够被证实，且能获得公认地位，这些要素关系就是客观标准。科学家的研究工作主要就是客观现象或存在标准的发现工作。

客观世界是一个充满标准关系的世界，没有标准关系的世界是不可认识的世界。没有标准就没有鉴别，没有鉴别就不能确定知识分类，没有知识分类就无法建立科学的知识体系。客观标准存在于客观世界中。在客观世界中，只要有鉴别需要的地方，就有标准存在的需要。客观世界中，标准关系的存在是客观的，标准关系的表达是主观的。标准关系的表达，就是客观现象统一化特征的表达。客观标准的主观性是对客观现象认识的表达。标准是主观对客观真理的认识或主观对真理认识的逼近。客观世界由物质、能量、规律和三者的结合构成。客观标准主要考虑物质、能量以及它们的结合的标准，规律的标准放到主观对客观规律认识标准的部分。客观标准可分为物质标准、生物标准、能量标准和环境标准四大类标准形式，其分类和链路关系谱如图 5-1 所示。尽管生物也属于物质，但它是具有生命的有机物质，且其基本单元是有机大分子，因此将其从微粒基本关系的物质中分离出来，专门作为客观标准中的一个类别。

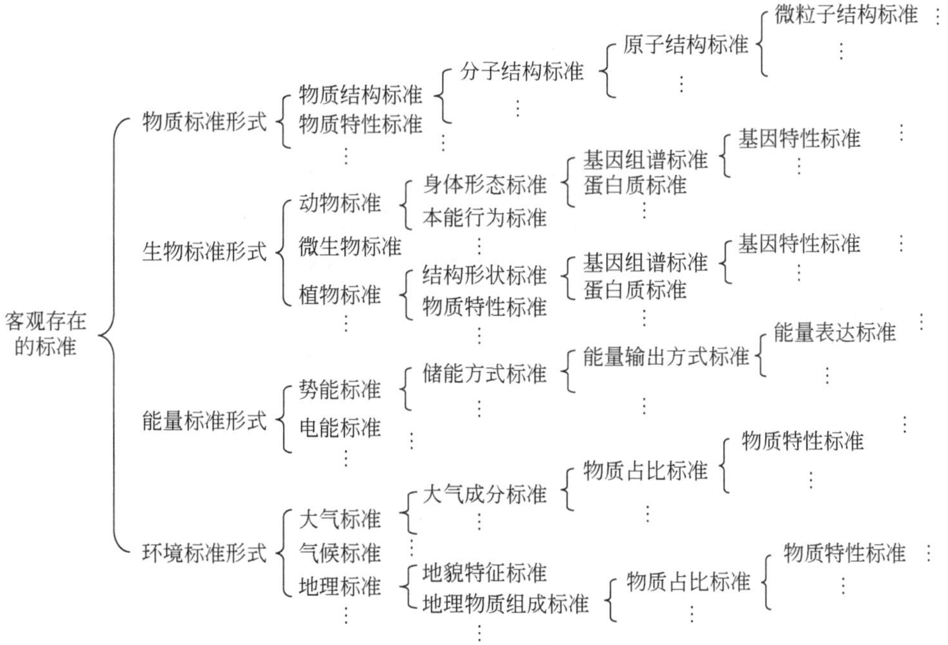

图 5-1　客观标准的种类关系

5.2　物质标准形式

世界是由物质构成的，世界的多样化就是物质多样化的结果。物质的多样化是基于物质性质关系的多样化的。物质的性质关系可分为有机物质与无机物质、金属物质与非金属物质、晶体物质与非晶体物质、放射性物质与非放射性物质、酸性物质与碱性物质、惰性物质与活性物质、软物质与硬物质、导电物质/半导体物质/绝缘体物质、轻物质与重物质等。物质性质的多样性，本质上是由物质微观组成关系的多样化决定的，如分子组成关系的多样性，分子又由原子的组成关系决定。118 种元素原子是世界造物的基本标准元素。

每一种物质的标准就是其分子的组成关系标准。有多少种可能的分子组成关系，就有多少种物质，因此物质的分子组成标准是非常多的。物质还有非分子物质部分，如原子、离子等，但这部分物质的种类是非常少的。物质的分子关系有的是自然形成的，有的是人工合成的，人类也在为物质创建新的物质标准关系。尽管物质的分子结构关系标准有很多，但构成这些分子结构的元素标准是有限的，它们只有 118 个元素标准。118 个元素标准又是由质子、中子、电子三种标准粒子按数量关系组成的。质子、中子、电子又是由上夸克和下夸克两种标准粒子按数量关系组成的。组成物质的粒子链路的标准关系是：夸克→质子、中子、电子→原子→分子→物质（电子是基本粒子，不由夸克组成）。物质的标准体系是一个金字塔形的标准体系，最基本、最底层的标准是两个基本粒子标准——上夸克与下夸克；下一层次的标准是三个粒子标准——质子、中子、电子，质子和中子由上夸克和下夸克组成；第三层标准是 118 种元素的原子标准，原子由质子、中子、电子按一定的种类数量关系组合而成；第四层是有机物和无机物的分子标准，由 118 种元素的原子按一定的种类数量关系组合而成；第五层是由有机物分子和无机物分子组成的各种物质，其关系链如图 5-2 所示。上夸克和下夸克是基本粒子，当然上夸克和下夸克还可以细分，每一层粒子由其上层（更基本层）粒子的种类数量组合而成。组成物质的粒子主要有两方面的标准要素：一方面是粒子的结构关系标准；另一方面是粒子的特征关系标准。

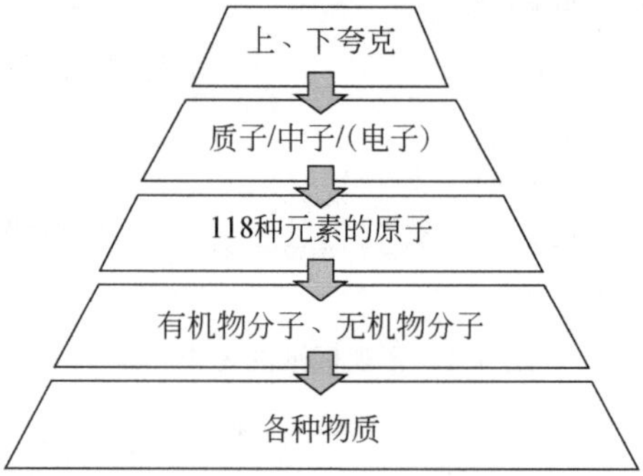

图 5-2 组成物质的粒子链标准关系

物质的标准包含分子物质、原子物质、离子物质的标准。分子物质有纯净物和混合物，纯净物包括单质和化合物，单质又包括金属单质、非金属单质、稀有气体，化合物包括有机化合物和无机化合物，无机化合物又包括氧化物、酸、碱、盐等。分子是保持物质化学性质的最小粒子，单个分子不保持物质的物理性质。物质发生化学变化时，其物质分子变成其他物质的分子。物质发生物理变化时，其物质分子本身没有变化，只是物质的尺寸、物质分子的间距发生了变化。分子有一定的大小和质量。分子之间有一定间隔。分子是在不断地运动着。分子的标准模型是由原子按化合价关系组合的粒子模型，组成的分子有由同一种原子按一定数量组成的单质分子和由不同种类的原子按一定数量组成的化合物分子或混合物分子。在 118 种元素中，原子中的质子数决定了元素的种类标准，它们按相对原子质量和电子数量从小到大排列，即氢、氦、锂、…、鿫，其中，还有三种元素尚未找到。当 118 种元素的原子增加中子时，可增加相应的同位素元素。

分子的化合方式有离子化合、共价化合、金属化合。离子化合是基于原子的离子键作用，由活泼金属元素和活泼非金属元素得失电子后的离子静电相互作用形成。共价化合是基于原子的共用电子对关系，最外层电子不饱和的非金属元素间或非金属元素与某些不活泼金属元素间通过共用电子对形成共价键结合。金属化合是基于自由电子与排列成晶格的金属离子间的静电吸引，金属原子间的紧密结构使电子能级有一定重叠，金属离子通过共享自由电子形成金属化合键而结合。

物质的化学反应有化合反应、分解反应、置换反应、复分解反应。化合反应是两种以上元素或化合物合成一个新物质的反应，即 A+B=C 的反应，有一部分情况属于氧化还原反应。分解反应是化合物分解为构成元素或小分子的反应，即A=B+C的反应，属化合反应的逆反应，有一部分情况属于氧化还原反应。置换反应是一种反应元素取代化合物中的一种元素的反应，即 A+BC=B+AC，有金属与金属、非金属与非金属、金属与非金属的置换，置换反应全部是氧化还原反应。复分解反应是两种化合物互相交换成分形成另外两种化合物的反应，即 AB+CD=AD+CB，复分解反应不属于氧化还原反应。氧化还原反应是化学反应的主要类别。每种物质都具有各自的固态、液态、气态三种状态，各种物质都有其标准的熔点、沸点。

每种物质都有其标准的酸碱性、导电性、硬度、稳定性、密度、氧化性、晶体性等。分子的酸碱性是用分子的 pH 来表达的，分子的 pH 小于 7 为酸性，分子的 pH 大于 7 为碱性，分子的 pH 等于 7 为中性。溶液的酸碱性是用氢离子（H^+）与氢氧根离子（OH^-）的比例来决定的，氢离子数大于氢氧根离子数时为酸性溶液（$pH<7$），氢离子数小于氢氧根离子数时为碱性溶液（$pH>7$）。分子的导电性由最外层电子丢失的难易性决定，最外层电子越容易丢失，导电性越好。

分子的硬度由原子硬度和原子间结合的牢固度决定，原子越硬，原子间的键越多、距离越小，分子的硬度越大。分子的稳定性由分子间的结合力决定，分子间结合力越强，分子越稳定。物质晶体结构有离子晶体、分子晶体、原子晶体、金属晶体。阴阳离子通过离子键形成的晶体为离子晶体，离子晶体的熔沸点较高，硬度较大，固态不导电，熔化导电。分子间的作用力（范德瓦耳斯力）或氢键形成的晶体为分子晶体，分子晶体的熔沸点较低，硬度较小，不导电。原子共价键形成的晶体为原子晶体，原子晶体的熔沸点很高，硬度很大，难溶解，不导电。金属阳离子通过自由电子形成的晶体为金属晶体，金属晶体的熔沸点有的高有的低，难溶于水，熔化导电。分子的标准关系如表 5-1 所示。

表 5-1　分子的标准关系

分子物质组成关系	分子的组成成分	分子物质	纯净分子物质	单质分子物质	化合分子物质
	原子、同位素原子	混合分子物质(两种以上分子物质的混合)；纯净分子物质；单质分子物质；化合分子物质	单质分子物质；化合分子物质	稀有气体；金属单质；非金属单质	酸；碱；盐；氧化物
分子性状	分子颗粒	化学变化	物理变化	分子尺寸和质量	分子间及状态
	化学变化的最小颗粒；单个分子不保持物理性质	分子物质变成其他分子物质	分子物质不变成其他分子物质；分子间距离变化；物质尺寸变化	分子有一定大小和质量	分子间有一定间隔；分子在不断运动
分子合成	元素组成	化学反应		化合方式和化合键	
	118 种元素及其同位素按化学规律组合成分子	化合反应：A+B=C(部分属氧化还原反应) 分解反应：A=B+C(部分属氧化还原反应) 置换反应：A+BC=B+AC(属氧化还原反应) 复分解反应：AB+CD=AD+CB(不属氧化还原反应)		离子化合(离子键) 共价化合(共价键) 金属化合(金属键)	
分子性质	酸碱性	导电性	硬度	稳定性	晶体性
	酸性：$pH<7$ 酸溶液： $c(H^+)>c(OH^-)$ 碱性：$pH>7$ 碱溶液： $c(H^+)<c(OH^-)$	随最外层电子丢失的容易程度而增强	随原子间的键增加和距离减小而增大	随原子间的结合力增强而增强	离子晶体 分子晶体 原子晶体 金属晶体(晶体熔化前不导电)

每一种元素的原子的标准模型关系为：是化学变化的最小粒子；有一定的大小和质量；始终在不断地运动；原子不显电性；原子之间有一定间隔；由质子、中子、电子组成；质子和中子构成原子核；电子在原子的轨道上运动；电子轨道的位置是量子化的；电子主量子数，$n=1,2,\cdots,7$，共有 7 个，分别用 K、L、M、N、O、P、Q 表示，形成了电子运动的 7 个主能级层；电子的角量子数 l 是决定主能级层中亚能级层和电子轨道形状的量子数，$l=0,1,2,3$，共有 4 个，分别用 s、p、d、f 表示，电子的运

动态 s 为 1 种，p 为 3 种，d 为 5 种，f 为 7 种，共有 16 种状态（角量子数与磁量子数/电子云角度），如图 5-3 所示[5]。所有元素的相应角量子数的电子云角度分布状态都是相同的，按角量子轨道关系统一；电子的自旋状态有 2 种（自旋量子数）；每个电子轨道中的电子数量只能是 0、1 或 2；同一原子中，没有运动状态完全相同的电子存在；当电子排布时，尽可能分占同层不同的轨道，且自旋相同；对于同一个电子亚层，处于全满（s2、p6、d10、f14）、半满（s1、p3、d5、f7）和全空（s0、p0、d0、f0）时比较稳定；原子的最外层电子最多为 8 个，次外层电子最多为 18 个；同族元素（周期表同列），电子层增加，金属性增强；同周期元素，核电荷数增加，金属性减弱；一个质子具有一个正电荷，中子是非电性的，电子具有一个负电荷；原子得到电子或失去电子成为离子；原子的直径约为 10^{-10} m，原子核的直径为 $10^{-15}\sim10^{-14}$ m；每个原子都有其相对原子质量，不同种类的原子的相对原子质量是不相同的，相对原子质量范围为 1.008～293，相对原子质量由碳原子质量的 1/12 为一个基本单位；原子化合价有离子化合价和共用电子对化合价；质子（p）和中子（n）都由 3 个夸克组成，2 个上夸克和 1 个下夸克组成质子（uud），1 个上夸克和 2 个下夸克组成中子（udd）。原子的组成标准关系和性状标准关系如表 5-2 所示。

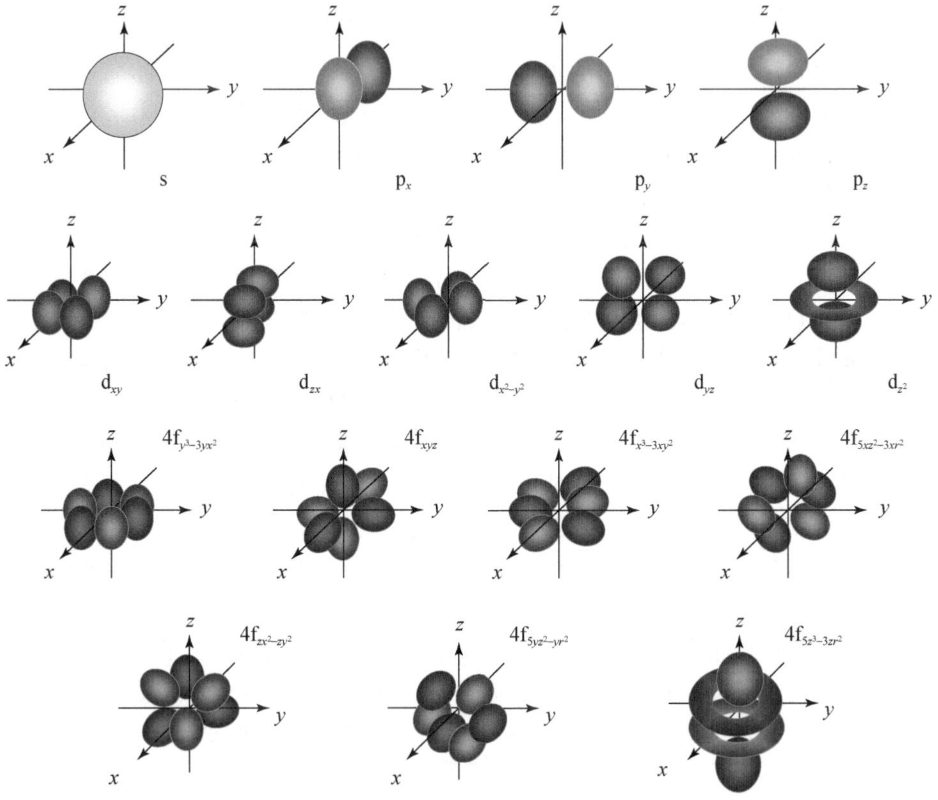

图 5-3　角量子轨道电子云角度分布关系

表 5-2　原子的标准关系

<table>
<tr><td rowspan="2">原子的组成和状态</td><td>原子的组成成分</td><td>原子直径</td><td>原子核直径</td><td>相对原子质量</td><td>原子电性</td><td>运动状态</td></tr>
<tr><td>质子、中子、电子；质子数＝电子数；有118种元素原子及其同位素原子</td><td>10^{-10}m</td><td>10^{-15}～10^{-14}m</td><td>1.008～293</td><td>中性</td><td>不断运动</td></tr>
<tr><td rowspan="6">电子运动状态</td><td colspan="2">电子层关系(主量子数/电子能级/n)</td><td colspan="3">亚电子层数(角量子数/l/角动量)</td><td>自旋量子数</td></tr>
<tr><td colspan="2">第1/K层；第2/L层；第3/M层；第4/N层；第5/O层；第6/P层；第7/Q层</td><td colspan="3">s；p；d；f(原子轨道形状，同一亚层轨道能级相同(简并轨道))</td><td>＋1/2；－1/2</td></tr>
<tr><td colspan="2">电子运动态(磁量子数/电子云角度/m)</td><td colspan="4">亚电子层的电子数</td></tr>
<tr><td colspan="2">s有1种；p有3种；d有5种；f有7种</td><td colspan="4">s＝1～2；p＝1～6；d＝1～10；f＝1～14(也可以为0)</td></tr>
<tr><td colspan="5">亚电子层排序状态</td><td>轨道电子数</td></tr>
<tr><td colspan="5">1s；2s→2p；3s→3p；4s→3d→4p；5s→4d→5p；6s→4f→5d→6p；7s→5f→6d→7p</td><td>0、1、2</td></tr>
<tr><td rowspan="2">原子核组成</td><td colspan="3">原子核的质子组成</td><td colspan="3">原子核的中子组成</td></tr>
<tr><td colspan="3">2u＋1d
(u上夸克，＋2/3电荷；d下夸克，－1/3电荷)</td><td colspan="3">1u＋2d
(u上夸克，＋2/3电荷；d下夸克，－1/3电荷)</td></tr>
</table>

原子中的粒子是由夸克组成的，夸克的标准关系决定了原子的标准关系。夸克的标准模型关系为：夸克具有三代关系，第一代为上夸克、下夸克，第二代为粲夸克、奇夸克，第三代为顶夸克、底夸克；夸克具有分数电荷，上型夸克(上夸克、粲夸克、顶夸克)有＋2/3基本电量，下型夸克(下夸克、奇夸克、底夸克)有－1/3基本电量；夸克是一种自旋1/2粒子，旋转分量分别为＋1/2(↑)和＋1/2(↓)，例如，一个＋1/2的上夸克可写成u↑；夸克具有反关系，即反上夸克、反下夸克，反夸克的电荷相反；弱相互作用下，上、下型夸克可以转换，任何上型夸克(上夸克、粲夸克、顶夸克)，都可以通过吸收或释放一个W玻色子，而变成下型夸克(下夸克、奇夸克、底夸克)，反之亦然，每一种夸克都偏向于变成与自己同一代的另一种夸克；在β衰变时，中子内的一个下夸克在释放一个虚W玻色子后，随即衰变成一个上夸克，中子变成质子，随后W玻色子衰变成一个电子及一个反电子中微子；夸克按色荷关系在强相互作用(规范玻色子传递)下进行吸引和排斥，每种夸克带有“红”、“绿”和“蓝”三种色之一，反夸克具有反三色，某色夸克可与对应的反色夸克组成束缚系统，三色各异夸克可组成束缚系统，互相吸引的夸克达到色中性(色荷为零或“白”色)；净夸克质量比组夸克质量(周围胶子场质量)小得多，强子(质子、中子)中的大部分质量是胶子场的质量，例如，一个质子的质量约为938MeV/c^2，质子中3个价夸克的质量只有约11MeV/c^2[6]。夸克的标准关系如表5-3所示。

表 5-3　夸克的标准关系

代别	第一代		第二代		第三代	
型别	上型	下型	上型	下型	上型	下型
名称	上夸克	下夸克	粲夸克	奇夸克	顶夸克	底夸克
电荷	+2/3 电荷	−1/3 电荷	+2/3 电荷	−1/3 电荷	+2/3 电荷	−1/3 电荷
符号	u	d	c	s	t	b
味性	自旋=+1/2	自旋=+1/2	粲数=+1	奇异数=−1	顶数=+1	底数=−1
色荷	u_R，u_G，u_B	d_R，d_G，d_B	c_R，c_G，c_B	s_R，s_G，s_B	t_R，t_G，t_B	b_R，b_G，b_B
质量	5.6MeV	10MeV	1.3GeV	200MeV	174GeV	5.0GeV
总动量	1/2					
重子数	+1/3					
型别	反上型	反下型	反上型	反下型	反上型	反下型
名称	反上夸克	反下夸克	反粲夸克	反奇夸克	反顶夸克	反底夸克
电荷	−2/3 电荷	+1/3 电荷	−2/3 电荷	+1/3 电荷	−2/3 电荷	+1/3 电荷
符号	−u	−d	−c	−s	−t	−b
味性	自旋=−1/2(↑)	自旋=−1/2(↓)	粲数=−1	奇异数=+1	顶数=−1	底数=+1
色荷	$-u_R$，$-u_G$，$-u_B$	$-d_R$，$-d_G$，$-d_B$	$-c_R$，$-c_G$，$-c_B$	$-s_R$，$-s_G$，$-s_B$	$-t_R$，$-t_G$，$-t_B$	$-b_R$，$-b_G$，$-b_B$
总动量	1/2					
重子数	−1/3					
转换	上型夸克或下型夸克吸收或释放一个玻色子转换为同代下型夸克或上型夸克，反型夸克同理					

标准原子模型的认识不是轻而易举得到的，是经历了许多设想和淘汰的过程，如有玻璃实心球模型、实心带电球原子模型、葡萄干蛋糕模型、土星模型、磁原子模型、行星绕太阳模型等。尽管物质的组成关系曾有过多种认识，而分子、原子、质子、中子、电子、夸克的链路关系在当今被认为是标准的关系，因为这一关系已证实了许多现象，且目前还未被证伪。

物质的标准关系是依靠分子的标准关系的，而分子的标准关系又是依靠原子的标准关系的，原子的标准关系是依靠质子、中子、电子的标准关系的，质子、中子的标准关系是依靠夸克的标准关系的（电子标准不由夸克标准决定），由此形成了多个层次的微粒标准链路关系。

5.3　生物标准形式

物质的一种特殊形式是有生命的物质形式，它由动物、植物、微生物组成，是由基本标准元素关系组成的更加复杂的物质形态，它们形成了更高层次的物质的种类关系和标准关系。生物标准主要是生物的性状标准，由动物、植物、微生物的结构、生理、形态、行为特征标准组成。这些标准下面还有支撑它们的标准。统一复杂的动物、植物、微生物种类的形态和特性的关键因素，是一种具有标准性质的因素，它们是生物的DNA。每种生物的DNA都储存了复制生物形态和特性的基因信息，它是生物繁殖的标准或复制的标准，是各种生物品种的统一要素。而DNA又是由4个碱基对组合而成的。尽管地球上的动物、植物、微生物的种类如此之多，但构成不同品种的最底层基本元素都是一样的。各品种的DNA关系一般是稳定的，但也会受到环境因素和自身行为因素变化的影响带来小的和缓慢的变化。

动物的标准关系由身体结构形态和本能行为构成。身体结构的标准形态由其DNA赋予的蛋白质组成结构关系决定。本能行为在基因的基础上和同类的影响下，形成了本类动物的本能行为标准。多数植物是适于陆地生活的多细胞真核生物，具有光合作用合成碳水化合物的功能，一般有由叶绿素、基质、细胞核、纤维素构成的细胞壁，没有神经系统和感觉器官，不能自移动和快速反应。微生物构造简单，有单细胞的、简单多细胞的、非细胞（依赖细胞，如病毒）的，它们处于进化的初级地位，大多依靠有机物维持生命。生物的统一关系表现在由细胞（或依赖细胞）构成、有新陈代谢、有生命周期（生长、发育、生殖、衰老、死亡）、遗传和变异，这一关系统一了动物、植物、微生物的特点，是生物存在的规律标准模式。生物有共同的物质基础，即蛋白质、核酸、元素等。生物的核心标准是DNA，它是遗传信息的载体[4]。

DNA是生物的标准要素，它由组成其的各标准因素所决定，并与相关的其他标准要素一起复制其物种。各种生物的性状是按其标准给定的。DNA的标准关系是有机分子层面的标准关系。DNA主要储存于细胞核中的染色体上，染色体是DNA的载体，基因是DNA上有遗传效应的片段，遗传信息主要储存于DNA的碱基序列中，人体拥有30亿对碱基。真核细胞核中有不止一个染色体，一条染色体只含有1～2个DNA分子，每个DNA分子上有多个基因，每个基因含有成百上千个脱氧核苷酸（碱基对）。DNA是核苷酸单体构成的链状聚合物，每个核苷酸由一个糖基、一个碱基和一个磷酸基团组成，其糖基是2′-脱氧核糖，含5个碳原子，分别为1′-、2′-、…、5′-碳原子[6]。DNA的组成元素主要是碳、氢、氧、氮、磷（C、H、O、N、P）。DNA是右旋的双螺旋链结构，两条骨架由脱氧核糖和磷酸基通过酯键交替连接而成，中间是由四种碱基A、T、C、G（脱氧核苷酸）配对的碱基对组成，其中A腺嘌呤与T胸腺嘧啶以2个氢键配对，C胞嘧啶与G鸟嘌呤以3个氢键配对，碱基对以氢键维系。DNA双螺旋结构如图5-4所示。DNA分子双螺旋结构的每一个螺旋单位有10个碱基对，长度约为3.4nm，螺旋直径约为2.0nm。由于DNA并不直接决定蛋白质的合成，蛋白质的合成场所存在于细胞质中的核糖体上，所以需要有一种中介物质，把DNA上控制蛋白质合成的遗传信息精确无误地转录下来，传递给核糖体，并进行合成。这种物质称为RNA(核糖核酸)，存在于生物细胞或部分病毒、类病毒中，由核糖核苷酸经磷脂键缩合而成单长链状分子。一个核糖核苷酸分子由磷酸、核糖和碱基构成，一般为单链长分子，不是双螺旋结构。RNA主要分三类：信使RNA(mRNA)、转运RNA(tRNA)、核糖体RNA(rRNA)。mRNA是合成蛋白质的模板，内容按照细胞核中的DNA所转录；tRNA是mRNA上碱基序列(即遗传密码子)的识别者和氨基酸的转运者；rRNA是组成核糖体的组分，是蛋白质合成的工作场所。mRNA的碱基顺序决定蛋白质的氨基酸顺序，完成基因表达过程中的遗传信息传递过程。mRNA的碱基有四种，即A腺嘌呤、G鸟嘌呤、C胞嘧啶、U尿嘧啶，碱基配对关系为A-U、G-C、G-U，每三个碱基决定一个氨基酸密码，相邻的三个碱基称为一个“密码子”，碱基的组合有64种密码子组合关系(4×4×4)，同一种氨基酸可以由几个不同的密码子来决定。mRNA只是合成蛋白质的蓝图，必须靠tRNA把氨基酸搬运到核糖体上。tRNA能根据mRNA信息将它携带的氨基酸连接起来形成多肽链。每种氨基酸可与1～4种tRNA相结合，已知的tRNA在40种以上[7]。蛋白质由20种L-α氨基酸合成。蛋白质是生命的结构物质，承担着生物的新陈代谢。各种生物的性状是按其标准给定的。生物物种遗传的标准关系如表5-4所示。

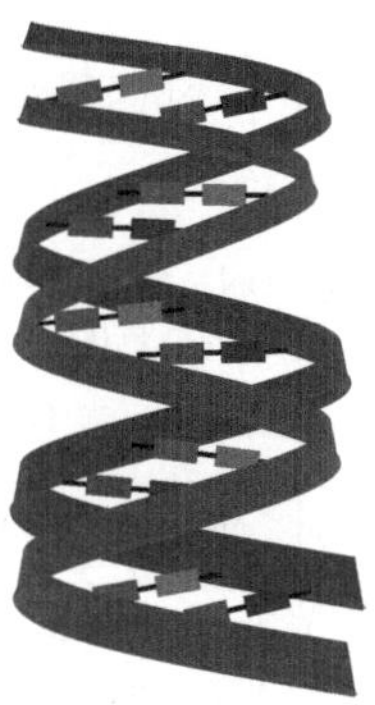

图5-4　DNA双螺旋结构标准关系

生物的物种遗传是由一个标准生物链路的运作完成的。细胞核中的染色体包含DNA，DNA包含遗传信息，mRNA翻译、转录DNA的氨基酸信息，tRNA把氨基酸搬运到核糖体上，将氨基酸连成多肽链，构成多肽蛋白质，形成生物的生命结构关系和新陈代谢系统。蛋白质是生命的物质基础，是构成生物组织器官的结构，机体中的每一个细胞和所有重要组成部分都有蛋白质参与，其占人体重量的16%～20%。氨基酸通过脱水缩合连成肽链，不同氨基酸以肽键相连所组成的具有一定空间结构的生物大分子物质，一条或多条多肽链生物大分子组成蛋白质。

以上内容是物质基本层的标准关系，利用这些标准关系，能使物质可识别、可复制或可产生。物质的标准是客观存在的，不是主观规定出来的，是相关领域的科学家对这些客观存在的研究、发现和证实的结果。对于物质世界而言，无数的物质形态是由极少数的标准元素构建的，**物质宏观层面的多样化基于其微观层面的标准化，微观标准化元素是物质多样化的根本要素**。

表 5-4　生物物种遗传的标准关系

DNA关系	DNA 的载体	DNA 的功能	DNA 的结构	碱基	碱基配对
	DNA 储存于细胞核的染色体上	携带生物物种的遗传信息	脱氧核糖和磷酸基通过酯键交替连接成的右旋双螺旋链结构，骨架间由碱基对连接	A 腺嘌呤；T 胸腺嘧啶；C 胞嘧啶；G 鸟嘌呤	A 与 T 以 2 个氢键配对；C 与 G 以 3 个氢键配对
mRNA关系	mRNA 的载体	mRNA 的功能	mRNA 的结构	碱基	译解关系
	存在于生物细胞以及部分病毒、类病毒中	翻译和转录 DNA 遗传信息	由核糖核苷酸经磷脂键缩合而成单长链状分子	A 腺嘌呤；G 鸟嘌呤；C 胞嘧啶；U 尿嘧啶	三个碱基组一个密码子，共 64 种，几个密码子决定一种氨基酸
tRNA关系	tRNA 的种类	tRNA 的功能		搬运与构建内容	
	有 40 多种 tRNA	把氨基酸搬运到核糖体上		将氨基酸搬运到核糖体，并连接成多肽链	
氨基酸关系	氨基酸种类	蛋白质合成方式		合成的蛋白质类型	
	L-α 氨基酸，共有 20 种	蛋白质由 20 种 L-α 氨基酸合成		血浆蛋白质、纤维状蛋白质、酶蛋白质等	

5.4　能量标准形式

客观存在除了物质关系外，还有能量关系，尽管物质和能量在一定的条件下可以相互转化，但能量极难逆转为物质，而且能量还是以一种与物质不同的形式存在着。因此，能量有其稳定的独立性，必有表达这种稳定独立态的标准关系，否则能量就是不可研究和应用的。能量形式的标准主要有势能标准关系、电能标准关系、磁能标准关系、热能标准关系、化学能标准关系、动能标准关系、光能标准关系、声能标准关系等。势能的大小由物质的质量(kg)和高度(m)决定；电能的大小由电荷量(C)决定；磁能的大小由磁场强度(A/m)和磁感应强度(T)决定；热能的大小由热量(J)决定；化学能的大小由化学反应的热量(J)决定；动能的大小由物体的质量(kg)和速度(m/s)决定；光能的大小由光通量(lm)决定；声能的大小由声功率级(dB)决定，它们都是用标准的计量单位来表达的，都可以统一在功率(W)或能量(J)的标准关系上[4]。功率或能量是能量的统一标准元素，而力能、电能、热能、磁能、光能、声能等只是能量的表现形式，而且这些能量之间也可以相互转化。任何表达能量强度的空间分布关系或时间分布关系，都可看成由空间功率频谱或时间功率频谱关系的合成。空间或时间的功率频谱是各种能量分布关系的根标准元素，无论能量分布形状如何，都可用连续的或离散的功率频谱进行合成。由功率频谱合成表达能量强度的空间分布的数学关系见式(5-1)和式(5-2)，由功率频谱合成表达能量强度的时间分布的数学关系见式(5-3)和式(5-4)。

$$f(x)=\int_{-\infty}^{+\infty}\sqrt{\Phi(\omega)}\,\mathrm{e}^{\mathrm{j}\omega x}\,\mathrm{d}\omega \tag{5-1}$$

$$f(x)=\sum_{n=-\infty}^{+\infty}\sqrt{\Phi(n\omega)}\,\mathrm{e}^{\mathrm{j}n\omega x} \tag{5-2}$$

式中，$f(x)$为表达能量强度的空间分布函数，x 为空间变量，$\Phi(\omega)$为功率谱密度函数，ω 为频率变量。式(5-1)的频率变量关系是连续的，对功率谱密度函数的均方根$\sqrt{\Phi(\omega)}$进行傅里叶变换得出表达能量强度的空间分布函数。式(5-2)的频率变量关系是离散的，表达能量强度的空间分布函数是通过对功率谱密度函数的均方根$\sqrt{\Phi(\omega)}$进行傅里叶求和变换获得的。

$$f(t)=\int_{-\infty}^{+\infty}\sqrt{\Phi(\omega)}\,\mathrm{e}^{\mathrm{j}\omega t}\,\mathrm{d}\omega \tag{5-3}$$

$$f(t)=\sum_{n=-\infty}^{+\infty}\sqrt{\Phi(n\omega)}\,\mathrm{e}^{\mathrm{j}nx\omega t} \tag{5-4}$$

式中，$f(t)$为表达能量强度的时间分布函数，t 为时间变量，$\Phi(\omega)$为功率谱密度函数，ω 为频率变量。式(5-3)的频率变量关系是连续的，式(5-4)的频率变量关系是离散的。

由式(5-1)和式(5-2)、式(5-3)和式(5-4)可以看出，表达能量强度的函数无论是空间分布的，还是时间分布的，都是频谱功率的组合，频谱是各种功率分布的标准基元形式。功率的分布可以是各种形状，无论其分布关系如何不规则，都是由规则的不同频率的功率关系叠加或组合而成的。规则的频谱元素组成不规则分布关系的图形如图 5-5 所示。图 5-5 说明，**不规则的关系都可以由规则的标准关系按一定成分和量组合而成**，一切不规则关系都可分解成一定成分和量的规则标准关系，这表明自然界的能量也遵循了**多样化是基于标准化的规律**。

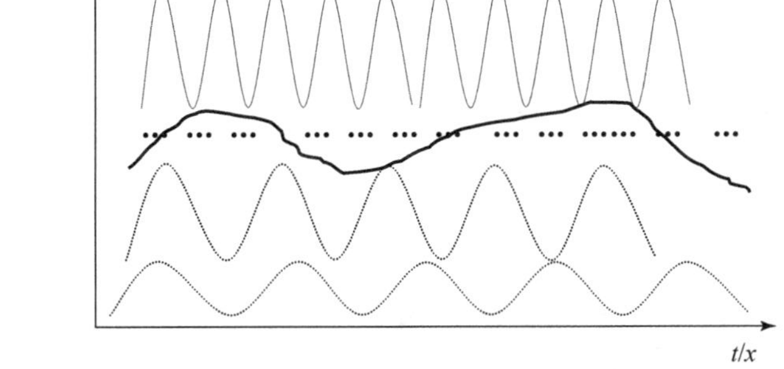

图 5-5　功率分布的频谱组合关系

5.5 环境标准形式

客观世界的环境也存在着标准关系，这些关系涉及气候、地理、地球力学等。这些看似变化无常的关系，其实是固定在平均的标准关系上的。气候关系中有环境的物理特性标准和化学特性标准。环境的物理特性主要有大气压、温度、湿度、风速、降水量等，它们在自己的周期关系中或一定的条件下，始终保持着标准值关系。环境的物理特性标准关系为：海平面的标准大气压为760mmHg(101.325kPa)；地球表面平均温度为287K(13.85℃)；地球平均相对湿度为64.7%；地面上一个地区的年平均风速是固定的，如北京年平均风速为1.8～3m/s；全球陆面上年平均降水量为834mm等[8]。环境的化学特性主要由大气的化学元素决定，这些元素构成了大气成分中的氮、氧、氩、二氧化碳等气体，以及微量的惰性气体氖、氦、氪、氙等。在环境的化学特性标准关系中，各种气体所占份额是标准的，在海平面上，它们分别为：氮占78.084%；氧占20.946%；氩占0.934%；二氧化碳占0.032%；氖、氦、甲烷、氪、一氧化氮、氢、氙、臭氧、一氧化碳、氧化氮、氨、二氧化硫等占0.004%[8]。大气中的气体，在60km高度以下是中性分子，在60km高度以上开始电离，在90km高度以上基本处于电离状态，在高层大气中有些成分分解为原子状态。

地理关系标准涉及海洋、河流、湖泊、山脉、冰川等分布按一定比例的面积量占有，是地理平衡的标准关系，这些标准关系一旦发生突出变化，将会破坏地球内部运动和能量的平衡，将引发地震、火山爆发、水域面积扩大等，破坏当前的生态关系，甚至带来灾难性影响。保持地理关系标准的稳定，就是保持地球生态的稳定和地球的安全。地球力学关系标准是地心引力标准，它给地球表面的任何物质质量以9.8m/s^2(标准位置)的地心引力加速度作用。地心引力对物体的加速度作用随物体空间位置的改变有两种变化，一是随物体所处的纬度的加大而增大(地球自转给物体的离心力随纬度增加而减小)，二是随物体离地面的距离加大而减小(引力与距离的平方成反比)。环境的标准关系如表5-5所示。

表5-5 环境的标准关系

气候特性	海平面大气压	平均温度	平均湿度	平均风速	年平均降水量
	760mmHg	287K(13.85℃)	64.7%	按地区固定	834mm
大气成分	氮占的比例	氧占的比例	氩占的比例	二氧化碳的比例	氖、氦、氪、氙、臭氧等的比例
	78.084%	20.946%	0.934%	0.032%	0.004%
地理特性	海洋、河流、湖泊、山脉、冰川等区域分布按标准比例占有				
力学特性	地球上任何物质质量都受到9.8m/s^{2}的地心引力加速度作用				

5.6　客观标准的特点

客观存在的标准形式是对自然界客观存在认识的标准形式。**任何人类解读的标准都具有客观性和主观性双重属性。客观形式的标准是存在在先，主观确认在后，而主观形式的标准是主观确立在先，客观存在在后。**标准既有表达对象特点的客观特性，也有附于其身的人文特性，这个人文特性就是标准的可靠和信任特性。标准以客观特性表达，以可靠和信任的特性为支持。

客观存在的物质标准、生物标准、能量标准、环境标准间存在着相互关联、相互独立和相互包含的关系，它们的相互关系如图 5-6 所示。生物的标准关系包含在物质的标准关系中，它是物质的有机分子部分；能量标准与物质标准有一定重叠，有的物质中包含着能量，有的能量携带着物质；环境的标准关系中有物质、能量、物质与能量的混合，它覆盖于物质标准和能量的重叠处。

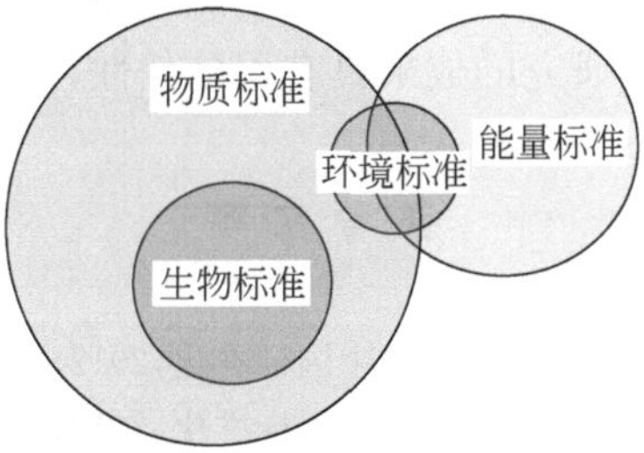

图 5-6　客观存在标准间的关系

客观存在的标准是存在体系化关系的，标准之间有纵向的层与层的关联关系，有横向的系统与系统的关联关系。这些关联关系表现为：物质标准主要由分子标准决定（物质也包含极少量原子和离子物质），分子标准由原子标准决定，原子标准由质子、中子、电子标准决定，质子、中子标准由夸克标准决定（电子标准不由夸克标准决定），夸克标准可由更小的微粒标准决定；物质中包含着能量，物质能转化为能量，能量能转化为物质；环境关系既有物质成分，也有能量成分；物质中有无机物质，也有有机物质。一套客观的体系标准关系，决定着客观存在的状态关系，如果客观体系标准中的某些标准关系有显著变化，那么由标准决定的状态将会发生相应的变化，变化的大小取决于标准变化的影响程度。

在客观存在的物质世界中，物质形式是多样化的，根本关系是统一化的和标准化的。标准化的基本微粒和标准化的量子化波构建了世界各种形态的物质和能量。世界的存在是基于标准化的存在，世界的本体是标准化的本体，基元标准化是系统性的、全局性的、根本性的。庞大的物质分子种数由 118 种元素原子按一定数量组合形成，118 种元素又是由质子、中子、电子三种标准粒子按一定数量组合形成的，而中子、质子仅仅是上夸克与下夸克两种粒子标准组合形成的。生物 DNA 中的 A、T、C、G 四种碱基序列储存了极其复杂的遗传信息，RNA 中的 A、T、C、U 四种碱基的组合翻译、转录了 DNA 中的氨基酸信息，合成了巨大生物种类的蛋白质关系，构成了 150 万种生物品种。**各种不规则分布状态的能量或功率，都是由规则的或标准的正弦或余弦频率功率或能量组成的**。庞杂的客观物质世界，其实只是由极少数种底层的标准元素组合构成的，这一精湛的自然界艺术关系，确实令人惊叹和赞赏。

客观世界的存在，尽管是不以人的意志为转移的，但这种客观存在如果没有可信任的认识标准关系，将是不可学习、不可研究、不可应用的，这就好像古代的炼金术士一样，在茫然的黑暗认识中去碰偶然成功的机会。人们对客观对象（物质、能量、生物、环境等）的科学研究，主要是通过发现研究，验证实在的标准关系和推测思像①的标准关系，也有少量客观存在的标准关系是人类创建的。科学研究根本的和核心的工作，就是发现客观存在的底层标准关系。发现客观标准的工作类似于发现客观真理，它使科学研究的成果具有可信任性，是科学研究的高端境界。

参考文献

[1] 麦绿波. 客观存在的标准形式(上)[J]. 中国标准化，2012，(6)：59-64.
[2] 麦绿波. 客观存在的标准形式(下)[J]. 中国标准化，2012，(7)：68-72.
[3] 刘国顺，王欣. 中华汉语词典[M]. 北京：商务印书馆，2009.
[4] 麦绿波. 标准的存在形式与类型谱系[J]. 中国标准化，2012，(5)：32-38.
[5] 高胜利，陈三平，谢钢. 化学元素周期表[M]. 2 版. 北京：科学出版社，2007.
[6] 赵凯华，罗蔚茵. 量子物理[M]. 2 版. 北京：高等教育出版社，2011.
[7] Fletcher H，Hickey I，Winter P. 遗传学[M]. 3 版. 张博，等译. 北京：科学出版社，2010.
[8] 黄美元，徐华英，王庚辰. 大气环境学[M]. 北京：气象出版社，2005.

① 思像是指构思的理论模型、范式等。

第 6 章　主观建立的标准形式[1-3]

主观建立的标准形式(以下简称主观标准)是人类自己建立的标准形式。人类最早建立标准是出于巩固有效劳动行为和畅通交流的需要,无标准意识而凭借直觉建立的标准形式。人类建立的标准起源于行为标准,标准产生的类型和顺序为劳动行为标准、语言标准等。在劳动行为标准、语言标准之后产生的标准为石骨竹器工具标准等。这些标准是我们的祖先最先建立的标准形式,尽管他们当时还没有标准这种概念和称谓。大家所熟悉的文件标准形式是 20 世纪才建立起来的,它已成为当今主观标准建立的主流。文件形式的标准是国际标准化组织和各国标准化机构工作的主要对象,它不能代表所有的标准形式。目前,其他形式的标准也依然存在,分别由相应的机构进行管理,如度量衡器具标准由计量机构管理,文字、语言标准由语言、文字委员会管理,体育运动行为标准由体育委员会管理等。主观标准是用于促进、支持和保障人类社会发展的,是一类很重要的标准,下面将对其进行系统论述。

6.1　主观标准的概念和类型

主观标准是由主观确定的,是为了创建所需客观存在关系而确定的。主观标准是广义标准中的一种类型,其概念包含于标准的概念中,标准的广义学术概念为“**统一化的约定集合**”。从人文的角度,标准可看成“**事物统一化的公认依据或特征关系**”。主观标准除了服从于标准的概念外,也有其自身特征关系的概念,其概念为“**统一化的人为约定集合**”。主观标准概念的内涵有三个要义:一是主观标准以统一化为目的,为统一某些关系而制定标准;二是主观标准的形式是约定,这种约定可以有各种层次的和各种形式的,有习惯形式的、内心认同的、互相效仿的、传授学习的、口头承诺的、书面签订的、文件发布的等;三是主观标准统一事物的核心是靠约定范畴或约定内容,这个范畴或内容的范围是广泛的,可以是行为、实物、文字描述、现象等。**人为约定集合**是主观标准的特征,它突出了主观对标准地位的先入为主。这不同于客观标准,客观标准是客观存在的,客观标准的内容是不以人的意志为转移的,只是等待主观何时能找到。主观标准来自人的主观要求,它可增加客观存在的内容,改变客观存在的现状,影响客观存在的环境。

人类在适应生存和超越自我中,不断建立主观标准。标准不是标明了“标准”

字样的才算标准。只要具有基准作用、样板作用、评判作用、统一作用等的公认对象都是标准。标准并不都是像我们熟悉的以文本为载体的，不同种类的标准有不同的载体，有的以客观物质为载体，有的以生命体为载体，有的以文本的描述为载体，有的以自然现象为载体，有的以意识为载体。在标准的应用方面，有些种类的标准是作为样板来应用的，有些种类是作为一种被模仿的关系来应用的，有些种类是作为基准关系来应用的，有些种类是作为一种实现一致性关系来应用的，有些种类是作为一种道理来应用的等。标准不是有了标准化机构后才有的，因此标准不一定都要由专门公认的机构来批准。人类建立的主观标准具有丰富的种类，不同种类的标准有不同的用途。主观标准按照外在的形态，其种类可分为行为标准、物质标准、文件标准和现象标准等。以上每一种类别的标准都有自己的表现形式，有的是以内在的意识驱动外在肢体动作或器官行为作为劳动或有效表达的统一关系，有的是以物体的外在形状作为提高效率的统一关系，有的是以文字、符号、图形作为表达某种含义的统一关系，有的是以客观现象作为基准的统一关系。以上四种形式的标准是人类主观建立的标准形式的范畴，因此，对标准的概念不应该只限定在文件标准上。

标准是统一关系的特征基准模型。主观标准的建立始于人类在自然界优胜劣汰中竞存和努力超越各时期的自我过程中形成的。人类作为自然界的高级动物，通过自己构建标准关系，改变和进化了自己，并用标准建立了一个新的人造世界。这个人造世界中既有物质、能量、生物的创造，也有应用原有的和新创的物质，构造新形态和新功能的产品。人类主观建立的多种形式的标准关系，是随着人类进化的进程逐步形成的。主观关系标准的形成是由低级形式逐步发展到高级形式的。人类主观建立的行为标准、物质标准、文件标准、现象标准等的每一种形式，无论其现在处于什么阶段，自身都是在由低级到高级不断改进和完善的。主观标准存在的主要种类关系如图 6-1 所示。图 6-1 列出了主要的主观标准第一层次和第二层次的分类关系，由于空间限制，第三层及其后面层次的类别只选 1～2 类列出。

图 6-1 中，主观建立的四大类标准的每一类都包含许多子类，每个子类又由许多子子类构成，由此形成了主观标准的类别体系。行为标准形式主要有劳动行为标准、表达行为标准、体育行为标准等。物质标准形式主要有几何形状标准、度量衡标准、物理物质标准、化学物质标准、生物物质标准、工程特性标准等。文件标准形式主要有图样标准、图形标准、符号标准、文字标准、代码标准、数据标准、数据库标准等。现象标准形式主要有长度量现象基准标准、时间量现象基准标准、质量的量现象基准标准、电流量现象基准标准、温度量现象基准标准、物质的量现象基准标准、光强度量现象基准标准等。

- 主观建立的标准
  - 行为标准形式
    - 劳动行为标准
    - 表达行为标准
      - 语言行为标准
        - 字音标准
          - 字母音标准
          - ⋮
        - ⋮
      - 书写行为标准
      - 手语行为标准
      - 艺术行为标准
      - ⋮
    - 体育行为标准
    - ⋮
  - 物质标准形式
    - 几何形状标准
    - 度量衡标准
    - 物理物质标准
      - 金属物质标准
        - 钢物质标准
          - 钢物质溶点标准
          - 钢物质密度标准
          - 钢物质黏度标准
          - ⋮
        - 铁物质标准
        - 铜物质标准
        - ⋮
      - 非金属物质标准
      - ⋮
    - 化学物质标准
    - 生物物质标准
    - 工程特性标准
    - ⋮
  - 文件标准形式
    - 图样标准
    - 图形标准
    - 符号标准
    - 文字标准
      - 技术标准
        - 产品标准
          - 设计标准
            - 计算方法标准
            - 设计准则标准
            - ⋮
          - 验收标准
          - ⋮
        - 制造标准
        - 方法标准
        - 概念标准
        - ⋮
      - 管理标准
      - 工作标准
      - ⋮
    - 代码标准
    - 数据标准
    - 数据库标准
    - ⋮
  - 现象标准形式
    - 长度量现象基准标准
    - 时间量现象基准标准
      - 铯原子时间标准
        - 铯原子钟标准
          - 铯原子钟组部件标准
          - ⋮
        - 铯原子钟测试标准
        - 铯原子钟检定标准
        - ⋮
      - 铷原子时间标准
      - 氢原子时间标准
      - ⋮
    - 质量的量现象基准标准
    - 电流量现象基准标准
    - 温度量现象基准标准
    - 物质的量现象基准标准
    - 光强度量现象基准标准
    - ⋮

图 6-1　主观标准的种类关系

图 6-1 是按标准的形式做出的分类。主观建立标准时，考虑的一个重要关系是对象关系，因此主观标准还可以按面向对象来分。标准建立所面向的对象主要有面向产品对象的标准（材料标准、原料标准、设计标准、制造标准、试验标准、产品规范、标准件标准等）、面向管理的标准（管理体系标准、管理方法标准、管理流程标准、管理评价标准等）、面向操作的标准（操作方法标准、操作规程标准、岗位责任标准、操作评价标准等）、面向信息交流的标准（语言标准、文字标准、代码标准、信息传输标准、术语标准、符号标准、图形标识标准等）、面向服务的标准（餐饮标准、住宿标准、娱乐标准、旅游标准、保健标准、医疗标准、商场标准、社区标准等）、面向社会的标准（城市建设标准、环境保护标准、捐赠标准、污染排放标准、节能标准、自然灾害防护标准、救灾标准、公共设施标准、安全标准等）、面向交通的标准（铁路运输标准、公路运输标准、水路运输标准、航空运输标准等）等。

6.2 主观建立标准的动机

主观标准是人们根据需求自己建立起来的标准，这种需求是对标准独特使用价值的需求，需求是主观建立标准的根本动机。标准的需求主要来自标准的使用价值需求，厘清标准的价值需求关系，按照标准需求的初衷建立标准，是标准取得价值效果的关键。标准建立的动机意图是解决统一化问题或实现统一化的需求。标准提供的是准则、样板、标杆等基准性的成果，并保证它的可信度。使用标准成果不需要每个标准的使用者自己花时间去验证其价值性和可信度，就能共享高端研究成果，避免了获取有效性知识和信任所需的成本。主观建立标准的价值性需求类别主要有以下方面。

6.2.1 准则/标杆的标准需求

准则性/标杆性标准的需求主要有工作目标的标杆、产品合格的比较样板、试验结果间的比对基准、工作过程的有效执行程序、事项认定的评价准则、概念认识的统一含义、艺术行为的样板等。有了这些标杆性、准则性标准，工作就有了明确的依据，就有了有效性的保证，就有了对比的信任对象。这类标准为产品的验收提供合格评价关系，为评价提供准则关系，为过程提供成熟程序，为术语概念确定正确含义等。这类标准的使用可避免不必要的低水平重复劳动、无基准带来的仲裁争议，以及工作过程现场构思导致的失误和时间及精力的耗费。此类型的标准主要有：实物形状的标准（工具、量具、样品等）；产品描述的产品标准；性能确定的试验方法标准；标定测试用的物理物质、化学物质、生物物质等标准；计量溯源用的基准标准；设计、制造、管理过程的程序标准；安全、环境等状态评估的评价标准；专业性语言统一的术语标准；唱歌、舞蹈、戏曲、乐器演奏、体育等标志行为质量和水平的行为标准等。

6.2.2 畅通信息的标准需求

信息交流是人与人之间通过媒介进行的统一元素交换。信息的可交流性取决于两个主要因素：一是要求信息输入输出传播媒介或信息载体的一致性（信息的传递方式）；二是要求信息表达元素（文字、语言、符号、代码、行为等）和表达语法的一致性。信息传播媒介或信息载体的一致性是信息的可接收性要求。信息表达元素的一致性是信息的可识别性要求。如果交流者之间的信息不可接收或不可识别，那么相互之间是不能有效传递信息的。例如，只懂法语的人和只懂日语的人进行交流，尽管信息传播媒介或信息载体相同，都是声音，但他们表达的信息元素和语法不相同，即日语和法语的信息元素和语法不相同，他们的交流是可接收不可识别的。如果两个文字背景相同的人，用不同的信息传播媒介进行交流，一个人说话，另一个人用手语，说话的人不懂手语，用手语的人听不到声音，他们之间的信息传递是不可接收的，因此也是无法交流的。要解决信息输入输出的可接收性，就得有统一的输入输出关系，如统一用声音媒介、视觉媒介、无线电波媒介等，或传播双方有接收对方不同于己方传播媒介的能力。要解决信息表达元素的一致性，就要有信息表达元素的统一标准，如声音语言标准、文字标准、图形符号标准、信息代码标准等。信息输入输出关系标准及信息表达元素标准是畅通信息交流的关键因素。信息交流的媒介主要有声音、手势、灯光、印刷品（承载文字、图形、代码、符号等）、计算机、网络等，表达信息元素及语法所需的标准有语言标准、手语标准、灯语标准、旗语标准、文字标准、图形符号标准、信息代码标准、数据元标准等。有了这些标准，在相同的信息传播媒介上，信息才可能相互接收和相互识别，才能共同交流。

6.2.3　量和单位的标准需求

科学技术的精确化是基于定量化的，量和单位是科学技术关系定量化的表达。跨地区、跨国家科学技术的交流需要量和单位的统一，产品社会化生产需要量和单位的统一，地区间和国家间的贸易需要量和单位的统一，商品经济的生活方式需要量和单位的统一等，这些统一归根到底是需要全世界有统一的量和单位标准。科学技术涉及的量有几百个，而根源只有七个基本量，基本量导出了各学科大量的量的关系。统一这些量的方式是制定基本量和单位的标准，再按基本量和单位导出各学科的量和单位，制定其标准。这些基本量和单位标准涉及量的名称、量的符号、单位名称、单位符号。基本量和单位的标准内容为：长度，单位为米，符号为 m；质量，单位为千克，符号为 kg；时间，单位为秒，符号为 s；电流，单位为安[培]，符号为 A；热力学温度，单位为开[尔文]，符号为 K；物质的量，单位为摩[尔]，符号为 mol；发光强度，单位为坎[德拉]，符号为 cd。

6.2.4　技术的标准需求

技术是主观建立客观关系、改造现状的主要手段。技术是科学的应用领域，是创新性和重复使用性特征都很突出的知识领域。技术知识的内容、技术关系的表达等，都需要标准来保证其内容的有效性和表达的统一性，以满足技术创新和重复使用的需要。制定技术标准和使用技术标准是开展技术工作的基本要求。技术标准为技术工作的开展提供依据和保证，保证技术重复使用和共同使用的一致性。标准可以协调和联系群体的技术工作，使大规模的群体技术工作具有联系性、协同性、协调性等。技术标准的建立主要有设计标准、制造标准、试验测试标准三个大方面。设计标准主要有设计文件管理、制图方法、互换性数值关系、设计准则、计算方法、设计程序、设计手册、标准件、原材料等标准。制造标准主要有工艺方案、工艺路线、工艺规范、工艺规程、工艺要求等标准。试验测试标准主要有试验方法、检验方法、理化测试方法、试验规程、试验评价方法、检定规程、校准规范等标准。

6.2.5 管理的标准需求

管理是组织按其目标要求设置运行流程、资源配置和控制关系等,使组织的效能和效果发挥到最佳状态。虽然管理可以通过制定制度和文件实施,但管理文件在形成的广泛参与性和使用的广泛共享性、管理条款的内容科学性和形成方式的民主性、管理文件的透明性和可获得性、管理文件内容的稳定性和有效性等方面,难以得到全面体现,而标准是全面体现以上要素的最佳形式。制度在管理上硬于标准的一个性质是其执行具有较强的行政性和权力性背景。而高层次的管理所追求的应是:**强化平等,弱化权势;强化自觉,弱化强迫;强化人性,弱化命令**。这一新理念根本上是弱化行政和弱化权力。**公平、公开、公正、协商和弱化权力,正是标准所具有的性质**,因此用标准管理和管理标准化是管理发展的趋势。管理方面的标准主要有战略管理、计划管理、生产管理、质量管理、安全管理、保密管理、能源管理、物资管理、财务管理、人员管理、供销管理、职业健康管理、环境管理、城市管理、交通管理、教育管理、卫生管理、医疗管理、文化管理、物流管理、风险管理、电子商务管理、档案管理、运输管理、废旧物品处理管理等标准。

6.2.6 工作的标准需求

大部分工作行为是岗位操作行为,这些操作行为大部分是高频率重复的行为,且要求准确重复。工作行为需要通过标准提炼科学的操作程序,设置合理的工作节奏,验证满意的工作效率,实现工作质量的合格性和一致性。工作标准的建立,可推广先进的操作方法在同业中共享使用,促进劳动效率的提高,提高工作质量,公平评价劳动成本。工作标准的类型主要有岗位职责、操作规程、工作质量评价、工作定额评价、岗位技能要求等标准。工作岗位职责标准有管理人员、技术人员、工人岗位的职责等标准。操作规程标准有加工操作规程、试验检验操作规程、装配安装操作规程、包装操作规程、贮运操作规程、检查维修操作规程等标准。

6.2.7 产品质量保障的标准需求

人类建立了商品经济的社会,具有生产各类产品的能力,生产的产品主要用于满足生产和生活的需要。产品只有达到相应的质量特性,才能保证使用功能、使用性能、使用寿命等使用要求。这就需要一种手段——标准对产品的质量特性进行规定,为供需双方提供验收的依据,为产品市场管理提供监督的依据。标准为产品的供需双方架起了互信的桥梁,标准给供方提供了用户期望的产品质量要求,也给用户提供了供方所提供产品能满足的质量要求。标准在产品质量特性的确定上和标准文件的获得上是公平的，使供需双方有平等的机会参与和平等的知情权，标准运行了交易双方期望的这一机制。有了产品质量特性的标准，可使产品质量特性指标在双方签约前，知情在前，认定在前，有利于体现交易的公平性和问题的责罚有根据。产品标准是产品质量保障的要求和评判依据。产品标准的类型有工业产品、农业产品等标准。

6.2.8　服务质量保障的标准需求

服务行业已成为人们生产和生活离不开的一个重要内容，是商品经济和现代生活的重要组成部分。服务的质量水平、服务的诚信度、服务的效率、服务的态度等是服务供方和服务用方关心的事。服务输出和服务支付关系的对等性需要尺度来衡量，这是一种公平、自愿使用的尺度，标准是具有这种尺度属性的合适选择。服务类型的标准主要有餐饮、住宿、娱乐、旅游、医疗、金融、通信、商场、物业、家政、美容美发等服务标准。工业和农业产品是实物型产品，大家比较认可。服务也可看成产品，它也是一种消费提供，有质量要求，而且其需求在快速增长。

6.2.9　公益保护的标准需求

在快速发展的商品经济社会里，工业产品的生产、自然资源的开发、排放类工业产品（汽车等）的大量使用等，给人类共同生活的环境带来了破坏性甚至是不可恢复性的影响，损害了公共利益。冶金、化工业的生产带来了大量有害废水、废气、废渣的排放，造成了水源、土地、空气的污染。冶金、制造业的生产需要大量消耗能源，导致煤炭、石油、天然气、水利资源的过度开采，破坏了生态关系。汽车使用的快速增长，导致向空气中大量排放一氧化碳、二氧化碳、碳氢化合物等污染气体，破坏了大气的保护功能。野蛮的建筑、施工工程等使空气中充满大量灰尘，影响了人们的呼吸健康。损害公共利益的行为需要用标准来控制。公益保护的标准主要有：废气排放、废水排放、粉尘排放等控制标准；企业设备能耗标准；自然资源开采标准；树木采伐标准；水生物捕捞标准；野生动物保护标准；建筑工地施工标准等。

人们在生产实践活动和社会活动中，通过主观建立标准来逐步规范和控制这些活动，以建立一个安全的社会、和谐的社会、秩序的社会、持续发展的社会。这些主观标准是人类自己建立的，它们的使用发挥着提高效率、规范秩序、畅通信息、保障质量、保护生态等标准化作用。

6.3　行为标准形式

行为标准形式主要有本能行为标准、劳动行为标准、体育行为标准、表达行为标准等。行为是意识支配的身体机能和肢体的活动。人类的行为是服务于人类生活、工作和娱乐等的行为。人类的行为比其他动物的行为要多得多,其他动物的行为主要是本能行为,而人类除本能行为外,还为自己创建了劳动行为、表达行为、体育行为等,这些行为使人类比其他动物更优越,有了更强的生存能力和更丰富的生活方式。

本能行为标准不是人主观建立的标准。本能行为标准是客观性和主观性结合的结果,是以基因遗传的身体结构为主要决定因素的,主观性只能起有限影响的作用。动物都按自己的身体结构关系,在适应环境和竞争生存中,本能地建立了自己的本能行为标准关系。动物本能行为的标准性在于,同类动物在本能行为上是一致的,动物的后代与它们的同类祖先在本能行为上是一致的。生物的身体结构形状与其本能行为是定义生物物种的重要标准内容之一,这两项内容正是物种中相互区别的内容。有些情况,用本能行为比用外形更有利于分辨物种。本能行为标准是客观适应在先,固化在脑子里,形成感觉器官条件反射性的意识行为,不是逻辑性的思考推理行为。

行为总是围绕着行为的目的在不断地重复实施,在重复中总结有效性动作关系,剔除多余的动作,改进低效的动作,慢慢使行为统一在优化的行为关系上,由此形成了各类行为的标准关系。

6.3.1 劳动行为标准

人类的劳动行为在生存竞争中建立,在不断地比较中优化成为标准化的劳动行为。标准化的劳动行为是高效的劳动行为,也是方便传授和普及推广的劳动行为。人类建立的劳动行为标准会随着生存的劳动方式的变化而增减。人类的生存的劳动行为已经历了狩猎、渔捞、畜牧业、农业、手工业、商业、工业、服务业、其他行业等,在劳动的重复过程中建立了标准化的相应劳动行为。随着新兴的劳动行为成为生存的主流,狩猎等劳动行为标准已逐步消失,农业劳动行为标准和商业劳动行为标准在改进旧的劳动行为标准和增加新的劳动行为标准的过程中形成,随后工业生产劳动行为、服务业劳动行为的种类在大量增加,新增加的劳动行为在实施中形成了相应的劳动行为标准。在过去的劳动行为标准中,变化比较小的是手工劳动行为标准。在文件形式的标准出现前,这些劳动行为标准都是以人为载体的,是通过长者对后生进行传授的。在文件形式的标准出现后,这些劳动行为标准开始从身体中脱离出来,总结记录在文本上,如农作物栽培方法、牲畜饲养方法、商业服务规范、设备操作规程、工序操作规程等劳动行为标准。劳动行为标准是人的肢体和脑劳动的行为标准,以及劳动方法的标准,标准指导和约束的对象是人,行为作用的结果是产品、过程、状态、服务等。劳动行为标准不只是体力劳动行为标准,也包括脑力劳动行为标准,因此劳动行为标准不仅仅是操作性的行为内容,还有专业知识应用等的行为标准,如产品设计计算标准、试验评价标准等。

6.3.2　表达行为标准

表达行为包括语言表达行为、文字表达行为、歌唱表达行为、演奏表达行为、舞蹈表达行为、戏曲表达行为、绘画表达行为、书法表达行为等。语言表达行为和文字表达行为属于人与人之间信息和思想交流的行为，歌唱表达行为、舞蹈表达行为、戏曲表达行为属于感情和艺术关系的交流和表达行为。绘画表达行为、书法表达行为属于写实、想象和运笔技艺的表达行为。信息和思想交流的语言和文字行为的标准元素是音节、调号、笔画和字词及其含义以及句子的语法等。语言和文字行为的标准是刚性标准，语言的准确性要求到每一个音节和调号(或辅音、元音、声调)，文字的准确性要求到每一个笔画(或字母)，只要语言的音节、调号和文字的笔画不准确，表达的信息就会变化，有时甚至变成相反的意思，以至于直接传达错误信息。语言除了声音语言外，还有手语言、旗语言、灯语言、代码语言等，这些语言也有它们严格表达意思的标准元素。歌唱和演奏行为的标准元素有音调、节拍、和谐关系、发声部位、乐器演奏位置、手法等。歌唱和演奏表达行为的标准是中上刚性标准，歌唱和演奏的准确性要求到每一个音调、节拍及和谐关系，否则就出现跑调或噪声。由于音乐的准确性大部分人不能精细地感觉，音乐的小偏差不会带来明显的影响，所以音乐的标准性只是中上刚性要求的。舞蹈和戏曲行为的标准元素有身体和肢体姿势及其含义、身体和肢体的运动关系及其含义、动作的节奏、唱腔、化妆、服装等。舞蹈和戏曲的表达行为标准是软性的标准，首先舞蹈和戏曲的表演的动作、唱腔、化妆等很难做到每次完全准确一样，即使表演时有一点差异，绝大部分人也是看不出来的，而且这些差异也不会带来传递错误意思的影响。正因为舞蹈、戏曲的标准关系不很严格，很难大范围地教学和推广。绘画和书法的标准元素有颜色、比例关系、分布、高光、投影、笔画、起落笔及运笔力度等。绘画和书法的表达行为标准是软性标准，标准元素出现很小的差异不会带来错误信息，也许还会被认为是一种个性。舞蹈、戏曲、绘画、书法表达行为是属于个性表现比较强的行为，标准的约束是比较弱的，标准主要是起到传承有效的基本技艺的作用，它们更多的是一种艺术表现，更注重特别的表达视角和表达意境。

6.3.3　体育行为标准

体育行为是人类锻炼体魄、丰富娱乐生活的行为，是生存基本需要以外的行为。体育锻炼使人类的身体及动作反应更灵敏、体魄更健壮、身体的运行更协调、生活更有趣。体育行为既有行为有效性和正确性的要求，也有竞技性追求。体育行为的正确性可避免运动者受到损伤，有效性保证训练者得到提高，竞技性驱使体育锻炼者不断追求更高的行为能力境界。体育行为的正确性、有效性和竞技性，都需要通过标准来认定，都需要用标准来对比和评价。体育行为的标准是体育行为传播的基础，如由有关部门发布的某套广播体操，就是标准化的广播体操。体育行为的标准类别有体育训练标准、体育测试标准、体育比赛规则标准等。体育训练标准是针对运动员能力提高的训练要素和要求，体育测试标准是评价体育素质或某种运动能力的标准，体育比赛规则标准是规定比赛的过程行为、禁止行为、得失和胜负关系判定等的规则。这些标准都有自己特定的标准要素和要求，如体育训练标准的主要内容是规定运动的时间、距离、力度、速度、平衡、准确、耐力、技巧、协调、姿势等要素和要求，训练时按这些标准要素和要求确定身体的训练部位和身体的运动方式。体育标准是按体育的行为类别建立的。体育行为的标准类型有田径、球类、游泳、武术、健美、登山、滑冰、举重、摔跤、自行车等运动标准。在体育运动的标准中，体育训练标准主要是教练和运动员用，体育测试标准主要是运动员和教练员用，体育比赛规则标准主要是裁判员和运动员用。体育比赛规则标准是用于竞技的约束和裁决，避免争议，是运动竞赛公平、公开、公正的体现。体育训练标准属软性标准，不需要处处非常严格地执行。体育测试标准和体育比赛规则标准是刚性标准，这类标准涉及道德、公正性、真实性和名誉的归属，因此这类标准的执行必须是严格的、一丝不苟的。

6.3.4 行为标准的特点

行为标准基本上不是由标准化机构发布的标准，但行为标准的存在是客观的，标准的特性是突出的，标准的认定主要是业内的专业机构认定，标准的内容是那些传授和教学的经典内容，许多情况采取长辈教晚辈、师父带徒弟、老师教学生的方式进行传授。行为主要靠行为示范教学，很难通过书本自学成才。凡是需要传承的、需要重复操作的、需要进行比较判别的、需要一致化的等行为，都需要建立行为的标准关系。行为的标准关系是视觉器官、听觉器官、肤感器官能直接感受的，是一种外在的标准关系。行为标准化是行为内容一致化的实现(复现)，行为标准化复现体是行为的实施者，大部分的行为质量是以行为标准作为判据的。早期的行为标准关系是靠人的意识记忆和身体的行为训练保存的，以最熟练和最规范者的行为作为标准，人既是标准的载体，又是标准的传播者。随着录音技术、录像技术的发展，行为的标准可以通过录音、录像的方式进行记录和保存，使行为的标准关系不会随着标准的载体者的逝去而消失。同种行为因时间不一样、地点不一样、人不一样，行为通常会不一样的。行为标准的形成，能使行为在时间长度上不会变，在空间范围内不会变，在人群范围内不会变，即同一种行为，由不同的人在不同的地方和不同的时间去作，几乎是一样的。行为标准化还能展示群体一致化美感，如四个小天鹅群舞等。技术的发展使行为形式的许多标准内容可用文件形式的标准来记载，但人仍然是行为标准内容的执行者和体现者，是文件无法代替的。

6.4　物质标准形式

物质标准形式(以下简称实物标准)主要有几何形状类、度量衡类、物理性质类、化学性质类、生物性状类、工程特性类等。实物标准的内容和形式都是物质。早期的实物标准的物质是天然的,但后来为了满足科研生产对实物标准的数量和精度需要,转变成由人来设计和制造。实物标准的发展由起初的几何形状基准扩展到更高精度的度量衡、标准样品、标准物质等实物标准。标准样品和标准物质方面主要有物理、化学、生物、工程等性质的实物标准。标准物质主要用于测试仪器校准、测量方法评价、测试室间测试比对、物料量值确定、考核人员测试技能等。标准样品主要用于生产和科研的测试设备校准,产品加工件形状、性能、质量等的检验和测试比对。标准物质不同于标准样品,标准物质是计量基准,可进行量值传递,标准样品不是计量基准,但在有些作用方面两者是相近的。

6.4.1　几何形状类实物标准

几何形状类实物标准是用于作为几何样板的标准,为制作统一的几何形状产品提供对照或控制,特别是需要保证批量化生产的产品几何形状一致时,这种实物标准是非常必要的。几何形状类实物标准主要有三类:第一类是非接触对照式的实物标准;第二类是接触对照式的实物标准;第三类是形状控制式的实物标准。几何形状类实物标准在几何尺寸上和表面精度上,都显著地高于比对的对象的要求,以保证传递给对照或控制对象的精度在允许范围内。非接触对照式的实物标准有用光干涉检验原理对照的标准平面镜、球面镜和用光投影其形状进行对照的标准样形状实物等。最早的非接触对照式几何形状类实物标准是我们的祖先打造石骨竹器工具的石骨竹器的几何形状实物标准样品,后来冶炼出金属后,有了精度更高的铜、铁等金属的几何形状标准样品。接触对照式的几何形状实物标准有靠模类型的标准等,它们作为基准形状与制造对象进行直接或间接的形状接触对照加工或检查,如光学零件加工用的"对样板"。光学"对样板"作为形状标准,通过与被检件接触产生干涉条纹,以干涉条纹的数量和形状检验被加工光学零件对基准形状的偏差。控制形状的实物标准主要是加工用的模具,这些形状控制式实物标准主要有铸模、冲压模、挤压模、拉模等。模具在加工中起到了控制对象形状成为统一化状态的标准约束作用。

6.4.2　度量衡类实物标准

度量衡器具的标准性在于其称量的量和单位的法定性。只要是在一定范围内统一的度量衡器具,就是一定范围内适用的度量衡类实物标准。度量衡类实物标准有接触性测量的实物标准和非接触性测量的实物标准。度量衡的测量方式有直接测量和间接测量，例如，用测量弧高和弧面直径求曲率是间接测量。度量衡的测量是有误差的，误差的大小取决于度量衡器具的精度等级，精度等级是标准的内容，关系到测量值的可靠程度。度量衡器具精度的高低由系统误差和偶然误差决定，系统误差是测量值对真值的偏离，偶然误差是测量值的不确定度。度量衡器具的精度一般都有溯源关系，源头的器具是高基准器具。度量衡器具的标准关系是链路的，上一层的度量衡器具是其下一层器具的标准或基准。度量衡类实物标准的基本度量类型有长度测量、时间测量、质量测量、温度测量、电流测量、发光强度测量等。目前，距离、温度的测量有非接触测量的手段，距离可用激光测距仪非接触测量，温度可用热像仪非接触测量。测量尺寸和体积的量规、量杯等是接触式测量实物。度量衡的实物标准主要是标定的量规、量杯、测量装置、测量仪器、测量设备等。度量衡器具使人们对实物的描述能力由定性阶段提升到定量阶段。有了度量衡器具和定量关系，人们才能建立起生理感觉分辨力以下的细小量的概念，才能描述组成物质世界的微观粒子的尺度。

6.4.3 物理性质类实物标准

物理性质类实物标准主要是物理标准物质，是具有准确量值的物理特性的物质标准或基准。物理性质类实物标准物质的标准要素是物理性质，物质的元素成分不是标准要素。也许物质的元素成分会影响或决定物理性质，但物理标准中物质的元素成分不是标准内容。物理标准物质可以有气体的、液体的和固体的。物理性质类实物标准有两大类，一类是基本物理性质的标准物质，另一类是专业物理性的标准物质。基本物理性质的标准物质主要有熔点、汽化点、密度、黏度、导电性等标准物质。专业物理性质类的标准物质有光学、磁学、电学、力学、声学、热学、放射性等标准物质。

6.4.4 化学性质类实物标准

化学性质类实物标准主要是化学标准物质。化学标准物质是由物质中的化学成分种类及其含量所决定的。化学标准物质是标准物质中种类最多的一种，有对自然矿、黑色金属、金属、高分子材料、水质、岩石、土壤、pH、离子溶液、建筑材料、油料、石油、煤矿、食品、药品、残留农药、放射性等进行化学元素组成和化学性质标定的标准物质[1-3]。化学标准物质的化学特性是由大量的化学元素成分及其含量来确定的，因此化学标准物质都附有其相应的光谱标样，以检测对照。物质的光谱系是其所含化学元素成分的标准关系。用于标定化学标准物质的化学元素关系可举例进行说明，如用于标定花岗岩标准物质的化学元素就有 Ag、As、Au、B、Ba、Be、Bi、Br 等 70 种元素[4]。

6.4.5　生物类实物标准

生物类实物标准主要是生物的标准物质，这类实物包括动物标准物质、植物标准物质和微生物标准物质，微生物标准物质主要有菌株标准物质、霉标准物质、疫苗标准物质等，菌株标准物质又有两歧双歧杆菌、藤黄微球菌、鼠伤寒沙门氏菌、生孢梭菌、大肠埃希氏菌等标准物质。生物的标准物质主要用于医疗和卫生相关的分析和对比，以鉴别和了解生物物种、结构关系和组成要素等。

6.4.6　工程特性类实物标准

工程特性类实物标准主要有力学特性和质量特性等实物标准。力学特性实物标准主要是表达强度、刚性、硬度、脆性、塑性、弹性、韧性、延展性、疲劳强度、屈服应力等力学量的物质标准。质量特性实物标准是用于鉴别材料内部组织质量、产品零件外部质量、产品零件内部均匀性缺陷质量等级的标准。金属材料内部组织质量是通过金属断口的金相组织来鉴别的。金属材料的牌号及热处理工艺决定材料的金相组织。一种金属材料经过热处理可以有多种金相组织状态（多种质量状态），如钢铁的基本金相组织有**铁素体**、**奥氏体**、**渗碳体**、**珠光体**、**莱氏体**、**马氏体**、**回火马氏体**、**上贝氏体**。材料内部的均匀性缺陷质量问题主要是材料密度不均匀和材料不纯净等问题。比较质量缺陷的标准物质主要是材料内部存在标准的条纹、气泡、裂痕、杂质、结块、疏松等缺陷的标准物质，是用于与加工件对比材料缺陷程度的样板物质。表面质量的标准物质是用于对比表面粗糙度、表面划痕、麻点等缺陷的标准样板。表面粗糙度是零件表面存在微小间距和微小峰谷的不平度状态，是产品零件表面的一项重要的质量因素，其会影响零件的耐磨性、配合稳定性、疲劳强度、抗腐蚀性、密封性、接触刚度、测量精度等力学性能，此外，还会影响零件的镀涂层、导热性、接触电阻、反射能力、液体和气体流动的阻力等。零件的表面粗糙度在加工面上通常是呈均匀性关系的，只需抽取加工件的几个位置进行检验即可。表面划痕和麻点等是偶然性的缺陷，需要全面寻找其存在。铸造、切削、磨铣加工等都有表面粗糙度等级的对比样板。表面粗糙度几乎是每种金属零件产品设计时都要给出的加工质量要求，检验的方法通常有：微测试法，用双目显微镜对加工表面进行表面轮廓不平度测量；对比法，用表面粗糙度标准比样对加工零件的表面粗糙度进行对比检查。

6.4.7　实物标准的特点

实物标准的载体都是物质，有自然界的实物标准，也有人造的实物标准，为了保证实物标准的精度，现在绝大部分实物标准都是人设计和制作的。实物标准中要求最高的是标准物质。标准物质通常要具有溯源性、均匀性、稳定性、重复性、复现性、测量不确定度、有效期等。溯源性是通过多级传递链与计量基准相联系，以判定测量结果的准确性。均匀性是标准物质间的特性的一致性。稳定性是标准物质在规定时间范围内标准物质特性的保持性。重复性是相同测量条件和测量方法下，多次测量的一致性。复现性是改变测量原理、方法、测量者、测量仪器时，测量结果的一致性。测量不确定度是在一定置信度下，测量值的分散范围。有效期是标准物质在规定的时间期内（一年或半年等），物质特性保证准确的时期。有证标准物质分为两级，一级标准物质（GBW）和二级标准物质（GBW（E）），证书由国家计量行政管理部门批准。一级标准物质的不确定度要达到国内最高水平，由绝对测量法或两种以上准确可靠的不同原理的方法定值，如只有一种测量方法时，可采取多个实验室合作定值。二级标准物质的不确定度低于一级标准物质的水平，采用一级标准物质的定值方法或与一级标准物质进行比较测量的方法定值。标准物质应定期进行检查或标定，以确认标准物质标准内容的可靠性和有效性。实物标准的关系通常是稳定的，在其承载的标准内容有更科学、更合理的选择时，也可对标准物质的内容进行相应的改变。

6.5　文件标准形式

文件标准形式（以下简称文件标准）是一种高级的标准形式，属于意识表达标准，是在人类意识表达能力比较强、知识比较丰富时出现的。文件标准是应用知识表达的标准，标准的基准内容是知识。最早的文件形式的标准是部族或国家的法规，产生的时间为5000年前。以“标准”的名称颁发的文件标准形式产生于20世纪初。文件标准的生效方式主要有行政部门批准颁发、标准化组织批准颁发、社会专业性团体组织批准颁发、企业批准颁发等。文件标准是一种记录意识成果的标准，不是其规定的实体对象的直接基准，不直接提供其规定对象可感觉的外形、质感、颜色等特征，而是对象的抽象基准，如一个茶杯的文件标准只是茶杯形状、材料、性能的文字描述，不是一个可拿在手里的、可直接用作制造样品的标准茶杯。文件标准有多种表达形式，主要的形式有文字表述类标准、图样类标准、图形类标准、数字化类标准、声像类标准等。

6.5.1　文字表述类标准

文字表述类标准是以文字作为标准的主要表达方式和内容主体，标准中可以加入部分图形、表格、公式等表达方式，增强标准内容的表达能力。文字表述类标准是文件标准形式中覆盖对象最多的一类，是种数最多的一类。目前，国际性标准化组织、各国标准化部门或机构、行业/专业协会/学会、地方标准化部门或机构、企业等制定和发布的标准中，绝大部分是文字表述类标准。文字表述类标准是一种规范式的文字标准，有专门的标准编写格式，格式规定了标准的封面、内容结构、条款编号、动词情态、量和单位、数学公式、符号、数值选择、图表格式、注释格式、附录类型等。文字表述类标准的描述对象主要有产品对象、过程对象、概念对象、方法对象、数学模型对象、行为对象、自然实物对象、认识对象等。这些对象分别有相应种类的标准，如产品规范、工艺规范、专业术语、试验方法、数值系列、操作规程、标准物质、环境数据等标准。

6.5.2　图样类标准

当标准对象的标准化特征是复杂的形状关系时，文字表述类标准难以准确、全面地表达对象的标准化要素，需要用一种新的描述方式对标准对象进行描述。为了解决形状对象的描述需求，人们创建了一种适合描述结构对象的图形语言——工程制图，用来描述实体对象形状或结构形状。工程制图是一种非艺术技能和非写实的图形表达方法，不需要有绘画艺术基础，也不需要逼真地画出对象，只要懂得制图规则就可以制图。工程图样与对象实体没有建立直观的视觉关系，而是用投影图建立了各视角的对应表达关系。工程图样是抽象的图形表达方式，方便进行对象各个细节的表达和标注，有利于表达清楚对象的形状要素。工程制图语言是有专业差别的，专业不同，其图形表达的语言就不同，如有机械制图、电气制图、光学制图、建筑制图等。工程制图还包含相应专业的图形符号。制图不仅可以表达存在的实物形体，也可用于构思设想的形体。制图是在图幅上以图形表达和尺寸标注为主，辅以技术要求、比例、名称、数量、制图责任人等的表达。图样的描述元素有图形、符号、标注、文字、表格等，这些都是制图的标准化元素。图样不仅可以表达对象的结构，还可以表达对象的组成关系、原理关系等。对象图样与对象的形态不直接等价，它不是对象的“画像”，是对象的抽象语言，用特定关系表达，与对象等价。

图样类标准主要有标准件图样标准、通用件图样标准等，通常包含了其对象制造的全部技术，可直接作为图样对象制造的技术依据。图样类标准规定的内容主要是标准件、通用件等的结构形式等。在产品研制、工程建设中的图样可以算作一种“准标准”，尽管这些图样没有按标准制定的程序产生和管理，但这些图样也起到了和标准一样的统一和规范作用，它们中有些部分图样将是未来标准的根据或基础。除了具有行业级及以上有标准编号的标准件、通用件图样外，还有项目（或工程）级图样标准和企业级图样标准。项目（或工程）级图样标准或企业级图样标准包含较多的知识产权内容，通常不公开，作为企业的技术秘密进行保管。项目（或工程）和企业级中通用性很强的图样标准，可以上升为行业级标准和国家级标准，甚至可以上升为国际级标准。二维工程图样是人工识图的图样，是面向制造者的图样。

随着计算机辅助设计（CAD）技术的发展，产品三维设计的数字模型已与设计对象在形态上等价，是产品对象的画像图，不是对象的形态语言。三维模型称为三维图形，不称为图样，不归属于图样标准类中。

6.5.3 图形类标准

当标准的基准内容或核心内容是颜色、图标、反映对象状况的彩色照片、不规则复杂线条和颜色表示关系等时，这类标准通常采用图形类标准。图形类标准的内容与基准是等价的，图形给出了规定对象的标准“像”，可依靠图形类标准作为判别基准或表达依据。图形类标准有图形标志图标准、材料金相图谱标准、化学元素光谱图标准、色品图标准、地图标准、生物图标准、文字结构标准等。图形标志是一种符号语言和视觉语言，是一种看图识意的表达方式。图形标志有利于跨不同文字人群通识，且生动、直观。采用图形标志图标准，有利于建立起一种国际性通识的特殊标准化语言。图形标志图标准通常有交通、宾馆、公园、机场等图形标志。图形标志主要是用于公共场所，特别是有不同语言人群光顾的公共场所。好的图形标志是不同地域人群容易读懂的标志，是最大共识范围的标志。材料金相图谱标准有铁碳、铁合金、贵金属等金相图谱图标准[5]。化学元素光谱图标准有单纯物质元素、化合物质元素、混合物质元素等光谱图标准。色品图标准是三坐标色品标定的颜色关系图标准。色品图标准不只是一幅三坐标色品图，同时是按坐标间隔关系确定准确颜色关系的颜色基准图。地图标准是地理形状、内容、行政区划分、坐标位置的比例图形标准，这一标准具有重要的行政色彩和国家利益关系，因此这种图形标准不是科学技术的成果，也不是协调的产物，是由历史关系和现实的政治关系所决定的。生物图标准主要有动物形状图，植物形状图，微生物形状图，动物器官形状图，植物花、果、叶、枝、根、茎形状图等标准图形。文字是一种笔画组合结构，是赋予特定意思的构形化图形，是更抽象的图形标志或符号，因此，文字结构标准属于图形类标准。

图形类标准的许多类是彩色的，以便真实和准确地表达对象的内容，有的标准中，彩色是用于鉴别是否符合标准的基准和核心内容。

6.5.4 数字化类标准

数字化类标准是一种新兴的特殊标准形式，主要有数据库标准、三维模型标准等，标准内容的储存和显示格式是数字化格式。数字化类标准是一种电子版的标准，标准的数字化表达形态不仅是标准的“存放地”，还是标准的载体和标准的发布方式。数据库标准的优点有：标准内容是“颗粒”的，可实现实时动态维护，方便标准动态补充完善和修订，不会造成整体内容联动变化的重排或重构；数据库类标准的修订和补充完善成本很低，标准的修订可融于前版标准中进行，不会造成标准换版致使前版印刷标准的大量浪费，也不会带来大量的修订工作量；数据库类标准获取方便，可通过网络轻松获取；数据库类标准可以直接应用计算机管理，方便内容的查询和输出使用;数据库类标准节省了大量的纸张印刷费用;数据库类标准方便巨大数据量标准的使用。数据库类标准模式特别适合用于概念类标准、数据类标准、图样类标准、图形类标准,如术语、符号标准、数据元标准、产品零部件图样标准、产品图形符号标准、生物图形标准等。目前已经发布使用的数据库类标准有:国际电工委员会的电子词汇国际标准 IEC 60050、词汇 IEC Glossary 等。数据库类标准的数据分别可按定类数据、定序数据、定距与定比数据进行处理、保存和维护。数据库类标准还可改变人们对标准使用的观念,可在网络上随时使用,使标准的拥有和使用分离,不需拥有也能随时使用。数据库类标准的使用方式可大大减轻用户对大型标准使用的经济负担和存放空间负担。

三维模型标准是用数字化模型表达三维实体的标准,主要有标准件标准、通用件标准等。这种三维模型的图形不是人工看图加工使用的三维图形,而是特征建模的三维图形和供数控机床加工使用的三维图形,给数控机床提供的不是立体三维图形,而是三维图形建模的特征参数。三维模型图既是面向设计者的三维图形,也是面向制造设备的三维图形,既可供设计者直接观察,也可提供数控机床直接加工。

6.5.5　声像类标准

声像类标准是通过录音和录像等方式,将声音、行为等标准内容录制下来,制作成电子版文件,在标准使用时,通过播放设备复现标准内容。声像类标准是新发展的又一种文件形式的标准,它可以脱离标准产生实体再现声音和视觉的标准内容,由此避免使用标准实体带来的高额成本和与标准实体预约的时间不确定性影响,实现标准能随时使用。声像类标准适合用于语言发音、唱歌发音、舞蹈行为、手语行为、体育行为等标准。声像类标准是用人体感觉器官能直接感觉标准内容的标准,具有直观性和逼真性,有利于自学和模仿使用。

6.5.6　文件标准形式的特点

文件标准形式是主观标准发展的新模式,是标准形式的一次跨越,它使标准和标准规定的对象出现分离,使标准内容由实物到图文、由有形到无形、由直观到抽象。文件标准形式的载体主要是纸张等印刷材料和电子载体,可以长期保存,不会自行变化。而实物型标准会随着时间的延长,其标准的内容要素发生变化。文件标准对复杂组成、复杂结构、复杂过程、复杂形状、复杂操作、复杂原理、复杂方法、复杂颜色、复杂概念等各种复杂关系具有很强的表达能力,而这些复杂内容用实物标准是很难全面表达的。不会随时间自行变化,表达无限是文件标准形式的突出优势。实物标准是会随时间而变、表达有限的标准类型,但实物标准具有可直接使用和直观可视的优点。文件标准具有较宽的包含性,可包含文字、图样、图形、数据库、行为、实物、现象等标准,但它不具有对行为、实物、现象等标准的完全替代性和等价性。文件标准形式可以有纸质、磁盘、光盘等多种载体形式，可以有文字、声音、图像、视频、三维模型等保存形式。文件标准可分为技术标准、管理标准、工作标准，技术标准是一种知识性标准，管理标准是一种关系性标准，工作标准是一种行为性标准。

6.6　现象标准形式

现象标准形式是主观根据需要对物理或化学等现象进行选择，用作客观基准的标准。目前，现象标准的对象主要是计量量，它能为计量量提供最高基准，作为计量溯源的顶端。所有物质和现象的定量关系都是用计量量和单位来度量的，且所有的度量都是有误差的，误差来自度量手段的精度，而度量手段的精度靠基准源校正。最高基准量一定是计量的基本量，它是导出量的根，基本量的精度决定导出量的精度。计量的基本量有七个，它们分别是长度量（米，m）、时间量（秒，s）、质量的量（千克，kg）、电流量（安[培]，A）、热力学温度量（开[尔文]，K）、物质的量（摩[尔]，mol）、发光强度量（坎[德拉]，cd）。计量的七个基本量的基准就是计量的最高标准。

历史上，计量的基准源曾采用物质基准，如长度基准的巴黎米尺、质量基准的巴黎标准物质质量（重量）。由于物质基准的精度和复现性不是很高，且随时间延长和环境因素会发生变化，所以人们开始努力寻找更精确的基准。经过不断探索，发现某些现象关系非常稳定，只要条件不变，不管多长时间，基准关系不会发生变化，而且现象的基准精度比物质的基准精度高很多个数量级。目前，已建立的现象基准有光速时间长度基准、原子共振频率的时间基准等。

最早的长度基准是 18 世纪末法国提出的“米制”概念，19 世纪国际米制委员会用铂铱合金（90%铂与 10%铱）制造了“国际米尺”，其复现精度为 1/1000000m，保存在法国。1960 年第 11 届国际计量大会决定用氪-86 同位素原子在 2p10 和 5d1 能级之间跃迁的辐射光在真空中波长的 1650763.73 倍作为 1m，并宣布废除“国际基准米尺”。1983 年通过了“以光在真空中 1/299792458s 的时间间隔内所走路程的长度为 1m”的决定[6]。这一基准将长度基准定位为光速传播的时间基准。激光长度基准复现精度可达百亿分之一。长度的基准经历了物质基准、光波长度基准、光速时间基准的发展历程。

精密的机械钟每年的时间差约为 1s，石英晶体钟 3 年的时间差不到 1s，它们都是基于物质关系的时间计量器。原子钟几百万年的时间差不到 1s。时间基准是利用原子特定能级间跃迁的稳定和精细的频率现象建立的。铯原子钟普遍选铯-133 元素，其振荡频率为 9192631770Hz[6]。

最早的质量基准是 1795 年决定的 1kg 质量是温度为 4℃时 1dm^3 的物质的质量。1872 年国际米制委员会确定的“档案局千克”，原器是由直径和高度均为

39mm 的圆柱形砝码铂铱合金制作的。经多次国际比对，国际千克原器的质量每年增加 0.5μg。

现象标准形式的标准载体是现象，现象的量值关系需要通过专门的装置获得。现象基准的精度是由现象的特性和稳定性决定的。就目前人们对自然界的认识而言，物理现象确定的精度远远高于物质关系确定的精度。物质基准会随时间的推移和地理位置的变化发生变化，且复现精度不可能很高。而用现象确定的基准精度很高且很稳定，长度基准和时间基准都是利用了原子层次的现象，以原子的辐射频率和光速这一现象建立基准。现象基准利用的是物质的微观性质，而实物基准利用的是物质的宏观性质，这就是现象基准精度远远高于实物基准精度的原因。追求超高精度的长度标准和时间标准等，是基本粒子研究和卫星定位导航技术等发展的需要。

6.7　主观标准的综合分析

主观标准不是有了标准化机构才建立起来的，标准的主观建立因素不是职责因素，而是需求因素，它来自生产、生活中对基准的需求、比对的需求、鉴别的需求、一致性的需求等。建立标准也是人与人之间公平关系的需要、社会关系公正的需要、对事物信任的需要。以上讨论了各种类别的主观标准的内容和特点，使得对主观标准分别有了深入的了解和理解。从综合的角度，还应该对主观标准的各类标准间的相互关系、标准的价值、哲理关系进行综合分析，以深化对主观标准的认识。

6.7.1　各类标准间的相互关系

主观型的行为标准形式、物质标准形式、文件标准形式、现象标准形式各有其独特性，它们之间相互区别，但文件标准与其他类别的标准都有交集。行为标准可以以人体为载体和以人体表现，也可以用图片、录像的方式记录下来，制作成文件标准。实物标准中的物理标准物质内容和化学标准物质内容也可以用文件标准进行描述，提供作为标准物质制作和使用的依据。现象标准的现象产生的机制、条件、获取、使用等也可写成文件标准。文件标准形式可以表示实物对象、行为对象、现象对象及抽象对象的标准内容。三类主观标准都存在与文件标准一定的相互重叠和互相分离的关系，它们间的相互关系如图 6-2 所示。四类标准间无相互依赖性，但有某些关联性。主观型的行为标准形式、物质标准形式、文件标准形式、现象标准形式

图 6-2　各类标准间的相互关系

是对标准形态的称谓，当针对具体标准类别或对象时，分别称为行为类标准或行为标准、实物类标准或实物标准、文件类标准或文件标准、现象类标准或现象标准更为方便。

6.7.2 标准的价值

实物标准形式的价值主要在于作为衡量的基准和对比的基准等。行为标准形式的价值在于作为人体表现能力的标杆和艺术展示的样板等。文件标准形式的价值反映复杂的知识关系，并固化为执行的依据。现象标准形式的价值在于提供基本量的基准，为定量关系建立最高精度关系。主观建立标准的过程，对物质、行为、知识、现象进行了鉴别，给出了它们应用的可靠要素，避免了其他人（标准建立人以外的人）知识获取所需的漫长时间耗费，开辟了知识获取的捷径道路。标准的建立也使其他人（标准建立人以外的人）知识的使用不需要花费验证成本和验证时间，可以信任使用。

6.7.3 主观标准的哲理

主观标准也具有主观和客观两种属性，只是主观标准是主观在先，客观在后。主观建立标准的过程是人类行为能力开发的过程、物质关系应用的过程、构思创造发展的过程。主观建立的标准内容在人类出现前是没有的，而客观存在的标准内容与人类存在无关系，是地球形成赋予的。主观标准在建立时，主观的思像是标准内容的基础，思像的内容一旦被验证是正确、有效、可靠，它就会转化为标准，成为标准后就成为客观存在的知识、行为、实物等，即成为客观性的事物。统一点是标准中的根本内容，人们围绕统一愿望建立统一点，形成有统一要素的标准。人们社会实践的真认识和有效知识成果，只有能被置于或提升到标准地位时，才具有了可信任性，以及重复使用和广泛使用的机会，使其价值得到利用。

参考文献

[1] 麦绿波. 主观构建的标准形式（上）[J]. 中国标准化，2012，(8)：75-80.

[2] 麦绿波. 主观构建的标准形式（中）[J]. 中国标准化，2012，(9)：57-61.

[3] 麦绿波. 主观构建的标准形式（下）[J]. 中国标准化，2012，(10)：60-64.

[4] 中华人民共和国国家质量监督检验检疫总局. 岩石成分分析标准物质（花岗岩）[S]. GBW07103(GSR-1). 北京：中国地质科学院地球物理地球化学勘查研究所，2003.

[5] 中华人民共和国国家质量监督检验检疫总局. 铜精矿成分分析标准物质[S]. GBW07166(GSO-5). 北京：中国地质科学院地球物理地球化学勘查研究所，2002.

[6] 李东升，郭天太. 量值传递与溯源[M]. 杭州：浙江大学出版社，2009.

第 7 章　主观认识的客观规律标准形式[1,2]

三大类型标准形式中的第三类标准形式是主观对客观规律认识的标准形式（以下简称主客观标准），其标准的内容与前两大类标准形式根本不同。客观标准是客观世界决定的标准，标准的内容是客观物质和能量；主观标准是主观创建的标准形式，是由人决定的标准形式，包括物质的、行为的、意识的和现象的；主客观标准的内容不是客观实在，而是人们对客观规律关系的思像，这些客观规律包括自然界的和人类社会的。这些规律性的思像是在一定范围和条件下被证实的，可用来解释世界、改造世界。主客观标准的另一种情况是，某些规律的认识是主观性认定的，无法用客观关系绝对证实，或者说是满足人们心理需要的规律，并且这些规律被一定规模的人群所认同，这种规律也可看成有标准地位的规律，因为标准是统一化的约定，包括认识的约定。尽管这类认识的出发点是针对客观性的，但其认识的客观性也有可能是不可靠的。下面对主客观标准进行论述。

7.1　主客观标准的概念和类型

主观认识的客观规律标准是客观存在的，是一种认识成果，当认识成果被实践证明是正确的或理性思辨证明是成立的时，这些认识成果就被认为是可靠的和可信任的，由此得到普遍的承认或得到公认。那些公认的认识成果是人们信赖的认识，并把它们作为基准的认识，无形中它们就拥有了标准的地位。主客观标准与客观标准一样，是属于广义标准的一种类型，其标准概念也包含于总的标准概念中。主客观标准是基于发现和想象建立的标准，客观存在是标准确立的第一要素，主观的工作只是在验证或证明工作的基础上说“是”或“不是”的认定。客观规律的探索工作是追求真理的工作，实际上，我们几乎不可能发现客观规律的真理，只能逼近真理。在人类客观真理探索的历史上，许多真理的地位都是历史性的或条件性的。例如，地球曾被看成圆盘、圆球、宇宙中心的球、绕太阳旋转的球等，每一次的认识都有部分真理内容被发现，且在不断增加真理的份额，但始终不是完整的真理。对每一次不完整的认识，不应该以拥有现代知识基础的眼光把历史的认识简单地认为是幼稚的。实际上，历史上的每一次重要认识在当时都曾被公认为是正确的和伟大的认识，都能对世界的存在有一定的正确解释作用，而那些不能解释的部分是所发现“真理内容”的缺失部分。真理是一个终极内容，而我们对客观规律的认识能力只能是里程碑性的。对于那些阶段性的“真理内容”，尽管它们不是最终的“真理内容”，我们也应该给它们一个恰当的名分和地位，给它们赋予可信任性和可应用性的“桂冠”，使那些有限真理的内容能够帮助人类。“标准”就是那些“真理内容”成果最恰当的名分。标准不像真理那样是终极性的成果，标准是里程碑性的成果，标准可以在认识和发展过程中不断改进。在认识的里程上，标准是里程碑上可靠的和可信任的成果。因此，人们把客观规律认识中那些可靠的和可信任的内容，作为标准关系看待是最恰当不过的。主客观标准的概念除了服从于总的标准概念外，还有其自身的概念特点，其概念为：**“具有普遍性统一认识的约定规律”**。主客观标准概念的内涵有三个要义：一是主客观标准的内容是规律对象，不是物质对象，规律是客观存在的，不是主观意愿强行赋予的（也有极少数强加的现象）；二是主客观标准约定的规律是普遍存在的，如浮力的现象在世界各地的液体中都普遍存在，浮力的普遍现象都统一于“物体受到的浮力等于其排液体积的重力”这一规律；三是主客观标准的内容是由主观认识的，标准地位是靠主观认定的，认定的形式是得到一定规模和一定范围人群的统一认同，即有相当数量和相当分布面的人群承认或普遍认可。客观存在是主客观标准的特征，它突出了客观对标准内容的决定性作用，是不以人的意志为转移的。主客观标准不同于主观标准，主观标准是主观占据主导地位，而主客观标准是主观为从属地位，被认识的规律算不算标准不是主观情愿不情愿的事，是能不能被证实或经不经得住证伪的事，或能不能被广泛接受和长期接受。

主客观标准是统一规律关系的特征基准模型。主客观标准是人们在探索事物规律真理的过程中建立起来的。客观规律具有多学科的规律，因此，主客观标准的分类应对应于相关的学科类型。凡是人类发现和认识的规律，只要有一定的支持人群，并且在相当的时期内都能持续，这种认识规律至少可看成一定程度的标准认识。客观规律涉及哲学、自然科学、心理学、美学、社会科学等范畴，主客观标准类别可分为哲学标准、自然科学标准、心理学标准、美学标准、社会科学标准等，标准的分类关系如图 7-1 所示。图 7-1 列出了主客观标准第一层次和第二层次的主要部分分类关系，由于空间限制，第三层次及其后面层次的类别只选 1～2 类举例说明。工程技术尽管也涉及许多客观规律的内容，但它们只是自然科学的人为应用学科，其规律性内容的根源可以追溯到自然科学，是自然科学规律的演绎和应用，因此工程技术不属于主客观标准范畴。工程技术中客观规律应用的存在创建，属于主观标准的范畴。

作为主客观标准第一层和第二层的学科是根源性的学科或一级学科、二级学科，这些学科的知识是根基性的标准知识，是其他知识应用的依据。客观规律本身是无形的，但是实在的，且可以在符合条件的时域和空域中复现，无论是客观世界中的，还是人类社会中的。

认识类的标准其实就是知识的标准，是那些当期公认知识和信任知识的根本

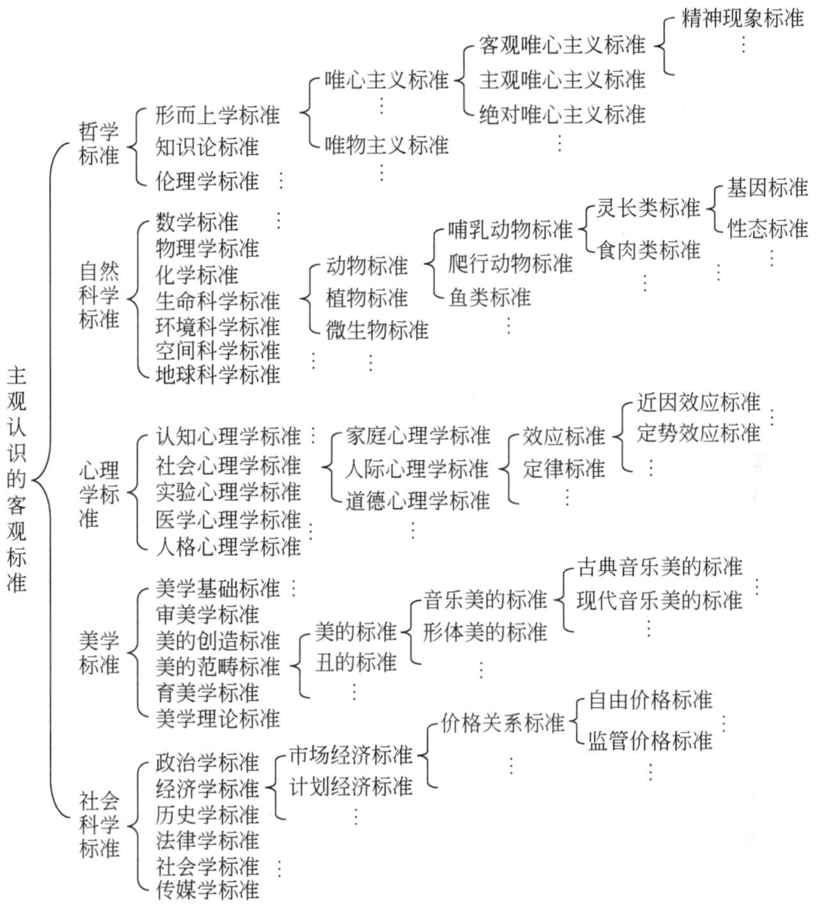

图 7-1　主客观标准的种类关系

内容或核心内容。这些知识通常是公理、原理、定律、定理和有效方法等规律。规律认识的范围从非生命的到有生命的，有的研究非生命的客观自然世界，有的研究生物和人类社会规律，当这些学科的研究理论和方法被业内公认或被证实时，它们就可看成标准的理论和方法。

在主客观标准的哲学、自然科学、心理学、美学、社会科学等认识领域中，自然科学规律的形成是非人类关系的，而哲学、心理学、美学、社会科学规律的形成受不同程度的人类关系的影响。自然科学规律的类别和内容远远多于其他领域，它包括数学、物理学、化学、生物学等学科的规律，物理学又包括力学、电学、光学、热学、电磁学、声学、核物理学等学科的规律，如将这些学科的规律从横向和纵向展开，这将是一个非常庞大的学科规律范围，这里不再赘述，留到下面深入讨论。尽管每一个认识领域的理论和方法内容都非常多，但作为标准关系的内容是很少的，它是核心的和根源性的，是每个学科大量理论和方法演绎和派生的基础。为了对图 7-1 中的每一个领域的主要认识规律标准有一个明确的了解和认识，下面分别讨论这些领域的形成和类别发展，梳理和提炼它们的主要规律标准，并进行标准特点的分析。分析各学科的发展历史是为了洞察学科认识的标准性精粹形成的链路关系，由此感悟标准性认识产生、修改、完善的规律。

7.2 哲学标准形式

哲学(philosophy)源于古希腊，原意是“爱智慧”，用 sophia 和 phronesis 表示。哲学是对本源性和普遍性问题思考的世界观和方法论。世界上，最有影响的哲学是古希腊哲学和西方现代哲学。古希腊哲学及西方现代哲学的发展史可分为四个时期：古希腊哲学时期，公元前 6 世纪～公元 5 世纪；中世纪哲学时期，公元 5 世纪～公元 15 世纪；近代哲学时期，15 世纪中期～19 世纪 40 年代；现代哲学时期，19 世纪 40 年代以来[3]。

公元前 6 世纪，哲学集中对自然本原问题进行探讨，如水、火、气等要素关系。这个时期的哲学为研究物质本原的“自然哲学”，创始人为米利都学派的泰利斯(公元前 624 年～公元前 547 年)，泰利斯也被称为西方第一位哲学家。哲学研究的问题源于神学的创世问题，而自然哲学的思维拒绝了神学思维定式，跳出了神学思维的束缚，摆脱了神创世的本原思维，以朴素唯物主义的精神，用理性的观察从物质元素思考世界的形成关系。以后有毕达哥拉斯学派的“数学”，德谟克利特的“原子论”，爱利亚学派的“存在”。德谟克利特认为变化是真实的，强调对立统一的思想，是辩证法的重要奠基人。爱利亚学派认为只有存在，没有不存在，其学派的巴门尼德明确提出了“思维与存在是同一的”命题，启发了以后的哲学发展。

公元前 5 世纪，古希腊在民主改革运动的影响下，哲学讨论的中心不再是自然界的本原问题，而是转向人本关系。著名的代表性人物普罗泰戈拉提出了“人是万物的尺度”的著名命题，把它作为判断是非、善恶的标准，为民主制提供了理论依据。这种哲学具有主观唯心主义色彩，是相对主义思想，这个时期的哲学称为“人本主义和系统哲学”。

以上古希腊哲学时期称为前苏格拉底时期，苏格拉底哲学转向人的研究，被看成古希腊哲学发展史的分水岭。苏格拉底(公元前 469 年～公元前 399 年)是西方哲学的奠基人，是著名的思想家、哲学家、教育家，他反对相对主义，认为存在客观真理，其新的思维灵魂转世与净化的基本思想开创了哲学的新纪元。柏拉图(公元前 427 年～公元前 347 年)是典型的客观唯心主义和理性主义者，著有《理想国》、《律法》和许多与苏格拉底的对话录，其最著名的作品陈述一个关于伦理学、形而上学、推论、知识和人类生命的概要观点。亚里士多德(公元前 384 年～公元前 322 年)

的哲学处于唯物主义和唯心主义之间,重视从感观获得知识,分别研究了逻辑、伦理学、政治学、天文学、心理学、生物学等各门学科,是这些学科最早的建立者,还有一些未发行的重要著作,包括物理学、形而上学、伦理学、政治学、论灵魂、诗学等,研究了辩证思维的最主要的形式,是古代希腊最博学的学者。亚里士多德的工作为进入科学方法的世纪做好了准备。苏格拉底和他的学生柏拉图,以及柏拉图的学生亚里士多德被并称为“古希腊三贤”,柏拉图和亚里士多德在总结和创建的基础上,建立了自己的哲学体系,使哲学进入系统化时期[3]。

公元前 336 年,马其顿王亚历山大即位,哲学进入希腊化和罗马哲学时期,哲学转向自然哲学,推动了数学、物理学、天文学、地理学、医学等的迅速发展,具有代表性的哲学家是唯物主义哲学家伊壁鸠鲁,他发展了德谟克利特的原子论。由于战争和社会动乱,哲学研究的重点也转移到伦理方面。古罗马哲学有两个派别:一个是以卢克莱修和琉善为代表的唯物主义,坚持德谟克利特和伊壁鸠鲁的原子论学说,反对宗教迷信;另一个是以普罗提诺为代表的新柏拉图学派,认为万物的本原是神秘的“太一”,为基督教兴起提供了理论基础,产生“教父哲学”,使哲学沦为宗教的工具。公元前 322 年亚里士多德去世后的约 800 年期间,希腊文化逐渐与罗马文化相结合。

公元 5 世纪,哲学进入中世纪哲学期,这时的哲学主要是基于柏拉图哲学、亚里士多德哲学、新柏拉图主义和基督教哲学,在各发展阶段所占比例各不相同,哲学屈服宗教的支配,成为理性解释信仰的工具。中世纪哲学中期,经院哲学走向鼎盛时期,中世纪哲学的末期,哲学日益脱离神学,伊本·路西德的学说盛行,他主张自然事物受因果必然性支配。

近代哲学的文艺复兴时期,追求科学、个性解放、反对宗教桎梏成为时代的精神,普莱索、贝沙里扬等主张一切为了人的利益的人文主义,尼古拉和布鲁诺等以唯物主义反对经院哲学的唯心主义,从认识论的角度探讨对立统一问题。近代哲学的中期,哲学研究集中在主体与客体、思维与存在的统一等问题上,自然科学被分门别类地深化研究,出现了哥白尼、开普勒、伽利略等科学伟人。伽利略为近代哲学提供了研究的方法论,并重数学归纳法和演绎法。培根是近代唯物主义经验论的第一个代表,他以经验作为统一思维与存在的核心。笛卡儿是近代唯理论的第一个代表,他把人的理性认识当作统一存在与思维的关键,提出了“我思故我在”的名言。

18 世纪末,德国唯心主义哲学运用辩证法总结前人的唯理论与经验论之争的思想,创立了以康德、黑格尔为代表的德国古典唯心主义。费尔巴哈建立了形而上学形态的“人本学”唯物主义和唯物主义的思维与存在同一说,批判了黑格尔的唯心主义的思维与存在同一说。现代哲学期,马克思和恩格斯批判地吸取了黑格尔哲学和费尔巴哈哲学的价值性的内容,创立了辩证唯物主义和历史唯物主义。在这一时期，逐渐产生了实证主义、唯意志论、存在主义、结构主义等现代西方哲学的派别[3]。

哲学的认识是多学派的认识，一直是思想活跃、观点繁杂的多元化领域，因此，哲学的认识标准是不统一的，形成了多学派的认识标准。从崇尚科学和精神自由的角度，对于学术性的研究，应该允许哲学有多种认识观点和认识标准。哲学的认识标准是历史性和学派性的，以上各个时期哲学派别的认识标准就是各时期哲学代表人物的主要哲学思想及核心观点。哲学的认识标准有自然哲学、本体论、形而上学、逻辑学、唯物主义、唯心主义、唯物辩证法、认识论等理论的认识定论标准。哲学形成认识标准的关系要素（不包括标准内容）主要有：思维与存在；主体与客体；物质与精神；变化与不变；运动与静止；质变与量变；对立与统一；善与恶；爱与恨；是与非；有限与无限；原因与结果；普遍与特殊；共性与个性；偶然与必然；相对与绝对；现象与本质；同一性与多样性；内因与外因；现实性与可能性；抽象与具体；主观与客观；独立与联系；肯定与否定；和谐与冲突；整体与部分；时间与空间；矛盾与和谐；可知与不可知；感性与理性；经验与唯理论；证实与证伪；真理与谬误；对与错；好与坏；真与假；社会与自然；社会与人；生产力与生产关系；出生与消亡；自由与必然；是与所是；有形与无形；等等。

哲学认识典型的标准内容有：事物运动是绝对的，静止是相对的；世界是物质的世界，物质是第一性的，精神是第二性的；内因是变化的根据，外因是变化的条件；事物是对立统一体，在对立统一中变化，在对立统一中发展；偶然性中包含必然性，必然性中包含偶然性；时间与空间关系是相互依赖的，时间和空间的量变是由对方来表达的；肯定与否定是内、外肯定与否定的统一；认识与实践是反复性的、无限性的和上升性的；本质与现象是相互依赖的，不能单独成立，本质与现象是对立的，不能一起实现；等等。这些内容只是哲学认识标准的一部分，篇幅有限，这里不再赘述。

在哲学领域，尽管智慧和知识有时难以分辨，但古希腊人在讲“爱智慧”时，并没有把智慧和知识混淆，用 episteme 表示知识。后来，柏拉图又在他的论著中把知识和智慧近似于等同起来。亚里士多德论及知识和智慧时，甚至使用知识来解释智慧，即“智慧就是有关某些原理与原因的知识”。尽管亚里士多德将知识与智慧进行合并，或者把智慧看成知识层次系列里的最高层次，但作者还是认为知识与智慧是不同的。作者认为：**知识的获得是教育和有效性经验积累的结果；智慧是一种感悟能力，是对普遍性支配规律的感悟和应用，或者说是一种联系能力，将知识联系于问题，找出问题本质关系的能力**。亚里士多德所说的知识应该是原理和原因规律的洞察力，而不是原理和原因的教育和经验积累的认知。智慧是哲学性的。智慧和知识的不同导致哲学标准和知识标准的不同，哲学标准主要是普遍性规律关系认识的标准，知识标准是各方面经验积累及感性认识的有用部分和推理得到的有用部分。从学科角度划分，智慧偏重哲学关系，知识偏重科学关系，智慧在哲学领域里表现，知识在科学领域里发展。

7.3　自然科学标准形式

尽管人类的科技活动有很长的历史，但以理论思维进行的科学研究始于公元前 600 多年～公元前 500 多年古希腊的哲学家和科学家。希腊米利都学派的泰利斯从物质的角度，以理性的观察来研究世界的本原。数学家毕达哥拉斯（公元前 572 年～公元前 497 年）开创了数学研究的先河。德谟克利特（公元前 460 年～公元前 370 年）认为万物的本原是由不可再分的物质微粒原子构成的。亚里士多德认为地是球形的，由水、气、火、土四种元素组成，是宇宙的中心，天体由第五种元素"以太"构成。欧几里得（公元前 330 年～公元前 275 年）发展欧几里得几何，提出五大公设，完成透视、圆锥曲线、球面几何学及数论的作品，是几何学的奠基人。阿基米德（公元前 287 年～公元前 212 年）是古希腊哲学家、数学家、物理学家，他发现了杠杆定律和浮力定律。克罗狄斯·托勒密（约公元 90 年～公元 168 年）是"地心说"的集大成者，他著述了一部西方古典天文学百科全书。波兰科学家哥白尼（公元 1473 年～公元 1543 年）提出日心说，发表《天体运行论》，纠正了地心说的错误，开启了近代自然科学的研究。丹麦天文学家第谷（公元 1546 年～公元 1601 年）观测大量天文数据，修改儒略历，颁行了格里高利历。德国天文学家开普勒（公元 1571 年～公元 1630 年）发现了大气折射的近似定律和行星运动的三大定律（椭圆定律、面积定律、周期定律），为经典天文学奠定了基石，并导致数十年后万有引力定律的发现。伽利略（公元 1564 年～公元 1642 年）发现了自由落体定律、摆的力学规律，发明望远镜。牛顿（公元 1643 年～公元 1727 年）发现了牛顿力学三定律（惯性定律、作用力反作用力定律、加速度定律）和万有引力定律，把天、地物体的运动关系统一在一个理论体系之中。莱布尼茨（公元 1646 年～公元 1716 年）和牛顿分别发明了数学的微积分学，发明了二进制算术。18 世纪前，自然科学主要运用观察、实验、分析、归纳等经验方法进行研究。18 世纪起，观察实验与理性假设方式结合，导致了科学研究的辉煌成就，如道尔顿的原子论，阿伏伽德罗的分子学说，门捷列夫的元素周期律，赖尔的地质渐变理论、细胞学说、生物进化论，孟德尔的遗传规律，拉瓦锡的质量守恒定律，奥斯特的电磁关系，安培的电动力学，库仑的电荷间作用定律，法拉第的电磁感应定律，麦克斯韦的电磁场波动方程，赫兹、马可尼、波波夫的无线电的发展和应用，伦琴 X 射线的发现，贝克勒尔放射性现象的发现，居里夫妇钋、镭的发现，汤姆逊电子的发现等。20 世纪，普朗克的量子理论、爱因斯坦的相对论、卢瑟福的原子结构理论、玻尔的量子原子论、摩尔根的基因突变理论、威格纳的大陆漂移理论、卢瑟福的原子裂变说、薛定谔的粒子波动方程理论、伽莫夫的大爆炸理论、克里克和沃森DNA结构的发现等使科学发展又取得重大突破[4]。

科学的认识包括在科学学科的范围中。科学学科内容认识的正确性通常是通过试验和逻辑进行证明的，被证明是正确的关系就被看成为标准的关系。科学的正确性取决于理论体系的正确性，理论体系的正确性取决于概念、公理、定律、定理、原理、原则、方法等核心要素的正确性，正确的理论将被称为标准的理论。科学认识的成果标准，就是有标准地位的学科概念、公理、定律、定理、原理、原则、方法等。科学认识的正确性是历史的正确性和一定条件下的正确性，当新的更全面的理论出现时，旧的理论将会被部分否定或全面否定，认识的标准将会由旧理论转移到新理论上来，如“重量不同落速不同”被“重量不同落速相同”取代。科学学科具有代表性的标准性认识规律分别叙述如下，这些科学规律目前仍然保持其标准性认识的地位，且是学科的核心标准理论。

数学的标准公理和推论的标准性质的内容主要有：过两点有且只有一条直线；两点之间直线最短；同角或等角的补角相等；过一点有且只有一条直线与已知直线垂直；经过直线外一点，有且只有一条直线与这条直线平行；同位角或内错角相等，两直线平行；三角形两边之和大于第三边；两个边和它们的夹角对应相等的两个三角形全等；两个角和它们的夹边对应相等的两个三角形全等；有三个边对应相等的两个三角形全等；等等。

力学规律认识的标准性质的内容主要有：牛顿第一定律，即无外力作用时物体保持静止或匀速运动状态；牛顿第二定律，即物体加速度与作用的合外力成正比，与物体质量成反比；牛顿第三定律，即物体间作用力与反作用力大小相等，方向相反，且在一条直线上；万有引力定律，即物体间的引力与它们的质量乘积成正比，与它们之间的距离平方成反比；浮力定律，即物体排除水的重量等于水对它的浮力；杠杆定律，即杠杆支点两端力矩相等保持杠杆平衡；等等。

行星运行规律认识的标准性质的内容主要有：开普勒第一定律（椭圆定律），即每一个行星都沿各自的椭圆轨道环绕太阳，而太阳则处在椭圆的一个焦点中；开普勒第二定律（面积定律），即在相等时间内，太阳和运动中的行星的连线（向量半径）所扫过的面积都是相等的；开普勒第三定律（周期定律），即各个行星绕太阳公转时间周期的平方与它们的椭圆轨道的半长轴的立方成比例；等等。

热力系统运动规律认识的标准性质的内容主要有：热力学第零定律，即若两个热力系统中的每一个都与第三个热力系统处于热平衡（温度相等），则它们间也处于热平衡；热力学第一定律，即能量的转换和传递过程中能量总量不变，能量是守恒的；热力学第二定律，即自然条件下，热量只能从高温物体转移到低温物体，这一过程是不可逆的，熵的微量增加总是大于零；热力学第三定律，即不可能用有限手段达到绝对零度；等等。

电磁运动规律认识的标准性质的内容主要有：电荷守恒定律，即独立系统的电荷代数和永远保持不变；库仑定律，即两个静止点电荷间的作用力与它们所带电荷电量的乘积成正比，与它们间距离的平方成反比，且同性电荷相斥，异性电荷相吸；电场，即存在于电荷周围或变化磁场空间产生的能量场，对电荷有作用动力；电势，即单位正电荷由电场中某点 A 移到参考点 O(零势能点)时电场力做的功与其所带电量的比值电势差为电压；高斯定理，即一个闭合曲面的总磁通量为零；磁场，即对运动电荷有作用力的矢量闭合场；电磁场，即随时间变化的电场产生磁场，随时间变化的磁场产生电场，两者相互依存；电磁感应定律，即磁通量变化产生感应电动势，闭合电路的导体在磁场里做切割磁力线的运动，导体中就会产生电流；等等。

光的传播规律认识的标准性质的内容主要有：光线传播定律，即光线按直线传播，光线是独立传播的，两光线交叉不产生相互影响；光在介质界面上的性质，即一部分反射一部分折射，光在光疏介质反射或折射的角度大于光在光密介质折射或反射的角度；光的二象性，即光具有波动性和粒子性；光波性质，即光波是电磁波，以横波方式传播；光的量子性，即光子是量子化的，具有能量；白光的复合性，即白光由全谱可见单色光复合而成；光的干涉性，即同频单色光叠加产生加强或减弱；光的衍射性，即光线遇到小孔和小障碍时不按直线传播，将产生绕射或衍射；等等。

化学变化规律认识的标准性质的内容主要有：化合反应，即元素通过离子键、共价键、金属键结合为物质分子；分解反应，即物质分子分解为元素或小分子；置换反应，即一种元素取代化合物的另一种元素；复分解反应，即两种化合物交换成另外两种化合物；反应质量，即化学反应质量守恒；化学反应影响，即化学反应只会改变分子关系，不会改变原子关系；溶解性质，即溶剂饱和时，不再溶解溶质；原子性质，即原子最外层电子饱满时(8 个，或 He 为 2 个)，原子处于稳定状态；化学元素电子运动，即化学元素原子的电子按主量子数、角量子数、磁量子数、自旋量子数的规律运动；等等。

生物生长、繁殖规律认识的标准性质的内容主要有：食物摄取，即生物食物链形成保持生态平衡和食物保障；物种延续，即以染色体中的 DNA 进行复制性遗传，保持物种稳定；生存元素平衡，即动物呼出二氧化碳吸入氧气，植物吸收二氧化碳呼出氧气，保持生物所需元素的平衡；动物元素含量关系，即动物含有地球拥有的特定元素种类，并以特定的比例关系保持机体的内分泌和新陈代谢的平衡；等等。

声音规律认识的标准性质的内容主要有：声波性质，即声波是一定频率的机械振动，传播媒介的质点只在原地位置机械振动，不会移动；声波类型，即声波是纵波，振动方向和传播方向在同一方向；声波的传播，即声波在介质中传播，在真空中不能传播，传播介质密度越大，声波传播速度越快；声波类型，即 20Hz 以下频率的波为次声波，20～20000Hz 频率的声波是人耳能听到的声波范围，大于 20000Hz

以上的声波为超声波，声波的能量用分贝(dB)表示；声波重叠性质，即叠加将产生干涉作用，或加强，或减弱；声波源移动性质，即移动的声波源将带来变频效果，声波源向听者移近时听到的声频率提高，声波源向听者远离时听到的声频率降低；等等。

核物理和粒子物理运动规律认识的标准性质的内容主要有：质能转换，即物质的能量与其质量和光速的平方成正比；原子裂变释能，即重原子在一定条件下经中子轰击后将裂变成其他原子，并在此过程中释放出大量的能量；原子聚变释能，即轻原子在极高温条件下，将聚合成其他原子，并在此过程中释放出大量的能量；原子蜕变，即原子用强磁场作用或 α、β 轰击，会蜕变为另一种元素的原子；基本粒子组成，即轻子(光子、中微子、电子、正电子、μ 子)、介子(π 介子、K 介子)、重子(质子、反质子、中子、Λ 超子、反 Λ 超子、Σ 超子、反 Σ 超子、Ξ 超子、反 Ξ 超子、Ω 超子)；宇称关系，即在强相互作用下，能量、动量、电荷、重子数和奇异数都守恒，粒子在弱相互作用下，宇称不守恒；等等。

7.4 心理学标准形式

心理学是人类对自我规律和人性规律的探索和研究，是一门客观的科学学科，属于主观认识客观规律标准的范畴。心理学的定义为：研究行为和心路历程的科学[5]。心理的科学规律在有人类时就有，拥有几百万年的存在史，而将心理学作一门科学进行研究的时期并不太长，正如艾宾浩斯(Hermann Ebbinghaus)所说：心理学虽有一长期的过去，但仅有一短期的历史[5]。人们认识的心理学的标准是心理学在其发展历史过程中形成的公认的和权威的科学研究成果。

心理学作为独立学科研究之前是作为哲学的内容进行研究的，到 19 世纪，依靠在哲学中的研究积累和借鉴科学的研究方法独立成立了自己的科学学科。心理学的发展阶段主要可分为两大阶段，划分的分界线主要是实验心理学的建立，即前科学心理学时期和实验心理学建立之后的科学心理学时期[5]。心理学的认识成果是在心理学发展的历史阶段形成的。心理学科学规律研究的标志性研究理论成果主要有实验心理学、构造心理学、机能心理学、行为主义心理学、格式塔心理学、精神分析、皮亚杰理论、认知心理学、人本主义心理学、人格心理学、社会心理学等，这些标志性的理论研究成果形成了人们对心理学科学规律的认识标准。

实验心理学是冯特(Wilhelm Wundt，1832～1920 年)建立的，它开启了心理学的科学研究途径。实验心理学不同于传统的哲学心理学，它是以实施方法为支撑，注重研究人类意识经验的内容、结构及其组合规律。冯特将内省法与实验法结合起来，提出了实验内省法。为了弥补实验内省法在研究人类高级心理过程方面的不足，冯特提出了民族心理学的方法，用于探讨人类心理发展的全面规律。冯特重视心理经验的元素分析，以探讨心理元素复合的规律。关于心理元素的结合方式，冯特提出了融合、同化、复合和相继性联想四种基本形式；关于心理复合体的形成，冯特提出了三个基本规律性原理，即创造性综合原理、心理关系原理、心理对比原理[5]。

构造心理学是基于分析心理结构，把一定意识组织的组成成分分离出来的研究。构造心理学的创立者是美国心理学家铁钦纳(Edward B. Titchener，1867～1927年)。构造心理学研究的任务主要有三个方面：将具体或实际的心理经验分析为最简单的成分；发现这些元素是如何结合起来的以及结合的规律有哪些；把这些元素和它们的生理或身体条件联系起来。构造心理学具体的研究主要是注意、联想以及情绪和情感[5]。

行为主义心理学由心理学家华生(John Broadus Watson，1878～1958年)创立。行为主义心理学研究的方法是观察法、条件反射法、言语报告法、测试法、社会实践法，研究的目标是预测和控制行为，以还原的方式使心理学成为一门自然科学，认为行为就是一种可以观察到的有机体反应，本质是人和动物对外界环境的适应，刺激—反应是有机体所有行为的共同要素[5]。

格式塔心理学强调心理对象的整体性，认为有机体或统一的整体构成要大于各部分单纯相加之和；主张研究人对现象的经验，也主张研究人的整体行为；研究的对象为直接经验和行为；研究方法为整体的观察法、实验现象学的方法；主要的理论观点有突现论、同型论、知觉的组织原则、学习理论、创造性思维[5]。

精神分析是奥地利医生弗洛伊德(Sigmund Freud，1858～1939年)创立的。精神分析的理论主要有潜意识论、精神分析的方法、本能论、人格论、焦虑与心理防御机制论、社会文化观。精神分析开创了无意识系统性研究的新领域，开辟了性心理学、动力心理学、变态心理学等新的研究领域，揭示了人类深层次心理和整个的人格，极大地影响了哲学、历史、文学、艺术、美学、社会学、教育学、人类学等各社会科学领域，成为了解释个人、文化和社会历史的世界观和方法论[5]。

认知心理学是不同于冯特、皮亚杰等广义认知心理的革命性理论，是信息加工理论和联结主义。信息加工心理学是把脑看成信息加工系统，对表征信息的符号进行输入、编码、储存、提取、复制和传递；主要研究的内容有知觉加工与模式识别研究(模板匹配模型、原型匹配模型、特征分析模型)、注意的研究(过滤器模型、衰减器模型、晚期选择模型)、记忆的研究(记忆结构、记忆表征)、问题解决研究(产生式问题解决理论、专家与新手解决问题的差异)。联结主义也是关于人的信息加工的理论，基本构成包括单元和联结，单元是带有活性值的简单加工器，联结则是单元之间相互作用的中介，单元与单元之间的联结则构成网络[5]。

人本主义心理学的创始人是马斯洛(A. H. Maslow，1908～1970年)。人本主义心理学主张把人体内在的意识体验或经验作为心理学的首要研究对象，人的意识和无意识在根本上是统一的,意识与无意识的对立是人格发展水平不高的表现,越是高级的价值越依赖于人的意识活动的积极作用。人本主义理论中的需要动机理论被称为“整体动力理论”,包括基本需要和发展性需要。基本需要有生理需要、安全需要、爱与归属的需要、尊重的需要;发展性需要有认知的需要、审美的需要、自我实现的需要[5]。

心理活动的无形性和复杂性,导致历史上形成的心理学理论一般都不是太稳定,但在心理学科学发展的过程中发挥了启发、推动、种子等作用,心理学发展历史上研究形成的观点和成果成为其历史性的认识标准。

7.5 美学标准形式

人类对美的感觉是在人类出现时就有的,这是一种天生的感觉,不需要有美学知识才能感到,例如,许多人从来不了解美学,但他们都能感觉到美的关系。美学是对美的关系理性分析的学问,美学的萌芽必是源于对美的关系理性分析的活动。美学是人类文明化后的知识产物。美学最早源于古希腊的毕达哥拉斯学派对数关系和谐的启蒙,由此推广到音乐的和谐美、自然的和谐美、人体的和谐美的认识和感受,使美的感觉有了理性因素——和谐。

赫拉克利特提出美是相对的,美的标准是因人而异的。德谟克利特以原子论认识的物质第一性观念,认为美是基于物质性的。苏格拉底将美由自然科学转向社会科学,倡导效用美,认为艺术的美不仅是对自然的模仿,还应有心灵的创造。柏拉图将美进行了层次划分,理式的美是绝对的、最高的,客观世界的物质美是对理式的模仿,艺术是对客观世界的模仿,一层层模仿将降低美的完整性,实际上是以神作为美的化身,把美抽象化和神秘化。亚里士多德承认艺术的真实性,并将艺术的美与哲学境界相联系,将艺术对自然的模仿分为三个层次:一是照事物的样子去模仿;二是对事物照别人所说的去模仿;三是照事物应有的样子去模仿。亚里士多德将第三种情况解释为,事物的应有样子就是符合客观规律的,是本质的,是合理的,逼真的不一定是真实的,合情合理的也可能是虚构的,不合理的是偶然的和现象的,合理的就是本质的、规律的和必然的[6]。亚里士多德描述的第一种艺术是形式美,第二种艺术是理解美,第三种艺术是境界美。

中国的美学思想主要起源于儒家和道家,它们为中国古代美学发展奠定了根基。孔子是儒家美学的创始人,他的美学思想建立在“仁”学的基础上,主张真正的美是实现“仁”这个最高原则,同时强调外在形式的美与内在道德的善统一,即实现愉悦与崇高的统一;老子是道家美学的创始人,而道家美学真正的代表者是庄子及其学派[7]。道家认为真正的美不是世俗的感官满足,也不是刻意的仁义道德,而是在精神上不为任何外物所奴役的绝对自由的境界,即“朴素而天下莫能与之争美”

与“淡然无极而众美从之”，这都表明美在于超功利的自然无为。一般而言，儒家和道家两家美学既相互对立又相互补充，儒家美学的弱点正是道家美学的优点所在，而道家美学的弱点正是儒家美学的优点所在；两汉时期强调人格精神的完善，重申儒家的以“仁”为美的思想，并与“天人感应”理论结合；魏晋南北朝时期，人物的品藻、玄学的探讨和各门文艺理论批评的建立，艺术的品评重视个性、气质、天赋、独特，代表的认识有“摇荡性情”、“以形写神”、“气韵生动”和“书之妙道，神采为上，形质次之”等说法，这一时期产生了一系列具有理论系统性的著作，深化了美学发展；隋唐美学力挽颓风，重申了先秦儒家主张美善统一；中唐期，趋向具有反抗精神的“物不得其平则鸣”，并且以可怪、可惊、可畏、可惧的事物为美，表现自我与社会黑暗相抗争的精神；晚唐期，包含有对审美与艺术创造的心理特征对唯心主义的深刻理解；中国后续的朝代多继承禅宗和先前的美学思想[7]。

18世纪中叶前，古希腊哲学家毕达哥拉斯、赫拉克里特、苏格拉底、柏拉图、亚里士多德以及中国儒家、道家等关于美的观点和思想是夹杂在宗教、哲学、道德、艺术和政治的讨论中的，是他们神学思想、哲学思想、伦理思想和文艺思想的附属品，把美作为神学、哲学、伦理学追求的一种境界，没有把美学单独抽出来进行独立的研究。以前除以上古代大哲学家的美学思想外，后续的名人、学者也为美学的建设提出了新的和深刻的美学思想和学术观点，这些贡献为美学学科的形成奠定了良好的理论基础，并构建了共识的环境。

1750年，德国哲学家亚历山大·戈特利布·鲍姆加登(1714～1762年)首次使用“美学”(aesthetics)一词，并出版了《美学》著作，该著作将以往美学理论进行了体系化、科学化的梳理和补充丰富，从此美学作为一门独立的学科开始被研究和教育传播。西方美学史上第三个发展高峰来自康德和黑格尔的卓越贡献，康德在《判断力批判》中提出并论证了一系列美学根本问题，形成了较为完整的美学理论体系。黑格尔把德国古典美学推到了顶峰，独树了德国古典美学，是西方各美学思潮的集大成者。

19世纪中叶以后，美学流派发展迅速，研究重点逐渐脱离哲学层面，更侧重于美感经验描述的科学，形成了美学史上的由“自上而下”向“自下而上”的历史转型。20世纪，美学形成了对形而上学的反叛和对理性主义的反叛的反传统潮流，强调经验实证方法的张扬和非理性的张扬，逐步形成了科学主义美学与人本主义美学两大思潮，代表性的人物和学说有德国费希纳的“实验美学”、英国贝尔的“有意味的形式”、美国杜威的“经验美学”、意大利克罗齐的“形象直觉说”、英国布洛的“心理距离说”、德国李普斯的“移情说”、弗洛伊德的“里比多”理论等，随后又发展了分析美学、现象学美学、存在主义美学、接受美学等[6]。

关于美学研究的对象是什么，主要形成了三种学术观点：一是美学研究的对象就是美本身，是所有美的事物共同具有的美本身，是事物之所以美的根本原因；二是美学的研究对象是艺术，美学就是艺术的哲学境界；三是美学的研究对象是审美经验和审美心理，把审美心理和审美经验置于美学研究的中心，主张用心理学的观点和方法来解释和研究一切审美现象。美学的研究对象按具体类型可分为：美学基础（美的产生、发展，美的本质、特征、功能，美的形态，美的因素及其规律）、审美学（审美心理，审美意识，美感的发生、发展、性质、特征及其规律）、美的创造学（现实美、艺术美的创造规律、发展规律、鉴赏规律等）、美的范畴学（丑、崇高、悲剧性、喜剧性等范畴的审美特性、发展规律及其同美的关系等）、美育学（审美的培养、美学教育、美学推广普及等）、美学理论（美学史、美学与哲学、美学与伦理学、美学与心理学、美学的原理等）[6]。

美学既是一种心灵哲学，又有客观性和社会性。美是主客观的统一，心灵是统一的基础。美既是体验又是认识，美的感觉主要表现为喜欢、景仰、称赞、愉悦、敬畏等，对于和谐、合理、秩序、谦恭关系也会引起美感。引起美的关系有：共鸣的（赞同的、认可的、支持的、愉悦的等）、感人的（正义、爱、善、崇高的、神圣性等）、吸引的（漂亮的、华丽的、俊秀的、和谐的、纯洁的等）。美的对立关系——丑体现为：失去人与人的和谐（形的异化、心灵的异化等）、失去人与自然的和谐（人对自然的破坏、自然危害人类）。从美的关系中，可寻找人类世界（社会的）和物质世界（科学的）的真理关系。美的东西之所以具有强烈的感染力，就在于他体现了人需要的东西，尤其是体现了人的情感需要。美直接诉诸人的情感，喜爱、激动、崇敬，使人在精神上获得一种极大的愉悦和满足。一切美的事物都具有客观物性因素，这些物性因素在引起人的审美愉悦方面起着至关重要的作用。美既有客观的存在性，又有主观的认定性，这就是说，美的存在是有标准的，审美是有标准的，美的创造也是有标准的，偏离了美的标准的关系，就不能称其为美。美可以有单一关系的美，如形式美、智慧美、功利美、仁善美等，高层次美的标准应该为：①客观性与社会性的统一；②形象性与理智性的统一；③真实性与功利性的统一；④内容美与形式美的统一[6]。美的标准上存在程度性和一致性问题。美的程度是美之间的比较等级关系，这一问题在理论上目前还未找到划分的依据或特定关系。美的一致性问题是不同人对同一事物美的认同度是不一样的问题，这需要给出公认美的因素，美学在这方面已提出了一些标准，接下来就是解决标准如何被公认的问题。所以，美学的标准化问题是美学的重大难题，它是关系到美的共识和统一的重要问题。

7.6　社会科学标准形式

社会问题是有了人类和人类的群体生活后出现的。社会科学是用科学的方法研究社会各种现象的学科。社会科学涉及社会秩序、伦理道德、社会制度、人权关系、社会分配、社会劳动、社会发展等内容，是研究社会要素的本质和现象、作用和效果、矛盾与协调等的理论。

社会科学的思想起源于公元前 3000 多年，人类生活由散居的部落式畜牧业、农业方式逐步转向社会分工集中的大部落制或国家制，高度群居生活的社会秩序与和谐成为社会稳定的主要问题，涉及社会科学的思想开始酝酿，最初夹杂在神学的伦理关系中。在国家建立后，社会科学的相关内容是国家体制和法律体系的内容。

社会科学具有与人类的同步性、学科的相对独立性、民族性和地域性等特殊性质，这些性质既是社会科学自身的表征，也是与其他学科区别的标志。社会科学涵盖经济学、政治学、法学、伦理学、历史学、社会学、心理学、教育学、管理学、人类学、民俗学、新闻学、传播学等学科，社会科学的标准涉及政治制度、法律、经济体制、道德规范、分配关系、人权、教育、社会保障、民族关系等。社会科学是一个多元标准的学科，不同的政治制度和不同经济实力的国家就会有不同的国体标准、政体标准、法律标准、人权标准、社会保障标准、教育标准、道德标准等。在当今时代，有些标准几乎是全世界一致的，但在执行的严格程度上国家间会有差异。

社会共同的标准有法律面前人人平等、国家内民族平等、男女平等、尊重信仰自由、诚实守信、助人为乐、热爱国家和人民等。

社会科学主要方面的认识标准有：国体标准，即人民民主专政的社会主义、君主立宪的内阁制、民主共和制的总统制、民主共和制的半总统制等；政体标准，即人民代表大会制、议会制等；国家结构形式标准，即联邦制、单一制；政党制度标准，即一党制、多党制、多党合作制等；教育标准，即 9 年义务教育、12 年义务教育、全民义务教育等；社会保障标准，即医疗、失业、养老、工伤、住房等单项或多项组合保障；经济体制标准，即市场经济体制、计划经济体制等；等等。

7.7　主客观标准的关系及特点

主客观标准是对客观规律、人类规律和人类社会规律认识的标准，不同于客观存在的标准和主观建立的标准。尽管主客观标准的客观性是第一性的，主观性是第二性的，但其客观规律的无形性，使人们得到的客观内容只是头脑中的合理的思像。作为标准规律的思像，无论它是否是最满意的真理，但它能解释客观现象，并能有效应用，这些标准思像是有意义的。因此，深入讨论主客观标准的关系、价值和哲理，对主客观标准的认识、建立和应用是有必要的和有益的。

7.7.1　认识标准的关系

认识标准寓于客观，得出于主观。在主客观型的五大类认识标准中，自然科学认识的标准是强客观性的，是不易受意识影响的客观认识，而哲学、心理学、美学认识标准关系是易受意识因素影响的，不属强客观性的认识标准，社会科学认识标准的客观性介于科学认识标准和哲学、心理学、美学认识标准之间。这些标准无论是强客观性规律的标准还是非强客观性规律的标准，都是基于客观规律的，都属客观知识标准，且是公认的标准知识。认识标准客观性的强弱关系排序为：自然科学＞社会科学＞哲学＞心理学＞美学。五类认识标准的性质有强标准性的、中标准性的、弱标准性的，标准的有效适用范围有学派内的、领域的、广泛的，标准内容形式有规律的、特性的、公理、定律、原理的、原则的，这些关系如表 7-1 所示。

表 7-1 主客观标准的特点

标准特点	哲学标准	自然科学标准	心理学标准	美学标准	社会科学标准
标准的主、客观性	主、客观的	强主观的	主、客观的	主、客观的	中客观的
标准的强弱性	中标准性	强标准性	中标准性	中标准性	中上标准性
标准的适用范围	较广泛的	广泛的	较广泛的	较广泛的	广泛的
标准的内容形式	规律	公理、定律、原理	规律	规律	原理、原则

主客观标准的正确性是历史性的、范围性的。在某历史时期认为是正确的标准认识，经过时间延续或新理论的产生会被否定，如德国科学家斯塔尔提出的“燃素”解释化学反应说，统治了化学界近 100 年后被否定，这种作为认识标准的知识占据一段时间后被新的知识否定的例子还有许多，这里不再赘述。这些例子说明，认识标准的地位不是永恒的，差别只是标准历史时间的长短。某些认识被称为是正确的标准认识，其标准地位只是在一定范围认可的，有的认识在本学派认为是正确的标准认识，在别的学派有可能被认为是不正确的，所以，认识标准的地位是范围性的。认识标准的正确性取决于主、客观双方面因素作用，只靠主观或客观任何单因素很难独立保证标准的正确性。客观规律存在，主观没有找到适合的表达模型，将无法正确地表达出来，等于没能获得标准认识。客观的规律性不稳定或是偶然性的现象，即使主观有很强的观察、分析、假设、建模等能力，也无法正确地建立客观规律模型。规律认识的正确性不一定都采用客观实验，有的规律验证可采用思想试验进行验证，如哲学规律、美学规律的有些验证只适合采用思想试验。

7.7.2 认识标准的价值

主客观标准筛选了可靠知识，建立了可信的知识体系。知识的价值关系符合公式 C→B→A，式中，A 为真理知识，B 为标准知识，C 为知识成果，→为知识的完善方向。大部分知识是 C 知识，是各种学术研究的观点成果。A 知识是一种真理知识，实际上几乎是不可能获得的，即使有些知识被认为是 100% 的真理，但在另一条件下时也许会不适用。B 知识作为标准知识，反而成为“实际中的真理”，是实际中最可信的知识。认识标准的价值是依托验证的，不是只要认识有了理论和方法就把它们看成标准，只有在验证的基础上建立的才是标准的，例如：杠杆支点两端的力矩相等时平衡，这一认识是标准的，因其已被无数的事实所证实，目前还未被证伪；“重物下落的速度比轻物快”，这一认识不是标准的，因为它已被证伪，尽管这一知识是亚里士多德的认识。认识的标准价值会随时间衰退，如欧多克斯提出由亚里士多德、托勒密发展和完善的“地心说”理论，把地球看作宇宙的中心，认为月球、水星、金星、太阳、火星、木星和土星在各自的轨道上绕着地球运转，这一认识理论曾作为标准理论占据统治地位 1300 多年，自从 16 世纪提出“日心说”理论多年后，“日心说”作为标准理论才取代了“地心说”理论，现在的“宇宙无心说”又作为标准理论取代了“日心说”理论。认识标准的价值性与其占有的正确性成正比，正确性所占的比例越大，认识标准的价值就越大。认识标准总是在历史的发展中不断改进、完善和增值。

7.7.3　认识标准的哲理

主客观标准是人类认知的相对正确的支配规律。认识形式的标准不是最硬的客观标准，它有一定的主观成分，但又不像主观标准那样有很强的主观主导性。认识的规律是无形的，没有物质的直观性，展现的是抽象性，主要通过感悟获得，不是仅靠感觉就能获得。认识的标准难以通过感觉简单发现，如只用视觉、听觉、触觉、味觉、嗅觉等感觉是不易发现的，主要靠观察与思考发现，分析和思考是发现的关键因素。主客观标准是以客观规律存在在先，主观认识在后建立的标准，属于客观规律认识的标准形式。自然界物质的规律是与人类无关的规律，物质和能量的客观规律是规律普遍存在的原因。哲学、心理学、美学、社会科学的规律是有了人类以后才建立和认识的规律，尽管哲学的规律似乎不是人类设计的规律，但它的规律探索成果很大程度取决于人的思维模式或思维角度，很难像自然科学那样统一在唯一的认识关系上。哲学规律的得出有很强的个人意识性成分，尽管这些规律也有实在的客观现象的支撑。客观规律包括物质和社会与人类的规律，物质规律是强客观性的，社会与人类的规律是有主客观性的，容易被主观规定所引导。主客观性的客观规律是意识引导建立的客观规律，是意识共识形成的规律。强客观性的规律能解释物质和能量的状态和运动关系，主客观性的客观规律能解释人类和社会的客观规律，主客观性的客观规律是人类与客观世界、社会一起创建的规律。

规律认识的标准是以人脑为载体的，是意识性的。认识是自我对自我以外和自我在内的研究。规律认识的标准可以脱离人脑载体，固化在文件中，物化成为文件标准形式。规律认识的标准是知识探索的标准，是认识世界的标准，是改造世界的标准。共识是规律认识统一的形态，是认识拥有标准地位的基础。学科的理论和方法一旦达成共识，就拥有了标准的地位，就会形成应用的自觉性和对其地位的维护性。

参 考 文 献

[1] 麦绿波. 主观认识的客观规律标准形式(上)[J]. 标准科学，2012，(8)：6-11.

[2] 麦绿波. 主观认识的客观规律标准形式(下)[J]. 标准科学，2012，(9)：6-11.

[3] 梯利，伍德. 西方哲学史[M]. 葛力，译. 北京：商务印书馆，1995.

[4] 王士舫，董自励. 科学技术发展简史[M]. 2 版. 北京：北京大学出版社，2005.

[5] 叶浩生，贾林祥，汪风炎. 心理学史[M]. 2 版. 北京：高等教育出版社，2017.

[6] 朱光潜. 西方美学史[M]. 北京：金城出版社，2010.

[7] 张法. 中国美学史[M]. 成都：四川人民出版社，2006.

第 8 章　标准的地位[1-3]

地位是:“人、团体或国家在社会关系或国际关系中所处的位置。”[4]事物的地位是事物在社会关系中或在人们心目中的位置。事物的地位可以从对社会的影响范围和影响程度看,还可以从事物的价值作用看。例如,信息技术具有改变社会和人们生活状况的地位、核武器具有对敌方的威慑地位等。标准的地位是标准在社会关系中所处的位置,标准的地位有以下方面。

8.1　国际纽带地位

标准是相关方共同遵守的约定,发挥了广泛联系各方和连接共识的功能。标准是联通的纽带,至少有三大联通作用,一是贸易的联通,二是技术表达和概念等的联通,三是技术能力的联通。国际贸易的往来需要有相互之间可接受和共同认可的产品质量、性能测试、连接接口、安全、卫生、环境保护等标准约定,以使输出国的贸易商品不会危害输入国消费者的商品使用者利益和输入国的安全、卫生、环境等公共利益,标准起到了联通各国间贸易往来的作用,并打通国家间的贸易技术壁垒,支持了贸易全球化的形成。标准统一了工程技术的表达语言(制图、标志、符号等)、技术概念等,为国际的科技交流、技术合作等提供了必需的共同技术语言和概念,联通了国际的科技交流和技术合作等。标准规定了统一的设计、制造、试验、评价和管理等要求以及能力,为国际的设计与生产协作、试验与评价联通了能力,建立了技术能力互助和互认的国际环境,正如 ISO 第 33 届和第 35 届世界标准日的主题所说:“一个标准,一次检验,全球接受”;“标准连着世界”。标准的连接范围越来越宽,覆盖了大部分技术领域,仅 ISO 的技术委员会和分技术委员会已有 755 个(截止到 2016 年)。标准的联通纽带作用已是全球性的。解决国际贸易交换、技术交流、生产协作等的有效途径就是共同制定和使用国际标准。标准的纽带作用还体现在:通过国际标准的制定将世界上优秀的专家聚集在一起进行技术交流和实现专家知识的国际性互补和优化;通过国际标准的制定连接世界相关的知识成果,并汇集、优化和提升为国际标准;通过标准的使用将标准规定对象(如产品、服务等)的供方和用方联系在一起。

国际标准通常也被各国采用并转化为国家标准,形成了国家标准和国际标准的一致关系,搭建了国家间以及国家与国际畅通的桥梁。国际标准是联系国际贸易和国际合作的纽带。标准的国际纽带地位是标准在国际关系中所处的地位。

8.2 公共契约地位

标准通常是由需要“共同规则”或“约定”的机构制定的，目的是有共同遵守的“规则”，这使标准具有了规则性和公共性。标准的制定是相关方共同参与的，参与方在公平、公正、公开的原则环境中参加，制定的程序遵循正义性，标准的成果体现了各方的利益，是各方共识的结果，这使标准具有了利益的共同性、内容的共识性和使用的自愿遵守性。标准是共同参与和协商一致制定的，因此标准具有公认性。标准具有的规则性、公共性、公认性、利益共同性、自愿遵守性等，使标准成为一种“公共契约”。契约能解决当事双方的共识和诚信问题，不能解决社会公众的共识和诚信问题。今天的社会不仅需要当事双方的契约，也需要“公共契约”。“公共契约”能解决公众的共识和诚信问题，填补契约不能解决的社会矛盾、冲突和危害等行为。今天的社会需要“公共契约”的保护，我们可以通过标准这个“公共契约”建立人类利益的共识和共同责任。标准这个“公共契约”具有约定范围的广泛性、约定事项的公益性、实施约定的自愿性及自觉性等特点和优点。标准的公共契约地位是标准在社会关系中所处的地位。

8.3 有效知识地位

标准通常是将知识和经验按照一定的机制进行提炼和固化，这些机制包括多个保证标准制定内容的有效性、可靠性方面的原理应用。标准的验证原理主要用于证实标准内容的真实性、有效性、稳定性，以保证标准内容的可靠；标准的协商原理主要用于让参加标准制定的相关单位和专家充分发表意见和深入交流，以保证标准内容的完善；标准的优化原理主要用于指导标准采用先进、经济、适用的内容，避免标准单一指标极端化的不平衡现象，以保证标准内容是综合优化的结果；标准的协调原理主要用于避免标准对象的重复、标准内容重叠矛盾等问题。标准的建立由于采取了组织化的专门运行机制模式，使标准的内容凝结了专家的集体智慧和业内专家认同为有效及可靠的知识精华。由于标准是为需要有效依据制定的，标准又是运用专门的机制保证其知识是有效的，所以标准制定的成果是可靠的和有效的。在实际中，标准也是人们作为基准、依据、有用知识等来使用的。标准的有效性地位是标准在知识体系中所处的地位。

8.4 可信依据地位

标准是为了需要基准、标杆、依据、样板等而建立的。标准作为基准、标杆、依据等，要求具有高度的可信任性，因此标准是按照严格的制定程序建立的，并要通过正确性的验证和科学性、合理性的认定，以保证标准内容的可信任性和权威性；另外，标准还是达成共识的知识成果，有利于标准的广泛认同和自觉使用，这些特点使标准具有了可信依据的地位。人们在工作和生活中，常常都会面临着可信依据的需求，包括事前的依据、过程的依据、结果的依据等。例如，要建一幢房子，事前需要有选什么材料的依据，设计时需要有按什么方法制图和设计的依据，施工过程需要有按什么程序和工艺操作的依据，验收时需要有按什么方法进行验收的依据等。可信依据是成功做事、正确做事、有效率做事、高质量做事等所需要的，是避免随意做事的损失、浪费、风险、高成本、低质量等所需要的。产品、服务的供方和用方双方，经常需要事前明确提供的产品、服务的质量和水平的依据，事中需要依据协调和理论，事后结果更需要依据进行验收、交付等。各个领域、各行各业的标准正是充当了这种可信依据。标准的可信依据地位是标准在社会科研、生产、服务、管理等活动中所处的社会活动地位。

8.5　标准地位综述

标准的国际纽带地位、公共契约地位、有效知识地位、可信依据地位是标准的主要地位，这几个维度的地位说明了标准国际层面的作用地位、标准内容的使用性质地位。标准联通国际贸易、联通国际技术关系、联通世界各国专家的知识、联通国际合作等，体现了标准的国际纽带地位。标准是公平参与和协商一致构建的，是广泛认同和自愿遵守的规则和知识，体现了标准的公共契约地位。标准是科研、生产、服务、管理等知识的提炼，是专家集体智慧的结晶，是知识体系的组成部分，并是经过验证证明有效的知识，形成了有效知识体系，能有效解决实际问题，具有突出的使用价值，体现了标准的有效知识地位。标准按照严格的制定程序建立，并要通过正确性验证和科学性、合理性认定，是达成共识的可信任知识成果，保证了标准内容的可信任性和权威性，体现标准的可信依据地位。标准的地位反映了标准的必要性、价值性和使用意义。标准还可以有其他维度的地位，那些地位本书就不再赘述。

参考文献

[1]　麦绿波. 标准的地位和性质(上)[J]. 标准科学，2013，(1)：13-16.
[2]　麦绿波. 标准的地位和性质(中)[J]. 标准科学，2013，(2)：16-18.
[3]　麦绿波. 标准的地位和性质(下)[J]. 标准科学，2013，(3)：24-26.
[4]　中国社会科学院语言研究所词典编辑室. 现代汉语词典[M]. 5版. 北京：商务印书馆，2005.

第 9 章　标准的性质[1-3]

9.1　建立标准性质的意义

尽管标准已广泛应用，在产品的研制、生产、服务等事项中重复使用，但标准的性质一直没有被很好地提炼出来。此前，在国内外的标准化专著中，还未见到标准性质研究和论述的内容。事物的性质是事物的特征，也是事物的价值反映。如果一个事物没有自己的性质，就等于没有自己的特征，也就难以同其他事物相区别。如果一个事物有性质，而没有归纳出来，就缺少了对该事物判断的依据和缺少了对事物(人造事物)构建的指导关系。事物的性质反映了事物的重要价值关系，有利于引导事物价值作用的发挥。例如，水具有透明性、流动性、渗透性、溶解性等性质，这些性质使水可以洗手、洗衣服等。

研究标准的性质将填补标准基础理论中的一个空白，为建立名副其实的标准学提供更多的理论支持，指导标准的价值得到更有效的发挥。当前，标准在立项时和标准制定完成后的认定判断，一直是一个很棘手的问题。问题在于：提出要立项的标准符合什么条件才是所期望的标准？已立项制定出的标准具有什么内容才是合格的标准？这两个问题实际上都涉及标准的性质问题。如果提出立项的标准体现了要赋予标准的性质，制定出的标准反映了标准的性质，这样，我们得到的标准至少可以说是期望的标准或合格的标准。事物的性质决定了事物的归属，性质既是事物的标志，也是事物的立足点。当 A 事物具有了 A 性质时，才能称其为 A 事物，否则，就会成为 B 事物或 C 事物等。

在研究标准的性质时，先要把握好“性质”的概念。性质是：“一种事物区别于其他事物的本体属性[4]”。事物的性质是事物特有的、固有的、本质的、基本的属性。事物的性质是事物表征自己、区别于其他事物的关系。例如：木头具有燃烧性质、漂浮性质和结构强度性质等，利用木头的燃烧性质可将其用作柴火，利用木头的漂浮性质可以制造在水面上漂浮的船，利用木头的结构强度性质可以盖房子等；火具有高温性质、发光性质、引燃性质、上升性质等，利用火的高温性质可以烧煮食物和取暖，利用火的发光性质可作照明光源，利用火的引燃性质可作火种点燃其他可燃物品，利用火的上升性质可制作热气球等。

标准的性质不像自然物质的性质那样是客观存在的和天然的。标准的性质是人们期望的和要求的，是通过标准的形成机制建立的。标准的性质就是标准特有的性质，是区别于其他事物的标志性特性，也是标准被称为标准的要求。标准的性质给出了标准的优势或优点。标准的性质是始终附随在标准上的性质，是合格标准应有的性质。标准的性质是标准的“身份证”，起标准的鉴别作用。具有标准性质的标准才能称为真正的标准。如果标准没有标准的性质，它就不是我们期望和要求的标准，或者说是没有标准价值和作用的“伪标准”。

9.2 标准的本体性质

事物最主要的性质是其本体的或根本的性质，它是事物的特征属性。标准的性质除了本体性质外，还有附随的下层次性质，如先进性、协调性、经济性等。下层次性质是标准对象期望的，但它们不是标准必有的或反映标准自身本质特点的性质，如先进性是标准需要的，不是标准必有的性质，而基准性是标准必有的性质。另外，下层次性质往往会被本体性质全部包含或部分包含，如公认性中至少部分或全部包含了标准的先进性、协调性、经济性等，如果标准没有这些性质，就很难被公认。本体性质不仅是标准形成需具有的，同时也是用于说明标准自身身份所需要的。标准的性质一方面靠对标准的认识进行提炼，另一方面要根据标准的作用进行设计。标准应具有的本体性质主要为：基准性、规则性、知识性、公认性、可信性、公益性、普适性、稳定性。

9.2.1 标准的基准性

标准的构建和使用都是出于对基准的需求。标准是为技术工作、管理工作、操作行为等提供正确、可靠的依据，也为度量、评价提供基准，标准既是行为前端的基准依据，也是行为结果仲裁的基准依据，标准主要是作为基准使用的，基准性是标准必要的属性。标准的基准属性是依靠标准的形成过程来保障的。标准基准属性的保障由以下因素所支撑：标准的内容是有效的、可靠的；标准是优化的知识成果；标准给出的内容是仲裁的或唯一的；标准是按严格的程序制定的；标准具有可信任的地位。称标准为标准，就是因为标准是标杆和基准，基准性是标准的根本属性，也是标准最重要的性质。当人们对一些问题有争议时，自然会说：“拿标准来”；当安排事情时，人们会说：“做事的标准是什么”。这些说明，标准在人们的心目中就是基准，在实际中，标准也是做事的基准和评判的基准。当需要基准时，首先想到的就是标准，当使用标准时，被认为是用权威的依据或基准在做事。

9.2.2 标准的规则性

标准的制定和实施是国家的意志和法规规定的；标准是组织机构制定和批准发布的，无论是政府标准化机构还是民间标准化机构制定的标准，它都附有组织机构的约束意志；标准是组织机构为各相关方共同利益和有益目的建立的共同约束和遵守的文件或器具，具有执行的共识性；标准的内容一般是按要求性语言建立的，体现了规定属性；标准的内容具有社会影响和利益的相关性，标准的使用应将附有社会性、责任性的约束；标准也是行政管理、法规、合同等获取专业技术和知识支撑的引用文件，具有“准法规性”。标准的制定与实施体现了法律的要求、组织的意志及行为、公认性、社会性、责任性和共同遵守性等规则具有的特点，因此标准具有规则属性。标准是相关方共同的约定，至少是约定者和认同者愿意共同遵守的规则。实施标准的行为必是属于执行用户、社会或政府要求的规则之一。标准是有益性的规则，是为了消除各行其是和冲突等耗费、实现有利的统一化状态建立的规则。标准是其制定组织的规则，也是公认它的人群的规则。标准规则性的强弱，取决于赋予标准的属性，如强制性标准、推荐性标准、指导性标准等，以及它的引用源的强制性地位的高低，如法规、合同、文件、标准等。这个规则的覆盖范围为标准的适用范围和标准的使用者及可能使用者范围，标准使用者包括标准执行的要求者和标准的直接执行者。

标准蕴含着潜在的权力关系，这个权力关系是标准使用的权力支持背景和权力作用效力。标准作用的权力效力的大小取决于标准使用体或引用体的权力大小，引用体既可以是权力政府部门、机构、社会团体等，也可以是法规、制度、文件、合同等，当标准被使用体使用或引用体引用时，它将具有与使用体或引用体相等或相当的权力效力。标准至少拥有标准制定组织机构和公认群体赋予的权力背景及其效力，公认群体的权力是一种大众势力。标准潜在的权力关系也是其规则属性的一个实在体现。

标准不仅提供有效知识，还是一种约束，这种约束是一种应共同遵守的规则。标准以约束的方式将有效知识服务于公共的需求，获取秩序、效率、畅通、保护等利益。执行不执行标准已不是与他人无关的纯个人行为，也不是自己愿意怎么用就怎么用，它关系到对他人和社会的利益，关系到相关方的责任和道德，并要为不严格执行标准带来的问题或危害承担责任和接受处罚。执行标准也是一种愿意接受约束的承诺和诚信，违背这种约束的承诺和诚信，将使自己的社会名誉和信誉受到影响。标准经常被法规、制度、合同等引用，成为它们的组成部分，使标准具有了法规性和强约束性，此时，对不执行标准或错误执行标准带来的问题或危害是要承担责任和付出代价的，如家电产品制造商执行标准是对用户承诺产品的可用性和质量保证，药品制造商执行标准是对用户承诺药品的有效性和安全性，如果出现未达到标准或错误执行标准造成用户损失和受伤害的问题，制造商是要承担相关责任和接受相关处罚的。因此，标准是维护社会相关方权益、社会诚信、社会秩序的规则。正是标准的规则性，使标准更具特色，能解决纯科学技术知识不能解决的问题，同时还能提供有效科学技术知识的服务。标准既有硬规则，也有软规则，强制性标准是硬规则，推荐性标准是软规则，当推荐性标准一旦被法规所引用时，推荐性标准也就成为硬规则。

标准的文体是以“肯定”语气为主的，如“应……”，而法律的文体是以“否定”语气为主的，如“不得……”，因此，同属规则范畴和约束性文件，标准是以积极方式约束的或是正向推动的，有更好的亲和力，更容易被接受。

标准的规则性不同于人文领域的规则性，标准的规则是基于科学技术规律和应用科学技术规律建立的规则，具有很强的客观性、很高的信任度和认同度。

9.2.3 标准的知识性

标准通常是知识的提炼或创建，是知识的理性升华，是知识的结晶，是当前最新技术水平的知识，是统一化的有效解决方案，包括科学知识、技术知识、管理知识、工作知识等，工作标准也是知识性的，是操作关系的程序化分解，形成低思维难度、高准确度的操作关系的程序知识。知识是：“人们在社会实践中所获得认识和经验的总和”[4]。标准的制定过程就是对标准对象相关知识的提炼或创建和验证过程。无论是技术标准、管理标准还是工作标准，它们都是知识载体，都凝练了相关领域的知识精华，是知识的产品。标准的成果就是知识的成果，而且是公认的和可信任的知识成果。一切标准都是以相关知识为基础，是提炼或创建有效、可靠知识而成，知识性是标准的本体属性。**整个社会的标准构建起了一个社会的规则性的有效知识基础架构**(infrastructure)**，该架构是一个体系化的有效知识平台，是社会发展的体系化的规则性知识依据，支撑着社会的科技发展和文明进步**。标准所提供的规则性知识既有基础性的，也有前沿性的，引领发展的标准知识就是前沿性的。

标准知识不同于学术观点，学术观点是有争议性的知识，是还未被业内共同或普遍接受的知识，而标准是验证正确和公认的可靠知识。当学科中的知识被公认为可靠时，它就能上升为标准或提升到具有标准地位的知识(如辞海、手册等)。标准作为知识产品或知识载体具有知识属性，知识性是标准的本体属性。知识性是标准提供标准使用者价值的根本保证。没有一定知识含量的空洞标准，不应批准发布为标准。标准简短不等于缺乏知识含量，有些简短的标准内容是从大量的知识提炼出来的精华知识成果或由大量知识支撑的精华知识成果。

9.2.4 标准的公认性

标准的形成过程和标准的内容都要求具有公认性，公认性是标准能够建立、自觉使用和自愿使用的前提。标准的公认属性来自三个方面的关系的支撑：一是标准由主要相关方参与制定，要广泛征求各相关方的意见，并充分兼容各方的意见形成，使标准的形成过程融入了公认性；二是标准内容是由业内专家审查把关的，由管理部门或机构按程序正义性完成和审定批准的，标准内容具有公认的权威性；三是标准的内容是权衡了先进性、经济性、适用性等关系，是综合优化和共同认可的合理结果。这三个方面落实了公认性所需的参与及话语权、可信任、程序正义等要素。标准的制定是在标准对象相关方的共同参与下形成的，同时，通过协商机制，使标准的内容得到绝大部分单位和专家的认可。标准内容的形成是共同参与、广泛征求意见、大多数同意、专家把关的基础上通过的，不受权力和经济关系的左右，只受制于标准制定机制的符合性、标准内容的合理性和普遍可接受性，因此标准具有公认性。标准的公认性使标准成为具有特殊优势的规则，这个优势体现在公认者对标准的执行具有愿意和自觉的主动性，而不是一种被迫性的执行。

9.2.5 标准的可信性

标准是基于有效性、真实性、适用性、成熟性、有利性等要求制定的，标准的这些属性赋予了标准信任的属性。标准的内容按优化原理对同类对象进行选优、归纳得出；标准的内容按实证原理进行了真实性和可靠性验证；标准的内容经过了广泛征求专家和相关方意见，由集体把关；标准的内容经过审查会上专家逐字逐句地把关审查；标准的内容经过了报批前的程序正义性审查。因此，标准的内容是可信任的。标准的制定如不符合这些要求，就不应该被批准和发布出版。标准作为依据和基准来使用，可信性是标准内容有效的保证，不可信的标准是无用的，甚至是有害的。正式出版的标准应该是值得信任的，除非是批准出版了不负责任的“垃圾标准”。标准以其可信任的身份作为工作基准和判定基准。

9.2.6 标准的公益性

标准凝聚共同愿望以及共同发展和共赢的共识，主要是满足解决公共问题、共同依据和共同基准需求的，是服务于共同利益的，以形成互利、互助或多赢的关系。标准的公益性主要体现在三个方面：第一个方面是标准制定目的所要求的公益性，标准应满足公共关系协调和提供公共依据的需要；第二个方面是标准载体对象使用的公益性，标准有保证载体对象使用的质量、安全、环境保护、健康保护等公益性内容要素，使对象的使用得到公益性的保障；第三个方面是标准用于保护公共利益，制定保护社会环境和保障公共安全等的公益标准。标准被相关方公认，能使使用者受益，是标准使用的公益性。标准的公益性也是有社会层面的，即促进贸易流通、技术进步和社会文明。标准的公益性还体现在有效知识提供的公益性上，标准为知识需求者低成本、便捷地提供有效知识，不需要需求者自已投入大量的人、财、物和时间成本。制定标准是专家的公益义务和社会责任驱使所进行的知识财富回报社会的行为。标准的公益性还体现在每个人都有平等的权利和方便的渠道获得标准，就像买书一样方便。标准的公益是标准使用范围内的公益，不一定是全社会的公益性，也有全社会公益性的，如食品安全、环境保护标准等。标准的基础性越强、使用面越广、层级越高，标准的公益性就越强。标准的公益性是有范围的，公益性的范围由标准的层次或级别所决定，如国际标准具有世界范围的公益性、国家标准具有国家范围的公益性等。标准的制定应是多方的需要，不是为个别私利目的的，具有公益属性。公益性是标准的本体属性，也是标准建立的基本要求。如果标准以公共名誉制定而成为单方利益的保护伞或垄断的手段，这样的标准就违背了公益性要求，应予废止。标准的公益性是标准的整体属性，不一定是所有标准都是突显公益性的，当然也有小范围使用或小众的标准，甚至是"个别级标准"，这类标准看似没有明显的直接公益性，但也有间接的公益性，它们的使用也带来了效率、节约、互通、保护等利益中的一个或几个，这些也是社会利益。

9.2.7　标准的普适性

标准的价值及效益与标准的应用面和使用量成正比，标准应该具有一定的应用面和使用量，它们反映了标准普适性的要求。标准的普适性是标准追求的属性，也是标准本身应具有的属性。在标准的立项和验收审查上，普适性应作为标准立项和验收审查的一项判定要素。标准的普适性体现在两个方面：一方面是标准在人群关系上的普适性，即对许多人都是普遍适用的；另一方面是标准对标准应用对象的普适性，即标准可适用于多种对象，或者说标准具有对象的通用性。广义的标准概念是："统一化的约定集合。"这一概念中的"约定集合"包含了标准的普适趋向，体现标准是社会化多方约定的。有人会说，约定也可以给自己约定，但这不是主流意义上的标准，只有当个人的约定与多人的相同时，这种约定才有标准的主流意义。狭义的文件标准概念是："为统一化而协商同意，由认可机构批准的规范性文件。"在狭义文件标准的概念中，标准是"协商同意"的，这表明标准是多方面关心的，要符合多个方面的使用利益，这个"多方面"反映了标准的普适性要求。标准追求的方向是通用性强或普适性宽，既通用又实用的标准是理想的标准，它能更好地支持建立统一化状态。标准的通用面越宽，标准发挥的效用越大，如机械制图标准适用于各种结构关系的设计，电源接口标准适用于各种用电设备，这些标准将带来很大的方便和巨大的效益，避免了多重学习和多种规格设置的浪费。普适性是有范围的，它取决于标准的级别，如国际标准、国家标准等的范围。普适性是标准建立需要增强的性质。适用面很窄的事项是否有必要制定为公开发行的标准值得商榷。普适性也是共同统一化自觉需求的反映，例如，台湾宏碁（Acer）等五家软件公司自愿联合创建 BIG5 编码事实标准，以解决计算机间信息交换的迫切需要。

9.2.8　标准的稳定性

标准使用的目的是统一化，统一化状态的形成是需要时间期的，稳定性为统一化提供了必要的时间期，没有一定的稳定性就不可能实现统一化。标准反映的是一种合理规律，没有稳定性就没有规律，没有规律就不是可靠的，不可靠的东西不应形成标准。稳定性是支持标准实现统一化的必要属性，是标准的重要性质。稳定性也是标准获得效益的前提条件。不稳定的产品标准就不可能支持产品的批量化生产，没有产品的批量化生产就不能降低产品的成本，如产品标准不稳定就不能支持货架产品重复性的批量生产；不稳定的产品接口，将不能保持产品长期使用和广泛使用，还有可能会使产品在其使用寿命期的很短时间内因不可连接而失效，造成非标准化带来的浪费。标准的稳定性要求标准的修订是周期阶梯式的，而不是连续的螺旋式的和斜率式的，即标准的变化不能是连续的。稳定性也是保持基准性的要求，经常变化的东西是不可能成为基准的，基准是需要时间来推广、习惯和使用的。保持标准的稳定性就是保持标准的使用性，也是保持标准的有效性。凡是不稳定的关系，是不适合作为标准关系的，顶多作为临时协议。稳定性是标准有效使用的必要时间性质，标准的学习和掌握需要时间，事物由非标准化状态统一到标准化状态需要时间，事物在标准化状态获取利益需要时间。

9.3　标准性质的应用

认识标准的性质有利于标准的制定和使用。在标准的八个性质中，基准性、规则性、知识性和公益性是标准使用用途的性质，公认性和可信性是标准声誉的性质，普适性和稳定性是标准应用空间范围和应用时间长度的性质。研究提出标准性质的意义不只是解决学术上对标准的理性认识的问题，另一个重要意义是用于指导标准的立项、标准的内容建立、标准的审查和标准的使用等。在标准立项、标准内容建立和标准审查时，过去应用的是科技、语言的理论和知识，而没有很好地应用标准的理论和知识。问题在于，科技、语言都有成熟的理论和知识供人们作为技术问题、语言问题判别的依据，而在标准方面，缺乏标准自身的理论和知识作为标准符合性的指导内容和判别依据。标准的性质可应用于标准立项、标准的内容建立、标准审查中，作为标准合格性的指导内容和判别依据。标准的八个性质关系可做成评价表格来应用，表格关系如表 9-1 所示。标准制定时，应用八个性质进行标准符合性评定的操作内容为：基准性是检查标准内容中是否有作为依据和判别的部分，并确认这些部分是不是必要的；规则性是检查标准内容的约束性和表达语言的要求性是否符合标准使用的定位，标准内容的规定是否有利于标准预定的统一目的的实现；知识性是评价标准技术或管理的知识含量的大小和标准的有用性程度；公认性是检查标准立项、征求意见或审查时各方面或审查人的支持程度；可信性是核实标准内容是否经过验证和验证结果是否符合实际或可信；公益性是评价标准能服务于公共利益的程度，是否存在个别企业用于垄断的目的；普适性是评价标准适用用户的范围和适用对象的范围的宽度；稳定性是评价标准使用可能的寿命时间长度和标准的修订周期长度。对于标准的八个性质应按表 9-1 逐条进行检查或评价，并给出每个属性所达到“高”、“中”、“低”、“无”的程度评价，以给出标准属性的质量评价等级。评价标准性质也可采用量化的方法，只要将表 9-1 中的标准性质程度赋予适合的量化值即可。标准性质的预定量化值可作为标准期望的目标，通过评价来判断标准是否达到期望目标值。例如：不合格的标准在八个性质中有缺项或三个及以上性质为“低”；合格标准应达到平均中的程度，无标准性质缺项；良好的标准应达到平均中高的程度；优秀的标准应达到全部高的程度。以上标准的档级是可调整的，合格档也可定为良好档及以上。标准的性质可作为标准制定的基本要求，也可作为标准验收的基本准则。需要特别强调的是，真正好的标准必定是公认性强的，应避免标准成为几个或个别团体的利益保护伞。有些标准技术指标高、内容先进，可能目前能达到的用户比较少，这不能简单看作普适性不好，只要其内容价值高和可实现，它可能会起到促进普遍技术提升和进步的牵引作用，并会很快普遍使用，如 USB 存储器。对于那种无实质性技术优势，只是要标新立异，与普遍性的不一致，这种标准可能就有不符合普适性性质的问题。

表 9-1　标准性质符合性评价表

标准的性质	标准性质达到的程度			
	高	中	低	无
基准性				
规则性				
知识性				
公认性				
可信性				
公益性				
普适性				
稳定性				

在一个标准中，标准的这八个本体性质的强弱程度不一定是相同的，在不同的标准间，它们的强弱程度也不一定是相同的。一个标准中各个性质的强弱取决于标准的用途和类型。例如：对于计量标准，基准性和可信性是其诸性质中最强的性质；对于接口标准，公认性、公益性、普适性和稳定性是其诸性质中最强的性质；对于环境保护标准，规则性和公益性是其诸性质中最强的性质；对于设计标准，可信性和知识性是其诸性质中最强的性质。因此，要重点关注各类标准的强性质，使标

准的强性质在标准的制定中得以充分增强，在标准应用时把特征性质的价值用到位。

标准的性质除了本体性质外，还有使用方面的属性。标准的使用方面的属性主要有三种：强制性、推荐性、指导性。强制性标准的内容是要求严格执行的，推荐性标准的内容是可以选择执行和剪裁执行的，指导性标准的内容是参照执行和参考执行的。标准的性质还有施加的属性，例如，法规引用的标准和合同引用的标准具有施加的强制属性。

参考文献

[1] 麦绿波. 标准的地位和性质(上)[J]. 标准科学，2013，(1)：13-16.
[2] 麦绿波. 标准的地位和性质(中)[J]. 标准科学，2013，(2)：16-18.
[3] 麦绿波. 标准的地位和性质(下)[J]. 标准科学，2013，(3)：24-26.
[4] 中国社会科学院语言研究所词典编辑室. 现代汉语词典[M]. 5 版. 北京：商务印书馆，2005.

第 10 章　标准的功能和作用[1,2]

10.1　标准功能和作用的内涵

事物的功能和作用是事物被关注的焦点，是事物有用性和价值性的体现，人们对事物产生兴趣往往始于其功能和作用。功能和作用是事物价值的反映，也是事物认识的窗口。标准作为标准化的“种子”和依据，研究标准的作用与研究标准化的作用同等重要。此前鲜见标准自身的和理性的功能及作用的论述，只有一些标准化在相关领域(如经济等)中的作用。本章的主旨是从理性的角度，对标准的功能和作用进行系统性的深入研究，归纳提炼出标准的核心功能和作用，填补标准理论的空缺，充实标准理论的内容，丰富标准理论的发展。

在研究事物的功能和作用时，首先要弄清功能和作用的内涵，由此才能准确地给出事物功能和作用的关系。功能和作用的内涵是不一样的，不认真分析很容易混淆。功能的内涵是：“事物或方法所发挥的有利的作用或效能”[3]。作用的内涵是：“对事物产生影响；对事物产生某种影响的活动；对事物产生的影响、效果或效用”[3]。功能强调的是**主体的能力**或过程活动，不强调影响或效果，如汽车具有运输功能，运输是汽车可发挥的一种能力。作用强调的是对**受体的影响、效果或效用**，是结果性的关系，如汽车具有将货物从一个地方运到另一个地方的作用，汽车对货物产生了搬运或移动的影响。简言之，功能是能发挥的能力，作用是产生的效果和影响，**功能是能力性的，作用是结果性的，功能是说事物使用前的拥有，作用是说事物使用后的拥有**。作用既是事物的价值意义，又是事物价值发挥的指向。根据事物的作用，可有针对性地利用。事物的功能和作用都是潜在性的存在关系，只有发挥和运用时或之后才能出现，不是显现的存在关系。

除了功能和作用的关系需要区分外，“用途”、作用和功能的关系也需要区分，这也是容易混淆的关系。由于用途和作用都有一个用字，最容易导致用途与作用的混用。“用途”是指应用的方面或范围，对应功能属性，不是对应作用属性，用途是更普遍性的功能，是比较广义的内容，而功能和作用都是比较具体的内容。

在分析事物的作用时，要在复杂的关系中正确把握好以下关系：分清直接作用和间接作用，以直接作用为重点；分清道理作用和实际作用，以实际作用为重点；分清宏观作用和具体作用，以具体作用为重点；分清效果作用和概念作用，以效果作用为重点；分清价值作用和分析作用，以价值作用为重点。那些非重点的作用，属于难落实和弱显现的作用，不易体现事物的具体价值和主要意义。有时候，会把条件作用或可能作用与直接作用混淆，以条件作用或可能作用代替直接作用。条件作用是提供作用产生的条件支持，不是最终效果或影响。可能作用是有时产生，有时不产生，不是必然作用，或者说是概率性出现的作用，是不可靠的作用。

对于作用关系比较复杂的事物，应该用建立“作用树”的方法来分析事物的作用关系，树主干为直接主体作用，树分支为支持作用，小枝为辅助作用，树叶为可能作用等，“作用树”关系如图 10-1 所示。

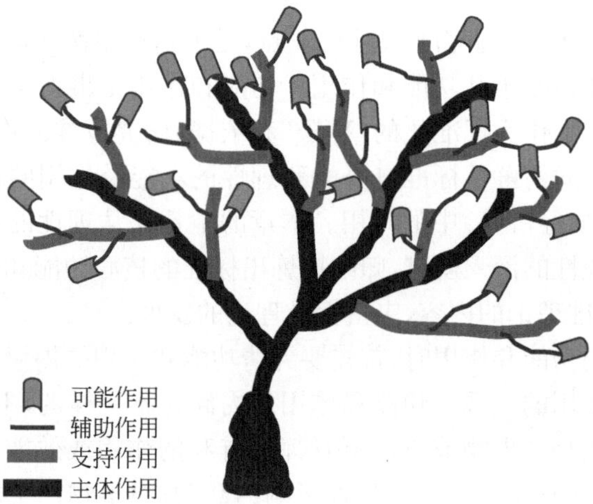

图 10-1 标准“作用树”

在研究标准的功能和作用时，应该正确应用标准的功能和作用的内涵，理性思考和分析标准的功能和作用，避免给出感性的作用和间接性的作用(非主要作用)。事物理性的和确切的作用有益于引导对事物正确的认识，不切题的作用将会误导认识。在标准作用的研究上，要避免在有些标准化作用描述方面存在的问题，这些问题主要是对作用的定位不直接和不确切。在国内的一些标准化专著中，对标准化作用的描述多以“工具”、“手段”、“组织力量”、“战略”、“基础”、“措施”、“途径”、“必要条件”、“必由之路”和“前提条件”等词作为结尾词，这种表达不是“作用”关系的直接表达，更像是“标准化的意义”的表述，或者说有些“作用”实际上是一种期望或要求。在有些标准化的“作用”描述中，缺乏“作用”含义的关键词，使“作用”的描述脱离了“作用”的直接内涵。例如，“标准化是引进先进技术的前提条件”，这一表达实际上并没有给出标准化作用的关键词，更像是引进技术的标准化要求。有些作用的描述使用了不确切的关键词或没有表达作用的关键词，使作用的描述没有认同感。相比之下，一些国外标准化专著所表述的标准化的目的和作用更加朴素和确切，他们给出了一些标准化作用的关键词。桑德斯对标准化作用的表达给出了“节约”、“保护”、“简单化”和“互换性”等关键词，松浦四郎用的关键词是“节约”、“保护”和“交流”等，《日本企业标准化》一书中的作用关键词为“降低成本”、“减少品种”、“提高效率”、“保障安全”和“维护利益”等。这里要注意的是，标准化的作用和标准的作用不是一回事，但有相关性。

对于过去标准化作用描述方面存在的问题，应在标准作用研究时避免。作用应该反映效用关系、效果关系或影响关系。标准化的作用和标准的作用都应该从理性和学术的角度去考虑，不要从鼓动和宣传的角度去考虑，否则就会成为口号式的作用，不能提供价值性的指导意义。

10.2　研究标准功能和作用的意义

标准的功能和作用应以科学、严谨、求是的态度来研究，通过理性分析来提出。标准的功能和作用不是一种宣传口号，而是标准的价值关系，是标准建立和使用的引导方向。标准功能和作用的提炼重在具体化、可操作性和可检验性，避免使用宏观作用和间接作用。否则，提出的作用即使职业标准化人员感到很满意，也会被非标准化职业人员“视而不见”。标准的功能和作用也是标准化学科理论的组成部分，是标准规律性的客观存在。理论性的事物是普遍性的和规律性的，理论有助于引导认识本质和普遍规律。研究标准的功能和作用，具有以下意义。

10.2.1　解决标准认识的需求

到目前为止，我们还很少见到对标准的功能、作用等方面的研究。标准在这方面的理论研究不多的情况不仅存在于国内，而且也存在于国外。尽管在国内外标准化专著中普遍能看到标准化作用的表述，但几乎找不到标准作用的描述内容。由于缺乏对标准功能和作用的研究，标准在这方面的认识还处于荒芜状态。尽管标准的应用领域越来越广，人们对标准寄予了更多的期待，但是，我们仍然面对着“标准说起来重要”和“标准实际上不被重视”的悖论困境。标准不被重视与“对标准的作用缺乏认识”和“标准没有按应有的作用去制定”存在密切的关系。因此，研究标准的作用是关系到“使标准受到应有重视”和“有效指导标准制定与应用”的问题，是对标准理性认识和深化认识的需要。在标准功能和作用的研究上，要树立理性的态度，转变感性认识习惯，回归理性思维模式，把标准的作用提升到理性层次。只有从理性角度提出的功能和作用，才能客观地给出标准本质功能和作用的内容，使全社会对标准的作用有较高的认同度，以调动重视标准功能和作用的自觉性。

10.2.2　提炼标准功能和作用的内容

此前，标准化的学者只关注了标准化的作用，或者是认为标准化的作用等同于标准的作用。实际上，标准化的作用和标准的作用是不同的，忽视标准的功能和作用就等于抹杀了标准化原因这项本质内容。标准的功能和作用是标准学理论建设的重要内容，且不是显而易见的，因此标准的功能和作用需要通过专门的研究来提炼得出。只有开展标准功能和作用的专门研究，才有专门的时机和力量来深入捕捉标准功能和作用的理性内容和深层次关系。

10.2.3 展现标准的价值关系

人们通常以标准化的作用代替标准的作用，而那些标准化的作用又是一些感性成分过重、偏离直接关系的作用，使得标准作用的许多价值关系被埋没。通过理性研究，梳理标准的各种功能和作用，建立系统性的标准功能和作用关系，可使标准的功能和作用价值能较全面地被认识。当把标准的理性的和直接的功能和作用提炼出来时，实际上就等于展示了标准的价值关系，有利于标准价值的充分发挥。

10.2.4 引导标准功能和作用的应用

目前，几乎是方方面面都感觉到需要标准，实际上又不是很认真地去使用标准。这个问题与对标准发挥什么功能和作用的认识不清楚有关，也与如何应用标准的功能和作用解决问题思路不清晰有关。所以，研究标准的功能和作用不是只要解决能提出标准有哪些功能和作用就行的，还要研究标准的功能和作用如何有效应用。标准功能和作用的专门研究将为标准功能和作用的应用及其价值发挥提供引导关系和理论关系。

10.2.5 丰富标准的理论体系

标准的功能和作用研究属于标准理论关系的研究，是标准基本关系认识的范畴，它将丰富标准的理论体系，提升标准认识的理性地位。一个学科具有丰富和较强的理论内容时，就会具有较大的学科研究的诱惑力，能调动更多人的科学研究兴趣，能增多标准的研究成果，能为标准理论体系增添更多的内容。

对标准功能和作用的科学性研究，要避免感情性的作用夸大(把标准的作用说得太大、太远、太虚)，这样才能保证研究成果具有科学性的价值。

10.3 标准的功能

标准的功能是标准本身能发挥的能力，这种能力是过程活动，不是对受体产生的结果影响，不是效果关系或结果关系。标准的功能是标准本身的用途，是用途能力和能力手段。以下归纳的标准功能是直接贴近应用的功能，站在标准的使用效果和效应角度看，这些功能也有些像作用，当把标准作为手段和工具就成为功能。标准直接性的功能有以下几个方面。

10.3.1　标准的标杆功能

标准通常也是标杆、样板、范式、基准等的代名词，往往被用作评判事物的基准。从标准的形成关系看，标准是从诸多关系中选择作为基准的那些关系。在考虑标准的需求中，基准需求是标准建立的一个主要需求，因此标准具有作为标杆的功能。标准的标杆功能应用有：产品规范作为产品质量评定的标杆；几何实物标准作为形状对比的标杆；度量衡器具标准作为给出事物质量（或重量）关系的标杆，且上级度量衡器具又是下一级器具的标杆；试验方法标准是试验有效性判定的标杆方法；工艺标准是制造操作程序和操作行为的标杆；制图标准是对产品描述和标注的标杆；等等。标准来自对基准的需求，从众多的关系中选择出来，又返回去用作众多关系的依据和准则，为其规定的对象提供对比和对照标杆。标准的标杆功能是标准的典型性功能之一，也是标准的基准性用途，是标准的重要用途之一。标准具有“唯我独准”的特点，是判定的依据，基准性是标准的普遍性质，标杆功能是标准基准性相应的能力。标杆功能是标准的特有功能，以其权威地位发挥基准依据的作用。

10.3.2　标准的约束功能

实施标准的行为本身就是一种约束或控制的行为。标准就是一种有益的“条条框框”，具有限制、控制和规范功能。标准对其作用的对象产生约束力。产品规范将产品的技术关系约束在规定的功能、性能和接口等关系上；参数系列标准将参数的选择约束到规定的系列数值上；排放标准将排放的有害物质含量限定在规定数值内；等等。按标准的规定行事，限制了行为的随意性，使行为进入有序状态。对于行为随意性可能带来混乱或无序化的情况，使用标准的约束功能，可使其进入规范的有序状态。约束不是阻碍，合理的约束等于畅通，如交通行驶的方向约束，使交通得以畅通。对于倡导行为等权的事项（如交通），约束是建立有序化或新秩序。对于不倡导行为等权的事项（如科学研究），约束可能会限制创新作用的发挥。标准的约束功能通常是以利益为目标的，有公共利益的，也有专门利益的，或企业利益的等。标准的使用本身就具有限定性和特定性，由此产生了约束性关系，标准的约束功能属于标准的普遍功能。

10.3.3　标准的指导功能

合格的标准本身就是可信任的有效性知识体，其内容具有指导性价值，可以直接用于指导相关工作的开展。在开展一项设计工作时，可以应用相关的设计准则标准、设计手册标准、设计计算标准等作为设计的指导内容。在标准的指导下开展工作,实际上是为人们提供了可靠的相关知识,可以避免使用不成熟的知识或伪知识可能带来的风险,为成功开展工作提供了一条捷径或有效途径。应用标准能引导正确的方向,并可在优选和成熟知识的高起点上进一步提高。指导性功能是标准的一种普遍性的功能。标准是知识综合优化的成果,通常凝聚集体贡献的知识和智慧,是专家集体智慧的结晶。标准的知识或具有标准地位的知识是可靠的,是值得信赖的,所以,合格标准知识的使用通常不需要进行可信性的甄别。凡是涉及教育知识、科学知识、技术知识、社会事业知识等方面都有标准的需求,为此建立的知识成果不一定都是标有标准标记的知识成果,但只要具有公认地位的和类似于标准程序产生的知识均可称为标准性知识,例如:数学的公理、定理等;物理和化学的定律和定则等;行为守则等。

10.3.4　标准的组织功能

标准可以作为人们行为统一和规范的指令,可用于对集体的行动进行一系列的统一调度和安排,实现对预定目的的集体行为的组织性操作。标准一旦被集体、团体、组织机构的工作所采用,就使用了标准的组织功能。用标准来进行组织,可提高组织成员获得组织信息的效率,保证信息接收的一致性,是一种更优的组织方式。对专业化的重复性的产品批量生产、餐饮、宾馆等服务业务,采用标准进行组织是一种理想的选择。标准的组织功能通常是应用相互关联和协调配套的体系化标准发挥系统性的组织功能。组织性的行为是一种集体性安排的统一行动。组织性安排的统一关系可以通过人工的管理来实施,也可以通过标准文件来实施。人工的组织管理需要通过管理者进行人对人的传递管理要求。人工的组织管理至少会带来两大问题:一是由人工传达会使同一件事要求对不同人或对同一人不同时段表达得不完全一样;二是管理者面对面逐个传达要求效率很低,而且还要应对许多人的反复核实询问的时间和精力耗费。当这种组织行为欲采用标准组织时(特别是体系化的标准),可将安排行为要求制定为标准,通过一次发放标准到每一个人,使他们可以从标准中了解和掌握统一的要求内容,并可随时查阅或核实要求内容,使每一个人可得到始终一致的行为要求。标准不仅有组织功能,而且是一种理想的组织工具。

10.3.5　标准的传播功能

标准具有普适性,其使用将具有一定的覆盖范围。标准通过对其内容的使用,等于在其使用范围传播了其内容,标准使用的面越大,传播的面也越大。标准通常是一种出版发行的出版物,如同图书一样在书店里销售,一般都可经自由购买的方式获得。标准也是图书馆收藏的出版物,使公众有平等、免费阅读的机会。标准还在国家和各省市的文献馆中集中收藏，方便需要者集中检索和获取。由于标准是广泛发行的、以经济方式可获得的或可免费阅读到的，所以标准是一种容易接触的读物，标准的这种特点使标准具有方便传播其内容的功能。标准是成熟、有效和可靠的科学知识、工程技术知识、管理知识、成功经验等，这些优点吸引人们积极地想找到这些知识，以用于保证、提高和改进相关工作，由此推动了标准的广泛应用及其内容的深入渗透，增强了标准的横向和纵向的传播性，如质量管理的知识（ISO 9000 系列标准）、环境管理的知识（ISO 14000 系列标准）、社会责任管理的知识（ISO 26000 系列标准）、风险管理的知识（ISO 31000 系列标准）等，就是通过标准进行了广泛的传播。标准的传播除了通过发行渠道进行传播外，还有标准化组织或机构通过推广、宣贯等活动进行的传播，法律法规、合同等通过引用标准进行的传播，技术、管理、服务、社会事业等工作通过使用标准进行的传播，标准引用标准进行的传播等。标准的发行、宣贯、使用增强了标准内容的传播性，标准的规则和知识双重性使其具有比其他出版物更强的传播功能。某些知识一旦被纳入标准中，就得到了比较好的传播机会。

10.4　标准的作用

标准的作用主要是标准内容使用产生的影响或效果，也有标准制定目的的作用。标准的作用也可以看成标准内容的使用效果、效益或状态。提炼标准作用时，要关注作用的确切性和标准的特征性，不是作用越大越响亮越好。标准作用的提炼要避免笼统性、间接性和可能性的作用，重点纳入必然作用、直接作用、自身特色的作用。标准的作用需要的是自己特有的和最有效的作用。确定的标准作用要清楚、切实。对于标准使用后的作用，有些作用也可能成为标准化的作用，难以严格区分。标准的直接作用和突出作用主要有以下几个方面。

10.4.1　标准的统一作用

标准是统一化的约定集合，为不同时间和不同空间的标准使用者提供相同的依据，使得在不同时间和不同空间的标准使用者的执行结果都一致，实现了标准使用结果的时空统一，因此标准的使用具有时空统一作用。再加上标准具有基准性和可信性，无论是规定要求使用标准的，还是自愿使用标准的，标准的使用者都会严格执行标准的内容，保证了标准使用的统一作用。标准内容本身是诸关系优选统一的结果，标准的使用必然导致标准规定对象相关的经历不同发散人群向标准优选收敛的内容去统一。例如，国家机械制图标准和电气制图标准的实施，分别统一了全国不同机械设计习惯和不同电气设计习惯的表达语言，标准对设计表达起到了统一作用。标准的适用范围越宽，标准统一的范围也越宽，如国际标准具有世界范围的统一作用。标准统一作用的另一表现方式是规范作用，通过应用标准对产品、生产、服务等进行规范，使这些事项的过程和结果统一到标准的规定上。标准的统一化作用有物理的（产品、设施等）、行为的（语言、服务等）、意识的（概念、软件等）等。概念统一化是学习、思考、交流的基础，标准的统一作用支持了人类认识和交流的进行。

10.4.2 标准的复制作用

当标准用于需重复性和共同性统一的对象，使标准的实施对象在不同时间和不同空间与标准的规定关系相一致，标准对实施对象产生了复制作用。标准复制作用的核心是标准的内容，标准的内容相当于“对象”的复制基因，或相当于生物遗传中的DNA，标准对重复性的使用对象和共同性的使用对象具有像应用“遗传基因”一样，通过实施标准进行复制。对于批量化的产品生产，产品规范标准给出了制造相同产品的“基因”，使在不同地点的企业、在不同时间生产的产品实现相同形态（在规定关系内）。标准不仅具有复制产品的作用，也可复制设计方法、制造方法、试验方法等。无论是产品、生产、服务、管理、操作等事项，凡是有复制需求的地方，都可使用标准内容这种“遗传基因”对其进行复制。

10.4.3 标准的仲裁作用

标准不仅具有权威性和公认性，也具有唯一性和基准性，这四个性质是仲裁的要素。标准的权威性、公认性、唯一性、基准性使标准具有仲裁的地位，可用标准作为对比基准，对有争议的产品、服务、管理等进行仲裁，发挥仲裁作用。标准仲裁的方式主要有：产品质量用产品规范进行仲裁；测试结果用测试方法标准进行仲裁；术语概念用术语标准进行仲裁；服务质量用服务规范进行仲裁；环境污染用危害限值标准和分析评价标准进行仲裁；等等。仲裁向前端延伸为依据作用。标准既可以作为开始的根据，也可以作为结果的判据。当产品制造方和用户在产品的验收方面产生分歧时，产品规范将是仲裁的依据。当用多种测试方法对某个测试项目进行测试，结果不一致时，判定正确测试或有效测试的依据是标准规定的测试方法。当标准对某项测试规定了几个测试方法时，应在标准中明确哪个测试方法为仲裁法。无论是在技术关系上，还是在管理关系和工作关系上，标准都在起着仲裁的作用。

10.4.4 标准的互通作用

互通是相互交换、相互识别和相互理解。标准通过统一信息交换的方式（电信号、声音、图像等）、形式（代码、语言等）、含义等，使信息交换实现互通，标准对信息的交互发挥了互通作用。语言标准通过规定统一发音及其含义和语法，使语言交流实现互通。文字标准通过规定统一文字结构形式及其含义和语法,使书信交流实现互通。规定网络传输方式、协议、信息格式、信息代码等标准的使用,使网络传输的信息能还原和识别,使网络信息交换实现互通。信息交换的双方或多方的信息形式和含义不一致,信息是无法交换的,即使有交换结果,交换结果也是不能相互识别的,或者说,信息交换的双方或多方的信息交换要素没有通过标准进行统一,它们是无法互通的。互通元素不在于是用字母、汉字或数字表达,关键在于要有标准统一交换双方的信息传输方式、符号形式及其含义等。

10.4.5　标准的保护作用

标准为产品质量评判、环境危害评判、资源开采评判、食品卫生评判、安全性评判等提供了依据,这些依据控制了产品供方或当事方有害结果的产生,同时也为违反者的处罚提供了依据,标准为产品用户权益和公共利益发挥了保护作用。公共环境、地球资源、食品卫生、生命和财产安全等的保护问题是要集共识、法规、利益、技术为一体共同作用才能解决好的,不是简单地应用法制手段就能解决好的问题。公共利益的保护需要以共识为基础、法规为约束、公益为目的、技术为手段来解决。地球的环境关系是相互关联的,局部性的改善是不能解决根本问题的,需要全球的共同努力。当涉及跨国关系时,政府的行政法规将失去效力。在这种情况下,国际标准有其独特的优势,可以跨国界共同执行,标准的使用能有效发挥保护公共利益的作用。事实说明,制定和实施排放控制标准、环境管理标准、资源开发标准、产品质量管理标准等,对地球环境、公共利益和产品用户权益起到了有效的保护作用。

10.4.6　标准的连接作用

标准通常是集多种技术、多种业务为一体的,标准的制定和使用,连接了相关技术和相关业务的各个方面,如产品标准将要涉及设计、加工、试验、检验、质量、标准化、采购、销售、运输、仓库保管、安全等诸多方面,标准起到了将这些技术和业务连接起来和协调它们之间相互关系的作用。由于标准规定的内容不是单一方面就能完成的,往往需要相关方的合作和社会化的协作,标准的执行通常导致连接作用的产生。标准的连接作用除了单个标准的以外,标准体系起到了更大的连接作用。标准体系是相关标准的集合,是标准间相互联系的有机整体,分别由几十项、几百项、几千项或几万项标准组成,每个标准就是一个小连接群,整个标准体系形成了由各标准连接群组成的连接群网,因此标准体系发挥了对标准相关方面更大范围的连接作用。标准的实施使所有标准的执行方(不同企业、不同地区、不同民族、不同国家的标准用户)在标准的同一内容上和标准中的相关内容上连接起来,标准发挥了企业、地域、民族、国家间的连接作用。标准的连接是多种对象间的,标准导致了人与人的连接、供方与用户的连接、企业与政府的连接、企业与企业的连接、信息系统与信息系统的连接、产品与产品的连接、软件与硬件的连接等。标准的连接作用具有广泛性、跨界性等。

10.4.7 标准的简化作用

标准的形成过程是一个诸多关系筛选和优化的过程，标准内容是多种可能技术途径、方法等筛选集中的结果。标准内容的集中是收敛过程，集中的过程是淘汰的过程和简化的过程。例如，曾经存在多种长度制关系，在确定国际量和单位的长度制标准时，选择了米制作为国际标准，淘汰了英制和其他国家的各种长度制。制定标准的过程是一个简化的过程，使用标准的过程也是一个简化的过程，标准的使用控制了随意选择的扩大机会，将选择约束在标准规定的内容范围内，因此，标准具有简化作用。所有标准基本上都有不同程度的简化作用，最典型的简化标准是通用件标准、标准件标准、参数系列标准、型谱标准、品种规格要求标准、通用接口标准等，这些标准就是用于简化产品品种规格或零部件品种规格的。标准的简化作用既有标准制定过程的简化作用，也有标准使用过程的简化作用。

10.4.8 标准的引领作用

在新一代技术研究和产品研发的先期或同期，前瞻性、超前性地研制标准，应用标准领先一步、超前布局先进的技术原理、技术体制、技术制式、技术指标、技术方法，或进行产品优化发展的基型化、型谱族系化、通用化、系列化、模块化的标准化设计和标准制定，可用先进性和前瞻性的技术标准引领或牵引技术发展和产品发展，提升产品市场竞争力和占有率。标准高于产品现状技术水平带来的是引领技术水平的提升，标准超前布局产品发展关系带来的是引领产品优化发展。产品先于标准或标准是产品技术的固化，只能是承认产品现状的技术水平。先期制定核心关键技术标准，将能引领产品和技术快速升级换代的先进性规模化发展。先期制定或超前制定核心关键技术标准，标准发挥的不只是推动作用，而是发挥技术的引领作用，这种情况在信息技术领域里比较突出，如通信的4G标准制定等，引领了新一代通信产品跨越性的规模化发展，5G标准将会发挥更大的引领作用。

10.4.9 标准的推动作用

标准制定要求标准内容体现科学性、先进性、合理性等，这些要求使标准的内容在当时或一定时期内是先进的或领先的，代表了技术或管理的先进的发展方向。使用先进性的技术标准将推动技术发展和技术进步，改善技术水平的现状，如先进的激光焊接工艺标准推动了焊接工艺的技术进步；使用科学、先进、合理的管理标准将推动改进管理状况、提高管理水平，如先进的ISO 9000质量管理系列标准推动了企业质量管理水平的提高。标准的推动作用主要有推动工艺水平提高、推动设计水平提高、推动生产条件改进、推动管理水平提高、推动产品质量水平提高、推动节能减排、推动安全性提高等。

10.4.10　标准的积累作用

标准是知识的载体，汇集了有效的科学知识、技术知识、管理知识、工作知识等。标准的制定可对技术、管理、工作知识进行提炼、固化和保存，标准的制定工作本身就是在进行有效知识积累。标准的内容是经过专家群体讨论和改进的，标准凝聚的是专家的集体智慧，是对成熟、可靠知识的选择。标准的形成过程就是有效知识的积累过程，标准积累的知识是在标准全寿命周期一直被保留的，并在必要时进行修改和完善，使其始终保持对被积累内容的有效性。产品设计标准积累了产品设计的知识精华，能有效地指导产品设计；产品工艺标准积累了产品制造的技术诀窍，能指引产品的成功制造；质量管理体系标准积累了质量管理的理论和经验，能有效地指导产品质量的控制和监督。标准对技术、管理、工作等知识都能起到有效的积累作用。标准的积累作用是在标准制定时产生的，不是在标准使用时产生的。但标准的使用能起到对标准积累成果的肯定作用，标准使用的用户越多，说明标准积累的成果越成功。

10.5　标准功能和作用的关系与特点

功能和作用是标准的重要关系。标准的功能就是标准能发挥的能力，标准的作用是标准使用产生的效果。功能侧重事物的发挥能力，反映过程关系，也能体现结果关系，功能会隐含有作用的关系，但作用一般不含功能的关系，作用只针对事物产生的影响和效果。标准的 5 个功能和 10 个作用之间的概念是不相同的，各自是独立的。同一个标准会具有多个功能和多个作用，甚至有全部功能和全部作用，但在同一个标准上的功能间和作用间是有强和弱之分的，有些功能和作用是强功能和强作用，有些功能和作用是弱功能和弱作用。标准的功能和作用体现于三种情况之一：①使用标准内容的功能和作用；②应用标准手段的功能和作用，如应用标准的技术积累作用；③应用标准内容及手段的功能和作用。

功能和作用的区别可用例子进行说明，例如，雨伞的功能是遮雨，作用是避免淋湿，当一个人在雨中打开雨伞使用雨伞的遮雨功能时，雨伞避免淋湿的作用不一定有效，有可能打着雨伞还是淋湿了，因为雨太大，雨伞没有起到避免淋湿的作用。在口语上可能会习惯说“雨伞的作用是遮雨”，就严格意义而言，这种表述不是很严谨的，因为遮雨不是效果或影响，所以遮雨不属于作用内容。“遮住雨”是作用，而我们通常还是习惯说雨伞的作用是“遮雨”。准确的表述是“雨伞的功能是遮雨”。

涉及标准的能力关系用“功能”表达更恰当；当涉及标准的实施效果时应该用“作用”来表达。标准实施得出标准化的结果或效果，因此标准的作用和标准化的作用有时很难区分。

当事物没有被人们高度认可时，其作用的研究具有重要意义，它们是牵引人们研究兴趣和应用兴趣的“灯塔”。有些事情，“兴在作用，衰在作用”。事物的作用明确，价值突出，就会受到关注和青睐，有利于被广泛应用和发展。有些事物作用和效果模糊，就会受到冷落和遗忘，导致推广应用不佳，发展缓慢。

参考文献

[1] 麦绿波. 标准的功能和作用(上)[J]. 标准科学，2012，(10)：6-8.

[2] 麦绿波. 标准的功能和作用(下)[J]. 标准科学，2012，(11)：6-10.

[3] 中国社会科学院语言研究所词典编辑室. 现代汉语词典[M]. 5 版. 北京：商务印书馆，2005.

第 11 章　标准的基本原理[1]

11.1　标准基本原理的概念

原理是带有普遍性的、最基本的、可以作为其他规律的基础的规律，是具有普遍意义的道理[2]。原理是解释事物发生的现象、运动的关系或形成关系的道理。事物发生现象的原理有自然现象原理和社会现象原理；事物运动关系的原理有自然运动关系原理和人造关系运动原理；事物形成关系的原理有天然物形成原理和人造物形成原理。彩虹现象是自然现象原理，从众心理现象是社会现象原理；月亮绕着地球运动关系是自然运动关系原理，钟摆周期性摆动运动关系是人造运动关系原理；钻石的形成原理是高压高温作用形成的原理，汽车的形成原理是人造行为形成的原理。原理主要用文字语言表达，但不排除用数学公式表达和模型关系表达，原理的规律通常应是可证明的，但不一定是刚性证明的，原理包括定性规律和定量规律。

本章所指的标准基本原理是标准形成和维护的原理，是由标准管理机构建立标准的原理，这类标准占据主观建立标准的绝大部分，或者说是当今标准建立的主流。标准的基本原理是标准原理中最根本的原理。标准原理的建立要符合原理建立的科学要求。原理不仅要有题名，更重要的是要具有原理命题的内容。原理命题的内容通常是陈述句，是表达判断的句子，即有真假关系的句子，没有判断关系的命题不是原理的命题。原理的命题内容应是反映原理范畴内的具有普遍意义的一般规律，是具有原理对象特殊性的规律。为了保证原理建立的科学性和严谨性，作者研究提出了原理建立应具备的七个要素：①有原理的“题名”，即原理的名称；②有原理的“命题内容”，描述原理命题内容的陈述句子是表达判断的句子；③“命题内容”是具有普遍意义的基本规律，不是事项的具体过程和个别事例的规律；④“命题内容”要具有标准自身的特殊性，有标准形成或维护的根源关系；⑤“命题内容”已形成客观规律，不是主观愿望、目的和要求；⑥“命题内容”有原理相应的标准形成或维护的结果像，是可证实的，并已证实为是真的和有效的；⑦“原理”的内容是可应用的和有相应的应用方法，并已应用和有实际应用案例。以上七项要素中的第③项和第⑤项看起来有些相近，实际上是两个不同的要求。第③项是原理的普遍性规律要求，不应反映具体过程和个别规律。第⑤项是原理的客观性规律要求，原理内容不应是主观愿望、目的和要求，不要描述成原则。原理要求的七项要素中的其他五项要素的不同是很清楚的。

标准具有客观形成的标准形式、主观建立的标准形式、主观对客观规律认识的标准形式。文件标准和人造实物标准的形成是由专门机构进行标准的立项、组织研制或编制、审批发布的,这种标准的形成原理是主观建立标准的客观原理。由于标准的建立过程和确认程序复杂,它的原理系统需要由多原理组成。

标准原理是为标准的形成和维护所规定的理论,它将保证标准形成和维护的合理性、科学性、有效性、公正性等。标准的形成原理是标准形成和维护的理论关系,体现在标准的制定程序中,可以从标准的制定程序中提炼获得,也可以先提出标准原理,指导标准制定程序的建立,前者为**后原理模式**,后者为**前原理模式**。标准原理是标准形成和维护或标准全寿命周期的原理、原则,它涉及标准全寿命周期的理性关系。

原理来自实践,也能指导实践,并且要接受实践的检验。本书归纳的标准形成原理大部分是后原理模式。对于后原理模式,深入分析标准形成和维护的程序是标准原理建立的必要条件和根据。国际标准制定模式是世界公认的标准制定模式,也是许多国家标准制定的参照模式,可以通过国际标准的制定分析,来感悟标准形成的原理。国际标准(ISO 标准)的制定程序主要有七个阶段:预阶段(PWI)、提案阶段(NP)、准备阶段(WD)、委员会阶段(CD)、询问阶段(DIS)、批准阶段(FDIS)、出版阶段(IS),若将标准维护的复审阶段和废止阶段加进来,就是九个阶段[3]。

国内制定标准的程序主要阶段为:项目建议阶段、立项阶段、起草阶段、征求意见阶段、送审阶段、报批阶段、出版阶段。我国的项目建议阶段对应 ISO 的预阶段(PWI),立项阶段对应 ISO 的提案阶段(NP),起草阶段对应 ISO 的准备阶段(WD),征求意见阶段对应 ISO 的委员会阶段(CD),送审阶段对应 ISO 的询问阶段(DIS),报批阶段对应 ISO 的批准阶段(FDIS),出版阶段对应 ISO 的出版阶段(IS)。我国标准制定的阶段与国际标准制定的阶段都是七个阶段,总体上有对应关系并大致相同,而在工作程序的操作内容上,有一些区别,这些区别不是本质性的,是组织机构差别带来的差异。这说明,标准的制定程序总体上是无组织差异、地域差异、标准类型差异的,标准的形成规律是一种普遍性的规律,标准的形成规律是有科学内涵和标准特色的阶段进阶所构成的规律。

本质上,标准的原理是标准建立或维护的原则和要求,因为它们是人为规定的。当这些标准的形成原则和要求作为标准形成的必然程序或规则化的固定关系后,已无个人自由操作的空间,就不再受到任何人的主观影响而变化,使标准形成的主观关系转换为客观关系,标准的形成原则就转化为标准形成的普遍性客观规律或客观原理,不再以人们随意性的意志为转移,除非权力组织机构组织对其进行专门修改。

11.2　标准的原理系统

标准(主观建立的)是由复杂的机制关系所建立的复杂人造关系系统,所以标准的原理不会简单地由一个原理就能构成,它要由多原理才能完成标准的构建和维护,是一种系统性的原理关系。标准的原理是人为建立的标准形成和维护机制的理论,这些机制构建了标准形成和维护的原理(简称标准原理)。标准的原理系统主要由总原理和关键原理组成,其原理组成关系如图 11-1 所示。标准的总原理是程序管理原理,关键性原理分别为需求原理、协调原理、优化原理、格式原理、协商原理、实证原理、公正原理、利用原理、周期原理、后评价原理。原理的适用范围是标准管理机构组织建立的文件标准和实物标准等标准。以下给出各原理题名下的原理命题、原理特点、原理实在性等内容。

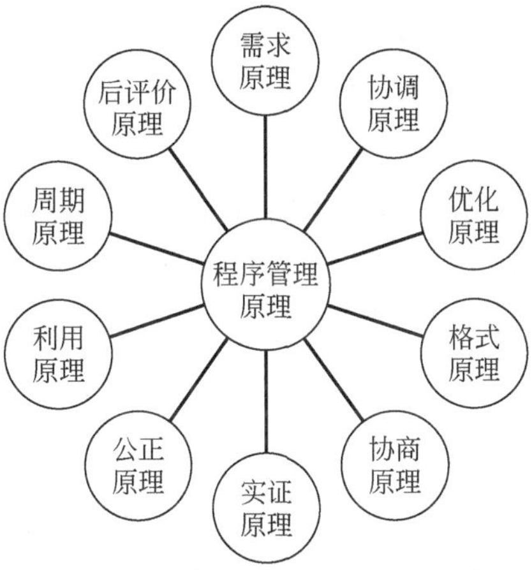

图 11-1　标准原理系统图

11.2.1　程序管理原理

程序管理原理是标准形成和维护的总原理。程序管理的原理命题为:“**标准按规定的流程和规定的格式进行编写(包括撰写在内),由相应的标准化机构进行过程管理和批准而形成。**”该原理命题表明,标准制定的规律是在程序化和管理监控下完成的。标准的制定都是按具有法规地位的标准制定程序和标准编写格式的规定执行,并且程序的执行是严格的,任何标准制定者都没有违反的权利和自由。法规程序的标准制定模式使标准制定关系成为一种固定的客观规律关系,这种规律关系由法规程序所赋予。国际标准的制定程序按《ISO/IEC 导则 第 1 部分:技术工作程序》、国际标准的编写格式按《ISO/IEC 导则 第 2 部分:国际标准结构和编写规则》,国际标准的其他管理事项按《ISO/IEC 导则 补充部分:ISO 专用程序》[3]。这些规则是文件类标准制定的通用规则。我国的国家标准、国家军用标准、行业标准也分别有专门的标准制定程序、标准编写格式、标准管理规则,它们总体上都没有本质性的差别,与国际标准化组织也差别不大,因为许多规则也是参照国际标准制定规则建立的。由此,标准的制定程序是没有明显的国家差异和标准类别差异的,是普遍化的规律。

11.2.2 需求原理

标准的需求原理是标准的准入原理。需求原理的原理命题为:“**标准的设立基于认可的明确标准化需求目的**。”这一命题有三个要素:一是标准设立基于有需求目的,不是随意设立的;二是标准的设立要有明确需求的标准化内容,需求内容不明确或含糊的建议标准项目是不能认可设立的;三是标准的需求要得到认可才能有效,认可的方式有评审专家组认可、投票权方投票认可、网络公开公示公认等,不应由提出方的愿望或少数支持者的认可而设立。标准的需求原理是标准的门槛原理,凡不符合标准化需求的标准项目建议是不允许列为标准制定项目的。标准的需求,重点是判断用标准解决什么标准化问题,这既是一个标准制定动机的判断,也是标准对象价值意义的判断。标准需求的方面通常有统一需求、基准需求、畅通需求、控制需求、规范需求、保护需求等。需求原理的应用在国际标准制定程序的预阶段及提案阶段和我国标准项目建议阶段及立项阶段的程序要求中已反映出来。

11.2.3 协调原理

标准的协调原理是拟设立的标准与现行标准关系的把关原理。协调原理的命题为:“**设立的标准与现行标准不应存在内外关系的重复和矛盾**。”这一命题有两个要素:一是设立标准时不能与现行标准存在外部关系有重复和矛盾,即设立的标准不能与现行标准对象存在名称重复和内容全部重复或基本重复,也不能有矛盾冲突关系,凡存在这类问题的标准不能设立;二是标准立项后,标准的内容与现行标准的内容不能存在重复撰写和内容矛盾冲突,设立的标准内容如不能避免与现行合理内容的重复、重叠和矛盾时,重复部分的内容为少部分时应采用引用方式,重复部分的内容为大部分或未消除矛盾的内容时应终止或撤销标准制定对象,除非现行标准的内容被证明是不合理或不适用的。协调原理是保证标准列入制定建议时不属于重复列项,标准制定时不应新制造标准内容重复和矛盾的情况,标准修订时也不应制造重复和矛盾的情况,这是一个全寿命周期的协调控制原理。这一原理的命题内容在国际标准和我国标准制定程序的第一阶段到第七阶段都给出了标准间协调控制要求,且在技术委员会成员各次表态或投票时是一项不言而喻的专家把关内容，重点把关时机是在新项目建议和立项审查时，以及标准制定过程和最终技术审查时。协调原理是新标准产生和标准间关系的合理性要求。

11.2.4　优化原理

标准的优化原理是标准技术内容定位合理化的原理，是标准内容筛选、选优、综合权衡的原理。优化原理的命题为：“**标准内容应是先进性、经济性、适用性等权衡的优化结果**。”这一命题有四个要素：一是标准的内容要考虑在多技术路径中选择先进性的内容，落后的内容不作为考虑范围；二是标准的内容要考虑经济成本，在相同或相近的功能性能效果时，优先考虑经济性、低成本的方案；三是标准的内容要考虑适用性和可操作性，避免标准内容过于复杂或只有极少数人能掌握、标准实施需要很特殊的硬件和软件条件；四是标准的内容不应只突出单一属性领先而其他属性平常或较差，应综合权衡先进性、经济性、适用性，使标准内容对三个关系有最好的兼顾，防止过先进与过落后、过昂贵与过便宜、过复杂与过简单情况的出现。凡应用了优化原理制定的标准，将会是满意的标准和可实施性好的标准。国际标准制定程序的准备阶段、委员会阶段、询问阶段和我国的起草阶段、征求意见阶段、送审阶段是标准落实优化原理和完善优化内容的阶段。优化原理的保障方式是：在这三个阶段中，标准工作组自觉执行优化原理命题，技术委员会成员对标准内容的优化情况进行审查把关。当标准内容符合优化原理时，投票才易通过，否则，成员就会提出要求修改的意见或投反对票。优化原理的应用需要有很强的专业性知识水平，主要是依靠深厚的专业技术知识和丰富的多方面综合知识。

11.2.5　格式原理

标准的格式原理是标准的形象原理。格式原理的命题为：“**标准的外观形式、内容结构、语言表述等应符合特定的相关格式要求**。”这一命题有四个要素：一是标准的撰写要按规则规定的专门格式，不是随意撰写的；二是标准的外观封面有标准特定的表达形式，是标准的识别形象，如国际标准化组织的标准有显著识别其组织的ISO标识，我国国家标准有显著识别国家标准的GB标识等；三是标准的内容要按特定的结构要素撰写，结构要素通常分为资料性概述要素、规范性一般要素、规范性技术要素和资料性补充要素，结构的层次关系按规则编号；四是标准的表述要按特定的要求，这些表述包括概述要素的写法、一般要素的写法、技术要素的写法，并规定了术语、符号、要求、图、表、公式、数值、量和单位、谓语动词等内容的规范表述[3]。格式原理一方面是支持标准专门形象的建立，另一方面也是保证标准内容的完整性、规范性、可识别性、可理解性的要求。格式原理内容由《ISO/IEC导则第2部分：国际标准结构和编写规则》和我国标准编写规定的内容所反映，不符合格式规定的结构和表述方法的标准草案不能成为正式标准。格式原理在标准原理中是可硬性检查的原理,因为有规定的具体格式要素可用于格式符合性的对照检查。

11.2.6 协商原理

标准的协商原理是体现标准共识性、公认性的原理,也是标准制定参加方身份平等和相互尊重的机制。协商原理的命题为:“**标准基于协商一致而设立和被批准**。”这一命题有四个要素:一是标准从提出建议项目到同意批准的整个制定过程都有协商一致的要求;二是标准立项时没有通过协商一致不能设立或立项;三是标准草案没有通过协商一致不能转入下一个阶段;四是标准只有所有阶段都通过协商一致才能被批准。标准的协商原理是标准除出版阶段外,从预阶段到批准阶段的六个阶段中必须落实的环节。标准的协商一致不是指全票通过,是简单大多数或 3/4 及以上的 P 成员同意通过(不同阶段用的比例方式不同),且不能有超过1/4的 P 成员反对[3]。标准制定中的参加、讨论、审查、投票等机制都是为保证国家成员体和专家有机会充分沟通和发表意见,使标准从建议到终审的制定全过程每个阶段的标准草案在得到相关方认同的基础上,才能最终被批准。协商原理是标准不同于行政文件的一个重要特征,标准基于协商一致才能成立。标准内容定位或确定的争论和妥协是标准合理化的协商途径。协商是为标准达成共识和被认同而建立的机制。协商是保证标准内容科学合理和标准利益相关方之间利益争取、妥协和平衡的活动。

11.2.7 实证原理

标准的实证原理是保证标准内容可靠的原理。实证原理的命题为:“**标准的内容是经验证真实和可靠的内容**。”这一命题有三个要素:一是标准的内容如果涉及可验证和应验证的,就必须进行内容的验证;二是标准的内容是通过验证真实存在的;三是标准的内容通过验证是可靠的和有效的。真实和可靠是两种概念,真实是说明事物存在,可靠是说明事物有效和稳定。实证原理的应用是在标准草案起草的准备阶段或起草阶段、委员会阶段或征求意见阶段、询问阶段或送审阶段证明或提供证据说明标准的验证。实证是标准拟通过认可的重要支持内容。标准的实证原理也是标准正确性、有效性和可操作性的保证。标准的实证原理不同于标准的符合性评价,标准的实证原理是针对标准内容的真实和可靠的,标准的符合性评价是针对产品与标准要求的一致性或产品对标准要求的符合性的。

11.2.8 公正原理

标准的公正原理是标准制定和修订管理正义性的原理。公正原理的命题为:“**标准制定和修订过程按正义性管理关系操作**。”这一命题有四个要素:一是各标准建立提出方的标准立项申请权利是平等的，立项成功与否取决于标准必要性和可行性的投票；二是标准制定或修订过程各参与方有平等提出意见和投票的权利；三是标准草案投票结论是公开的和可查阅的，保证投票和结果接受监督；四是标准的获得是平等的，可通过公开渠道购买，无论标准是谁主导起草的。公正原理的内容已体现在 ISO 和许多管理机构的标准制定程序中，从程序上给予公正保证。标准的不公正性主要会来自为了垄断市场、空占标准位置、巩固已落后的产品利益和危害公共利益等动机不纯的标准制定行为。从操作层面防止不公正的措施是，用标准制定的电子工作系统对标准各阶段的草案、意见、投票等进行过程管理和过程公布，电子系统对参加标准制定相关的机构（成员体、技术委员会、分技术委员会、CEO 办公室等）和专家是透明的，并可记录各阶段的过程痕迹，为公正原理的落实提供了监督和查证的手段。

11.2.9　利用原理

标准的利用原理是标准充分利用工作成果价值贡献的原理。利用原理的命题为：“**标准项目工作过程形成的各阶段成果按可用性充分利用**。”这一命题有三个要素：一是标准完成七个阶段形成的标准成果是标准制定最重要的目标成果，也是利用价值最大的成果；二是标准项目工作的价值成果不仅仅是最终批准的标准，也包括标准工作过程阶段形成的价值成果，凡有利用价值的要充分利用，以充分利用专家智力劳动的有效贡献；三是标准工作过程阶段的价值成果按其成熟程度分类发布应用。利用原理在《ISO/IEC 导则 第 1 部分：技术工作程序（第 12 版）》中已体现出来。例如：委员会阶段（CD）的草案如不能通过投票进入询问阶段（DIS），则可出版为公开可获得规范（PAS）使用；询问阶段（DIS）的草案如不能通过投票进入批准阶段（FDIS），则可出版为技术规范（TS）或技术报告（TR）使用。对于我国的标准制定情况，这就相当于对未能最终完成标准制定的有利用价值的标准征求意见稿和标准送审稿的出版利用。不是所有未到最终阶段的标准制定阶段成果都会被利用，被利用的阶段成果是需要进行有用价值确认和程序认定的。标准利用原理使标准制定工作的贡献不仅仅是最终成果——正式批准的标准，并且包括过程的价值成果。利用原理使标准制定未走到最终阶段的有价值成果也能得到充分利用。

11.2.10　周期原理

标准的周期原理是标准不断维护完善的原理。周期原理的命题为：“**标准按计划、制定、实施和复审的周期进行，保持其长期有效使用和持续改善**。”这一命题有六个要素：一是标准的一个循环周期的内容为计划项目、制定标准、实施标准和复审标准；二是标准从发布实施起到一定时间周期要进行标准内容的复审，通常情况是 5 年一个复审周期，复审要对标准做出继续有效、应修订/修改或应废止的结论；

三是复审结论为继续有效的标准可继续使用；四是复审结论为应修改的可用修改单修改，结论为应修订的标准，可用快速程序或正常程序进行标准修订；五是复审结论为应废止的标准，不宜再作为标准保留；六是标准按周期关系不断完善和提高，使标准在全寿命周期得到维护和改进。标准的周期是 PDAR 的周期，P(plan)为标准的计划，D(development)为标准的制定，A(application)为标准的实施或应用，R(review)为标准的复审。标准的周期关系不同于质量管理的 PDCA，它们只有部分相似。

11.2.11 后评价原理

标准的后评价原理是标准使用效果的评价原理。后评价原理的命题为："**标准批准发布后的一定使用期应进行其使用效果的评价**。"这一命题有四个要素：一是标准发布批准后要进行标准使用效果的评价；二是标准的使用效果评价最好能分出效果差别，或采用定量方式来评价，分出标准使用效果的等级关系；三是标准使用效果评价的时期为批准发布后 3～5 年内；四是标准的后评价既可以对单个标准进行，也可对一批标准进行。目前，在 ISO/IEC 导则中，还没有标准后评价的机制，但从标准制定工作自我了解和自我改进的角度，应该建立这一机制。后评价原理有利于标准管理机构了解标准制定效果的实情，支持标准制定工作的改进完善，保障标准制定的有效性。

11.3 标准原理的符合性认证

对于以上 11 个标准原理，用原理的七要素进行其符合性论证，以论证这 11 个标准原理符合原理七要素的要求，这 11 个原理的符合性具体论证如下：

(1) 11 个原理都有原理的题名，每个原理的具体题名见 11.2 节。

(2) 11 个原理都有原理命题的内容，每个原理的具体命题内容见 11.2 节。

(3) 这些原理的命题内容反映了标准建立的规律，是各级标准和各类标准制定和维护具有普遍意义的或者必须遵循的规律，这些规律由标准制定相关的法规文件的发布和实施所形成，与各类标准制定现行采用的原理吻合。

(4) 原理的命题内容是针对标准建立和维护的，体现了标准建立和维护自身的特殊性。

(5) 原理的内容主要来自标准制定和维护规则要素的提炼，这些规则经过发布实施已转换成为不以个人意志改变的标准制定和维护的客观规律，即使是标准制定和维护规则的起草者也无法改变。

(6) 这些原理的相应的题名就是原理的结果像，这些结果像已进入标准制定和维护规则中，并作为必须执行和要落实的要素，这证实了程序管理、需求、协调、优化、格式、协商、实证、公正、利用、周期原理的存在性和使用性，后评价原理尽管目前还未进入相关的规则中，但它是标准原理系统中不应缺少的闭环原理，应该纳入其中，并且标准后评价原理已引起一些标准管理机构的重视，应开展相应的研究和评价尝试。

(7) 这些原理已在标准制定和维护规则中形成了应用条款，原理的应用方法在标准制定和维护过程中已成为存在的事实应用方法，原理方法已应用于几万项国际标准、几万项国家标准以及其他级别大量标准的建立中，目前已发布的这些标准就是原理应用的实例。

当标准的制定和维护符合原理命题时，就能为标准的制定和维护发挥有利的作用，例如，协商原理的应用就能对标准发挥好各方公平参与、利益权衡、共同把关、共识公认等有利作用。以上对 11 项原理从原理要求的七个要素进行了检验论证，确认了 11 项标准原理的原理要求的符合性。

参 考 文 献

[1] 麦绿波. 标准的原理[J]. 标准科学，2012，(12)：6-10.

[2] 中国社会科学院语言研究所词典编辑室. 现代汉语词典[M]. 5 版. 北京：商务印书馆，2005.

[3] ISO/IEC. ISO/IEC 导则[M]. 中国国家标准化管理委员会国际合作部，译. 北京：中国标准出版社，2008.

第12章　文件标准的分类和型式[1-3]

12.1　文件标准分类的意义

目前，文件标准类别是使用最多的和发展主流的标准，国际和各国的标准化机构也主要是聚集在文件标准类别的发展上，因此研究文件标准的分类关系具有重要的现实意义，同时，对标准化的理论建设也是非常必要的。

文件标准分类是文件标准类别关系的顶层设计，是文件标准体系规划的重要支持基础，是实用性很强的标准知识。分类也是对标准对象的不同关系的划界和相同关系的集中，避免不同标准类别的重叠和遗漏，建立标准划分和寻找的关系路径。文件标准分类的作用和意义有：①对文件标准进行全面梳理，构建文件标准特征性、相关性、系统性的结构关系；②为各行业、专业、企业等文件标准体系的构建和文件标准发展规划制定提供标准分类思路和标准对象依据；③为文件标准的管理提供系统性的范围、结构、种类和脉络；④为文件标准的查找提供检索的路径和关键词；⑤为文件标准内容结构的建立提供归类依据；⑥为文件标准的使用定位类别属性关系。反之，没有文件标准的分类关系，将会缺乏对文件标准系统性构架关系的认识和标准对象的认识，难以对文件标准的发展进行系统性规划，也难以保证文件标准发展对象间的协调性。文件标准的分类关系是标准化工作者普遍关心和经常需要使用的基础性内容，给出系统、详细的文件标准分类关系，可为行业、专业、企业等标准体系的构建提供直接的帮助。文件标准的分类虽然很有用，但文件标准的分类是一件很难的事，通常要面临三大难点：第一是文件标准分类的全面性需要很广的知识面才能把握文件标准全面性和系统性的分类关系；第二是文件标准分类的多层次性需要长期的工作积累才能深化到多个层次的分类关系里；第三个是文件标准分类的确切性需要对各类文件标准的特征有深入的认识才能划清归属界限并准确定位。

文件标准的分类是标准知识体系的结构或纲目，是标准化学科理论的建设内容之一。文件标准的分类也是为文件标准的发展规划系统化的横向类别发展空间和纵向层次发展空间。文件标准的分类是按文件标准属性关系而划分的类别，它基于对文件标准属性的认识，是文件标准属性关系研究的成果。文件标准的分类关系能给出文件标准系统性、专业性、层次性的知识结构关系。科学、清晰的文件标准分类关系，能引导和指导文件标准条理性和有序化发展。混乱的文件标准分类关系将会引导标准发展的交叉、重复和遗漏。本章既是文件标准分类学的学术性内容，也是文件标准类别查询的手册性内容，具有学术性和实用性。

12.2　文件标准的分类属性关系

文件标准的分类可从多个属性角度进行，每个属性角度的分类都有其特定的意义，它们之间不存在哪个分类能代替另一个分类的情况。每一个标准属性分类的类别间，不应该有类别间重叠的情况，如果有，说明该属性的分类是不成功的。在一个属性的分类体系中，不同类之间应是相互对立的，一个类的子类之间也应是相互对立的，平行类别间不应相互包含和重叠，包含只能是上层类别对下层类别的。文件标准分类的属性关系可以有：建立主体属性、学科属性、载体属性、管理属性、用途属性、使用性质属性、应用领域属性、标准内容结构属性等。

按标准的建立主体属性，文件标准可分为客观形成的标准类型、主观建立的标准类型、主观认识客观规律的标准类型。这是一个最全面的标准分类关系，覆盖了自然界形成的各类标准和人类建立的各类标准，这一属性类别是全面的标准类别。这一分类按相同属性可继续进行下层次的细化分类。上述客观形成的标准和主观认识客观规律的文件标准，是指将这些科学内容以文件标准或文本形式确定下来的标准或具有标准地位的科学文献（如手册、辞典、专著等），以下的自然界客观内容的文件标准也是这种情况。

按标准学科属性，文件标准可分为自然界无机物质标准、自然界有机物质标准、科学规律标准、工程技术标准、人造物质标准、概念标准、行为标准等。这一分类包括客观形成的标准和主观建立的标准（含主观认识客观规律的标准）的文件形式标准，这一属性类别也是全面的标准类别；这一分类按相同属性可继续进行下层次的细化分类，如科学规律标准可分为物理规律、化学规律、数学规律、生物规律等类型的文件标准。

按载体属性，文件标准可分为物质载体标准、意识载体标准、信息符号载体标准（含文字、符号、图形、图片、电子信息等）、行为载体标准、现象载体标准等。这也是一个全面的分类关系，这一属性的分类可按同样的属性从上层类别继续下分。

按标准管理属性，文件标准可分为国际标准、国家标准、行业标准、地方标准、团体标准（包括社团标准、协会标准、企业联盟标准、工程标准等）、企业标准（包括集团企业标准、单体企业标准）。这是非完全类别的标准类别，是一种标准管理层级的纵向关系分类。这种标准分类关系不能按同样的分类属性对各层标准类别进行继续向下分类，每一级别标准的向下分类要将分类属性变为技术专业或领域等；这种分类的各级标准间不是隶属关系，而是协调关系，可能存在标准制定对象的重叠性或相近性；各级标准覆盖的范围是其管理职责关心的范畴。

按标准用途属性，文件标准可分为技术标准、管理标准、工作标准。这是非完全类别的标准类别，是文件标准按应用对象进行的分类，是一种横向关系的文件标准的分类关系。其类别属性具有层层深化细分的潜质，即技术标准、管理标准、工作标准都可以相同属性分别再进行多个层次的类别细分。

按标准使用性质属性，文件标准可分为强制性标准、推荐性标准、指导性标准，这种使用性质属性是典型的主观赋予的属性，是表达标准执行或实施严格程度的属性；这一属性在第一层分类之后，无同样属性的下一层次的进一步细化分类，进一步地细分将会回到专业属性或用途属性等。

按标准应用领域属性，文件标准可分为工业标准、农业标准、服务业标准、教育界标准、文化界标准、体育界标准、社会事业标准、军用标准等。这种属性的标准主要是主观建立的标准，是标准制定和应用领域的属性。标准的类别之间会出现一些不同程度的重叠区域，如军用标准中有工业标准和农业标准等内容。这类标准按相同的属性关系可继续下分，如工业标准可再分为冶金工业标准、机械加工业标准、建筑业标准、化工业标准、电子业标准、电力业标准、石油业标准、煤炭业标准等，冶金标准还可以分为黑色冶金标准、有色冶金标准等。

按标准的内容结构属性，文件标准可分为术语标准、要求标准、规范标准、方法标准、规程标准、图样标准、图形标准、图片标准、手册标准等。这一属性是人为构建的类型属性，是针对不同的规范事项或标准表达结构关系确定的标准内容结构类别。这类属性的继续下分是有同属性的，如按专业关系下分，也可以相同属性进行下分，如产品规范可按系统规范、组件规范、部件规范、零件规范等进行分层。这类标准如按相同的内容结构属性继续下分的层次不会很多，标准类别的组成关系会比较扁平，即横向平级类别多，纵向层级少。这类标准是按标准内容表述关系进行的分类，总体上可看成三大类表述标准：第一类是文字表述类标准，由术语标准、要求标准、规范标准、方法标准、规程标准等组成；第二类是图表述类标准，由图样标准、图形标准、图片标准等组成；第三类是表格、文字、图示表述类标准，由手册标准等组成。每一类的分类是由标准内容结构的差异决定的，如文字类的术语标准的结构主要由术语名称和定义条目结构组成，而文字类的产品规范由产品的功能、性能要求、验收要求、试验方法、交货要求等章条结构组成。

以上文件标准分类属性共有 8 种，它们只是文件标准分类属性的主流，而不是文件标准分类属性的全部，文件标准的分类还可以有其他属性的分类关系。文件标准的每一个属性的分类的类别之间，一般是不应存在相同重叠的(会有类似性重叠或相近重叠)，但不同属性的类别间会存在重叠关系。在标准各属性分类中，能重叠其他属性分类最多的分类，是具有全面覆盖性的分类；能以相同属性继续进行细分的类别，是拥有最大延伸性的类别；拥有覆盖面宽、分类延伸性大的类别，是标准间关联性和系统性好的类别；这种文件标准类别具有学术的可研究性，其标准的体系可系统化设计和构建。本书关心的重点是当今主要发展的标准类别，这种类别就是文件标准类别。本章的主旨就是要理性地分析出文件标准中可系统化设计和构建的类别，并对其进行再细化分类，以为文件标准实体的规划或建设提供有益指导。

对于每一个具体文件标准，必将拥有属性关系和载体对象关系，将会同时拥有以上 8 个属性，一个也不会少，这是**标准的分类属性对标准具有跟随性**。对于不同的属性，其概念是相互对立的，即属性的概念是不等价的，否则，它们就不会是不同属性的，而是相同或等价属性的。每个具体文件标准都有标准表达的载体对象，这个载体对象可以是产品、概念、技术、行为等，如高压锅、光学术语、电路测试等。载体对象是标准的必要要素。由于每个实体文件标准都有所有的属性关系，当两个文件标准进行某些关系的比较时，一定要用同一属性关系进行比较，否则，就没有可比性。

在以上属性的分类中：主体属性标准、学科属性标准、载体属性标准包含的标准不仅仅是标准化机构制定的标准，有些是科研机构等建立的具有标准地位的成果；由标准机构制定的标准属性类别主要有标准管理属性、标准用途属性、标准使用性质属性、标准应用领域属性、标准内容结构属性五个类别。在这五个类别中，标准管理属性、标准使用性质属性、标准内容结构属性都有很宽的标准对象覆盖面，但这三类标准以相同属性都没有再往下细分的太多空间，不适于标准对象的系统化研究和设计。标准用途属性和标准应用领域属性也有很宽的标准对象覆盖面，且都能进一步进行相同属性的类别细分，两者进一步比较，标准应用领域属性分类存在不同程度的分类关系的重叠，对标准的系统化研究和设计会带来许多困难，因此选择标准用途属性作为标准系统化研究、设计和构建的典型学术分析类别。这个标准典型学术分析类别继续分类研究的对象是技术标准、管理标准和工作标准。下面对文件类的技术标准、管理标准、工作标准分别给出体系化的分类关系，以为行业、企业等标准体系的设计和建立提供指导或借鉴。本章选择标准用途属性作为标准分类的典型学术分析属性，是因为这个属性类别既具有各专业领域的普遍适用性又能脱离各专业领域细化分类分析。这并不排除其他七个属性分类的价值，当其他七个属性分类遇到相应的分类需求时，它们的分类属性价值也将是不可替代的、唯一的和非常有用的。文件标准分类体系中的类别和层级关系，既可以是标准分类管理的路径关系，也可以是标准实体的位置，如何定位取决于标准分类设计思路和标准实体的实际需求。

12.3　技术标准的分类

技术标准是以产品为对象所制定的概念、表达、行为、过程、方法、实物关系等方面的标准。技术标准是人类为创新构建的物质和产品所建立的标准，这些标准可分为基础标准、产品标准、设计标准、制造标准、试验与检验标准、包装贮运标准、使用维护标准、报废销毁标准等，其结构框图如图 12-1 所示。图 12-1 中的“技术标准分类”是标准分类体系中的第一层次的分类关系，第一层往下可以进行细分类别，直到具体标准层面。技术标准的分类层次至少可分到第四层或第五层类别关系。

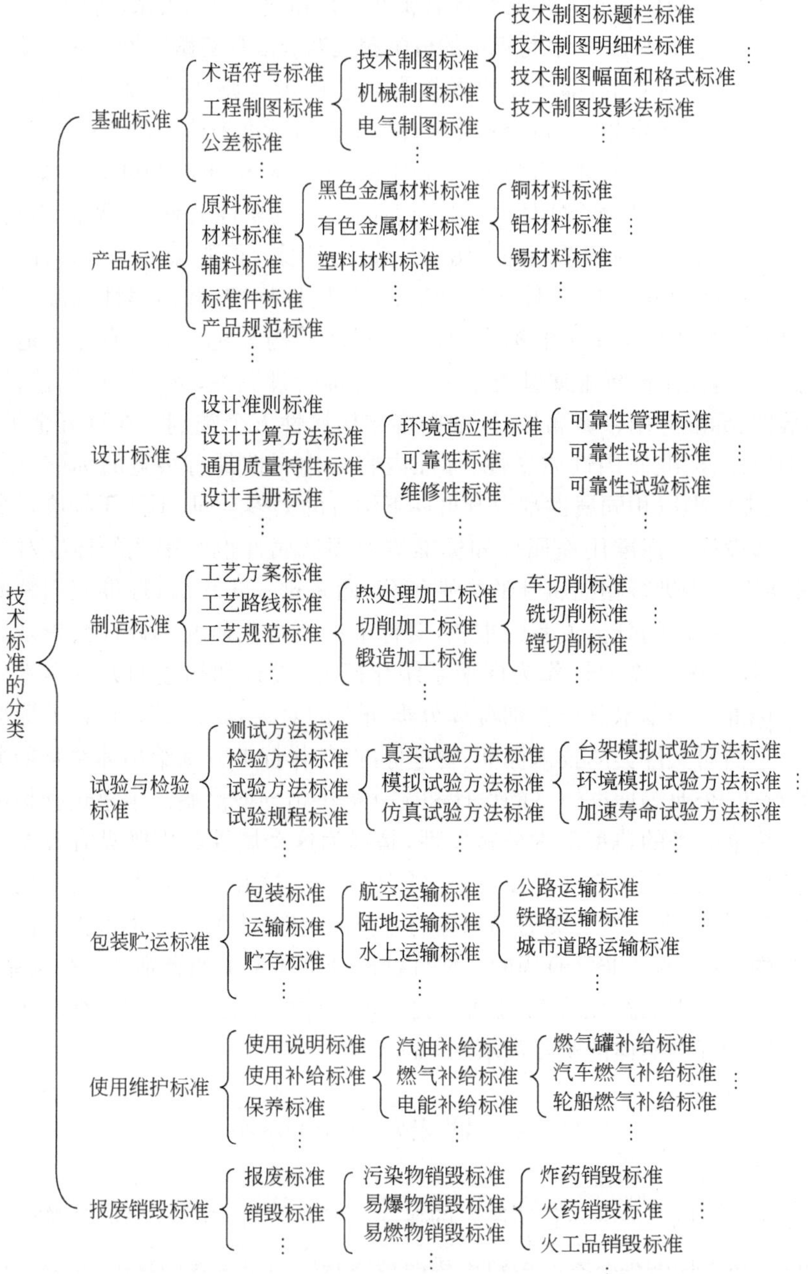

图 12-1 技术标准的分类关系

基础标准通常可分为术语符号标准、工程制图标准、公差标准、量和单位标准、信息代码标准、技术要素标准、数学方法标准等。术语符号标准可按技术专业关系再分类相关的术语符号标准；工程制图标准可分为技术制图、机械制图、电气制图、光学制图、建筑制图、专业技术图形符号、形位公差、表面粗糙度等标准；公差标准可分为极限、配合等标准；量和单位标准可分为时间和空间、周期及有关现象、力学、热学、电学和磁学、光及其有关电磁辐射、声学、物理学和分子物理学、原子物理学和核物理学、核反应和电离辐射等的量和单位标准；信息代码标准可为产品信息代码、工艺工装信息代码、技术信息代码、物资信息代码等标准；技术要素标准可分为螺纹要素、齿轮要素、花键要素、结构形式等标准；数学方法标准可分为数值系列、抽样方案等标准。

产品标准通常可分为原料、材料、辅料、标准件、零件、部件、组件、分系统、系统整机、工装、设备、仪器、工具等标准。原料标准可分为单质元素、合成元素、混合元素等原料标准；材料标准可分为黑色金属、有色金属、塑料、橡胶、玻璃、晶体、木材、纺织品等材料标准；辅料标准可分为胶黏剂、填料、包裹料、缓冲垫、漆料等标准；通用基础件可分为紧固件、密封件、管件、轴承、液压件、支承件、元器件等标准；零部组件、分系统级的产品标准可根据技术专业关系在同类下按需要作为单独交验的产品列出隶属类别标准，不需要单独交验的整机系统以下层次的产品不一定要单独制定产品标准，整机系统及单独交验的组成部分的产品一般都单独制定产品标准，并按技术专业类别列出；工装标准可分为刀具、夹具、量具、辅具、模具等标准，工装类标准可以往下细分；刀具标准可分为车刀、铣刀、刨刀、镗刀、钻头等标准；夹具标准可分为固定式、回转式、移动式、翻转式、盖板式、直线进给、圆周进给、靠模、角铁式、定心式等夹具标准以及滑柱式钻床夹具、固定式镗套夹具、回转式镗套夹具、直线进给式靠模铣床夹具、卡盘式车床夹具等标准；量具标准可分为角度、长度、形位公差、螺纹、齿轮量具等标准；辅具标准可分为车床、铣床、钻床、镗床、磨床、齿轮加工机床、拉床、刨床、插床、加工中心数控机床辅具(辅具主要有刀杆、刀架、刀座、刀盘、刀夹头、刀柄、接杆/套、快换装置、夹套等)；模具标准可分为铸模、冲模、挤压模、靠模等标准；设备标准可分为车床、铣床、刨床、镗床、冲床、磨床、钻床，以及电力、热力、空调、清洗、环境试验、电磁试验、力学试验等设备标准；仪器标准可分为长度测量、光学测量、理化分析、外观检查检测等仪器标准；工具标准可分为螺丝刀、钳子、榔头、锉刀、虎钳、刮刀等标准。

设计标准通常可分为设计准则、设计计算方法、设计程序、设计手册、通用特性设计等标准。设计准则、设计计算方法、设计程序、设计手册等标准根据设计技术专业进行下层次分类；通用特性设计标准可分为环境适应性、可靠性、维修性、安全性、测试性、保障性、电磁兼容性、人机工效等设计标准。设计标准第一层次的分类是标准类型的分类，第二层次及其以下层次的标准分类主要是以技术类别或产品组成的结构关系进行分类，不再以标准类型进行分类，如电容设计、电阻设计、电感设计、信号放大设计等标准。

制造标准通常可分为工艺方案、工艺路线、工艺规范、工艺规程、工艺要求等标准。制造标准第二层次及其以下层次的标准分类主要以工艺技术类别或产品组成的结构关系进行分类，如热处理、表面处理、铸造、锻造、切削、冲压、安装、装配调试等工艺标准，不再以标准类型进行分类。制造方面涉及的硬件方面的标准主要是所采用的加工设备、工装、工具等方面的标准。

试验与检验标准通常可分为试验方法、检验方法、测试方法、试验规程、检定规程、校准规范、抽样方案等标准。试验标准的第二层次的标准分类可以按试验的对象(如产品等)类别分类，也可以按试验的模式分类，如真实试验、模拟试验、仿真试验、半实物仿真试验等。试验与检验标准的第三层主要按试验的技术内容分类，不再以标准类型进行分类，如高温试验、低温试验、温度冲击试验、振动试验、淋雨试验、盐雾试验、低气压试验等标准。试验方面涉及的硬件方面的标准主要是所采用的试验设备、试验仪器、试验夹具、试验工具、检查装置等方面的标准。

包装贮运标准通常可分为包装、贮存、运输等标准。包装标准按材质关系可分为纸质包装、木质包装、塑料包装、钢质包装、铝质包装、铜质包装、合金包装、复合材料包装等；包装标准按防护能力关系可分为防雨包装、防浸泡包装、防火包装、防振动包装、防冲击包装、防爆包装、防雷电包装、防静电包装、防尘包装、恒温包装、复合防护包装等标准；贮存标准可分为露天贮存、转运贮存、运输贮存、仓库贮存等标准，主要是给出贮存条件的标准，不是贮存寿命或贮存时间的标准，贮存寿命和贮存时间的内容是在产品标准中给出的；运输标准可分为公路运输、水路运输、空中运输、海洋运输等标准，运输标准主要是规定运输对象的尺寸、重量、危险性、危害性、变质性、维护性等内容。

使用维护标准通常可分为使用说明、使用补给、保养、维修等标准。使用说明、使用补给、保养、维修等标准是按产品类别进行分类的，例如，汽车的使用说明主要是操作盘、档、杆、钮等的说明，补给是汽油的补给，保养主要是三滤、二油、二液，维修是根据产品结构确定的维修时间、更换要求、修理方法等标准。使用维护标准一部分是面向产品用户的标准，另一部分是面向专业保养维护、维修人员的标准。

报废销毁标准通常可分为报废、销毁等标准。报废标准可分为自处理报废、回收报废、注册回收报废、注册上缴报废等标准，标准的内容主要是规定各类报废所针对的产品对象；销毁标准通常是针对危险性和危害性产品的，可分为易爆性、易燃性、放射性、污染性、腐蚀性等类别，各类标准按产品对象规定销毁的程序、方法、结果处理等。

技术标准的分类是一个复杂的多种类、多层次的标准分类体系，一般至少有四个层次的类别。如果将技术标准、管理标准、工作标准作为文件标准的第一层类别，以上已将技术标准分到了第四层或第五层类别，有些类别还可以进一步细分到第六层或以上等，最底一层类别将会有标准对象归属，如技术制图类别有标准对象：术语、图纸幅面和格式、标题栏、明细栏、复制图纸的叠法、对微缩复制原件的要求、比例、字体、图线、尺寸注法、尺寸和比例、投影法等标准对象。为了对技术标准的分类关系有一个整体性和直观性的概念，可将其分类关系绘制成分类图，见图 12-1。图 12-1 中的技术标准分类是脱离了各类具体专业技术附属的通用性的分类关系，但也可用于各个技术专业，因此其具有技术标准体系通用性分类模板的作用，可用于指导具体的专业技术标准体系的建立。

12.4　管理标准的分类

管理标准是以管理事项为对象所制定的管理概念、程序、方法、要求等方面的标准。技术标准一般是与产品和技术相关的标准。管理标准并不是与产品和技术没有关系的，许多管理标准都是围绕产品和技术各方面的管理需要制定标准，如企业的技术管理、产品生产管理、质量管理等标准都是与产品和技术相关的标准，甚至企业的财务管理、人员管理都与产品和技术有或多或少的关系。服务于产品和技术的管理标准的内容一般不以产品直接的技术概念和内容为主体，不是直接服务产品和技术需要的标准，是为产品和技术的形成提供支持和保障的标准。

管理标准第一层次的类别是一个很大的类别，它涉及企业和社会等方方面面的管理标准，即使是一个企业的管理标准，至少也有战略、技术、人、财、物、产、供、销、贮运、质量、安全等方面的管理标准，如图 12-2 所示。管理标准可分为战略管理、技术管理、计划管理、生产管理、质量管理、安全管理、能源管理、物资管理、财务管理、人力资源管理、营销管理、物流管理、风险管理、档案管理、职业卫生管理、环境管理、城市管理、交通管理、服务管理、教育管理、医疗卫生管理、传媒管理、电子商务管理等标准。以上管理标准类别包含了多类管理标准体系，至少是包含了两类标准体系，一类是企业的管理标准体系，另一类是国家、地方或社会的管理标准体系。当同一管理类别在企业标准体系和在国家、地方或社会标准体系都有时，这个类别分别在两个体系中的含义和深度可能是不一样的，它在国家、地方或社会标准体系的分类深度会比企业标准体系的要深，且在分类覆盖范围宽度上也要宽很多。

战略管理标准可分为战略制定、战略实施、战略控制、战略评价、战略改进等标准。战略制定标准可分为计划型、模式型、计谋型、定位型、观念型等管理标准；战略实施标准可分为战略目标制定、战略计划编制、战略实施组织、战略实施程序等管理标准；战略控制标准可分为实施过程监督、信息反馈、风险预测、调整措施等管理标准；战略评价标准可分为评价指标体系、指标分级、评价方法、评价程序、评价报告编制等管理标准;战略改进标准可分为改进分析、计划调整、改进实施、改进监控、改进评价等管理标准。

- 管理标准的分类
  - 战略管理标准
    - 战略制定标准
    - 战略实施标准
      - 战略目标制定标准
        - 专业化目标标准
        - 多元化目标标准
        - 产业链目标标准
        - 加工商目标标准
        - ⋮
      - 战略计划编制标准
      - 战略实施组织标准
      - ⋮
    - 战略控制标准
    - ⋮
  - 技术管理标准
    - 产品鉴定定型标准
    - 技术文件管理标准
      - 设计文件管理标准
      - 工艺文件管理标准
        - 工艺文件编制标准
        - 工艺文件完整性标准
        - 工艺文件格式标准
        - ⋮
      - 试验文件管理标准
      - ⋮
    - 产品代号管理标准
    - 产品技术状态管理标准
    - 产品命名管理标准
    - ⋮
  - 计划管理标准
    - 计划制订标准
    - 计划实施标准
    - 计划检查标准
      - 供应计划检查标准
      - 销售计划检查标准
        - 数据统计标准
        - 数据分析标准
        - 检查报告编制标准
        - ⋮
      - 生产计划检查标准
      - ⋮
    - 计划调整标准
    - ⋮
  - 生产管理标准
    - 生产计划标准
    - 生产组织标准
    - 生产控制标准
      - 进度控制标准
      - 库存控制标准
        - 库存信息分析标准
        - 库存报告制度标准
        - 库存调整方法标准
        - ⋮
      - 成本控制标准
      - ⋮
    - ⋮
  - 质量管理标准
    - 服务质量管理标准
    - 医疗质量管理标准
    - 产品质量管理标准
      - 质量管理体系标准
      - 设计质量控制标准
        - 设计审查标准
        - 设计评审标准
        - 设计验证程序标准
        - ⋮
      - 制造质量控制标准
      - ⋮
    - 采办质量管理标准
    - ⋮
  - 安全管理标准
    - 危险品分类分级标准
    - 应急处理标准
      - 采煤业应急处理标准
      - 化工业应急处理标准
        - 火灾应急处理标准
        - 爆炸应急处理标准
        - 有毒物泄漏应急处理标准
        - ⋮
      - 采油业应急处理标准
      - ⋮
    - 事故分级标准
    - ⋮
  - 能源管理标准
    - 能源品质等级标准
    - 能源分配标准
      - 电力分配标准
      - 燃气分配标准
        - 燃气计量标准
        - 燃气使用价格标准
        - 燃气流量管理标准
        - ⋮
      - 热汽分配标准
      - ⋮
    - 能源开发标准
    - ⋮
  - 物资管理标准
    - 物资分类标准
    - 物资准备标准
      - 物资需求统计标准
      - 供应商选择标准
        - 供应商分析标准
        - 材料质量考核标准
        - 材料性价分析标准
        - ⋮
      - 物资采购标准
      - ⋮
    - 物资供应标准
    - 物资保管标准
    - ⋮
  - ⋮

图 12-2　管理标准的分类关系

技术管理标准可分为产品鉴定定型、技术文件管理、产品代号管理、产品技术状态管理、产品命名管理等标准。产品鉴定定型标准可分为设计鉴定、设计定型、工艺鉴定、生产定型等管理标准；技术文件管理标准可分为设计文件、工艺文件、试验文件等管理标准；产品代号管理标准可分为机械产品代号、化工产品代号、电子产品代号、光电产品代号等管理标准或隶属制产品代号、分类制产品代号等管理标准；产品技术状态管理标准可分为设计技术状态、制造技术状态、试验技术状态等管理标准；产品命名管理标准可分为机械产品命名、化工产品命名、电子产品命名、光电产品命名等管理标准。设计文件管理标准又可分为设计文件编制、设计文件完整性、设计文件格式、设计文件编号、设计文件更改、设计文件借用、设计产品表达关系转换等管理标准；工艺文件管理标准和试验文件管理标准的分类关系与设计文件管理标准类别关系大部分是相同或相近的。

计划管理标准可分为计划制订、计划实施、计划检查、计划调整、计划评价（或考核）等标准。对于企业而言，计划制订标准可分为供应、销售、生产、劳动、财务、产品开发、技术改造和设备投资等的计划制订标准。同理，可制定以上八个方面的计划实施、检查、调整、评价等管理标准。

生产管理标准可分为生产计划、生产组织、生产控制等标准。生产计划标准可分为生产产量计划编制、生产技术准备计划、生产作业计划等管理标准；生产组织标准可分为生产地点选择、生产线布设、生产机构设置、劳动组织、劳动定额等管理标准；生产控制标准可分为进度控制、库存控制、质量控制、成本控制、生产调整、生产保障、生产评价、生产改进等管理标准。生产线布设标准可分为生产设备、仪器、动力、运输线、存放等管理标准；生产机构设置标准可分为生产调度、生产加工、生产工艺、生产检验、生产供应、生产动力、生产贮运等管理标准；劳动组织标准可分为技术人员、工人、管理人员的定编设置、班次安排等管理标准；生产作业计划标准可分为生产计划工作分解、工时定额、材料定额、任务分配、任务协调等管理标准。

质量管理标准可分为产品质量、服务质量、教育质量、医疗质量、演出质量、环境质量、采办质量、维护质量、售后服务质量、维修质量等标准。产品质量管理标准可分为质量管理体系、设计质量控制、制造质量控制、检验/试验质量控制、交货质量控制、外购件质量控制、材料质量控制、外协件质量控制、质量咨询、质量认证等管理标准。服务质量、教育质量、医疗质量等可根据各自的业务特点进一步对其以下的质量类别标准进行分类，本书不再赘述。

安全管理标准可分为危险品分类分级、事故分级、应急处理、排险操作、安全保护、安全环境、安全人员资质、安全评价、仓储安全等标准。安全管理标准还可以从业务领域来分类，分为制造业生产安全、药品生产安全、食品生产安全、煤矿开采生产安全、石油开采生产安全、电力生产安全、道路运输安全、水路运输安全、空中运输安全、医疗安全、社会公共安全等管理标准。各领域安全管理类标准还可以再进行专业层面的标准分类，如制造业生产安全可分为冶金产品制造、机械产品制造、化工产品制造、电力产品制造、石油产品制造、塑料产品制造等管理标准。

能源管理标准可分为能源品质等级、能源分配、能源开发、能源使用、使用评价、节能控制等标准。能源管理标准从行业或专业角度可分为核能、煤能、电能、地热能、石油能、天然气能、太阳能、风能、水力能、植物能、化学能、波能等管理标准。企业的能源和动力是合在一起的，其管理标准可分为能源准备、动力分配、动力输送、动力使用、动力使用评价、能源使用节约控制、动力使用节约控制等管理标准。

物资管理标准可分为物资分类、物资准备、物资供应、物资保管、物资领用、物资交流、物资处理等标准。物资分类标准又可分为金属材料、非金属材料、标准件、原料、辅料、器材、办公用具、劳保用品等管理标准。

财务管理标准可分为资金管理、利润管理、成本管理、经济核算、会计管理、审计管理等标准。资金管理标准可分为资金预算、资金预算执行、资金决算、资金监督等管理标准；利润管理标准可分为操控时点、会计政策应用、关联交易利用、调控经营生产活动、购买及售出资产和业务等管理标准；成本管理标准可分为成本预测、成本决策、成本计划、成本核算、成本控制、成本分析、成本考核等管理标准；经济核算管理标准可分为劳动消耗及效益、物质消耗及效益、资金占用及效益、利润、全员劳动生产率、总产值、设备完好和利用率、固定资产、费用上缴等管理标准；会计管理标准可分为会计人员、会计操作流程、会计决算、会计运营、会计服务等管理标准；审计管理标准可分为财务预算执行审计、资金审计、资产审计、经济效益审计、经济合同审计、工程项目审计、物资管理审计、燃料管理审计、技改投资审计、所属实体审计、各类费用收支审计等管理标准。

人力资源管理标准可分为人力资源规划、员工招聘、员工考核、员工变动、员工考勤、薪酬管理、职业生涯设计、员工培训、违规处罚等标准。人力资源规划标准可分为岗位计划、岗位要求、需求申报、规划编制等管理标准；员工招聘标准可分为招聘宣传、招聘申报、招聘测试、试用考核、参聘人员回复、录用办理等管理标准；员工考核标准可分为管理人员考核、技术人员考核、技能人员考核、劳务保障人员考核等管理标准；员工变动标准可分为员工变动提案、变动协商、变动审定、变动办理等管理标准；员工考勤标准可分为出勤统计方法、公差申办、公假申办、私假申办、缺勤处理等管理标准；薪酬管理标准可分为岗位基本薪酬分类分级、岗位绩效薪酬分类分级、奖励分类分级、薪酬支付、薪酬处罚等管理标准；职业生涯设计标准可分为职业生涯分类、管理职业生涯培养、技术职业生涯培养、技能职业生涯培养、培养考核、培养调整、培养使用等管理标准；员工培训标准可分为学历培训、学科培训、技能培训、岗位培训、综合培训、讲座培训、交流培训、挂职培训等管理标准；违规处罚标准可分为违纪处罚、失职处罚、损害处罚、履职责任处罚等管理标准。

营销管理标准可分为市场分析、营销规划、市场开发、营销广告、营销宣传活动、营销程序、营销设施、客户关系管理、销售人员行为准则、售后服务等标准。

物流管理标准可分为物流计划、物流设施设备、物流收货、物流包装、物流运输、物流贮存、物流作业、物流服务、物流交货、物流安全、物流控制、物流监督、物流环保、物流信息化等标准。

风险管理标准可分为风险分类、风险分析、风险识别、风险评估、风险监控、应急预案、风险处理、风险预测、风险改进等标准。

档案管理标准可分为档案分类、归档要求、建档规范、档案保管、库存环境、档案保管设备及材料、档案借阅、档案复制、招投标档案、工程竣工档案、档案信息系统、科技档案、文书档案、会计档案、人事档案、荣誉档案、照片档案、电子档案等标准。

职业卫生管理标准可分为有害作业环境分类、作业场所卫生条件、工业毒物接触限值、生产粉尘接触限值、物理因素（噪声、振动、光辐射、高温、低温）接触限值、生物因素接触限值（孢子数）、放射性防护、电离辐射防护、有害环境劳动时间限值、劳动体力强度限值、劳保用品、劳动者健康检查、职业病诊断等标准。

环境管理标准可分为环境分类、环境规划、环境管理体系、有害气体排放限值、作业扬尘限值、废水处理、废水排放限值、废渣处理、牲畜尸体处置、家禽尸体处置、垃圾分类、垃圾处理、垃圾利用、绿化分布、环境监测、环境控制、环境评价、环境治理、环境改进、环境审核人员资质等标准。

城市管理标准可分为城市规划、城市供水、城市供电、城市供气、城市供暖、城市建筑、城市绿化、城市排水、城市街道、河流水面积、城市生活服务点分布、商业市场、环卫设施、建筑工地、城市垃圾回收处理、单位庭院、住宅小区、公共场所、户外广告、灯光、消防、灾害应急处理、市民行为准则等标准。

交通管理标准可分为公路交通规则、公路车辆、车辆驾驶资质、停车场所、公路交通标志、车牌标志、公路交通信号设施、公路交通监控系统、车辆年检、交通违章处理、交通事故处理、公路交通流动调控、水路交通规则、舰船、舰船驾驶资质、舰船停泊、水上交通标志、水上信号语言、水上事故处理、水上求援、空中交通规则、空港、空中飞行器、空中飞行管理、飞机驾驶资质、飞行事故处理、导航警示信号器材、空运信号标志、人员培训等标准。

服务管理标准可分为宾馆服务、商场服务、邮政服务、电信服务、餐馆服务、公交服务、金融服务、通信服务、水运服务、空运服务、旅游服务、娱乐服务、会议服务、家政服务、物业服务、信息服务、医疗服务、养老服务、殡葬服务、送货服务、安装服务等标准。

教育管理标准可分为教育分类、教育机构、教学大纲、专业设置、课程学时、课程设置、教材、教育场所、教学环境、教学器材、教师资质、教学评价、教学调整、入学规则、教职人员配备、教师管理、学生管理、校园管理、教师考核、学生考核、其他人员考核、教师聘用等标准。

医疗卫生管理标准可分为医疗机构分类、医疗机构资质、临床分科、疾病分类、医疗技术分级、医生资质、护士资质、医疗检查、医疗化验、治疗程序、患者护理、患者康复、医疗效果评价、医疗收费、器官移植、血液管理、疾病预防、传染病防控、医疗设施、设施环境、医疗设备、医疗器具、药品、医疗废物处理等标准。

传媒管理标准可分为传媒分类、机构资质、书籍出版发行、报纸出版发行、杂志出版发行、广播播放、电视播放、电影放映、网络运行、文艺演出、演出场所、发行审查、播放审查、运营审查、传媒宣传、传媒活动、传媒效果评价等标准。

电子商务管理标准可分为基础数据、描述语言、电子单证格式、业务过程、维护与管理、消息服务、电子支付、安全、网络基础设施、综合集成等标准。基础数据标准可分为数据元、信息分类代码、元数据、异构数据桥等管理标准;描述语言标准可分为置标语言、电子数据交换(EDI)语法规则等管理标准;电子单证格式标准可分为基于EDI的报文、基于可扩展标记语言(XML)的报文、基于数据模型的报文等管理标准;业务过程标准可分为建模语言与方法、业务过程等管理标准;维护与管理标准可分为技术评审、组织与程序等管理标准;消息服务标准可分为消息服务框架、支撑协议等管理标准;电子支付标准可分为银行卡支付、电子现金支付、电子支票支付等管理标准;安全标准可分为基本密码算法、安全技术、Email安全、Web安全、EDI安全等管理标准[4];网络基础设施标准可分为网络建设、网络设备、网络布设、网络软件、网络运行评价、网络安全、网络维护等管理标准。以上有些是管理与技术结合的标准。

12.5 工作标准的分类

工作标准是针对各类人员的岗位责任及要求、操作规程等内容规定的标准。工作标准主要是针对人员制定的标准,人员包括管理人员、技术人员、操作人员等。工作标准可分为岗位责任、职务说明、操作规程/作业书/指导书、岗位工作、劳动时间、工作质量等标准,如图12-3所示。

岗位责任标准可分为管理人员、技术人员、工人等岗位责任标准。管理人员岗位责任标准可分为高级管理人员、中级管理人员、一般管理人员等岗位责任标准。技术人员岗位责任标准可分为高级技术人员、中级技术人员、一般技术人员岗位责任标准。工人岗位责任标准可分为技师、高级工、中级工、普通工等岗位责任标准。以上类别往下的分类不是层级关系,而是按岗位的业务类型关系分类,例如,管理岗位可分为行政文书、法律事务、库房管理、保密管理、会计、出纳、核算、审计、人事、统计、计划、质量管理等管理岗位;工人的岗位可分为钳工、车工、铣工、磨工、刨工、镗工、电工、管工、木工、泥水工等操作岗位。岗位责任标准主要是规定工作内容、权限、责任、考核评价等内容。

工作标准的分类

- 岗位责任标准
  - 管理人员岗位标准
  - 技术人员岗位标准
    - 高级技术人员岗位标准
    - 中级技术人员岗位标准
      - 中级设计岗位人员标准
      - 中级工艺岗位人员标准
      - 中级试验岗位人员标准
      - 中级保障岗位人员标准
      - ⋮
    - 一般技术人员岗位标准
    - ⋮
  - 工人岗位标准
  - ⋮
- 职务说明标准
  - 管理职务说明标准
  - 技术职务说明标准
    - 正高级技术职务说明标准
    - 副高级技术职务说明标准
    - 中级技术职务说明标准
      - 中级设计技术职务说明标准
      - 中级工艺技术职务说明标准
      - 中级试验技术职务说明标准
      - ⋮
    - 一般技术职务说明标准
    - ⋮
  - 操作职务说明标准
  - ⋮
- 操作规程标准
  - 加工操作规程标准
  - 设备操作规程标准
  - 试验操作规程标准
    - 气候试验操作规程标准
    - 力学试验操作规程标准
      - 振动试验操作规程标准
      - 冲击试验操作规程标准
      - 炮震试验操作规程标准
      - ⋮
    - 综合试验操作规程标准
    - ⋮
  - 装配操作规程标准
  - ⋮
- 岗位工作标准
  - 管理岗位工作标准
  - 技术岗位工作标准
  - 操作岗位工作标准
    - 加工操作岗位工作标准
    - 试验操作岗位工作标准
    - 动力操作岗位工作标准
      - 电力操作岗位标准
      - 热力操作岗位标准
      - 气动力操作岗位标准
      - ⋮
    - ⋮
  - ⋮
- 劳动时间标准
  - 脑力劳动时间标准
  - 脑体力劳动时间标准
  - 体力劳动时间标准
    - 强体力劳动时间标准
    - 有害环境劳动时间标准
      - 粉尘环境劳动时间标准
      - 有害气体环境劳动时间标准
      - 低气压环境劳动时间标准
      - ⋮
    - 危险环境劳动时间标准
    - ⋮
  - ⋮
- 工作质量标准
  - 设计类工作质量标准
  - 制造类工作质量标准
    - 加工工作质量标准
    - 装配工作质量标准
      - 机械装配工作质量标准
      - 电气装配工作质量标准
      - 光学装配工作质量标准
      - ⋮
    - 检验工作质量标准
    - ⋮
  - 服务类工作质量标准
  - ⋮

图 12-3　工作标准的分类关系

职务说明标准可分为管理职务、技术职务、操作职务等说明标准。管理职务说明标准可分为高级管理职务、中级管理职务、一般管理职务等说明标准。高级管理职务说明标准可分为董事长、总经理、副总经理、总会计师(或财务总监)等职务说明标准;中级管理职务说明标准可分为人事部主任、人事部副主任、财务部主任、财务部副主任、办公室主任、办公室副主任、规划处处长、规划处副处长、计划处处长、计划处副处长、开发部主任、开发部副主任、销售部主任、销售部副主任、制造部主任、制造部副主任等职务说明标准;一般管理职务说明标准可按以上机构关系分为相关的一般管理职务说明标准。技术职务说明标准可分为正高级技术职务、副高级技术职务、中级技术职务、一般技术职务等职务说明标准。操作职务说明标准可分为段长职务、班长职务、组长职务等职务说明标准。职务说明标准的内容主要为人员资质要求、工作任务、任务难度、任务工作量、考核评价等。

操作规程/作业书/指导书标准是三种类似而名称不同的工作标准，都是用于规范设备、包装、维护、维修或贮运等操作行为的标准，可分为加工操作规程、设备操作规程、仪器操作规程、试验操作规程、装配操作规程、调校操作规程、检验操作规程、包装作业书、生产过程物品转运作业书、产品仓库存取作业书、设备维护保养作业书、设备维修作业书等工作标准。加工操作规程可按加工方式分类，也可按工序关系分类，标准可以是操作规程，也可是工序卡，工序卡的操作是加工顺序逻辑操作环节，加工操作规程通常按典型加工方式分类，如车削加工、铣削加工、刨削加工、磨削加工、镗削加工、锉削加工等操作规程。设备操作规程可分为加工设备操作规程、动力设备操作规程、搬运设备操作规程、维护保养设备操作规程、监控设备操作规程等。加工设备操作规程又可按加工设备类型细化分类，如车床、铣床、磨床、刨床、镗床等操作规程。每种加工机床又可按机床的型号细化分类，如按大型、中型、小型、立式、卧式、自动、半自动等进行设备操作规程的分类。

岗位工作标准不同于岗位职责标准，两者的主要区别是岗位职责标准主要是对人的规定，岗位工作标准主要是对事的规定，岗位工作标准主要是岗位工作事项操作程序和要求的标准，可分为管理岗位、技术岗位、操作岗位等工作标准。管理岗位标准可分为会计、出纳、审计、预算、人事、薪酬、考核、文书、法律、保管、采购、库管、调度、计划、规划、统计等岗位的工作程序和要求标准。技术岗位标准可分为设计、工艺、试验、技术基础、信息化等岗位的工作程序和要求标准。操作岗位标准可分为加工操作、试验操作、动力操作、维护操作、维修操作、搬运操作、保障服务操作等岗位的工作程序和要求标准。一类工作岗位的工作标准可能是一个或多个，标准按多个工作事项的操作程序和要求组合形成相对完整的标准内容，可以分别编制标准编号，也可按工作岗位将多个事项的标准合成一个多岗位的合成标准。

劳动时间标准是针对各种劳动类型确定每天总的劳动时间和连续工作的劳动时间的标准，这类标准是为保障劳动者健康和劳动效率而确定的标准。把它称为工作标准，是因为这类标准是针对人和操作关系制定的标准，可分为强脑力劳动、中脑力劳动、一般脑力劳动、脑体力劳动、强体力劳动、中体力劳动、一般体力劳动、有害场所劳动、危险场所劳动等劳动时间标准。这种时间标准需要经过大量的种类人群的性别关系（男性、女性）、年龄段关系等进行试验，统计平均关系、最低忍耐力界限、最高忍耐力界限等，综合考虑人的健康和劳动效率建立科学的数学模型来求解标准的劳动时间关系。

工作质量标准是指人完成工作的质量要求和评价等的标准，它不同于质量管理标准和产品质量标准，不注意就容易与质量管理标准和产品质量标准混淆。质量管理标准是针对质量关系的事项，重点是涉及质量管理关系和与质量相关的各类文件的要求。产品质量标准是针对产品上的质量现象(缺陷等),规定这些现象的允许程度。工作质量标准是对人完成事项的质量要求,以及完成工作的质量水平的要求,如高质量、中质量、合格品率等。工作质量标准可分为设计类型、制造类型、服务类型、管理类型等标准,标准主要按工作岗位分为质量要求、质量因素、质量分级、质量评价、质量考核等标准。

12.6　技术、管理、工作标准类别间的关系

技术标准、管理标准、工作标准属类的确切划分,通常是一个棘手的问题,特别是具有多重关系的标准,更是难以确定其归属类别,因此需要有一个标准类别区别的依据关系。作者通过多年对技术标准、管理标准、工作标准之间关系的研究,提出了区别三类标准关系的要点,如表12-1所示。技术标准、管理标准和工作标准的区别和定位可通过表12-1所列出的它们间的标准的约束对象、标准的地位、标准的作用和标准的内容属性来对比确定。

表12-1　技术标准、管理标准、工作标准的区别关系

标准类型	技术标准	管理标准	工作标准
标准的约束对象	产品	事项	人员
标准的地位	核心	保障	基础
标准的作用	主体作用	支持作用	实现作用
标准的内容属性	技术性	管理性	操作性

如果用一种通俗、简单的关系来区别技术标准、管理标准、工作标准,可将技术标准看成是管产品的,管理标准是管事的,工作标准是管人的。对于具有双重属性或三重属性的标准,其分类定位取决于标准内容属性的比例分量,如产品外观质量标准,它具有产品的技术性,也有质量的事项性,由于标准内容是表达产品缺陷要求的,因此它属于技术标准。

12.7　标准分类的应用

标准的分类是标准按属性关系区别的分开和相同的集中的集合,是根据标准的属性关系进行标准间对立和统一的体系化构建,这种集合包含标准发展和管理的许多应用关系,使其拥有了许多方面的应用价值趋向。标准的分类与标准体系化关系方面的工作有密切的关系,可应用于以下几个方面:

(1) 为企业或公司的标准体系构建提供指导、借鉴和参考;

(2) 为行业或专业的标准体系构建提供指导、借鉴和参考；

(3) 为产品标准体系的构建提供指导、借鉴和参考；

(4) 为标准信息管理系统或标准资源库的建设提供指导、借鉴和参考；

(5) 为标准制定对象的确立提供指导、借鉴和参考；

(6) 为标准对象类别属性的划分提供指导、借鉴和参考。

无论是企业/公司、行业/专业或产品/技术的标准体系，标准体系构建的主要内容就是标准体系的结构设计，标准体系结构设计的核心内容就是标准的分类。同样，标准信息管理系统的建设，首要的技术工作也是要解决管理对象的分类结构设计问题，好的分类关系决定信息系统资源检索的方便性和有效性。在提出标准制定对象时，需要给出标准对象确切的名称，因为标准对象的名称关系到标准的属类和内容包含关系。有了标准的分类关系，以上难点工作就有了参考，将变得容易和自如。

12.8 文件标准的新型式类别

当前标准的型式类别主要有物质标准、文件标准、行为标准、现象标准等，这些标准分别是用物质、文字、行为、现象表达的。物质标准是以物体的结构、形状、性能、成分等表达统一化内容的标准，是实物性质的标准，如标准样品、标准物质等。文件标准是用文字、图形、表格、图片等表达统一化内容的标准，是文本性质的标准，有纸质版标准和电子版标准。行为标准是以画册、图片、视频、示范等表达统一化内容的标准，是人的有形行为（如动作等）和无形行为（如说话等）性质的标准。现象标准以自然界的特定规律现象的统一化内容表达的标准，是自然现象性质的标准，如光波长度标准（或基准）、原子钟时间标准（或基准）等，标准的载体是自然现象。

随着计算机和软件的不断发展，标准的表达可应用电子化和软件化的表达方式，新的标准表达方式将会推动新型标准类别的产生。新型式的标准不仅能增强标准的表达能力，也可增强和增加标准的使用功能。根据目前计算机的技术发展水平，可以有和推测有以下新型式的标准类别：

(1) 实体数字模型标准；

(2) 实时版数据库标准；

(3) 交互式电子标准；

(4) 模拟操作标准；

(5) 电子模板标准；

(6) 自判定标准等。

实体数字模型标准型式是用数字化三维模型表达的一种具有标准化属性的

组部零件实体数字模型标准，如通用件数字模型、标准件数字模型等标准。实时版数据库标准是以数据库作为标准的存储载体，应用数据库的功能为标准的使用和维护提供方便和快捷的支持，这类标准可以有数据标准、术语标准等。交互式电子标准是一种软件型式的标准，根据标准的使用需要，能给标准使用者互动性的帮助，这类标准可以有维护、维修交互式电子标准等。模拟操作标准是带有仿实物模拟操作器的标准，或者说是一种仿真软件标准，可给标准使用者提供标准学习和能力培训的仿真操作环境。电子模板标准是一种电子填写模板标准或电子评价模板标准，可作为直接使用的格式模板或作为标准化评价的工具。自判定标准是一种具有自动标准比对判定能力的软件与硬件结合的实物或半实物标准，主要用于对有关物理特性、化学特性、生物特性按标准进行判定。以上六类新型式标准，可称为“软件驱动的电子化标准”，这些电子化不同于文本表达的电子化，它们是动态的电子化，而文本表达的电子化（文本电子版）是静态的电子化。因此，从标准的载体属性分，标准的类别可扩展为物质标准、文件标准、行为标准、现象标准、软件驱动的电子化标准五大类标准。

以上新型式的标准具有不同于传统标准型式的独特功能，给标准增加了新的表达和使用的手段或工具，使标准能更方便和更充分地利用，更具可使用性或实施性。为了充分发挥标准的效用，满足社会对多种有利的新型式标准的需求，利用现代技术手段，也许还可开发更多的新型式标准。

参考文献

[1]　麦绿波. 标准的分类及其关系(上)[J]. 标准科学，2013，(5)：34-38.

[2]　麦绿波. 标准的分类及其关系(中)[J]. 标准科学，2013，(6)：20-23.

[3]　麦绿波. 标准的分类及其关系(下)[J]. 标准科学，2013，(7)：21-24.

[4]　岳高峰，等. 标准体系理论与实务[M]. 北京：中国计量出版社，2011.

第三篇　标准体系篇

第13章　标准体系的概念和作用[1]

13.1　标准体系起因的推论

在标准化的发展过程中，标准体系并不是和标准同时出现的，是先有标准，标准经过一定时期的发展后，才有了标准体系的。标准体系的产生有其内在的客观原因，也有其外在的客观原因，内因导致标准的分立，外因导致标准的整体考虑，内因和外因的共同作用，导致了标准体系的产生。

13.1.1　标准体系产生的内因

世界上，最早的“文件型”正式标准，是于1902年英国纽瓦尔公司编辑出版的《纽瓦尔标准——极限表》，该标准于1906年被制定为英国国家公差标准BS27，随后，开始了螺纹、材料、零件等方面文件标准的制定[2]。标准在开始产生时，它规范的对象通常不是很复杂，标准的内容也相对较少。随着产品越来越复杂，标准服务的对象越来越多，标准内容的组成关系也越来越复杂，一个标准中容纳大量的内容和复杂关系已难以建立，标准内容分解或拆分成多个独立部分来撰写的内动力在涌动。随着工业化发展的加速，复杂产品和生产线方面需要标准化的意愿迅猛增长，一个标准再也无法容纳大量的标准化要素及其内容，标准内容分解并“自立门户”的需求突显。客观上需要将一个大的复杂标准化对象（复杂产品或生产线等）的标准分解成同一个整体的许多子项，或对标准进行“分立”。一个大产品系统的标准（“大标准”）的内容组成关系，需要由“大白箱”模式向“诸黑箱”组合模式转变。这种转变是对“大标准”内容的组成关系清晰梳理和展示的需要，也是标准中的急需部分能短周期完成并及时满足使用的需要。因此，“大标准”的内容需要梳理分解成诸多独立模块分别制定。“大标准”分解的方法通常可按横向（类别）及纵向（层次）进行分解，使标准的分解能双向拆分，可形成合适的大小和相对独立的功能。“大标准”分解的纵横关系通常可按照标准化对象结构和逻辑的纵横关系。如果“大标准”不分解为诸独立标准，而是按一个标准纵向到底、横向到头去写成一个标准，标准就必须由一个人统稿撰写，内容才可能协调。对于一个大系统的标准内容，任何人按“白箱”模式都是难以完成全部撰写的。另外，即使能写出并出版了“大标准”，如果“大标准”的某几个局部内容不适用，根据需要进行修改后，就要对包含标准中大部分未变化部分在内的整个标准进行再出版，再印刷，再发行，并要废止上版标准，这势必造成巨大浪费。因此，标准内容结构化分立的合理化要求，驱动“大标准”要简化自身的组成，这就需要将标准分解为由许多独立标准组成的标准个体或个体群，使标准由一体化大内容形态变成模块化独立小内容标准组成的形态，这是标准体系建立的需求内因条件。标准体系为标准的建立构建了一种新模式，可将标准内容结构化分解，实现分别对“大标准”的独立子项内容制定标准和使用标准，使标准的撰写更容易完成，标准的使用更灵活、更方便。

13.1.2　标准体系产生的外因

标准体系建立的外因条件是有标准发展的规划需求和具备批量制定标准所需的人力和财力的支持条件。尽管最早的标准出自欧洲，但最早的标准体系没有出自欧洲的迹象。标准体系应该说是计划经济的产物或者是大型工程项目的产物，它们为标准体系建立提出了标准规划需求以及提供了人力和财力支持的条件。标准体系建设的经费，主要用于标准体系中标准的制定。计划经济的行为是政府主导发展的行为，政府需要为各行业发展对标准的需求和公共利益对标准的需求进行标准规划和制定标准。大型工程项目通常都是非常复杂的，是参加人员众多的，如果没有用标准去规范和协调工作行为，没有标准标定工作结果，工程项目要保质、保量、保进度完成几乎是不可能的。对于大型的工程项目，如果没有标准，施工中的工作关系及每个部分的工作结果质量等，就要靠工程项目的总工程师自己亲自去讲解、协调和检验等，这实际上是一件实现不了的事。在大型工程项目中，标准的依据和协调需求是显然的，体系化的建立和使用标准是必需的，标准制定经费支持也是有能力的。早期的标准体系建设，一般可能出现在这两种情况：一种是计划式发展标准的情况；另一种是大型工程项目发展标准的情况，如航天器或飞机建造工程等。以上情况是标准体系建立必然的客观要求，是标准体系产生的外部条件，是标准体系产生的外因。不要把标准体系只看成发挥编制标准规划的作用，标准体系的另一个重要作用是标准制定的协调作用。尽管不是所有的标准化组织或机构现在都建立了严格意义的标准体系，但一般都会有一种标准发展的分类框架，将本组织或机构已制定的和正在制定的标准放入分类框中，建立起标准资源的分类集合，以协调标准制定工作。严格意义的标准体系应是系统规划了标准体系框架和标准体系表（列出具体标准项目的表）的体系。这种标准分类框架是一种不完整的标准体系，它们没有事先规划出具体的标准对象，但它可发挥标准制定的方向引导、标准关系协调和标准资源管理等作用。当这类标准分类框架包含的标准发展到一定数量时，标准分类框架有了一些标准资源对其分类进行填充，此时可称其为“资源标准体系”。这种分类框架给正在制定和制定完成的标准提供了分类放置的位置,同时这种分类关系也能指导标准的发展方向。“资源标准体系”建立者的理念是:只规划标准的分类框架,不事先统一规划好标准制定项目;标准制定的需求项目不靠“统一规划”,而靠“自发愿望”,且要有“自掏成本”的决心。“资源标准体系”的好处是标准的需求来自标准制定和使用者,不是来自标准体系的规划者,标准制定目的明确;缺点是标准需求项目缺乏系统性规划和协调,对标准建立的引导不够,标准间的内容容易出现交叉和重复。在用“资源标准体系”的一些国家,保护公共利益的规定通常是技术法规,而不是标准,因此政府只需要规划技术法规,不一定需要规划标准。

13.2 标准体系的概念

弄清标准体系的概念是建设和应用标准体系的前提。在有关标准中,将标准体系定义为:“一定范围内的标准按其内在联系形成的科学的有机整体”[3]。该定义对标准体系定义的主体为“按其内在联系形成的科学的有机整体”,概念的表达比较宏观和抽象,理解起来比较困难,抓不到标准体系的概念到底是什么。这个定义宏观到几乎可适用于任何体系,只要将“标准”两个字换成“产品”、“技术”等就可成为“产品体系”、“技术体系”等的定义。按照以上标准体系的定义[3],有“内在联系”的标准属于同一标准体系,反之,没有“内在联系”的标准就不属同一标准体系。如果标准体系需要按“内在联系”来建立,就需给出标准“内在联系”的含义和界定,要说明什么样的联系是属于“内在联系”的,以作为进入同一个标准体系的标准的判定。现实中标准最直接的“内在联系”是标准间的引用联系。如果定义中的“内在联系”是指标准间的引用联系,标准体系就是一个标准间引用联系的体系。就需将有引用联系的标准放在一个标准体系中,没有引用联系的标准不放在一个标准体系中。在现实中,几乎没有一个标准体系是通过寻找标准间的引用联系建立起来的,而实际中,标准体系中的标准是按标准分类选取或分类配合的需要建立的,包括内在联系、外在联系和内外联系的。外在联系是指标准间是相互配合的,但没有相互引用关系。如果标准体系只包含内在联系的标准,许多需要配合使用的外在联系标准就不能纳入同一个标准体系中,这就会造成标准体系中所需相互配合标准的缺失。在现实中,有引用联系的标准未必都在一个标准体系中,没有引用联系的标准也可能需要在一个标准体系中,标准体系一般只纳入标准体系对象直接使用和主要使用的标准。当然,这个“内在联系”也可以解释为哲学意义上的“任何事物都是有联系的”。如果这个“内在联系”是指哲学意义上的联系,那么这个“内在联系”就是一个放之四海而皆准的定义,起不到特定的定义作用,用它表达特定概念毫无意义。相关标准中标准体系定义的最后部分说,标准体系是“科学的有机整体”。这部分定义内容提出了一个新问题，即什么是“科学的有机整体”，以哪些标志性的东西来衡量其是否符合“科学的有机整体”。如果没有“科学的有机整体”的判别标准，就很难确定我们建立起来的标准体系哪些算标准体系，哪些不算标准体系。算作标准体系的，一定是符合“科学的有机整体”的条件和要素。不算作标准体系的，一定是不符合“科学的有机整体”的条件和要素。在这个定义读完后，很难理解标准体系到底是什么，因为这个定义没有给出标准体系自身的特征和要素，不易让读者形成标准体系的具体概念。

定义只有给出了其定义对象的特征或特点时，才能认识它和使其与其他对象相区别。为了使标准体系的概念便于理解和应用，本书提出标准体系的新版定义或称“理解版定义”，即**根据使用目的，系统性设计的所需标准的合理组成方案和建立的标准资源的集合，主要包括标准体系框架、标准体系表和标准实体**。这一定义给出了标准体系的具体特征和标准体系的具体内容，即标准体系分类框架、标准体系表、标准实体三大要素，使读者从定义中能获得标准体系的具体概念和认识。按本书定义的标准体系，其内涵有以下几个方面：

(1) 标准体系是为特定使用目的系统性建立的所需标准的集合，系统性是标准体系的一个重要特征，标准体系的标准集合里既包括适用的现行标准(实物)，也包括规划需制定的标准项目(虚物)，因此标准体系是一个为满足使用目的的系统性标准资源体。

(2) 标准体系中的标准是按合理关系进行分类的，标准体系的分类关系用标准体系框架表达，是标准体系的组成部分。

(3) 标准体系规划的标准实物对象和虚物对象用标准体系表表达，标准体系表是对标准体系框架的标准分类关系进行标准层面的逐项具体展开和表述，是标准体系的组成部分。

标准体系的三个内涵还可延伸细化为：①标准体系是使用目的所需系统性的标准的集合，使用目的就是标准化对象打算开展标准化设定的目的，可以是规范秩序、提高效率、保证质量、减少浪费、避免风险、畅通流动、保护生态、保护健康等目的，标准化的对象可以是国家、行业、地方、企业、建设项目、产品、过程、服务、管理等，标准体系的所需标准包括适用的现行需求标准(实物)和需制定的需求标准项目(虚物)，这些标准构成了标准体系的本质内容，即标准资源。②标准体系中的标准不是随意堆放的，而是按照标准合理的分类属性关系进行的分类集中摆放，分类的合理性主要出自对标准不同的使用属性或管理属性的正确应用，通过标准体系框架给出，并要避免标准间的重复和交叉现象的产生。标准体系框架应是专业技术和标准化技术合理匹配以及需求价值的有效反映，不应只是技术专业名词方框的套式组合。③标准体系中的具体标准对象及其信息用标准体系表进行详细表达。标准体系表包含标准的实物和虚物对象的表达信息，实物为现行标准实体，虚物为标准制定需求对象，它们的信息包括标准体系编号、名称、标准编号、级别、制定或发布时间、参考资料等信息。对于标准实物对象，在标准体系表外，还有实物标准相对应；对于标准虚物对象，在标准体系表外，是没有东西相对应的。这一定义既给出了标准体系的认识内容，又给出了标准体系如何建立的操作指导方向。按照这一定义，在建立某领域的标准体系时，应先确定这个领域所需要的标准有哪些，然后按合理的标准分类关系进行分类，再将已有标准和需制定标准集合为一个统一整体。由于这一定义是用具体概念进行定义的，相当于给出了判别标准。标准体系也可看成一个系统性的标准模块组成的模块化的“大标准”，每个标准模块都是许多现行标准和/或需制定标准的集合。

标准体系的认识还可以从另外的组成维度看：一是标准体系的表达部分；二是标准体系的功能部分；三是标准体系的规划部分。标准体系的表达部分包括标准体系的分类框架、标准体系表和标准体系编制说明（或标准体系研究报告），标准体系的分类框架表达了标准体系分类的结构关系（标准体系框图），标准体系表给出了标准体系规划范围内的现行标准的列项和需制定标准的列项，并用一定格式的表格进行排列，它是标准贯彻实施和标准制定的蓝图，标准体系编制说明（或标准体系研究报告）给出标准体系编制的目的、思路和内容的解释。标准体系的功能部分是标准体系中的标准实体，它是标准体系的使用主体，直接服务于标准化对象的使用。标准体系的规划部分包括标准的制定规划和标准的实施规划，分别以表格形式列出需要制定的标准项目（包含标准修订项目）和需要贯彻实施的标准项目，为标准制定规划的编制和标准制定项目的论证提供指导，为标准的贯彻实施提供需要贯彻的现行标准清单。

标准体系的内容有狭义和广义两种。狭义标准体系的内容主要包括标准体系分类框架和标准体系表，它是标准体系的标准组成关系的表达，表达的方式主要是用图和表，图是标准体系框架图或结构图，表是标准及其信息的清单，当然通常还有对标准体系的图和表进行说明的标准体系编制说明文字文档。狭义标准体系是规划现行实施标准和需制定标准的体系。广义标准体系的内容包括标准体系分类框架、标准体系表和标准实体。广义标准体系包括狭义标准体系，比狭义标准体系多了实体标准部分，实体标准部分为标准体系的建设增加了现行适用标准的纳入和需制定标准的建立成果两部分内容，这使广义标准体系成为有实在标准资源支撑的标准体系，是最完整的标准体系。狭义标准体系是广义标准体系缺省实体标准部分的标准体系。无论是广义标准体系还是狭义标准体系，都有标准发展和标准实施的规划作用，还有标准资源的管理作用，为现行标准和需制定标准的使用、发展、管理、维护等提供了知识平台和环境条件。

13.3　标准体系建设的总体阶段

标准体系是一个要素和关系复杂的体系，需要分阶段才能完成建设。标准体系建设的总体阶段可分为三阶段的和四阶段的，在它们的基础上，建设阶段可细分为十多个阶段，这些阶段将在第 16 章论述。

对于标准体系建设总体为三阶段的标准体系，其三个阶段主要为：标准体系分类框架的设计阶段；标准体系表的编制阶段；标准的编制和研制（制定）阶段。总体三阶段建设的标准体系，需制定的标准通常是有国际标准、国外的标准可转化和可借鉴，有成熟的研制成果和知识可直接利用的，标准的建立大部分属于“抄标准”和“编标准”，极少数属于“研标准”。这种标准体系可看成借鉴现有标准和固化研制成果建立的标准体系，主要用于未来同类工作重复性的统一化，发挥标准的指导、规范和保障作用，处于跟随发展的地位。

对于标准体系建设总体为四阶段的标准体系，其四个阶段主要为：标准体系分类框架的设计阶段；标准体系表的编制阶段；标准的研制和编制（制定）阶段；标准的试验验证阶段。第四阶段的试验验证主要是因为标准体系涉及相当数量的标准有内容正确性和有效性验证的需要。总体四阶段建设的标准体系，需制定的大部分标准是没有国外标准可转化和可借鉴的，也没有国内成熟技术可直接固化，这些标准基本是靠研制标准建立的。这种标准体系属于自主创新建立的高技术或新兴技术等的标准体系，主要用于当期新技术、新产品共同性的统一化，发挥标准的先导和引领作用，处于引领发展的地位，并且也用于未来同类工作重复性的统一化。四阶段的标准体系建设主要是针对创新建设的工程项目和创新研制的产品等。还有介于总体三阶段和四阶段之间的标准体系，这种标准体系的建设阶段采用总体四阶段进行建设，其标准体系的作用和地位是两种类别皆有。

标准体系建设各阶段的工作分别有其内容和特点。第一阶段的标准体系的分类框架设计工作是标准体系建设的前提和顶层设计工作，其设计首先要考虑符合标准化对象的特点，突出标准建立的重点类别，兼顾标准体系的系统性和长期可使用性。由于标准体系分类框架是标准体系建设的方向和依据，应该在广泛调研、充分分析和深入研究的基础上设计形成。第二阶段的标准体系表的编制要在充分利用现有标准资源的基础上建立，力戒标准重复建设的耗费。标准体系表的编制主要是两项工作，一是对现行标准的搜集、分析和纳入利用，二是研究提出需制定的标准项目。现行标准的利用主要是通过开展现行标准的搜集和适用性分析，确定适用的标准对象。需制定的标准项目主要是根据标准体系分类框架和标准发展的重点分析论证提出。标准体系表的标准分类编号关系按标准体系框架的分类关系建立。第三阶段的标准制定主要是根据标准体系表中的需制定标准项目，在适当的时机开展标准制定。标准的制定可先行开展企业标准、工程标准、团体标准等低层级标准的制定，然后提升到高层级行业、国家和国际标准。第四阶段的标准验证主要是针对关键性、重要性、广泛性使用的标准，以验证和评价标准的正确性、有效性、协调性、可靠性等，以保证标准的技术质量和使用效果。

总体四阶段建设的标准体系，是一种转型升级的标准体系，它与总体三阶段建设的标准体系在建设的思路和方式上有所不同和需要有所转变。它们建设思路和方式的不同和需转变的方面主要为：一是由以借鉴国内外的现有标准体系和标准建立标准体系向自主创建标准体系转变；二是以表观的结构关系设计标准体系框架向逻辑与结构关系结合设计标准体系框架转变；三是由有形关系定位标准对象向有形与无形定位标准对象转变；四是以技术成熟为制定标准的条件向边研究技术边制定标准转变；五是以单方力量为主建设标准体系向技术和标准化双方力量结合建设标准体系转变。标准体系的建设既是一个技术问题，也是一个标准化问题，技术力量和标准化力量紧密结合建设标准体系，可发挥双方的能力优势建立高技术质量的标准体系。标准化的专业力量在标准体系的建设方面有其特有的优势能力，主要体现在：从技术体系中梳理标准体系脉络的逻辑能力；从技术要素中合理分解和提炼出标准要素的能力；将标准要素合成为系统性匹配关系的能力；正确定位标准的名称、用途、内容组成关系的能力。

13.4　标准体系的作用和作用效果

13.4.1　标准体系的作用

标准体系建设既是标准化的顶层设计工作，又是标准化的基础建设工作。从标准化顶层设计的角度，标准体系规划了现行适用的标准和需制定的标准，是标准制定和实施的蓝图；从标准化基础建设的角度，标准体系为标准的使用者提供了经搜集筛选后能直接使用的现行标准，为需要而空缺的标准进行制定的建设工作。标准体系具有支持当前需求和未来发展的双重性作用。

标准体系作为技术制高点（标准）的集合，是技术至高关系或追求统一化的历史最高认识的知识体系。标准体系中的标准对象是核心关键技术或知识映射出的标准对象，是提炼重复使用和共同使用的技术或知识对象。标准体系不仅是一个技术要求和方法的知识体系，而且是一个从底层进行了原理优选、数据进行了有效性验证的科学性的有效知识体系。

以科学性、先进性、系统性、预见性、可扩展性等先进理念建设标准体系，是一项先期谋划、推动超前思维、抢先一步、占据技术制高点的工作，可为目标对象构建一套高端先进的技术体制标准和能长期有效使用的核心关键技术标准，既可服务于当期目标对象的标准化需求，也可服务于目标对象未来升级换代发展和大规模发展的需求，对标准化的目标对象具有重要的战略牵引性、引领性和带动性作用。引领性的标准体系能对本领域或本专业的发展发挥引领作用。

对于全新的产品发展对象或下一代的产品发展对象，标准体系建设是支持技术体制创建和核心关键技术形成的最好时期，应利用这个时期进行产品发展对象的技术体系化布局，建立具有标准地位的技术体系。新一代产品发展对象标准体系建设的重点为：建立体系化的技术体制和指标体系标准；建立基型化、通用化、系列化、模块化、型谱化的标准化关系；建立创新性和核心关键的设计技术标准；建立体系、系统和分系统层面的成套试验方法标准；建立体系、系统和分系统的集成与调试标准；建立产品体系内的互联互通和协同互操作标准；建立对接或联通体系外系统和体系的互联互通互操作标准。

构建技术标准体系就是策划、规划本领域或本专业要共同遵守和执行的技术组成关系方案（技术框架）与技术对象依据方案。标准体系建设发挥了对需要执行的技术准则、技术依据的规划作用。

标准体系是系统化的有效知识体系，是有效性、认同性、权威性的技术池或知识池，是系统化的宝贵知识财富，是企业实现高水平、高质量、短周期产品研制和生产的重要基础，支持企业当前和未来做大做强，是企业进入高级发展阶段的重要知识依靠和基础支撑。

标准体系为创新发展建立起了体系化的有效知识和技术生态。标准体系构建的是一个实现共同统一化和重复统一化的知识和技术生态，保证不同时间段和不同空间地点研制、生产、服务、管理等所需的质量一致性。标准体系构建的既是一个知识性的技术生态，也是规则性的技术生态，满足技术快速发展的需要和社会和谐文明发展的需要。

标准体系是高级的知识体系，它将“个体能力形成的知识”提升到“集体能力形成的知识”，将“一时使用的知识”和“一地使用的知识”提升到“重复使用的知识”和“共同使用的知识”，将“当期有效的知识”扩展到“长期有效的知识”，将“知识的局部认可地位”提升到“知识的广泛认可地位”，将“隐性的技术体系”建设成“显性的技术体系”。企业标准体系是企业系统化的重要知识财富，是技术精华和管理精华的集中，是企业进入高级发展阶段的必要技术支撑。

从以上的叙述可以看出，标准体系有很大的价值作用。实际上，在阿波罗飞船和波音 747 飞机等的重大工程项目中，标准体系的应用也验证了其重大的价值作用。下面以成功案例进行说明。

人类的重大工程项目阿波罗登月计划，投资 255 亿美元，为期 11 年，涉及上万种技术、1000 万种零件，有 2 万家公司、200 多所大学、30 万人参加，在几乎无重大新发明技术的情况下成功研制出超复杂的登月飞船，被誉为系统工程应用的典范和综合标准化目标管理与应用的典范[4]。综合标准化的一项重要支撑就是标准体系,没有标准体系的应用,就不可能有标准的系统化设计和应用,它为复杂系统的研制带来了其他学科技术无法替代的神奇作用。

13.4.2 标准体系应用时期的作用效果

标准体系为其不同应用时期带来了不同的作用效果,这些作用效果分别为"前期效果"、"过程效果"和"未来效果",简称"前效"、"中效"、"后效"。"前效"是标准体系中的标准为使用事项如产品研制和生产之前的条件准备提供指导或约束控制,指导产品研制和生产准备的正确性和有效性;"中效"是标准体系中的标准为使用事项如产品研制和生产过程提供有效依据或约束控制,保证产品研制和生产过程有序、可靠、有效地进行;"后效"是标准体系中的标准为未来的使用事项如产品研制和生产提供指导或约束控制,支持未来产品研制和生产技术与前期的继承对接,充分继承和利用前期的技术成果和投资成果,形成前后协调的技术关系,节省费用,缩短周期。

13.5 标准体系的价值特性

标准体系的作用效果是其价值特性带来的,这些价值特性形成了标准体系的价值优势,可将这些价值特性归纳为以下几个方面。

1) 系统性

标准体系是相互配套、相互引用的系统性的标准集合,如产品标准体系是由设计标准、工艺标准、试验标准、材料标准、工装标准、设备标准、零部件标准等标准组成的,由少数和几个零散标准组成的群不能称为真正的标准体系。因此,标准体系集成了系统性的知识,是一个相互配套、相互支持的系统性知识体系,构建了系统化或体系化的能力,既能解决个别或局部问题,也能解决系统化或体系化的问题。

2) 目标性

标准体系一般是由组织或机构为了特定的目的编制的,因此从标准体系架构的设计到标准对象选择确定都是围绕特定目标建设的,这使标准体系具有很强的目标性。目标性使标准体系具有很好的针对性,聚焦了目标用途密切相关标准,形成了针对目标问题解决所需的标准知识平台,可为目标问题的解决提供针对性的专业知识服务,形成目标问题解决的专业性和有效性能力。

3) 有效性

标准体系是由标准组成的,标准内容主要来自科研、生产实践,经过有效性筛选、提炼、整理,并要经过试验验证有效后,才能上升为标准内容,因此标准体系是有效性的知识体系,并有很好的信任度和可用性。标准内容的有效性也得益于标准化组织透明、公平、平等、协商一致等原则，这些原则使各参加方有充分表达利益诉求的机会，同时在面对纠正错误和合理协调利益时，能以对公正环境的信任理性妥协，保证了标准对真理和公理(公认的道理)追求的精神。标准技术的有效性还表现在可用性或工程化程度上，符合标准要求的产品和技术，一定有很高的可用性或工程化程度。工程化程度和技术可用性成正比，工程化程度高，技术可用性就高。标准内容通常是专家集体智慧的结晶，是浓缩的知识精华，是专家选择、审查和认定的成果，能很好地保证了其有效性。应用标准体系的知识可避免工程建设、产品研制等风险，缩短周期，降低费用。

4) 互操作性

标准体系是一个有效知识标准组成的集合，标准体系中的标准间是相互关联、相互支持和相互协同的，由此构建了一个标准间的有效知识互操作体系或系统。当标准体系整体使用时，标准体系中各标准的有效知识间将产生知识相互引用、相互支持的知识互操作效应，将产生大大超过标准数量的效应。互操作效应最直观的一个模式是将事项单个逐项排队进行"压平"为事项并行同时进行，由此极大提高了单位时间完成工作的能力或效率。标准体系的互操作性效应将诸个独立标准使用的"加法效应"提高到"乘法效应"，这个"乘"是对标准间有相互协同和支持要素间的"乘"。例如：有 A、B、C 三个标准，A 标准有 3 个功能，B 标准有 2 个功能，C 标准有 5 个功能；这三个标准分别使用总功能为 $A+B+C=10$；三个标准互操作性使用的总功能为 $A\times B\times C=30$，互操作性要求 A、B、C 的功能要能互联互通、相互协同和相互支持。为了使这个概念便于理解，设 A、B、C 分别为有 3、2、5 个含有不同功能的接口，当使这些接口间能互联互通和相互协同时，它们的作用效应就是乘法的。

5) 稳定性

稳定性是标准统一作用发挥的必要条件。标准没有一定的时间稳定性，将会使标准的统一效果难以形成，也就失去了标准的统一本质作用。标准体系的标准完善是阶梯式周期性调整的，如 5 年一个周期等，而不是连续渐变式的，以保证标准体系中标准的周期稳定性。标准体系中标准的周期稳定性给标准作用的发挥提供必要的时间，有利于标准化对象统一化状态的建立。

6) 完善性

标准内容是有时效性的，不是一朝定好，一成不变的。标准通常按 3～5 年一个复审周期，以使标准在可能会失效时，及时对其适用性进行审查，对不适用的或马上要失效的标准进行改进、补充和完善或删除，以保证标准体系中的标准整体处于适用性和有效性状态。尽管标准完善周期比较长，而标准体系却可以在短周期进行完善，因为标准体系中的标准是每年制定积累的，每年都会有标准达到复审期，只有每年对到期的标准进行复审和对不适用的标准进行修订，才能既使标准保持了长周期的稳定性，也使标准体系在短周期内不断完善和优化。标准体系是一个周期完善性的体系，可使标准体系的使用者放心长期使用，不用担心受到标准内容过时和老化的影响。

7）规则性

建立标准体系是其相应标准管理机构的一件大事，是组织成员共同和充分参与建立的，这个标准体系赋予组织实现某特定目的的意志，使标准体系不只是一个有效知识体系，同时是一个规则体系。规则性给标准体系的使用赋予了较强的支持背景，使它能受到更高度的重视和能更广泛及深入的使用。

13.6　新型标准体系

传统的标准体系对标准项目的表达主要是标准名称、级别、时间等基本信息。由于标准体系项目信息很单薄，难以支撑标准体系项目论证的必要性、技术的充分性、内容的清晰性、使用的针对性等，所以标准体系的构建模式需要深化和升级。由此，本书作者提出多维度多结构的新型标准体系的概念。新型标准体系是多维度、多结构、多功能的标准体系。多维度是指标准体系分析的多维度，分析必要性维度、用途维度、技术维度、内容构成维度、实施条件维度、实施效果维度等；多结构是指标准体系建立联系的结构采用多种结构方式来表达，可分别建立多种表达结构关系对标准体系的描述要素进行表达；多功能是指标准体系不仅能按使用目的设计有序展示和提供所需的标准，而且还能有自适应改进和完善的功能。建立新型的多维度、多结构、多功能标准体系，有利于扩大和增加标准体系要素的表达空间、表达方式，以为标准体系提供持续的适用性保持、改进和提高的能力。在标准体系的多维度、多结构、多功能的分析和表达中，应尽量利用有效的模拟模型、方法模型等，使标准体系的建立在科学理论和方法的基础上进行。标准体系还可以建立有自适应功能的标准体系，这需要应用人工智能的技术来实现。

13.7　标准体系的应用

标准体系的用途是不同于标准的用途的，不加注意时，容易混淆。标准体系是对标准目的性、系统性的汇聚，使其产生了远远高于个别或几个标准的价值，使它的应用能带来许多自身特有的重要价值。标准体系的应用主要有以下方面：

(1) 提供系统性的相互关联、互操作的有效知识体系；

(2) 提供系统性规划的需要开展制定的标准项目；

(3) 提供系统性规划的需要贯彻实施的标准项目；

(4) 揭示和展示技术或业务的脉络关系；

（5）为标准资源库的建设提供标准资源；

（6）为标准项目的检索提供分类关系；

（7）指导标准管理信息系统建设。

标准体系的建立者不一定就是标准的使用者，会存在标准体系的使用者与标准的使用者分离的情况，也存在着标准体系的使用者与标准使用者统一的情况。例如，某行业的标准化管理部门主持行业标准体系的建立，用于标准制定规划工作，它可能不是行业标准的直接使用者，而行业标准的直接使用者主要是企业等。又如，企业标准体系的建立者和企业标准的使用者都是企业，它们是统一的。标准体系的建立者与标准的使用者应该尽量是统一的，如果难以统一时，至少标准体系建立的人员中应有一定比例的标准使用方人员参加，以保证建立的标准体系与标准使用需要密切相关。

参考文献

[1]　麦绿波. 标准体系的内涵和价值特性[J]. 国防技术基础，2010，(12)：3.

[2]　李春田. 标准化概论[M]. 北京：中国人民大学出版社，2003.

[3]　中华人民共和国国家质量监督检验检疫总局，中国国家标准化管理委员会. 标准体系构建原则和要求[S]. GB/T 13016—2018. 北京：中国标准出版社，2018.

[4]　何振华，王治业，朱思成，等. 现代标准化[Z]. 北京：北京市标协电子设备结构专业委员会，1985.

第 14 章　标准体系的分类、特点和应用[1]

任何一个行业、地方、企业和建设项目等要想全面、系统地开展标准化，首先是要建立其标准体系。全国、行业、企业、工程建设项目和产品研制项目等的标准化都需要标准体系的支撑，标准体系是规划应用对象标准发展关系、理清标准化需求、提供标准资源的重要蓝图和手段。系统性的标准化工作，几乎都离不开标准体系的建立工作。

在标准化的工作中，有相当大的比例是各层面、各领域、各用途的标准体系的研究、建立和应用工作。建立标准体系的工作既是标准化的顶层设计工作，也是标准资源的建设工作，它对相关方标准化工作的开展具有很重要的作用。研究标准体系的分类不仅是为了解决标准体系的学术认识问题，更重要的是要完善标准体系的理论关系，同时要为标准体系的建立和应用提供指导和帮助。研究标准体系的分类关系，将会为标准体系的建立和应用提供本质性和深层次的认识和支持。

14.1　标准体系符合性问题的提出

标准体系的用途不同、使用范围不同等，形成了标准体系建立的结果差异，这种差异导致学者间对标准体系符合性的争议。有的学者认为以现行标准为主构建的贯彻实施标准体系不属于标准体系，相反，有的学者认为规划标准制定的标准体系不属于标准体系。这一学术争论问题的解决只能求助于三个方面的定位，一是标准体系的概念的内涵，二是标准体系的分类关系，三是标准体系的用途。

国家标准对标准体系的定义为："一定范围内的标准按其内在联系形成的科学的有机整体"[2]。尽管标准体系已有定义，但这个定义的内涵过于宽泛和抽象，与标准体系的要素缺乏密切关联，难以帮助清晰地认识标准体系，也无法为现在标准体系符合性的争论提供鉴别的依据。因此，标准体系符合性的鉴别，需要有具体内涵的标准体系概念来支持，本书第 13 章的标准体系的"理解版"概念可用于支持标准体系符合性问题的解决，这个概念为："**根据使用目的，系统性设计的所需标准的合理组成方案和建立的标准资源的集合，主要包括标准体系框架、标准体系表和标准实体**。"这个定义可以对标准体系的符合性提供重要的甄别要素：一是标准体系建立的目的；二是标准体系的范围；三是标准体系的主要特征；四是标准体系的表达形式；五是标准体系的组成内容。这个标准体系概念说明：标准体系建立是有使用目的的，这个目的是应用标准体系所起作用的目的，但没有限定目的的范围；标准体系的建立是有范围的，范围是与标准化对象及其目的相对应的；标准体系是系统性的标准表达关系和系统性的相关标准的集合，个别标准或一些不相关的标准的集合不是标准体系；标准体系是有表达形式的，需要用标准体系分类框架、标准体系表进行其系统性关系的表达，没有为特定目的设计和编制的标准体系框架和标准体系表等文档的标准体系不能称为标准体系。标准体系的“理解版”概念，为标准体系的符合性争论提供了支持依据。即使有标准体系的“理解版”概念，但如果没有标准体系的分类关系，想要很有说服力地确定标准体系的符合性还是很有困难的，因此标准体系符合性辨别需要有标准体系的学术分类作为支持。没有标准体系的学术分类，分歧是很难消除的。因为当评论某个标准体系算不算标准体系时，人们往往会以他自己做过或听过的标准体系为基准，如果与其做过或听过的不一样，那么他就会采取否定的态度。

14.2　标准体系的分类

尽管论述标准体系的书籍[3]已有出版发行的，但标准体系分类的理论研究还是鲜见的内容，因此还没有现成的学术成果为以上学术争论提供认定的依据。为了解决这些问题，有必要对标准体系的分类进行全面性和深入性的研究，以为各类现实和未来需要的标准体系提供应有的名分，并引导多种需求的标准体系的发展，丰富标准体系方面的理论。标准体系可有多种属性的分类，本书作者建立了标准体系的层级属性、专业属性（或领域属性）、用途属性、标准属性、组分属性、成长属性的分类关系。这些标准体系的分类关系为标准体系的类别划分提供了依据，同时还能指导标准分类属性范围的标准规划工作。

14.2.1　层级属性分类

标准体系一般是由主管方（主管机构、工程建设项目、研制项目等）组织建立的，主管方既是标准体系建设的主持方，也是标准体系的管理和维护方。标准体系建立的主管方分管的标准层级，形成了标准体系的层级关系，因此，任何一个标准体系都有一个层级关系的属性。标准体系的层级属性，为标准体系提供了一个分类属性，这个分类称为标准体系的层级分类。按层级关系分类，标准体系可分为国际标准体系、国家标准体系、行业标准体系、地方标准体系、团体标准体系、企业标准体系等层级。国际标准体系是由国际标准化组织或国际专业组织建立的标准体系；国家标准体系是由国家标准化主管机构或授权的国家业务管理机构建立的标准体系；行业标准体系是行业标准化管理机构或行业协会/学会建立的标准体系；地方标准体系是由地方标准化管理机构建立的标准体系；团体标准体系是企业联盟或社会团体组织联合建立的标准体系；企业标准体系是企业自己建立的标准体系。这些标准体系的属性带有明显的层级关系，因此称为层级属性的标准体系。

标准体系的层级属性分类，同时也是标准体系的管理属性和适用范围属性的分类，如国家标准体系是国家标准化管理机构管理的，在全国范围内适用；企业标准体系由企业自主管理，在企业范围内适用等。标准体系的层级与其适用范围相对应。标准体系的层级关系是由标准体系建立主管方的标准制定级别的权力所决定的，不是由标准体系中标准的层级关系决定的，如行业标准体系中可以有国家标准，不能由此将其说成是国家标准体系。标准体系的层级与标准体系中标准的级别不一定是对应关系或等价关系。标准体系的层级不代表体系中的标准都是同层级的，只代表标准体系的管理所属的层级，标准体系中的标准可以有其他层级的标准，只是本层级的标准也许会占有较大的比例。

一个层级的标准体系，不是只有一个或一种标准体系，一个层级里可以存在多个或多种标准体系，例如，国家标准体系中有国家建筑标准体系、国家医药标准体系等，行业标准体系中有冶金行业标准体系、电力行业标准体系、通信行业标准体系等。

14.2.2 专业属性分类

标准体系都是有专业使用对应关系的，任何一个标准体系至少会对应一个专业关系，因为标准体系总要有应用的专业（或领域）或知识范畴，它一定是为某个专业或领域的需要建立的。领域是标准体系的大专业关系，它包含大量的下级专业属性的类别关系。标准体系按领域可分为工业标准体系、农牧林业标准体系、服务业标准体系、社会事业标准体系、国防标准体系、军队标准体系等。由于以上每个领域的标准体系将是一个极其庞大和复杂的标准体系，难以构建，所以通常不会按领域来建立标准体系，而是按领域的下级专业来建立标准体系。工业标准体系可分为机械、冶金、电力、石油、化工、电子、通信、光学、建材、建筑、采矿、纺织、服装、食品、家电、家具、印刷、公路运输、水运、空运等标准体系；农牧林业标准体系可分为粮食种植、蔬菜种植、水果种植、林木种植、家禽养殖、水产养殖、牲畜养殖等标准体系；服务业标准体系可分为餐饮服务、宾馆服务、商场服务、娱乐服务、旅游服务、医疗服务、家政服务、邮政服务、电信服务、金融服务、运输服务等标准体系；社会事业标准体系可分为市场管理、治安管理、安全管理、交通管理、公共设施管理、环境管理、垃圾管理、城建管理、绿化管理、人口管理、疫情管理、减灾救灾管理、水资源管理、矿产资源管理、林木资源管理等标准体系；国防标准体系可分为国防工业、国防教育、国防动员等标准体系。

有些专业标准体系即使是从领域细分出来的，但是其覆盖面还是很大，还需要进一步细分来建立针对性强、方便使用的标准体系，如机械标准体系还应分为制造设备、运输设备、工程设备、农用机械、压力容器等标准体系。专业分类的标准体系是一种具有同类属性层层包含关系的标准体系，这是一个关系复杂、数量很大的标准体系群，但也不是可以无穷细分的，一般可将领域标准体系细分到专业后，再细分到第四层或第五层。以专业属性建立标准体系是标准体系建立的主流分类属性，许多标准体系都是按专业属性建立的。

14.2.3　用途属性分类

标准体系的建立就是为了使用，每一个标准体系必然带有预定的用途属性。标准体系按用途属性可分为制定型标准体系、实施型标准体系、制定实施型标准体系。以上标准体系的分类加了一个"型"字，是因为标准体系的分类关键词（如"制定"等）有动词词性，容易引起混淆，以"型"字使其名词化。制定型标准体系是为了规划标准制定项目的体系，建立这种标准体系的主体通常是有专用标准资金的标准制定的管理机构，如国家标准管理部门、行业标准管理部门等，标准体系中的标准一般是由管理机构（本标准体系的管理机构）自己组织制定的标准组成。

实施型标准体系是为了在建设或研制项目中系统性地使用标准而建立的，标准体系建立的重点是为了现行标准的使用。建立这种类标准体系的主要是工作周期不长的建设项目、工程项目、产品研制项目，建设的目的是充分利用现行标准，支持项目的技术、管理等工作的开展，保证工作的技术和质量水平，提高效率，降低成本，缩短周期等。在实施型标准体系中，标准通常由多部门和多层级制定的标准组成，以充分利用现有标准资源服务于项目的建设和研制。

制定实施型标准体系是一个既要充分利用现行标准也要考虑缺项标准建立的标准体系。建立这类标准体系的主要是企业，或研制周期长、复杂性高的建设项目、工程项目、产品研制项目等。这类项目通常有许多新的工作内容，因此有许多标准的缺口，需要及时制定标准为工作提供支持，同时还要考虑尽量利用有效的现行标准，避免不必要的重复性的标准制定工作。由于项目的复杂性，标准成为技术和管理必不可少的规范、连接和协调要素，另外，由于项目周期长，能有时间制定新标准，解决新问题。制定实施型标准体系中的标准通常也由多部门和多层级制定的标准组成。

在制定型标准体系中，并不是只有需制定的标准项目，通常同时存在现行标准项目，这些现行标准是自己规划的需制定对象完成制定后积累下来的，因此制定型标准体系会有现行标准和需制定标准两种标准项目。为了方便制定工作的开展，制定型标准体系可专门编制一个标准制定规划表，以方便标准制定工作指导的需要。实施型标准体系也不是只有现行标准，也会有需制定的标准项目，这是标准实施中发现急需而缺项的标准项目，将其提出列入标准体系，以便及时制定或建议给标准管理机构制定。因此，实施型标准体系也是有现行标准和需制定标准两类项目的，只是在实施型标准体系中，现行标准为标准体系的主体。如果实施型标准体系没有考虑体系的完整性关系，只是规划现行标准，这就会变成标准贯彻目录。当不仅有现行标准的规划，而且有与规划相应的现行标准实体时，这将是更实用的实施型标准体系，可为标准的实施提供具体内容的支持。实施型标准体系的建立者一般只使用标准，不制定标准，因为建立这种标准体系的情况是没有足够的时间和所需的人力、财力资源对标准制定进行支持。在制定实施型标准体系中，现行标准的数量和需制定标准的数量是相当的，并具有同等重要的地位。对于制定实施型标准体系，必要时，可将需实施和需制定的标准项目分别汇总成标准实施和标准制定的项目规划表，以方便标准的实施和制定工作的使用。

标准体系的用途属性是标准体系制定目的的属性。标准化管理机构制定的标准体系，通常是制定型标准体系；小型企业、短周期研制、建设项目等建立的标准体系，通常是实施型标准体系；研发型企业、大型长周期研制、建设项目建立的标准体系，通常是制定实施型标准体系。

14.2.4 标准属性分类

标准体系是由标准单元所组成的，这些标准单元具有标准类别的属性关系，它们反映了标准体系的标准属性关系，按标准体系的标准属性关系进行分类，标准体系可分为技术标准体系、管理标准体系、工作标准体系、综合标准体系。标准体系建立的目的是针对技术工作需要的，这种标准体系应为技术标准体系。技术标准体系的标准主要由技术的基础标准、材料标准、产品规范、设计标准、制造标准、试验标准、标准件标准、安全技术标准、环保技术标准、包装标准、贮运标准等技术标准所组成。管理标准体系的标准主要有管理基础标准、战略管理标准、计划管理标准、生产管理标准、质量管理标准、安全管理标准、财务管理标准、人力资源管理标准、物资管理标准、采购管理标准、供应管理标准、动力管理标准等。工作标准体系的标准主要有岗位责任标准、职务说明标准、操作规程、作业书、指导书、岗位工作标准、劳动时间标准、工作质量标准等。综合标准体系是由技术标准、管理标准、工作标准的两种或三种组成的标准体系。

技术标准体系的建立方，主要是主管科技的政府部门、科技型企业、科研项目等；管理标准体系的建立方，主要是政府行政管理部门、大型集团总部、大型现代企业等；工作标准体系的建立方，主要是各类生产企业、政府窗口服务机构、大型集团总部等；综合标准体系的建立方主要是企业。

14.2.5 组分属性分类

标准体系的组成成分或单元可以不只由标准构成，可以和其他类型的文件成分或单元一起构成。为了使标准体系具有更全面和更系统的内容，并有利于现行标准的实施和需制定标准的规划及制定，标准体系可以由标准和相关法规等一起构成，由此使标准体系具有了组分属性。按标准体系的组分属性进行分类，标准体系可分为纯标准型标准体系、标准与法规型标准体系、标准与专利型标准体系、综合混合型标准体系。纯标准型标准体系是其组成的成分或单元全部只由标准所构成，这些单元可以是现行标准和需制定的标准项目，除了标准类别，无其他类别。标准与法规型标准体系是其组成的成分分别由标准和法规共同构成，这些法规与标准是密切相关的，它们可能是标准建立的依据、标准框架建立的依据或标准实施的依据等。这些法规在标准体系中的数量会比标准要少得多，可以在标准体系中列一个单独类别来归类法规。法规的层次一般比较高，不适合放到具体的标准类别中。标准体系中加入相关法规，为标准体系中标准的实施和需制定的标准提供了上层依据，为标准的强制实施提供了支撑，同时，两者间也组成了相互配套的支持关系。标准与专利型标准体系是其组成的成分分别由标准和专利共同构成，这些专利是在标准体系的标准中已声明的专利，它们可能是在标准中声明放弃权利的专利或声明保护权利的专利。这些专利在标准体系中的数量会比标准要少得多，可在标准体系中列一个单独类别来归类专利，也可将专利放到其相关标准的类别中。综合混合型标准体系是其组成成分由标准、法规、专利等混合构成，标准体系中尽管有法规和专利等单元，但标准体系的主体单元还是标准，法规、专利在标准体系中的放入位置可参考标准与法规型和标准与专利型的标准体系。

产品(非特殊的)、技术、过程、服务、管理、工作等方面的标准体系适合建为纯标准型标准体系；安全、食品、卫生、健康、环保等方面的标准体系适合建为标准与法规型标准体系；新兴产业等方面的标准体系适合建为标准与专利型标准体系；涉及法规、专利等多因素的标准体系适合建为综合混合型标准体系。标准与法规型标准体系主要适用于国家法规规定强制管理的对象，这些对象在顶层管理关系上，已制定了相关法规，因此标准体系中标准的制定，应与相关法规相协调，标准是相关法规的技术支持内容和细化补充内容，如民用爆破器材标准体系、食品标准体系、药品标准体系等。

14.2.6 成长属性分类

标准体系的形成不是只有一种模式，可以有不同的成长模式，由此形成了标准体系的成长属性。按成长属性分类，标准体系可分为逐步成长式标准体系、一次成形式标准体系，以及形成介于两者间的标准体系。逐步成长式标准体系的建立方式为：建立标准体系分类的初步框架，先规划近期需求明确和清楚的标准项目，不作太前瞻和太长远的标准项目发展规划，关注可落实制定的项目，形成每年根据需要随时提出随时制定标准的机制，由此逐步完善标准体系的建设。一次成形式标准体系的构建方式为：设计较全面的标准体系分类框架，规划出标准体系中的大部分现行标准和需制定标准的项目，在一个不长的时间内，集中完成标准体系整体构建,未来只是对标准体系进行小的补充和修改完善。

逐步成长式标准体系适合于制定型标准体系。由于制定型标准体系的标准规划很难准确地进行长期预测,标准的制定也很难在短期内完成,所以制定型标准体系一般按照逐步成长式的标准体系进行建设,如国际标准化组织的标准体系、标准管理机构的制定型标准体系等。一次成形式标准体系适合于实施型标准体系。实施型标准体系规划的项目是马上要贯彻的现行标准项目,因此标准体系的项目必须一次基本规划好,以便全面实施,而且实施型标准体系的标准搜集和适用性分析工作是短期能完成的。通常逐步成长式的标准体系是大型或中型标准体系,一次成形式标准体系是小型或中型标准体系。

14.3 标准体系的特点和类型空间

标准体系有大的,也有小的,最小能小到什么程度并没有定论。只有一个或几个标准肯定不能算作标准体系,有多少才能算呢?至少应该要有标准的分类关系和一定数量的标准集合。标准体系可以包含标准体系,大的标准体系中可包含分标准体系或子标准体系。标准体系中的标准项目可以有纵向混合和横向混合。纵向混合是:在下层次的标准体系中可以有上层次级别的标准,例如,企业标准体系中可以有国家标准和行业标准等;在上层次的标准体系中可以有下层次级别的标准,例如,行业标准体系中可以有企业标准等。横向混合是:一个属性的标准体系中可以有与其平行的另一属性的标准类型,例如,制定型标准体系中可以有现行标准项目,实施型标准体系中可以有需制定的标准项目,技术标准体系中可以有管理标准等。标准项目可以适当混合,说明标准体系的属性分类不是绝对关系的,只是相对关系的,标准体系属性只表明对应属性的标准在标准体系中占有主体地位。

标准体系的属性分类关系可构建出标准体系的维度空间关系,如图 14-1 所示,它包含两个方面的含义:①任何一个标准体系的分类都可以用六个分类属性的任意一个属性来分类,且它必在六个属性中的一个属性有它的子类别位置,即能归到任意一个分类属性里的子类别中,如选择“标准属性”维度上的“技术”或“层级属性”维度上的“行业”等,如图 14-1 所示;②每一个标准体系的分类定位是可以用六维空间表达的,也就是说每个标准体系同时拥有层级、专业、用途、标准类别、组分、成长这六个属性,选择的只是这些属性维度上的某个坐标点(维度线上的子分类),如选择“用途属性”维度上的“实施”、“专业属性”维度上的“电力”等,标准体系的类别可用六个维度关系来定位,即由六个分类属性的六个子类来定位,由此获得标准体系分类的六维坐标值。标准体系的六维空间可用两个三维空间组合形成,如图 14-1 所示,也可用表格关系来表示。图 14-1 中,第一个三维空间的任意点可落在第二个三维空间的任意点上,反过来,第二个三维空间的任意点也可落在第一个三维空间的任意点上，由此形成了标准体系分类的六维自由度表达关系。

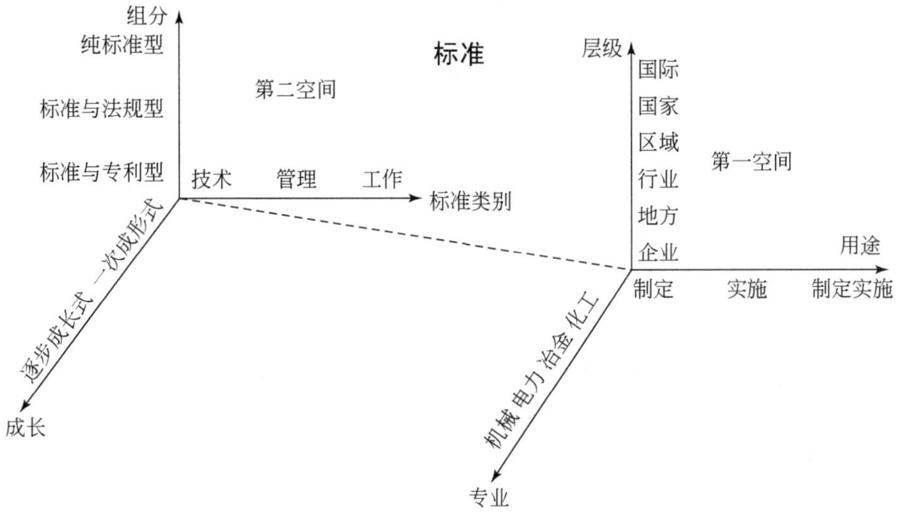

图 14-1　标准体系的属性空间

参 考 文 献

[1]　麦绿波. 标准体系的分类及应用[J]. 标准科学，2013，(9)：6-9.

[2]　中华人民共和国国家质量监督检验检疫总局，中国国家标准化管理委员会. 标准体系构建原则和要求[S]. GB/T 13016—2018. 北京：中国标准出版社，2018.

[3]　鲍仲平. 标准体系的原理和实践[M]. 北京：中国标准出版社，1998.

第 15 章　标准体系的结构关系[1]

15.1　标准体系的结构类型

研究标准体系结构，对建立科学、合理、实用、有效的标准体系具有重要的理论意义。标准体系的结构可以有多个维度的描述，在标准体系建设时，重点关注的结构主要有三个方面：一是标准体系的分类拓扑结构；二是标准体系中标准的层级数量结构；三是标准体系的虚实标准数量结构。这三类结构的内涵如下。

1）标准体系的分类拓扑结构

标准体系的分类拓扑结构是指标准体系中，标准按分类关系或群组关系形成的相互联系的结构。标准体系的分类拓扑结构是三类结构中类型最多和最复杂的结构，具体的结构类型见 15.2 节。

2）标准体系中标准的层级数量结构

标准体系中标准的层级数量结构是指标准体系中各级标准数量关系形成的数量结构。标准的层级数量结构是按标准级别由高到低或由低到高排列的层级数量结构。在标准体系中，通常标准的层级数量结构是随标准级别的提升，标准的层级数量呈递减关系，即正梯形关系，标准体系中标准的层级数量结构的一般关系如图 15-1 所示。

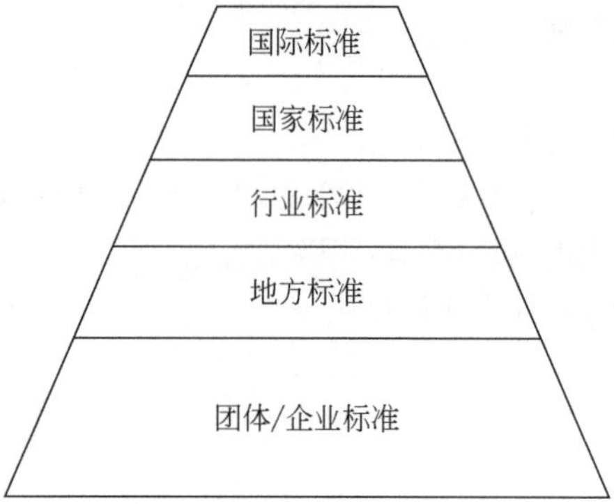

图 15-1　标准的层级数量结构的一般关系

3）标准体系的虚实数量结构

标准体系的虚实数量结构是指标准体系中，现行标准和规划制定标准数量形成的数量结构。标准体系中的虚实标准的数量结构没有一般规律关系。通常，对于新建的标准体系，虚标准部分数量大，实标准部分数量小；对于老标准体系，实标准部分数量大，虚标准部分数量小。这种结构关系可用虚标准数和实标准数量表达，也可以用虚标准与实标准的数量比表达。

15.2　标准体系的分类拓扑结构谱系及适用性

标准体系的分类拓扑结构(以下简称标准体系结构),是标准体系中标准安排、放置的分布关系,它可以表达标准的隶属关系、路径关系、执行逻辑关系、类别关系、等价关系、综合关系等,是标准体系中标准类别组成关系的全貌反映。标准体系结构的主要作用是标准体系的规划、标准项目的放置、标准项目的查找和检索、标准项目的管理等。标准体系结构为标准体系建设提供框架设计,是标准体系规划的方法支持。标准体系结构给出了标准的分类关系,为标准项目的放置提供了“盒子”。标准体系结构的分类“盒子”,方便了在成千上万个标准项目中查找所需标准。标准体系结构关系,对于标准体系项目的计算机管理更是必不可少的,因为没有结构分类就无法缩小目标对象查找的范围和聚焦目标对象的位置,没有结构分类关系就没有查找的路径。应用拓扑理论,结合标准的特点,标准体系结构可设计为以下结构谱系。

15.2.1　分类层次结构

标准体系的分类层次结构可表达标准的横向分类、纵向隶属分层的关系,其拓扑结构如图 15-2 所示。本章把图 15-2 的结构形式称为分类层次结构,而不是层次结构[2],是因为这种结构不仅表达标准体系的层次关系,更多的是表达标准体系的分类关系。标准体系的分类层次结构关系用图 15-2 的结构就可表达。用分类层次结构表达标准体系时,多数情况层次的意义并不突出,而分类的意义是最受关注的。分类层次结构的适用面比较广,既适用于复杂大系统,也适用于简单小系统,主要适用于产品/型号标准体系、国家标准体系、行业标准体系、地方标准体系、企业标准体系等。这种结构的每个层面的实方框里都可能有相应的标准。

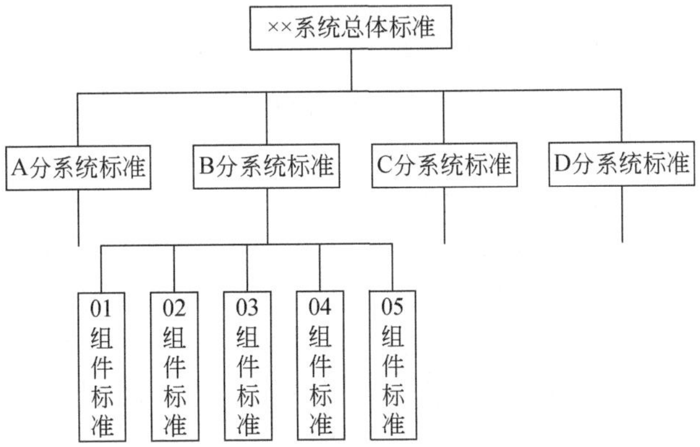

图 15-2　标准体系的分类层次结构图

15.2.2　神经路径结构

标准体系的神经路径结构既类似于分类层次结构，又不同于分类层次结构，其拓扑结构如图 15-3 所示。从形式上两者相像，从标准体系的表达上两者又不一样。神经路径结构的过程节点是无功能的，末端才有功能，类似于神经系统的关系，敏感度在末端。神经路径结构的各虚框层里都没有相应的标准，只有底层的实框层才有标准，上层的虚框层只起到了分类和路径引导作用。由于这些虚框是分类名称，不是实物名称，只是归纳的概念，方便对实在项的集中指引，所以这种标准体系的上层次关系是没在相应标准的。神经路径结构适用于扁平化关系的标准体系，如层次单一的产品标准体系和品种多、技术简单的产品标准体系。

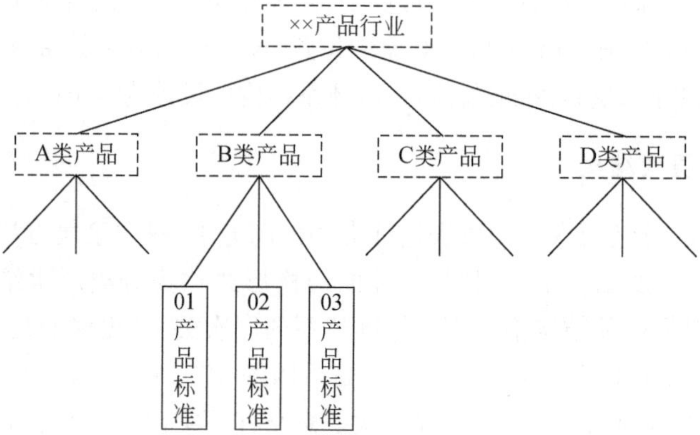

图 15-3　标准体系的神经路径结构图

15.2.3　星形结构

标准体系的星形结构呈辐射状，每个标准分类盒之间没有隶属关系，没有逻辑关系，没有关联关系，它们是相互独立的标准群(类)，其结构拓扑如图 15-4 所示。星形结构标准体系适合无关联关系的标准群(类)，但它们同属一个管理关系内，如地方标准体系等。星形结构与分类层次结构的不同之处在于分类层次结构的同层是有关联关系的，而星形结构同层之间无直接关联关系，相互是独立关系。星形结构的形式还可以在图 15-4 的基础上构建成：按内圈和外圈关系分出多个环层；在每个伸出的支上再造出派生的星形结构，如在图 15-4 中的“产品标准”上再造星形结构。星形结构的每个标准分类实线框里也可以再建立分类层次结构或其他结构的内部标准体系结构关系。

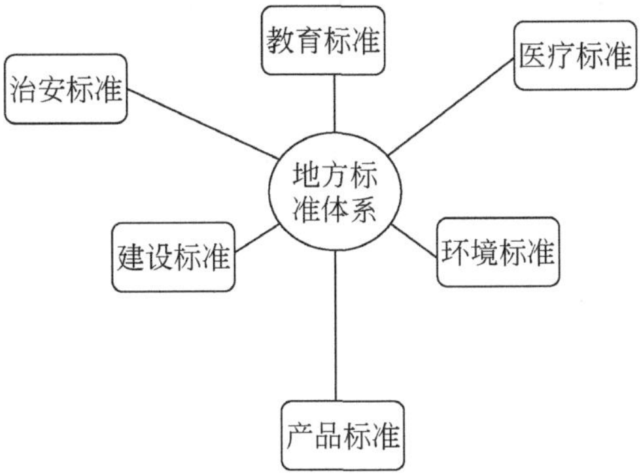

图 15-4　标准体系的星形结构图

15.2.4　序列结构

标准体系的序列结构[2]是顺序排列的标准群(类),它们之间具有逻辑序列关系,起始点和终点是开口的,其拓扑结构如图 15-5 所示。序列结构的标准体系适用于按时间周期开展标准化活动所需的标准体系,如产品生产或服务过程活动的标准体系。序列结构标准体系反映的是标准群(类)执行的顺序。对于生产过程或服务事项对象,这种结构的标准体系就是一条龙服务的标准体系。在这种标准体系的序列结构标准分类实线框里,也可以建立其他标准体系的结构关系。

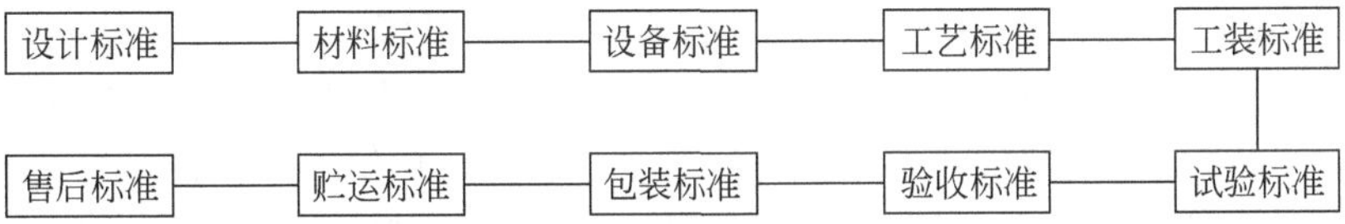

图 15-5　标准体系的序列结构图

15.2.5　环形结构

标准体系的环形结构由顺序连接闭环的标准群(类)组成,其拓扑结构如图 15-6 所示。环形结构标准体系与序列结构标准体系有相同之处,也有不同之处,相同之处是它们的标准是单线逻辑相连,不同之处是序列结构标准体系是开口的,即首尾不相连,而环形结构是首尾相连的,是封闭的结构。环形结构不一定都是要圆周形的,只要是封闭关系的线性流程标准体系即可。这种标准体系结构适用于循环再生产品企业的标准体系,如饮料塑料瓶、易拉罐等产品生产企业。产品的原料中一部分来自使用过的产品的回收,形成一个回收材料准备、回收材料处理、产品加工、产品出厂、产品使用、材料再回收的循环过程，标准体系按这个相连的逻辑环节和要求进行构建。

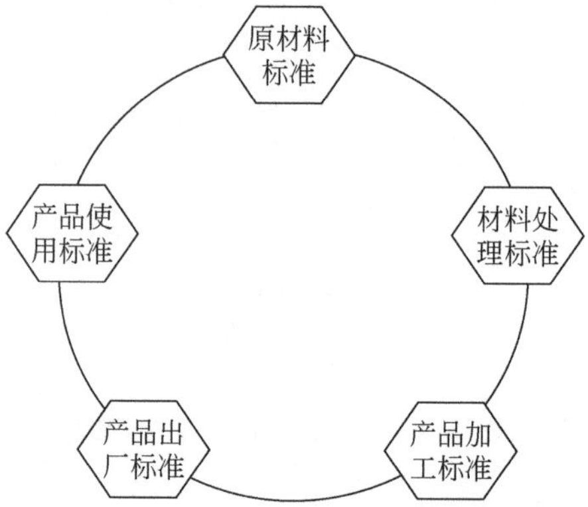

图 15-6　标准体系的环形结构图

15.2.6　矩阵结构

标准体系的矩阵结构是由横向和纵向整齐排列的标准群(类)组成的，适合具有相似特征的平行关系标准化对象，其拓扑结构如图 15-7 所示。这种结构的标准体系可以是纵向连接的形式，即图 15-7 中实线连接形式，也可以是横向连接的形式，即图 15-7 中虚线连接的形式。如果是单向连接结构的矩阵结构，那么只要将图 15-7 中的另一方向的线抹去即可。若有需要，也可建立纵横连接的矩阵结构。矩阵结构标准体系适用于同类型事项不同对象的一组标准化对象，如图 15-7 所示。当一组产品对象技术状态相近，是并列关系时，可用第一个产品的一套标准作为母本标准，针对每类产品的特点进行个性修改后，就可很容易地生成其他产品的成套标准。矩阵结构有利于方便建立对象相似、事项相似的标准体系，具有标准类型系列设置完整和相似性省事的优点。

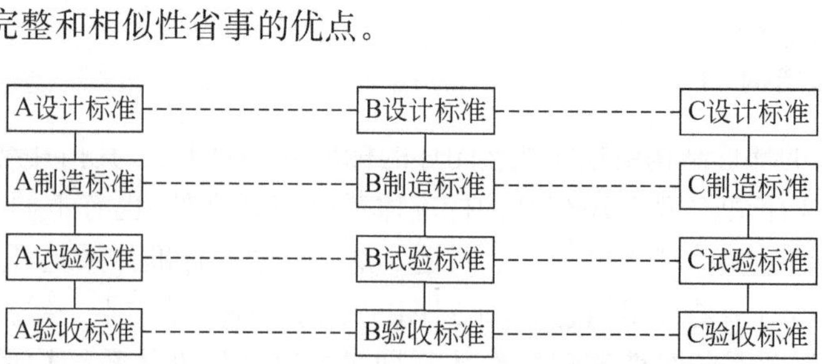

图 15-7　标准体系的矩阵结构图

15.2.7　综合结构

标准体系的综合结构是在分类层次结构的基础上，对同一层次分类类别进行技术标准、管理标准和工作标准结构性综合，其拓扑结构如图 15-8 所示。这种结构的另一称谓是“功能归口结构”[3]，这一命名与其他结构的命名属性不一致，因为功能是内在关系，而以上其他结构命名的属性是用外部的形态关系，所以还是将这种结构称为“综合结构”。技术标准、管理标准、工作标准综合在一起的结构像一叉型，叉的上部分别为技术标准和管理标准，叉的下部为工作标准，工作标准一般是技术和管理行为的执行。综合结构的标准体系适用于按业务类型集中综合在一起的企业标准体系，不是那种分别建立的技术标准体系、管理标准体系和工作标准体系的企业标准体系。

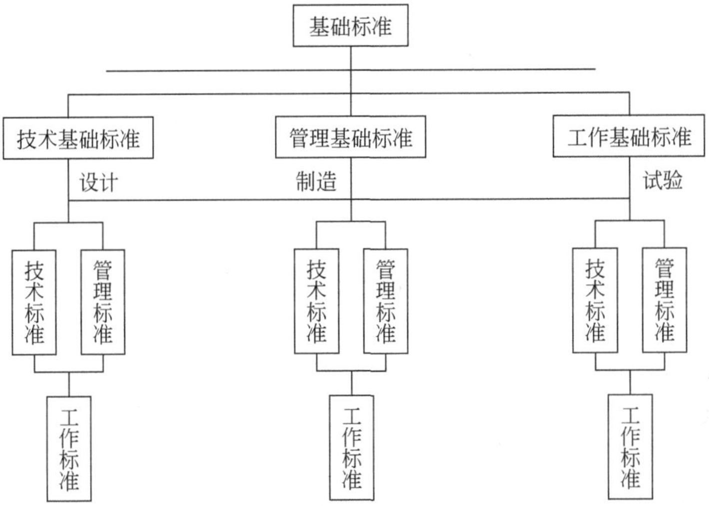

图 15-8　标准体系的综合结构图

15.2.8　混合结构

标准体系的混合结构是多种结构复合的结构，可以是两种结构，或者多种结构，甚至是全部结构，其拓扑结构如图 15-9 所示。混合结构的标准体系适用于多种业务类型的标准化对象集于一体的标准体系，如多种经营（或多元化）集团公司的标准体系，标准体系的主体系结构可用分类层次结构，集团中从事产品开发生产的业务板块适合用综合结构的标准体系（图 15-8），从事物流业务的板块适合用序列结构的标准体系（图 15-5），集团总部人力资源、财务、审计、行政、规划、保卫等职能部门的工作标准适合用星形结构标准体系（图 15-4），投资业务的板块适合矩阵结构标准体系（图 15-7），服务业务的板块适合用神经路径结构的标准体系（图 15-3）。

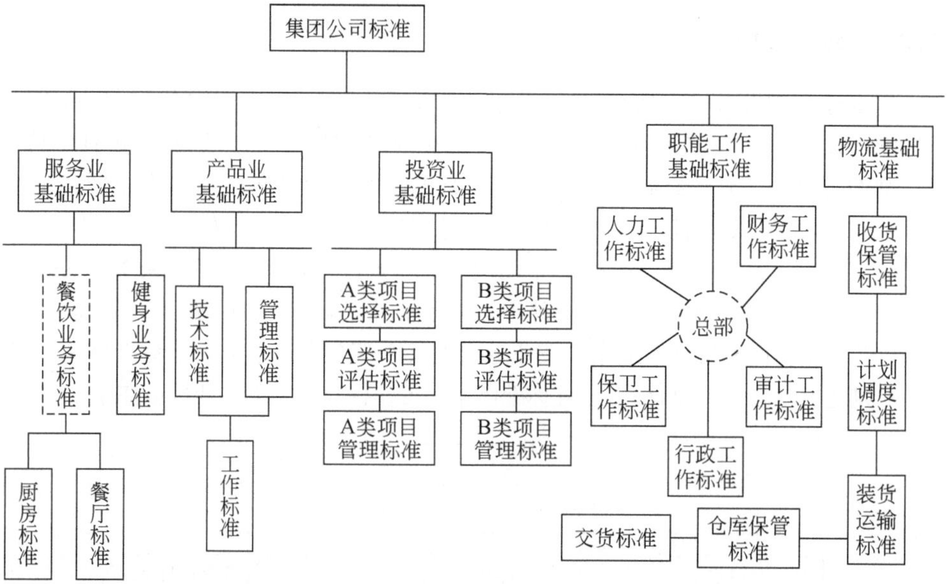

图 15-9　标准体系的混合结构图

15.3　标准体系拓扑结构的要素和含义

标准体系的拓扑结构的基本要素是“线”和“框”，这些要素有不同的形态及其含义，因此由这些基本要素组成的拓扑结构表达了其特定的含义。拓扑结构中的实线框是标准类别的集合框，相当于某群(类)标准的存放盒子，通常是方形，也可以是其他形状，框内文字表示所集合的标准的类别名称，如图 15-10(a)所示。拓扑结构中的虚线基框是类别标识，或者相当于路径标牌，通常是方形，也可以是其他形状，框内文字为标识内容或说明内容，如图 15-10(b)所示。拓扑结构中的双点划线套框是范围界限框，根据需要可以是方形、凹形、凸形等各种形状，框内是所要界定的标准体系拓扑结构的某些部分或全部，其作用是对界定内容施加一个限定外框，如图 15-10(c)所示。拓扑结构中的实线直线是实线框或虚线框间的连线，纵向实线直线表达实线框或虚线框标准间的指导与被指导的关系，横向实线直线表达实线框或虚线框间平行相关性，且可用于表达路径关系，如图 15-10(d)所示。拓扑结构中的虚线是连接本标准体系标准实线框或虚线框与非本标准体系的相关标准实线框的连线，或连接框之间具有相似性的连线(非所属性和指导性关系)，如图 15-10(e)所示。

尽管标准体系的结构只是标准体系的框架关系，但它是标准体系建立的前提和基础，只有对标准体系结构有系统、全面的表达，并对标准体系结构的含义关系有深刻认识，才能建立科学合理、协调配套、系统全面的标准体系。

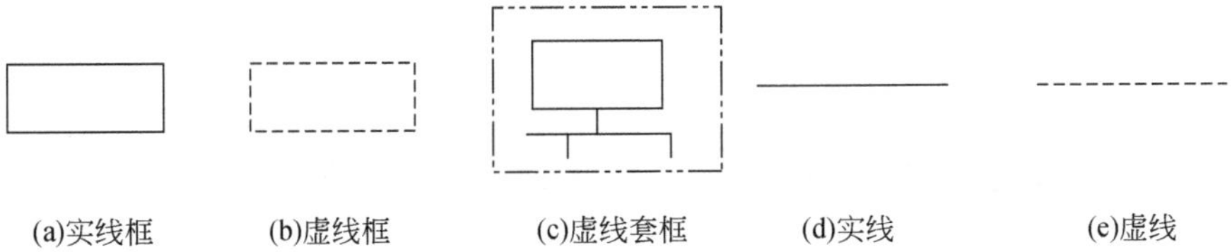

图 15-10　结构要素图

参考文献

[1]　麦绿波. 标准体系的结构关系研究[J]. 中国标准化，2011，(2)：40-48.

[2]　中华人民共和国国家质量监督检验检疫总局，中国国家标准化管理委员会. 标准体系构建原则和要求[S]. GB/T 13016—2018. 北京：中国标准出版社，2018.

[3]　中华人民共和国国家质量监督检验检疫总局，中国国家标准化管理委员会. 企业标准体系表编制指南[S]. GB/T 13017—2018. 北京：中国标准出版社，2018.

第16章　标准体系建设的方法论[1,2]

标准体系的建设是一个系统工程，需要科学合理的规划和设计，否则，不是造成标准制定的交叉或重复，就是造成标准制定的遗漏或缺项。本章标准体系的建设包括新构建标准体系和修改完善标准体系。标准体系建设需要有一个方法论来提炼标准体系建设的根本性的理论关系，即标准体系建设的内涵、原则、分类、程序、方法等理论关系，以便科学、有效地指导标准体系建设。在标准化的文献中，有相当数量的文献是总结各类标准体系建设工作的。已出版的一些标准体系方面的书籍[3]为标准体系的建设提供了很好的指导。但是，随着标准化的深化和拓展，标准体系的理论需要向深度和广度发展。在现有的标准体系的书籍中，实例远远多于理论内容，且缺乏方法性的理论，难以满足标准体系深化发展的理论需要。从国家、行业和企业层面，已开展了大量的标准体系建设工作，积累了大量的经验，深化了理性认识，标准体系到了需建立其方法论的时机。建立标准体系的方法论，可完善标准体系建设内容的系统性，可将标准体系的建设提升到一个新的水平。标准体系方法论的应用，既可避免标准体系建设的重复性思考和重复性工作程序设计带来的智力浪费和时间浪费，也可避免标准化经验积累不多和知识背景不够厚实所带来的低水平建设。标准体系的建设，通过方法论的指导，将大大提高体系建设的质量和水平。

16.1　标准体系及方法论内涵的认识

标准体系主要是为标准系统性的实施和制定/修订进行规划，并提供依据，它既是标准化的顶层设计工作，又是标准化的基本建设工作。标准体系中的关键词是“标准”，但它不仅仅是关于标准制定的工作，而且是标准化的“化”的工作。在各行各业的标准化工作中，标准体系建设占有相当大的比例。标准体系的目标对象是要开展标准化的对象，如行业、专业、企业、产品、服务业务等。标准体系的支持要素是标准体系中的标准项目。标准体系的建设既要面向目标对象，研究分析目标对象对标准化的需求，也要面向支持要素，研究分析用哪些标准支持目标对象的标准化。由于标准体系建设在标准化工作项目中占有相当的分量，应该建立起其方法论，以便科学、合理地指导建设系统、先进、实用的标准体系。在讨论标准体系建设的方法论前，需要对标准体系的内涵以及方法论的内涵有个明确的认识。下面分别对标准体系和方法论的内涵进行研究讨论。

16.1.1 标准体系内涵的认识

国家标准所做的标准体系定义[4]尽管比较精练,但由于过于抽象,许多人读完这个定义后,不易抓住标准体系的具体概念。因此,需要有便于理解和应用的标准体系的新版定义或称"理解版"或"通俗版"的定义,即**根据使用目的,系统性设计的所需标准的合理组成方案和建立的标准资源的集合,主要包括标准体系框架、标准体系表和标准实体**。标准体系理解版定义的内涵在13.2节论述得很清楚了,这里不再赘述。

站在标准体系工作任务开展和完成的成果形式角度,标准体系由四部分文档构成:一是标准体系的分类框架方案或设计方案;二是包含现行标准项目和需求标准项目的标准体系表;三是列入标准体系表中的现行标准实体;四是标准体系的编制说明或标准体系研究报告。

16.1.2 标准体系方法论的内涵

从大概念上看,方法论是关于认识世界和改造世界的根本方法。在某一门具体学科上,方法论是所采用的研究方式、方法的综合[5]。标准体系的方法论,是认识标准体系和建设标准体系的根本方法,为标准体系的建设提供理论指导。标准体系建设的方法论解决标准体系建设的理论方法需求问题,对标准体系建设的原则定位、基本程序、分析方法、工作途径等方面给出理性和有效的关系模式。标准体系建设的方法论是标准体系研究方法的一般理论,探索方法的一般结构,思考问题的基本关系,是标准体系建设的一整套具有通用性和普适性的思路、程序和研究模型。标准体系的方法论是指导标准对象确定、标准间关系建立、标准内部结构形成、标准使用维护的理论。标准体系建设的方法论可高度概括为:搜集分析标准和组织标准关系构建的理论方法,是标准体系系统思考与建设的总原则和总脉络。标准体系建设的方法论具有优化性、有效性和普遍性,它指导人们如何对标准体系进行研究、从何处切入和研究什么,是标准体系建设行动的理论。本章的标准体系建设的方法论,将有利于引导标准体系新的研究方向、新的生长内容、新的作用效果等。

16.2 标准体系建设的类型、原则和程序

16.2.1 标准体系建设的类型

标准体系建设的方法论,使标准体系的建立结构化、流程化、通用化,当标准体系建设的目标对象为不同行业、不同专业、不同企业等时,标准体系建设的流程基本相同。但是,标准体系的建设不是对所有情况都无差异,当标准体系建设的目标

对象的标准体系建立基础不同时,标准体系建设流程中的部分方法将会出现差别。因此,需要根据标准体系目标对象的标准化基础条件的差异,给出标准体系建设的类型,以指导不同基础的目标对象进行标准体系的建设。根据目标对象基础差异带来的部分方法差异,可将标准体系建设的类型分为创建型、提高型和完备型三种类型,其内涵分别如下。

1) 创建型标准体系

创建型标准体系是一种无标准体系前期基础的状况,命名为 A 型标准体系。开展创建型标准体系的建设,就是从标准体系的零基础开展标准体系建设。创建型标准体系是标准体系的目标对象此前从未建立过标准体系,首次开始标准体系建立,以填补其标准体系的空白,解决目标对象标准体系的有无问题。创建型标准体系属于新建标准体系,是目标对象一次全新的标准体系建设。创建型标准体系的具体内容是设计标准体系结构、对现行适用性的标准进行收编、谋划需制定的标准。由于创建型标准体系是首次形成的标准体系,现行标准数量少,需制定的标准数量多。

2) 提高型标准体系

提高型标准体系是一个待提高和完善的标准体系,命名为 B 型标准体系。开展提高型标准体系的建设是对标准体系的目标对象曾经建立过的标准体系进行的再建设、再提高,即对原标准体系的修改、补充和完善,解决标准体系的完善和提高问题。提高型标准体系属于成长期的标准体系,是已建立过但不完善的标准体系类型,需要有明显的改进和提高工作的标准体系类型。提高型标准体系中现行标准数量和需制定标准数量的比例数值会是一个比较宽的数值范围,比例数值的大小与标准体系的成长期长短和成长速度快慢有关,成长期短且成长速度慢的标准体系中需制定标准数量会比现行标准数量多,成长期长且成长速度快的标准体系中需制定标准数量会比现行标准数量少。开展提高型标准体系建设的主要目的是较全面地提供所需标准,为所需标准的实施提供支持,具体的建设工作为理出不适用的标准项目、对新的现行适用标准进行纳入、对缺项标准开展制定建设。

3) 完备型标准体系

完备型标准体系是经过了提高完善接近完备的标准体系,命名为 C 型标准体系。完备型标准体系是标准体系的目标对象已建立过,并经过完善和提高阶段接近完备的标准体系。标准体系的完备建设是对提高型标准体系进行优化和深化,解决标准体系的内容全面性、先进性和实施的可操作性等问题,提高标准体系的质量水平和应用效果。完备型标准体系属于完备期的标准体系。完备型标准体系是基本成熟的标准体系类型,但局部内容会随着应用时间的增加需要修改,标准体系中现行标准的数量多,需制定标准的数量较少,修订、修改提升水平的标准数量占一定比例。开展完备型标准体系建设的主要目标是为标准实施提供全面、先进、有效的标准，支持目标对象占据竞争优势。完备型标准体系建设的具体内容是进一步优化标准体系结构、对现行标准进行提升修订、完成缺项标准的制定建设。

16.2.2　标准体系建设的原则

标准体系建设的原则是标准体系建设需要遵循的总要求，是标准体系建设的思维框架。标准体系建设的原则对标准体系的建设起优化引导作用、质量保障作用、水平提升作用、效果保证作用。标准体系建设方法论给出的原则，不考虑没有具体对应性和操作性内容的口号式原则，注重普遍实用和有效的原则。标准体系建设的价值性原则主要有以下几个方面。

1）开放性原则

开放性原则是引导将标准体系建成一个可吸纳其他适用标准的体系。遵循开放性原则有利于充分利用已有的标准资源，避免标准重复制定的人力和财力的浪费，有利于快速获得所需标准，支持标准体系的快速发展。

2）协调性原则

协调性原则要求标准体系要保持体系内的标准间相互协调、体系内的标准与体系外的标准相互协调。体系内协调在于标准体系内标准间不应有标准对象的重复和标准内容的重复、交叉、矛盾。体系外协调在于体系内标准与体系外同类标准不应有标准对象的重复和标准内容的重复、交叉、矛盾。当体系内标准与体系外同类标准存在内容基本相同时，但它们的技术指标有一个水平层级的整体差异，这属于标准指标的内控情况，可不作为不协调情况。

3）先进性原则

先进性原则要求标准体系要不断提高水平，促进标准化对象技术水平、管理水平和工作水平的提高。标准体系的先进性原则是实现对象水平提升的推动力。在标准体系建设的初期阶段，先进性原则主要通过内、外两个渠道来落实：一是将国内相关适用的先进标准纳入标准体系中；二是将国外先进的相关标准列入拟采用的标准对象，并将其转化为国内标准，以实现标准水平与国际先进水平接轨。当标准化对象经过一定时期的发展，具有自主研发先进水平的技术和产品时，先进性要充分考虑和注重自主的先进性和领先性。

4）系统性原则

系统性原则是要求所要建设的标准体系横向的标准分类全面，纵向的上层指导标准和下层支撑标准齐全，形成完整配套的标准体系。标准体系要避免标准的分类遗漏类别、标准间未形成配套关系等问题。

5）实用性原则

实用性原则是标准体系建设的根本要求。标准体系没有实用性，标准体系建立的意义就不大，甚至毫无意义。标准体系建设的实用性可从两个方面来落实：一是标准体系中需制定的标准有明确需求、有解决问题的实际内容，修订的标准有明确的修订理由和详细的修订内容；二是对标准体系中的现行标准进行文本搜集，完成标准体系实体的建设，也可编成全文标准汇编，以支持对标准体系中实体标准的使用。

16.2.3 标准体系建设的程序

以标准体系建设的方法论确立的标准体系程序，是标准体系全寿命周期的程序，它具有标准体系寿命周期过程的全面覆盖性和各类型标准体系的普遍适用性。标准体系全寿命周期程序模块为：①标准体系建设（修订）计划制订；②标准体系建设的目标分析；③标准体系结构设计；④现行标准的适用性分析；⑤标准体系的标准需求分析；⑥标准体系表编制；⑦标准制定和修订规划表编制；⑧现行标准搜集或汇编；⑨标准体系编制说明撰写；⑩启动需求标准的制定工作；⑪标准体系的成果发布和宣讲；⑫标准体系实施及信息反馈；⑬标准体系的复审维护；⑭对复审后的原标准体系标注问题部分或有效部分进行使用。标准体系全寿命周期程序流程关系如图 16-1 所示。

标准体系建设的程序流程，主要由 14 个程序模块组成，14 个程序模块对创建型标准体系（A 型）、提高型标准体系（B 型）和完备型标准体系（C 型）的建设都是必要的程序。三种类型的标准体系的建设在主程序流程上是没有差别的，但在模块的操作方法内容上是不完全一样的，存在各自特点的差异。对于程序流程模块的操作方法内容，有对 A 型、B 型、C 型都是相同的，有对 A 型、B 型、C 型分别是不同的，也有对两个标准体系类型是相同的，而对另一个标准体系类型是不同的。在图 16-1 中，各种形状的实线框为流程模块框，实箭头线是程序模块流程方向的指向，虚线框为说明框，虚箭头线的指向为各类型标准体系的说明指向，虚箭头线上面的字母表示标准体系的类型。对于图 16-1 流程中未分别标出 A 型、B 型和 C 型的流程框的，说明三种类型在该流程框的操作内容是一样的。

标准体系建设的主要模块的理论和方法将在 16.3 节进行详述，标准体系建设的 14 个程序模块对 A 型、B 型、C 型标准体系的操作方法的同异关系叙述如下。

标准体系建设的程序第一项是标准体系建设或修订计划的制订，这一程序项对 A 型、B 型、C 型标准体系在操作方法上是有区别的，对于 A 型标准体系，是制订新构建标准体系的计划，对于 B 型和 C 型标准体系，是编制修订标准体系的计划。在程序第一项中，A 型标准体系的工作是无前期基础的，是创建性的工作，按创建性工作制订计划；B 型和 C 型标准体系是前期有基础的，它们的工作计划的内容应该基于标准体系复审意见考虑。

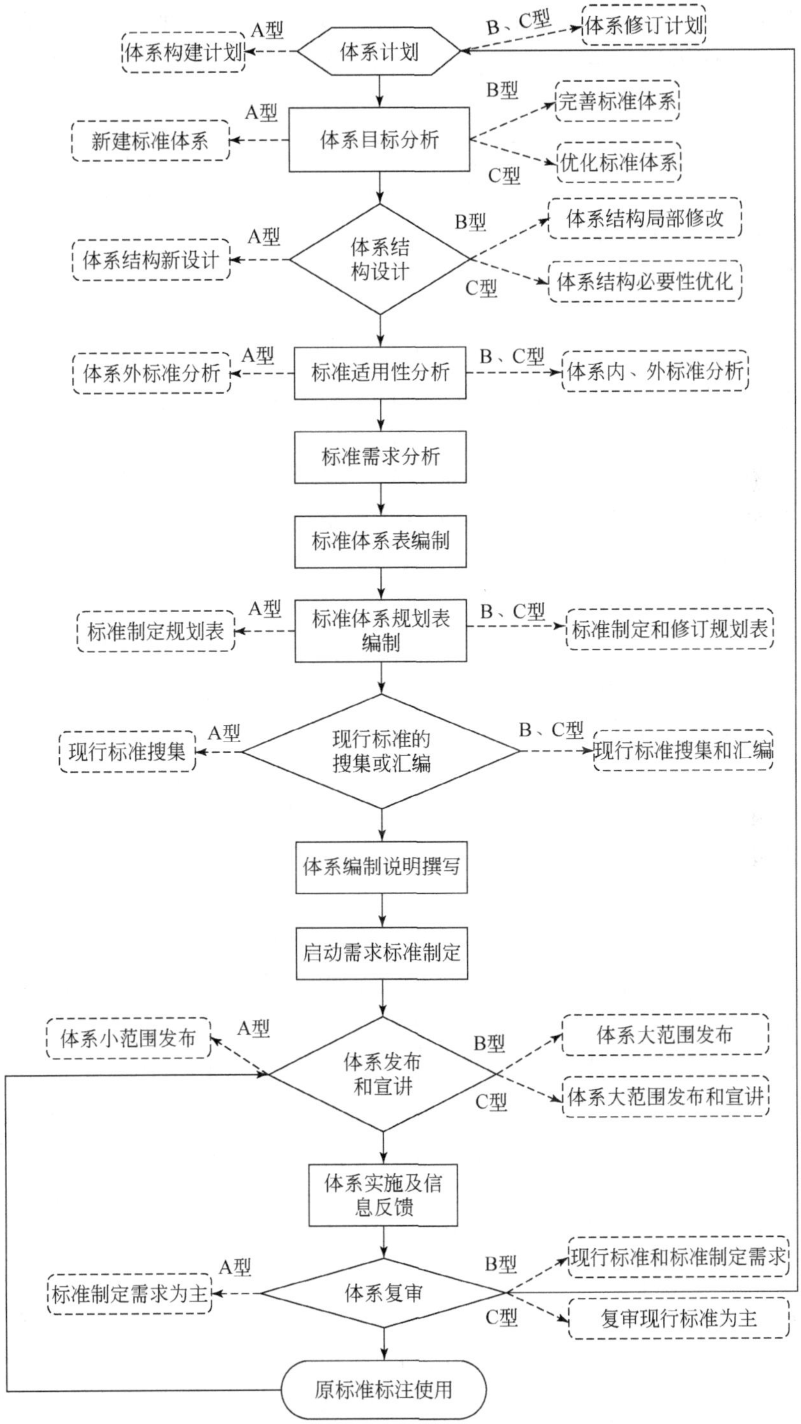

图 16-1　标准体系全寿命周期程序流程关系

程序第二项是标准体系建设的目标分析。对于A型标准体系,其目标分析的主要内容是分析确定建一个新标准体系的目标内容,目标的定位是解决标准体系的有无问题,填补标准体系的空白。对于B型标准体系,其目标分析的主要内容是在原标准体系的基础上,分析确定原标准体系需完善的目标内容。对于C型标准体系,其目标分析的主要内容是在提高型标准体系的基础上,分析确定优化和深化原标准体系的目标内容。

程序第三项是标准体系结构设计,在这一程序项中,对A型、B型、C型标准体系的结构设计,在操作方法上是不同的,A型标准体系是构思设计第一个标准体系结构,B型标准体系是在原体系结构的基础上作完善性修改,C型标准体系是对原标准体系的结构进行必要性优化,如需要特别大的变化时也可进行重构。

程序第四项是现行标准的适用性分析。在这一程序中,对A型标准体系的分析方法是不同于对B型和C型标准体系的。由于A型标准体系还尚未建立标准体系,标准的适用性分析是针对本标准体系以外的标准进行的。B型和C型标准体系的适用性分析主要是对体系内的现行标准,同时兼顾对体系外的相关标准进行搜集和适用性分析。

程序第五项是标准体系的需求分析,这一程序项对A型、B型、C型标准体系在操作方法上无实质性区别,只是在分析的覆盖面上和数量上有差别。A型标准体系是要新建的标准体系,是一个全新的标准需求的分析工作,分析的工作比较多。B型、C型已经有标准需求分析积累的项目基础,标准需求分析在标准体系中的比例会比A型小得多,C型比B型的比例还会小,因为C型制定完成的标准比较多,需制定的标准数量就会比较少。

程序第六项是标准体系表编制,这一程序项对A型、B型、C型标准体系在编制方法上无实质性区别,只是在体系表中编制的标准项目数量上有差别,通常在同类标准体系表中,编制的标准数量的多少关系是C型>B型>A型,因为C型标准体系建立的时间长,积累的标准项目就多。

程序第七项是标准体系规划表的编制,这一程序项对A型、B型、C型标准体系在规划表的编制上是有区别的,A型的标准体系规划表只有标准制定规划,B型和C型的标准体系规划表不仅有标准制定规划,而且还有标准修订规划;另外,在标准规划表中规划的标准数量上也有差别,通常在同类标准体系的标准规划表中,规划制定的标准数量关系是A型>B型>C型,因为A型是新建标准体系,标准需求空白大,规划制定的标准数量就多。

程序第八项是现行标准的搜集或汇编,在这一程序中,对A型标准体系的操作方法不同于对B型和C型标准体系。由于A型标准体系是正在建立的标准体系,现行标准主要来自搜集、分析体系外的相关标准获得,体系外可纳入的标准一般为通用基础标准,在市场上容易获得单项标准和汇编标准,不必专门编制标准汇编。B型和C型标准体系是比较成熟和完备的标准体系，核心业务标准已大部分完成了制定，形成了标准体系主业务的标准集合，由于专业标准的使用频率会比较高，为方便专业业务使用，搜集现行标准后，应编制使用频率高的专业标准的汇编。

程序第九项是标准体系编制说明撰写，这一程序项对A型、B型、C型标准体系在标准体系编制说明的编写方法上无实质性区别，但在标准体系编制说明的编写的复杂性和篇幅上是有明显差别的，通常三种类型的标准体系的编制说明在编写的复杂程度上和编写量上的关系是C型>B型>A型。

程序第十项是启动需求标准的制定工作，这一程序项对A型、B型、C型标准体系在需求标准的制定方法上无实质性区别，但标准体系在需求标准的数量与现行标准数量的比例上是有明显差别的，通常三种类型的标准体系需求标准数量与现行标准数量的比例关系是A型>B型>C型。

程序第十一项是标准体系的成果发布和宣讲，在这一程序项中，对A型、B型、C型标准体系在操作方法上是不同的：A型标准体系是刚建立的新标准体系，体系的内容单薄、成熟度不高，只需在小范围内发布即可，主要用于为现行标准实施和需求标准制定提供依据；B型标准体系是经过对原体系的基础进行完善和提高的标准体系，可以在大范围进行标准体系的发布，为现行标准的实施和需求标准制定提供支持；C型标准体系是在较成熟和先进的标准体系上进行完备性工作的标准体系，可以在大范围内进行标准体系的发布，并进行宣讲，推动标准化对象实现全面、先进的标准化。

程序第十二项是标准体系实施及信息反馈，这一程序项对A型、B型、C型标准体系在操作方法上无实质性区别，只是在体系实施的广度上和深度上有差别，在标准实施的信息反馈量上有差别，通常在同类不同型的标准体系中，标准实施的广度、深度和信息反馈的数量关系是C型>B型>A型。

程序第十三项是标准体系的复审维护，这一程序项对A型、B型、C型标准体系在复审对象类别的侧重点上是有区别的，A型复审侧重标准制定需求对象，B型复审侧重现行标准和标准制定需求对象，C型复审侧重现行标准对象；它们除了在标准复审类别的差别外，在数量上也是有差别的，通常新创建的标准体系复审的标准数量会少一些，越完备的标准体系类型，复审的标准数量会越多，标准体系复审标准的数量的关系一般是C型>B型>A型。

程序第十四项是原体系标注使用，是指标准体系复审后对体系需要变化的部分进行标注，让不变的部分继续使用，这一程序项对A型、B型、C型标准体系在操作方法上无实质性区别，只是A型、B型、C型标准体系标注的比例多少有差别，标准体系标注比例多少的关系是C型>B型>A型。

标准体系建设方法论的程序流程中的前5个程序是理论性和技术性的分析程

序，接下来的 7 个程序是成果形成和应用的程序，最后 2 个是标准体系的维护和支持维护的程序。前 5 个程序是标准体系建设的核心程序，集中了标准体系方法论的理论和方法精髓。以上只是叙述了各型标准体系在标准体系建设流程中，各模块操作方法上的区别，而各程序模块的理论关系和操作方法将在 16.3 节详细论述，它们将为标准体系的建设提供普遍适用的理论分析和操作方法。

16.3 标准体系建设的理论要素和方法

对于标准体系建设流程中的模块，在 16.2 节中只讨论了 A 型、B 型、C 型三种标准体系类型在模块中操作方法的同异关系，没有对每个主要程序模块的理论要素和操作方法进行细论。图 16-1 中的程序模块的操作流程是指导标准体系建设的重要内容，是标准体系建设的方法论的理论主体和支撑方法。本节将详细论述图 16-1 中程序模块的理论要素和操作方法，以为各类标准体系的建设提供普遍适用性的操作方法。

16.3.1 标准体系建设(修订)计划的制订

标准体系建设(修订)计划的制订，是指标准体系建设计划的制订或标准体系修订计划的制订，它们是标准体系建设工作开展的依据。标准体系建设(修订)计划的制订，为标准体系建设或修订工作赋予了正式任务，指明了工作的方向、目标，提出了工作的要求，同时为工作开展提供了必要条件。标准体系建设(修订)计划的制订，应基于特定程序评审通过的标准体系建设或修订的必要性论证，以保证标准体系建设或修订工作开展的意义和价值。制订标准体系建设计划针对的是从未建立过标准体系的领域或技术专业等。如果有的领域或技术专业等有标准体系建立的真实需求，则应制订标准体系建设计划。对于已经建立过标准体系的领域或技术专业等，经过一定时期后应进行标准体系的复审，根据标准体系复审提出的问题和修订结论，开展标准体系修订论证，经批准后制订标准体系的修订计划，对不适用的标准体系安排改进、完善和提升的工作计划任务，主要是对标准体系进行全面的标准适用性、需求、发展等分析，提出标准体系全面的改进、完善和提高的方案。标准体系的建设(修订)计划一般还应包含需求标准的建设内容。

16.3.2 标准体系目标分析

标准体系建设的目标是标准体系建立总体思考的依据。标准体系分析的目标应是具有纲举目张作用的目标，是关系标准体系结构框架的目标。这类目标需要寻找关键因素来确定。通常，对标准体系的结构框架有重大影响的目标因素主要是体系主体的横向因素和纵向因素。

标准体系结构相关的主体横向范围是标准体系的对象范围和标准化统一的范围，它们属于横向目标内容。标准体系对象的范围目标是指对象需要开展标准化的面，这个对象可以是产品，也可以是领域。当对象是产品时，范围目标是指产品分解结构的全部或部分，例如，标准化对象为汽车，汽车的组成关系为动力、底盘、车身、电气设备、附属设备，如果将汽车的全部组成都纳入标准化的范畴，那么标准体系的横向目标将包括以上全部五个组成部分。如果标准化的范围不考虑附属设备，那么标准体系的目标将要把附属设备排除在外。当标准化对象是领域时，范围目标是领域的覆盖面，如标准化对象为某行政区域，标准化的范围为教育、医疗、交通、城建、餐饮、酒店、娱乐、司法、能源、环卫等的全部或部分。标准体系结构相关的另一主体横向因素是标准体系覆盖的标准类型范围，它是在标准化同一对象上可选择的范围，范围的要素可为技术、管理、工作，标准体系中的表达形式为技术标准、管理标准、工作标准。对于这样的标准体系，标准类型的范围理论上有七种选择：①技术标准＋管理标准＋工作标准；②技术标准＋管理标准；③管理标准＋工作标准；④技术标准＋工作标准；⑤技术标准；⑥管理标准；⑦工作标准。这个范围也可称作标准体系的标准类别目标。以上标准体系的两个横向要素尽管是从横向考虑的，但其本身附带相关的纵向关系，纵向关系的深浅取决于其对标准化对象深化的目标要求。

标准体系建设的纵向目标是标准体系结构相关的主体纵向要素，这个要素可定位在标准体系的整体水平的高低程度上。标准体系的纵向目标一般可以分为六个水平等级：①国际领先水平；②国际先进水平；③国内领先水平；④国内先进水平；⑤行业或地方先进水平；⑥行业或地方一般水平。标准体系纵向目标的六个等级不仅是指技术的水平等级，也包括管理的水平等级。标准体系的目标水平与标准级别不相等，不是国际标准就是国际领先或国际先进水平，国家标准就是国内领先或国内先进水平。标准体系的目标水平是标准体系中的标准内容形成的约定技术水平或管理水平。有些情况，标准体系纵向的水平目标与标准体系结构层次也有一定的联系，水平高的标准体系，需要更深层的标准来细化指标和更丰富的标准来匹配支持。

标准体系的三个主体目标因素，构成了标准体系目标分析的三维关系，它们是横向目标的两个维度和纵向目标的一个维度，即对象范围维度、标准类别维度、水平维度。标准体系的目标，构成了一个目标三维空间，其关系如图16-2所示。标准体系目标分析的结果，其实就是在目标三维空间中寻找定位。每一个标准体系的科学建设，首先要经过分析，定出每一维的目标位置，经过三个目标位置的交叉，构成在目标空间的最终目标位置，如图16-2中A点所示，其对象范围目标位置为覆盖对象中上范围目标，标准类型目标位置为技术标准，标准水平目标位置为国内领先，总目标位置为A点。目标三维空间是标准体系目标确定的方法论理论，

图 16-2 只是给出的目标三维空间确定的一种关系，可以根据自己的情况修改目标三维空间坐标系中的维度名称及其内容，以满足标准体系不同目标分析的需要。

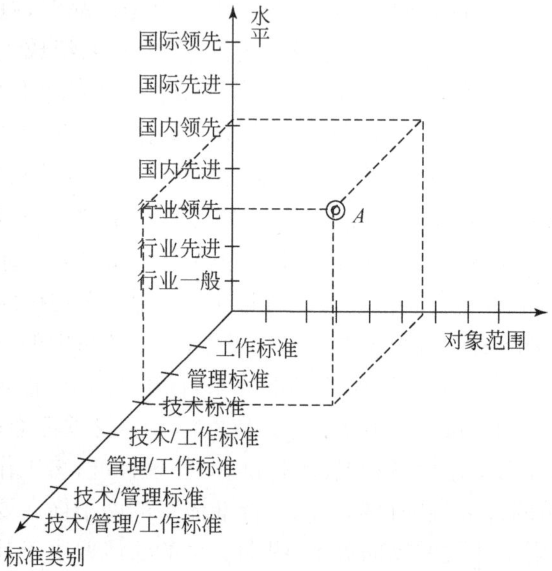

图 16-2　标准体系目标三维空间

16.3.3　标准体系结构设计

标准体系的结构设计是标准体系设计的前提和基础，它为标准体系的建立提供了骨架和依据。标准体系的结构设计就是标准体系系统性的分类关系设计，为标准项目的放置提供类别“盒子”，为标准项目的查找提供检索路径。标准体系结构的类别“盒子”和检索路径，方便了在有成千上万个标准项目的体系中查找所需标准。标准体系的结构设计，一般不必重复构思标准体系的分类结构关系或路径拓扑关系，可以选用第 15 章已经设计的标准体系典型的拓扑结构。标准体系的结构可设计为以下拓扑结构：①分类层次结构；②神经路径结构；③星形结构；④序列结构；⑤环形结构；⑥矩阵结构；⑦综合结构；⑧混合结构[6]。以上八种体系结构可供适合的标准体系进行直接选择或组合选择。标准体系结构在应用前应根据标准体系的特点进行体系结构的适用性分析，再决定采用哪种体系结构。

16.3.4　标准适用性分析

标准适用性分析是为了充分利用现行有效的标准，清理问题标准，为其完善再利用提供依据。标准适用性分析是标准体系内已有标准资源和标准体系外已有标准资源充分利用的甄别性工作。标准适用性分析的范围为：①本标准体系内的所有现行标准；②本标准体系外的国内相关标准；③本标准体系外的国际/国外相关标准。对于 A 型标准体系，标准适用性分析的范围只有以上后两项，A 型标准体系是新创建的体系，无体系内现行标准。对于 B 型和 C 型标准体系，标准适用性分析的范围包括所有三个范围。在开展标准适用性分析前，要对范围②和范围③的对象进行广泛的相关性搜集工作，并将范围③的对象翻译为中文(必要时)。

对于标准适用性分析，首先要给出适用性的分析项和判据指标，有了分析项和判据指标才能有针对性地分析和比较并得出结论。产品类标准适用性的分析项主要可列为功能性能、质量水平、安全性、环境适应性、外观质量、接口适应性、运输性、贮存性、人机工效(人机工程)、健康性、卫生性、环保性、能耗性、适配性、可测试性、可靠性、可维修性、保障性、电磁兼容性、互换性、耐久性、尺寸适合性、重量适合性、国际规则符合性、法规符合性等，判据指标为这些项对应的标准化对象所要求的指标。以上标准适用性的分析项，不要求每一个标准都要有全部判据的分析项，只需选择与标准相关的项即可。其他类标准的分析项可根据各类标准的特点来选择列出。

标准的适用性分析包括两类分析内容：一类是分析标准对实施对象的适用性；另一类是分析标准内容的适用性。分析标准对实施对象的适用性，主要是针对本标准体系外的标准进行的，是从体系外标准目录中查阅标准名称，判断哪些标准与标准实施对象有相关性和是否适合，将适合的标准名称列出清单。标准内容的适用性分析方法是将标准对象与其分析项制作成矩阵表格关系，横坐标是分析项，纵坐标是标准对象，两者的交叉格是标准对象对相应分析项的适合性判定意见，用于标准适用性分析时填写，表格形式如表 16-1 所示。表 16-1 中的标准对象与分析项的交叉格可分为三个小区，第一个小区为标准化对象期望的指标，第二个小区为标准对象的指标，第三个小区填写判定意见。对于体系外的标准，经过标准对象和内容适用性的分析，将适合的标准列出清单备好，在标准体系表编制时放入标准体系表中。对于体系外适合的国际/国外标准还应列出国际/国外标准转化清单，注明拟采用国际/国外标准的等级。转化采用国际/国外标准的等级，应按《标准化工作指南 第 2 部分：采用国际标准》(GB/T 20000.2—2009)的规定，从“等同”采用、“修改”采用、“非等效”采用中选择适合的等级之一注明。

表 16-1　标准适用性分析的判断关系表

分析项 / 标准对象	功能	性能 1	性能 2	……	安全性	环境适用性	外观	接口适应性	可靠性	可维修性	……
标准 001	……	……	……	……	……	……	……	……	……	……	……
标准 002	……	……	……	……	……	……	……	……	……	……	……

标准体系内标准的适用性分析，主要是标准内容的适用性分析，有两种情况：

一种是非归口管理的标准；另一种是归口管理的标准。非归口管理的标准的适用性分析只给出"适用"、"不适用"和"不适用且有问题"三种结论，适用的纳入标准体系，对不适用的分出两类，一类是没有问题的"不适用"，不纳入标准体系，另一类是"有问题且不适用"，将"有问题且不适用"的问题或问题修改建议转给归口单位。归口管理的标准应按标准复审模式进行适用性分析工作，对每一项标准审阅后，应给出明确的标准复审结论。标准复审的结论主要有"有效"、"需修订"、"需修改"、"应废止"、"过渡使用"。结论为"有效"的是指标准可继续有效使用，不需要做任何工作。结论为"需修订"的是指标准有实质性的内容需要更改，且有一定数量的修改，标准要进行重新更改、编辑、审批、修改标准编号和重新给出发布、实施日期等的修订工作。结论为"需修改"的是指标准有非实质性内容需要更改，且需修改的问题数不多。标准"需修改"的修改形式是在格式化表单上进行修改，并以"修改通知单"进行改正。结论为"应废止"的是指标准不能再使用，必须从标准体系表中删除，并发布标准废止通知单。结论为"过渡使用"的是指标准不应该在新的事项中使用，但由于历史上的使用延续原因，标准不宜马上废止，可在限制的范围和时期内使用，并要在标准体系表中进行标注。例如，某产品标准因指标落后应废止，但产品还有与其他产品配套使用的订货，因此采取限制使用范围和限定时间终点的办法，允许标准过渡使用。

16.3.5 标准需求分析

标准需求分析要根据标准体系目标的定位来进行，以目标分析为依据，是目标分析的进一步展开，是支持目标实现的标准对象的明确化。标准需求分析在理性层面上，是从标准体系的功能作用需求和解决问题需求两个角度开展需求的研究和分析，理出支持目标实现所需的标准对象，提出结构化、概念化的标准需求对象。标准需求分析在操作层面上，是从标准"范围目标"、"类型目标"和"水平目标"三个目标入手。标准的需求要找准支持标准体系引领发展、规范行为、提高效率、降低成本、保障质量、保障安全、支持互联互通、支持互操作性等和避免重复劳动、秩序混乱、资源浪费等需求作用。标准需求分析的范围包含现行标准和需制定的标准。

标准本质上是其作用对象实现目标工作行为所需要的，因此标准需求分析可采用对象结构化和工作概念化的处理方法。这一方法是将标准化对象进行层层结构分解，将工作类型进行概念化展开，由结构关系维度和工作概念维度建立标准对象的生成矩阵。这种矩阵给出了全面的标准化对象的结构关系和工作类型关系，使得对象结构和工作类型不会有遗漏。但构造全面的标准对象矩阵不等于要全部选择。标准对象选择的定夺还是要依据需求分析的认定。对象结构分解的基础是依据"对象范围目标"分析的结果，工作类型展开的基础是依据"标准类型目标"分析的结果，或者说它们是依据标准体系进行横向目标分析。

当标准体系的“对象范围目标”为产品、“标准类别目标”为“技术标准”时，其需求的标准对象可从产品的全寿命周期工作分解结构（WBS）的结构化、概念化的标准对象矩阵中进行选择。产品全寿命周期工作分解结构的结构化、概念化的标准对象矩阵，由产品的结构成分和工作因素类型组合而成。产品的结构成分就是产品的组成部分。产品的工作因素类型（概念化）主要有材料、标准件、设计、制造、检验/试验、包装、储存、运输、安装、使用、维护、报废处理等。为了方便产品标准需求对标准对象的选取，将产品的结构成分和工作因素类型组合的结构化和概念化的标准对象关系制作成表 16-2。表 16-2 中的横坐标的“工作因素”元素和纵坐标的“产品结构”元素的交叉点就是组合的标准对象，以代码表示，表中无需求位置的代码可填写为零。例如，经需求分析，“组件 2”需求设计标准，则横坐标的“设计”元素与纵坐标的“组件 2”元素组合，构成“组件 2 设计标准”对象，其代码为“Z2C”。结构化、概念化的产品标准定位是可剪裁使用的，可针对具体情况从中选择适用部分。结构化、概念化的产品标准定位，不仅适用于物质对象的情况，对于软件类型的产品、能量类型的产品、信息类型的产品等也是适用的或可类比使用的。

表 16-2　产品结构化/概念化的标准对象

工作因素 产品结构	原料/材料(A)	标准件(B)	设计(C)	制造(D)	检验/试验(E)	包装(F)	贮存(G)	运输(H)	安装(J)	使用(K)	维护(L)	报废处理(M)
产品整机	00A	00B	00C	00D	00E	00F	00G	00H	00J	00K	00L	00M
组件 1(Z1)	Z1A	Z1B	Z1C	Z1D	Z1E	Z1F	Z1G	Z1H	Z1J	Z1K	Z1L	Z1M
组件 2(Z2)	Z2A	Z2B	Z2C	Z2D	Z2E	Z2F	Z2G	Z2H	Z2J	Z2K	Z2L	Z2M
…	…	…	…	…	…	…	…	…	…	…	…	…
部件 1(B1)	B1A	B1B	B1C	B1D	B1E	B1F	B1G	B1H	B1J	B1K	B1L	B1M
部件 2(B2)	B2A	B2B	B2C	B2D	B2E	B2F	B2G	B2H	B2J	B2K	B2L	B2M
…	…	…	…	…	…	…	…	…	…	…	…	…
零件 1(L1)	L1A	L1B	L1C	L1D	L1E	L1F	L1G	L1H	L1J	L1K	L1L	L1M
零件 2(L2)	L2A	L2B	L2C	L2D	L2E	L2F	L2G	L2H	L2J	L2K	L2L	L2M
…	…	…	…	…	…	…	…	…	…	…	…	…

标准体系“标准类别目标”定位为“管理标准”目标时，对象将转换为企业、社会等情况，工作因素是各种管理关系，其需求的标准对象可从以下概念化的管理关系中选择。如对象为企业，管理标准类型为基础管理标准、战略管理标准、决策管理标准、计划管理标准、资产管理标准、人员管理标准、财务管理标准、风险管理标准、薪酬管理标准、采购管理标准、信息化管理标准、开发管理标准、技术管理标准、生产管理标准、

质量管理标准、安全管理标准、健康卫生管理标准、能耗管理标准、设备管理标准、环保管理标准、营销管理标准、物流管理标准、档案管理标准、废旧物处理标准、效果评价标准等。以上提出的管理标准类型是相对全面的，实际使用时，可根据需求剪裁选用部分或全部标准。管理标准对象需求分析的方法同样可按表 16-2 进行。

标准体系“标准类别目标”定位为“工作标准”目标时，对象将有产品、企业和政府窗口性服务机构等情况，工作因素是各种工作关系，其需求的标准对象可从概念化的工作关系中选择。如对象为产品或企业时，工作标准类型为：(××)工序操作标准、设备操作标准、人员行为准则标准、人员岗位职责标准、人员(××)岗位说明标准、劳动定额标准、工作评价标准等。以上工序包括机械、光学、电子、化工等各种专业的生产工序；设备包括车、铣、刨、磨、钻、锻造、铸造等加工设备、试验设备、测量设备、动力设备、安全设备、环保设备等；人员包括管理人员、生产人员、销售人员、辅助人员等。工作标准可根据实际需求剪裁选用部分或全部标准。工作标准对象需求分析的方法同样可按表 16-2 进行。

标准体系“标准类别目标”定位为多类别标准目标时(二类标准或三类标准复合时)，其需求的标准对象可从以上概念化的技术标准、管理标准和工作标准的类型中选择组合而成。

标准体系“横向目标”的标准需求分析，涉及两类情况：一类是制定“横向目标”所要求的标准；另一类是查找与“横向目标”有对应关系的现行国际、国家、行业、地方、企业等各级标准。第一类情况是将需求分析确定的水平指标和要求(纵向目标)绑定在所需标准对象(空缺标准)上；第二类情况是选择好与“纵向目标”有对应关系的现行各级标准。

以上标准需求分析是主动式需求分析方法。标准需求分析还有被动需求分析方法(只分析现行标准的适用性，不提出缺项需求标准)，该分析方法主要是从体系外标准目录中查阅相关类别的标准名称，判断哪些标准是所要建设的标准体系需要的，将需要的标准名称列入标准需求清单。被动式分析方法一般不作为主要使用的标准需求分析方法，可作为补充形式使用。

标准需求分析，重在分析出标准的真实需求点，切记不要为了经费、名义等利益而提出标准需求，而要为解决问题、带来效果提出标准需求。标准需求分析时，标准对象的定位要考虑“最大自由原则”[3]，为技术实现的途径、方法和材料选择等留出自由发展的空间，以免阻碍技术进步。科学性的数学、物理、化学、生物、管理等学科的定理、定律、规则等，采用“无协调原则”[3]，不需要作为标准化选择的标准对象，因为它们已是客观性的“事实标准”。

16.3.6 标准体系表编制

标准体系表是反映标准分类关系和标准项目明细的清单。标准体系的分类结构设计是标准体系表编制的指导和依据。标准体系表的标准项目应完全按照标准体系分类结构设计进行分类。标准体系表的编制，首先是要设计出表的信息项或表头信息项，然后按表头信息项进行标准项目编制。标准体系表中的标准信息项要有利于标准的识别、查找、管理、维护、统计等。标准体系表所设置的信息项主要有序号、体系编号、标准名称、标准编号、标准级别、参考标准、标准状态、主编单位、备注等。标准体系表的表头信息格式和标准项目的填写实例如表 16-3 所示。标准体系表的每一个信息项都应有作用意义，不能体现有价值作用的信息项和作用很小的信息项都不需列入标准体系表中。“序号”用于标准数量的统计和标准项目位置的标记。“体系编号”用于体系内标准的管理，含有标准分类信息和类别中标准数量的关系。“标准名称”是标准的身份标定、识别信息，也是标准内容一定程度的反映，并为标准的检索提供了关键词。“标准编号”是标准的唯一身份标识，为标准检索提供了准确信息，并提供了标准管理归属关系、发布年代的信息；当“标准编号”栏有相应的编号时，说明该项标准是已制定完成的标准；当“标准编号”栏无编号时，说明该项标准尚未开始标准制定或未完成标准制定。“标准级别”是标准层级所属关系的信息，用于表达现行标准的级别和需制定标准的级别建议。“参考标准”列出的是参考的现行标准编号和名称，是相应标准对象制定时已参考了的或将来标准制定时准备参考的现行标准。“标准状态”用于反映每个标准所处的实际状态或建议的状态，实际状态有“有效”、“正制定”、“正修订”、“正修改”等，建议状态主要是标准体系建立时和标准经过复审后提出的建议结论状态，主要有“需制定”、“需修改”、“需修订”、“应废止”、“过渡使用”等。“主编单位”信息是已完成制定的标准的第一完成单位的名称，或对于需制定的标准给出建议承担标准制定的单位名称。“备注”用于表述标准有特殊说明和标注的内容，如给出标准属于“技术标准”、“管理标准”、“工作标准”等的类别属性。表 16-3 的表头信息项可根据需要增加。

表 16-3　标准体系表的格式

序号	体系编号	标准名称	标准编号	标准级别	参考标准	标准状态	主编单位	备注
119	××01008	卫星导航地基增强系统数据处理中心数据接口规范	—	GB	RTCM××	制定	—	—
172	××01009	卫星导航地基增强系统数据播发接口规范	—	GB	RTCM××	有效	—	—
…	…	…	…	…	…	…	…	…

在标准体系表编制时，将会面临标准归类的难题，这一难题是技术标准、管理标准、工作标准的界限划分问题。实际中，技术标准和管理标准的界限、管理标准

和工作标准的界限、工作标准和技术标准的界限都是难以区分的，似乎都有关系，又难以定夺，这些区别可参见 12.6 节及表 12-1 的内容。

标准体系表中的项目，主要由四部分标准项目组成：一是通过对现行标准的适用性分析，选择出的适用标准项目；二是通过标准需求分析，提出的需要制定的标准项目；三是通过对现行不适用的标准进行修订或修改可转换为适用的标准项目（修改可以是按标准原管理关系进行修改，也可以是标准使用方自己修改自用）；四是利用现行标准针对特定类专用目的进行内容细化和具体化，形成新的具体型号标准的项目或细化为具体对象标准的项目。

16.3.7 标准体系规划表编制

在完成标准体系表编制后，为了方便今后标准制定和修订工作的开展，应编制一个标准制定和修订规划表，它是标准体系表中需要新制定的标准对象和需要修订及修改的现行标准对象的集合。标准规划表中的制定和修订标准项目来自标准体系表中所标注的“需制定”、“需修订”和“需修改”的项目，应在规划表中增加标准体系表中没有的制定和修订计划实施的年份。标准体系规划表的编制可有两种分类方式：一种是按专业类别分类，无论是标准制定对象、修订及修改对象，都按专业类别放到一起；另一种是按标准制定对象或标准修订及修改对象，分别建立两个规划表，一个是标准制定规划表，另一个是标准修订（含标准修改）规划表，在各表中可再按专业进行分类。单独编制标准体系规划表是为了支持标准制定和标准修订（含标准修改）的论证和计划编制工作，或者用于支持标准体系的实体建设和完善工作。对于标准修改项目，应集中在一个较短的时间内一次统一修改完成，并办理相关手续后，及时印发修改单。

16.3.8 标准体系实体集成

在新的标准体系定义中，将标准体系定义为由实部和虚部组成。一个系统、完整的标准体系应由“虚部”和“实部”组成，“虚部”是标准体系的设计结构框架、标准体系表等标准体系的规划性质的文档，“实部”是标准体系中的实体标准的集合。以往标准体系的建设工作，只是完成了标准体系的虚部的部分，即获得了标准体系结构和标准体系表等内容，而标准体系的实部的建立通常没有做，将其留给标准使用者去搜集。这种只完成标准体系虚部的建设工作，是一种不完整的体系建设工作，尽管这个成果对指导体系中标准的制定/修订（含修改）和掌握现行标准的适用范围是有用的，但没有实体标准，对现行标准的实施是不方便的。因此，要避免“有体系无标准”的现象。为了便于标准体系现行标准的使用，应该对标准体系的实体部分进行搜集、整理分类和汇编，以备使用。标准体系中现行标准的汇编，不一定要将所有的现行标准都进行汇编，可以只对使用频率高和使用范围广的标准进行汇编。

16.3.9　编制说明/研究报告的结构和内容

对于要求深入研究的标准体系建设项目，应专门撰写标准体系研究报告。一般，只需撰写标准体系编制说明即可。标准体系编制说明和标准体系研究报告的编写结构，大部分相同，主要以标准体系建设的程序为主体，分别在程序的首和尾加一定的结构内容。标准体系研究报告的编写章节结构为：①任务来源及体系建设的目的意义；②标准化对象现状和标准现状分析；③标准体系目标分析；④标准体系结构设计；⑤标准需求分析；⑥标准适用性分析；⑦标准体系表编制；⑧标准制定/修订规划编制；⑨标准体系的成果形式；⑩标准体系实施的措施建议；⑪标准体系实施效果展望等。标准体系编制说明的内容，可不用写以上第②、⑩、⑪条涉及的章节和内容，对其他章节编写的内容，也可简化。编写标准体系研究报告比编写标准体系编制说明在内容的分析上要更深入和更具体。标准体系编制说明和标准体系研究报告的内容，可参照以上相应章节论述的内容进行编写，这里不再赘述。

16.3.10　启动标准体系需求标准的制定

对于标准体系规划的标准需求项目，要通过启动标准的制定活动来完成标准实体的建立。由于标准是规则、有效知识、权威性依据等，所以各级标准的制定都有严格的专门程序。标准制定对象的依据是标准体系中的需求标准项目。标准制定的程序主要是七阶段程序，从大概念上可分为三段，一是标准的论证立项，二是标准的起草，三是标准的审批发布，因此标准体系规划的每个需求标准项目都要按标准制定的全程序要求进行。标准制定的工作模式一般是标准的编制或研制，它们所需的工作时间是比较多的。当然也不排除会有用“贴标准”和“抄标准”模式建立标准，而它们所需的工作时间会比较少。一个标准体系要完成其所规划的需求标准的制定，通常需要很长的时间，短则几年，长则十几年等。一般，标准体系中规划的需求标准制定完成的时间周期的长度与标准的层级高低成正比，标准层级越高，规划的需求标准制定完成的时间周期就越长。由于高层级的标准适用面广、协调范围宽，所以所需时间就会比较多。

16.3.11　标准体系的建设成果发布和宣讲

标准体系的建设成果主要由标准体系的表达部分、功能部分、规划部分组成，这三部分按文档的独立性可形成以下五种物化的建设成果文档：

（1）标准体系结构框架；

（2）标准体系表；

（3）标准制定/修订规划表；

（4）标准体系中现行标准或标准汇编；

(5) 标准体系研究报告或编制说明。

以上成果形式可以分册装订,也可以合并装订,拆分或合并视各部分的篇幅大小和使用方便来决定。标准体系的成果形式也可以根据要求增加和减少以上成果形式。在以上五种成果中,"标准体系中现行标准或标准汇编"由实体标准组成,可能是所有文档中数量最多的。

标准体系编制的目的在于使用。标准体系编制完成了应进行公开或内部发布,以使标准管理部门和标准制定主体(如企业)掌握标准的发展规划和可实施标准的范围。标准体系发布主要是发布标准体系的"虚部",即标准体系结构框架和标准体系表、标准体系规划表等。标准体系的"实部"因需较高的成本费用,发布时,使用者可有偿获取。如果是服务于一个具体的工程项目、建设工程或研制项目,标准体系的"实部"应全部提供,以保证标准体系功能的完整应用。

标准体系是一个复杂的标准关系系统,编制完成后如果不发布和不宣讲,标准体系的使用者就难以掌握和利用,因此应对标准体系进行必要的要义宣讲,使标准体系的使用者能正确和有效地应用它。

16.3.12 标准体系的实施和信息反馈

标准体系实施的根本目的在于:将标准体系中分析确定适用的现行标准作为工程项目、建设工程或研制项目等实施标准的依据;在标准制定和修订(含修改)项目论证中,将标准体系规划的需制定标准和需修订标准对象作为标准制定/修订项目论证的依据。

标准体系建设成果使用的效果和问题要通过标准使用信息反馈才能掌握。因此,标准体系实施后,要跟踪标准体系使用的情况,包括标准体系使用带来的效益或利益,以及标准体系使用中的问题,特别是重要问题。问题的搜集是标准体系使用情况跟踪的重点,并对这些问题通过反馈机制进行及时获取,以便真实掌握标准体系编制的质量和使用效果。标准体系问题的反馈应制定专门的机制、问题采集表和指定责任人等进行,否则标准体系实施问题的反馈将会落空。标准体系实施搜集的问题,可分类分析,提出改正措施,为标准体系建设的改进和提高提供指导。

16.3.13 标准体系的复审

标准体系是根据编制时期的现状需求和认识建立的,随着时间的推移,原来适用的标准体系就会有一部分已不适用,因此标准体系需要定期复审。标准体系的复审是保持标准体系先进性和适用性的措施,主要是复审标准体系的结构框架、标准体系中的现行标准项目、标准体系中需制定项目等在新时期的适用性或有效性。标准体系的复审应像标准的复审一样有一个常规周期,以保证标准体系复审的常态化,使标准体系经过复审后的完善工作来保持长期有效性。标准体系长时期不复审，体系中的不适用内容就可能给标准的实施和标准的制定带来误导或过时的依据信息。标准体系复审的内容主要有：①标准体系的架构和分类的合理性；②标准体系中现行标准的适用性；③需制定标准项目的必要性；④标准规划的合理性等。标准体系复审后应形成复审的结论、存在问题的意见和改进的建议等文档。

16.3.14　原标准体系的标注使用

标准体系复审后，可能会对体系的结构、标准分类、现行标准项目、需制定的标准项目提出进行修改、增加、删减等调整意见和建议，这些调整是需要专门的任务和时间周期对标准体系进行修订的，因此，标准体系中需要修改的部分就暂时不宜使用。但标准体系中仍然有效的部分还是可以使用的，尤其是标准体系中大部分为有效内容时，利用复审后标准体系中仍然有效的部分是有益的。因此，需要对原标准体系中复审结论和意见为需要调整的部分进行问题标注，或对复审结论为有效的部分进行标注，将标注后的标准体系提交继续使用。这样的措施可使标准体系的有效部分不会因为标准体系有需修改的情况而停止使用，对标准体系在整体修订期的使用不会造成太大影响，有利于工作连续开展。

16.3.15　标准体系建设程序的总体关系

标准体系的建设总体上可分为三部分内容：第一部分是规划部分；第二部分是实体标准的建设部分；第三部分是综合部分。16.3.1 节～16.3.9 节的内容主要是标准体系总体设计和现行标准及需求标准规划的内容，16.3.10 节的内容为标准制定的实体标准建设内容，16.3.11 节～16.3.14 节的内容为服务于第一部分和第二部分的综合性内容。

16.4　标准体系全寿命周期关系

标准体系的建设是周期性阶梯式往复上升的，其周期性与标准制定/修订（含修改）的规律（PDAR）相同，即标准体系制订/修订计划（plan，P）、标准体系建设（研制）（development，D）、标准体系应用（application，A）、标准体系复审（review，R）四个阶段。P 阶段是标准体系建设计划或修订计划制订的阶段，对应标准体系建设程序流程中的程序 1（16.3.1 节）。D 阶段是标准体系的编制或修订的阶段，是标准体系形成或提升改进的重要阶段，它对应标准体系建设程序流程中的程序 2～10 的阶段（16.3.2 节～16.3.10 节）。A 阶段主要是开展标准体系成果的发布、宣贯、推广、应用、应用信息反馈、原体系标注使用的阶段，它对应标准体系建设程序流程中的程序 11、12、14（16.3.11 节、16.3.12 节、16.3.14 节）。R 阶段是标准体系的复审阶段，它对应标准体系建设程序流程中的程序 13（16.3.13 节）。R

阶段的标准体系复审,主要复审标准体系实施的适用性、有效性、存在问题和作用效果,包括三个方面,一是复审标准体系的结构及分类关系是否仍然适用,二是复审标准体系中现行标准是否仍然适用,三是复审标准体系中需制定标准项目是否仍然必要。标准体系的复审工作可为标准体系是否需要修订提供依据。P 阶段是标准体系建设或修订的依据;D 阶段是标准体系内容形成或完善的关键;A 阶段是标准体系实现其建立的目标的阶段,即标准体系应用的阶段;R 阶段是标准体系应用后的复审与评价阶段。PDAR 是标准体系在其全寿命周期中,周期性的计划、周期性建设或重构、周期性应用、周期性评价的价值链工作。

参考文献

[1] 麦绿波. 标准体系构建的方法论[J]. 标准科学,2011,(10):11-15.

[2] 麦绿波. 标准体系方法论程序模块的理论和方法[J]. 标准科学,2011,(11):13-19.

[3] 鲍仲平. 标准体系的原理和实践[M]. 北京:中国标准出版社,1998.

[4] 中华人民共和国国家质量监督检验检疫总局,中国国家标准化管理委员会. 标准体系构建原则和要求[S]. GB/T 13016—2018. 北京:中国标准出版社,2018.

[5] 夏征农,等. 辞海[M]. 上海:上海辞书出版社,1979.

[6] 麦绿波. 标准体系的结构关系研究[J]. 中国标准化,2011,(2):40-48.

第 17 章　分析型标准体系

17.1　分析型标准体系的概念和价值

标准体系是标准规划表达和标准实体的集合，这个集合的建立方式可应用传统的方式或应用技术深化分析的方式。标准体系传统的建立方式是建分类、画框架、提项目、作表格等工作。我们期望标准体系应该具有为标准计划、标准制定和标准实施等标准的全寿命周期提供有效性高的支持和服务功能。标准体系要高有效性服务于标准的全寿命周期，标准体系就应能：为标准立项论证提供经深度研究分析确定的需制定标准项目；为标准制定提供标准作用、内容、相关标准引用等重要信息；为标准实施提供适用的现行标准项目和标准实施相关的标准作用、标准实施条件等重要信息。如果标准体系要具有这些功能，发挥这些作用，就需要建立一种新型的、具有更多技术内涵的标准体系，为此，作者设计出了符合这一要求的标准体系，称其为分析型标准体系。分析型标准体系是指应用体系工程理论[1]深化理论分析建立的标准体系，是强化理论分析构建的标准体系的简称。传统的标准体系建立的任务主要是围绕构建标准分类架构，提出标准项目名称、级别、制定时间等基本信息进行的。由于传统标准体系建立的研究要素比较单薄，难以服务于标准立项对项目必要性、技术充分性、内容清晰性、使用针对性等论证的支撑，也难以服务于标准制定和标准实施的支撑，所以标准体系的构建模式需要深化、改进和提升。标准体系构建是标准发展的顶层设计工作，如果标准体系的建设未基于科学理论方法和深入扎实的分析工作，标准体系就难以发挥期待的作用和效能。为了深化推进标准体系构建的理论化和科学化，本书提出新模式的标准体系构建研究方法，称为分析型标准体系的建立方法。分析型标准体系应用科学分析方法，对标准体系的构建进行多要素、多维度和多结构的深化分析。标准体系的多分析要素主要包括体系编号、项目名称、标准级别、标准类型、项目状态、应用对象、标准作用、主要内容、引用标准、被引用标准、实施条件、新项目制定时间等要素。标准体系多维度的分析是指对需求维度、项目维度、作用维度、内容构成维度、实施条件维度等维度进行的深化分析。标准体系的多结构是指对标准体系建立的表达结构采用能表达多维度分析的形式结构。分析型标准体系在体系构建的分析方法、设计方法、建设方法等方面与传统的标准体系是不同的。对标准体系应用多要素、多维度和多结构的分析和表达方式，可使标准体系的建立在科学理论和方法的基础上，加深标准要素的分析深度,提升标准体系建立的理论水平、技术含量和体系效能的复现性程度。分析型标准体系是针对标准体系的特点及实际情况建立的标准体系分析和构建方法,是一种基于理性工作的标准体系建立的新方法论。

由于分析型标准体系是基于深入分析建立的,标准体系架构具有科学合理性,提出的标准项目具有很好的需求符合性、可信任性。分析型标准体系的研究成果不仅能可靠地规划标准项目,而且能为规划出的标准项目的未来制定工作以及标准的实施工作等提供具体的要义指导。

17.2 标准体系的需求分析

需求分析是标准体系建立的根本依据。缺乏理论和方法支撑的标准体系需求分析,是根据不足的和难以信任的标准体系。本章借鉴英国著名学者 Michael Jackson 的软件需求分析方法和模型[1],构建标准体系需求的理论关系。需求分析只有深入到有实际内容的体系架构方案、功能和性能指标,而不只是一些表象性的框图,这种分析才能为标准体系的建立提供有用价值。标准体系的需求分析有宏观的需求分析和微观的需求分析,需求分析的考虑要素应涉及必要性、针对性、规律性、可表达性、可验证性等。标准体系的需求分析可从标准体系需求特性、标准体系需求生成模式、标准体系需求方案的形成方法三个方面来分析[1]。

17.2.1 标准体系需求特性

标准体系需求特性是标准体系需求认识和分析的基础内容,主要包括标准体系需求问题逻辑模型、标准体系需求关系模型、标准体系需求的基本性质。

1. 标准体系需求问题逻辑模型

标准体系的需求可通过三个途径分析认识:一是问题导向确定需求;二是深度分析发现需求;三是以技术推动牵引需求。这三个途径是需求提出的根据。问题导向确定需求是显性的需求,是问题压迫被动产生的需求,称为Ⅰ类需求。深度分析发现需求是隐性的需求,是深入分析要素发现的需求或分析技术发现的需求,称为Ⅱ类需求。技术推动牵引需求是推荐性的需求,是为了获取领先或优势主动引导产生的需求,称为Ⅲ类需求。Ⅰ类需求是基于解决问题产生的需求,需求有对应的背景问题,在问题池中能搜集到相应的问题。Ⅱ类需求是在深入分析和研究技术时产生的需求,是深度分析新发现的需求,需求有对应的背景待研究技术,在待研究技术池中能搜集到相应的技术。Ⅲ类需求是基于对优势新技术应用的渴望提出的需求,需求有对应的背景优势技术,在优势技术池中能搜集到相应的技术。Ⅰ类需求是解决现实问题的需求,Ⅱ类需求是解决隐性问题的需求,Ⅲ类需求是引领方向的需求，Ⅲ类需求也可以看成解决未来问题的需求。从解决问题的意图提出需求，需求不能简单地以设想需求或想象需求产生，而是要有现实问题、隐藏问题和未来问题的根据，由问题解决的需要给出需求，由引导应用优势技术给出需求。用问题、需求、标准体系、标准要素可建立一个标准体系的问题与需求逻辑模型，如图 17-1 所示。

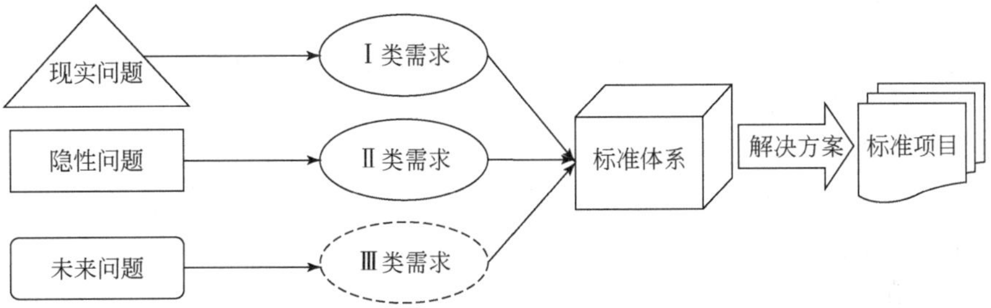

图 17-1　标准体系的问题与需求逻辑模型

图 17-1 中，现实问题产生Ⅰ类需求，隐性问题产生Ⅱ类需求，未来问题或技术推动产生Ⅲ类需求，Ⅰ类需求和Ⅱ类需求是硬需求和中硬需求，用实框线表示，Ⅲ类需求是软需求，用虚框线表示，三类需求作为标准体系的输入，为问题的解决寻求方案，标准体系将需求转换为标准项目来落实解决方案。

2. 标准体系需求关系模型

设 P 为问题，R 为要解决的问题的需求，S 为标准体系，K 为知识资源或技术资源，SI 为标准项目。需求 R 是问题 P 中需要解决的部分，标准体系 S 是靠知识资源 K 建立的，标准体系 S 中解决问题的需求 R 为标准体系需求表达或标准需求项目表达 SI，它们的相互关系如图 17-2(a)[1] 所示。设标准实施针对的环境现象的描述为 e，标准实施针对的环境显性现象的描述为 e_v，标准实施针对的环境隐性现象的描述为 e_h，标准体系现象的描述为 f_s，标准体系显性现象的描述为 f_{sv}，标准体系隐性现象的描述为 f_{sh}，它们的相互关系如图 17-2(b)[1] 所示。标准实施针对的环境显性现象 e_v 是可见的或人员可理解的环境现象，标准实施针对的环境隐性现象 e_h 是不可见的或人员没有理解的环境现象，标准体系显性现象 f_{sv} 是可见的或人员可理解的标准化现象，标准体系隐性现象 f_{sh} 是不可见的或人员不可理解的标准化现象。

图 17-2　标准体系需求关系模型

图 17-2(a)表明，不是所有问题 P 都是有需求 R 的，不是所有的技术或知识资源 K 都要用到标准体系 S 中，需求 R 和标准体系 S 重合形成标准体系需求表达或标准需求项目表达 SI。

图 17-2(b)表明，标准实施针对的环境现象的描述 e 包含标准实施针对的环境显性现象的描述 e_v 和标准实施针对的环境隐性现象的描述 e_h，即 $e=e_v \cup e_h$；标准体系现象的描述为 f_s 包含标准体系显性现象的描述 f_{sv} 和标准体系隐性现象的描述 f_{sh}，即 $f_s=f_{sv} \cup f_{sh}$；当 e 与 f_s 相交时，标准实施针对的环境现象的描述 e 包含标准实施针对的环境显性现象的描述 e_v、标准体系显性现象的描述 f_{sv} 和标准实施针对的环境隐性现象的描述 e_h，即 $e \supset (e_v, e_h, f_{sv})$；当 e 与 f_s 相交时，标准体系现象的描述 f_s 包含标准体系显性现象的描述 f_{sv}、标准实施针对的环境显性现象的描述 e_v 和标准体系隐性现象的描述 f_{sh}，即 $f_s \supset (f_{sv}, f_{sh}, e_v)$。

3. 标准体系需求的基本性质

分析标准体系需求是分析标准体系需求的可实现描述，只有描述清楚的需求才使问题得到解决。标准体系能对问题起作用是来自标准体系需求的基本性质。标准体系和需求间存在一些基本性质，这些性质主要包括体系需求的充分性、前提合理性、实现可行性、必要性等，这些关系可用逻辑运算符号进行表达，借鉴体系工程理论与方法[1]，可表达以下标准体系需求的基本性质。所运用的逻辑运算符号为“∀”、“∃”、“∧”、“∨”、“→”和“·”，其中：“∀”为全称量词，表示其作用符号的所有或任意一个；“∃”为存在量词，表示其作用符号存在一个或至少有一个；“∧”是合取(与)运算；“∨”是析取(或)运算；“→”为条件运算；“·”为“存在”，跟在量化后。

对于所有的环境现象和体系现象，如果问题 P 反映在体系 S 中，这些问题的解决有相应知识资源或技术资源 K 的支持，那么体系中出现的这些问题就是需求 R，表达为

$$\forall e f_s \cdot P \wedge S \wedge K \rightarrow R \tag{17-1}$$

式(17-1)说明，对于任意环境现象和标准体系现象，当问题、解决问题的知识或技术资源在标准体系中同时拥有，那么就能描述出标准体系需求，换句话说就是，有问题、解决问题所需知识和应用知识解决问题的手段时，需求就能描述出。这个需求不是用问题空洞表示的需求，而是针对问题有解决内容和措施的需求。从另一个方面看，不能解决问题或不可实现的期望和要求不是标准体系的需求。

要使需求充分性成立有实际意义，至少要有环境现象和体系现象反映问题、体系和知识的共有关系，如下：

$$\exists e f_s \cdot P \wedge S \wedge K \tag{17-2}$$

式(17-1)和式(17-2)表达的特性称为**标准体系需求的充分性**。

式(17-1)和式(17-2)要成立,至少环境 e 和体系 f_s 现象中必须有问题存在,这个特性称为**问题假设前提合理性**,即

$$\exists e f_s \cdot P \tag{17-3}$$

由于现象中 f_{sh} 现象不会出现在 P 中,所以式(17-3)等同于"$\exists e_v\, e_h\, f_{sv} \cdot P$"。

式(17-1)和式(17-2)要成立,至少环境现象 e 和体系 f_s 现象中必须有标准体系 S 和知识 K 存在,这个特性称为**标准体系需求的实现可行性**,即

$$\exists e f_s \cdot S \land K \tag{17-4}$$

由于环境中 e_h 环境现象不会出现在 f_s 中,所以式(17-4)等同于"$\exists e_v\, f_{sv}\, f_{sh} \cdot S$"。

由于人员能够理解的需求只能在 e_v 中考虑,所以在式(17-3)的基础上,增加一个特性:环境中对标准体系可见的任意现象 e_v,当关于问题的假定相一致时,就与标准体系 S 具有一致性,这个特性称为**标准体系需求的必要性**,逻辑描述为

$$\forall e_v \cdot (\exists e_h\, f_s \cdot P) \rightarrow (\exists e_h\, f_s \cdot P \land S \land K) \tag{17-5}$$

式(17-5)表示对环境的任何可见现象 e_v,如果满足领域问题假设前提合理性,那么必须满足知识资源实现条件可行性。这个特性称为**需求的必要性**。

SI 是标准体系需求的项目表达,是环境和标准体系的共用现象,处于中间位置,具有传递性,是 e_v 和 f_{sv} 中的现象,不含 e_h 和 f_{sh} 中的现象。对于任意环境现象和标准体系现象,问题 P 有标准项目 SI 表达时,需求 R 就有相应的表达,逻辑描述为

$$\forall e f_s \cdot P \land \mathrm{SI} \rightarrow R \tag{17-6}$$

对于任意环境现象和标准体系现象,当知识 K 有标准项目 SI 表达时,标准体系 S 就有相应的表达,逻辑描述为

$$\forall e f_s \cdot K \land \mathrm{SI} \rightarrow S \tag{17-7}$$

式(17-6)和式(17-7)表示,如果正确地描述了需求 R,标准体系 S 是标准项目 SI 的一个实现途径,那么标准体系 S 就实现了需求 R。这个特性称为**体系需求映像的充分性**。如果标准项目 SI 不仅能够充分反映标准体系需求,而且能够指导标准体系的建设,那么它就是标准体系需求映像(标准项目)。

式(17-6)要求"任何标准体系现象中存在标准项目 SI,至少有环境现象存在问题 P",逻辑上描述为

$$\forall f_s \cdot \mathrm{SI} \rightarrow \exists e \cdot P \tag{17-8}$$

在式(17-5)上增加式(17-8)的特性,逻辑上描述为

$$\forall e_v \cdot (\exists e_h\, f_s \cdot P) \rightarrow (\exists f_s \cdot \mathrm{SI}) \land (\forall f_s \cdot \mathrm{SI} \rightarrow \exists e_h \cdot P) \tag{17-9}$$

即标准体系需求映象必须与需求一致,这个特性称为**标准体系需求映像的前提合理性**。

式(17-7)要求"任何环境现象中有标准项目 SI,至少标准体系现象 f_s 在标准体系 S 和知识 K 中存在",逻辑上描述为

$$\forall e \cdot \mathrm{SI} \rightarrow \exists f_s \cdot S \wedge K \tag{17-10}$$

对人员而言，对可见的标准体系现象 f_{sv}，增加式(17-10)的特性，逻辑上描述为

$$\forall f_{sv} \cdot (\exists e f_{sh} \cdot S \wedge K) \rightarrow (\exists e \cdot \mathrm{SI}) \wedge (\forall e \cdot \mathrm{SI} \rightarrow \exists f_{sh} \cdot S \wedge K) \tag{17-11}$$

即标准体系需求映象必须与体系一致。这个特性称为**标准体系需求映像的实现可行性**。

式(17-9)和式(17-11)统称为**标准体系需求映像的必要性**。

由式(17-6)“SI 是对标准体系 S 的代理”，从需求的角度对体系提出下面的要求

$$\forall e \cdot (\exists f_s \cdot \mathrm{SI}) \rightarrow (\exists f_s \cdot S \wedge K) \wedge (\forall f_s \cdot S \wedge K \rightarrow \mathrm{SI}) \tag{17-12}$$

式(17-12)表示建设的标准体系必须与体系需求映像、体系需求一致。这个特性称为**体系的必要性**或者**体系需求映像的指导性**。它是对体系建设人员提出的要求。

在标准体系建设中，体系需求映像必要性命题有助于体系需求映像开发人员的正确分工，以正确地开发体系需求映像。下面讨论典型的错误命题。

$$\forall e_v \cdot (\exists e_h f_s \cdot P) \rightarrow (\exists e_h f_s \cdot P \wedge \mathrm{SI}) \tag{17-13}$$

该命题是式(17-9)的必要条件，要求“环境中对标准项目可见的任意现象，如果满足问题领域的假设前提的合理性，那么必须要求标准项目 SI、问题 P 存在某些一致的现象”。这意味着“允许标准项目 SI 中存在与问题 P 不一致的现象”，可能标准体系具有一些与问题 P 不一致的功能、产生一些不可预知的行为。式(17-9)与式(17-13)的差别为：考虑一个满足式(17-9)(处处与问题 P 相一致)、“好”的需求映像 SI_1，同时，假定有一个处处与问题 P 不一致的、“坏”的需求映像 SI_2。令“$\mathrm{SI}=\mathrm{SI}_1 \vee \mathrm{SI}_2$”，则 SI 满足式(17-13)，但不满足式(17-9)。SI_2满足式(17-13)的命题，但是目标体系产生可能不可预知的行为，而式(17-9)则避免了该类情况的发生。

$$\forall f_{sv} \cdot (\exists e f_{sh} \cdot S \wedge K) \rightarrow (\exists e_h f_s \cdot S \wedge K \wedge \mathrm{SI}) \tag{17-14}$$

该命题是式(17-11)的必要条件，记为式(17-14)，要求“标准项目中对环境可见的任何现象，如果满足技术实现可行性，那么必须要求标准项目 SI、标准体系 S 存在某些一致的现象”。这意味着“允许标准项目 SI 中存在一些与标准体系 S 不一致的现象”，这可能导致建设的体系不能够全部实现体系需求映像中所描述的需求。举例说明式(17-11)与式(17-14)的差别：考虑一个满足式(17-11)(即所有的需求能够实现)、“好”的需求映像 SI_3，同时，假定所有的需求都不能实现的、“坏”的需求映像 SI_4。令“$\mathrm{SI}'=\mathrm{SI}_3 \vee \mathrm{SI}_4$”，则 SI'满足式(17-14)，但不满足式(17-11)。满足式(17-14)的命题的需求映像 SI_4 中的部分需求不能被实现，而式(17-11)则避免了此类情况发生。

17.2.2　标准体系需求生成模式

标准体系需求论证的实质不是如何精确性表述的问题，而需要对需求要素进行程序性的加工，找准、理清、确定需求相关的要素。在宏观上确认了标准需求后，标准体系的需求分析要深入微观层面或具体要素上，这些分析要素包括标准作用、标准体系框架、标准内容三个维度的内容。需求应采用简单化、形象化、清晰化的方式描述。

1. 标准体系需求三维分析

标准体系需求分析可建立标准作用、标准体系框架和标准内容的三维分析空间，对标准作用的不确定性、标准体系框架的复杂性、标准内容的模糊性进行分析，三维分析空间如图 17-3 所示。这三个维度分别对应标准需求分析的三类要素，标准作用对应问题 P，标准体系框架对应标准项目 SI，标准内容对应知识或技术 K。

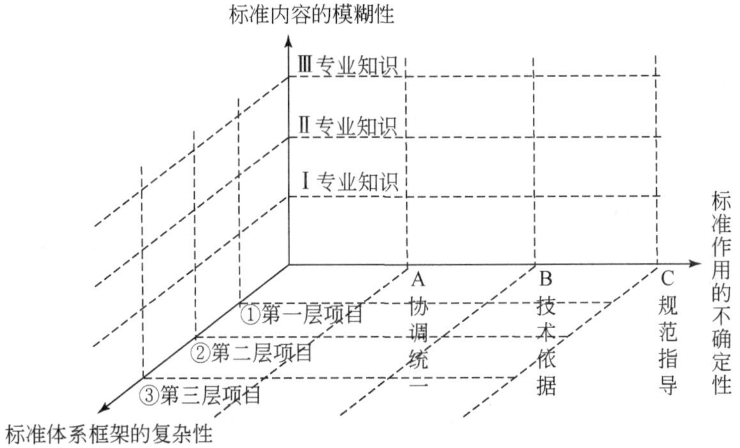

图 17-3　标准体系需求三维分析空间

图 17-3 中，第一维是标准作用的不确定性维，分为 A、B、C 三类，分别为协调统一作用、技术依据作用、规范指导作用的不确定性；第二维是标准体系框架的复杂性维，分为①、②、③三类，分别为标准体系第一层项目、第二层项目、第三层项目组成的复杂性；第三维是标准内容的模糊性维，分为Ⅰ、Ⅱ、Ⅲ类，分别为标准内容的专业知识组成的模糊性。在图 17-3 所示标准体系需求三维分析空间中，每个维度给出的三类内容是典型性的，每个维度的内容数量是没有限制的，可根据需要增加。但每个维度内容的增加将会增大分析的复杂性，最好将增加的内容集中合并到设定的维度类别中。标准体系需求生成的三个维度可按以下方法分析。

1）标准作用不确定性维分析

标准作用是出于解决现实问题和引领发展的目的提出的标准作用，所需的标准作用可归纳为标准的协调统一作用、技术依据作用、规范指导作用，一个问题事项采用哪个标准作用往往是不易确定的，不同的标准，标准作用的表述和内容构成是不同的，因此需要针对问题准确定位标准的作用，以建立符合标准作用所需的标准项目和标准内容。标准的协调统一作用是针对环境与产品、产品与产品等不协调和不统一状况，以技术体制标准、技术制式标准、接口标准、互换性标准、通用化、系列化、模块化、组合化、型谱系列标准、互联互通互操作标准、术语定义标准等协调统一环境间、环境与产品间、产品与产品间的接口匹配、技术参数匹配等问题。标准的技术依据作用是针对产品设计方法、制造方法、试验方法、验收方法、优化算法等无依据、不可靠、不统一等问题，以产品规范、制造方法、试验方法、验收方法、典型算法等标准为技术工作提供统一技术依据。标准的规范指导作用是针对操作过程、管理过程、服务过程、文档编写等各行其是的问题，以制定规定、操作规程、服务规程、管理程序、编写模板等标准指导、规范和改进无序化、随意化、低水平重复等状态。

2）标准内容的模糊性维分析

标准内容是根据标准项目的作用和要解决问题所需的专业知识确定的。例如，作用是要统一技术体制，专业是通信技术专业，标准的内容就是通信专业技术体制知识。又如，作用是为电路设计性能指标的评估提供测试方法依据，标准的内容就是电子专业技术的测试方法。标准内容的模糊性维的分析就是对每项标准所要起的作用，分析理清其发挥作用所需要的专业知识，使模糊的内容鲜明和清晰。

3）标准体系框架的复杂性维分析

根据标准作用和标准内容确定标准项目，对标准项目进行合理分类、分层，建立起标准体系。标准项目是标准体系中的基本单元（basic unit），是标准体系中最小的独立功能单元。标准体系的复杂性涉及标准体系框架关系的复杂性和标准项目组成的复杂性。这个维度是标准项目类别划分和结构层次划分的分析工作，通过分析推演的标准项目的集合，科学分类和集中项目，简化标准体系组成的复杂性，建立标准体系合理的分类和分层结构关系。

2.体系需求的生成层次

标准体系的需求生成按图 17-1 关系有三个生成层次，分别为需求“复制”、需求“发现”、需求“创造”。需求“复制”是对看得见的需求（现实问题的需求或显性需求）直接记录下来产生的需求。需求“发现”是对隐性问题的深入分析发现的需求，一般是不能直接看到的需求。需求“创造”不是针对问题提出的需求，而是为更好发展或前瞻发展提出的需求，以引导和引领事物发展的需求。标准体系复制、发现和创造三个层次产生的需求，分别是解决现实问题、隐藏问题和未来问题的需求[1]。

3. 体系需求的生成过程

标准体系需求生成过程主要分为三个阶段：一是围绕标准化的使命和任务，开展标准体系的标准作用、标准项目和标准内容的需求分析；二是根据标准的需求分析进行标准化优化处理，提出标准项目；三是根据标准项目构建标准体系框架和编制标准体系表。

17.2.3　标准体系需求方案的形成方法

标准体系的需求开发方法主要是围绕标准体系使命，在标准的作用与标准项目及其内容进行匹配的过程中，确认标准作用，提出标准项目，形成标准体系需求方案。方法中的一个重要环节是标准作用和项目的匹配。标准作用是标准完成其使命和目标的映射，完成标准作用所需要的标准项目及其实施条件形成标准体系化能力。标准体系需求落实的过程就是将标准体系需求分解为标准项目的需求和标准的作用。标准作用和标准项目的匹配关系就是标准作用为项目的建立提供依据，使形成的标准项目满足完成相关标准作用的要求。标准体系需求方案通过以下五个主要步骤形成。

1）标准化目标和标准作用的提出

针对要建立标准化的环境，提出标准化目标和标准作用。在有些情况下，标准化的目标也可看成标准化的使命，标准化以统一化和提供基准、依据等为使命。标准体系的建立以"统一化"、"基准"的定位和集总为纽带。标准应发挥解决现实问题的作用、解决潜在问题的作用和引领发展的作用。

2）作用描述及其确认

用标准产生作用相关的时间、空间、信息、物质、条件、效果等要素描述标准作用，以支持标准作用的提出，并对标准的作用进行确认。

3）标准项目提出

根据列出的标准作用，配置标准项目，并明确标准项目发挥相关作用的标准内容，对标准项目逐层归类，形成标准类别群。结果要使标准项目与实现标准化目标和发挥标准的作用相对应。

4）完善标准项目及其内容的组成

分析和评价提出的标准项目及其内容与实现标准化目标和发挥标准作用间的差距，提出标准项目的缺项和标准内容缺失的弥补方案，修正标准体系在标准项目组成和标准内容配置上的缺陷。

5) 体系需求方案的提出

通过对标准项目的研究和分析工作，形成完成标准作用所需的系统性的标准项目，对这些标准项目按类别关系进行分类和分层排列，建立标准体系框架，再以表格方式列出每项标准及其相关的重要信息，形成标准体系需求方案。

17.3 标准体系框架的设计

标准体系的框架是标准体系的骨架，是标准分类和隶属路径的可视化表达，是标准布局发展的顶层设计蓝图。标准体系框架也是标准体系表编制的重要依据。标准体系框架主要是表达标准体系标准项目集合的主干脉络和标准集合模块间的关系，为标准的谋划、制定和使用提供全面性和整体性关系。标准体系框架是大量、复杂标准项目单元分类收纳的“中药抽屉柜”和标准对象存放的“路线图”。标准体系框架只能反映标准群或组层次间的主要关系，一般不反映到具体标准项目对象，标准的项目对象主要通过标准体系表反映。由于标准体系框架具有上述重要作用，标准体系的框架设计应从感性框架设计状况提升到理性框架设计的理论高度上，使标准体系框架为标准发展提供正确布局、精确规划和明确方向的作用。标准体系框架设计主要有结构设计表达元素、业务架构、标准项目架构、标准项目多维信息架构、标准间关系架构等分析型标准体系架构的设计内容。框架设计或架构设计是标准体系最基本的设计，就是对全局或部分要素用节点、线段、图形进行视图表达，以获得标准体系组成的直观和清晰关系。

17.3.1 结构设计表达元素

结构设计是应用图形、线、点等几何表达元素进行设计，如图 17-4 所示，是一种关系性的图形表达工作，因此，需有丰富的几何表达元素和要素关系方式来提高结构设计的表达能力。图 17-4 中汇总了一些典型的节点(点)、线、图形的表达元素，为结构设计或架构设计提供丰富表达的元素。图 17-4(a)为节点(点)的表达元素，图 17-4(b)为线或线段的表达元素，图 17-4(c)为图形的表达元素，这些元素只是常用的和典型的，并未包括所有可能使用的表达元素，如有需要可以增加。这些表达元素可使结构关系的表达更加形象化、丰富化。在标准体系的结构设计中，也可同时应用辅助结构性内容进行表达，这些表达可以深化结构表达的细致化能力，使结构表达具有宏观表达和微观表达两个方面的能力。

17.3.2 业务架构设计

业务架构是指预定要开展标准化的业务架构。标准体系的业务架构设计可用业务架构图、使命任务图和业务实施标准关系图来表达。

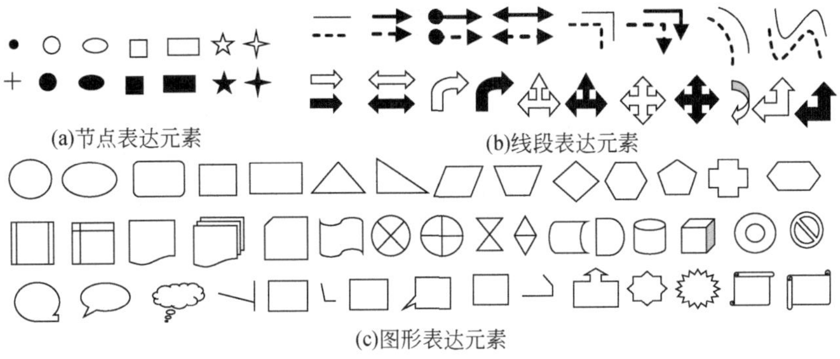

图 17-4　标准体系结构表达元素

1. 业务架构图

开展标准化的业务的对象主要有产品、工业生产、农业生产、服务经营、企业、基础设施、建设工程、社会事业等。业务架构图就是将这些业务以框图方式和/或形象图方式、将业务以组成方式和/或以工作流程方式进行表达，以直观地表达出业务的组成全貌和/或流程全貌。对产品开展标准化的业务架构构建一般采用产品组成关系表达，如图 17-5 所示；对工业生产、农业生产、服务经营生产关系开展标准化的业务架构的表达，一般采用流程关系表达，如图 17-6 所示。对企业、社会事业开展标准的业务架构表达，一般采用组成和流程结构的关系表达，如图 17-7 所示。业务架构图为标准体系建立提供其作用对象真实的业务状态视图关系，为标准的设定提供直观了解，以使标准与业务有针对性的实在匹配。

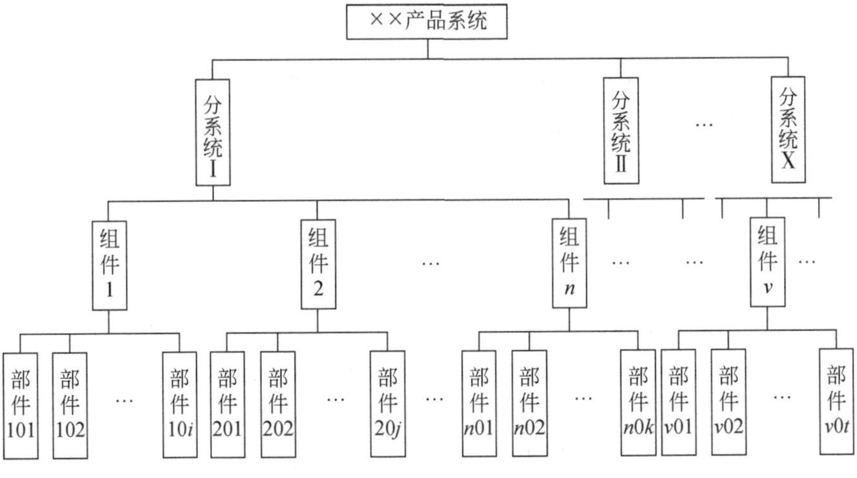

图 17-5　产品组成关系的业务架构

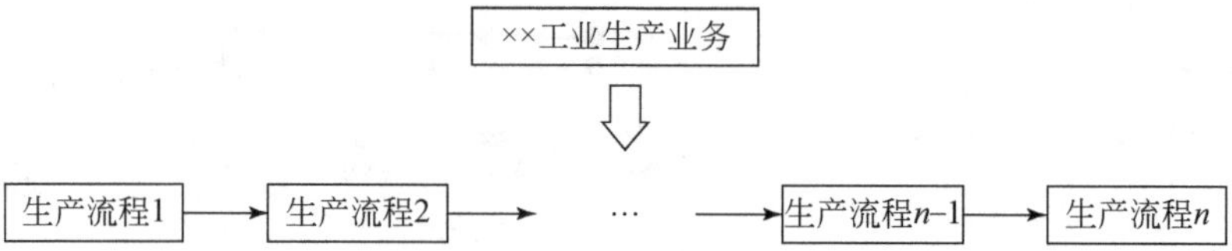

图 17-6　生产业务的架构

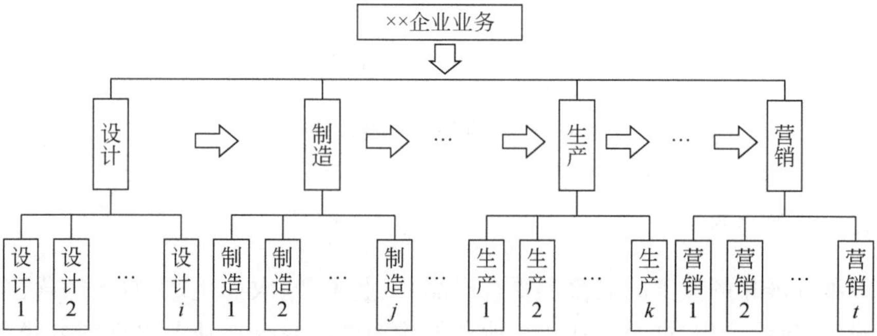

图 17-7　企业业务架构

图 17-5 是产品组成关系的业务架构，是支持对产品对象的各组成部分进行标准化的架构，图中只表达到了部件级，零件部分不需全部表达出来，只需表达出需要标准化的基础件、备附件、关键件、重要件等。

图 17-6 是生产业务的架构，这类业务一般是以流程来表达的，标准化的目标是对这些流程环节进行标准化，图中截取的是一个支系的流程，以示例一个节点的一个流向的单支流程关系，实际的流程可能是一个节点有多支流向关系，甚至还会有反馈流向。

图 17-7 是企业业务的架构，这类业务一般是以组成和流程来表达的，标准化的目标是对企业板块业务的组成及业务间流程进行标准化，图中简省了企业规划、计划、财务、人力、动力、供应等管理板块的表达。

2. 使命任务图

使命任务图是对目标业务用图形表达标准化作用的使命和任务，以期望完成的标准化使命任务来分析标准项目的需求，这可使期望完成的使命和任务与标准的需求有很好的匹配，如图 17-8 所示[1]。标准化的任务是使命的细化，可直接用标准化的任务表达，也可用标准化的作用表达。

图 17-8 是业务(如产品)标准化的使命任务图，该图由五个层面的要素组成：第一层为产品的标准化使命，第二层为标准化的作用或标准化的任务，第三层为落

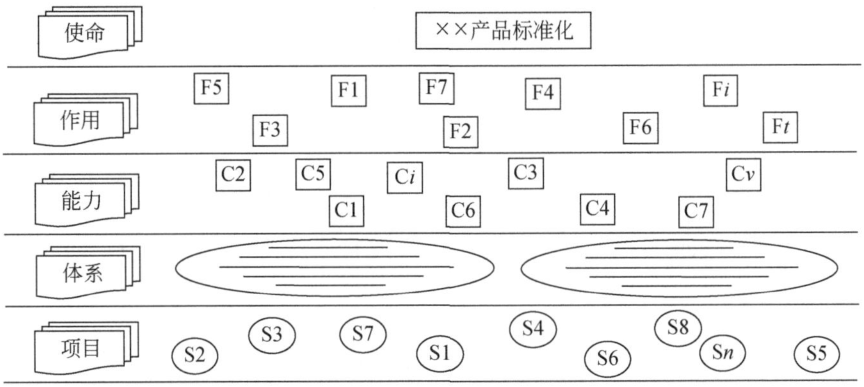

图 17-8　标准化使命任务图

实标准作用并实现标准化使命的能力，第四层为实现标准化使命所需的标准体系，第五层为实施标准化作用所需的标准项目。图 17-8 中的业务可以是工业、农业、服务业、社会事业等。第一层的标准化使命一般是宏观性的，是对业务标准化总目标的表述。第二层的作用是对业务单元的标准化作用，分别用字母 F 和序号表示。第三层的能力是对业务单元实施标准化的能力，包含标准和标准实施的硬件条件，分别用字母 C 和序号表示。第四层的标准体系表示完成标准化使命和任务所需要的标准体系，它是支持标准化使命和任务实现的系统性要素体系。第五层的项目是对业务系统及其组成单元实施标准化作用所需的标准项目，它们是构成标准体系的基本单元。使命任务图是标准化的宏观规划设计图，以上各项单元元素不一定要细化到最底层，可用大一些的模块表达，细化的表达可留给后面的架构来表达。

3. 业务实施标准关系图

业务实施标准关系图主要用于表达业务单元与其实施标准的匹配关系，以看清标准与业务间的关系，证实标准项目的需求和使用，如图 17-9 所示。图 17-9 以企业业务实施标准关系图为例，表达业务单元与其实施标准的匹配关系。这个图形为标准项目需求的必要性提供了匹配目标对象的关系和依据。

17.3.3　标准项目架构设计

标准项目的架构设计就是标准体系的框架设计，是反映标准项目基本组成关系的架构，是标准体系建立的主体架构。标准项目架构为标准项目提供分类、分层的关系，即为标准项目提供横向分类、纵向分层的关系，如图 17-10 所示。标准项目架构在这里未称为标准体系框架，是因为本章的标准体系框架是要建成多结构、

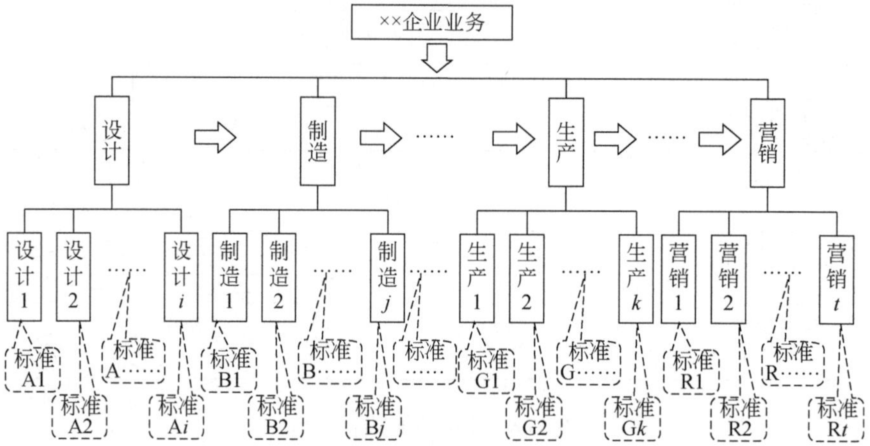

图 17-9　业务实施标准关系图

多维度分析的标准体系框架，而不只是标准项目的架构。标准项目架构主要是一个标准类目架构，一般不细分到具体的标准项目，标准的具体项目应通过标准体系表来列项。

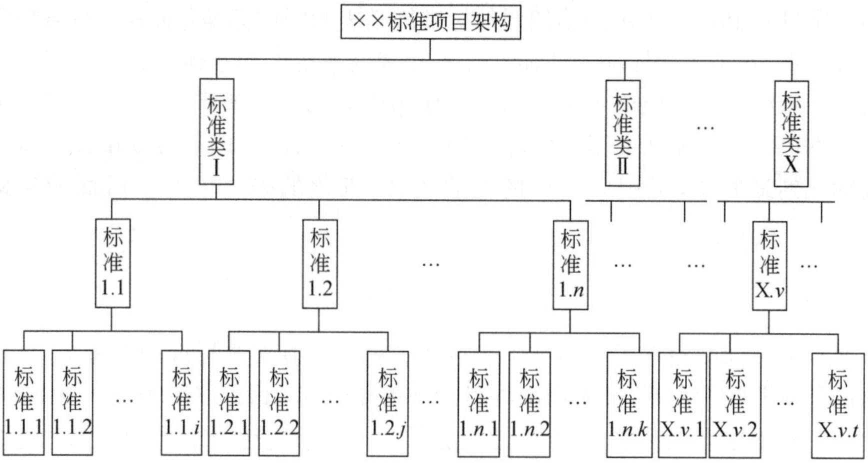

图 17-10　标准项目架构关系

设计标准项目架构或标准体系框架时，要以标准化使命或目标为主旨，与标准化对象的业务相关联，以标准化任务或作用为依据，以需求分析提出的标准项目为支撑。

标准项目的架构设计可有多种结构形态，分别为分类层次结构、神经路径结构、星形结构、序列结构、环形结构、矩阵结构、综合结构、混合结构等[2]，具体采用何种形态的架构应根据实际需要决定。多数据情况下，标准项目架构采用的是分类层次结构，如图 17-10 所示，其他标准项目结构形态可从文献[2]所列结构中选取。

17.3.4　标准项目多维信息架构设计

在标准体系框架中，标准项目的表达通常是用标准类别名称表达。对于标准体系框架细化到标准项目时，标准项目的表达为具体的标准项目名称。这种以单一名称信息表达的标准体系框架，使标准体系论证的充分性和项目的可信任性难以获得足够的信息支持。单一名称表达的标准体系框架信息比较单薄，导致对标准的作用、内容、相关关系等缺乏充分了解，降低了标准体系规划标准和指导标准实施的可信任性，影响了标准体系的价值声誉。因此，需要建立标准项目多维度信息架构的标准体系，以对标准项目建立的针对性、标准作用的有效性、标准内容的实在性、标准相互间的依赖性给出明确说明和证据。

标准项目多维信息架构在原有名称信息的基础上，设计增加标准实施的对象、标准的作用、标准的内容、标准的相关标准四个维度的信息。标准的实施对象维度信息主要是指明标准直接应用的实体或业务对象，这个对象既可以是产品的整机、分系统、组件、部件等，也可以是设计方法、制造方法、试验方法、操作行为、评价方法、管理方法等，还可以是总体性的术语概念、技术体制、技术制式、格式等内容，这个维度的内容给出了标准项目建立的针对性的表达。标准的作用维度信息主要是明确标准项目的标准化作用，可用宏观的协调统一作用、技术依据作用、规范指导作用中的一个或几个，也可细化到个性化的具体作用，这个维度的内容给出了标准项目作用的具体性的表达。标准的内容维度信息主要是表明标准项目的主要技术内容的组成，简述标准的核心技术原理、功能、性能指标、重点参数等内容，由这些内容了解标准的技术含量、先进性和技术难度等，这个维度的内容给出了标准项目内容的实在性表达。标准的相关标准维度信息主要是列出标准项目的主要引用标准对象和引用本标准的其他标准对象，以表示出本标准被其他标准所依赖的关系和本标准依赖于其他标准的关系，这个维度的内容给出了标准间相互依赖性的表达。

标准项目和类别的多维信息架构关系设计如图 17-11 所示。图 17-11 的标准项目可表达到一个具体标准项目，如图 17-11(a)所示，也可表达到一个标准类别，如图 17-11(b)所示。

图 17-11 中：字母 O 栏为实施标准化的对象栏，填写该标准作用的对象的名称；字母 F 栏为标准化作用栏，填写该标准的标准化作用；字母 C 为标准的内容栏，填写该标准的主要技术内容；字母 Q 为引用标准栏，填写引用的标准名称或标准编号；字母 QD 为被引用标准栏，填写引用该标准的标准名称或标准编号。图 17-11(a)是用

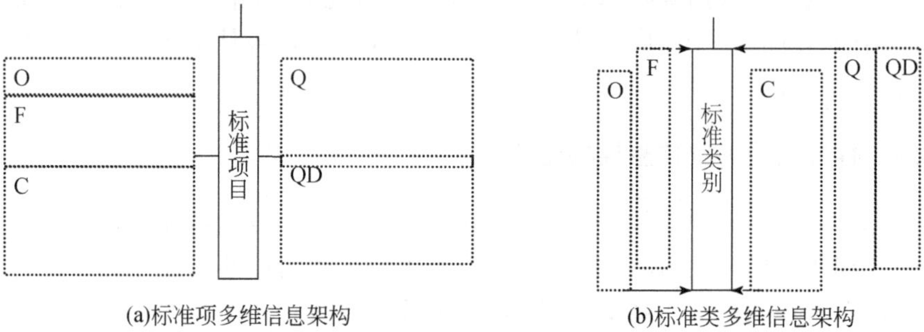

图 17-11　标准项目和类别的多维信息架构

于具体标准项目的多维度结构关系，标准化作用 F、内容 C、引用标准 Q 和被引用标准 QD 的内容应填写得具体些，所以栏目留的空间要大一些。图 17-11(b)是用于标准类的结构关系，一个类别可能包括多项标准，标准化作用 F、内容 C、引用标准 Q 和被引用标准 QD 的内容只需填到类别程度或宏观性的，所以栏目所留的空间要小一些，如引用标准和被引用标准只需填出引用多少项和被引用多少项标准即可。

在分析型标准体系中，图 17-11 的结构将会应用于标准项目架构中的每一类项目(或标准项目)表达单元中，使标准项目架构成为一个多维度多结构表达的分析型标准体系架构，例如，将图 17-10 中的每个长方形项目结构替换成图 17-11(a)或图 17-11(b)的结构，由此即可构建出分析型标准体系架构。

17.3.5　标准间关系架构设计

标准体系中，标准对象间存在相互联系、相互渗透、相互支持、相互依赖的关系，它们之间的相互关系可用文字表达，为了直观地了解这种相互依赖和支持关系，也可以用图形方式将它们之间的相互关系连接起来，使这些联系表现得更直观、更清楚。标准间的相互关系主要是标准间引用和被引用的关系，这种关系的架构可设计为如图 17-12 所示的联系架构，图中写明“引用”和“被引用”的方框为一个标准对象，下端“引用”连接其所引用的标准，上端“被引用”连接引用其的标准。在标准体系中，作标准间相互联系的架构时，绝大多数标准既是引用标准的主体，也是被引用标准的供体，标准间形成了一对多和多对一的联系关系。标准间的联系是有重要性程度区别的，可分为重要联系、一般联系、次要联系。标准间相互联系的结构，至少应将具有重要联系的标准间联系起来。当按图 17-12 式样绘制标准间相互联系的架构图时，应在方框图中以“主体”或“供体”给出标准对象的名称，同时既是“主体”，又是“供体”的标准也是只有一个名称。

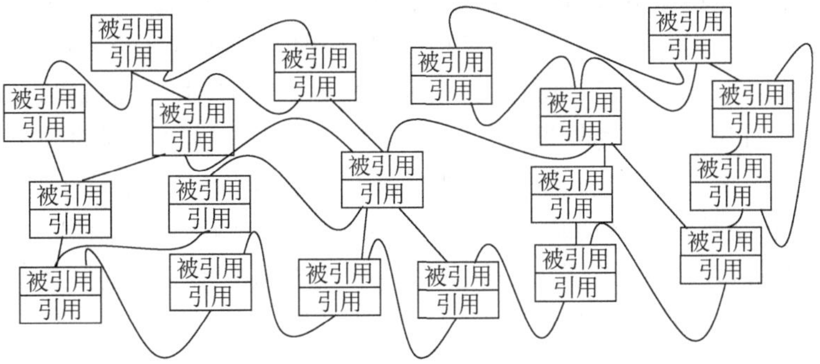

图 17-12　标准间相互联系的架构

17.4　标准体系表的设计

标准体系表作为标准体系建设的重要内容之一，是对标准具体项目进行详细列项的表格，是最全面和最详细反映标准项目及其信息的表格文件，它在标准体系文件中具有非常重要的地位，因此标准体系表的设计质量将决定标准体系的详细质量。

标准体系表的设计主要是标准项目信息项的表格设计。传统的标准体系表所列的信息主要是标准的基本信息，如体系编号、标准名称、标准级别、制定时间等，没有标准项目研究和分析方面的信息。分析型标准体系的标准体系表，除了有标准的基本信息外，最主要的是增加了标准项目研究和分析的信息项，使表达标准项目的针对性、有效性、实在性、依赖性的重要研究和分析信息可清楚地展现出来，以为标准体系的认定、标准立项制定、标准的实施等提供充分的信息支持。

分析型标准体系的标准体系表信息项的组成内容设计为：体系编号、项目名称、标准级别、标准类型、项目状态、参考标准、应用对象、标准作用、主要内容、引用标准、被引用标准、实施条件、制定时间等，表格的形式如表 17-1 所示。分析型标准体系表的标准项目信息不限于表 17-1 所列的信息，可根据需要增加。

表 17-1　分析型标准体系表

体系编号	项目名称	标准级别	标准类型	项目状态	参考标准	应用对象	标准作用	主要内容	引用标准	被引用标准	实施条件	制定时间

表 17-1 中，体系编号主要是给出标准项目在体系中的纵向层和横向顺序的位

置，通常用下圆点将层分开，用数字表示横向的顺序号，如“3.2.05”的位置为大类第 3 类、中类第 2 类、小类第 5 项标准项；项目名称为标准项目的全称；标准级别为预定的标准级别，如“国际”、“国家”、“行业”、“地方”、“团体”、“企业”等，或已发布标准的编号(对现行标准为标准编号)；标准类型为标准制定类别的分类，如“术语标准”、“要求标准”、“代码标准”、“方法标准”、“规范标准”、“规程标准”、“评价标准”等；项目状态是指标准的现在状态，主要填写为“有效”、“需制定”、“需修订”、“需修改”、“过渡使用”、“应废止”等；参考标准是指标准制定时或将来制定时对照或借鉴参考的现行标准，需写明标准的编号和名称；应用对象是标准作用的对象，如产品组件、产品接口、试验等；标准作用应较详细地阐述标准解决什么问题，如统一数据交换、提供技术依据、提供有效测试方法、提供规范模板等具体作用；主要内容给出标准由哪些主要技术要素组成，列出标准的主要功能、性能指标、重要数据等；引用标准列出本标准所引用的主要标准的编号和名称；被引用标准列出本标准被引用到的那些主要标准的编号和名称或未来的哪些类别的标准中；实施条件给出标准实施所需要的主要硬件和软件条件，如某测试条件、某生产条件、某软件等；制定时间列出需求标准项目预定制定的计划时间，现行标准这一栏填写标准的发布日期。

17.5 分析型标准体系的应用

分析型标准体系是标准体系要素多维度深度分析、标准体系结构多形式充分表达的标准体系建立方法，是从标准体系建立方法角度提出的，是一种方法类型，不是技术专业或领域类型。在建立某专业或某领域的标准体系时，不必将本章中所有的理论分析方法和所有的结构表达形式都全部应用，只要根据标准体系建立的要求深度，选择适合的方法应用即可，当然也可以将本章中的全部方法应用于某专业或某领域的标准体系的建立中。

分析型标准体系是用研究和分析的方式建立的标准体系，具有很好的针对性、可信任性、有效性和可实施性，因此可在国民经济发展、基础设施建设、重要建设工程、网络信息系统建设、装备体系化发展、产品研制项目等的标准体系建设中应用。

分析型标准体系的建立涉及科研、制造、建设、使用、标准化技术等知识，需要熟悉相关知识领域的专家共同参加，应组建由这些相关领域专家组成的标准体系构建团队，才能保证建立分析型标准体系必要的知识和人才条件。

标准体系需求分析可采用“自上而下”的分析逻辑，也可采用“自下而上”的分析逻辑。标准体系“自上而下”分析产生的需求逻辑为：目标(标准体系主体统一化)→标准化任务(标准的实施能力和作用)→对象(标准项目)→对象功能(标准主要技术内容结构)→对象性能(标准内容技术指标)。标准体系“自下而上”分析产生的需求逻辑为：对象（标准项目）→对象功能（标准主要技术内容结构）→任务（使用作用）→实施（能力）→目标（××统一化）→体系运行效果（使用效果测度）。无论标准体系需求分析采用哪个分析逻辑，“自下而上”或“自上而下”的分析结果应相遇和相等，或者说两个不同分析逻辑结果应殊途同归。通常“自上而下”的技术难度大，但提出的标准项目及其内容的针对性比较强，理由比较充分。“自下而上”主要是靠标准化工作经验先推测标准的项目，再根据分析方法的应用对推测结果进行调整和确认，特别是要对标准的内容进行有针对性的深入技术充实，最后要与任务目标进行吻合或对接。

分析型标准体系是围绕标准化对象的使命、任务等，开展标准体系及标准单元的需求、作用、实施性等分析，由此构建出基于理论和方法应用得出的标准体系，使标准体系具有很高的可信任性和使用的有效性。传统的标准体系是采用基于分类、经验、预测构建的标准体系，是一种套路式方法建立的标准体系，有一定的合理性和有效性，但也容易做成针对性不强、想当然的标准体系结果。对于简单和需求明确的标准体系，可采用传统的方法来建立标准体系。对于要素模糊、不确定，以及结构复杂和庞大的标准体系，最好采用分析型标准体系构建的方法来建立。标准化对象的复杂程度越高、技术含量越高，分析型标准体系应用的效果就越突出。

参考文献

[1] 张维明，刘忠，阳东升. 体系工程理论和方法[M]. 北京：科学出版社，2010.
[2] 麦绿波. 标准体系的结构关系研究[J]. 中国标准化，2011，(2)：40-48.

第 18 章　自适应标准体系

18.1　自适应标准体系的概念和必要性

自适应标准体系是应用人工智能技术支持建立的标准体系，它具有不同于传统标准体系的自主调整、改进、完善的能力。传统的标准体系是一种研究成果表述，是一种纸质文件或电子文件，是一种静态的知识成果。自适应标准体系不像传统标准体系那样，不是一种表述文件，而是一个包含标准体系首期研究成果和人工智能技术应用的智能软件系统，这个系统对标准体系首期研究成果具有自动完善的工作能力和与人互动完善的工作能力。

标准体系建立后是需要变化的，变化的原因主要是标准体系中总有标准项目需要增补、修订、修改、废止等。导致标准体系变化的需求原因主要为：原目标→新目标；原作用→新作用；原对象→新对象；原对象功能→新对象功能；原对象性能→新对象性能；等等。标准体系是由大量标准单元组成的，标准体系中标准的变化应该是阶梯式的，其需要一定的稳定期来为其实施形成标准化状态和巩固标准化状态，由于每个标准单元的有效性变化是一个随机关系，整个标准体系在连续性变化，而不是周期性变化。标准体系由大量个体阶梯式变化的标准集合将其转变成为一个整体连续性变化的集合体。标准体系的有效性由全部标准单元的有效性保证，每个标准单元按自己的周期有效性支持着体系的整体有效性，要满足所有标准都处于适用性状态的标准体系的变化应是连续的。传统上，对标准体系变化的响应是阶梯式的(不是连续的)，如八年或十年对标准体系进行一次复审。标准体系按八年或十年周期来响应变化是不能满足标准体系变化需要的。要保证标准体系整体的有效性，就要有对标准体系的变化因素进行实时处理和改进完善的能力，这种能力只有自适应标准体系能具备。自适应标准体系建成后，标准体系会随着环境变化、需求变化、对象变化、用途变化等需要相应变化。

传统的标准体系一旦编制完成后，往往会作为一个成果文档存放起来，很少再去利用，且也不方便去利用。文档式的标准体系未能反复利用的一个原因是标准体系中的信息太多，人工阅读查找文档不方便、工作量大，大量的查阅工作很容易使人疲劳。文档式的标准体系的另一个问题是对于标准体系随时间推移逐渐出现的问题，标准体系自己无法进行及时响应，只能等标准体系下次修订时解决。当问题经过一定积累后，就会造成标准体系对现实状况的不适应状态。即使文档式的标准体系采用了数据库模式来表达和管理，也无法解决问题的及时响应，因为标准体系内容的审查和认定是人工式的专家工作组进行的工作（对于传统标准体系）。标准体系建立完成后，专家工作组就解散了，标准体系中出现的需要审查、确认、调整和修改的问题已无法落实。因此，就需要有一种能及时响应的标准体系。如果是自适应的标准体系，当标准体系出现问题和有新的标准需求时，就能自主及时响应，并能做出可信任的正确处理。自适应标准体系处理问题的可信任性是在标准体系开发时，经过应用人工智能技术于标准体系中，并对其有效性进行验证保证的。这种人工智能能力一旦验证有效，其功能与专家的工作相比，人工智能的工作更具客观性、可靠性、稳定性和高效性。

随着技术的快速发展、需求的加速增长，标准体系研究成果的过时和失效的时间周期越来越短。在这种情况下，标准体系只有具有了实时对问题的响应和解决能力才能"永葆青春"，保证其有效性。这种能力需要标准体系能自主分辨问题、自我改进和自我完善，或者说，标准体系应能自适应、自改进、自演化，甚至能自增强。

要建立能自响应和自解决问题的标准体系，就要建立标准体系的自适应能力。自适应标准体系以人工智能为支持，具有自适应和自演化或自进化能力。自适应标准体系是具有自身目的性和主动性的积极主体，能与环境进行交流，从环境中学习，积累经验和体会，将经验和体会转变为自身元素、结构和功能等。标准体系的自适应和自演化能力主要包括自组织、自构建、自修正、自动提醒、自学习、自优化、自完善、自提高等能力。自适应标准体系是一个由初级到高级的发展过程，其高级阶段应能适应标准项目的演化需要、标准技术内容的演化需要、标准实施条件和环境的演化需要。建立和应用自适应标准体系，需要人工智能的知识，因此对人工智能的概念和方法作以下论述。

18.2　人工智能的概念和方法概要

18.2.1　人工智能的概念

人工智能（artificial intelligence，AI）就是人造的智能，是用计算机模拟或实施的智能，是使机器拥有学习、发现和创造能力的特定方法，又称机器智能[1,2]。这种特定方法是为实现对生物行为或智能的模仿、人脑工作的模仿、专业性科学技术的模仿等而设计的。人工智能是自动化发展的必然要求。研究人工智能是人们期望得到智力劳动的帮助和智力劳动解放的手段或途径，以此实现设计、生产、管理、服务等过程改进的自动化和智能化。研究和发展人工智能，期望借以扩大和延伸人脑的工作范围和深度，以形成对复杂大系统或巨系统的高度统一化的系统性思维、判断和决策的优势智慧，而不仅仅是多人脑思考拼接的合成智慧。人工智能思维的系统性、一致性、扩展性、持续性、不疲劳性等优点，将会使其超越人类智慧的广度和深度，做人脑不能做到的事和做人脑做不好的事。人工智能超越人类的潜质也被 AlphaGo 惊人的表现所展示。有了人工智能，我们就可建智慧工厂、智慧研究所、智慧城市等。人工智能既是一个概念，也是一个学科名称。作为学科，人工智能是研究设置什么样的算法和程序可使机器拥有智能能力的学问。这个智能不仅是预先设置好的自动化程序，更重要的是具有自学习、自演进、自提高的能力。人工智能是新兴的综合性交叉学科，涉及计算机科学、逻辑学、语言学、心理学、脑和认知科学、行为学、生命科学、信息科学、系统科学、数学、物理学等多学科领域[1,2]。

研究人工智能，首先应了解和熟悉智能的类型。智能可按建立方式分成脑智能和群智能、符号智能和计算智能。脑智能是宏观心理层次的智能，群智能是群体行为所表现出的智能。脑智能一种个体智能，群智能是一种系统智能或社会智能。大脑是由诸多神经元所组成的巨系统群体，正是微观生理层次上巨大数量神经元的低级群智能合成，才形成了宏观心理层次上的高级脑智能。脑智能是发现规律、运用规律；群智能是自组织、自学习、自适应、自寻优等能力，是自主解决问题的能力。有人认为智能是在系统与周围环境不断刺激与反应的交互中发展和进化的。符号智能以符号形成的知识和信息为基础，模拟脑智能的人工智能，主要通过逻辑推理、应用知识进行问题求解，其主要内容包括知识获取、知识表示、知识组织与管理、知识运用等技术。计算智能是以数值数据为基础，模拟群智能的人工智能，主要通过数值计算、运用算法对问题进行求解，其主要内容包括神经计算、进化计算、遗传算法、进化规划、进化策略、免疫计算、粒子群计算、蚁群算法、自然计算、人工生命等[1,2]。

18.2.2 人工智能的技术途径

人工智能实现的技术途径主要有：心理模拟，符号推演；生理模拟，神经计算；行为模拟，控制进化；群体模拟，仿生计算；博采广鉴，自然计算；原理分析，数学建模。

“心理模拟，符号推演”是以智能行为的心理模型为依据，将问题或知识表示成某种逻辑或关系网络，采用符号推演的方法，模拟人脑的逻辑思维过程，实现人工智能，是从人脑的宏观心理层面入手的方法。“生理模拟，神经计算”是以智能行为的生理模型为依据，采用数值计算的方法，模拟脑神经网络的工作过程，实现人工智能，是从人脑生理层面的微观结构和工作机理入手的方法。“行为模拟，控制进化”通过模拟人和动物在与环境的交互、控制过程中的智能活动和行为特性，实现人工智能，是一种“感知—行为”模型的人工智能途径和基于行为模拟的人工智能方法。“群体模拟，仿生计算”是模拟生物群落的群体智能行为，通过遗传、变异、选择、交叉、克隆等算子或操作来实现人工智能，其在解决组合优化等问题时表现出卓越的性能。“博采广鉴，自然计算”是广泛从生物、生态、系统、社会、数学、物理、化学等学科寻找启发和灵感，模拟和借鉴自然界的某种机理设计具有自适应、自组织、自学习、自寻优能力的计算模型，实现人工智能，是自然科学和计算科学交叉产生人工智能的方法。“原理分析，数学建模”是通过对智能本质和原理的分析，直接采用某种数学方法来建立模型，实现人工智能，是一种用人的智能去实现机器智能的方法[1,2]。

以上六种人工智能实现的途径，可归纳为逻辑推演的、生理模拟的、行为模拟的、仿生计算的、自然计算的和数学建模的，它们各有所长和局限，不能互相取代，但可以并存和互补。

18.2.3　人工智能的应用内容

人工智能可应用的领域很宽，各领域应用的深度也是不一样的，有些领域的应用才刚刚开始，有些领域的应用已超过了人的智能。广泛了解各领域人工智能应用的内容，对自适应标准体系的智能性内容设计是很有益的。下面给出可借鉴的人工智能部分应用内容[1,2]，以参考和借鉴这些人工智能的应用，服务于标准体系建立和维护。

(1) 自动规划、调度与配置。规划、调度与配置问题是实用性和工程性最强的经典人工智能问题，属于约束满足问题(constraint satisfaction problem，CSP)。规划是设计制定一个行动序列，如机器人行动规划、交通路线规划、排序(或分层)规划等。调度是一种任务分派或安排，如电力调配、资源分配、任务分配等，其数学本质是给出两个集合间的一个映射。配置是设计合理的组合结构和空间布局，如系统配置、资源配置、设备配置等。

(2) 智能控制。智能控制的智能主要有先验智能、反应性智能、优化智能、组织与协调智能，智能控制实现途径主要有基于专家系统的专家智能控制、基于模糊推理和计算的模糊控制、基于人工神经网络的神经网络控制等。先验智能是有对控制对象和干扰的先验知识；反应智能是在实时监控、辨识及诊断的基础上，对系统及环境变化的正确反应能力；优化智能是对系统性能的先验性及反应性进行优化；组织与协调智能是对并行耦合任务或子系统之间的有效管理与协调。

(3) 智能决策。智能决策是应用决策支持系统中的数值分析和专家系统中知识及知识处理形成的能力，或是传统决策支持系统加上智能部件构成的支持系统。智能部件有专家系统模式、知识库系统模式等，这些知识包括：建立决策模型和评价模型的知识；形成候选方案的知识；建立评价标准的知识；修正候选方案得到更好方案的知识；完善和改进数据库及其操作的知识。

(4) 智能仿真。智能仿真是利用人工智能技术对建模、试运行及结果分析进行指导，改善仿真模型的描述能力。仿真是在描述性知识、目的性知识及处理知识的基础上产生属于另一种形式的结论性知识。智能仿真可有效地应用于决策、知识库系统的分析、设计及评价。

(5) 智能CAD。智能CAD是将人工智能引入计算机辅助设计中，可应用于设计自动化、智能交互、智能图形学、自动数据采集等方面，涉及的技术主要有规则生成方法、约束满足方法、搜索方法、知识工程方法、形象思维方法等。

(6) 智能人机接口。智能人机接口是智能化的人机交互界面，使人机界面更加灵活化、拟人化、个性化，涉及机器感知、图形图像识别与理解、语音识别、自然语言处理、机器翻译、多媒体、虚拟现实等技术。

(7) 模式识别。模式识别是计算机对文字、符号、图形、图像、语音、声音、传感器信息等形式的实体对象进行的识别，不包括概念、思想、意识等无形对象或虚拟对象，它是人和生物的感知能力在计算机上的模拟和扩展，可应用于信息、遥感、医学、影像、安全等领域，特别是生物认证、数字水印等技术成为研究的热点。

(8) 数据挖掘。数据挖掘(data mining，DM)是从海量数据中归纳、提取出高一级更本质、更有用的规律性信息和知识的技术，应用于企业数据、商业数据、管理决策数据、Web数据等的挖掘和发现。

(9) 机器博弈。机器博弈是特定规则限定下的多路径可能性的优化选择智能，是对机器智能水平的测试和检验，主要有国际象棋赛、围棋赛等应用，是当前其智能可超过人的智能的人工智能系统之一。

(10) 智能机器人。智能机器人几乎需要所有的人工智能，是人工智能技术的综合应用，它的能力和水平已经成为人工智能技术水平的代表和体现，主要有工业机器人、太空机器人、水下机器人、家用机器人、服务机器人、医疗机器人、运动机器人、足球机器人、军用机器人等。

18.3 人工智能的典型技术和方法[1,2]

从人工智能的技术和方法层面了解人工智能，可为自适应标准体系的智能性的自适应功能实现提供必要的技术知识和应用方法。下面归纳介绍几种人工智能典型的技术和方法。

18.3.1 逻辑编程语言

人工智能主要是通过软件来表现的，表达人工智能的特色软件是人工智能的基础技术。逻辑编程(programming in logic，Prolog)语言建立于逻辑学的理论基础上，是一种适合用于人工智能软件编程的语言，是基于瑞士数学家Horn简化的逻辑子句的语言。Prolog是一种陈述句，具有表达力强和方便的优点，是知识表示、自动推理、图搜索、产生式系统、专家系统的有效语言。普遍使用的Prolog语言有 Turbo Prolog 和 Visual Prolog。

Prolog 只有事实(fact)、规则(rule)和问题(question)三种语句,用其设计的程序是一种宣布事实、定义规则和提出问题的程序。Prolog 是以归结原理为基础的定理证明程序和问题求解程序,其解释执行过程采用特定的输入归结,即从目标语句出发求出它和原句子集的一个子句的归结(尾部与头部匹配),新的子句再与原来子句集的一个子句求归结式,依此类推。

Prolog 三种语句的表示格式和功能为:**事实**的**格式**为“＜谓词名＞(＜项表＞)”,**功能**一般是表示对象的性质或关系;**规则**的**格式**为“＜谓词名＞(＜项表＞):－＜谓词名＞(＜项表＞){,＜谓词名＞(＜项表＞)}”,**功能**一般是表示对象间的因果关系、蕴涵关系或对应关系;**问题**的**格式**为“? －＜谓词名＞(＜项表＞)”,**功能**是表示用户的询问,它就是程序运行的目标。以上格式中,“:－”符号表示“if”,“{}”表示零次或多次重复,“,”表示“and”(逻辑“与”)。Prolog 程序一般由事实、规则和问题组成,问题是程序执行的起点,称为程序的目标。事实和规则可连续排列一起写,但问题不能和它们排在一起写,应单独列出。目标是可以变化的,也可以有多个语句,多语句时为子目标。拥有同一谓词的子句应排在一起。对于 Prolog 程序,问题相当于主程序,规则相当于子程序,事实相当于数据。

Prolog 程序的运行机制由三个概念体现:**自由变量与约束变量**——无值的变量为自由变量,有值的变量为约束变量,自由变量可以被实例化而成为约束变量,约束变量也可被解除其值成为自由变量;**匹配合一**——当两个谓词的名相同、参量项个数相同、参量类型对应相同,并满足一定条件时可匹配合一;**回溯**——程序运行期间,当某个子目标不能满足时,控制就返回前一个已经满足的子目标,撤销其有关变量的约束值,再使其重新满足。成功后,再继续满足原子目标。如果失败的子目标前再无子目标,则控制就返回该子目标的上一级目标使它重新匹配。

18.3.2　基于图搜索问题的求解

搜索是人工智能中进行问题求解的基本技术,这些技术包括状态图搜索、状态图搜索问题求解、与或图搜索、与或图搜索问题求解、博弈树搜索等。

许多智力问题都可归结为在某一状态图中寻找目标或路径的问题,状态图是一类问题抽象为节点和有向关系表示的图,搜索是在图中试探寻找目标和路径的基本方法。基本的搜索方式有树式搜索和线式搜索:树式搜索是记录所经过的所有节点和边,记录轨迹是一棵“搜索树”,需找出所求路径,通过目标节点反向追溯到初始点即可;线式搜索中只记录当前认为是处在所找路径上的节点和边,记录轨迹是一条线(折线),“搜索线”就是所求路径。

搜索是探索性寻找,要提高搜索效率就要研究搜索策略,搜索策略一般有无向导的盲目式搜索和有向导(信息引导)的启发式搜索。盲目式搜索有树式穷举式搜索、线式不回溯的随机碰撞式搜索以及回溯的穷举式搜索。启发式搜索有全局择优、局部择优、最佳图搜索等策略。按搜索的扩展方式，搜索可分为广度优先类型和深度优先类型。树式搜索既可是广度优先，也可是深度优先；线式搜索是深度优先。

18.3.3 基于遗传算法的随机优化搜索

遗传算法(genetic algorithm，GA)是借鉴生物界自然选择、有性繁殖、遗传变异的进化现象设计出来的一种优化搜索算法。遗传算法由适应度与适应度函数、染色体及其编码、种群、遗传操作等重要概念支撑，其中：适应度(fitness)是为求解问题中的对象设计的一种表征优劣的测试；适应度函数(fitness function)是对象集合到适应度集合的一个映射，是一个初值函数；染色体(chromosome)是问题中个体对象的表达，染色体编码为特定的字符串，编码中的符号为基因(gene)；种群(population)是由若干个染色体组成的群体；遗传操作(genetic operation)是借用遗传关系建立的算法，包括选择-复制、交叉和变异。选择-复制操作是从种群中随机选择复制对象，以实现将适应度较高的染色体以高概率被选取进行复制，形成适应度越高的染色体的后代就越多；交叉(crossover)是互换两个染色体某位上的基因，又称为交换；变异(mutation)是改变染色体编码某个位上的基因。

遗传算法是对种群中的染色体反复进行选择-复制、交叉、变异操作，使其更新换代的适应度不断提高，直到其适应度满足目标染色体的要求。遗传算法的实际应用需给出结构模式的表示方案、适应度的计算方法、终止条件、控制参数等。控制参数包括表达种群规模的染色体个数、最大换代数、交叉率(参加交叉的染色体比例，一般为0.4～0.99)、变异率(变异的基因位数占全体染色体基因总位数的比例，一般为0.0001～0.1)。

遗传算法与图搜索相比，其特点为：遗传算法是直接在解空间搜索，不像图搜索是在问题空间搜索，最后才找到解；遗传算法是从搜索空间的一个点集开始，不像图搜索始于初始点或终止节点，是一种随机搜索算法；遗传算法总是在寻找优解，不像图搜索是设法找到解，因此遗传算法是一种优化搜索算法；遗传算法是从空间一个点集(种群)到另一个点集的搜索，不像图搜索是从空间的一个点到另一个点的搜索，因此，它是一种并行搜索，适合大规模并行计算；遗传算法适应性强，除需知道适应度函数外，几乎不需要其他先验知识；遗传算法优于全局搜索，不受空间的限制性假设的约束，不要求连续性，能以很大概率从离散的、多极值的、含有噪声的高维问题中找到全局最优解。遗传算法的优点使其在机器学习、聚类、控制、规划、设计、调度、配置、组合优化、函数最大值、图像处理和信号处理等方面广泛应用。遗传算法与其他智能算法和技术相结合，使问题求解能力进一步扩展和提升，如与模糊技术、神经网络结合等。

18.3.4　知识表示与推理

知识表示与推理包括一阶谓词公式、产生式规则、框架、语义网络等内容，属于符号人工智能的范畴。对于知识的表示方面有一些针对性的专用语言，使其表示更加有效，例如，有支持谓词逻辑的 Prolog 语言和 LISP 语言，支持产生式规则的 OPS5 语言，支持框架的 FRL 语言，支持面向对象的 Smalltalk、C＋＋、Java 等语言，支持神经网络的 AXON 语言等。不同的知识表示一般有不同的推理方式，例如，谓词公式用演绎推理，框架、语义网络和对象知识的表示用继承推理。演绎推理是机器推理实现得较好的推理，特别是三段论和假言推理。除了经典的二值逻辑推理外，机器推理还有模态逻辑、时态逻辑、动态逻辑、多值逻辑、多类逻辑、非单调逻辑、真度逻辑和软件语言真值逻辑等非经典逻辑推理。现在还发展了约束推理、定性推理、范例推理等推理技术，还有针对不确定性知识的或然推理以及针对不确切性的似然推理等技术。由于不满足传统的串行推理速度，人们正在进行并行推理的算法和语言的研究。

谓词公式是一种表达力很强的形式语言，很适合数字计算机运算，既可实现类似于人脑推理的自然演绎法自动推理，也可实现不同于人脑推理的归结法自动推理。谓词公式及其推理是应用符号公式的推理，涉及的符号有谓词符号、函数符号、个体变元符号、个体常元符号、量词符号等。

产生式规则及其推理的一般形式为：＜前件＞→＜后件＞，其中前件是前提，后件是结论或动作；前件和后件可以是由逻辑运算符 AND、OR、NOT 组成的表达式，其语义为，如果前提满足，则可得结论或者执行相应的动作。

框架、语义网络属于结构化知识表示及其推理。框架是一种结构模式，若干槽，槽有若干侧面，侧面有若干侧面值，槽值和侧面值可以是数值、字符串、布尔值，也可以是一个动作或过程，甚至还可以是另一个框架的名字。框架适合表达结构性知识，如概念、对象等，其槽是对象的属性或状态。框架的推理方法是继承，就是子框架可以拥有其父框架的槽及其槽值，实现继承的操作有匹配、搜索和填槽。框架程序语言有一种名为帧表示语言（frame representation language，FRL）的程序设计语言，可方便地实现框架知识的表示。

语义网络及其推理也是一种框架关系。语义网络是由节点和边组成的一种有向图，图中的节点表示事物、对象、概念、行为、性质、状态等，有向边表示节点之间的某种联系或关系，如边上的标记就是边的语义。语义网络可划分为执行级、逻辑级、认识论级、概念级和语言学级五个级别，可分为命题语义网（分块联想网络）、数据语义网（以数据为中心的语义网络）、语言语义网（用于自然语言的分析和理解）、结构语义网（描述客观事物的结构，常用于模式识别和机器学习等领域）、分类语义网（描述抽象概念及其层次）、推理语义网（一种命题网，适合推理）、框架语义网（与框架相结合的语义网)等七类。

基于不确定性(uncertainty)知识的推理称为不确定性推理,其原理可简单地表示为“不确定性推理=符号推演+信度计算”,它与确定性推理相比多了一个信度计算过程,不存在以下差别:前件与证据事实是否能匹配成功不但要求两者符号模式能够匹配,而且要求证据事实所含信度必须达到一定阈值限度;规则触发不仅要求前提能匹配成功,而且前提条件的总信度必须达到阈值;结论是否有效也取决于其信度是否达到阈值;还需要包括“与”关系、“或”关系、“非”关系的信度计算。

不确切性(imprecision)知识的表示一般是用模糊集合给出相关的概念或语言值建模,可用程度化方法表示相关知识。程度化方法是给相关语言特征值附一个称为程度的参数,以确切刻画对象的特征,表示形式为(L,d)即(＜语言值＞,＜程度＞)。不确定性和不确切性很容易混淆,不确定性是发生或不发生的问题,不确切性是内涵没有硬性标准或条件,外延没有硬性边界。

18.3.5　机器学习与知识发现

机器学习是通过训练,发现规律和应用规律改善性能的过程。机器学习可分为模拟人脑的机器学习和直接采用数学方法的机器学习,模拟人脑的机器学习又可分为符号学习和神经网络学习。

符号学习有记忆式的机械学习、从诸实例中归纳出一般概念的示例学习和归纳式的决策树学习。

神经网络学习是基于构建人工神经元、人工神经网络和神经网络学习方法支持的学习。人工神经元特性函数又称为神经元的作用函数、传递函数,是神经元的数学模型,分别有阈值型、S型和分段线性型,阈值型是线性函数,S型为非线性函数。人工神经网络有分层前向网络、反馈前向神经网络、互连前向网络、广泛互联网络,其功能有数学上的映射逼近、数据聚类、压缩、联想记忆、优化计算和组合优化问题求解、模式分类、概率密度函数的估计。神经网络学习方法有有导师学习、强化学习、无导师学习等。有导师学习必须预先知道学习的期望结果——导师信号,并依此按照某一学习规则来修正权值。强化学习是利用某一表示“奖/惩”的全局信号,衡量与强化输入相关的局部决策如何,得出有用结果。无导师学习不需要导师信号或强化信号,只要给定输入信息,网络通过自组织调整和自学习给出一定意义下的输出响应。学习技术从神经网络内部状态变化的角度,可分为权值修正、拓扑变化、权值与拓扑修正。范例学习是用一组实例数据训练网络,使网络得到学习,典型的范例学习有竞争学习、强化学习、误差反向传播学习及玻尔兹曼学习。

误差反向传播(back propagation,BP)网络是应用最广泛的一种神经网络模型,其特点为:①BP网络的拓扑结构为分层前向网络;②神经元的特性函数为

Sigmoid 型(S 型)函数 $f(x)=1/(1+e^{-x})$;③输入为连续信号量(实数);④学习方式为有导师学习;⑤学习算法为推广的 δ 学习规则,称为误差反向传播算法,即 BP 算法。

知识发现(knowledge discovery,KD)与数据挖掘也是机器学习的一大应用,其目的是从数据集中抽取和精化一般规律或模式,涉及的数据形态包括数值、文字、符号、图形、图像、声音、视频、Web 网页等,数据结构方式可以是结构的、半结构的或非结构的,知识发现的结果表示形式包括概念、规则、法则、定律、公式、方程等,应用范围如企业数据、商业数据、科学实验数据、管理决策数据等。知识发现过程可分为数据准备、数据开采、结果解释评估、知识表示,数据准备又可分为数据选取、数据预处理和数据变换。知识发现的任务主要是概念描述、分类、聚类、相关分析、偏差分析、建模等;知识发现的方法主要有统计法、机器学习法、粗糙集及模糊集、智能计算法、可视化等。

18.3.6　专家系统

专家系统(expert system,ES)是具有人类专家那样解决难题和复杂问题能力的软件或系统,具备精通某专业领域、拥有专家级的知识、能模拟专家的思维、能达到专家级水平。专家系统按用途可分为诊断型、解释型、预测型、决策型、设计型、规划型、控制型、调度型等种类。专家系统具有以下特点:善于解决那些不确定性的、非结构化的、没有算法解或虽有算法解但在现有的机器上无法实施的难题;靠知识和推理来解决问题,基于知识的智能问题求解系统;强调知识与推理的分离,系统具有很好的灵活性和可扩展性;具有过程和最终先进技术解释功能;有些系统具有自学习能力,对自己原有知识进行不断扩充、完善和提炼;具有持续性、客观性、稳定性的工作状态。

专家系统的结构有概念结构和实际结构,概念结构包括知识库、推理机、动态数据库、人机界面、解释模块、知识库管理系统,实际结构是嵌套、多层、多分布、混合组合等多样化关系,典型的实际结构有黑板模型结构、网络与分布式结构等。

专家系统的建立主要包括系统总体分析与设计、知识获取、知识表示与知识描述语言设计、编程与调试、测试与评价、运行与维护等环节。专家系统的总体设计主要是系统结构设计和功能设计,结构模式有多种多样,一般有独立式、混合式、集中式、分布式、层次式、黑板式等,数据库多为协同库,典型的是知识库、数据库、模型库和方法库。知识获取是挖掘专家头脑中的精华知识和经验,包括人工获取、半自动获取和自动获取,是专家系统建立的关键。知识描述语言既要能为用户提供方便、易懂的外部表达形式,又要能将外部表达形式转换成易存储、管理、运用的内部形式,可用现有的程序设计语言(如 Prolog、LISP、C 等)提供的数据结构或语句来实现,也可自己进行设计。知识库的设计主要是知识库的结构设计,一般用层次结构和网状结构，本质是将知识分块分层组织存放，如按元知识、专家知识、领域知识等分层。知识库管理系统设计主要是各种功能的设计。推理机设计主要是考虑推理的方式、方法和控制策略。推理方式考虑的内容有：是正向推理，还是反向推理或双向推理；是精确推理，还是不精确推理；是串行推理，还是并行推理；是单调推理，还是非单调推理。推理方法考虑的内容有：是用归纳法，还是用自然演绎法；对于控制策略，是采用深度优先，还是广度优先；对于冲突消解，是依据优先数，还是可信度或程度等。专家系统的人机界面一般有面向系统开发和维护者的界面和面向用户的界面，用户界面是随用途个性化的和特色的。

18.3.7 Agent 系统

Agent 是智能实体的统称，可大可小，但无论大小，它是有智能能力的软件或软硬件实体。Agent 是一种基于智能的抽象传感器和效应器模型，传感器能感知环境，效应器作用环境。Agent 从特性角度可分为反应式 Agent、理性(BDI，信念、愿望、意图)Agent、社会 Agent、演化 Agent、人格化 Agent 等。Agent 具有自主性、反应性、适应性、社会性等基本特性。

Agent 的使用主要是以多 Agent 系统(MAS)一起协同使用的。多 Agent 系统是一个松散耦合的系统，诸 Agent 通过交互、协作进行单 Agent 不能解决的问题的求解。多 Agent 系统的理论是以单 Agent 的理论为基础的，并有多 Agent 系统特有的内容。多 Agent 系统的体系结构有 Agent 网络、Agent 联盟、黑板结构等。多 Agent 系统的特征有：每个 Agent 拥有解决问题的不完全的信息或能力；没有系统全局控制；数据是分散的；计算是异步的。

Agent 的编程工具有：专用面向 Agent 的程序语言，如体系结构描述语言(ADL)、处理控制语言(PCL)、通信语言(SACL)、AGENT0、PLACA、KQML、ARPA 等；面向对象的程序语言有通用程序语言、Java 等。

18.4 标准体系所需的自适应内容

标准体系的自适应需求主要有构建框架关系的自适应、实时修改调整的自适应、使用的自适应和自我提高的自适应。标准体系实时修改调整的自适应是最迫切的自适应需求，主要有三个阶段的需求：一是标准体系建立时的自适应；二是标准体系建成使用期的自适应；三是标准体系修订或重大调整时的自适应。传统的标准体系的建立过程是人工设计表达文档，人工制图和制表，人工检查标准项目的完整性、协调性、数据准确性、数据噪声等，这些工作的工作量大、效率低，人工工作容易疲劳和出错等，因此这些工作可用人工智能建立自适应能力来完成。当标准体系建成使用后，标准体系中的标准项目状态将随标准应用环境的变化对原拟制定标准项目进行适用性分析和调整。在传统标准体系中，这种标准项目的动态变化是无法落实的，只能在标准体系下一版修订时来落实。应用人工智能，可使标准体系具有对标准体系项目变化的自适应响应能力。当标准体系进行修订和重大调整时，标准体系将面临与标准体系建立时相当的许多人工工作量，标准体系的自适应能力可大大减轻标准体系修订和重大调整的工作量，同时还能保证工作的客观性和质量。对于以上三个阶段标准体系自适应的需求，有些自适应功能只是一个阶段需要的，有些自适应功能是多个阶段都需要的，因此标准体系的自适应不能按阶段来设计，应按可重用和多用的模块化自适应功能来设计。

就当前的人工智能技术水平和标准体系建立的状况，标准体系需自适应和能实现自适应的内容主要有以下方面。

1）标准体系框架表达的自适应

根据标准体系设计并格式化的标准分类和项目数据，可自组织建立标准体系概念化的分类框架，自动并绘制出可视化的标准体系框架。这种自适应能力不仅能创建标准体系框架，也能调整标准体系框架和重构标准体系框架，即包括标准体系创建和修改调整的自适应能力。这属于标准体系框架构建和调整的自适应需求。

2）标准体系表表达的自适应

根据标准体系设计并格式化的标准分类和项目数据，自组织建立概念化的标准体系表，自动绘制出可视化的标准体系表。这种自适应能力不仅能创建标准体系表，也能调整标准体系表和重构标准体系表，即包括标准体系创建和修改调整的自适应能力。这属于标准体系表构建和调整的自适应需求。

3）标准项目状态的自适应修改

根据标准体系表所列项目的状态变化，如当需制定标准完成制定发布，以及标准复审项目给出“有效”、“需修订”、“需修改”、“应废止”、“过渡使用”等结论状况时，能有自动对标准状态发生变化的对象标注其最新状态及修改其相应信息的能力。这属于标准项目状态修改调整的自适应需求。

4）新标准项目的补充自适应修改

标准体系中需补充新标准项目时，能对其进行分类归属，自动将其放入标准体系表中的适合位置和标准体系分类的所属结构关系中。这属于标准项目补充修改的自适应需求。

5）问题的自动检查和警示

定期自主对标准体系的数据进行全面扫描，自动发现各种问题，如项目重复、数据噪声、数据不完整、冗余信息、数据稀疏等，自动进行报警或给出警示信息，这属于检查和报警的自适应需求。

6）标准体系的自动评价

选择代表标准体系状态和水平的评价事项，如标准体系的全面性、标准完备性、标准有效性、标准先进性等，建立评价模型和评价功能，应用相关数据，对标准体系进行自动评价，这属于评价的自适应需求。

7）标准体系使用的智能推送

按照标准体系的使用目的，如标准论证、标准制定、标准实施、标准修订等，从标准体系系统中自动推送出目标标准对象及其相关的使用详细信息，这属于使用的自适应需求。

8）标准体系的自学习和自提高

确定标准体系需要改进完善的事项，应用人工智能的技术和算法，使标准体系在目标事项上能自学习、自提高，不断地改进和完善目标事项，这属于自我提高的自适应需求。

以上标准体系自适应的需求内容，归纳起来主要是标准体系表达形式的自组织和自绘制能力、状态改变和问题改正的自响应能力、问题检查和警示的自适应能力、评价的自适应能力、使用的自动辅助能力、自学习和自提高能力等。

标准体系自适应能力最重要的意义是，当标准体系建立的专业工作组解散后，只需要标准体系软件的维护人员，就可做标准体系专业工作组所做的事，如标准体系框架的重新绘制、标准体系表的重新绘制、标准体系及其项目的评价等。如果没有标准体系框架的自适应重构能力和标准体系表的自适应重构能力，标准体系中只要有一个小的分类发生变化和一个标准项目发生变化，都会使我们无法实时地获得最新状态的标准体系框架结构和标准体系表。因为我们不可能为这些小的变化招回原工作组为标准体系的这些变化而工作(因为其他人员不具有做这些工作的专业知识)。当标准体系具有了自适应能力时，标准体系才具有了动态实时的自我完善能力，我们才能实时获得最新的和最适合的标准体系。否则，标准体系对标准制定的规划性作用和标准实施的指导性作用将会大打折扣，并会随着标准体系龄的增长，其有益作用的折扣变大。

18.5 标准体系自适应功能实现的技术和方法

自适应标准体系要具有以上八个方面的自适应功能，需应用以下智能化的技术和方法来实现。在这些自适应功能实现的技术和方法中，有的是应用智能化的程序实现的，有的是应用人工智能经典的技术和方法实现的。

18.5.1 标准体系框架表达的自适应方法

标准体系框架表达的自适应方法是通过设计自适应功能软件实现的。该方法可根据标准体系的分类编号信息或标准项目的体系编号信息，快速自动生成标准体系框架图，大大减轻标准体系框架图绘制的工作量，并提高标准体系框架图的绘制质量和正确性。该项自适应包括对标准体系框架形状、大小、间距等的自动调整能力。标准体系框架表达的自适应技术主要包括以下具体内容。

第一步：确定标准体系的分类编号方案和/或标准项目的所属编号，形成标准体系分类编号和标准项目编号初级结构化关系。

第二步：确定标准体系表达的几何元素，如节点、事项框、线段或连线等，同一类几何元素可有多种款式供选择，如图 18-1 所示，图 18-1(a)为节点和事项框表达元素，图 18-1(b)为连线表达元素。

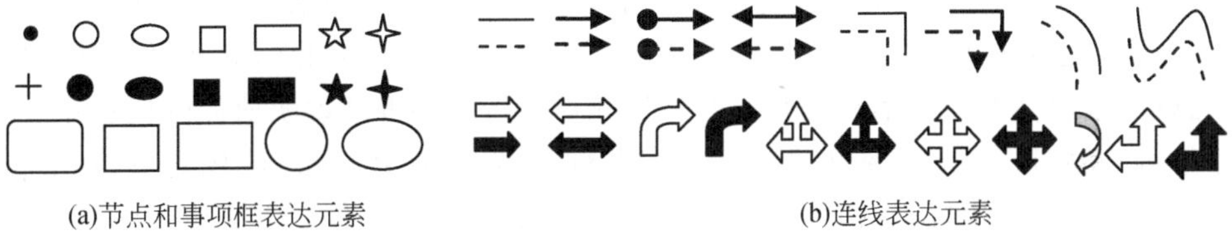

图 18-1　标准体系节点、事项框和连线表达的元素

第三步：确定标准体系几何框连接形态，选择期望的几何框连接形态，如图 18-2 所示，也可将横向几何框排列方式转换为纵向几何框排列方式。

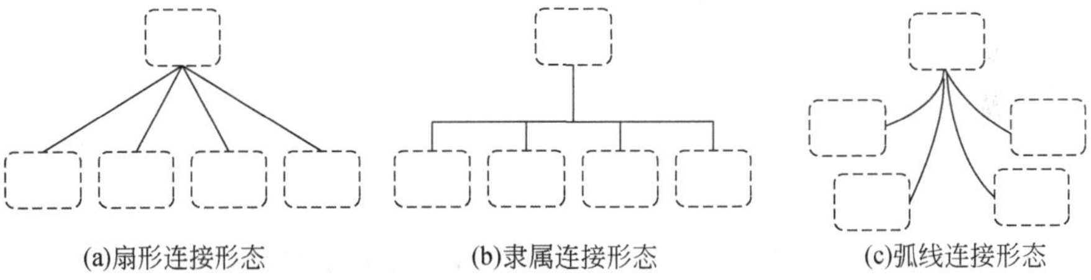

图 18-2　标准体系框架几何连接形式

第四步：建立整体的事项几何框形态方案，可使整个标准体系为单一形态，也可为混合形态。

第五步：事项几何框间连接的关联关系和几何连线的确定。

第六步：标准体系框架自适应布局功能设计，可根据几何框尺寸和框间距自动布局，也可根据几何框中字体大小确定几何框尺寸再自动布局，还可默认自动布局等。

第七步：开发标准体系框架关系构建和图形自动绘制程序软件。

第八步：用实例检验软件的运行，并进行软件完善性调整和修改，直到达到预定目标。

该方法基于标准体系结构规划概念和体系的配置事项，应用软件自动构建框架关系和绘制标准体系框架图。该功能是框架推理属性的智能化功能，具有通用性，既可用于标准体系框架图的建立，也可用于产品体系框架图或其他体系框架图的建立。

18.5.2 标准体系表表达的自适应方法

标准体系表表达的自适应方法是通过设计自适应功能软件实现的。该方法可根据标准体系中标准项目的体系编号和项目所属信息，快速自动生成标准体系表，方便对标准体系表的构建，大大减轻标准体系表绘制的工作量，并提高标准体系表构建的效率和正确性。标准体系表表达的自适应技术主要包括以下具体内容。

第一步：确定标准体系中适用的现行标准项目和需制定的标准项目及其所属信息项，这些标准项目信息是其标明身份和对其进行多维度说明所需的信息项，如体系编号、项目名称、标准级别、标准类型、项目状态、参考标准、应用对象、标准作用、主要内容、引用标准、被引用标准、实施条件、标准制定时间等，确定信息项就是对这些信息项进行剪裁选取或增补。

第二步：根据标准项目的体系编号，编制所属信息项的编号，例如，标准项目体系编号为 2.1.3，标准名称、标准级别、标准作用的编号分别为 2.1.3B、2.1.3C、2.1.3G。

第三步：确定标准体系表中各信息项信息表达类别（属于字符、整数、浮点、日期等）、信息长度等。

第四步：确定标准体系表中各类信息栏的尺寸大小。

第五步：确定标准体系表中各类信息栏的文字字体与字号和背景内容（如颜色等）。

第六步：开发标准体系表信息操作界面及标准体系表自动绘制程序软件。

第七步：用实例检验软件的运行并进行软件完善性调整和修改，直到达到预定目标。

该方法是基于标准体系表概念和标准体系项目及其信息，应用软件自动生成标准体系表，是体系表推理属性的智能化功能，具有通用性，既可用于标准体系表的建立，也可用于产品体系表或其他体系表的建立。

18.5.3 标准项目状态的自适应修改方法

设计标准项目状态结构化的导入功能、格式，格式包括标准项目的编号、名称和状态，并在标准体系智能化系统中设计一个标准项目状态的导入接口，对于标准体系中所列的已制定标准项目和需制定的标准项目，当其状态发生变化时，按标准项目状态结构化格式填写相关信息，例如，对需制定标准完成制定并发布了标准号和复审的标准复审结论为“需修订”、“需修改”或“应废止”等，将这些标准的状态信息从标准项目状态导入接口导入，软件将自动使这些标准项目的状态信息修改为最新的状态信息，修改的目标位置是标准体系表中的相应位置或原位置。

18.5.4　新标准项目的补充自适应修改方法

设计标准项目补充结构化的导入功能、格式，格式包括标准项目的体系编号、项目名称、标准级别、标准类型、项目状态、参考标准、应用对象、标准作用、主要内容、引用标准、被引用标准、实施条件、制定时间等全部信息，并在标准体系智能化系统中设计一个标准项目补充的导入指令，当需要给标准体系补充现行标准项目和/或补充新制定的标准项目等时，按标准项目补充结构化格式填写相关信息，将这些信息从标准项目补充导入接口导入，软件将自动将这些标准项目放置到标准体系表的合适位置和标准体系框架图中的合适位置(如果标准体系框架需要列出标准项目)。

18.5.5　问题的自动检查和警示方法

问题的自动检查和警示方法将为标准体系的质量完善提供支持。该方法的总体内容是确定要检查的事项问题，如标准项目重复、数据不完整、数据噪声、数据稀疏等，进行每类问题检查的方法和功能设计，以及检查出的问题的报警方式或警示界面设计。该项内容还包括设计预定问题未处理的定期提醒功能。对每类问题自动检查和警示的软件按以下方法设计。

1）项目重复问题的检查和警示

项目重复问题的检查方法主要是对标准体系表(或数据库)中的每个项目的项目编号、项目名称、项目级别、项目内容四项信息逐项扫描进行一致性对比，当扫描到的项目信息有重复情况时，系统将给出项目“完全重复”、“可能重复”或“可能近似”的结论(三个结论之一)。当某个项目被扫描的四项信息都完全一致时，重复检查结论为“完全重复”；当某个项目被扫描的项目编号、项目名称、项目级别信息有两项或三项完全一致时，重复检查结论为“可能重复”；当某个项目与被扫描的项目内容信息几乎相同或相近时，重复检查结论为“可能近似”。如果发现重复性问题，以格式化语言进行提醒，例如，“××编号项目与××编号项目完全重复、××编号项目与××编号项目可能重复、××编号项目与××编号项目可能近似”等，然后将问题存储在问题库中，定时在界面设定的显示位置提醒，直到给出问题的认定结论。对于检查的项目不能给出以上三种结论之一的，认为该项目是不重复的项目，不需要给出“不重复”的结论。

2）项目数据不完整问题的检查和警示

项目数据不完整问题的检查方法主要是采取对标准体系表(或数据库)中的每

个项目分别对其所有信息项进行数据不完整项检查，检查的判定的方法是检查其信息项中是否存在未填信息项或空白信息项，如果发现空白信息项，则以格式化语言进行提醒，例如，“××编号项目的应用对象项、标准作用项、主要内容项为空白项，项目数据不完整”，然后将问题存储在问题库中，定时在界面设定的显示位置提醒，直到给出问题的认定结论。

3）项目数据噪声问题的检查和警示

项目数据噪声问题的检查方法主要是采取对标准体系表（或数据库）中的每个项目分别对其所有信息项进行数据噪声项检查，数据噪声检查的判定方法为检查每项信息与规定的信息类型是否相符、信息项内容是否超过规定长度、信息内容是否文不对题、信息内容是否有语法问题和笔误内容等，如果发现信息项有这些问题，则以格式化语言进行提醒，例如，“××编号项目的标准级别项、标准类型项、标准状态项、引用标准项为噪声项，项目数据有噪声”，然后将问题存储在问题库中，定时在界面设定的显示位置提醒，直到给出问题的认定结论。

4）项目数据稀疏问题的检查和警示

项目数据稀疏问题的检查方法主要是采取对标准体系表（或数据库）中的每个项目分别对其所有信息项进行数据稀疏项检查，数据稀疏检查判定方法为发现信息项内容过于简单、内容过少等，如果发现信息项有这些问题，则以格式化语言进行提醒，例如，“××编号项目的标准作用项、主要内容项、引用标准项、实施条件项为稀疏项，项目数据稀疏”，然后将问题存储在问题库中，定时在界面设定的显示位置提醒，直到给出问题的认定结论。

5）其他提醒功能

除了以上检查出的问题提醒外，软件的提醒功能模块还应包括预定问题未处理的提醒功能。首先是确定未处理的问题，这些问题主要有反馈问题未处理、设定复审时间的标准体系到时未复审、“需修订”的标准未实施、“需修改”的标准未实施、“过渡使用”标准到期未处理、“应废止”的标准未处理等。提醒功能模块会将未处理的问题自动推送到提醒板上，提醒的问题会定时或定日自动显示在提醒板上，直到问题解决并对相关信息随动修改后，提醒内容才不再显示。

18.5.6 标准体系的自动评价方法

标准体系的自动评价将为标准体系建立自适应的改进方向和内容。标准体系的自动评价采用总体评价和单项评价的方式。对于总体评价，是提出总体评价指标的构成关系，并设计建立由多项评价指标合成的算法模型。对于单项评价，是提出单项评价指标事项，设计建立单项指标的评价内容和分级关系。标准体系总体评价指标可由标准体系的表达全面性（以下简称全面性）、标准完备性、标准有效性、标准先进性等合成，按一定的算法构成评价模型。标准体系单项评价指标可分别由标准体系的全面性、标准完备性、标准有效性、标准先进性等构成。评价用何种类型的评价数学模型根据对自适应标准体系软件系统开发功能的期望确定。评价数学模型主要有层次分析评价法(矩阵)、模糊综合评价法(模糊数学)、人工智能法(神经网络、遗传等算法)。总体评价和单项指标评价,首要问题是给出各评价指标的具体内涵或具体评价要素,这些指标评价的具体内涵或要素论述如下。

1) 标准体系的全面性指标

标准体系的全面性指标是用标准体系结构的全面性和标准项目表达的全面性来表征的指标,是用两项指标表达的指标。标准体系结构的全面性指标主要反映标准体系结构设计的完整性,如标准体系有了第一层结构,应该有第二层及其以下结构而没有时,被认为标准体系结构不全面(除只用单层结构的标准体系外),体系结构表达的不全面指标用体系结构第一层及其他层的不完整结构数占体系结构应有总数的百分比表达。体系结构全面性评价的前提是体系结构设计的第一层及其他层应有的结构项数是事前定义明确的。标准项目表达的全面性指标主要反映标准体系表中标准项目列项的完整性,如标准体系表中应有标准项目的而没有列入,标准项目表达的不全面性指标用应有而未列入标准体系表的标准项目数占标准体系表所有应有标准项目数的百分比表示。在标准体系表中各级标准分类下,有的应有而没有列入标准体系的标准项目,被认为标准体系的标准项目表达的不全面。标准体系的平均全面性指标 Q 为标准体系结构不全面性 B_1 与标准项目表达的不全面性 B_2 的和除以 2,公式表达为

$$Q=\frac{B_1+B_2}{2} \tag{18-1}$$

2) 标准体系的完备性指标

标准体系的完备性指标是反映标准体系表中标准项目已完成制定的比例,或标准体系表中有实体标准可使用的比例。标准的完备性指标 W 为标准体系表中已制定的标准项目数 N_z 除以标准体系中所有标准项目数 N_0 的百分数,公式表达为

$$W=\frac{N_z}{N_0}\times 100\% \tag{18-2}$$

3) 标准体系的有效性指标

标准体系的有效性指标是反映标准体系表中能正常使用或能有效使用的标准数占标准体系中所有标准数的比例的百分比。标准体系的有效性指标往往比标准体系的完备性指标数值小,因为标准的有效数是已制定标准项目数减去标准体系表中需修订、需修改、应废止(根据标准复审意见和反馈意见按程序确定的)的标准数。标准体系的完备性指标 Y 为标准体系表中已制定的标准项目数 N_z 减去不宜使用的标准(需修订、需修改、应废止等标准)数 B_z,再除以标准体系中所有标准项

目数 N_0的百分数，公式表达为

$$Y=\frac{N_z-B_z}{N_0}\times 100\% \tag{18-3}$$

4）标准体系的先进性指标

标准体系的先进性指标是反映标准体系表中已有标准项目中水平先进的标准项目数(含国内和国际先进和领先水平)所占的比例。已制定标准项目中水平先进以外的是水平为“一般”、“落后”、“过时”、“淘汰”等。标准体系的先进性指标 X 为标准体系表中已制定标准项目中水平先进的标准数 N_x(根据标准复审意见和标准审查意见按程序确定的)除以标准体系表中所有标准项目数 N_0 比的百分数，公式表达为

$$X=\frac{N_x}{N_0}\times 100\% \tag{18-4}$$

5）标准体系的总评价指标

标准体系的总评价指标为标准体系的全面性、标准完备性、标准有效性、标准先进性指标的加权和平均值。设标准体系总评价指标为 S_a，标准体系的全面性指标为 Q，标准完备性指标为 W，标准有效性指标为 Y，标准先进性指标为 X，这些单项指标的权重系数分别为 k_1、k_2、k_3、k_4，则标准体系的总评价指标计算公式为

$$S_a=\frac{k_1Q+k_2W+k_3Y+k_4X}{4(k_1+k_2+k_3+k_4)} \tag{18-5}$$

式中的权重系数 k_1、k_2、k_3、k_4可以是相同的，也可以按评价单项指标在标准体系的重要程度分配不同的数值，例如，认为标准体系的全面性和标准有效性指标比较重要，可给这两个指标的权重 k_1、k_3分配的值大一些。标准体系评价的单项指标和总体指标值都可按百分比数值大小进行优劣分档，例如，大于等于 85%为“优”，大于等于 75%小于 85%为“良”，大于等于 60%小于 75%为“可用”，小于 60%为“差”等。

自适应标准体系自动评价功能可在标准体系软件中设置为定期自动评价，如一周或一个月评价一次。自适应标准体系软件的评价给出评价结论后，可把评价发现的问题自动列出来，放到软件平台的提示板或提醒板，提示或提醒哪些问题需要解决。

18.5.7 标准体系使用的智能推送方法

自适应标准体系智能推送主要是围绕标准论证时使用、标准制定时使用和标准修订时使用建立的功能，也可以根据需要设置其他智能推送功能。标准论证使用时的智能推送功能是，先选择标准项目名称，选择“论证”键，软件系统自动把该标准项目的标准制定时间、标准作用、标准内容、引用标准、被引用标准等信息和标

准项目论证实例自动推送出来，为“标准立项必要性”论证和“标准主要内容”论证等提供支撑素材。

标准制定使用时的智能推送功能是，先选择标准项目名称，单击“制定”键，软件系统自动把该标准项目的标准作用、标准内容、引用标准、被引用标准等信息和标准制定实例自动推送出来，为“标准研制大纲”编写、“标准草案”编写和“标准编制说明”编写提供支撑素材。

标准修订使用时的智能推送功能是，先选择标准项目名称，单击“修订”键，软件系统自动把该标准复审时提出的标准需修订的各条目的具体意见和标准修订实例自动推送出来，为“标准修订大纲”编写、“标准草案”编写和“标准编制说明”编写提供要落实的工作依据。

18.5.8　标准体系建立自适应功能的算法[1,2]

标准体系需要建立自适应的功能主要有数据查重、数据查缺、数据评价、数据准确选择、数据清洗、数据变换、数据聚类、数据转移、数据改进、信息提示等自动功能。支持自适应标准体系专业性知识及软件建立的内容有知识数据库、问题数据库、自学习模块、推理机、解释模块、数据库管理系统等。实现自适应标准体系软件功能的算法主要有三种：一是用逻辑算法建立的功能；二是用典型数学模型建立的功能（如评价模型等）；三是用人工智能数学模型建立的功能。关于逻辑算法和典型数学模型本章不一一赘述。关于人工智能算法，主要有：多层神经网络算法（后向传输网络算法，S 函数作为激活函数）、多层神经网络加速学习算法（双曲线正切作为激活函数）、Hopfield 神经网络算法（有输出再输入的反馈回路）、双向相关记忆算法（A 模式与 B 模式相关的异质网络，即 BAM 法）、自组织神经网格算法（相近连接神经元突触增强模式和竞争取胜神经元通吃模式，即 Hebbian 学习法和竞争学习法）[2]。自适应标准体系的哪些功能采用什么算法按自适应标准体系软件开发所要求的水平决定。下面给出一个应用比较多的人工智能的算法程序——多层神经网络后向传输（BP）算法[2]的概述和计算程序，以为自适应标准体系相关人工智能功能的建立提供参考。

1. 后向传输多层神经网络的特点

后向传输多层神经网络由输入层、隐含层、输出层组成，通常有三层到四层，有的甚至有五层到六层，层与层之间充分连接，每增加一层计算量呈指数增长。输入层接收来自外部的输入信号并发送给隐含层的所有神经元，输入层发出的信号附加了权重作用关系。隐含层是输入信号响应的处理层，输出值期望完全由隐含神经元自己决定，其神经元具有对输入信号的特定模型计算，如符号函数计算或 S 型函数计算等。利用一个隐含层可以表示输入信号的任何连续函数，利用两个隐含层可以表示非连续函数。输出层接收隐含层输出的信号，是整个神经网络输出模式的构建层，其神经元具有对隐含层输入信号进行符号函数或S型函数等计算后输出的功能。用输出层的输出与预期输出比较的误差求下一次计算的权重，将计算的权重后向传给下一轮计算，以此重复直到求得目标值。后向传输多层神经网络的学习算法可归纳为两个阶段：第一阶段训练输入模式提供给网络输入端，网络层层传输直到输出层产生输出模式为止；第二阶段是输出与预期输出不同时，计算误差，将误差从网络的后向传回输入端以调整权重值或训练权重，直到满足误差要求。后向传输多层神经网络的计算能力和结果由网络结构、激活函数、权重调整算法三个关键因素决定。

2. 后向传输多层神经网络结构形式设计

根据所要建立的自适应标准体系某特定功能的需要，设定输入层信息和输出层信息，设计后向传输神经网络的结构形式和确定神经元节点关系，如图18-3所示[2]。

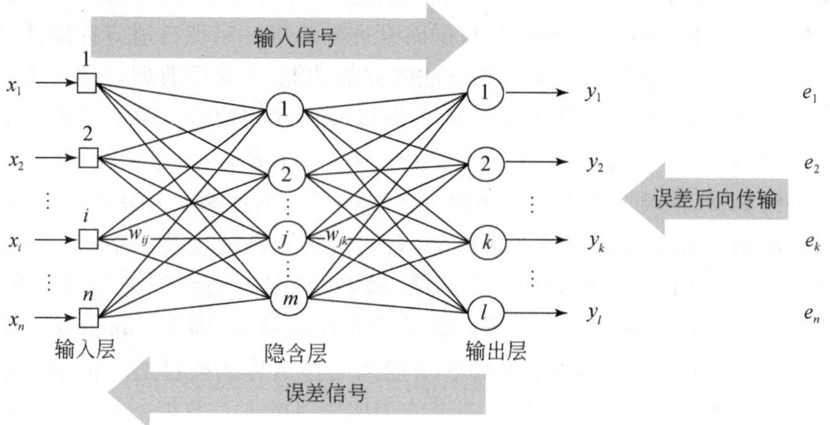

图18-3 三层后向传输神经网络

图18-3中，$x_1,x_2,\cdots,x_n$为输入层的输入信号，w_{ij}为输入层神经元i和隐含层神经元j间连接的权重，w_{jk}为隐含层神经元j和输出层神经元k间连接的权重，$y_1,y_2,\cdots,y_l$为输出层的输出信号，$e_1,e_2,\cdots,e_n$为从输出层反向传送到输入层的误差信号。BP神经网络结构关系主要由隐含层的层数、其神经元节点数以及输入层和输出层神经元节点数决定。隐含层神经元节点数不能过多，也不能过少，过多网络的泛化能力变差，易陷入局部极值，过少将无法产生足够的连接权组合数来满足样本的学习。隐含层神经元节点数与输入层和输出层神经元节点数相关，但难以找到解析公式直接求解，一般采用试凑法和一些专家的经验公式计算。

设隐含层的神经元节点数为 p，输入层的神经元节点数为 n，输出层神经元节点数为 q，Neilsen 提出的隐含层神经元节点数计算的经验公式为

$$p=2n+1 \tag{18-6}$$

Maren 等提出，对于小型网络，当输入神经元节点数大于输出神经元节点数时，最大隐含层神经元节点数计算的经验公式为

$$p=\sqrt{nq} \tag{18-7}$$

3. 数据准备

对于作为输入层的输入信号进行数据准备。非数值化的输入信号要进行量化处理，可将定性的程度性内容转化为定量的档级性内容，使其数值化。

4. 神经网络计算程序

后向传输神经网络的计算按以下四个步骤[2]进行。

第一步 初始化

对神经网络计算所需的初始权重 w 和阈值 θ 进行设置。初始权重和阈值可随意设置，一般用小范围均匀分布的随机数设置。输入层与隐含层连接的权重 w_{ij} 以及隐含层与输出层连接的权重 w_{jk} 需按每对连接神经元连线逐一进行设置。

第二步 激活

通过应用输入 $x_1(p), x_2(p), \cdots, x_n(p)$ 和期望的输出 $y_{d,1}(p), y_{d,2}(p), \cdots, y_{d,n}(p)$ 来激活后向传输神经网络。

(1) 计算隐含层神经元的实际输出。

隐含层第 j 个神经元的输入 $x_j(p)$ 为

$$x_j(p)=\sum_{i=1}^{n} x_i(p)\times w_{ij}(p)-\theta_j \tag{18-8}$$

式中，n 为隐含层神经元 j 的输入个数，w_{ij} 为输入层第 i 个神经元与隐含层第 j 个神经元连接的权重，θ_j 为隐含层第 j 个神经元的阈值。式(18-8) 也可以表达为以下矩阵关系：

$$\begin{bmatrix} x_1 \\ x_2 \\ \vdots \\ x_j \\ \vdots \\ x_m \end{bmatrix}=\begin{bmatrix} w_{11} & w_{21} & \cdots & w_{i1} & \cdots & w_{n1} \\ w_{12} & w_{22} & \cdots & w_{i2} & \cdots & w_{n2} \\ \vdots & \vdots & & \vdots & & \vdots \\ w_{1j} & w_{2j} & \cdots & w_{ij} & \cdots & w_{nj} \\ \vdots & \vdots & & \vdots & & \vdots \\ w_{1m} & w_{2m} & \cdots & w_{im} & \cdots & w_{nm} \end{bmatrix}\begin{bmatrix} x_1 \\ x_2 \\ \vdots \\ x_i \\ \vdots \\ x_n \end{bmatrix}-\begin{bmatrix} \theta_1 \\ \theta_2 \\ \vdots \\ \theta_j \\ \vdots \\ \theta_m \end{bmatrix} \tag{18-9}$$

隐含层神经元激活函数采用 S 型函数，其神经元 j 的实际输出 $y_j(p)$ 为

$$y_j(p)=\frac{1}{1+\mathrm{e}^{-x_j(p)}} \tag{18-10}$$

(2) 计算输出层神经元的实际输出。

输出层第 k 个神经元的输入 $x_k(p)$ 为

$$x_k(p)=\sum_{j=1}^{m}x_j(p)\times w_{jk}(p)-\theta_k \tag{18-11}$$

式中，m 是输出层神经元 k 的输入个数，w_{jk} 为隐含层第 j 个神经元与输出层第 k 个神经元连接的权重，θ_k 为输出层第 k 个神经元的阈值。式(18-11)也可以表达为以下矩阵关系：

$$\begin{bmatrix}x_1\\x_2\\\vdots\\x_k\\\vdots\\x_l\end{bmatrix}=\begin{bmatrix}w_{11}&w_{21}&\cdots&w_{j1}&\cdots&w_{m1}\\w_{12}&w_{22}&\cdots&w_{j2}&\cdots&w_{m2}\\\vdots&\vdots&&\vdots&&\cdots\\w_{1k}&w_{2k}&\cdots&w_{jk}&\cdots&w_{mk}\\\vdots&\vdots&&\vdots&&\cdots\\w_{1l}&w_{2l}&\cdots&w_{jl}&\cdots&w_{ml}\end{bmatrix}\begin{bmatrix}x_1\\x_2\\\vdots\\x_j\\\vdots\\x_m\end{bmatrix}-\begin{bmatrix}\theta_1\\\theta_2\\\vdots\\\theta_k\\\vdots\\\theta_l\end{bmatrix} \tag{18-12}$$

输出层神经元激活函数采用 S 型函数，其神经元 k 的实际输出 $y_k(p)$ 为

$$y_k(p)=\frac{1}{1+e^{-x_k(p)}} \tag{18-13}$$

第三步 训练权重

根据输出神经元的误差，计算输出层神经元的新权重(即隐含层与输出层连接的权重)和隐含层神经元的新权重(即输入层与隐含层连接的权重)。

(1) 计算输出层神经元的新权重。

输出层神经元的输出误差 $e_k(p)$ 为

$$e_k(p)=y_{d,k}(p)-y_k(p) \tag{18-14}$$

式中，$y_{d,k}(p)$ 为输出层第 k 个神经元的预期输出值，$y_k(p)$ 为输出层第 k 个神经元的输出值。

输出层神经元的误差斜率 $\delta_k(p)$ 为

$$\delta_k(p)=y_k(p)\times[1-y_k(p)]\times e_k(p) \tag{18-15}$$

输出层神经元新权重的校正量 $\Delta w_{jk}(p)$ 为

$$\Delta w_{jk}(p)=\alpha\times y_j(p)\times\delta_k(p) \tag{18-16}$$

输出层神经元的新权重 $w_{jk}(p+1)$ 为

$$w_{jk}(p+1)=w_{jk}(p)+\Delta w_{jk}(p) \tag{18-17}$$

(2) 计算隐含层神经元的新权重。

隐含层神经元的误差斜率 $\delta_j(p)$ 为

$$\delta_j(p)=y_j(p)\times[1-y_j(p)]\times\sum_{k=1}^{l}\delta_k(p)\times w_{jk}(p) \tag{18-18}$$

隐含层神经元新权重的校正量 $\Delta w_{ij}(p)$ 为

$$\Delta w_{ij}(p)=\alpha\times x_i(p)\times\delta_j(p) \tag{18-19}$$

隐含层神经元的新权重 $w_{ij}(p+1)$为

$$w_{ij}(p+1)=w_{ij}(p)+\Delta w_{ij}(p) \tag{18-20}$$

第四步 迭代

以第三步算出的 $p+1$ 次的权重代入第二步进行第 $p+1$ 次计算，通过多次迭代计算，直到计算满足误差要求。

5. 结果认定和应用

对于按以上人工智能算法计算出来的结果，应从专业技术的角度进行专家确认，如果专家评估认为计算结果符合专业技术规律结果，可作为权威数据或指标值进行应用。否则，检查数据准备、计算公式和软件程序是否有误，进行修正后，继续运算，直到计算结果符合专业技术规律。

18.5.9　自适应标准体系人工智能算法应用的内容

人工智能算法是提升自适应标准体系工作能力和水平的重要手段。人工智能应用于标准体系的哪些方面可以解决其他手段不能解决的问题呢？标准体系中有一些复杂问题或规律是不好掌握的，可应用人工智能算法进行解决。应用人工智能解决的问题至少可以有标准的复审时间周期确定、标准类别的数量比例确定、标准体系的评价等问题。

1. 标准的复审时间周期确定

标准的复审时间周期通常是以笼统概念确定的，常用的标准复审时间周期为5年。这个复审时间周期为什么是5年？而不是4年或6年呢？这个数字的确定实际上是没有充分依据和精确依据的。复审时间周期过长会造成需改进的标准不能及时修订，复审时间周期过短又会造成不必要的复审工作成本。准确把握标准复审的时间周期是保证标准处于有效状态和避免不必要浪费的需要。即使在同一个标准体系中，不同类别标准的有效使用时间周期一般是不一样的，即它们需复审的时间周期是不一样的，如基础标准、方法标准的有效期长，其复审的时间周期可定得长一些，而产品标准、工艺标准的有效期短，其复审时间周期可定得短一些。各类标准采用相同的复审时间周期使标准体系在同一时间点全部一起进行复审的做法是不科学和不合理的。但应用当前的标准体系工作手段，要按标准类别分别给出各自科学的复审时间周期是件困难的事。应用人工智能算法，将标准对象作为输入神经元，发现标准有不适用情况的时间周期作为输入值（根据各类标准使用问题反馈的时间和标准复审发现问题的时间），可算出各类标准科学的复审周期甚至是每个现行标准的复审的时间周期。不同专业的标准体系，即使是其中的同类型标准，其合理的复审时间周期也是不一样的，因此各标准体系中各类标准的复审时间周期应该应用人工智能算法进行合理确定。应用人工智能确定标准的复审时间周期，既可以按类确定，也可以按项确定。

2. 标准类别的数量比例确定

在标准体系中，各类标准的数量比例应该有一个规律，但这个规律没有专门的算法技术是无法确定的。由于标准体系中各类标准的数量没有科学规律指导，标准体系中各类标准的数量不是多了就是少了。标准类别中数量多，会造成标准制定的人力、财力、物力和时间的浪费；标准类别中数量少，又会造成标准不能满足使用需要。应用人工智能算法，将标准对象作为输入神经元，标准被使用和被检索的次数作为输入值（根据标准使用输出记录和检索记录等信息；被检索的对象也含标准体系中没有而有需求的对象），可算出合理的标准类型比例关系。有科学规律确定的标准类别比例关系，就可为标准体系确定各类标准的项目数量提供正确指导。

3. 标准体系的评价

标准体系评价的内涵和表达在上面已论述，上面给出的标准体系评价的算法是统计的算法。如果要使标准体系的评价更客观、更准确，可应用人工智能算法进行评价。应用人工智能进行标准体系的评价，效果会更好，但算法会比较复杂且计算量也很大。应用人工智能算法，将标准项目和标准体系一层结构对象作为输入神经元，标准体系结构或标准项目的全面性状态、标准的完备性、标准的有效性、标准的先进性状态作为输入值（根据标准使用反馈、复审和对标准体系自动检查等信息），可算出标准体系单项评价指标和总体评价指标。

18.6 自适应标准体系的建设

自适应标准体系的建设主要是建设五项内容：一是用传统方法构建目标专业的标准体系；二是开发自适应标准体系软件系统及人工智能专用模块；三是对标准体系的信息进行结构化、格式化的电子版制作；四是将标准体系数据导入自适应标准体系软件系统进行试运行；五是对软件系统试运行发现的问题进行改正和调整，直到问题解决。

自适应标准体系的建设最好应用分析型标准体系研究形成的成果或在分析型标准体系研究成果的基础上进行，即应用分析型标准体系研究建立标准体系框架、标准体系表等。标准体系表应给出适用的现行标准项目和需制定的标准项目的名称及其相关的全面信息项内容。基于分析型标准体系建立的自适应标准体系的品质会更好。

自适应标准体系软件系统的开发要先进行需求分析和基本功能设计，以保证标准体系自适应的主要功能被包括在软件系统中。对于自适应标准体系中的智能化部分，要研究确定实现智能化所采取的人工智能技术，并开发人工智能专用模块软件，支持软件系统实施人工智能计算的能力。

标准体系中的信息项需要进行结构化和格式化设计，并对信息进行编码，以方便信息的导入、处理和管理。这项工作首先是要进行信息项的分类，并对信息的类型、长度、特征进行标定和说明。信息结构化和格式化设计应考虑包括当期使用的信息和未来产生的信息。

在标准体系建立、软件开发、信息制作后，应设定一些标准体系自适应的目标数据、变化数据和动态要求等，应用典型实例对自适应标准体系软件系统进行试运行验证。软件试运行包括软件的学习训练和功能、性能考核等。

软件试运行会发现软件功能缺少、性能低、数据不完整、智能效果不突出等问题，应按照设计目标进行修正、调整和完善，再进行运行试验和调整，往复进行验证和调整，直到实现目标要求。

参考文献

[1] 康师友. 人工智能技术简明教程[M]. 北京：人民邮电出版社，2011.

[2] Negnevitsky M. 人工智能 智能系统指南[M]. 2 版. 顾力栩，沈晋惠，等译. 北京：机械工业出版社，2010.

第 19 章　标准体系的优化方法

19.1　标准体系优化的原因和目标

19.1.1　标准体系优化的原因

标准体系是标准发展的顶层设计，是标准关系体系化的表达，其应体现标准组成的系统性、匹配的协调性、定位的前瞻性、内容的先进性等，因此使标准体系保持“新鲜度”是标准体系发挥其有效作用的保证。任何一个标准体系在建立后，经过一定时期的发展，如十年或十年以上，就会产生“系统性退化”问题。标准体系的这些“系统性退化”问题主要是标准体系的架构变得不先进和不完整，标准标龄过长导致的不适用，标准间存在重复、交叉、矛盾等。导致标准体系“系统性退化”问题的原因是：标准体系架构是基于当时（十年前或几十年前）的发展环境、模式和技术水平设计的，时间因素导致标准体系架构的“老化”，使其不能适应当今先进发展水平和要求的需要；时间因素使标准体系中的标准“标龄”过长，导致标准技术指标和内容落后；标准制定的立项和起草过程管理工作不精细，未能有效阻止标准间重复、交叉、矛盾等问题的产生。因此，需要根据新时期的发展要求和发展趋势，对标准体系进行一次系统性的优化，解决标准体系的作用“系统性退化”问题。本章所提出的标准体系的优化，是指对建立了一段时期后的标准体系的优化，是标准体系建立后的事后优化。

19.1.2　标准体系优化的目标

标准体系优化的主要内容是对原标准体系架构进行调整或重构，对现行标准进行复审、整合、调整等，对标准未来的技术发展方向进行预测和需求的提出，形成标准体系升级、更新的方案，指导标准体系的协调发展，引领标准技术水平的全面提升。标准体系优化的目标主要有以下方面：

(1) 围绕当今技术的发展水平和趋势以及标准化对象的发展新要求，对标准体系架构进行调整或重构，优化构建科学先进、系统全面并符合当期和未来发展要求的标准体系架构；

(2) 对标准体系中的现行标准和需求标准项目进行全面复审，全面性地摸清标准体系中标准的适用性情况，给出标准复审结论，评价标准体系中标准的适用性；

(3) 对标准体系进行标准间重复、交叉、矛盾等问题的分析,提出标准间问题的优化整合方案;

(4) 根据标准体系服务对象(产品、服务或管理等)的新应用范围和新作用要求,研究提出标准新的发展重点和发展需求,提升标准体系发展的有效性和先进性;

(5) 通过对标准进行多用途的可能性分析,扩展标准使用的通用性,避免标准单一性用途发展的负担和浪费;

(6) 基于以上研究成果,提出标准修订、整合、通用化等的可操作性的综合实施方案。

以上优化目标主要是针对标准体系架构不适用、标准标龄长、标准技术指标落后、标准重复交叉矛盾、标准用途单一化等问题,分别开展标准体系架构研究,标准适用性分析评价,标准体系中标准重复、交叉、矛盾问题的分析,标准重点发展方向和需求研究,标准通用性分析,标准提升和更新的实施方案研究等,提出问题解决的可操作性实施方案,支持标准体系的提升、更新和优化发展。

标准体系有多种用途类别,按用途属性分可分为产品标准体系、服务标准体系、管理标准体系等。产品标准体系是标准体系中出现最早的一类,也是最大的一类,其包括产品标准和技术内容的标准。本章的标准体系优化方法是方法论的内容,对各类别的标准体系的优化具有普遍适用性。为了使标准体系优化方法的论述能够深入标准体系的特点要素和有利于提供借鉴性的示范,下面以产品标准体系的优化来论述标准体系的优化方法。

19.2　标准体系架构的优化

19.2.1　优化的目标和原则

标准体系构建的目标是:构筑一个架构合理、层次清晰、相互协调、水平先进、适应需求的产品标准体系,确保标准布局的系统性、协调性和前瞻性。标准体系既可以是技术标准、管理标准和工作标准中的一种,也可以将三种标准有机地统一起来,建立一个完整的标准体系,发挥标准化的整体优化效应和系统功能,支持产品的优化发展,从而获得最佳经济效益和社会效益。

为了实现以上产品标准体系建立的目标,标准体系遵循系统性原则、协调性原则、先进性原则、适用性原则、开放性原则、集中统一原则。

19.2.2　优化的总体思路

产品标准体系设计的总体思路主要为:将标准作为引领科技创新、抢占发展先机和前沿的有力武器;将标准作为推进产品机械化和信息化复合发展、实施科学管理的重要手段；将标准作为产品通用化、系列化、模块化和互联互通互操作发展的技术引导和有力支撑。通过标准体系的建立，一是解决产品先进技术体系和制式的应用依据问题，二是解决产品发展技术水平提升和质量保证问题，三是解决产品试验和评价的可信任性问题，四是解决产品研制和生产的方法有效性和规范性问题，五是解决产品鉴定或定型依据的完备性和刚性执行问题，六是解决产品使用、维护、维修等的规范性和保障性问题。

对原标准体系，要根据产品信息化发展和新的使用要求，对标准体系进行其产品对象的标准需求全要素的调研、搜集、提炼和相关要素分析，集中统一共性技术关系，设计标准间共性和个性的合理分类关系，突出通用化、系列化、模块化和互联互通互操作的先进理念，考虑标准的通用和专用的有机结合，先构建标准体系的主体架构，以标准体系主体架构为主导，详细设计标准体系所属的多层次多类别标准体系架构，形成各标准类别和层次间相互配合和相互支持的产品标准体系架构，为标准的优化发展提供顶层设计关系和发展重点方向的科学指导，建成标准优化、精干、协调、先进、适用的标准体系。

标准体系架构设计的质量和水平还要体现在“四性”的设计水平上：一是产品需求要素和标准需求要素具有“全面性”，没有漏项和缺项；二是产品需求要素和标准需求要素的匹配具有“对应性”，没有对空和对错的标准类别；三是标准需求要素间具有“协调性”，标准类别间不重复、不交叉、不矛盾；四是标准需求要素具有“有用性”，标准类别有必要的用途目标和预期效果，不虚空。

19.2.3 标准体系架构的优化设计

标准体系的架构设计包括标准体系的横向分类设计和标准体系的纵向层次设计。标准体系的横向分类设计主要是按标准属性的差异分离，按属性相同或相近集中。标准体系的纵向层次设计主要是按标准的隶属关系进行纵向层次细分。复杂的大标准体系的架构层次可以设计为四层或五层。一般的标准体系的架构层次可以设计为三层左右。为了使标准体系架构优化设计的论述有具体内容支撑，下面以一个产品标准体系架构优化设计的例子进行设计说明。

往往初期建立的产品标准体系架构，由于标准类别认识的积累不够，会以产品类型为分类主体进行设计，设计成各产品类型标准自身完整配置的标准体系架构，由此，容易带来各类型产品标准间的类别相互重复、交叉、矛盾问题，所以需要对原标准体系架构进行调整或重新设计。

标准体系架构调整或重构要从第一层或顶层设计开始，逐层向下设计展开。产品标准体系的第一层次是标准体系的总体布局，或是标准体系的大类分类，这一分类对标准体系的发展和标准的组成关系具有重要的引导、规划和定位作用。标准体系架构重新优化时，为了消除各类产品中基础和共性技术标准间的重复，应集中基础性标准、共性技术标准，引导和支持产品的通用化、系列化、模块化发展，并为专用产品保留必要的领地，可将产品标准体系第一层次分成四大标准板块，即基础综合标准（A 板块）、共性技术标准（B 板块）、通用模块标准（C 板块）、产品系统标准（D 板块），如图 19-1 所示。在第一层次的四大标准板块中，有三个标准板块是具有通用性和共用性性质的，只有一个标准板块是个性的，这样有利于扩大单个标准的适用面、精干标准数量、减少标准间的重复和矛盾等问题，更重要的是可推进产品的模块化发展，提高产品各组成部分的互用率，减少不必要的零部件品种发展，降低研制、生产和使用保障成本。这样的分类主要是引导和支持产品的技术、组部零件和管理的通用化，突出标准化的通用化价值。标准体系第二层次的内容是对第一层次板块的分类展开，通过对基础综合标准板块、共性技术标准板块、通用模块标准板块、产品系统标准板块标准进行下层隶属关系细分形成，如图 19-2（A 板块）和图 19-3（B 板块）所示，C 板块和 D 板块的展开略。第三层次的架构是对第二层次的分类作进一步的向下细分。对于第二层次的类别，如果有些类别没

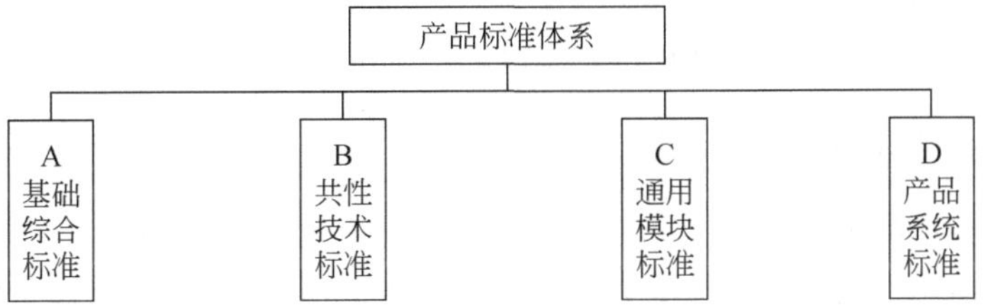

图 19-1　产品标准体系第一层次的分类关系

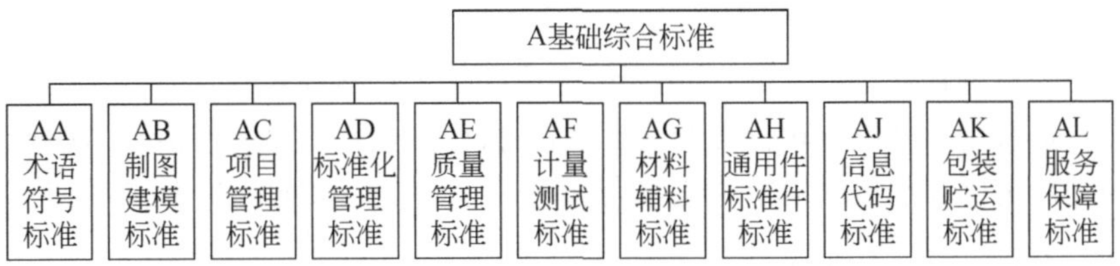

图 19-2　A 板块展开

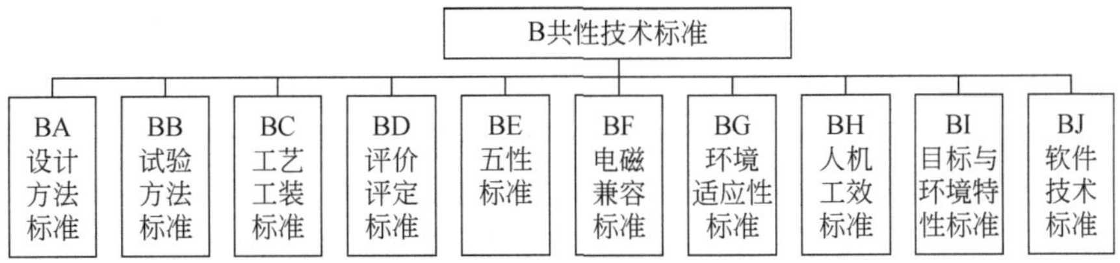

图 19-3　B 板块展开

有向下隶属的类别，那么它可以不用展开到第三层次。需要进一步展开到第三层次的板块主要是第二层次中的通用模块标准板块和产品系统标准板块。对于第三层次的类别，根据需要可以向下展开增设第四层次架构。不是每一个第二层次类别都需要向下延伸建立第三层次架构，同样，也不是每一个第三层次类别都需要向下延伸建立第四层次架构。

以上标准体系架构是基于优化产品组成关系和标准精干通用的要求，设计了标准间共性和个性的合理关系，突出了通用化、系列化、模块化和互联互通互操作的先进理念，构建了全面覆盖产品及技术的几百个类别多层次的产品先进标准体系架构，为标准的科学、协调发展提供重要支撑。

19.3 标准体系中标准的适用性评价

标准的适用性评价是优化标准体系的组成要素——标准的重要内容。通过摸清标准体系中标准的适用性状况，用数学模型对标准的适用性状况进行定量评价，以掌握标准体系的退化程度和现存功效，提出标准体系功效恢复的措施和方案。

19.3.1 标准适用性评价的范围

标准体系中标准的适用性评价主要是通过标准复审和标准状态评价获得。标准体系的标准适用性评价中的标准复审不同于通常所说的标准复审，通常所说的标准复审只是针对现行标准进行的复审，标准体系优化方法中的标准复审包括对现行标准的复审和对需制定标准项目的复审。现行标准的复审是对现行标准内容的适用性进行审查，给出标准“有效”、“需修订”、“需修改”、“应废止”等结论。需制定标准项目的复审主要是审查：原提出的标准项目的必要性是否仍然存在；标准项目的名称和内容的定位是否仍然准确。现行标准的复审就是标准内容的适用性评价。现行标准的复审与需制定标准项目的复审相比，其复审的工作量、技术难度和深度都要大很多。

19.3.2 标准内容的适用性评价

标准内容的适用性是通过复审来评价的，标准内容适用性的一般评价采用常规复审，精细评价采用深度复审。常规复审的目的是获得标准适用性的总体结论，其工作成果一般只能为标准问题的解决提供定性依据，为标准的修改、修订或废止提供定性的理由，不能为解决标准的具体问题提供全面的细节和操作依据。标准深度复审主要是为需要进行修订和修改的标准提供具体的问题细节，以保证标准的修订和修改工作的质量。标准内容的适用性评价是采用常规复审还是采用深度复审取决于标准内容适用性评价期望的深度。标准复审的具体程序、方式、实施等内容详见本书第 40 章的内容[1,2]。

19.3.3　标准适用性的数学评价

标准体系不适应的问题是标准“系统性退化”的问题，“系统性退化”的因素主要是由标准体系中的现行标准和需求标准项目的不适用造成的，其退化的程度可用量化指标进行评价，主要的评价指标有实体标准的退化率 T_s、标准需求项目的退化率 T_x 和标准的总退化率 T_z，这些指标的计算公式如下：

$$T_s=\frac{n_{s0}-n_y}{n_{s0}} \tag{19-1}$$

$$T_x=\frac{n_{x0}-n_{xy}}{n_{x0}} \tag{19-2}$$

$$T_z=\frac{n_{s0}+n_{x0}-n_y-n_{xy}}{n_{s0}+n_{x0}} \tag{19-3}$$

式中，n_{s0}是标准体系中实体标准的总数量；n_y是实体标准复审结论为有效的标准数；n_{x0}是标准体系中需求标准项目的总数量；n_{xy}是需求标准项目复审结论为有效的标准数。

19.4　标准间重复、交叉、矛盾问题的整合方案提出

尽管标准体系规划的标准对象协调性在标准体系一体化的建立环境中可以避免，但每个标准的内容是在非一体化的环境中分别建立的，因此标准体系中的标准内容间的不协调问题(标准对象间和标准内容间的重复、交叉、矛盾)是一个难以避免的问题。标准体系建立后的标准制定对象不断分散补充，因此难以避免标准体系中标准对象间出现重复、交叉、矛盾问题。标准重复、交叉、矛盾问题的整合是标准体系优化的重要内容之一，是解决标准体系中的标准对象及其内容协调统一的问题，可避免标准间重复、交叉、矛盾问题对标准使用的干扰，消除标准使用者甄别标准重复、交叉、矛盾问题和选择标准内容的困惑、纠结和精力耗费负担。

标准的优化整合方案是基于对标准从宏观和微观两个方面的分析提出的。宏观方面的分析是以标准体系为范围，以标准为对象，对整个标准体系中的标准以完整名称、名称关键词、标准编号等要素进行相同、相近、相似的检查对比，找出标明标准身份的这些要素存在相同、相近或相似的相关标准对象组成的群。在宏观分析的基础上，要从微观角度对存在相同、相近或相似的相关标准对象群的每个标准的具体内容进行相同性、相近性、相似性和矛盾性的比较，分析标准间实质内容是否存在重复性、交叉性和矛盾性的问题，根据标准内容间重复性、交叉性和矛盾性问题的比例大小程度，做出标准间存在重复、交叉、矛盾问题的结论，然后提出属同一标准主题的多项重复、交叉、矛盾标准的合并整合方案。

对于标准间的重复、交叉、矛盾问题，应分别算出每组整合方案的标准整合比系数、整个标准体系的标准平均整合比系数和标准体系中存在的重复、交叉、矛盾标准数量占标准体系中所有标准数量的标准重复等问题的比例数，用于评价标准体系的重复、交叉、矛盾问题存在的大小程度。标准整合比系数 k_z、标准平均整合比系数 k_p、标准重复问题的比例数 w_c分别按式(19-5)～式(19-7)计算：

$$k_{zi}=\frac{n_{zi}}{n_{wi}} \tag{19-4}$$

$$k_z=\frac{\sum_{i=1}^{m} n_{zi}}{\sum_{i=1}^{m} n_{wi}} \tag{19-5}$$

$$k_p=\frac{\sum_{i=1}^{n_q} k_{zi}}{n_q} \tag{19-6}$$

$$w_c=\frac{n_{wz}}{n_0} \tag{19-7}$$

式中，k_{zi}为第 i 个标准问题群（或组）的标准整合比系数，i 为问题群（或组）的顺序数，$i=1,2,\cdots,m$；n_{zi}为第 i 个标准问题群（或组）中的问题标准整合的标准数量；n_{wi}为第 i 个标准问题群（或组）中的问题标准的数量；n_q为标准体系中问题群的总数量；n_{wz}为一个标准体系中重复、交叉、矛盾问题标准的总数量；n_0为一个标准体系中标准的总数量。

19.5 标准体系新发展重点和需求的提出

标准体系的优化不仅是要解决原有内容的不适用问题，也要解决标准体系对新时期和新环境要求的体现和响应问题。十几年前或几十年前建立的标准体系，原确定的标准发展方向、重点和标准需求对象将必然会出现部分不适用，甚至是大部分不适用，因此在标准体系优化时，应开展标准发展方向、重点和标准需求对象的研究，提出适应新时期和新环境的标准发展方向、重点和标准需求对象的方案。

标准发展方向和重点的内容是一个定性的宏观性内容，主要用于支持标准体系架构的重新优化和新的标准需求对象的提出。标准新的发展重点和方向的确定，主要是通过梳理出标准体系应用对象的升级换代的新产品、产品应用的主要技术（如数字化、智能化等）、产品组成的新技术形态（如通用化、系列化、模块化等形态）、产品新的工作要求（如互联互通互操作等要求）、产品使用的新环境（如体系化、网络化等环境）、产品主要组成纳入的各专业的最新技术等，提出的标准发展重点和方向的方案。

标准需求对象的内容是体现标准发展方向和重点的具体的微观性内容，需要在对原标准需求对象复审的基础上，按照新的标准发展方向和重点，从两个路径提出。一个路径是对原标准需求对象的名称及内容的重新定位，按新的使用环境和要求进行重新评审，对于标准主体需求的必要性还存在的，但其名称及内容定位已不完全准确的对象，对其名称及内容定位进行更正性的重新调整，形成原标准需求对象的调整方案。另一个路径是按照新的标准发展方向和重点，提出相应的空缺标准需求对象，这些标准需求对象是新增加的对象，能更显著地体现标准体系的先进性、前瞻性、新颖性。

19.6　标准的通用性方案提出

标准的通用性属于标准体系中标准用途优化和扩展的内容，能使一个标准发挥多个用途的作用。分析提出标准体系中具有通用属性的标准，可用一个标准同时服务于A专业与B专业或军用与民用等多个方面的共同使用需求，可避免标准多边制定的重复建设，达到资源共享、科学统筹的目的，还可以避免标准重复制定造成的财力和人力浪费。

标准通用性研究的思路也是从宏观和微观两个方面进行的，先通过宏观分析进行初步筛选，再进行微观的具体确定。宏观方面是分析标准对象本身是否具有A专业与B专业或军用与民用等共同的需求，如果有，再进行其微观分析。微观方面是分析标准的适用范围和具体内容是否能同时适用于A专业与B专业或军用与民用等多方面的使用，如果能，提出将标准改造为通用性标准的意见，或者直接给出标准可多方面通用的结论和标准通用性的方案。

对标准通用性的甄别，如果采用对每个标准对象直接逐项进行分析，这样的方法耗时长，且工作量很大，难以接受。其实，标准的通用性分析是有规律可循的，必然可以从技术属性和用途属性中找到通用目标的共同属性。下面以标准军用与民用通用性的分析方法为例进行说明。通常，以技术为对象的标准具有很广的通用性，以产品为对象的标准有明显的军用、民用、军民通用属性。标准的军用、民用属性的分开，通常主要是在产品对象上和极少技术对象上。通过对标准类别的分析，可以大致理出哪些类别的标准是军民普遍适用的，哪些类别的标准是有军用或民用显著差别的。通过仔细分析可以看出，概念类、表达类、技术方法类标准主要是表述技术关系的，因此这三类标准的军民通用性很强。军民性质分离显著的标准主要是产品规范。产品规范描述的产品就有明确的民用产品、军用产品和军民通用产品之分。以标准的种类初步界定标准的军民通用属性，可大大减少标准通用性甄别上的分析工作量，降低分析成本。标准的通用性最终还是要通过微观的分析和辨别来确定的。

19.7 标准体系的综合优化实施方案

为了使标准体系所有专项的优化方案能系统性地结合起来,并具有实施的可操作性,需要将所有专项研究成果集成、协调,并补充可操作性信息,建立标准体系的综合优化实施方案。标准体系综合优化实施方案的可实施性要落实到对每项标准给出其操作的目标信息,如"有效"、"应废止"、"需修改"、"需修订"、"需整合"、"应通用"等,按问题解决的期望时间和成熟时机,给出操作的起止时间,选择适合的任务承担对象,给出具体承担单位的信息等,以此形成全面的操作性规划方案,方案包括每项标准修订、修改或整合等的问题意见内容、时间安排、主要承担单位等具体信息,为标准体系中的标准全面修订、整合、调整等工作的实施提供重要的可操作性详细信息,支持标准体系的优化实施。

参考文献

[1] 麦绿波.标准复审的方法(上)[J].标准科学,2015,(7):23-27.
[2] 麦绿波.标准复审的方法(下)[J].标准科学,2015,(8):21-24.

第四篇 标准研制篇

第20章 标准构建的方法论[1]

标准形成的成果可以有几万项,甚至几十万项,但这些不同的标准成果有着共同的形成规律,这一规律构成了标准形成的方法论。标准形成的方法论是标准建立具有普遍适用性的理论、方法和关系的总称,它适用于每一个个性化标准的形成过程,但不反映任何一个个性化标准的个性。标准构建的方法论是标准制定的通用性科学理论。标准建立的方法论使我们不必在每一项标准的建立时,从头思考标准建立的程序、关系等,而是利用统一的方法论关系,有序地、自如地开展标准的制定工作,使标准的制定规范化、高效化、简单化。

标准构建的方法论就是如何建立标准和建立什么样标准的理论,它既是标准建立行为的方法论,也是标准对象的方法论。标准构建的方法论,主要用于指导标准关系的顶层设计和标准内容要素的建立。标准构建的方法论内容包括:标准定位关系的格式化、标准构建过程的程序化、标准内容的结构化、标准表述的概念化、标准间关系的体系化等。

20.1 标准定位关系的格式化

标准的建立,首先要明确的问题是建立什么标准对象,标准对象的问题是标准定位关系范畴的问题。对于科学的标准系统,标准的对象是来自标准体系的,标准对象是标准定位的根本,其是用信息表达的。定位关系范畴涉及标准的名称、标准类别、标准级别、专业领域、使用属性等关系,这些关系都应按特定的规则来确定,使其格式化。标准的名称应简明、确切,最长的名称用三段式名称要素表示,第一段为名称的引导要素,第二段为名称的主体要素,第三段为名称的补充要素;对于用两段要素组成的名称,可分别由引导要素和主体要素组成,或分别由主体要素和补充要素组成;无论几段式名称,主体要素名称是必不可少的;用主体要素名称能满意表达标准名称时,尽量不要增加其他要素名称。标准定位关系格式化的意义在于提炼、约定标准的定位关系的信息,构建标准信息的标识框架,规范标准定位信息的表达,以最少的标准信息关系给出最多的标准概念的认识。在标准的定位关系信息中,名称是最重要的信息项,它是标准服务对象、标准作用、标准内容定位的要素。标准对象其他定位信息的格式化内容可见本书的相关章节。

科学的标准系统的标准对象的定位关系范畴的名称、标准类别、标准级别、专业领域、使用属性等关系可由标准体系表给出，不必专门考虑。对于尚未进行过系统性规划的标准需求，标准的名称、标准类别、标准级别、专业领域、使用属性等关系可参照本书相关章节论述的格式化方式逐项确定。

20.2 标准构建过程的程序化

标准制定过程的步骤是可不涉及标准具体内容的环节，可形成通用化的过程程序。标准制定过程的程序化，是提炼有利于标准制定的通用性过程，为保证标准制定质量提供科学管理的方法支持，可使标准获得高度的公认性。国际标准化组织以及许多国家都将标准的制定过程进行程序化规定。标准制定过程的程序化，是标准制定过程环节及制定管理的一致化。标准构建过程的程序化，可避免标准制定任务承担者各自进行过程程序设计的时间和精力的耗费，同时也可避免随意性对标准制定质量的影响。标准构建过程的程序化分别包括两个程序化内容：一个是标准制定管理工作的程序化；另一个是标准编制/研制工作的程序化。前者主要是标准管理机构工作的程序化，后者主要是标准项目组工作的程序化，两个程序有许多环节是相同的，或者说是两方面都需遵守而履行不同职责主体相同的程序。

标准构建过程的程序化将标准制定划分为七阶段，国际标准和国家标准制定的程序都是七阶段程序，两类标准制定程序的对应关系如表 20-1 所示，详细论述见第 11 章。当标准制定的程序延伸到全寿命周期关系时，标准制定的程序将增加标准复审和标准废止两个阶段，这时，标准的过程程序变成了九阶段。

表 20-1 国际标准和国家标准全寿命周期程序对比表

过程＼标准		国际标准	国家标准
标准全寿命周期	制定	预阶段(PWI)	项目建议阶段
		提案阶段(NP)	立项阶段
		准备阶段(WD)	起草阶段
		委员会阶段(CD)	征求意见阶段
		询问阶段(DIS)	送审阶段
		批准阶段(FDIS)	报批阶段
		出版阶段(IS)	出版阶段
	维护	复审阶段	复审阶段
		废止阶段	废止阶段

在标准程序化的大环节上，无论对任何级别、任何领域和任何专业的标准，都是相同的程序关系，但在大环节之下的各层次环节上，不同管理层级机构在程序细节上会有不同。标准构建程序细节的差异主要来自管理要求的繁简差异和过程决策方式的差异。企业标准相对于行业标准和国家标准而言，其制定程序要求就要简化一些，例如，企业标准的征求意见环节就被简化了，因为本企业标准规定的技术和管理等事项的使用范围小，不需要大范围征求意见和兼容协调工作，审批环节也比国家标准简化得多。国际标准的决策是技术委员会的 P 成员国投票表决制，我国国家标准是技术委员会委员表决制，行业标准是会议专家意见表决制，这几个级别的标准存在表决方式上的差异。

20.3　标准内容的结构化

标准的内容本来是标准的个性化部分，但在这个个性化主体中，也可以按标准类型提炼出通用的内容结构关系。标准内容结构化的内涵是，建立标准类型的通用典型结构，以保证相应类型标准内容组成关系的系统性、合理性、逻辑性、特征性。另外，标准内容编写的结构化，可以省去每个标准编写时对标准结构的设计思考，避免低水平的重复技术劳动。具有典型结构关系的标准类型主要有术语、符号、分类编码、产品、试验方法、要求性、标准件、图样、指南等类标准结构。这些标准的典型结构形式与标准涉及的技术和管理专业无关，或者说适用于各种技术和管理专业标准的结构，如适用于机械、电力、电子、通信、化工、冶金等领域和专业的标准结构。

在标准内容的结构化中，有一个结构关系对所有类别的标准都是一样的，这个结构关系是标准的文前要素，这个结构要素包括标准封面(含标准名称)、目次、前言、引言、范围、规范性引用文件，这些要素有必选项和非必选项，如引言、目次、规范性引用文件都不属必选项。标准的结构化除了文前要素的结构化外，最主要的是对标准主体内容进行了结构化，以结构化提炼了各特征标准的要素，使标准要素的表达系统全面、特色突出、表述简洁。典型标准的结构化关系举例如下。

术语标准的典型结构形式为文前要素＋条目编号、术语中文名称、术语英文名称、术语定义＋术语索引，术语表述项的基本结构关系是非剪裁的，术语的分类关系根据术语标准的专业关系和使用方便确定。符号标准的典型结构形式为文前要素＋符号表＋符号索引，符号标准有文字符号标准或图形符号标准，符号表以横排方式顺序列出规定的各种符号，文字符号表中每种符号的信息项为编号、名称、称号、说明等，图形符号表中每种符号的信息项为编号、图形符号或图形标志、小型的图形符号(选项)、含义或名称、说明或设置范围和地点等。分类编码标准的典型结构形式为文前要素＋分类方法、编码方法＋代码表＋索引，代码表以横排方式顺序列出规定的各条代码，代码表中每条码的信息项为代码、类目和/或项目名称、说明。产品标准的典型结构形式为文前要素＋术语、符号、缩略语＋分类＋技术要求＋抽样方案＋试验方法＋检验规则＋交货事项＋附录(选项)，这个结构是完整性的产品标准的结构，但不是必需的结构，有些结构可根据实际情况进行剪裁或引用标准来填补。试验方法标准的典型结构形式为文前要素＋术语＋原理＋试验条件＋试剂或材料＋仪器设备＋试样准备＋试验程序＋试验数据处理＋试验报告＋附录(选项)，这个结构是试验方法完整性的结构，每个具体的试验方法标准可根据实际情况有少部分结构关系的剪裁。要求性标准的典型结构形式为文前要素＋术语＋一般要求＋详细要求，要求性标准是一个很宽的范围，包括规定、要求、程序、方法、评价、管理等方面的标准。标准件标准的典型结构形式为文前要素＋术语＋标准件形式图样＋技术要求＋规格系列，这一结构形式能容纳许多的标准件对象，适用于结构形式相同或相近而尺寸不同的系列标准件的表达。图样标准的典型结构形式为文前要素＋术语＋产品图样＋技术要求，这一结构形式适用于通用零部组件、通用产品等的表达。指南标准的典型结构形式为文前要素＋术语＋总则＋技术性章节，这一结构中的技术性章节是按指南的技术关系分类形成的，不同的技术有不同的技术工程化的分类关系，指南包括手册、导则等指导性标准。

标准内容结构化后，标准内容的撰写变得容易多了。如果不建立标准内容的结构化，一项标准建立一种结构，标准的撰写将是一件非常困难的事，每项标准将会花费大量的时间来思考标准的结构关系，而且耗费了大量的时间和精力未必能写出专业化、高质量的标准。

20.4 标准表述的概念化

将标准中的表示元素概念化，就可用少量的概念化的统一表述元素，规范性地表达大量各种各样的表述内容，同时还可避免表述元素使用随意性带来的不可识别性和含义误解等问题。表述概念化的目标主要是针对使用频率高、容易误解、表达发散、含义重要等元素，将这些表达元素统一为具有特定概念的核心元素。表达元素的概念化，使这些元素的含义不会因人不同、因文不同，以实现表达元素使用的规范性和方便性，提高表达的公共识别性。标准表达元素的概念化，主要是两类元素的概念化：一类是标准形式表达元素的概念化；另一类是标准内容表达元素的概念化。标准形式的表达元素主要是标准分类号、标准代号、标准编号、标准改版标识、标准批准和发布者、标准发布日期、标准实施日期、标准提出单位、标准归口单位、标准起草单位、标准起草人等，这些表达元素都有其特定的含义，一部分元素主要是出现在封面上，另一部分出现在前言中等。标准内容的表达元素主要是条款、用词、图、表、公式、注、量和单位等。

用词方面主要是限定某些助动词的概念化，将它们分为要求性的助动词、推荐性的助动词和允许性的助动词。例如，要求性的助动词为“应”、“不应”。如果不对标准中的助动词进行概念化规定，就会因人用词习惯不同和对词理解不同而产生误解，如要求性助动词“应”就会理解为建议性的，另外，同一要求性关系，会因人不同使用的助动词五花八门。标准中的量和单位以国际标准及国家标准给出的量和单位来概念化，单位的名称和符号使用标准规定的名称和符号，阿拉伯数字应与单位符号结合使用等。图的概念化含义为：图一般采用绘制图；图要有编号（如图1、图 2 等）、图题（图的名称）；图组成内容用标引线按顺时针或逆时针方向顺序旋转引出等。表的概念化含义为：表外和内框线按规定的粗实线和细实线绘制；表要有编号和表题，并设置表头；表中数值的单位可集中放在表头中量的名称下或表头外；续表重复表头和单位陈述；表中不准许再分次级表和表中有表等。公式的概念化含义为：公式要按数学的表示方式表达，采用字母符号表示变量；字母变量采用斜体；每个公式要有公式编号；不许用变量名称代替字母表达公式等。注、脚注、示例的概念化为：条文的注、脚注、示例用比正文字体小的字号和专门位置标识；规定专门的位置对所注的对象进行说明；注的内容分为要求性的和信息性的。

表述的概念化，对条款、用词、图、表、公式、注、量和单位等进行了特定概念的限定，使得不会因为使用它们的多种表述可能关系，带来对标准内容的误解，另外，通过表述元素的概念化，精简了表述元素的选用范围，简化了表述关系，支持了标准表述的规范化。

20.5　标准间关系的体系化

标准定位关系格式化、过程程序化、内容结构化、表述概念化等标准形成的方法论范畴是标准形成的内部关系的方法论。标准形成在外部关系上，也存在方法论的内容，这就是标准间关系是符合体系化关系的。标准形成外部关系的方法论，说明每一个标准对象的存在是需要的结果，是标准体系化组成中必不可少的一个成分。每一个标准无论是单独制定，或是与其他标准一起制定，都是在落实标准体系组成完整性的需要。因此，标准对象确定时，主要考虑是否落实了两个基本关系之一：看标准对象是否是标准体系中确定的对象，或者看标准对象是否属于完整标准体系中不可缺少的组成部分。标准间关系的体系化，说明相关标准间是相互依赖的和相互支持的，标准间的内容是相互协调的，它们之间不存在重叠、交叉和矛盾。标准形成的外部关系可帮助人们正确地确定标准对象。标准体系是一种工程化或成熟性的知识体系，每个标准对象都是知识体系中不可缺少的知识内容。

参 考 文 献

[1]　麦绿波. 标准形成的方法论[J]. 标准科学，2013，(11)：6-9.

第 21 章　标准的标准[1,2]

标准已被认为是很规范的东西，标准还要用标准吗？实际上，标准的规范化状态就是用了标准的标准的状态。大家所熟悉的标准的标准之一是“标准编写规定”的标准，它是标准撰写的依据，或者说是标准的表述需要符合的规定。当标准的撰写符合了标准的标准时，才有可能被标准的审批部门同意，批准成为标准。标准能称为标准是因为标准是有用的、可靠的、可信任的、具有权威性的，并具有基准、准则、标杆、尺子、依据等作用，这些是标准的本质性内容，标准只有符合这些性质和拥有了这些作用才能称得上是真正的标准。因此，标准制定除了有规定标准的形式的标准外，还需要有规定标准的本质性内容的标准。标准由其本质性内容和形式一起构建了标准的权威性和特征性。无论是客观形成的标准，还是主观建立的标准，都需要标准形成的标准关系、标准条件、标准行为、标准内容、标准形式来支持。

标准的标准是什么呢？标准的标准是用于约束和指导标准建立的标准，约束的内容涉及标准的形式、内容、制定行为和过程等，因此标准的标准的范围包括标准的形式标准、内容标准、管理标准三大类。标准的标准也是符合标准的概念关系的，有狭义的标准的标准和广义的标准的标准的概念，狭义的标准的标准也是“规范性文件”，广义的标准的标准是“统一化的约定集合”的最高基准或依据。标准的标准在形式上有文件式的和非文件式的约定关系，例如，非文件式的标准的标准就有长度的光波长基准标准和时间的原子能级跃迁辐射频率基准标准。关于文件式标准的标准中的形式标准、内容标准、管理标准，目前只有形式标准建立了正式标准，内容标准还只是在一种学术成果阶段，管理标准方面主要有一些机构的标准制定程序的规则或文件，如 ISO 的标准化工作导则或某部门的标准制定管理规定等。在管理标准方面，道德的内容需要很好补充，现在国内外标准中存在的许多问题都与道德有关，如利用标准“垄断”、“圈地”、“他图”等。标准的内容标准和管理标准从标准的标准齐全配套的角度，将来也应该要制定为正式标准。标准的标准对制定合格的标准是非常重要的，标准不能满足标准的标准要求时，就难以成为真正的标准。

21.1　标准的形式标准

标准的形式标准（以下简称“形式标准”）包括标准编写的一般表述形式、标准类别的内容结构形式、标准寿命周期的资料形式等，其中，标准编写的一般表述形式的内容是最多和最复杂的，主要包括标准封面格式、前言格式、引言格式、名称格式、正文格式、内容层次划分格式、内容表述格式、附录格式、参考文献格式、索引格式等，对这些格式进行规范，形成了标准编写的一般表述形式标准。对于标准编写的一般表述形式标准，标准的管理机构通常制定其管理范围内的形式标准，国际标准化组织制定的是《ISO/IEC 导则 第 2 部分：国际标准的结构和编写规则》[3]，国家标准制定的是《标准化工作导则 第 1 部分：标准的结构和编写》[4]，国家军用标准制定的是《军用标准文件编制工作导则 第 1 部分：军用标准和指导性技术文件编写规定》[5]等。管理机构的形式标准除了上述主要标准外，还有针对特定标准类型内容结构编写的形式标准，如术语标准、产品标准、试验方法标准等的编写标准。

“形式标准”的第一种形式是标准编写的一般表述形式标准，即标准编写的形式，其规定的形式内容按要素类型分可分为资料性概述要素、规范性一般要素、规范性技术要素、资料性补充要素。每个要素类型中又包含具体的要素，具体要素有必备的、规范性的、资料性的属性关系。资料性概述要素包含标准的封面、目次、前言、引言，其中封面和前言是必备要素；规范性一般要素包含标准的名称、范围、规范性引用文件，其中名称和范围是必备要素；规范性技术要素包含术语和定义、符号、代号、缩略语、要求和规范性附录等，其中要求是必备要素；资料性补充要素包含资料性附录、参考文献、索引[4]。对于每个具体要素，都规定了允许的表述形式，如文字、条款、注、脚注、图、表、公式等表述形式。

标准封面格式的要素包括：标准分类号（如 ICS 01. 120 A 00）、标准代号（如 GB 等）、标准的归属关系名称（如中华人民共和国国家标准、中华人民共和国××行业标准、××企业标准等）、标准编号及执行属性和替代关系（如标准编号为 GB/T 1. 1—2009，属推荐性标准，代替 GB/T 1. 1—2000 等）、标准名称（主要由引导要素、主体要素、补充要素组成）、标准发布和实施日期、标准批准或发布机构等，封面上这些要素用特定字号、字型按特定尺寸关系在封面上布置。标准封面是标准的第一形式，是标准识别的形象，属布设类形式，因此，封面的要素在布置和排版上是很细致的。目次、前言、引言、标准名称、范围、规范性引用文件、术语和定义（和/或符号、代号和缩略语）、要求、规范性附录、资料性附录等形式要素属于表述形式，主要是规范这些要素的表述关系。标准表述形式的下一层次内容有标准内容的层次关系划分、规范性语言、量和单位、图、表、公式、注等。

标准内容的层次关系划分为章、条、段、列项、附录等。章是标准第一层次包含的内容，章的编号是标准第一层次的编号；条是标准第二层及以下层包含的内容，条的编号是标准第二层及以下层的编号；段是章或条内不编号细分内容；列项是由一段文字冒号下一系列符号引出的并列性内容，引出的符号可以是无序关系符号和有序关系符号，无序关系符号为破折号、圆点等，有序关系符号为带后半括号的小写拉丁字母编号，拉丁字母编号下需再进一步进行有序细分时，采用带后半括号的阿拉伯数字编号;附录是不续章编号的另页起始内容,附录的编号由大写拉丁字母从 A 开始起算,如附录 A、附录 B、附录 C 等,附录中的内容如有章、条划分需要,要在章、条的数字编号前加附录相应的大写拉丁字母及字母后跟下脚点,如 A.1、B.1、A.2.2.1 等。

规范性语言有标准对象的规范性陈述形式语句,即"本标准规定了"、"本标准确立了"、"本标准给出了"、"本标准适用于"、"本标准不适用于"等,当标准对象是"规范"、分"部分"标准、"指导性技术文件"等时,将"标准"换成相应的名称即可;规范性语言还有条款表述所用的助动词,它们有要求性的助动词、推荐性的助动词和允许性的助动词。要求性的助动词为"应"(特殊等效表述:"应该"、"只准许")、"不应"(特殊等效表述:"不得"、"不准许");推荐性的助动词为"宜"(特殊等效表述:"推荐"、"建议")、"不宜"(特殊等效表述:"不推荐"、"不建议");允许性的助动词为"可"(特殊等效表述:"可以"、"允许")、"不必"(特殊等效表述:"无须"、"不需要")。

量和单位采用国际标准的量和单位制,国家标准为 GB 3101、GB 3102 给出的量和单位,单位的名称和符号不混合使用,阿拉伯数字可与单位符号结合使用(汉字数字不与单位符号混合使用,阿拉伯数字不与单位名称混合使用,如三 kg、2 公里等),不采用英语缩略语代替单位等。

图一般采用绘制图,图要有编号(如图 1、图 2 等)、图题(图的名称),图转页接排时要重复图编号、图题(可选),并加上"续",分图只准许一个层次的细分,用小写拉丁字母加半括号的编号标识。表为外框封闭表,外框线、表头分隔线、表主体与表注分隔线为粗实线,其余为细实线,表要有编号、表题、表头,表头的单位应置于表头中量的名称下,表中单位均相同时在表右上方用一句陈述代替表中各栏的单位,表格转页接排时要重复表的编号、表题(可选)并加"续",续表重复表头和单位陈述,表中不允许再分次级表和表中有表。

公式要符合数学表示形式,采用字母符号表示变量,公式中的字母变量应用"式中:"引出,分别以每行一个字母进行解释,不许用变量名称代替字母表达公式,为了引用方便时应对公式进行编号。

条文的注、脚注、示例为资料性的性质,用于给出解释性内容(对应部分整块内容的解释),不应有要求性的内容和必不可少的信息;示例只有条文有示例;注和脚注分别有条文、图和表三种情况;条文的注和示例置于所涉及的章、条、段下面,同一章、条只有一个注或示例时以"注:"引出注的第一行文字,在示例内容的前一行以"示例:"引出内容,有多个注和示例时分别用"注 1:"、"注 2:"、"注 3:"和"示例 1:"、"示例 2:"、"示例 3:"标引内容;条文脚注用于提供附加信息(对应标引点内容的解释),置于相关页的左下侧,用版心四分之一宽的细实线将条文和脚注分开,脚注用带后半圆括号数字在注释内容的右上角标引,如 1)、2)、3)等,条文脚注编号从标准前言开始全文连续,脚注解释内容的编号与脚注标引编号对应,为了避免与上标编号混淆,脚注编号可有一个星号或多个星号代替,如 *、* *、* * * 等;图注置于图题上并位于图的脚注前，图注的性质和标注同条文注；图的脚注可包含要求内容，置于图题上并紧跟图的注，每幅图的脚注单独编号，在图脚注的标引位置的右上角用小写拉丁字母的上标形式从“a”开始编号，如 a、b、c 等；表注应置于表中并位于表的脚注前，表注的性质和标注同条文注；表的脚注可包含要求内容，置于表中并紧跟表注，每个表的脚注单独编号，在表脚注的标引位置的右上角用小写拉丁字母的上标形式从“a”开始编号，如 a、b、c 等。

“形式标准”的另外一个形式内容是标准主体内容的结构形式。不同类别的标准有不同的内容结构形式，这些结构形式有利于标准实质性内容的更好体现，有利于保证标准内容的系统全面而又不累赘。标准的结构形式对应的标准类别主要有术语标准、符号标准、分类标准、产品标准、试验方法标准、要求性标准、标准件标准、图样标准、手册标准等标准结构，这些标准的结构形式与技术专业无关，或者说适用于各技术专业（如机械、化工、光学、电力、电子通信、交通、冶金等），只与标准的类别有关。

“形式标准”的第三种形式是标准寿命周期的资料形式，即标准制定程序或过程所需的各种资料形式。这些资料形式主要是规定标准立项论证、立项审查、任务书审查、标准各阶段稿、编制说明、意见汇总处理、审查或验收、报批审查、标准批准、出版发行、标准修改等的报告、表格的格式，是服务于标准寿命周期管理规范化的需要，内容包括资料完整性、格式、份数等。

“形式标准”是一个体系化的规范要素标准关系，这些要素保证了标准外在关系的规范性、内在的可识别性、表达的无歧义性等。形式标准解决直观视觉形象识别和表述规范化问题，是表面性的、形象性的和合理引导性的关系。“形式标准”的特点为识别性、外在性、感官性、引导性。“形式标准”规定的内容是标准撰写和标准寿命周期管理过程文档表述的依据。

21.2 标准的内容标准

当制定的标准满足了形式标准的要求后，不等于所制定的标准就具有实际用途和使用价值。只有制定的标准符合了标准的内容标准（以下简称“内容标准”）要求时，制定的标准才会是所期望的和有实际意义的标准。“内容标准”是规定标准应具有的性质、作用和使用相关的要求，或者说所制定标准的内容应具有标准应具有的性质、作用和使用属性。当标准的内容具有标准的性质、作用、使用属性时，所制定的标准的内容才可能有实质性意义和有本质性价值。“内容标准”不完全由具体的内容要求的要素组成，它由概念性、原则性、关系性、程序性及要素性等综合要求组成，例如：概念性方面要求标准的内容具有权威性等；原则性方面要求标准的内容具有科学性、可操作性、有效性等；关系性方面要求标准的内容符合要求的结构性关系;程序性方面要求标准的内容符合规定的和合理的程序性关系等;要素性方面要求标准的内容符合规定的具体要素的要求等。

"内容标准"的性质要求是要使制定的标准内容具有基准性、公认性、可信性、公益性、知识性、普适性、稳定性等性质。基准性要求标准的内容是优化的知识成果,是可靠、成熟、唯一的,可为度量、评价提供正确、可靠的基准依据;公认性要求标准的内容是通过协商机制广泛征求和充分兼容了相关方的意见,权衡了先进性、经济性、适用性等关系的综合优化的共同认可的合理内容,是由业内专家审定、标准管理部门批准的结果,不受权力和经济关系的左右,只受制于标准制定机制的符合性要求和标准内容的合理性要求;可信性要求标准的内容按实证原理进行了真实性和有效性验证,并经过了同行专家广泛把关、审查会专家的审查把关和报批审查的把关;公益性要求标准的内容是多方需要的,不是为个别私利目的的,标准的内容服务于共同利益,满足解决共同问题的需求,形成互利、互惠或多赢的关系;知识性要求标准的内容是技术、管理、工作知识的提炼,经验的理性升华,自然科学应用的知识结晶,是凝练和验证的知识成果,承载着可靠、成熟、有效的知识;普适性要求标准的内容在人群关系上和应用对象上有广泛的适用性,以标准内容的宽适用面,建立更好的统一化状态,发挥更大的效用;稳定性要求标准的内容是不会频繁变更的,以保证标准内容长期使用带来的统一效力,降低标准变更带来的成本费用,维护标准的权威地位。落实内容标准的性质要求,可使要制定的标准的内容在宏观上符合合格标准的属性。

"内容标准"的作用要求是要使制定的标准具有统一、复制、仲裁、互通、保护、连接、简化、推动、积累等全部或大部分作用。统一作用要求标准的内容中一定要有需要用标准来发挥统一作用的关系,或者说标准中要有统一点,这些统一点是标准制定的重点,否则,标准就没有解决标准化问题的价值作用;复制作用要求标准的内容具有约束的全"基因元素",使标准的使用产生完全复制效果,让约束对象在不同的时间和不同的空间使用标准的结果都一致;仲裁作用要求标准的内容是科学的、合理的、有效的、唯一的、稳定的等,是各相关方共同认可的,具有作为仲裁的地位;互通作用要求标准的内容所表达的符号及其相应的概念或含义在信息交换的各个方面是一致的,以保证信息的交换和传递具有可识别性和可理解性,互通作用是语言、信息、表达等类标准的特定作用,互通不只是电子信息专业特有的性能要求,任何一个专业的标准里都有互通对应的内涵,如术语、专业技术表述等;保护作用要求标准的内容经过安全、环境、健康、使用性能、质量等方面的验证是可靠的,标准的使用应该有利于对人和环境的保护,而不应无所作为,更不能给人和环境带来直接的和间接的危害,不能侵害消费者的利益;连接作用要求标准的内容要具有一定的使用面,要受到一定范围的关注,避免标准成为孤立、无联系的内容而不能被多方使用和广泛引用;简化作用要求标准的内容具有优化、筛选作用,可淘汰不必要的品种，压缩和精干了品种关系，使标准的使用能建立良好的发展关系；推动作用要求标准的内容具有先进性和先导性，以促进技术进步、管理进步、社会进步；积累作用要求标准的内容提炼纳入了或抢救了技术、管理、操作的知识精华，以使这些有效的知识被保留下来，使这些知识在标准的实施时得到价值的再发挥。落实内容标准的这些作用要求，可使要制定的标准的内容在中观上符合合格标准的属性。

"内容标准"的使用要求是要使制定的标准具有正确性、有效性、可操作性、经济性、适用性、可复现性、协调性、引领性、唯一性等大部分使用属性。正确性要求标准的内容不能存在概念、指标、数据、方法、程序、逻辑等方面的错误，以保证标准的使用不会起有害作用和产生负面效果；有效性要求标准的内容包含充足的有益和有效的知识及技术成果，且是经过试验或验证有实际效果的，不是空洞而无使用实质的内容；可操作性要求标准的内容具体、清楚、完整，具有可实施的条件、人员、方法、程序等，标准的内容可落实或实现，避免标准规定的内容是一些理想化的、实施条件不成熟的、实施内容不完整的、实施人员难以执行的内容，要避免太复杂和太难理解的内容；经济性要求标准的内容是合理权衡技术、经济、精度等关系的选择，不一定是最先进的，也不应是实施费用很高的，应该是实施成本有利于产生经济效益的，避免过先进的浪费；适用性要求标准的内容有一定范围的适合对象，能在标准适用范围规定的对象范围内有用，避免对什么对象都不能用，要使大部分标准用户认为好用；可复现性要求标准的内容是全面的和细致的，且经过在许可的条件下的大量验证，标准实施的结果与预定的结果有很好的一致性，且复现内容完整，精度偏差在规定的不确定度范围内，例如，按产品规范设计制造的产品与预定产品的功能、性能和质量等一致，又如，用试验方法标准对同一个测试对象做多次测试以及在多个不同地方做测试的结果是一致的；协调性要求标准的内容与上级标准、同级标准、引用标准、被引用标准等不存在矛盾、重复、相似等不应有的现象，避免出现标准关系上的混乱和执行的为难情况，更要避免标准使用带来的与法规冲突的现象；引领性要求标准的内容在技术指标、方法、概念等方面是先进性的，体现了发展的趋势和要求，有先导性和引领性作用，短期不会过时，有最新技术成果的主体内容或渗透，与国际或国内同类先进水平对比是相当的，与发展趋势比是顺应的，能促进技术和管理水平的提升；唯一性是要求标准的内容在同类关系中是单一性的可靠权威依据，能为纠纷发挥仲裁作用。落实"内容标准"的使用要求，可使要制定的标准的内容在微观上符合了合格标准的属性。

"内容标准"的另一个方面是标准类别的技术性内容要求，这个要求规定了典型标准类别的技术内容要素关系，这些要素是对标准特定类型内容的技术性要求，不是结构形式，这些标准类别主要有术语、通用方法、通用特性、产品规范、标准件、设计、制造、试验、安全、环保等标准类别。术语标准要求每条术语的名称简练并体现其定义的要义,与定义有关联,能顾名思义,定义要有解释术语的技术内容或知识准确和深刻的内涵,不能自定义;通用方法标准的内容要有有效的知识体系或数学模型和操作方法等支持,如技术制图标准要有投影知识体系关系,抽样方法标准要有概率数学模型关系;通用特性标准的内容除原则性、通用性内容外,应有分门别类具体的技术程序的可操作内容;产品规范标准的内容应包括功能、结构要求和技术指标体系的系统性内容,且技术指标要明确化,至少要给出最低指标值,鉴定、定型项目、抽样方案要具体,有明确的通过和不通过情形关系和风险关系,所列试验方法要有可操作性,必要时应有产品的分类或规格关系;标准件标准中的图样、规格、技术要求等内容应详细到可以作为社会同类企业制造的依据,应能保证制造有很好的复现性;设计标准的内容应包括设计原理、计算方法、设计程序、设计评价等内容,要详细到能指导中级设计师设计出符合技术和质量要求的产品,标准内容需要多年设计积累的提炼;制造标准的内容应分解成详细的工序和操作程序,普通工人按标准可生产出合格的产品,标准的内容需要经过试生产考核;试验标准的内容要有保证试验结果高重复性和准确性的操作程序,有对试验精度和结果影响敏感的控制试验条件,实施试验的设备、装置和/或仪器要完整;安全标准的内容中技术指标是经过验证保证安全的可靠指标,不能遗漏保证安全的内容,更不能存在带来安全隐患的漏洞内容,安全标准需要大量安全研究和试验工作的支撑,标准的程序细节和指标是关键,是基于科学技术研究和验证的可靠结果;环保标准的内容中技术指标是经过大量、长期验证不会危害环境、生态和人类的,标准内容需要大量研究和试验工作的支持,标准的限定指标是关键性的,是科学研究的有效性成果内容。

“内容标准”是用于指导对知识、产品、程序、服务等标准对象的内容进行精炼加工,指导标准内容的合理形成,理清复杂事物的脉络关系,抓住工作的重点和关键环节,保证结果的有效和可靠,以保证标准提供最佳技术路径、利用有效成果、简化工作关系。建立了好的标准内容后,标准的实施就能发挥好的引领、指导、规范、保障作用,可避免重复浪费、降低成本、保证工作质量、提高工作效率、建立互通和互换环境、减少风险和损失、带来最佳的效益。

21.3 标准的管理标准

标准的管理标准(以下简称“管理标准”)是指标准制定过程的管理标准。“形式标准”和“内容标准”解决的是标准文本表达规范和标准内容有用的问题,而标准制定过程的动机、态度、环节、执行能力等问题需要“管理标准”来解决。“管理标准”主要是规定标准制定的行为、管理程序、职业要求等方面的标准。管理标准要体现对标准感兴趣的参加者的公开、公正和平等,对标准制定参与者的过程透明,对标准形成结论方式的协商一致等原则。在标准的制定程序管理中，要充分反映程序正义的内容。在标准的制定、采标和应用的管理中，要充分反映良好行为规范的内容。行为标准主要是解决标准制定动机端正性、态度认真、执行负责任等方面存在的问题，属于道德范畴和责任心等行为的标准；管理程序标准主要是解决建立和执行符合标准理想追求的标准程序问题，属于规范制定过程管理的标准；职业要求标准是解决制定人员专业素质和能力胜任的问题，属于人员资质要求的标准。

行为标准是标准制定的职业道德标准，它规定了承担标准制定者的标准制定动机、态度、执行行为的道德性和职业性要求。标准制定动机的行为标准要求标准制定的动机是纯正的和意图是正确的，这个正确性的保证是基于对标准建立的尊重意识、行为诚信、职业操守，避免为获取标准制定经费和其他利益而制定标准、为垄断技术而制定标准、为名利而制定标准、为占技术地位而制定标准等。动机行为标准主要是规定标准制定者“应持有”和“不应持有”的内容，“应持有”部分是标准制定者的正确动机，“不应持有”部分是要避免或禁止的动机。标准制定动机端正的要点是要保证标准制定需求的必要性和真实性，这一行为的正义性主要是靠高职业道德水平的评审专家和管理机构的把关控制来保证。标准制定态度的标准是一个标准制定全过程的态度标准，包括标准论证、搜集资料、调研、技术研究、文稿撰写、征求意见、意见处理、草案修改、提交审查、报批稿形成等环节的态度。标准论证的态度主要是对标准制定必要性负责的态度，搜集资料和调研要有对标准内容真实性和价值性负责的态度，技术研究要持客观性和科学性的态度，文稿撰写要持严谨、认真的态度，征求意见要持充分尊重意见提出方的态度，意见处理要持“大公无私”的态度，草案修改要持一丝不苟的态度，提交审查要持尊重专家、虚心接受、重视反对意见的态度，报批稿形成要持对标准的价值和质量自己百分之百满意的负责态度。标准制定行为的问题往往是隐性的问题，在初期不容易发现，主要依靠职业道德、诚信和风清气正的环境来从源头杜绝。

管理程序标准是标准制定工作流程及控制环节的标准，主要规定标准立项论证、立项审查、研制/编制组组成、研制/编制工作要素、征求意见、试验验证、审查、报批、出版发行、归档等环节的管理。立项论证环节的标准内容主要规定论证要求、论证内容、论证书/报告格式等内容。论证要求包括论证的标准类型、论证时间、论证立场、论证上报方式、论证回复等要求；论证内容包括标准制定的必要性、可行性、研制/编制内容、研制/编制基础、研制/编制条件、研制/编制单位及人员组成、研制/编制时间周期、成果形式、经费需求等内容；论证书/报告格式主要反映论证对象的基本信息（标准名称、级别、强制/推荐性质等）、论证内容等。立项审查环节的标准内容主要规定标准立项审查的流程、审查方式、审查要点、审查意见及结论、审查结论反馈、审查专家组成等要求。立项论证和立项审查主要解决标准需求的真实性、制定的可行性、使用的有效性等问题。研制/编制组组成环节的标准内容主要规定标准研制/编制组成员代表面的合理性、成员的技术专业水平、经验积累程度、业内影响力等要求。研制/编制工作要素环节的标准内容主要规定标准研制/编制大纲各阶段稿的基本内容、研制/编制基本程序、时间分配关系、标准编写的依据等要求。征求意见环节的标准内容主要规定标准征求意见的方式(会议、函件、分别交流等)、征求意见的范围(研制、生产、使用、维护保养、管理等方面)、征求意见的对象(单位、专家个人等)、征求意见的时间周期、意见表达格式及要求、收件方式、意见协调、意见处理、意见回复等要求。试验验证环节的标准内容主要规定标准验证的范围(不同地区、行业、国家等)、验证的次数、验证的手段、验证人员、验证结论形成等。审查环节的标准内容主要规定标准审查要点、审查时间长度(按标准内容量给出必保的最少时间)、审查方式(同步式或自由式,即全文逐字逐句同步审查或自由发言提意见审查等)、审查专家专业知识水平、审查专家的代表面、审查专家人数等要求。报批环节的标准内容主要规定标准报批材料的完整性、标准管理过程的完整性、签署手续的完整性、终审人、批准人、标准编号、批准发布方式等要求。出版发行环节的标准内容主要规定标准提交出版的方式、出版格式、出版时间周期、出版数量及定价、发行者、发行方式等要求。归档环节的标准内容主要规定标准归档的时机、归档资料组成、归档人等要求。标准制定管理程序的标准可以分立制定为多项标准,也可合成起来制定为一个或几个标准,分或合取决于哪种形态有利于方便使用。

职业要求标准是标准制定人员资质要求的标准,主要规定标准制定人员的专业背景、工作经验、技术影响力/水平、标准编写知识、研制/编制能力、诚信状况等要求。职业要求标准对承担标准制定人员的素质和资质进行准许门槛的设定,以为行为标准和管理标准的实施到位提供保障。标准制定人员专业背景的标准内容主要规定人员学历专业与标准制定对象专业的符合性、现从事工作专业与标准制定对象专业的符合性、专业学历和学位等级、科技成就等要求,避免学历专业或工作专业不对应的情况发生。人员工作经验的标准内容主要规定标准制定不同角色人员(技术、标准化等人员)从事相关专业的最少工作年限、承担过项目的等级(国家、行业/部、地方、企业等)和数量、项目中担任过的角色(主持/组长、分主持、参加、参与等)、取得的职业资质等要求,避免工作经验积累不够、科研能力不强造成的难以把握标准技术实质和处理各类问题的情况发生。人员技术影响力/水平的标准内容主要规定标准制定人员专业内知名度的层次(国际、国家、行业/部、地方、企业间、本企业等)、标准专业相关的论著和论文的发表、技术职称/职务、技术机构中的身份(标准化技术委员会、专业学会、协会等)、成就荣誉等要求。人员标准编写知识的标准内容主要规定标准制定人员标准编写知识培训经历、培训证书、现场考核等要求。人员研制/编制能力的标准内容主要规定标准制定人员从事研究工作的经历、取得过的研究成果、标准制定对象相关的科研经历、标准制定经历、任务完成的技术水平等要求。人员诚信状况的标准内容主要规定标准制定人员承担过的任务完成情况与任务书的一致性、一贯的工作作风和对有不良记录人员的限制条件等内容。

21.4　特点和应用

“形式标准”解决标准的文本质量问题，保证标准的形象；“内容标准”解决标准的技术质量问题，保证标准的使用价值；“管理标准”解决标准制定过程的规范和合规问题，保证标准制定过程的正义性。标准的“形式标准”、“内容标准”、“管理标准”这三类标准对同一特性有各自不同的特点，它们的特性比较关系如表 21-1 所示。

表 21-1　三类标准特性对比表

特性 \ 标准类型	形式标准	内容标准	管理标准
约束的事项	标准格式	标准内容	制定行为
约束的属性	形式性	实质性	过程性
重要程度	中	高	高
应用难度	中	高	中
对应用人员的要求	中	高	中
使用性质	技能性	技术性	技能性
效益相关性	弱	强	中

标准的“形式标准”、“内容标准”、“管理标准”间是互相支持的，尽管标准制定中实现“内容标准”的要求是最重要的，但是，“形式标准”执行不力，标准的内容不可能完善表达，“管理标准”执行不到位，标准的内容也不会有正确的行为来实现。

标准的“形式标准”主要应用于标准文本的起草、修改和出版过程，以保证标准的可识别性、文本表达的规范性等；标准的“内容标准”主要应用于标准内容的论证、研究、撰写、验证、征求意见、审查、报批等过程，以保证标准内容实质性、合理性、有效性、可靠性等；标准的“管理标准”主要应用于标准的立项论证、立项评审、研制/编制组的组成、试验验证、征求意见、审查、报批、审批发布等过程，以保证标准制定行为的有序和正义。“形式标准”用于保证被制定标准的文本质量，“内容标准”用于保证被制定标准的使用质量，“管理标准”用于保证被制定标准的制定过程质量。

参考文献

[1] 麦绿波.标准的标准(上)[J].中国标准化,2013,(7):50-53.

[2] 麦绿波.标准的标准(下)[J].中国标准化,2013,(8):54-58.

[3] ISO/IEC. ISO/IEC 导则 第 2 部分:国际标准的结构和编写规则[M].中国国家标准化管理委员会国际合作部,译.北京:中国标准出版社,2008.

[4] 中华人民共和国国家质量监督检验检疫总局,中国国家标准化管理委员会.标准化工作导则 第 1 部分:标准的结构和编写[S]. GB/T 1.1—2009.北京:中国标准出版社,2009.

[5] 中国人民解放军总装备部.军用标准文件编制工作导则 第 1 部分:军用标准和指导性技术文件编写规定[S]. GJB 0.1—2001.北京:总装备部军标出版发行部,2001.

第 22 章　标准的编制和研制[1]

22.1　标准制定的概念

标准的制定是多模式的，有“贴标准”、“抄标准”、“编标准”、“研标准”，“贴标准”、“抄标准”比较简单，且是直接利用他人建立的标准成果的模式，在此不作专门论述，而“编标准”（标准的编制）、“研标准”（标准的研制）的过程比较复杂，且是自己建立标准的方式，在标准的建设中有重要地位，需要专门论述。

标准的制定通常被看成标准的编制或标准的编写，由此，人们常常把标准的制定工作理解为文字工作的范畴。实际上，许多标准的形成主要是技术性的研究工作，依赖于技术性研究或知识性研究的成果，而不是依靠总结的文字功夫。人类主观建立的文件类标准是需要文字表达的，但有些标准文字表达的工作并不占据标准制定工作的主要比例。特别是有些创新性的和技术性强的标准，技术研究工作占据了标准制定的绝大部分工作量和时间，而文字性工作只占有很小的工作量和时间。从难度上，这类标准的研究难度远远高于文字撰写工作。主要依赖于研究工作的标准制定，是研制性的标准制定，属标准的研制模式；主要是进行归纳总结和文字撰写的标准制定，是编写性的标准制定，属标准的编制模式。因此，标准编制模式和研制模式是标准制定中两种差别明显的模式。

国际上将标准制定的性质放到了一个高层次的工作地位，标准制定所用的词为“standard development”，即“标准研制”。在英文中，development 一词的意思是发展、研制、开发、开辟等。产品的开发或研制用英文表示为 product development，标准的制定表示为 standard development，这说明标准的建立和产品研制一样，也是通过技术研究工作实现的。有些标准需要通过研制来建立，但并不能代表所有的标准都是研制性的。因为标准的建立确实存在几种不同的方式。标准应该是研制建立还是编制建立，取决于标准的建立主要是依靠研究和验证的技术行为，还是依靠总结撰写的文字行为。

在标准的发展史上，最早的标准是实物标准，如石器、竹器、骨器工具、度量衡器具等，这些标准都是研制建立的标准，而不是编写出来的标准。即使是最早的文件标准——公差标准，也是研究零件加工的容差关系研制出来的，而不是靠整理文字编写出来的。标准研制和标准编制在概念上和制定程序上，既有相同部分，也有差异部分。

由于对标准研制的类型、方法和意义等认识不够普遍，在概念上形成了标准制定等同于标准编制，使标准研制这一重要模式被忽略了，即使是属于研制性质的标准，也采用编制的模式去完成。

通常人们会认为标准制定工作的技术性不是很强，原因是他们认为标准的制定就是编制标准或抄标准，仅仅是一种文字性的工作，或者是一种文字功夫，甚至把标准化工作者看成文字工作者。当注意到标准的制定还有标准研制时，就会认识到标准制定中还有技术难度很高的工作，而且它与高难度的技术工作是不分上下的。许多国家都建立了标准技术研究院，配备一流的科学家，开展一些技术难度大的标准研制工作，且研究的成果也是世界级的科技成就。例如，美国国家标准与技术研究院（National Institute of Standards and Technology，NIST）就有多名科学家获得诺贝尔奖。当然，NIST 研究的标准主要是基准性的。由此可见，研究标准技术也是需要顶级科学家的。

如果研制性标准的制定工作不从文字编写模式中跳出来，就会丢失重要技术价值的挖掘和提供作用，成为"编标准故事"的模式，难以提升其技术价值。标准的制定需要科学分类，使研制类的标准回归研制的轨道，属编制类的标准仍然采用编制的模式。要使研制标准回归研制模式，还需要标准研制的方法指导，使这一模式"有章可循"。本章将对标准研制和标准编制的方法进行系统论述，以引导标准研制模式的推行和发展，并规范标准编制的工作。

22.2 标准的编制

标准编制的概念是标准的编写制定，是标准制定的一种方式。编制制定的标准可称为编制型标准。标准编制主要是以写为主的标准制定模式，当然这种写也是基于标准内容的知识背景的，写的人应该是标准规定事项的专家，如编制机械标准由机械专家编写，电器标准由电器专家编写，而不应该由标准编辑人员来编写。

编制标准的目的通常是固化成熟和典型的技术、知识、经验、工作等成果，可为未来开展同类工作或相近工作提供可靠的指导和依据，避免这类技术和知识需用时再构建的重复性的技术和知识劳动。标准编制的工作方式主要是对技术、知识、经验等用文字进行总结，当然有些情况还需要进行必要的试验或验证工作。编制型标准通常在标准编制前已有标准的原型素材，或有标准的核心内容和主体内容，这些内容的拥有，使标准制定的工作重点不在于创造，而在于整理、归纳、汇总、总结、提炼、提高、表达等。编制型标准的另外一种情况就是利用已有标准进行修改建立，例如，非等效采用国际标准制定为本国标准，将企业标准提升修改为行业标准，行业标准提升修改为国家标准等。编制标准的工作性质一般不是创造性的工作性质，属于总结性的工作性质，如果还存在一些创造的成分，只能算作是二次创新，不属原始创新的标准。标准定位于编制型标准，通常采用编制模式制定标准，其编制工作通常是以继承现有成果为主或以现有成果为基础，再加上一些改进和提升方面的工作。编制型标准有一定的规律可界定，这类标准通常有一定的技术或知识成果基础，标准制定是在已有标准或技术资料的基础上进行提炼、修改等编写工作。例如，某项目经过产品研制或开发，形成了产品、工艺、规程、管理、操作程序等技术文件，企业希望将这些有未来使用价值的技术成果制定为企业标准和上层级标准，这样的标准制定就是标准编制的工作。

编制型标准的制定不同于研制型标准的制定程序，标准编制的流程主要为 18 个环节，如图 22-1 所示，其制定程序主要有：标准项目建议及评审；标准项目立项论证及评审；标准项目立项批准及下达计划；成立标准编制组；标准编制组搜集资料和调研；标准初稿撰写；标准初稿讨论；标准试验验证和讨论；修改标准初稿形成征求意见稿；标准征求意见稿征求意见；讨论并处理征求意见；修改征求意见稿形成送审稿；送审稿审查；讨论审查会意见并确定；修改送审稿形成报批稿；报批稿的质量审查；报批稿审批发布；标准出版印刷及发行。

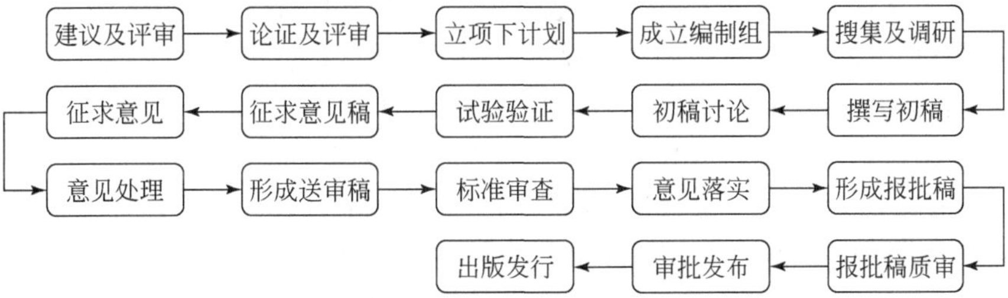

图 22-1　编制型标准的制定流程

这 18 个子环节未包括投票子环节，因为投票子环节的设置因标准管理机构的不同差异很大，有的标准管理机构以评审会的评审意见作为表决方式，有的以委员投票进行表决，有的以成员国和注册专家投票进行表决等。ISO 在标准制定的七程序中有五个程序有投票子环节，即在预阶段（PWI）、提案阶段（NP）、委员会阶段（CD）、询问阶段（DIS）和批准阶段（FDIS）有投票。

标准项目“建议及评审”子环节是提出标准制定项目建议，并对建议的标准项目进行评审，以确定需要制定的标准项目。标准项目立项“论证及评审”子环节是开展标准立项论证和对论证的标准项目进行评审；标准项目论证的重点是标准制定的需求性（或必要性）、标准的主要内容、标准制定的有利条件等；标准论证首先是要有标准的实际需求，要端正标准制定动机，正确地给出标准的需求点，例如，需求为统一术语、符号、标识，支持科研、生产、教学、文件编制等，统一测试或试验，为了测试的可比对性和测试结果的仲裁；标准的立项论证的内容按相应的标准管理机构印制的标准建议书或标准立项论证报告进行填写；标准管理机构组织专家对标准论证项目进行评审。标准项目"立项下计划"子环节是将标准的立项论证评审的材料报标准管理机构审批；标准管理机构对批准的标准项目编制计划并下发计划到相关的承担者。

标准"成立编制组"子环节是根据任务计划召开标准编制组成立会，标准编制组组长应是业内权威性的技术专家，编制组的成员应是符合专业技术和标准化技术资质要求的高层次技术人员；编制组要明确人员的职责和任务分工；会前编制组第一承担单位应准备具有两层以上标题及其主要技术内容的"标准编制大纲"，在标准编制组成立会上进行讨论，以形成标准编制组共同认定的"标准编制大纲"。标准"搜集及调研"子环节是标准编制组根据"标准编制大纲"开展相关标准资料的搜集和调研；资料的搜集主要是相关的国内外各级标准、技术文件、论文等；调研的对象主要是相关单位和专家，特别是具有优势技术的单位；搜集资料和调研应形成"调研和资料搜集报告"。标准"撰写初稿"子环节是根据"标准编制大纲"、"调研和资料搜集报告"撰写"标准初稿"；标准初稿应反映标准编制组所能考虑到的标准的全部内容。标准"初稿讨论"子环节是组织专家对标准的初稿进行全面细致的讨论，以完善标准的内容，更重要的是要讨论和提出"标准初稿"中尚未能证实有效和正确的内容和指标，特别要对标准中的重要技术内容进行正确性、经济性和可实现性等的验证进行讨论，并列出"验证项目清单"，提出相应的试验验证技术方案。标准"试验验证"子环节是根据标准"验证项目清单"和验证技术方案对需验证项目逐项验证；试验验证后要邀请专家召开研讨会，对试验验证的结果进行讨论和确认；对不能通过验证的项目提出新的验证方案或调整"标准初稿"的内容，再进行验证，直到被证实；对"验证项目清单"上的项目逐项给出验证结论或调整建议。

标准"征求意见稿"子环节是根据标准试验验证的结果，对"标准初稿"进行修改，形成"标准征求意见稿"，并编写标准征求意见稿的"标准编制说明"；"标准征求意见稿"形成后，在正式发出征求意见前，可召开专家研讨会暴露问题和协调意见，以保证"标准征求意见稿"发出的质量；如果"标准征求意见稿"问题多、意见大，则可修改形成征求意见二稿，以满意的"标准征求意见稿"征求意见。标准"征求意见"子环节是将"标准征求意见稿"及其"标准编制说明"发到相关单位和专家征求意见；标准征求意见的范围要广、时间要充足；要特别重视向在标准相关内容上有技术优势的单位、专家征求意见，还要重视向不同意见的单位和专家征求意见。标准征求意见的"意见处理"子环节是对"标准征求意见稿"回复的意见进行处理；回复的意见要逐条分析，给出采纳或不采纳的结论，不采纳的意见要有充分的说明理由；可召开一个讨论会或协调会，邀请部分专家对回复意见的处理结果进行讨论、协调和确认；根据确认的处理意见编制"标准征求意见稿"的"意见汇总处理表"。

标准"形成送审稿"子环节是根据"意见汇总处理表"(征求意见稿)修改"标准

征求意见稿”形成“标准送审稿”；为了保证“标准送审稿”的质量，可召开一个专家研讨会或预审会，对“标准送审稿”进行讨论，也可以将“标准送审稿”发到重点单位和专家再次征求意见，并完善修改“标准送审稿”。标准的“标准审查”子环节是标准编制组向标准管理机构提交标准审查申请，或按标准管理机构的计划安排准备好进行标准审查的材料；标准管理机构在确认了标准制定程序、标准送审稿资料质量符合要求后，组织召开专家审查会；标准审查会应对标准逐字逐句进行审查，并给出“标准审查意见”（附审查专家签名表）。

审查会“意见落实”子环节是采取措施对审查会提出的意见进行落实；可组织一个专家讨论会，对标准审查会提出的意见逐条明确落实的结果，形成“审查会意见落实方案”。标准“形成报批稿”子环节是根据“审查会意见落实方案”对标准送审材料进行全面修改；修改的材料包括对标准送审稿、编制说明（送审稿）和意见汇总处理表（征求意见稿）等；修改后形成标准报批稿、编制说明（报批稿）和意见汇总处理表（送审稿）等。标准“报批稿质审”子环节是将形成的标准报批材料（含标准报批稿、编制说明、意见汇总处理表等）报标准质量检审机构进行质量检审；标准质量检审机构对标准报批材料进行完整性、程序正义性、规范性、落实方案结果等进行全面审查，并与标准编制组交流沟通进行相关修改。标准“审批发布”子环节是标准管理机构对审查符合要求的标准进行标准编号、批准、发布。标准“出版发行”子环节是标准出版机构对批准的标准进行编辑、排版、印刷，然后交标准发行机构向社会发行或向标准使用单位发行。

编制标准的特点主要有标准制定周期不太长、标准编制成本低、技术难度不大、协调难度不大等。由于编制型标准在制定前有较好的内容基础、内容比较成熟，所以标准编制的周期不需要很长时间，标准科研成本不高，基本没有关键技术需要攻关，没有过多技术内容需要验证和协调。

编制型标准的成果形式为标准文本，即以文字表达的文件标准。标准的应用是靠阅读标准的规定或要求，转换为行为去执行。标准执行的效果是建立秩序、提供有效方法、提供科学依据、提高效率、保证质量、提高水平、畅通信息、节省时间、减少浪费、保证安全等。

22.3　标准的研制

标准研制的概念是标准的研究制定，是以研究为主的标准制定方式，是标准制定的另一种方式。以研制方式制定的标准可称为研制型标准。标准研制的人员通常应该是相应科学或技术领域学术造诣高、研究实力强的科学家或专家，如研究时间基准的研究人员应是量子学方面的权威专家，研究大气有害气体限值标准的研究人员应是呼吸系统方面的医学专家。如果标准研究人员不是相应领域的优秀研究人员，那么标准研制的结果就很难保证其科学性、合理性、有效性，甚至难以保证正确性。

研制标准通常是研究建立计量基准、数学方法、工程方法、标准物质（含物理、化学、生物等）、通用产品、通用接口、危害限值、基础数据、环境数据、评价方法、试验方法、信息传输方式和关系、新一代产品等标准。研制的标准成果一般都有使用的基础性、基准性、普遍性、支撑性等作用。例如：建立基准，解决对基准、对比、评价、验证依据的需求；研究通用性强、适用面广的数学、工程等方面的科学方法，提高技术工作科学性、有效性、效率和准确性等；研究通用化的技术和产品，建立合理的品种规格优化发展关系，减少资源浪费，减轻保障负担；研究危害限值，解决公共利益的保护问题；研究信息传输方式和关系等，解决信息高效、准确地互联互通传输、互操作和信息安全等问题；研究新一代产品的技术体制、指标体系等，大大提高产品的性能和扩展产品的功能，有时甚至带来产品革命性的提升改变。

研制标准通常是一种创造性的技术劳动，创造性研究工作是标准建立的关键和主体。研制型标准通常是没有现成的成果可直接借用和依靠的，需要通过科学技术研究获得的成果来支撑标准的建立，所以研制标准有很高的技术难度和失败风险。标准研制成果的有效性和创新性往往来自对标准底层原理和数据的可信性的追问和证实，以及对标准技术框架及技术性能指标的先进性、标准实施的经济性、标准使用的方便性和广泛性等的追求所产生。研制型标准是科学研究的产物，标准的核心内容取决于科研成果，标准不以写为主，而以研为主。其实，许多重大的科学规律研究成果就是研制型标准，只是没有用标准的形式来表现而已。因为重大科学研究成果具有的崇高地位和信任度，它不再需要以标准的形式告诉人们这是可信的和有效的规律和准则。

一个真正的标准研制工作是一个科学研究的系统性工作。研制标准中的每一个“约定点”都是一个科学规律揭示的研究内容或合理依据证明的研究内容，整个标准的研究形成了系统性的大量科学研究“约定点”。例如，某个测试方法标准规定的测试环境温度为 22℃±1℃，这就需要有两个研究点，一是为何温度定在 22℃而不是 21℃或 23℃，二是温度偏差为什么定为±1℃，而不是±0.5℃或±2℃，解答这两个问题就要进行大量的试验和研究分析，揭示温度变化对测试结果影响的规律，以此科学试验规律确定合理的温度数值关系。一项标准研制工作往往比一项技术设计工作有更深的技术研究内容、更大的技术难度和更多的研究工作量。研制标准的成果有的是从现有的和可能有的技术路径中分析选择先进性、经济性、适用性、可操作性的综合最佳，这就要求研究要在研究事项的广度、深度和多因素综合处理等方面全面深入展开，并进行相应验证；有的为了解决问题需要创新建立新的技术方案，攻克支撑新技术方案的关键技术，并要验证其普遍有效性。而技术成果一般是走通一条技术路径就能形成成果。对于研制标准而言，没有多技术实现路径的对比和选优产生的某一个技术路径成果不能算作真正的标准研制成果。

研制标准主要有以下技术特点之一或全部：

（1）技术难度大，标准中涉及许多未解决的技术难题；

（2）技术复杂程度高，标准中涉及许多技术点的定位需要许多相关的基础数据的分析和验证；

（3）开创建立技术先进、性能优越的统一技术体制和技术制式；

（4）研究建立广泛适用和性能优越的通用产品或通用接口；

（5）建立原理先进、精度高、重复性和复现性好的试验方法；

（6）建立科学性、有效性、普适性的数学模型或方法模型。

研制型标准是引领发展和推动提升的成果，是提升自主可控能力的途径，也是提升人员技术素质的机会。

研制型标准尽管将大部分工作时间、精力和投资放在技术内容的研究上，这些研究工作量可能占了标准整个研制工作的 70%～90%，但也不能忽略标准制定的程序性工作，这部分的工作也是必需的，标准研究对象正是应用了标准制定程序的优势才获得了专家集体智慧对其的优化提升，得以保证其内容有效、可靠，得到各相关方的认可和达成共识，可以快速进入市场普遍应用。

标准的研制也要经历标准编制的大部分程序[1]，研制型标准有 21 个子环节，比编制型标准的 18 个子环节多增加了三个子环节、修改了两个子环节，即增加了开展标准的技术研究工作、对研究成果进行试验验证、撰写研究文档三个子环节，修改了标准立项论证、成立编制组两个子环节的内容，研制型标准的制定流程如图 22-2 所示。研制型标准的制定与编制型标准的最大不同之处不是在标准制定的流程关系上，主要是在技术研究的工作模式和要求上，它们在工作的深度、难度、复杂性和工作量上是有突出区别的。

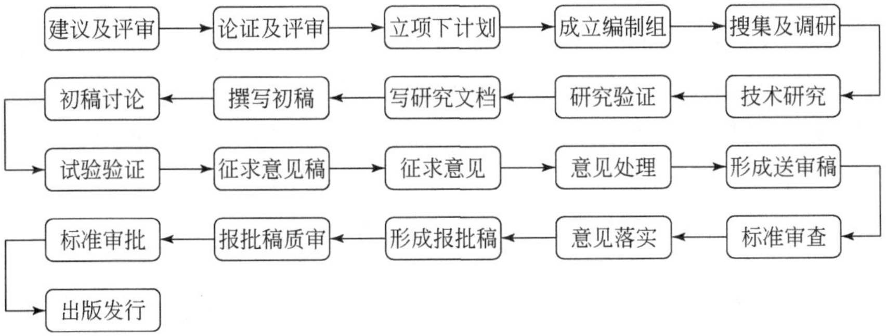

图 22-2　研制型标准的制定流程

对于研制型标准与编制型标准程序子环节相同部分的工作要义，在编制型标准部分已解释过，这里不再赘述，重点是解释修改和增加部分的程序。在标准“论证及评审”子环节，论证内容中应加入需要开展研究的内容；在标准“成立编制组”

子环节,准备和讨论标准编写大纲时,同时应准备和讨论标准研制大纲,标准编制大纲主要是标准文本的标题结构及主要内容,研制大纲的内容主要包括研制的目标、内容、技术难点、技术路径、措施、任务分工、计划进度等。

研制型标准增加的"技术研究"子环节主要是研究标准可能的技术路径、原理、性能指标等,并要关联指标精度、稳定性和成本问题的研究。标准研究成果的"研究验证"子环节主要验证技术内容和指标的可靠性和有效性,以及给出一些敏感指标参数的变步长对性能影响的程度或敏感规律曲线等。"写研究文档"子环节是要形成研究的科技文档,研究文档包括研究技术报告、试验验证报告、效果和效益分析报告等。

标准研制的特点主要有:标准研制周期长,可能是标准编制周期的 2～3 倍,有些重大的基准性标准,周期会更长;研制标准成本高,需要有高精度的设备、高层次的人才、很长的研究时间;研制标准一般是基准性和通用性强的对象,通常是针对共同关心的基准或基础问题建立统一的标准;研制标准是创造性的技术工作,将会建立新技术体制、新方法、新模型、新一代产品等领先的技术成果。

研制标准的成果形式通常有物质标准、物质和文件标准、文件标准。物质标准成果形式有基准器具、标准物质、标准设备等,如时间基准、物理标准物质、光波比长仪等。物质和文件标准的成果形式有鉴定仪器和鉴定规范、标准物质和标准文本等,如折射率鉴定仪和折射率鉴定规范、化学标准物质实物和化学标准物质文本等。文件标准的成果形式是文本,通常有数学方法标准、工程方法标准、通信数据交换标准等,如优先数系标准、抽样检验标准、通信协议标准等。

22.4 研制型标准和编制型标准的关系

标准制定的类型除了编制型标准和研制型标准外,还有介于两者之间的标准制定类型,即标准的编制和研制的工作难度和工作量相当的标准,因此,这类标准具有两类标准的特点,称为编研型标准,标准制定类型分布关系如图 22-3 所示。图 22-3 中,横轴为标准制定的编写工作量或编写强度,纵轴为标准制定的研究工作量或研究强度,直角平面区间是标准制定类型的分布,在横轴上的标准类型是纯编制型标准,在纵轴上的标准类型是纯研制型标准,OO' 直线为纯编研型标准,这三类情况是极少的;图 22-3 中,A 区主要是研制型标准区,研究工作在标准制定中占有主要的工作量,C 区主要是编制型标准区,编写工作在标准制定中占有主要的工作量,B 区和 D 区主要为编研型标准区,即标准编写工作量和研究工作量相近的标准区,只是 B 区编研工作总量少于 D 区的工作总量,而它们的标准制定类型是相同的,编研型标准确切的区域为 Oa 曲线和 Oc 曲线所包围的区域。其实,A、B、C、D 区的标准类型并不是指整个区域的标准都是一种类型,而其中心区域和特定边角区域是上述类型，它们至少有 1～2 个边角区的标准不属于区域所命名的类型，如 A 区的右下角区和 C 区的左上角区是编研型标准区，B 区的左上角区为研制型标准区，B 区的右下角区为编制型标准区。

研制型标准的制定程序是全面性的程序，编制型标准的程序是部分性的，包含于研制型标准程序中。研制型标准的成果形式也是最多的，有技术、物质、文件标准等多种形式，编制型标准的成果形式一般只有文件标准。从目前标准的成果数量看，编制型标准的数量要远远多于研制型标准的数量，它们的数量关系如图 22-4 所示。

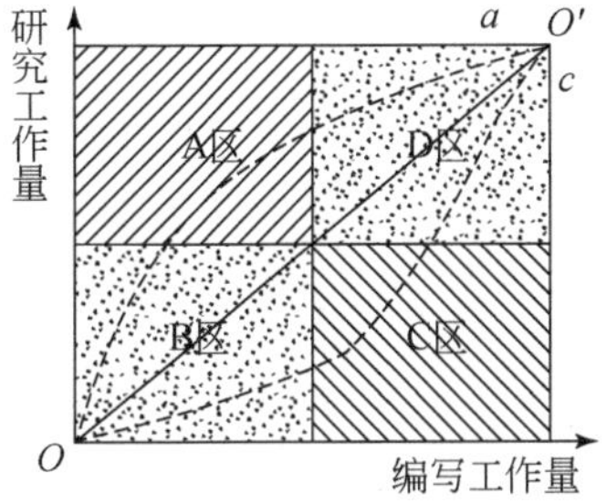

图 22-3　标准制定类型的分布关系

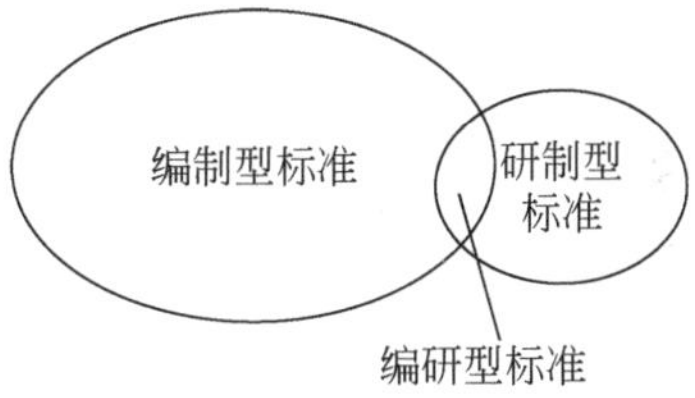

图 22-4　标准制定类型的数量关系

一般地，研制型标准研究技术是为了建立技术新依据，以研究的技术作为服务技术发展的依据需要。编制型标准编写标准是为了技术使用，为标准所表达技术的重复使用和共同使用。研制型标准和编制型标准的标准类型有一部分是不同的，但也有一部分标准类型既是研制型的标准类型，也有编制型的标准类型，如试验方法标准，既有总结编写试验方法的情况，也有需要专门研制试验方法的情况。

22.5　标准制定的标准化能力要求

制定标准最重要的是要具有制定对象的专业技术或知识的专家能力，除此之外，制定高质量的标准和好用的标准还应具有标准建立特需的标准化专业能力，这些能力主要包括哲学思考能力、系统思维能力、逻辑分析能力、表达能力、知识综合应用能力、现场回答问题的快速响应能力等。标准制定需要从复杂的技术或知识关系中提炼本质性、普遍性的内容，需要较强的哲学思考能力；一个标准通常涉及方方面面的知识，需要有系统性的构建标准知识框架或标准结构关系的思维能力；标准与标准之间、一项标准内容中通常会涉及许多相同性、相关性、不同性的内容，需要有很强的逻辑分析能力才能将这些关系梳理清；标准（文件标准）是通过语言表达形成的，语言表达能力是准确、简明、清楚表述标准内容的基本能力；每个标准几乎都是知识的综合体，涉及各个方面的许多知识，需要有广博的知识和综合应用知识的能力才能把标准中的知识集成好和协调好；标准制定需要通过必要的技术讨论和技术审查来发现问题、理清问题和提出解决方案，标准的讨论和审查需要制定者对提出的质疑和发现的问题具有现场快速响应的能力，以澄清误解质疑、响应对问题的理解、及时响应给出问题解决的初步方案等，使会议具有很好的互动性，能高效率、高质量地进行。

参考文献

[1] 麦绿波.标准的编制和研制[J].中国标准化，2013，(6)：57-61.

第 23 章　产品标准的研制[1]

23.1　产品标准研制的需求背景

产品标准主要用于产品验收、产品定购、产品采购、产品设计等活动，是产品设计、制造、验收、交货等的技术依据，这些依据是产品的供方和购方双方协商认同的或通过自我声明公开认同的，是开展产品设计、制造、贸易活动必不可少的专业技术依据，因此产品标准是产品发展的重要技术内容。

产品标准规定了特定类型产品全面的技术状态，或集中了同类产品的共同要求和主要优点，使其具备了广泛使用和提供多次使用的条件，通过标准的使用复现产品的价值，并为产品质量的一致性提供保障。非标准产品一般很难有系统完善和广泛适用的优势，只有较窄范围和较少次数的利用机会。研制产品标准是优化和提升产品性能、增强产品发展能力的必由之路。

用于解决产品生产质量一致性的产品标准，其制定通常是采用固化已有的产品技术状态。编制产品标准的情况，主要是基于产品经过研制定型后，认为产品具有市场需要的前景，为了保证产品生产质量的一致性和交货的需要，需将产品的技术状态制定为标准。编制产品标准还有修改采用(MOD)和非等效采用(NEQ)国际、国外标准以及提升标准级别等的情况。编制产品标准主要依靠产品研制时的技术条件进行编制，属于成熟技术的固化，标准的技术水平受制于产品的技术水平。在先后逻辑上，编制产品标准是“先产品后标准”的逻辑。这是一种被动式的产品标准发展模式，标准制定的难度比较低，标准的作用意义也有限。尽管编制产品标准时，也可对产品的技术指标做一些改进和提升，但这种变化不会是技术根本性的改变，只是在技术指标层面的一些小的改进性提升。

要以标准引领产品的发展，就需要有“先标准后产品”的模式，由标准的技术关系决定产品的技术关系，由标准的技术水平决定产品的技术水平。以研制标准来发展产品，对有些技术专业是必然的模式，如通信产品等。研制标准的需求主要有：引领产品发展的需求；发展通用化产品的需求；推动产品升级换代的需求；发展新颖产品的需求；解决长期存在的技术问题的需求；研制标准物质或标准样品的需求等。研制标准的技术背景，通常是无现成的技术参考资料可直接借鉴的，需要与技术研究或产品研制同步来研究建立标准。

标准是表达产品技术状态的尺度，研制标准应按“产品应该有的方面”和“用户需求的方面”为产品建立期望的技术内容，以牵引产品技术内容的提升。如果产品先于标准，标准的技术内容就会由产品的现状水平决定，这就会使某些“产品应该的方面”和“用户需求的方面”等失去进入标准的机会。

编制标准的套路比较固定，也比较容易掌握，本章及后续章节就不专门论述，论述的重点将放到各类标准的研制方式和研制内容等上。

23.2 产品标准研制的类型和方式

产品标准的研制类型有文件型标准、实物型标准、现象型标准等。文件型标准是将产品的标准内容用文字表述在文本文件上，以文字叙述内容来表达，标准的外在形式是文本文件。实物型标准是研制标准实物，如标准物质、标准样品等，并附相关文字表述的文件，标准的核心是实物，以实物作为传递基准、比对基准、校正基准等，或者说标准的功能在实物上。现象型标准是研究现象的获取和利用，建立现象产生、利用的装置作为基准，并附相关文字表述的文件，标准的核心是现象产生、利用的装置。非实物的产品标准采用文件型标准，实物型和现象型的产品标准采用实物型标准＋文本文件。实物型和现象型产品标准的研制模式主要与产品研制和科学研究的模式类似，本章不过多论述，重点论述文件型标准的研制。文件型产品标准主要有产品设计标准、产品性能规范、产品制造验收规范、产品图样等。产品设计标准主要有产品设计手册、产品设计准则、产品设计计算方法、产品参数系列、产品系列型谱等。产品性能规范主要是规定产品性能指标和验收的标准，标准规定产品的结构功能、性能指标、通用特性指标、接口技术关系和验收规则、试验方法、交货要求等，一般不规定产品的制造要求。产品制造验收规范主要是规定产品的结构功能、性能指标、通用特性指标、重要制造要求和方法、验收规则、试验方法、交货要求等。产品规范是产品性能规范和产品制造验收规范的简称，前者是产品研制阶段的规范，后者是产品生产阶段的规范。产品图样是规定通用件、标准件的标准。

文件类型的产品标准对象主要有：①整机产品标准，规定由零部组件组成产品的技术状态的标准；②零件产品标准，规定单一零件技术状态的标准，如标准件标准；③组部件标准，规定组部件技术状态的标准，如通用组部件标准；④材料标准，规定材料成分、性能、规格的标准（指人造原材料和半成品材料产品）；⑤软件产品标准，规定特定用途的计算机程序的功能、性能、接口等技术关系的标准；⑥食品标准，规定食品营养成分、卫生、安全等要求的标准；⑦药品标准，规定组成成分、含量、作用、使用等的标准；⑧建筑物和设施标准，规定建筑物和设施规格、功能、性能、质量等关系的标准。产品对象按应用关系分可分为：工业用产品，如设备、仪器、工艺装置等；生活用产品，如家电、运输工具、家具、服装、食品、药品等；农业用产品，如农具、农用装备、农药等；交通服务业用产品，如飞机、火车、轮船、汽车等；科学研究和探索用产品，如飞船、电子碰撞机、深潜机器等；通信服务用产品，如电话、手机、网络设备、基站等；能源服务用产品，如电力设备、天然气设备等。

产品标准研制的方式主要有：①先研制出产品标准的技术内容，按标准确定的技术关系研制产品，验证产品标准技术关系的可实现性，再按标准制定的程序完成标准建立的程序性工作；②产品技术关系的研制和标准技术内容的研制同步进行，产品和标准研制内容互动调整，形成产品可实现的最佳标准内容；③以标准研制大纲先期引导产品的技术关系研制，紧跟着确定标准的技术内容，标准内容在产品研制时进行验证，通过验证形成标准；④按标准要求的指标研制基准产品，以基准产品作为标准（实物标准）。

以上四种产品标准的研制方式只是以标准研制的关键性技术环节形成的工作模式划分的，标准研制还要遵循标准制定的程序，完成其程序性的内容。这些程序性内容包括标准立项、标准初稿、征求意见稿、送审稿、报批稿等阶段的程序内容。

23.3　产品标准内容的总体设计

产品标准内容的研制，首先要研究建立产品标准的内容结构或总体结构关系。对于产品设计标准、产品性能规范、产品制造验收规范、产品图样等类文件类型的产品标准，标准的内容组成是不一样的，标准的内容结构也是不一样的，因此应按标准类型分别提出标准研制的内容结构，以指导产品标准的研制。以下标准内容结构的顺序是普遍的，但不是必需的。

23.3.1　产品设计标准的内容结构设计

在产品设计标准中，产品设计手册、产品设计准则、产品设计计算方法、产品参数系列、产品系列型谱等标准的内容构成是不同的，需要分别叙述其内容结构设计。

1. 设计手册标准的内容结构设计

设计手册标准主要有两种类型，一种是专业技术设计手册标准，另一种是产品设计手册标准，它们的标准属性是指导性的，不作为强制性和严格性的约束。

专业技术设计手册标准的内容结构主要是按技术关系进行结构安排，内容包括设计的通用知识及标准、典型设计结构、数据表格、设计实例等，如机械设计手册的内容主要有机械制图、极限与配合、形位公差、表面结构、常用材料，以及连接与紧固结构、润滑与密封、弹簧、齿轮传动、啮合传动、振动控制、机架、模具、液压传动等典型结构设计。

产品设计手册标准的内容结构主要是按产品的组成结构进行安排的，通常包括总体设计、各分系统和组件设计、重要部件和零件设计。每个标准内容模块都可能包括设计计算方法、结构形式、数据表格、设计实例等,如红外热像仪设计手册标准的内容结构包括系统总体设计、红外光学系统设计、探测器设计、杜瓦瓶设计、制冷器设计、处理电路设计、显示器设计等。

2. 设计准则标准的内容结构设计

设计准则标准的内容主要是国家法规、行业政策性内容和设计技术的原则性等内容,如标准化、安全性、维修性、保障性、环境保护、资源节约、材料再生性、技术性要求等。结构内容由设计的一般要求和详细要求组成,一般要求为设计应满足的总体原则,详细要求为设计要实现的具体关系。

3. 设计计算标准的内容结构设计

设计计算标准是针对产品设计关键、重要、复杂的计算关系制定的标准。标准中的计算方法通常来自科学推导的公式,或有效的经验简化公式,这种简化公式有利于降低设计难度及设计成本,且能保证设计质量。标准的内容结构由设计性能、计算公式、计算数据表、计算误差关系表、计算实例等组成。

4. 参数系列标准的内容结构设计

参数系列标准是针对产品主参数规定其科学发展关系的标准,标准规定的是一个系列或多个系列产品的主参数品种规格的关系,不是单品种产品的参数关系。标准的内容主要由参数相关的术语、参数品种规格系列表和参数品种规格应用等组成。这种标准的内容结构简单,但制定难度很大,需要大量参数关系的理论研究作为支撑。

5. 系列型谱标准的内容结构设计

系列型谱标准是产品参数系列标准的一种深化形式标准,以主参数维度和辅参数维度构建了产品参数的谱系化科学发展关系。标准的内容主要由参数和型谱相关的术语、系列型谱表和系列型谱应用等组成。系列型谱表通常有两个以上的维度,一个维度是主参数维度,然后是第一辅参数维度、第二辅参数维度等。辅参数维度可以是结构形式、产品变型发展因素等。这种标准内容结构看似简单,其实制定难度很大,需要大量主参数、辅参数和变型关系的理论研究作为支撑。

23.3.2 产品性能规范的内容结构设计

产品性能规范是产品验收的依据标准,标准规定的是产品的结果性内容,不规定产品设计和制造的实现方式和途径,为产品的设计和制造留有自由发挥的空间,有利于设计和制造技术的创新。标准的内容结构主要为产品的结构、功能、性能指标体系，通用特性指标体系，外部交流关系，社会责任要求，验收规则，试验方法，包装贮运等要求。结构、功能、性能指标体系反映的是其名称相应的自身特点性的内容，主要反映产品的用途特性。通用特性指标体系主要包括接口(技术性)、互换性、兼容性、互通性、通用化、系列化、模块化、可靠性、维修性、保障性、安全性、测试性、环境适应性(气候环境、力学环境、电磁环境)、人机工效、健康环保等，主要反映产品好用、耐用、变型能力等特性。外部交流关系主要是产品的外部接口(使用性)，以及涉及产品运输和使用环境限制性的尺寸、重量、排放等内容，反映产品的交流能力和移动性等特性。验收规则主要规定检验分类、检验项目、组批和抽样方案、判定规则等内容。检验分类主要分为两类:型式检验(例行检验)、定型检验、鉴定检验、首件检验等;出厂检验(常规检验、交收检验)、质量一致性检验等。组批和抽样方案包括物理取样和数学取样的要求。包装贮运中包括标志、标签、随行文件等要求。这类产品标准结构关系比较复杂，对性能指标体系和通用特性指标体系要展开到每一个具体指标，不要有遗漏，以免影响对产品合格性的验收。

23.3.3　产品制造验收规范的内容结构设计

产品制造验收规范是产品制造和验收的依据标准，标准重点规定产品的验收性内容，同时规定了一些产品制造要重点控制的内容，是控制产品重要生产要素、保证产品生产质量的标准，属于保守性的产品规范。标准的内容结构主要为产品的结构、功能、性能指标体系，通用特性指标体系，外部交流关系，社会责任要求，制造要求，验收规则，试验方法，包装贮运等要求。产品制造验收规范的内容结构标题除制造要求外，几乎与产品性能规范是相同的，其相同标题部分的含义也是相同或相近的，此处不再重复说明。制造要求包括重点的材料、制造工艺等要求。这类产品标准结构关系比较复杂，内容的细致程度会比产品性能规范的还要细，细化的内容主要在产品的制造方面。

23.4　产品标准技术内容的研究

产品标准的技术内容主要涉及设计方法、结构功能和性能指标、通用特性指标、对外交流关系等。对于研制型的产品标准，这些内容是没有现成的成熟内容可直接采用的，需要通过对它们的研究分析和试验验证来获得。获得这些技术关系应采用科学的研究方法，抓住研究的要素。

23.4.1　设计方法的研究内容

对于产品设计手册、计算方法、设计准则等产品标准，通常是基于一定时期的设计方法和经验的积累，形成了一些有效的设计方法和设计经验，这些方法往往是一些专家个人的知识，为了使这些知识成为设计人员共享的可靠精华知识，需要将这些知识提升到标准的地位。这类标准的研制，是在这些知识有效经验基础上，对技术内容进行再分析、再研究，提炼精华性的内容，再通过试验验证，确定为标准内容。设计方法标准不能简单地采用汇总编制的模式来制定，而应采用研制模式来制定，因为很多设计方法是专家个人的知识经验，其正确性、有效性、可用性没有得到公共验证和确认。设计方法标准所要做的研制性工作主要为：①对设计的原则进行全面梳理分析，按原则的层次高低和重要性列出要素纲目，细化设计原则要求，并检查是否有重要的设计原则遗漏；②对计算公式进行推导，验证公式建立的正确性，代入数值验证公式计算结果的符合性，将常用的数值代入公式计算出常用数据表，以方便直接查用；③对于一个计算关系有多个计算方法时，通过分析和验证选择出满意的正确公式，可给出方法 1、方法 2 等多个计算方法，并说明各自的优缺点；④对于一些复杂的计算方法，可同时采用近似公式来简化计算，但要验证公式计算的正确性，还要给出计算结果的精度分析关系；⑤对于多种设计结构关系，要进行效果分析和验证，保留有价值的和有效的设计结构关系，剔除无效结构关系，并分别给出保留结构相关的能力参数和优缺点内容，保留的有效结构关系包括严格计算建立的结构关系和实践经验证明有效的非严格计算建立的结构关系；⑥数据表内容要逐项进行验算，以保证数据的可靠和正确；⑦在设计方法中，尽可能给出设计实例，一方面用以验证计算公式的正确性和数值的可运算性，另一方面对设计方法的应用起指导作用。

23.4.2 结构功能和性能指标的研究内容

研制型的产品规范，通常是先于或同步于产品的研制，因此产品规范的研制具有很强的标准技术内容的研究性。研制型产品规范主要的研制技术关系有产品的结构形式(或/和技术体制)、产品功能、产品性能指标体系，其中，结构形式(或/和技术体制)和性能指标是产品规范中最重要的技术内容之一，也是研制型产品规范研制的重点内容。研制型产品规范在结构功能和性能指标方面，所要做的研制性工作主要为：①研究确定产品的结构形式(或/和技术体制)，给出结构形式的约定内容，以规定有效的结构形式关系，如立式结构、卧式结构等，当产品标准的内容涉及技术体制的确定时，应研究给出产品科学、合理的结构技术体制、电力技术体制、通信技术体制、分布技术体制等；②研究产品的功能关系，给出产品具备的基本功能和扩展功能；③从产品使用定量性关系要求和产品验收内容的角度，系统性地研究提出产品的性能指标体系，性能指标体系中的指标应是与使用密切相关的性能指标，指标体系的指标包括指标的名称、内涵和表达单位等；④研究指标体系中每项指标满足基本使用要求的指标数值，研究指标数值实现的各种技术途径，分析各技术途径可能达到的最高指标，列出基本指标值和最高指标值的范围，分析指标数值实现的难度和经济成本，为产品规范指标的确定提供支持依据，提出的性能指标必须是可设计、可制造和可检测的，否则不应列入指标体系中；⑤研究每项指标的测试方法技术内容，用于检验指标量值的实现情况。

23.4.3　通用特性指标的研究内容

产品规范的通用特性指标是涉及产品可靠性、维修性、保障性、安全性、测试性、标准化、耐用性、适用性、稳定性、友好性、完好性等的质量指标和品质指标，是保证产品“稳定性”、“好用性”、“耐用性”的指标，是产品商品化的指标。产品的通用特性指标的指标种类有标准化、可靠性、维修性、保障性、安全性、测试性、电磁兼容性、环境适应性、人机工效、贮存寿命、使用寿命、友好性（外观、界面等）等。不是每种产品都需要以上全部的通用特性指标，有些产品仅需要以上部分指标。产品的通用特性指标尽管不直接用于解决使用问题，但它们是解决使用问题的保障性和支持性的指标，因此它们和性能指标同等重要。研制型产品规范在通用特性指标方面所要做的研制性工作主要为：①分别研究产品通用特性的设计要素；②分别研究产品通用特性的指标体系；③分别研究产品通用特性的指标数值及要求；④分别研究建立验证产品通用特性指标和要求的试验方法或/和加速试验方法；⑤从方便、时尚、喜好等方面研究设计产品外观形式、颜色、尺寸、重量、表面质感等关系，给出表达数值、要求和检验方法。

23.4.4　对外交流关系的研究内容

产品的对外交流关系是指产品的对外的可输入性、可输出性、可搬运性、可运输性、可再利用性、无危害性等，是产品广泛性使用、流通和与社会友好的社会性质，具有方便意义、节约意义、再利用意义、形象和声誉意义等。产品对外交流关系涉及的技术性关系主要是产品的输入和输出接口、产品尺寸、产品重量、产品功能的可分解性和通用性、产品材料对人和环境的无害性等。研制型产品规范在对外交流关系方面，所要做的研制性工作主要为：①研究产品输入和输出接口的技术关系，充分考虑接口的通用性，以保证产品补给性或能源性输入接口符合通用供给要求，输出的功能普遍可提供，并确定产品规范中的输入接口和输出接口的技术关系；②研究通用运输和搬运规定的产品尺寸和重量关系，确定合理的产品尺寸和重量关系，保证产品的可运输和可搬运；③研究产品拆分可单独利用的功能内容，建立产品组成功能可分解性和通用性的技术关系，使产品整体不使用时可拆分利用部分功能，如手机的充电器、电池等，提高产品的再利用性；④研究分析产品所用材料对人的健康和环境的危害可能性，采用无害材料；⑤研究产品的包装形式、材料、防护措施等，以保证产品搬运、运输、贮存的完好性等。产品的对外交流内容是产品广泛使用、流通、再利用、友好化的社会性内容。

23.5　产品标准内容的验证与权衡

开展了产品标准内容的总体设计和技术内容研究后，应根据产品标准的技术关系进行产品设计、加工、试验和使用效果考核，验证产品的结构关系是否合理、设计计算方法是否正确和足够精确、功能是否有效、性能指标是否能达到、通用特性指标是否能实现、对外交流关系是否符合要求等。通过设计、加工、试验等工作，验证的是标准内容的可实现性和有效性等。对于不能达到的指标和要求内容，可进行专门的技术攻关，如果专门技术攻关未能解决，且预测短期也不可能解决的问题，需要降低产品标准的要求和指标，将它们定位在可实现的水平上。对于验证有错误的内容，应对标准内容进行纠正。

产品标准的技术性指标和要求验证后，还应进行产品的先进性、可生产性、经济性、材料可供应性、社会危害性等分析，权衡产品先进性、可生产性、经济性、保障性、社会责任等关系，以综合最优来定位产品性能、制造方式和材料的选择。以优化的产品标准关系再进行产品的设计、制造、试验和使用效果考核，直到达到满意结果。满意结果的产品标准，将可制造出使用性能好、经济成本适宜、可广泛使用、安全可靠、使用保障方便、可生产性好、安全可靠、与社会友好的产品。

23.6　标准制定的程序性工作

研制型标准尽管大部分工作时间、精力和投资被放在技术内容的研究上，这些研究工作量可能占了标准整个研制工作的 80%以上，但也不能忽略标准制定的程序性工作，这部分的工作也是必需的。标准的研制也要按标准制定的程序进行，标准研制程序参见本书 22.3 节的程序执行，这些程序工作是保证标准必要性、相关方广泛参与性、程序正义性、标准内容有效性、可用性等的必备程序。产品标准的研制不但要深入、严谨地开展了技术内容的研究和验证，而且要严格、认真地履行标准制定程序要求的内容，这样才能研制出技术含量高、质量高、公认性高、使用效果好的标准。

参考文献

[1]　麦绿波.产品标准的研制方法[J].标准科学，2014，(5)：7-10.

第 24 章　接口标准的研制[1,2]

24.1　接口标准的特点

接口是功能单元间连接、组合、传递、交换等的中介或界面，是需要进行标准化的典型对象。它既是一个重复使用的对象，也是一个共同使用的对象，重复性在于：同一对接口往往需要反复进行“插拔”使用。共同性在于：一个“座口”往往要能接受许多“插头”的插入，或一个“插头”往往要能插到许多“座口”上。接口不统一，接口两边就无法实现连接，两边就不能形成结构的一体化或逻辑的一体化，或者不能实现物质、信息、能量的交换。接口标准的使命就是解决接口的统一化问题，解决接口的重复使用和共同使用的问题。接口标准在标准的属性上属于产品标准，但它又不同于产品规范类和品种系列类的产品标准。接口是单元体之间的共同界面，是联系界面两边单元完成特定的功能和性能的中介，不是独立使用的产品，是配合使用的产品。接口标准是标准化特征比较突出的标准类别，其标准化特征是通用化。

接口分内部接口和外部接口，内部接口是用于拆分产品组成关系的，便于产品分解设计、制造、维修和更换等，外部接口主要是用于产品输入输出功能和性能(含物理、信息、能量等)、获取能源补给(电、气、液等)、状态测试、扩展功能、结构结合等。内部接口至少要求具有互换性，通用性更好。外部接口既要求互换性，也要求通用性，要求具有重复使用和共同使用的特征。接口标准包括内部接口标准和外部接口标准。内部接口标准主要是支持产品批量化制造和装配的互换性。外部接口标准主要是保障产品与外部的关联能力，支持产品的模块化结构关系，使产品具有广泛的适用性、保障性和变形发展能力。

接口按连接对象的形态关系可分为硬接口、软接口、软硬结合接口。接口按技术专业可分为机械接口、电力/电气接口、信息接口、气体接口、液体接口、光学接口、声接口、化学接口、软件接口、人机接口等。接口按物质关系可分为物质接口、非物质接口。机械接口主要用于结构式连接；电力/电气接口主要用于强电器件间电压量、电流量、周期关系等的传递或导通；信息接口主要用于弱电器件间电压量、电流量、频率关系等的传递或导通，或电磁波特性的播发和接收；气体接口主要用于连通界面两端传输特定压力的气体介质；液体接口主要用于连通界面两端传输特定压力的液体介质；光学接口主要用于耦合输入或输出的光辐射；声接口主要用于会聚和导入声波；软件接口主要用于软件模块间功能的连接；人机接口主要用于建立人与机信息输入输出的相互适应、配合舒适、有效保障等的界面关系。接口都承担着对界面两端物理量、信息量、能量的传递或导通的功能。由于接口具有显著的专业技术属性，并具有连接的"严密性"或"密闭性"要求，所以接口标准的专业技术性强，技术含量高。通用性比较强的产品接口，其功能和性能与多种连接产品的功能和性能有密切的关系，它需要有对多技术的兼容性和适用性。一个广泛通用的接口，其研制难度和费用往往是非通用接口的几倍或十几倍，如研制手机通用电源接口的费用要比研制非通用接口的费用高很多。

由于接口标准研制难度大、费用高，接口标准的产生往往滞后于对其的需求。接口未标准化的问题，带来了产品使用的不方便和大量产品资源的浪费，如手机电源接口不通用问题等。接口标准的制定，将会提高产品的通用性，增强产品的普遍适用性，减少产品品种规格，形成产品的规模化生产关系。接口标准的研制，主要是研究五个方面的内容，一是接口的功能，二是接口的性能，三是接口的通用化，四是接口的可靠性等质量特性，五是接口的环境适应性等。接口标准研制的意义是：扩大产品的适用范围；增强社会公共资源的共享；避免接口不通用造成的资源浪费；使产品成果的组成部分能充分利用；为产品间的互操作性构建必要条件。

24.2 接口标准的内容结构

接口标准主要有两类，即单项接口标准和系统接口标准。单项接口标准是只规定一种接口的标准，无论它是机械接口、电力/电气接口、光学接口或信息接口等。单项接口标准的技术内容比较单一，注重接口的通用性关系。系统接口标准是规定一个产品系统的体系化的接口关系，分别由多种单接口的技术关系组成。系统接口标准比较复杂，会涉及许多不同专业的接口，标准要反映一种类别多接口共存的技术关系，或反映多种类别多接口共存的技术关系。系统接口标准的内容会涉及系统接口的布局关系、接口层次性、接口连接的流程等系统性关系，同时也要涉及每类接口的结构、功能、性能、质量特性等关系。

产品单项接口标准的全要素内容结构一般为范围、引用文件、术语、接口形式（或结构）、功能、性能、质量特性、环境适应性、测试方法、安装或连接要求等内容，但不是所有的产品接口标准的内容结构都必须具备以上全部内容结构，标准的内容结构也可以根据标准对象的实际情况进行剪裁。产品单项接口标准的内容结构要素、要素属性和内容要素要求如表 24-1 所示。

表 24-1　单项接口标准内容结构及要素关系

序号	单项接口标准的内容结构	要素属性	内容要素要求
1	范围	必备要素	列出标准标题结构构成的主题内容；给出接口标准的适用范围、标准的适用时机、参照使用的范围
2	引用文件	选择要素	列出标准文本中引用过的标准和文件
3	术语	选择要素	给出标准中有特定含义的或未定义过的术语
4	接口形式	必备要素	绘制接口的结构图或型式关系图
5	功能	必备要素	给出接口应具有的各项功能
6	性能	必备要素	规定接口的技术性能指标及性能要求
7	质量特性	选择要素	规定接口的可靠性、维修性、保障性、安全性、测试性、牢固性等质量特性要求
8	环境适应性	选择要素	规定接口适用高温、低温、湿度、振动、冲击等环境的要求
9	电磁兼容性	选择要素	规定接口电磁发射和敏感度特性的要求
10	测试方法	选择要素	规定接口功能、性能、质量特性、环境适应性、电磁兼容性等的测试方法
11	安装或连接要求	选择要素	给出安装方式、程序、工具等要求
12	根据需要增加	选择要素	通常增加一些规范性附录或资料性附录

产品系统接口标准的全要素内容结构一般为范围、引用文件、术语、分类、接口布局及连接关系、各类型接口的技术关系(即结构形式、功能、性能、质量特性、环境适应性、测试方法、安装或连接)等，但不是所有产品系统接口标准的内容结构都必须具备以上内容结构的，标准的内容结构也可以根据标准对象的实际情况进行剪裁。产品系统接口标准的内容结构要素、要素属性和内容要素要求如表 24-2 所示。

表 24-2　系统接口内容结构及要素关系

序号	系统接口标准的内容结构	要素属性	内容要素要求
1	范围	必备要素	列出标准标题结构构成的主题内容；给出接口标准的适用范围、标准的适用时机、参照使用的范围
2	引用文件	选择要素	列出标准文本中引用过的标准和文件
3	术语	选择要素	给出标准中有特定含义的或未定义过的术语
4	分类	必备要素	按接口的一种属性关系或多种属性关系给出接口分类关系
5	接口布局及连接关系	必备要素	绘制产品系统接口的分布关系、层次关系和连接方式图
6	A 接口的技术要求	必备要素	规定 A 接口的结构形式(绘制结构图)、功能、性能、质量特性、环境适应性、测试方法、安装或连接方式等要求内容(含定性要求和定量指标等内容)

续表

序号	系统接口标准的内容结构	要素属性	内容要素要求
7	B接口的技术要求	必备要素	规定B接口的结构形式(绘制结构图)、功能、性能、质量特性、环境适应性、测试方法、安装或连接方式等要求内容(含定性要求和定量指标等内容)
8	……	必备要素	……
9	……	必备要素	……
10	N接口的技术要求	必备要素	规定N接口的结构形式(绘制结构图)、功能、性能、质量特性、环境适应性、测试方法、安装或连接方式等要求内容(含定性要求和定量指标等内容)
11	根据需要增加	选择要素	通常增加一些规范性附录或资料性附录

产品接口标准的范围主要是规定两个方面的内容:一是规定标准的主题内容,即标准内容的组成要目;二是规定标准的适用范围,即标准适用的产品范围和标准可应用的用途范围。

产品接口的标准化期望是通用化,因此标准的研制要重视通用化关系的建立,使标准的技术内容具有普遍适用性。接口的通用性通常是在技术专业范畴内的通用性,当然,跨技术专业的通用性意义会更大。系统接口标准中的分类是按接口的技术专业属性进行的,如机械接口、电力/电气接口、信息接口等。当系统接口标准只有一种专业技术的多个不同接口时,接口分类可按功能或性能进行分类。

24.3　机械接口标准的研究要素

机械接口是一种结构连接关系的接口,其标准的内容要素主要是接口的结构形式、尺寸和性能要求等。标准规定的机械接口,应该是通用化程度高、可靠性高、连接方便和性能好的接口,不应该是不可拆卸或有损拆卸的固定接口,如焊接连接等接口。不可拆卸或有损拆卸的固定接口,不宜作为通用化的或对外交换关系的标准接口,但是可以作为产品系统的内部连接接口。常用的机械接口的结构形式有插拔接口、螺纹连接接口、法兰连接接口、沟槽连接接口、搭扣连接接口、螺栓连接接口等。机械接口标准研究的要素主要是接口应满足使用要求需达到的力学性能、通用性关系、质量特性、经济性、重量、体积等。力学性能是接口满足连接牢固、稳定、可靠等要求的性能,主要是通过连接的结构形式、结构材料来保证。接口的结构设计除了保证稳定性、可靠性外,还要考虑接口连接和拆分的方便性、无损性,尽量设计成非专业人员能不用工具或用简单工具能连接和拆分的结构形式。机械接口连接的松紧和可靠关系主要靠接口连接的结构形式、配合公差、材料弹性等因素来保证。接口的结构形式和材料主要保证接口连接的刚度和强度，公差保证接口连接的松紧程度。不打算拆卸的接口的公差一般用紧配合公差，很少拆卸的接口的公差一般用过渡配合公差，需要经常连接和拆卸的接口的公差一般用活动配合公差。机械接口规定的公差要能保证接口的互换性。

机械接口标准要根据接口的应用目的来研制。机械接口应用的目的主要有结构连接、电路连接、液路连接、汽路或气路连接等，电路、液路、汽路或气路等接口都需要结构接口部分。从接口连接的紧密性上可分为密封连接和非密封连接。密封连接主要是用于传输液体和气体的管路连接，非密封连接主要是结构连接、电路连接等，当然有用于特殊环境的机械和电路的接口也要求密封连接，以满足防水和防尘的要求。密封连接的接口结构形式主要是螺纹连接、法兰连接等，连接的密封性主要靠连接端面的平整和密封垫弹性力来保证。密封连接接口的性能主要是抵抗内部压力的泄漏能力或抵抗外部压力的渗入能力。电路连接的接口机械结构形式主要采用插拔连接形式，牢固要求的插拔连接形式周围配有螺栓紧固方式，重点是保证电路接触点的接触紧密性和持续性。接触紧密性和持续性主要靠材料的弹性压紧作用或螺钉旋制固定压紧。电路连接的接口结构性能既有机械性的力学特性要求，也有导电性的电学性能要求。机械对象连接的接口结构形式主要是插拔连接、螺纹连接、螺栓连接、搭扣连接等，连接的目的是形成连接件的刚性一体化或柔性(链条等)一体化，使结构件间能建立刚性组合或柔性组合。对于机械接口结构公差为动配合的构件，需要建立刚性紧配合关系的，可设计加入螺栓、键等非破坏元素，实现这些构件的刚性连接紧配合。机械体连接的性能主要是连接后的结构刚度、强度、牢固度、灵活度等。

24.4　电力/电气接口标准的研究要素

电力/电气接口主要是供电的电力设备接口和用电的电器设备接口。电力设备的接口主要是指发电设备和供电设备的接口，是关于电的产生、传输和转换等关系上供电设备间的接口，包括发电设备、变压器、各种电压等级的输电线路、互感器、接触器、用户端等的接口，属于强电接口，不包括发电用的锅炉、蒸汽机、汽轮机等的非电机械接口。电气接口是用电设备间的接口和用电设备与电力设备的接口，这些设备主要是用电力完成各种做功目的，如机床、电机、微波炉、洗衣机、空调等。电气接口主要是强电接口，也包括部分低电压电器的电接口。

电力/电气接口标准的研制内容包括接口的机械关系和电参数关系。

接口的机械部分是保证接口连接的结构牢固性和可靠性，接口的电参数部分是提供电的使用内容。对于电力设备接口的机械部分，从机械角度要考虑结构的刚度、强度、硬度等满足使用要求；结构的电性能要满足接触性好、绝缘性好，火线端和零线端有富余的抗电压击穿距离，电路连接端有承受最大电流负载的余量，接口要有散热或冷却的功能。接口规定的电性能参数应满足使用要求，如电压、相数、频率等。电力/电气接口标准研究的重点是：接口提供电性能参数的合理性；接口接收电性能参数的完整性和无损性；接口对人员和设备的安全性；接口的通用性和互换性；接口连接的防错性；接口产品的经济性；接口对气候和力学环境的适应性；接口的可测试性；接口维修的方便性等。电器接口标准研究的内容要求与电气设备接口的相同，因为它们是同一概念范畴的。

24.5 信息接口标准的研究要素

信息接口（或电子接口）是用于传递和交换电信号信息的接口，如计算机中的声卡、显卡、存储条、移动存储器、射频接收机等接口。信息接口有接触式接口和非接触式接口，即有有线信息接口和无线信息接口。信息接口的标准内容主要包含机械结构、电器结构、电功能性能、操作指令等。常见的接触式信息接口标准有RS232、RS422、RS423、RS485、USB等接口。

信息接口中，接触式接口的机械结构是为数据的电性能连接建立力学和电学的结构环境，保证结构间结合和支持电信号连接的稳固性和电参量传输的通道分布；非接触式接口的机械结构是信息接收和播发的天线，是电学结构环境。接触性信息接口的稳固性是通过机械结构力学性能实现的，如弹性、锁定装置等。机械结构的弹性是通过金属弹性实现的，机械结构连接锁定方式有通过螺栓锁紧机构、搭扣锁紧机构等实现的，螺栓锁紧是通过螺杆与螺母或螺孔将接口两边的结构固定在一起，搭扣锁紧是通过接口两边的“搭”与“扣”配合来扣紧固定的。信息接口的机械结构是接口连接通用化的要素和保证之一。研究信息接口标准的机械结构关系时，还有一项重要内容是接口的经济性，它涉及接口用料的经济性和接口材料类型的经济性，接口用料的经济性指材料的使用量，材料类型的经济性指材料的单价关系。对于一个接口，材料用料多一点，材料价格单价贵一点，并无大碍，当接口生产的数量为几万或几百万，甚至上千万的数量时，就能看出接口设计成本精细核算的意义。

接触式信息接口的电学结构包括连接的信号通道、电能通道等，它们为数据信号传递和电能传递建立了物理通道，并实现连接体双方电学关系结构上的结合，因此电学结构的尺寸和电信道必须设计为通用化的，如电信号通道和电能通道插针与插座的数量、直径（4针、5针、9针或25针等）、分布关系都应该是具有普遍适用性和长期不变性，能保证广泛连接的通用性和有效性。此外，信息接口的电器结构还要保证信息通道和供电通道对数据传递和供电的防错性，避免将连接接口设计为正反对称布局的结构形式，禁止错误连接实现的可能性。电学结构部分还要考虑电磁屏蔽问题，以保证接口不会成为电磁干扰的入口。接口中的电物理参量主要是规定信号信道及其电平、接地信道、电源通道及其电压、电流等，如 RS232 标准的信号电平＋3V～＋15V、－3V～－15V，电流环标准的信号电流 20mA、60mA，USB2.0 接口的电源输出电压为 5V，输出电流为 500mA 等。接口信号电平的定位，关系到信号抗干扰能力、保真性和耗电等关系，标准值应选择综合最佳值。

非接触式接口的物理结构是关系信息收发性能的结构，不是力学支撑性功能，是作为信息接口性能来设计的，主要是规定天线类型和性能、载波频率、调制方式、极化方式、工作带宽及带外抑制、接收信号电平等。

信息接口标准的功能和性能是信息接口研制的要素，包括接口的信号传输方式、工作方式、传输时序、传输性能、接口指令、时间特性、存储能力、接口的标准协议等。信号传输方式有串行方式和并行方式；串行传输效率低，但适合长距离传输；并行传输效率高，但长距离传输成本高和错误概率高。通信工作方式有单工、半双工、双工；单工通信线路成本低，但通信功能单一，只能单向通信；半双工通信能实现双向分时通信，但通信的两端都需具有发送和接收功能及收发切换机构；双工通信能实现双向同时通信，但通信需要两套线路，两端都要具有发送和接收功能。接口的信号传输时序有同步和异步；异步传输效率低，但传输的时间自由度大；同步传输效率高，但传输时间自由度小。接口的传输性能主要有传输速率、误码率、抗干扰性等，传输速率高、误码率低的传输性能需要设计高品质的接口总线来支持，抗干扰的接口需要进行电磁兼容性的设计。接口操作指令由接口指令集组成，这些指令能对接口总线的功能进行操作，因此指令要与总线的操作动作形成标准化关系，包括接收、发送、读、写、存、取、选道、搜索、查询、恢复、比较、复制、预约、擦除等，是信息接口操作标准化的关键。时间特性是接口响应时间、传输时间、处理时间、中断响应时间等的设计。接口存储能力是数据缓冲区、数据记录区等的设计。接口的标准协议是规定接口与其他接口进行信息交换的各种协议等。

标准中的接口通信模式，应根据通信的效率、距离、功能、成本等关系综合取优。对于传输信息量不大、传输效率要求不高、不需要同时收发和远距离的通信，适合采用串行、单工或半双工、异步的通信模式。对于传输信息量大、传输效率要求高、需要同时收发、近距离的通信，适合采用并行、双工、同步的通信模式。

信息接口标准可以含数据格式的内容，也可独立于数据格式的内容。接口如果是为了接收或发送某些特定的信息，信息接口标准应给出数据格式的内容。如果信息接口作为广泛的信息传输介质，可以不包括专门的数据格式内容，数据格式的内容单独制定标准。数据格式是信息传输和识别的标准化，主要是规定数据传输的字段结构关系、顺序、含义等。信息结构可以包含多个层次的信息结构关系，如数据链路层、传输层、应用层等。信息结构以帧为单位建立，帧的信息一般包括头信息、业务信息、校验信息等。头信息一般由标识、源地址、目标地址、层信息等组成；业务信息由信息长度、类型、业务数据等组成。信息格式在标准中可用信息结构图进行概括性表述，然后用表格对信息项逐个进行名称、信息类型、字节或字位占用数、进制关系、信息内容等的描述。信息的格式有字节数据流（二进制数据流）的格式和方便人工阅读的文本格式等。

24.6 光学接口标准的研究要素

光学接口是光学系统更换或切换、对接的连接口，如照相机接口、目镜接口、物镜接口、光缆接口等。光学接口的研究是基于保证光路传输要求的机械结构关系的研究，因此光学接口标准的研制首先是研究光学传输要求的关系，然后研究保证这种传输关系的机构结构内容。光学接口从光学角度方面，主要是保证光传输满足预定的要求。光学接口影响光传输的因素有光束通光比、成像视场、成像焦平面、光传输能量、光路耦合、光频率（光谱）选择等。如果光学接口没有仔细的设计，就会造成光束切割、视场遮挡、像面模糊、传输能量损失、光线溢出、频谱错乱等。为了避免以上问题，可靠的光学接口是通过设计光学关系和机械关系来保证的，机械关系是光学关系的支持因素。光束的通光比是由入瞳后的光阑大小和斜光束的角度大小决定的，光阑对光束切割越多、斜光束角度越大，光束的通光比就越小。光学接口结构关系的确定，要将接口两边的光学关系和结构关系结合在一起进行分析。视场主要是由光学系统的焦距和斜光束的通光比决定的，光学接口除了保证成像平面不变以外，还需要考虑光学系统的焦距和斜光束的通光比来保证视场的不变；在物像位置不变的情况下，光学系统的像方视场与像方放大倍数呈反比关系，视场大则放大倍数小，反之亦然；有时为获取大倍数的成像，以牺牲成像视场换成像放大倍数，如将照相机镜头换为长焦距镜头获取放大倍数，反之，以短焦距镜头的大视场换小倍数成像。保持成像光学系统的成像焦平面在接口变更时不变，是光学接口的一项重要要求，这个要求是使镜头上的距离刻度对应的成像面与机身固定感光像面相重合，否则，感光像面是模糊的。光学系统接口对光的传输能量的影响主要是来自光学系统接口对入射光束口径的切割和光传输衰减；光学接口减少对光传输能量影响的措施主要是：控制遮光和传输衰减，如光学接口的通光口径留有多余的口径面积，对光学零件镀制减反射膜能减少光能量的损失。光学接口的光路耦合主要是解决接口连接后，光输入的完整性和进入的光线不会溢出的问题；这种问题主要是考虑光入射的无遮挡和光线的入射角度不会使光线在传输过程中溢出（能形成传输波导）。光学系统接口连接的两边不是相同的光谱适应匹配关系时，就会造成光谱功能的失效，如红外光学镜头与可见光电荷耦合器件

(CCD)探测器对接,既无法获取可见光传输的信息,也无法获取红外辐射传输的信息,这就是光谱适应匹配带来的问题,因此接口设计时,要考虑接口两边光谱适应匹配的关系。

24.7　软件接口标准的研究要素

软件接口是软件程序之间的接口,它包括软件构件、配置项、系统各自间的接口和它们间交互的接口[3]。软件与软件间的接口称为应用程序接口(application programming interface,API),软件与用户的接口称为用户接口(user interface,UI),软件接口的内容是源代码。软件接口的标准化或通用化有利于软件的复用率、可维护性和可扩展性等,因此软件开发标准接口是软件广泛应用和充分利用的有效途径,研制软件接口标准是支持软件间互联互通互操作的重要手段。

软件接口标准研究的内容包括接口的需求分析、接口设计、接口测试、接口应用环境等内容。接口需求分析包括接口与各种接口的关系(软件间接口、与外部设备接口、人机接口等)、接口功能和性能、接口标准或约定、接口数据需求、接口质量保证等。在接口需求分析的内容中,接口关系可用框图或结构图的方式规划和关联,并用表格列出各接口的名称、标识、类别、基本功能、接口硬件环境、特征等。接口设计可按概要设计和详细设计分步进行,也可合并进行,一般按自上而下的关系进行设计。接口设计的基本内容为接口标识、接口的地位和作用、接口相互关系、接口功能定义、接口规格和技术要求、接口数据特性、接口资源要求、接口程序的数据处理要求、接口特殊设计、接口编程要求等。接口测试是在完成软件接口设计后,按标准进行接口软件的测评,程序语句测试的覆盖率应达到100%。软件接口的应用环境主要是研究软件使用平台环境,使用环境的选择要考虑软件接口使用的普遍性。软件接口标准有一项重要的内容是规定操作软件的格式化函数语句,函数语句的规定要素为语法、参数、返回值、功能、用法、差错诊断信息等,函数语句的标准化是软件接口标准化的重要内容。软件接口标准研制的过程就是用标准研制程序对目标软件接口研制和验证的过程。

24.8　接口标准的一般要求

要研制软件接口标准,还要考虑软件接口的一些性能特征:软件接口是紧耦合还是松耦合,紧耦合要求接口响应反应快,消息不能阻塞,松耦合对接口响应要求比较低;软件接口是同步调用还是异步调用,同步调用为接口发出请求消息后必须等待服务端系统的应答消息,不能做其他事(同步调用简单,但容易阻塞,造成消息积压),异步调用为接口发出请求消息后能做其他处理,定时询问服务端。

产品接口标准是产品标准中标准化特征最突出的标准之一，接口通用性好，产品广泛应用的可能性就大，有利于产品的市场推广和受到用户的欢迎。产品接口的通用性，还将会提高产品附件或组部件再利用的机会(如手机充电器)，避免产品附件和组部件的浪费，节约社会的生产资源和个人的费用。接口标准的制定，是一项重要的技术利益内容，既是产品用户的个人利益，也是一个社会的公共利益。

接口标准的技术涉及多个技术专业，不同专业的接口对技术要求的内容是不一样的，而机械接口是一种普遍存在的接口形式，除纯软件接口外，几乎每一种技术专业的接口都离不开机械接口，它是接口的外在结构形式，也是接口的可见形式，接口的内在关系由相应专业(如电力、电子、光学、软件等专业)的技术特性所决定。接口标准研制是接口外在结构形式和内在技术特性的标准化研究。

参 考 文 献

[1]　麦绿波. 产品接口类标准的研制方法(上)[J]. 标准科学，2014，(4)：6-9.
[2]　麦绿波. 产品接口类标准的研制方法(下)[J]. 标准科学，2014，(5)：19-22.
[3]　国防科学技术工业委员会. 军用软件接口设计要求[S]. GJB 2041—1994. 北京：国防科学技术工业委员会军用标准发行部，1994.

第 25 章　试验方法标准的研制

25.1　测试类标准的特点

“测试类”方法是一个与“测”和“试”方法有关的广义的方法概念，包括实验方法、试验方法、测试方法、检验方法、检测方法、测量方法、测定方法等方法[1]，是为包容“测”和“试”相关的各类概念而构建的广义概念。这些方法的名称不同时，含义是不同的[1]。测试类标准是技术性标准，每个测试类标准都有相应的测试类技术作为支撑。测试类标准的建立主要靠研究测试类技术来完成，除非是采用、转化或升级现行的测试类标准或方法，如采用测试类国际标准、国外先进标准等，或将测试类行业标准升级为国家标准等。测试类标准与测试类方法具有不同的选择原则，它们的区别在于：测试类方法以追求测试的准确性为目的，而测试类标准不只要求测试的准确性，还要求标准的方法具有经济性和普遍可推广使用性等。测试类标准追求的是准确性、经济性、可推广性的综合最佳，可能会在准确性上做出一定的让步。测试类标准的最佳选择往往是基于对多种可能的测试方法技术途径进行对比和分析。标准的方法是多技术途径方法的精心选择结果。测试类标准在标准制定领域里具有相当重要的地位，在各级标准的制定中，测试类标准占有相当的数量比例，如国际标准中大部分是测试类标准。研究测试类标准的研制方法，对加强标准研制具有重要意义。

测试类标准是验证产品设计和/或制造结果的标准，以及分析物质成分或特性的标准，因此正确性、精确性、经济性和可广泛使用性是测试类标准非常重要的特性。测试类标准要具有以上特性，需通过深入研究测试类标准的相关要素内容，正确定位这些相关要素内容，才能保证测试结果的可靠和可信任。测试类标准要研究的相关要素内容主要有标准的名称、方法的内容结构、测试原理、设备仪器、测试条件、试样及其制备、测试程序、结果处理及不确定度分析等，这些内容技术研究的有效成果就是标准的内容，因此，研究测试标准就是研究其相关技术的有效性和合理性。研制并建立测试类标准，要保证方法的科学性和可比对性。科学性体现的是标准方法是在科学理论指导下建立的客观性方法，不是主观目的驱使建立的方法。可比对性体现两个含义：一是不同人在用不同设备采用相同标准方法测试的结果是一致的或是差别是在可接受范围内的，即同方法的可比对性；二是标准方法测试的结果与用同类可信任的其他测试方法测试的结果相比是一致的或是差别是在可接受范围内的，即不同方法的可比对性。

测试类标准研制的绝大部分工作量是用于测试类方法技术的研究上，标准撰写的文字性工作只占极少的部分，比产品标准研制的文字工作量要少，因为测试类标准各章下的文字与产品标准的相比本来就比较少。尽管测试类标准研制的技术性研究工作是标准制定的主要工作，但标准制定的程序性工作[2]也是要全面去完成的，以保证标准研制成果的有效性、公认性和可实施性。标准研究的全面性程序内容这里不再赘述，有兴趣的读者可见相关论文[2]。

25.2 标准名称和内容结构的确定

测试类标准建立时，首先要给出确切的标准名称，否则就会误导标准的用户用错了标准，或误导标准研制者写错了标准的方向和内容，例如，将实验方法误定名为试验方法，两个方法的针对对象是不同的。各种测试目的和各种测试对象相应的测试类方法的名称可参考 25.12 节的内容。实验方法标准主要用于证实客观存在的规律或现象，包括已公认的和假设的理论和现象。试验方法标准用于对产品设计制造的性能结果进行摸底或考核，验证设计、制造产品或物品是否达到了设计、制造的性能和要求(含数值性和非数值性的内容)。测试方法标准是用于测得被测对象的性能数值关系，不包括非数值性的内容，且对被测对象的测试值可能有或没有预知背景。测量方法标准有两个方面的应用：一是对物理、化学、生物等自然科学的和应用技术方面的传递量的测量；二是对测量值没有预知背景的量测量。测量包括有量纲的量和无量纲的量。测定方法标准是通过测量数值，给出裁定的数值，被测对象可以是科学的和应用技术的，量值包括有量纲量的和无量纲量的，测定的内容通常是固定的或不易调整的，如物质的组分含量测定、物质酸碱度测定等，为获得物理、化学的定性方面的内容，不应称为测定，应称为“分析”，如某物质的组成成分分析。检验方法标准是验证或查看预定的生产制造关系是否实现，检验的内容包括数值的和非数值的，被检对象主要是产品，而且主要是生产过程的产品。检测方法标准是验证预定指标和特征或查看已知指标和特征的，有两方面的内涵，一是检验测定，对检验中涉及的量值关系进行测试确定，二是对提交使用中的产品，为验证性能状况进行的检查测试[1]。测试类标准在确定方法名称时，应对测试目的、测试对象、测试内容等方面进行分析，并参照以上关系确定。

测试类标准的内容结构主要包括标准的范围、测试(或试验、检测、实验等)原理、测试条件、试剂及材料、设备/仪器/装置、试样及其制备、测试程序、结果处理、不确定度分析、试验报告等。测试类标准的方法在内容结构上有很多共同之处，因此，以上内容结构对测试类标准具有通用性。对于某一项具体的测试类标准，以上标准的内容结构并不要求都要全部具备，可根据具体标准的情况进行选用剪裁。

标准的范围主要规定标准的主题内容和适用范围，主题内容给出标准的内容结构关系，适用范围给出适用的测试对象类型、测试技术参数的范围极限等和参照使用的对象类型。对于具有危险或有危害因素的测试方法，要在相关的标题名称后或内容一开始前标识危险或危害警告内容，如在标题名称“材料”后或“试剂”后或“测试程序”后，第一段内容叙述前进行标识。测试类标准内容结构中的原理、测试条件、试剂和材料、设备/仪器/装置、试样及其制备、测试程序、结果处理、不确定度分析是测试类标准的重要研究性内容，下面分别详细论述它们的研究要素及方法。

25.3　测试原理的研究与选择

测试原理是测试方法标准的技术方向定位，是测试方法标准建立的根据，是决定测试方法标准是否成功的关键因素，因此测试原理需要有多种测试原理方案进行比较分析，选择综合最佳的原理作为测试标准的原理。测试原理按测试结果的获得途径，可分为直接测试、间接测试、仿真测试等。测试原理按测试的环境状况，可分为实况测试、模拟测试、半实物仿真测试、仿真测试等。测试标准的测试原理选择应基于与实际的符合性好、测试结果的重复性和复现性好、具有仲裁性的地位、经济性好、测试关系简单等。在测试原理选择的优先顺序方面：在建立标准的各项要素相等的情况下，测试结果获得原理选择的优先顺序为直接测试、间接测试、仿真测试等，这一优先顺序是保证测试结果接近真实结果的优先顺序；在建立标准的各项要素相等的情况下，测试环境状况原理选择的优先顺序为实况测试、模拟测试、半实物仿真测试、仿真测试等，这一优先顺序也是保证测试结果符合真实结果的优先顺序。测试结果接近真实结果是测试追求的目标。当按照以上优先顺序选择靠前顺序的测试原理，将会带来很高的测试成本和非常复杂测试关系时，就需要降序选择测试成本低、测试关系简单的原理。当直接测试原理成本高和复杂度高时，选择间接测试原理替代直接测试原理也许可以降低成本和复杂性，但要注意采用间接测试原理时，可能带来测试准确度降低的风险和获得假结果的漏洞风险，如测蛋白质含量以测含氮量代替，可能含氮量反映的不是蛋白质量，而是三聚氰胺量。有些试验，选择实况环境成本会很高、时间会很长，采用模拟原理将显著降低成本和节省大量时间。例如，产品的高低温环境适应性试验采取实况试验，就要等待高温和低温季节的到来，将产品运输到接近赤道的高温地区和接近北极的低温地区，在这些极端温度存在的地区进行试验，这将会带来很高的试验产品的运输成本和很长的试验时机等待成本，而采用高温和低温模拟试验箱进行高低温试验，可避免季节等待时间和运输成本，随时可进行试验，试验的实施既方便快捷，也节省费用。

测试原理除了进行以上测试结果获得途径和环境状况的原理方案选择研究

外，还要重视测试技术原理的比较研究和测试原理技术内容的研究。测试技术原理的比较研究是要对测试可能采用的技术原理方案进行研究，如光学镜头焦距测试的放大率原理与准直原理等的比较。测试原理技术内容主要是研究测试原理图、原理理论关系、原理计算公式、测试分辨能力、测试的极限范围等。研究测试原理技术内容要绘制详细的原理图，图的内容要全面、详细、准确，以为测试的设备仪器、测试条件、试样、测试程序的确定提供全面的要素。测试原理的理论关系要进行涉及的物理、化学、生物、数学等的深入分析，以对原理获得深刻的学术认识。测试方法所用公式要进行从头推导，列出推导过程，以保证测试计算公式准确无误。有些测试标准未认真做公式的验算工作，标准中给出的计算公式是有明显误差的，甚至是错误的。对于测试原理的分辨力和范围极限，要针对所用设备仪器的技术状况进行计算和分析，并在标准的测试适用范围中明确表述。

25.4 测试条件的确定

测试条件是测试的环境条件，通常是测试环境的温度、湿度、振动等条件，它们可能对测试的设备/仪器/装置的精度产生影响，对试样的测试结果也会带来影响，因此研究和确定测试条件对保证测试的准确性、重复性和复现性是至关重要的。测试环境条件值的波动，是测试重复性不好的主要影响因素。对于精密性的测试，测试条件影响的因素主要有温度(高温、低温等)、湿度、振动、冲击、洁净度、亮度、气流、电磁干扰等。测试条件的确定，主要是通过对同一测试对象，分别寻找影响测试重复性和复现性的条件因素。测试条件因素影响的分析研究方法是：选择一个条件因素，初步给出一个条件因素的量值步长，按条件量值步长增加或减少，分别测试在各条件下量值的结果，记录条件量值增加和减少的测试结果。把所有可能影响测试的条件因素施加和测试后，分析影响测试结果的敏感条件，对敏感的测试条件再进行细致测试和分析，确定测试条件的可靠量值关系。例如，探索温度对测试的影响，给出温度增减步长为 2℃，从 20℃开始，按增加温度步长和减少温度步长分别测出一系列测试结果，并记录相应的条件温度值，分析测试结果的差异，如果一个步长就带来明显差异，就要减小温度步长，再进行测试，直至找到不敏感的步长，确定可接受的测试精度的温度控制范围。测试条件是通过对条件因素的敏感度进行测试分析获得的，是测试方法的重要研究内容之一。

25.5 试剂和材料的确定

对于有些测试方法，试剂和材料是测试实现必不可少的要素，如化学成分含量的测试需要相关的试剂，用于对测试对象进行分解、化合和滴定等。有些化学测试如果没有辅助的试剂,测试对象就无法分解或提取出来。试剂选择时,要选择提纯度高的试剂,且尽量避免采用有毒性试剂。对于有些光学测试,需要有测试的辅助材料,例如,用折射率液体填补光学材料间的空气间隙,以避免表面形状不规则带来的误差。试剂和材料的选择,通常要求具有稳定性、纯度高、兼容性、无害性、成本低等特性。测试标准采用的试剂和材料,应该从有标准规定的试剂和材料中选择,选择的试剂和材料的等级应符合测试的准确性要求。试剂和材料不仅要给出相应标准的名称,还要有相应标准的编号和试剂及材料在标准中的等级关系。

25.6　设备/仪器/装置的确定

测试的设备/仪器/装置("/"代表"和"或者"或")是测试实施和测试准确性保证的关键内容。测试设备/仪器/装置是根据测试原理研制或搭建的,它们不仅是测试原理的实现手段,也是测试准确性的保证要素。测试设备/仪器/装置的构建要考虑测试稳定性好、准确性高、自动化程度高(尽量避免人工环节)、重复性好、适用范围广、测试效率高等要求。研究选择测试设备/仪器/装置主要有两种路径:一是利用现有的设备/仪器/装置商品,搭建符合测试原理的标准测试系统;二是全新研制符合测试原理关系和测试准确度要求的设备/仪器/装置。测试设备/仪器/装置搭建或研制后,要按测试原理进行测试验证,根据验证结果对测试设备/仪器/装置进行完善性修改和调整,直到满足预定的测试要求。测试设备/仪器/装置搭建或研制后,为了保证测试设备/仪器/装置的使用准确性,应根据它们保证准确性的具体情况,确定测试设备/仪器/装置的检定周期,以使测试设备/仪器/装置在准确性保证期内使用。

测试设备/仪器/装置的搭建或研制,要进行成本与准确性和自动化程度的综合权衡,使其成为成本可接受、准确性高、操作性好的标准测试设备/仪器/装置。如果测试系统的成本太高,就无法作为标准的测试设备/仪器/装置广泛推广应用。测试系统的准确性不高,也不适合作为标准的测试设备/仪器/装置。测试系统操作太复杂和不稳定,也不适合作为标准测试设备/仪器/装置。测试系统的自动化有利于减少测试主观性影响和提高测试效率,测试设备/仪器/装置在成本可接受时,应充分考虑建立高自动化程度的测试设备/仪器/装置。

测试设备/仪器/装置相关的另一个内容是标准物质和标样,它们主要用于校正测试设备/仪器/装置,或用于修正测试参数或用于测试校正的标准物质或标样的内容可放在测试设备仪器/装置章节里,也可以单独到章节。标准物质和标样必须是经过鉴定的,并是建立了标准的,方能用于标准中,以保证它们使用的有效性、可靠性和公认性。

25.7　试样及其制备

有些测试的试样的表面状况、形状等会影响测试的准确性，为了获得准确测试的结果，需要对试样提出专门的要求，并对试样进行专门加工或制备。对于测试的试样，要根据测试原理，研究试样在形状、表面质量等方面对测试准确性影响的因素。例如，用干涉法测量光学材料均匀性，测试试样的表面面形差和厚度都会影响测试的准确性，试样表面面形差大将会增加波像差，试样厚度太薄的试样容易变形，增加变形应力带来的不均匀性，同时缩小测试的数值倍数，降低测试准确性。对于有些测试，为反映测试对象的整体关系，应研究确定试样的抽样方案，以保证测试的试样能反映产品批次的质量一致性关系。试样的抽样及其制备要求的研究是试样及其制备研究的主要内容。

25.8　测试程序的建立

测试程序的内容是保证测试准确、可重复性(相同测试环境的一致性)、可复现性(不同测试环境的一致性)、稳定性的测试步骤，这些步骤通过原理分析和大量测试实践提炼出来，再经过测试操作检验确定的，是测试方法标准的核心内容。测试程序研究建立的过程是：

(1) 按照测试原理提炼出测试的初步步骤；

(2) 通过测试操作对初步测试步骤进行补充完善，建立操作测试步骤；

(3) 按操作测试步骤进行测试，重点寻找对测试影响敏感的操作环节，对这些环节给出保证测试准确性的操作步骤和控制或约束要素，建立标准的测试程序；

(4) 由不同的人，在测试条件、试剂/材料、设备/仪器/装置、试样等相同情况下，用同一测试程序进行测试，检验测试结果的一致性，根据问题修改测试程序；

(5) 由不同的人和不同的测试设备/仪器/装置(测试设备/仪器/装置的原理相同)，在测试条件、试剂/材料、试样等相同情况下，用同一测试程序进行测试，检验测试结果的一致性，根据问题修改测试程序；

(6) 经过广泛的各种验证，直到获得满意测试结果的程序。

影响测试结果的敏感因素一般有：样品保温时间、环境气流稳定性、样品放置位置、移动机构调整空回、线对准、平行性、垂直性、均匀性等因素。测试程序还应根据测试结果不确定度的要求，在测试程序中给出测试的次数。为了消除测试的系统误差，测试步骤中可能还要考虑空白测试、用标准物质校准设备/仪器/装置，或用标样测试等环节，通过这些测试来校准测试的设备/仪器/装置，或校准测试结果，以获得准确测试结果。

25.9　测试结果处理的方法

测试结果处理的方法主要是研究三个方面的内容:一是研究建立测试结果处理的计算关系,主要是根据测试原理建立数学符号表达的计算公式,说明公式中数学符号相应的含义,并给出数学符号相应的单位;二是确定测试数据有效位数,测试的中间数据位数可比技术要求量值的有效位数多一位数,结果应按《数值修约规则与极限数值的表示和判定》(GB/T 8170—2008),给出数值修约规则,将结果修约为与技术要求量值有效位数相同的位数;三是给出多次测试的平均数计算关系及其数值处理,平均数计算要建立剔除测试量值偏离大的数值(粗大测试值)的条件关系,以保证获得可信的平均值;要建立不正常过偏离测试值的重测或剔除的条件,通常规定测量值与平均值的偏差值和它们的算数平均值的比不应大于某个百分数,如不大于 5%等,给出不正常过偏离的限定量值。

25.10　测量不确定度分析方法

测量不确定度的分析是数学和计量专业知识性比较强的工作,需要进行专门的知识准备,否则测量结果的不确定度分析难以开展。测量结果的不确定度是测量结果的散布性表征和测量质量的表征,它使测量结果具有完整性和意义。测量不确定度分析主要是对测量值进行 A 类不确定度分析和 B 类不确定度分析。A 类不确定度分析是用统计方法进行的不确定度分析和计算的不确定度分量。A 类不确定度只用于对具体测量数据不确定度的评定。B 类不确定度是用其他方法计算的不确定度,是测量的固定关系带来的不确定度,如测量仪器、标准物质及标样、样品等。

测量不确定度的来源主要有被测量对象定义的不完整或者不完善、测量方法不够理想、被测量的样本可能不完全代表所定义的被测量对象、环境条件测量不完善、模拟式仪表读数存在人为偏差、测量标准和标准物质给定值具有不确定度、使用的常数值或其他参数值也存在不确定度、对被测量重复观测时存在随机影响等。测量不确定度的分析主要是围绕以上来源关系进行逐一分析,找出统计计算的和非统计计算的不确定因素。

A 类不确定度的评定,主要用实验标准偏差来评定(简称标准差)。n 次测量的某个单一测量量 x_k 的标准差为

$$s(x_k)=\sqrt{\frac{\sum_{i=1}^{n}(x_i-\bar{x})^2}{n-1}} \tag{25-1}$$

式中，$s(x_k)$为测得值 x_k 的标准差；x_i 第 i 次测量的测得值；$\bar{x}$ 为 n 次测量值的算术平均值；n 为测量的次数。

标准差是测量值对平均值在一特定概率下的散布范围，如在概率 68.26%、95%、99%下的测量值散布范围。

n 次测量的算术平均值 $\bar{x}$ 的标准差 $s(\bar{x})$，或标准不确定度 $u(x)$为

$$u(x)=s(\bar{x})=\frac{s(x_k)}{\sqrt{n}} \tag{25-2}$$

B 类不确定度的评定，对设备/仪器/装置的标准不确定度计算为

$$u(x_i)=\frac{U(x_i)}{k} \tag{25-3}$$

式中，$u(x_i)$为设备/仪器/装置标定的标准不确定度；$U(x_i)$为设备/仪器/装置标定的扩展不确定度；k 为测量值分布的包含因子。

不同的测量值分布有不同的包含因子 k，测量值的常见分布与包含因子的对应关系如表 25-1 所示。被测量方法受许多随机影响量的影响，当它们各自的效应为同等量级时，不论各影响量的概率分布是何种形式，被测量的随机变化都近似正态分布。如果有证书或报告给出的不确定度是具有包含概率为 0.95、0.99 的扩展不确定度 Up(即给出 U95、U99)，此时除非另有说明，可按正态分布来评定。若被测量值落在该区间中心的可能性最大，则假设其为三角分布。已知被测量的分布是两个不同大小的均匀分布合成时，则可假设其为梯形分布。当利用有关信息或经验估计出被测量可能值区间的上限和下限，其值在区间外的可能几乎为零时，若被测量值落在该区间内的任意值处的可能性相同，则可假设为均匀分布(或称矩形分布、等概率分布)。对被测量的可能值落在区间内的情况缺乏了解时，一般假设为均匀分布。若落在该区间中心的可能性最小，而落在该区间上限和下限的可能性最大，则可假设为反正弦分布。测量结果只有两种可能值，则可假设为两点分布。实际工作中，可依据同行专家的研究结果或经验来假设概率分布。[3]

表 25-1　测量值分布与包含因子的对应关系

分布类型	正态	三角	梯形 $\beta=0.71$	矩形(均匀)	反正弦	两点
k	3	$\sqrt{6}$	2	$\sqrt{3}$	$\sqrt{2}$	1

测量结果的不确定度，通常是多个不确定度分量合成，这些合成分量包括 A 类不确定度分量和 B 类不确定度分量。A 类不确定度分量主要来自测量量的数量，如 3 个测量量就有 3 个 A 类不确定度分量。B 类不确定度分量主要来自测量设备/仪器/装置、标准物质、标样等在检定书上给出的扩展不确定度。测量合成不确定度的计算首先是找出与测量不确定度相关的 N 个 A 类不确定度和 B 类不确

定度因素 $X_1, X_2, \cdots, X_N$，建立由 $X_1, X_2, \cdots, X_N$ 测量不确定度因素决定的函数 y，如式(25-4)所示：

$$y = f(x_1, x_2, \cdots, x_N) \tag{25-4}$$

分别评定 A 类不确定度分量和 B 类不确定度分量各个输入量估计值 x_i 的标准不确定度 $u(x_i)$，两个变量间的协方差 $u(x_i, x_j)$。

合成的标准不确定度为

$$u_c(y) = \sqrt{\left[\frac{\partial f}{\partial x_i}\right]^2 u^2(x_i) + 2\sum_{i=1}^{N-1}\sum_{j=i+1}^{N}\frac{\partial f}{\partial x_i}\frac{\partial f}{\partial x_j} r(x_i, x_j) u(x_i) u(x_j)} \tag{25-5}$$

式中，$u_c(y)$ 为合成标准不确定度；y 为被测量 Y 的估计值，又称输出量的估计值；x_i 为输入量 X_i 的估计值，又称第 i 个输入量的估计值；$\frac{\partial f}{\partial x_i}$ 为被测量 Y 与有关的输入量 X_i 之间的函数对于输入量 x_i 的偏导数，称为灵敏系数；$u(x_i)$ 为输入量 x_i 的标准不确定度；$r(x_i, x_j)$ 为输入量 x_i 与 x_j 的相关系数，$r(x_i, x_j) u(x_i) u(x_j) = u(x_i, x_j)$，$u(x_i, x_j)$ 为输入量 x_i 与 x_j 的协方差。

式(25-5)称为不确定度的传播律，是合成不确定度的通用公式，适合输入量间相关和不相关的情况。当各输入量间均不相关时，相关系数为零，估计值 y 的合成标准不确定度为

$$u_c(y) = \sqrt{\left[\frac{\partial f}{\partial x_i}\right]^2 u^2(x_i)} \tag{25-6}$$

在算出合成标准不确定度后，应计算扩展不确定度。扩展不确定度由合成标准不确定度乘以分量合成分布的包含因子获得，见式(25-7)：

$$U_c(y) = u_c(y) k \tag{25-7}$$

k 值是由各输入分量合成的分布决定的。当合成关系由相同分布的分量合成时，合成的分布比较容易确定。当合成关系由不同分布的分量合成时，合成的分布就比较难确定。对于正态分布，k 值可取 3。在合成的分布关系不好确定时，k 值一般可按平均分布取 $\sqrt{3}$。根据 k 值，给出合成不确定度的置信水平。对于正态分布，k 值对应的置信水平如表 25-2 所示。[3]

表 25-2　k 值对应的置信水平关系

p	50%	68.27%	90%	95%	95.45%	99%	99.73%
k	0.67	1	1.645	1.96	2	2.576	3

测量不确定度的分析，要注意分析对测量结果影响大的不确定度因素，可采取必要的措施减小其影响。分析测量的不确定度关系力求不遗漏和不重复。

25.11 测试类标准的成果要求

测试类方法制定为标准，就是要取得测试的基准地位，标准方法作为基准方法应具有唯一性和仲裁性的地位。因为测试方法标准的用途不同，所以对准确度的要求也不同。例如，作为计量基准的测量方法标准会要求具有很高的准确度，以作为基准向下传递，这时可能会不惜高额的成本和不顾测试的复杂难度。而用于测试商品或批量产品性能的测试标准，在测试成本上是要讲经济性的，测试的复杂程度要求也不能太高，测试时间也不能太长，以便能普遍推广使用。所以，测试方法标准的唯一性和仲裁地位是有等级关系的，不是单一的。对于高准确度的测试方法标准，标准的研制是一个纯科学性的研究内容。对于用于商品检验和产品验证的测试方法标准，标准的研制既是技术性的，也是社会性的，技术性方面要考虑测试标准的准确性，社会性方面要考虑测试标准的经济可接受性和可推广性。

25.12 测试类概念的标准化

25.12.1 测试类概念问题的提出和解决方案设计

当要制定一项和“测”与“试”方面有关的方法标准时，会想到一系列相关的名称，如试验方法、实验方法、测试方法、测定方法、测量方法、检测方法、检验方法、检查方法、检定方法、校准方法等。这么多相近的概念，使我们很难马上做出正确的名称区别和选择。即使是认真思考后，也很难做出关系相近名称间的区别。同样，在与“测”和“试”概念相关的“实验室”、“试验室”、“测试室”等命名时，也存在如何正确地给出其名称的问题。由于这些概念相近，经常容易混淆，可能会带来误解，影响“测”和“试”概念的正确应用。一项标准名称不确切将会使标准内容定位偏离和误导使用。

这些概念难以区分的原因是它们的概念间存在相互嵌套关系。对这些概念缺乏深入研究，很难找出它们间区别的细微关系。如果只依靠词典的解释或术语标准的定义，细微区别的问题是无法解决的。概念和术语的定义往往只给出了相应概念的 2～3 个特点，只能用于了解这些概念的基本含义，不足以用来对这些概念进行清晰的区分，因为相近名词的这 2～3 个特点是会完全相同的。区分相近概念的表述通常要比了解概念含义的表述复杂得多，这样才有足够的特点维度来作出它们的细微区别。

要想把这些概念说清楚和用正确，首先要设计出细分概念内涵的要素维度，然后对每一概念按这些维度要素分别进行概念特点的表述，再给出这些概念应用的关系。为此，作者将概念内涵细分表述的要素设计为 10 个维度：①概念基本表述，即名词的基本概念表述,或词典中对名词的解释;②目的,即实施名词概念活动的目的;③对象,即名词概念活动针对的对象;④内容,即名词概念应用的内容范畴;⑤手段,即名词概念应用的主要手段;⑥学科,即名词概念应用的学科;⑦精度,即名词概念的活动或行为的精度要求;⑧结论,即名词概念应用得出的结论类型;⑨应用范围,即名词概念应用的范围和活动类型;⑩相近关系,即列举相近的名词。

"测"与"试"是在标准中广泛应用的名词和概念,对它们进行以上十个要素维度的研究论述,可以厘清它们之间细微的差异,以便今后能正确地使用,实现"测"与"试"类名词和概念应用的标准化。使这些名词和概念标准化,是解决标准自身标准化的问题。

25.12.2　实验概念的内涵

实验的概念是对科学理论或假设进行验证的操作或活动[4]。做实验的目的主要是为了证实客观存在的规律或现象,包括已公认的与假设的理论和现象。实验的对象是自然科学的物理、化学、生物等客观规律和现象,不是科学应用技术的关系,如磁铁的极性同性相斥、异性相吸演示是实验,而电磁铁吊盘的吸力大小测试不是实验,它是磁力设计大小的验证,是试验。实验的内容主要是科学理论表述的现象和量的关系,因此实验的现象和量值关系在实验前是已知的,如反作用力等于作用力在实验前已知这个关系,实验只是实际演示和验证规律的存在。实验的手段主要是实验的环境、条件、设备、仪器、装置、器皿、方法等,手段要能演示现象和测量有关量。实验的有些条件是依赖自然的,如要证实太阳光由多色光谱组成,就需要在天晴有太阳的时候。实验所针对的学科是科学学科,既包括自然科学(物理、化学、生物等),也包括社会科学(人口理论等)。教学实验是为证实理论或现象的存在,不需要过分追求精确性,只要让人信服即可;科学研究与发现的实验要求高的精度。教学实验的结论类型是对已给的验证关系给出符合或不符合的结论,数值和相应的不确定度不是重点关注的内容;科学研究和发现的实验需要给出数值和精度关系。实验应用的范围主要有:一是为证实已经发现的客观现象,如光的折射现象,导体切割磁力线的运动会产生电动势;二是对理论推断存在的某些现象,通过实验证实推论的正确性,以获得新的发现,如粒子对撞机的实验就是为了证实假设的新粒子存在;三是通过实验演示科学原理、定律的现象等,以学习科学的理论,如杠杆定律等。与实验相近的概念是试验,但两者是不等价的,下面论述试验的概念内涵。实验室一般建在学校和科学研究单位,实验方法通常不制定标准,主要是写在教材中,通常不是一个需要严格统一方法的问题。

25.12.3　试验概念的内涵

试验的概念是为了查看某事的结果或某物的性能而从事的某种活动[4]。做试验的目的是验证设计、制造的产品或物品是否达到了设计、制造的要求或意图。试验的对象是人们主观设计的产品、装置、设施、关系等，不是客观自然现象和规律，它不同于实验的对象。试验的内容有很多种情况，根据需要决定，主要的试验内容分别为性能试验、功能试验、工程化试验、外观试验、使用试验、复合关系试验等。性能试验、功能试验、工程化试验、外观试验、使用试验是在规定的试验条件下，分别进行性能指标定量测试、功能状况定性检查、工程化状况考核、外观状况检查、使用的满意性考核等，以验证性能指标、功能作用、工程化程度、外观状况、使用效果是否达到设计或预定的要求。复合关系试验是包含了性能、功能、工程化、外观、使用试验中的两种或两种以上的试验。例如，计算机的试验就是复合关系的试验，它包括计算机处理速率性能、外接设备功能、工作稳定性状态、外观质量、使用方便等试验。试验和实验在内容上的主要区别如下。

实验没有工程化、外观、使用方面的验证内容，因为这些是主观设计的内容。试验的手段主要是试验的环境、条件、设备、仪器、装置、器皿、方法等，手段要能建立验证要求的环境，并能验证试验对象的性能、功能的实现程度，验证对象的工程化水平，试验使用的效果和满意性等。试验的手段和实验手段在设备、仪器、器皿等技术手段方面有些有区别，有些也不一定有太多区别，但试验和实验的项目是完全不同的，一类是验证设计结果，另一类是验证客观现象和规律。试验所针对的学科是应用技术或人为设计的关系，既包括科学应用技术，也包括社会学科的方法验证（如管理学、法学、经济学等）。应用技术已形成了庞大的专业范围，并建立了工业化的发展关系，其包括冶金、电力、电子、光学、化工、机械、材料、医疗器械、食品加工、交通、工程建设等。试验的精度取决于设计、制造要求的精度，试验要求的精度要比设计和制造要求的精度高，试验的不确定度至少应高于设计要求精度的30%，例如，设计精度为0.01mm，试验的不确定度应不超过±0.003mm。试验的结论类型是对设计、制造等的结果给出达到或未达到预定目标的验证结论，并需要给出具体数值和相应的不确定度、功能状况、工程化水平、使用效果等。试验应用对象的范围为人工研制和制造的产品，以及人为设计的关系。

由于从事产品研制的领域是社会上很大的领域，所以试验的应用面是非常广的。与试验相近的概念是实验和测试，区别在于试验针对的是应用技术，实验针对的是科学规律和现象，测试是对量值的，不是对非量值的。试验室主要建在产品研制的企业和研究所，因此试验室的数量是非常多的。试验方法是产品研制、生产需要共同使用和重复使用的方法，因此，试验方法是需要制定为标准的方法，通常针对产品对象制定成套试验方法。实验的项目非常有限，通常增长得很慢，因为科学现象和规律的发现是很慢的过程；而试验的项目是非常庞大的，项目的增加也非常快，因为人们总在不断地研究出新的应用技术和产品，由此不断地产生相应的试验项目。

25.12.4　测试概念的内涵

测试的概念是对产品的性能和精度进行测量[4]。测试的目的是验证研制和制造的产品性能的数值关系，不验证非数值性的内容，对被测对象的测试值可能有或没有预知背景。测试的对象是人造的产品或物品。测试的内容包括性能、精度、百分比，既包括有量纲的数值内容，也包括无量纲的数值内容。测试的手段主要是测试室、设备、仪器、装置等，通常要求特定温度环境（如 20℃左右），要求精度高的设备和仪器，以保证测试的精度。测试针对的学科是应用技术，不用于科学和计量学方面的科学数值和传递量值的测定。测试的精度要求比较高，与试验中数值方面的试验精度要求相当，但比科学中自然现象的数值测定和计量的量值传递精度要低得多，例如，光速的测定、一米的基准长度测定等。测试的结果是数值结果。测试的应用范围涉及产品研制和制造的各专业领域，是试验应用领域中数值方面的验证，测试应用的范围小于试验的范围。测试和试验概念相近，都是验证产品的设计和制造的过程和结果，区别在于测试验证的是性能和精度的数值内容，通常是某些单项性能的测试。测试的内容主要建在试验室，测试方法标准的内容可放入试验方法标准中，测试方法也可单独建立测试方法标准。当某些测试方法不属于一类产品专门的测试，并具有通用性时，这类测试方法可单独制定测试方法的标准，不需要以试验方法的名称制定方法标准。

25.12.5　测量类概念的内涵

测量类的名词主要有测量、测定等。测量的概念是用仪器确定物理、化学等有关量的数值[4]。测量的目的是获得所测内容的量值，被测内容可以是对设计期望值的验证，也可以是获得未知的数值。测量的对象可以是任何需要知道量值关系的对象，既包括自然科学的对象，也包括应用技术的对象，还包括生活中涉及的量的对象。测量的内容为物理、化学、生物等方面的量，包括有量纲的量和无量纲的量，例如，测量电流的安培数、测量液体的酸碱度、测量空气湿度等。测量的手段是测量的环境、设备、仪器、装置等。测量的学科涉及科学学科和技术应用学科，测量自然科学内容的部分为科学学科，测量产品方面的内容为应用技术学科。测量的精度有三个层次：精度最高的测量是计量基准的量、自然科学现象和规律数据的量，如原子能级跃迁辐射频率测试、光速测量；中等精度的测量是应用技术方面数值的测量，如产品的加工尺寸测量；精度比较低的测量是生活方面量的测量，如家具的尺寸测量等。测量的结论主要给出测量的数据和测量的不确定度，不需要做出符合和不符合关系的结论。测量的应用范围比较广，分别可应用于实验、试验、测试、测定等活动涉及量的数值方面。与测量相近的关系是测定。测量既可用于量值验证活动，也可用于非验证性的未知数值的获得和分析。

25.12.6 测定类概念的内涵

测定的概念是测量后确定[4]。测定的目的是通过测量数值,给出裁定的数值。测定的对象和测量的对象是一样的,可以是科学的和应用技术的对象。测定的内容和测量的是一样的,包括各学科的有量纲量的和无量纲量的数值;测定的内容通常是不易调整的或固定的,如物质的组分含量测定、物质的酸碱度测定等。对于为获取物理、化学、生物等方面定性的内容,不应称为测定,应称为"分析",如某物质的组成成分分析。测定的手段和测量的手段是一样的。测定既有科学学科的方法,也有应用技术学科的方法。测定的精度一般比较高。测定的结果应给出确定结论,因为测定对象的测定内容一般是稳定的。测定通常应用于对物质本身存在的物理量、化学量等的测量确定,是在精度要求高的实验室、试验室或测试室中进行的。测定与测量关系相近。测定是实验和试验活动中稳定量值的结论性确定,测定方法是标准制定的对象。

25.12.7 检验类概念的内涵

检验类概念是检查、测试、验证的活动,包括检验、检测、测验、检查等,是查验产品生产、使用、维护、维修、报废时的性能状况。

检验主要是对生产的产品进行检查、验证等活动。检验的概念是检查查看或检查验证。检验的目的是验证或查看预定的关系是否实现。检验的对象主要是产品,是生产过程的产品,不是研制过程的产品。检验的内容很宽泛,包括性能、功能、外观、尺寸等,可以是定量的数值,也可以是定性关系。检验的手段有设备、仪器、装置、尺子、肉眼等。检验属应用技术学科。检验的精度一般比相应制造精度的高一些,但不会很高。检验的结果需要作出判断结论,判定结论是检验对象合格或不合格。检验主要是应用于企业产品的生产环节。检验的相近的词是检测等,检测不仅仅针对生产过程。

检测主要是测试和验证预定指标或已知指标符合性的活动。检测有三方面的内涵:一是检查测试使用中的产品性能是否保持合格要求或满足使用的需要,是一种定期性的检测活动,检查使用中的产品性能是否正常;二是检查维护、维修、报废时产品性能的实际状况,是一种产品特定情况的检测活动,检查产品的性能是否保持;三是检查生产线上制造设备生产产品的性能状况,是一种时间持续性的检测活动,以验证产品加工是否符合要求。

测验是用仪器和其他方法进行检测验证,是一种需要时的活动。

检查是认真检测或查看,可以是数值的,也可以是非数值的,以发现问题。检查可以是规律性的要求活动,也可以是偶然性的抽查活动。

25.12.8　计量类概念的内涵

计量类与“测”类相关的概念主要有计量、检定、校准、测量等。计量是把一个未知量与一个已知量做比较[4]，以获得量的关系。计量的目的是得到事物的公认量的关系。计量的对象既可以是自然科学的现象、自然物质，也可以是应用学科的量。计量的内容主要针对基本量(时间、空间等)以及力学、化学、光学、热学、电学等单位制量。计量的手段有多种档次的设备、仪器、装置，如最高基准的、检定的、校准的、检测的、直观对比的等。计量的学科在自然科学和应用科学两个领域。计量的精度是多档次的，最高精度是基准计量，中精度是工业计量，低精度是生活计量。计量的结果是给出具有单位的量值。计量应用非常广泛，如科学、技术、工业、农业、服务业、教育、日常生活等方面。与计量相近的关系是标定、检定、校准、测量等。标定、检定是对量值传递的或作为基准的设备、仪器、装置等定期进行检查和认定，是保证量值传递的计量设备、仪器、装置有效性的活动。校准是对非量值传递的设备、仪器、装置的校核，并调准，使其准确。

25.12.9　各概念的特点及相互关系

以上“测”、“试”类概念可分为四种类型：一是验证的综合性活动，如试验、实验、检验、检查等；二是验证数值关系实现或检查运行状态的活动，如测试、检测等；三是检查指标、特征状况保持的活动，如标定、检定、校准、测验等；四是获取对象数值关系的活动，如计量、测量、测定等。对“测”、“试”类概念列表进行要素含义的对比，可方便地看出每一概念的本质内涵，同时也容易看出它们间的区别，如表 25-3 所示。

表 25-3　各概念要素对比表

要素 名称	目的	对象	内容	应用手段	学科	精度	结论	应用范围
实验	验证/发现	理论关系	现象/规律	科研/教学仪器	自然科学	高/中/低	符合性	研究/教学
试验	验证	产品	性能/功能	科研/生产设备	应用技术	制造级	实现性	产品研制/生产
测试	验证/获取数值	产品	数值	科研/生产设备	应用技术	制造级	实现性	产品研制/生产
测量	获取数值	研究/产品	数值	科研/生产设备	科学/技术	高/中/低	数值	科学/技术
测定	获取数值	研究/产品	数值	科研仪器	科学/技术	高/中	数值	科学/技术
检验	验证	产品	性能/功能	生产设备	应用技术	制造级	合格性	产品生产

续表

要素 名称	目的	对象	内容	应用手段	学科	精度	结论	应用范围
检测	验证	产品	性能	维护/维修/生产设备	应用技术	制造级	状况保持	使用/维护/维修/生产/报废
测验	验证	产品	数值	科研/生产设备	应用技术	制造级	合格性	研制/生产
检查	验证	产品	性能/功能	维护/维修设备	应用技术	制造级	状况保持	维护/维修
计量	获取数值	研究/产品	数值	计量仪器/量具	科学/技术	高/中/低	数值	科学/技术
标定/检定	获取数值	计量仪器	数值	计量仪器/量具	技术	高	数值	技术
校准	获取数值	测试仪器	数值	计量仪器/量具	技术	较高	数值	技术

这些测试类名称用于机构的有实验室、试验室、测试室等;用于标准的有试验方法、测试方法、测定方法、检验方法、测量方法、检定方法、校准方法等;用于活动的有科研、生产、使用、维护、维修、报废等。试验、测试、检验方法中可以有实际方法的和模拟的方法,而实验、测定方法一般是实际的方法。

测试类名称的应用与测试者的角色相关,同一测试类对象,对于不同测试类实施者,名词的内涵会发生变化。例如,设计师设计的杯子由设计师安排验证其抗高温性,称为"试验";杯子在生产过程由检验人员验证其抗高温性,称为"检验";而用户自己验证其抗高温性,称为"测试"。

参考文献

[1] 麦绿波.测试类概念的标准化[J].标准科学,2014,(2):6-9.

[2] 麦绿波.产品标准的研制方法[J].标准科学,2014,(5):7-10.

[3] 中华人民共和国国家质量监督检验检疫总局.测量不确定度评定与表示[S].JJF 1059.1—2012.北京:中国标准出版社,2012.

[4] 中国社会科学院语言研究所词典编辑室.现代汉语词典[M].5版.北京:商务印书馆,2005.

第 26 章　信息交换标准的研制

26.1　信息交换标准的概念和需求

信息交换标准是用于解决信息联系两端间的信息互通和识别的标准，是统一信息交换要素的标准，是信息交换的规则和共同语言。本章的信息交换标准是指电子信息或数字信息交换的标准，不包含广义的非电子信息的语言、文字等的交换标准。信息交换标准主要是解决信息在哪交换、怎么交换、交换什么、何时交换等问题，即信息用以什么样的通道和接口交换，以什么指令和格式交换，交换什么内容，以什么时序进行交换等问题。信息交换标准的类型主要包括通信接口标准、信息传输方式标准、通信协议标准、数据格式标准、字符集标准等。通信接口标准规定信号发送和接收界面的结构关系、物理特性、信号特性等，解决信息“出”和“进”的要素统一问题，以实现信息的全面发送和接收。信息传输方式标准是解决信息的传输模型结构是什么、信号以什么形态和用什么路径或通道传输的问题，为广泛和有效互联提供基础。信息传输模型标准规定信息传输各层的组成和功能关系。信号传输的形态有基带传输、频带传输、宽带传输。基带传输适用于短距离（100m内）传输，具有不需要调制解调、设备花费小、传输速率高、误码率低等优点，传输速率为 0～10Mbit/s，典型速率为 1～2.5Mbit/s，如在计算机的监视器、打印机的信号传输，以太网及令牌环网等局域网等方面应用，但不适合远距离传输，远距离传输信号衰减快；频带传输是对基带信号进行调制变换后的载波传输，适合远距离传输，可多路复用提高利用率，缺点是传输速率低和误码率高；宽带传输是多信道的频带传输，具有传输距离远、传输容量大等优点。信息传输链路有无线传输链路和有线传输链路，或电磁波链路和物理链路，即载波传输链路和线缆传输链路等。通信协议标准主要是规定标准化的通信控制指令和传输时序，以保证信号有效收发。通信协议有小概念通信协议和大概念通信协议，小概念通信协议的内容包括通信控制指令和传输时序，大概念通信协议的内容包括通信接口、通信控制指令、传输时序和数据格式等。数据格式标准是解决数据发送的规格化和数据接收的辨认和提取问题，以实现发送数据的完整和有效接收。字符集标准主要是规定各种符号信号代码的集合，为信息符号传输提供代码的表达关系，为发送信息的信号生成和接收信号的信息翻译提供依据。信息交换标准是信息技术与标准化紧密结合形成的标准，技术决定标准的内容，标准认定技术的地位。因此，信息交换标准是技术含量比较高的一类标准，是一种具有技术引领性特质的标准类型。信息交换标准的使命就是建立信息发送和接收的统一关系，以实现信息完整、准确的发送、接收和识别。

通信接口标准有物理接口标准、信息接口标准以及物理和信息接口标准。物理接口标准又分为有线物理接口标准和无线物理接口标准。有线物理接口标准的内容主要有接口强度支持结构、接口插针物理排列、接口插针功能分配、电源和信号通道设置等。无线物理接口标准的内容主要有天线物理尺寸、电特性等。信息接口标准的内容主要有有线通信的信息传输速率、信号电压特性、信号编码等和无线通信(射频)的信号载波频率、信号调制方式、信号编码等。物理和信息接口标准的内容主要由物理接口内容和信息接口内容组成。通信协议标准的内容主要由解决信息互通和识别等问题的语法、语义和时序等内容构成。语法的内容主要包括数据格式、编码和信号组成等内容，语义的内容主要包括数据内容、含义及控制等内容，时序主要包括通信顺序、速率匹配、排序等内容。数据格式标准的内容主要由数据组成结构、数据项名称、数据类型、数据位数、数据含义等内容组成。字符集标准的内容主要有字符形式、字符代码、字符代码的表达等内容。

信息交换是基于统一化才能实现的关系，或者是基于标准化才能实现的关系，没有标准化，信息交换就没有实现的基础和条件。建立信息交换标准就是为信息交换提供必要的技术依据和技术保证。信息交换标准为信息的发送、接收建立统一的物理、信息的对接关系，使发送的信息可有效接收、处理和识别。有了信息交换标准，信息交换的软硬件产品开发和生产就可并行式和分散式进行，可增大信息交换产品的研发和生产规模及数量，降低信息交换产品的研发和生产成本。信息交换标准的实施，可使遵循信息交换标准进行研发和生产的各商家的产品具有放在一起装配和共同使用的统一性和协调性，构建了实现信息交换的软硬件统一的技术关系。如果没有信息交换标准，不同厂商研发和生产的信息交换产品间就不能互联互通，即使能收到对方的信息也不能正确识别。因此，建立和实施信息交换标准是实现信息交换的必要条件。在信息化迅速发展的当今时代，信息交换标准的需求也在爆发式的增长。

在信息化领域，“标准先行”已形成共识，“标准引领发展”的案例不断涌现，信息交换标准是信息化领域的关键技术标准，其作用和地位更加重要和突出。产品和社会信息化、网络化的趋势，使信息交换标准的需求迅猛增长。信息交换标准的增长包括新技术带来的接口标准和协议标准需求的增长，以及信息化应用范围扩大带来的数据格式标准需求的增长。

26.2 信息交换标准的类型和使用对象范围

信息交换标准从标准的内容构成角度，可分为通信接口标准、通信传输标准、通信协议标准、数据格式标准、字符集标准、综合性标准。通信接口标准又可分为物理接口标准、信号接口标准以及二合一的接口标准。通信传输标准又可分为通信传输顶层架构标准和通信传输方式标准。通信传输顶层架构标准是规定通信网络系统传输的协议的组成和功能关系，分配各通信协议在网络系统中的功能作用和对接的相互关系，如开放系统互联(open system interconnection，OSI)标准等。通信传输方式标准主要规定信息串行或并行，单工、半双工或双工，同步或异步等传输方式。通信协议标准主要规定通信分发方式、指令、控制、速率等内容。数据格式标准主要规定数据的组成结构(数据封装格式)、数据项名称、数据的内容、数据的表示方式(数据类型、长度、进制等)等。字符集标准主要规定字符类型、字符代码、代码结构等内容。综合性标准是由多种信息交换相关内容融合在一个标准中形成的标准，标准内容可能包含信息交换接口、协议、数据格式、字符集等内容的几种或全部，如协议与数据格式标准，数据接口与协议标准，接口、协议和数据格式标准等。

信息交换标准从标准的类别角度，可分为信息交换的要求类标准、产品规范类标准和方法标准。信息交换的要求类标准主要是规定要求性质内容的标准，如通信协议标准、数据格式标准、字符集标准等。信息交换的产品规范类标准主要是规定信息交换的接收、发送装置软硬件内容的标准，这些装置涉及的标准对象是多层次的，有整机、板卡、芯片、连接线、接插件等层次的产品规范。信息交换的方法标准主要是信息交换性能测试、检测等方法标准。产品规范和试验方法标准的研制内容在前面的章节中已论述过，本章不再重复论述，只论述信息交换要求类标准的研制。

信息交换标准从标准的表现形式角度，可分为信息交换的文件标准、软件协议标准、电子数据产品标准。信息交换的文件标准是用文字表达的信息交换标准，是一种以文字表达概念和要求的标准，表现形式是纸质版文件标准和电子版文件标准，为信息交换的实现提供指导和依据。软件协议标准是一种功能化的标准，标准的功能已做成软件产品，是一种软件形式的标准，可直接使用，不需要像应用标准文本那样，经过对标准文本内容的理解转化贯彻标准来实现标准化，而是通过标准软件产品的使用来实现标准化。电子数据产品标准也是一种功能性的标准，标准是一种数据翻译产品，将标准的二进制(或其他进制)代码翻译成符号，将符号翻译成标准的二进制(或其他进制)代码，标准的形式是代码翻译软件产品或嵌入代码翻译软硬件产品。

信息交换标准在任何有信息交换的地方都需要，主要用于互联网、移动通信网、广播系统、卫星导航系统、数控设备、智能制造系统、信息处理设备等方面。信息交换标准为各种信息系统的互联互通互操作提供技术依据。

26.3　信息交换标准的结构

信息交换标准的内容结构主要由格式性结构和主题性结构组成。格式性结构主要由标准的“范围”、“规范性引用文件”、“术语和定义”、“附录”等组成。主题性结构由标准的信息交换方面的内容构成，这是标准的核心部分和特色部分。标准研制的结构，主要是搭建标准的主题性结构内容。信息交换标准的主题性结构内容一般随信息交换标准类型的不同而不同。也可以建立一个全面的主题性结构，在其上面进行剪裁形成特定的信息交换标准。信息交换标准全面性的结构为：

(1) 范围(主题内容和适用范围)；

(2) 规范性引用文件(本标准所引用的标准和文件)；

(3) 术语和定义(在本标准中有特定含义的术语及定义、需要定义的术语和引用的术语及定义)；

(4) 信息交换的传输模型；

(5) 信息交换的字符；

(6) 信息交换的物理接口；

(7) 信息交换的数据接口；

(8) 信息交换的传输协议；

(9) 信息交换的数据格式；

(10) 附录(标准引用其他标准或技术资料的接口、算法、协议、数据格式等，或标准中篇幅大的独立部分)；

(11) 参考文献(列出信息交换标准建立的主要参考文献)。

标准的第一章“范围”主要规定标准的主题内容和适用范围：主题内容主要是给出标准类别相应的主题内容，例如：“本标准规定了××接口的……内容”；“本标准规定了××传输协议的……内容”；“本标准规定了××数据格式的……内容”；“本标准规定了××字符集的……内容”等。信息交换标准的适用范围由所规定的主题性内容决定，例如：当规定的主题性内容是“信息交换的接口”时，适用范围为“本标准适用于××产品的设计和使用”等；当规定的主题性内容是“信息交换的协议”或“信息交换的数据格式”时，适用范围为“本标准适用于××信息的传输和交换”等。第二章“规范性引用文件”不是必备章，当标准中的部分内容引自现行的某些标准，或标准中的内容与现行的某标准的内容构成一个整体，并在标准正文中提及了这些标准时，需设这一章。第三章“术语和定义”不是必备章，当信息交换标准中有需要专门定义的术语、使用了同指称不同含义的术语需专门定义、引用了现行术语时，需设这一章。第四章、第五章、第六章、第七章、第八章、第九章是标准的主题性章，是信息交换标准要规定的目标内容，是标准的核心章节，但不是这六个章节都必须同时存在，许多标准可能只纳入六个章中的一个或两个及以上章作为一个单独标准的主题。综合性的信息交换标准的主题可能会具有多个章，甚至是全部六个章组合的内容。当以上述六个章中的一个章的主题作为单独标准来制定时，这个主题可按其内容的平行性分成独立标准的多个章。信息交换标准可设附录，一般将标准中引用其他标准或技术资料中的接口、算法、协议、数据格式等内容以附录的方式列出，这样可避免重复撰写的重复、矛盾和笔误，同时有利于形成标准内容的全面性和为标准使用提供方便。标准中篇幅比较大的独立部分也可放到附录中。标准研制中的有些信息交换技术内容是由其他标准或文献的内容更改形成的或标准的建立涉及重要的参考文献时，应设立参考文献章，并列出主要参考的文献。

以上信息交换标准的结构是一个内容相对全面的结构，具体的信息交换标准的结构可根据标准类型的定位对以上结构进行裁剪构建，也可以根据需要增补标准结构。各类信息交换标准的特定结构的内容可参考以下种类信息交换的主题性内容确定，这些主题性内容既可以是信息交换标准内容的一部分，也可以每个主题内容建立独立的标准，如信息交换传输模型标准、字符标准、通信接口标准、通信协议标准、数据格式标准等。

26.4　信息交换传输模型的主题性内容

信息交换传输模型是一种信息交换传输的模块化划分关系，包括体系化的划分关系。建立信息交换传输模型有利于理清传输关系和技术类别界面，建立相对独立的技术区域，为技术类别的模块化提供可靠依据，创建科学、有利的互联互通环境，简化技术关系的认识和记忆，使技术关系容易理解和讨论，提高产品和技术的工程化水平，提高产品的设计、生产、维修效率，使复杂网络的管理变得更加容易。建立模块化的模型体系，可提供约束和自由并存的体系结构关系，在保证外部交换统一化的前提下，给内部技术的实现方式更多的自由度。模型体系标准的重要内容之一是接口的标准化。这种模块化和层次化的标准化模型体系，不仅可以保证系统间的互联互通互操作，还可避免一体化刚性标准化对技术发展的限制。

26.4.1　信息交换的一般传输模型

信息交换传输模型标准通常是信息交换顶层性的架构标准，先将信息交换的关系抽象为功能或作用层面，再对这些层面进行功能或作用的设计。信息交换的一般传输模型可分为以下五层：

(1) 物理层；

(2) 传输控制层；

(3) 信息服务层；

(4) 信息层；

(5) 辅助信息层。

物理层是信息物理量的收发层或信息的接收和播发层；传输控制层是信息传

输的协议层，具有信息连接、流量控制、差错控制、拥塞控制等功能；信息服务层为信息提供格式转换服务，保证信息传输的信息意义不变；信息层是要传输的信息内容，是信息交换的目标内容，这些信息有固定表述信息、非固定表述信息和半固定表述信息等；辅助信息层是标定信息或说明信息的信息，如地理位置信息、时间信息等。信息交换传输模型的内容可以作为信息交换标准内容的一部分，也可为高层次的信息交换关系单独建立信息交换传输模型的标准，如国际标准化组织制定的 OSI 标准等。

26.4.2 OSI 模型[1]

OSI 模型是计算机网络间的传输模型，是一个系统性的信息传输的网络体系架构模型，由国际标准 ISO/IEC 7498《信息处理系统 开放式系统互连 基本参考模型》规定，将信息交换的传输功能分为七层，分别为物理层、数据链路层、网络层、传输层、会话层、表示层、应用层，如图 26-1 所示。

第七层 应用层(提供网络访问服务接口，属主机层功能)
第六层 表示层(提供数据格式转换服务，属主机层功能)
第五层 会话层(建立端连接和提供会话管理，属主机层功能)
第四层 传输层(提供数据传输控制，属主机层和网络层功能)
第三层 网络层(创建逻辑链路，分组转发数据，属网络层功能)
第二层 数据链路层(实体间建立数据链路连接，属网络层功能)
第一层 物理层(提供原始比特流的物理通路，属网络层功能)

图 26-1 开放系统互连分层结构关系

物理层(physical layer)是第一层，为数据通信提供可靠传输媒介及互连设备的物理通路，由数据终端设备(data terminal equipment，DTE)和数据通信设备(data communication equipment，DCE)构成，传输的内容为原始比特；组成包括网络、中继器、集线器、电缆、光纤、无线通道、接插件等；性能主要为传输带宽、物理接口、电气特性等；工作方式有点到点，一点到多点，串行或并行，单工、半双工或全双工，同步或异步等。涉及的标准主要有 ISO 2110《数据通信 25 芯 DTE/DCE 接口连接器和插针分配》(与 EIA 的 RS-232-C 基本兼容)、ISO 2593《数据通信 34 芯 DTE/DCE 接口连接器和插针分配》、ISO 4902《数据通信 37 芯 DTE/DCE 接口连接器和插针分配》(与 EIA 的 RS-449 兼容)、CCITT V.24《数据终端设备和数据电路终接设备之间的接口电路定义表》(与 EIA 的 RS-232-C 及 RS-449 兼容于 100 序列线上)等。

数据链路层(data link layer)是第二层，实施数据链路的建立、拆除、分离，对数据检错、恢复(差错检测多用方阵码校验和循环码校验，帧丢失等用序号检测，恢复常用反馈重发技术)，对数据帧进行定界，控制数据帧的收发顺序，使不可靠的传输媒介变成可靠的传输通路；组成包括网卡、网桥、交换机、协议等；数据链路层功能主要靠协议和装置完成，这些协议标准主要有 ISO 1745《数据通信系统的基本型控制规程》(利用 10 个控制字符完成链路的建立、拆除、数据交换及差错恢复)、ISO/IEC 13239《HDLC 规程》(面向比特的数据传输控制，又称高级链路控制规程)、ISO/IEC 7776《DTE 数据链路层规程》(与 CCITT X. 25LAB《平衡型链路访问规程》相兼容)等。

网络层(network layer)是第三层，为数据在节点间传输建立逻辑链路，功能主要有路由选择和中继、激活和终止网络连接、复用网络、差错检测与恢复、分组和流量控制、网络管理等；组成包括路由器、多层交换机、防火墙、协议等；网络层功能主要靠协议和装置完成，这些协议标准主要有 ISO 8208《DTE 用的 X. 25 分组级协议》、ISO 8348《网络服务定义》(面向连接)、ISO 8473《网络协议》(面向无连接)等。

传输层(transport layer)是第四层，是端到端的层，提供应用进展的逻辑通信，面对的数据对象是会话层的界面端口(而不是网络地址和主机地址)，服务主要是传输连接建立、数据传送、传输连接释放三个阶段，具有差错恢复、流量控制功能(根据接收方的接收能力)，用分流/合流、复用等技术调节建立性能恒定界面，是传输质量的支持层；组成包括计算机、过程、端口、协议等；传输层功能主要靠标准、协议和计算机完成，协议的类型有 TCP、UDP、SPX 等，主要的标准为 ISO 8072《面向连接的传输服务定义》、ISO 8073《面向连接的传输服务协议》等。

会话层(session layer)是第五层，为会话用户建立端连接、维持和终止通信，提供访问验证和会话管理，会话连接的工作包括将会话地址映射为运输地址、选择运输服务质量参数、协商会话参数、识别各个会话连接等；组成包括计算机、协议、服务软件等；会话层功能主要靠标准、协议和计算机完成，标准主要有 ISO/IEC 8326《会话服务定义》和 ISO/IEC 8327《会话协议规范》。

表示层(presentation layer)是第六层，提供数据格式转换服务(编码和解码)，为异构机间建立互操作的公共语言，设计了 3 类 15 种功能单位，以解决通信双方数据表示形式的一致性，数据表示形式的内容主要有文字、图形、声音、文种、压缩、加密等；表示层功能主要靠标准、协议和计算机完成，标准主要有 ISO 规定的服务、协议、文本符等一系列标准。

应用层(application layer)是第七层，是开放系统的最高层，为应用程序提供通信服务，服务包括为应用进程通信、分布系统实现提供基本控制机制的公共应用服务元素(CASE)和支持文件特定应用服务元素(SASE，文件传送、访问管理、作业传送、银行事务、订单输入等应用)；应用层功能主要靠标准、协议、应用软件和计算机完成，标准主要有 DP 8649《公共应用服务元素》、DP 8650《公共应用服务元素用协议》，协议和应用软件主要有 FTP、SMTP、HTTP、TELNET、SNMP、DNS 等。

在 OSI 七层中，第一层到第三层负责构建网络通信链路，第四层到第七层负责端到端数据通信。OSI 的七层模型是一个理论性模型，可用作对各种网络设计、分析、评判的通用标准工具，不是每种通信都要拥有全部七层关系。发送方和接收方七层的使用关系相反，发送方是从最高层到最低层，接收方是从最低层到最高层。信息交换标准中的模型内容或模型标准的内容可参考上述一般模型和 OSI 模型建立。

26.5 信息交换字符的主题性内容

字符标准化是信息交换必不可少的，任何信息交换都需要交换端的字符形式和含义的统一才能可识别和可理解。这里所说的字符是指各种文字和符号的总称，包括字母、数字、国家文字、标点符号、运算符号、单位符号、图形符号等。信息交换就是字符交换，字符交换是信息交换的本质内容，字符统一是信息有效交换最基本的要求。字符标准为每个字符设定了统一并且唯一的二进制(或其他进制)编码，它是信息交换普遍使用的基础标准，应该是在世界范围统一的标准。这类标准通常需制定为国际性的和国家性的通用标准，不需要对各种信息交换一般事项专门再制定自己的字符标准。信息交换字符类标准不是一种要广泛开展制定的标准，而是一种要广泛使用的标准。对于这类标准，重点在对现有标准的熟悉、使用或剪裁使用。使用字符集标准内容时，要针对需要明确使用标准中的哪些部分。在制定具体的信息交换事项标准时和开发信息交换软件时，不需要将整个字符集标准引入信息交换的某项标准中或软件中，应根据需要选取所需字符进行引用。如不针对需要选取字符集，将会把大量用不上的字符引入信息交换系统中，会给信息交换产品研制和使用带来不必要的成本负担，降低信息系统的运行效率，并且还会增大出错的可能性。要合理引用字符标准，就要熟悉字符标准。信息交换的字符标准主要有 ASCII 字符集、GB 2312 字符集[2]、BIG5 字符集、GB 18030 字符集[3]、GB 13000 字符集[4]、ISO/IEC 10646 字符集[5]、Unicode 字符集等，这些字符集有的是正式形式的标准，有的是事实标准。字符集标准通常用表格表示，表达的要素项为进制数(如二进制、十进制、十六进制等)编码、符号、说明等。

26.5.1 ASCII 字符集

美国信息交换标准代码(American Standard Code for Information Interchange, ASCII)字符集，由美国国家标准学会(American National Standard Institute, ANSI)研制，为单字节编码，针对数字符号、拉丁字母和其他常用符号编码，后纳入

国际标准 ISO/IEC 10646。

ASCII 可使用 7 位或 8 位二进制数表示 128 种或 256 种字符。标准的 ASCII 使用 7 位二进制数来表示所有的大写字母、小写字母、数字 0～9、标点符号和英语中的特殊控制字符，第 8 位用作奇偶校验位。ASCII 数值 0～31 及 127(共 33 个)是无图形显示的控制字符或通信专用字符，如 LF(换行)、CR(回车)、FF(换页)、DEL(删除)、BS(退格)、BEL(响铃)等控制字符和 SOH(文头)、EOT(文尾)、ACK(确认)等通信专用字符。ASCII 数值 32～126(共 95 个)是显示字符(32 是空格)，其中 48～57 为 0～9 10 个阿拉伯数字，65～90 为 26 个大写英文字母，97～122 为 26 个小写英文字母，其余为一些标点符号、运算符号等。为满足美国以外的希腊语、希伯来语、阿拉伯语和俄语等斯拉夫字母表的表达需要，将 ASCII 字符数从 128 扩展到 255。为解决中国、日本和韩国等象形文字字符的需要，并要与 ASCII 兼容，用其他编码标准建立了双字节字符集(double-byte character set，DBCS)，DBCS 从 256 代码开始，前面的代码是 ASCII[6]。

26.5.2 汉字字符集

由于 ASCII 字符集未包括象形文字字符，为了解决象形文字信息交换的需要，使用象形文字的国家和地区制定了 GB 2312、BIG5、JIS 等两字节的字符集代码标准。国家标准《信息交换用汉字编码字符集 基本集》(GB 2312—80)，符号内容包括简化汉字、一般符号、序号、数字、拉丁字母、日文假名、希腊字母、俄文字母、汉语拼音符号、汉语注音字母，共 7445 个字符，其中汉字 6763 个(一级汉字 3755 个，二级汉字 3008 个)，其他全角字符 682 个。GB 2312 对字符进行了分区，分成一个 94 行 94 列的方阵，每一行称为一个“区”，每一列称为一个“位”，故称区位码，字符分配的规律如表 26-1 所示。01～09 区为特殊符号区；16～55 区为按拼音排序的一级汉字区；56～87 区为按部首/笔画排序的二级汉字；10～15 区和 88～94 区则尚没有编码符号。习惯上第一字节称为高位字节，第二字节称低位字节，高位字节和低位字节都用十六进制表示(表示符为 0x，每位的表达数为 0～9 及 A～F)，对表达“区”的高位字节和表达“位”低位字节都加上一个“A0H”(160)，如汉字“啊”字的区号 16 和位号 01 的区位代码 1601，表示为 0xB0A1，以避免和西文存储发生冲突，且存储是位码在前，区码在后，即 A1B0H。理论上，双字节可编码符号 65536 个，因此该标准还有很大的编码空间。GB 2312 覆盖了中国内地 99.75%的使用率。GB 2312 通称为国标码，在我国内地、新加坡等地普遍采用[7]。

表 26-1 GB 2312 的字符分区关系

区号	字符类型	区号	字符类型	区号	字符类型
第 01 区	中文标点、数学符号以及一些特殊字符	第 06 区	希腊字母表	第 16～55 区	一级汉字（以拼音字母排序）
第 02 区	各种各样的数学序号	第 07 区	俄文字母表	第 56～87 区	二级汉字（以部首/笔画排序）
第 03 区	全角西文字符	第 08 区	中文拼音字母表	第 88～94 区	无字符
第 04 区	日文平假名	第 09 区	制表符号		
第 05 区	日文片假名	第 10～15 区	无字符		

GBK（国标扩）《汉字内码扩展规范》1.0 版（Chinese Internal Code Specification）是由中国标准化和电子工业管理部门 1995 年 12 月 15 日联合发布的，以解决 GB 2312 未包含繁体汉字、罕用的人名、古汉语等文字的问题。GBK 使用了双字节编码方案，其编码范围从 8140 至 FEFE（剔除 xx7F），共 23940 个码位，共收录了 21003 个汉字，完全兼容 GB 2312—80 标准以及国际标准 ISO/IEC 10646-1:1993 和国家标准 GB 13000.1—93 中的全部中日韩汉字，并包含了 BIG5 编码中的所有汉字[6,7]。

BIG5 编码是为了解决台湾各软件厂商推出字符代码不兼容、不统一的问题，1984 年由台湾财团法人信息工业策进会和宏碁（Acer）、神通（MiTAC）、佳佳、零壹（Zero One）、大众（FIC）五家软件公司联合创建的，俗称大五码。BIG5 码使用双字节编码，该字符集共收录 13053 个中文字，主要在中国台湾使用[6,7]。

《信息交换用汉字编码字符集 基本集的扩充》（GB 18030—2000）国家字符集标准，是针对 GB 2312 汉字代码不完整，补充繁体汉字、人名汉字、古汉语、日文假名、朝鲜语和中国少数民族文字字符的内容，于 21 世纪初制定的。标准采用单字节、双字节和四字节三种方式对字符编码，其中：单字节部分与 ASCII 编码一致；双字节部分与 GB 2312 和 GB 13000.1 兼容，收录了 CJK（中日韩）汉字 20902 个、有关标点符号、表意文字描述符 13 个、欧元符号、增补的汉字和部首/构件 80 个等；四字节部分收录了上述双字节字符之外，还纳入了 CJK 统一汉字扩充 A 在内的 GB 13000.1 中的全部字符。后来修订为《信息技术 中文编码字符集》（GB 18030—2005）[3]，它与 GBK 基本兼容，支持 GB 13000.1 及 Unicode 的全部统一汉字，共收录汉字 70244 个[6]。GB 13000.1 后修订为《信息技术 通用多八位编码字符集（UCS）》（GB 13000—2010）代替《信息技术 通用多八位编码字符集（UCS）第一部分：体系结构与基本多文种平面》（GB 13000.1—93），该标准等同采用国际标准 ISO/IEC 10646:2003。

26.5.3 国际标准化组织的 UCS

UCS 是国际标准化组织 ISO/IEC JTC1/SC2 制定的 *Information Technology*—

Universal Coded Character Set(ISO/IEC 10646)[5]，简称通用字符集(universal coded character set，UCS)。UCS 有两个编码体系，一个是用 2 字节编码的 UCS-2，另一个是用 4 字节编码的 UCS-4。

UCS-4 将最高字节(最高位为 0)分成 128 个组(group)，每个 group 再以次高字节分为 256 个平面(plane)，每个平面用第 3 字节分为 256 行(row)，每行有 256 个位(cell)。Group0 的 Plane0 被称作基本多语平面(basic multilingual plane，BMP)。将 UCS-4 的 BMP 去掉前面的两个零字节就得到了 UCS-2。每个平面有 256×256＝65536 个码位。Unicode 计划使用了 17 个平面，一共有 17×65536＝1114112 个码位[7]。UCS-4 的"组"、"平面"、"行"、"位"的设计方案，使数量巨大、关系复杂的字符编码关系秩序化，本书作者设计了图 26-2 的"组"和"平面"的关系，使这个复杂的编码关系可清晰表达，如图 26-2 所示。

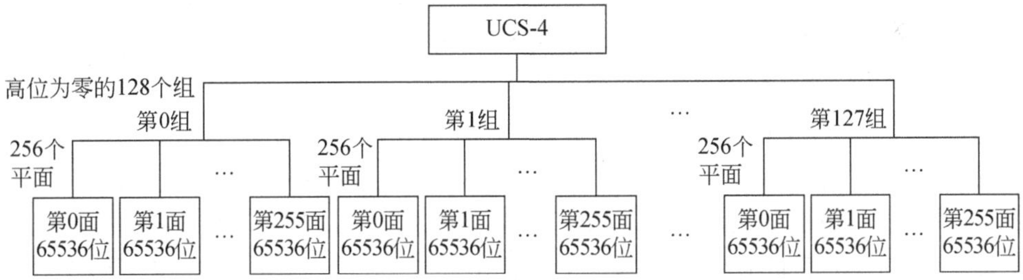

图 26-2　UCS-4 的"组"和"平面"的组成关系

在 ISO/IEC 10646:2012 标准中，规定了：基本多语平面及字符；补充多语平面(supplementary multilingual plane，SMP)及字符；补充象形字平面(supplementary ideographic plane，SIP)及字符；第三代象形字平面(tertiary ideographic plane，TIP)；补充特殊用途平面(supplementary special purpose plane，SSP)及字符；一套书面语图形符号；图形符号名称及符号；控制字符和自用字符的码表达；UTF8、UTF16、UTF32 三种编码形式；UTF8、UTF16、UTF16BE、UTF16LE、UTF32、UTF32BE、UTF32LE 七种编码方案；编码字符集的增加管理。

UTF8、UTF16 和 UTF32 都是 Unicode 编码字符集的字符编码方案。UTF8(8-bit unicode transformation format)是 Unicode 的一种使用方式，使双字节的 Unicode 能够在处理单字节的系统上正确传输。UTF8 用一定的算法转换长度，使用可变长度字节来储存 Unicode 字符，用 1～6 字节编码 Unicode 字符，如字节长度可变为 1 字节、2 字节、3 字节、4 字节等，可以显示各种语言字符。UTF16 使用一个或两个未分配的 16 位代码单元的序列对 Unicode 代码点进行编码；UTF32 是将每一个 Unicode 代码点表示为相同值的 32 位整数[7]。在 UTF16 编码实现方式中有大尾序 UTF16BE(big-endian)和小尾序 UTF16LE(little-endian)，以及有可附加的字节序标记(byte order mark,BOM)解决方案。

26.5.4　Unicode 字符集

Unicode 是由名为 Unicode Consortium 学会制订的字符编码系统,是通用多八位编码字符集(universal multiple-octet coded character set)的简称,以满足现今世界各种不同语言的书面文本进行计算机交换、处理和显示的需要,或计算机实现跨语言、跨平台的文本转换和处理。Unicode 也称为"统一码"、"万国码"、"单一码"。Unicode 采用 2 字节来编码,用十六进制数字表示,编码容量为 65536 个字符。采用 Unicode 编码,书写时在编码前面加"U+"前缀,例如,字母"C"的编码为 0043 写成"U+0043"。编码序号从 0 到 127 的字符与 ASCII 编码的字符一样。由于 UCS-2 采用 2 字节编码,最大编码量为 65536 个字符,而简体和繁体汉字共有七万多,因此对汉字的支持不太好,必须放弃一些用得少的汉字。Unicode 编码能力的完善需要用 4 字节来实现,Unicode 3.0 为 4 字节编码系统,书写时在编码前面加"U-"前缀,其后紧跟 8 位 16 进制数。由于 Unicode 字符集和 UCS 出于两个不同的机构,开始时存在着不兼容现象,双方认识到世界需要统一的字符集,从 Unicode 2.0 开始,Unicode 主动与 ISO/IEC 10646 统一字符集。在 Unicode 5.0.0 版本中,已定义的码位只有 238605 个,分布在 ISO 标准的 UCS-4 的平面 0、平面 1、平面 2、平面 14、平面 15、平面 16。其中平面 15 和平面 16 上只是定义了两个各占 65534 个码位的专用区(private use area,PUA),分别是 0xF00000～0xF0FFFD 和 0x010000～0x01FFFD。专用区就是保留给大家自定义字符的区域[7]。

26.5.5　各字符集的比较

ASCII 字符集是一字节的基本字符集,Unicode、UCS、GB 2312、GB 13000 和 GB 18030 都兼容了 ASCII 字符集,字符编码与其保持一致。Unicode、UCS、GB 2312 都是始于 2 字节进行编码,容纳了中国、日本、朝鲜等象形文字,它们之间绝大部分是兼容的,但对汉语的收纳都不全。GB 18030—2005 采用 1 字节、2 字节和 4 字节,全面收纳了汉语文字,并与 ASCII、Unicode、UCS 兼容。Unicode 和 UCS 的新版本扩展到了 4 字节,全面收纳了象形文字。

26.6　通信接口标准的主题性内容

通信接口标准的类型和标准内容主要有物理接口、信号接口、数据接口和综合接口等。物理接口的内容主要是规定接口的物理特性,如结构尺寸、插针布设、电特性分配等。信号接口主要是规定信号的收发特性,如信号传输速率、信号频率、信号强度、信号电平、传输模式(串行/并行,单工/半双工/双工,同步/异步)、信号调制方式、信号编码等。数据接口主要是规定数据的传输格式，包括数据帧的组成、数据头、数据长度、数据类型、数据内容等。综合接口的内容包括物理接口、信号接口、数据接口的全部组合或部分组合。数据接口的内容其实就是数据格式的内容，本章下面有专门的节论述数据格式的内容，在这里就不重复论述，本节主要论述物理接口、信号接口和综合接口的内容。

26.6.1　物理接口

物理接口标准的内容主要包括有线连接的物理接口和无线连接的物理接口，或者称为接触式物理接口和非接触式物理接口。

1. 接触式物理接口

接触式物理接口规定的内容主要有连接器的组成和结构、接触件（针、孔等）电特性分配、接口屏蔽、电气特性的互连配置等内容。

1）连接器的组成和结构

连接器的组成和结构部分以文字和图的形式给出接口连接器的主要组成、形状、尺寸和插针排列关系等物理内容。组成包括 DTE 和 DCE 接口连接器的组成。物理组成包括电缆适配器（电缆夹或密封的终接屏蔽体）、连接器外壳、接触件（阳和阴的接触件）、锁定装置等。物理接口各组成部分的形状、尺寸和接触件的排列等通过图形表达，至少要有接口外形图、接触件排列正面图、接触件图、连接器配合图、锁定装置图、电缆夹（头）图及其尺寸等。

2）接触件电特性分配

接触件电特性分配是用表格方式列出接触件的编号及其电特性的对应内容。互换电路接触件分配的电特性的符号、名称及其含义主要为：G——信号地或公共回路；G_a——DTE 公共回路；G_b——DCE 公共回路；T——发送；R——接收；C——控制；I——指示；S——信号码元定时；B——字节定时；F——帧开始标识；X——DTE 发送信号码元定时[8]。

3）接口屏蔽

根据要求给出接口屏蔽的结构形式、尺寸和材料等内容，一般应采用金属屏蔽。

4）电气特性的互连配置

电气特性的互连配置给出：异步传输接口的 DTE 端和 DCE 端应用电气特性相同的互连配置图和连接说明；异步传输接口的 DTE 端和 DCE 端应用电气特性不同的互连配置图和连接说明；同步传输接口的 DTE 端和 DCE 端应用电气特性不同的互连配置图和连接说明；同步传输接口的 DTE 端和 DCE 端应用电气特性相同的互连配置图和连接说明。

2. 非触式物理接口

非接触式物理接口其实就是射频信号收发的物理接口，其物理接口是天线（收、发天线）。非接触式物理接口规定的内容主要有天线的组成和结构、天线材料、天线电路等内容。

1）天线的组成和结构

主要描述天线的组成内容，用文字描述和图给出天线的结构形状及尺寸。

2）天线材料

给出天线材料的类型及材料的主要性能要求。

3）天线电路

当接口定义包括相关电路时，给出天线提交需配套使用电路的输入和输出特性，如低噪放等。

26.6.2 信号接口

信号接口是指发送出的信号和接收的信号的特性，是物理性的信号特性，不包括数据内容的信号，数据内容的信号接口由数据格式来定义。信号接口标准的内容主要包括信号工作频率、信道、传输方式、等级、调制、编码、时序等。

1）工作频率

给出信号的工作频率。对无线射频信号，工作频率是信号载波频率；对基带信号，工作频率是比特率或波特率。

2）信道

给出按频率段划分的信号通道序号、频率、通道段频谱宽度或密度和通道数。

3）传输方式

给出信号同步或异步，单工、半双工或双工，串行或并行等传输方式。

4）等级

给出信号可靠和准确接收所需的信号等级或电平、功率，单位用 V、dBm 表示。

5）调制

给出信号的调制方式及扩频，信号调制有调幅、调频或调相，如正交相移键控（quadrature phase shift keying，QPSK）。

6）编码

给出表达信号内容的编码或/和信号身份标识的编码（如伪随机码）。

7）时序

给出信号提取的时序关系，即通信的速率匹配、顺序和排序。

26.6.3　综合接口

综合接口标准的内容主要包括物理接口、信号接口、协议、数据格式等，根据需要可包括以上全部内容或部分内容。未包含全部内容的综合接口是部分内容已有现行标准可引用，如已有协议标准、数据格式标准等，综合接口是一种内容比较全面的接口标准。

26.7　通信协议的主题性内容

广义的通信协议是计算机间信息联通、传递、交换的语言和规则，具有联通、交换和识别的功能，包含语义(semantics)、语法(syntax)和时序(timing sequence)。只规定协议的指令语言及其格式而不包括字符集、接口、数据格式和时序等内容的标准为单纯通信协议标准，其内容的组成主要为传输模型、协议格式、传输要求等。单纯的通信协议标准就是一种通信协议指令标准，只考虑数据传输和交换功能，不考虑数据的识别功能。制定单纯的通信协议标准的原因是广义协议标准中的接口内容、数据格式内容往往从提供通用服务的角度，被拆分出来，专门制定了单独的接口标准、数据格式标准。在制定协议标准时，不需要各种内容再全部重复写一遍，只需采取引用方式引用接口、数据格式等标准内容即可。单纯通信协议标准(以下简称协议标准)的内容主要包括以下部分。

1) 传输模型

传输模型是根据特定的传输要求，用文字描述和图形对标准规定事项给出通信的收发结构组成和传输关系，例如：通信事项信息在收发端之间的传输关系；事项的通信模型组成关系，如由参考信息层、使用信息层、服务层、传输控制层、播发层组成等，或由上行协议和下行协议组成；协议的组成结构关系(含引用协议和制定协议)。模型为各层通信关系提供了对象、概念、组成和要求等。

2) 协议格式

协议格式的内容主要包括约定、字符、字段、语句等内容。

约定的内容主要有字节顺序和数值域等约定。字节顺序约定要对多字节表示的数值明确字节开头的顺序和字节位开头的顺序，如以高字节顺序开头，即高位在左。

字符规定的内容包括：字符表达所用的进制，如二进制、十六进制等；协议所用标准字符集的范围；预留字符的范围(不用于数据字段的)；有效字符的范围；非定义字符的范围；字符符号表示的范围等，如表示字符的单位、性质、状态等的符号。

字段是组成语句含义的基本要素。字段主要内容为：地址段，主要明确有地址字段和询问地址段的字符数和数字及字母的组成关系；数据字段，可列表给出数据字段的类型、长度关系、空字段的表示和说明；和校验字段，明确和校验的算法及表示关系。

语句是协议的指令内容，有规定的长度，由多字段组成，至少包括一个地址字段，其中包括发送器的标识符和语句格式符，格式符规定数据的个数、类型和传输顺序等。语句包括通用语句、专用语句、有效语句、多语句信息、语句传送定时、通用语句补充等内容。对各种语句应规定语句表达的格式和要求，如通用语句的语句起始表达符号“!”、地址字段格式“aaccc”、数据字段标识符“,”、和校验字段标识符“ * ”、语句终止标识符“〈CR〉〈LF〉”等。

3）传输要求

协议标准中的传输要求实际上是规定协议指令的传输要求，规定的内容主要是各类功能语句或指令语句传输的目标对象（或地址）、请求、应答、检查、内容反馈等的传输逻辑关系、指令、内容等。传输的语句或指令可用文字描述，传输逻辑关系最好用图形表示，传输逻辑过程可用语言描述，传输的数据最好用表格表示。

传输要求的内容还可以包括传输的条件。传输条件内容有用户注册与登录、进入权限限制、使用内容权限限制、使用支付政策等。传输条件内容中的逻辑关系可用图形表示，数据内容可用表格表示，过程和要求内容可用文字描述。

26.8　数据格式的主题性内容

单纯的数据格式标准是规定传输数据的组成结构和表示方式的标准，它可以独立于传输条件和环境而制定，主要内容包括数据包（或帧）结构、数据包（或帧）头部、数据内容头部、数据段等。

1）数据包（或帧）结构

数据包（或帧）结构是数据封装为一体传输的结构。数据包（或帧）结构的内容主要是用图形给出数据包（或帧）的组成关系，使数据包（或帧）的组成关系一目了然。数据包（或帧）的结构通常可按三层展开，第一层为包（或帧）头部和包（或帧）内容的组成关系，第二层为包（或帧）内容展开的内容子项组成关系，第三层为内容子项的展开关系，数据包（或帧）结构的展开关系如图 26-3 所示。

2）数据包（或帧）头部

数据包（或帧）头部主要是给出头部的信息结构组成，包括头部信息项的名称、表示内容和字节数或字位数，可用图形或表格以及文字描述进行表达。头部的信息项一般有信息分割符号、数据头类型参数、内容包编号、内容更新标识、内容子项数、内容的类型提示、使用功能等。对于头部信息项表达要细化到字节位关系时，可用表格方式来表达。

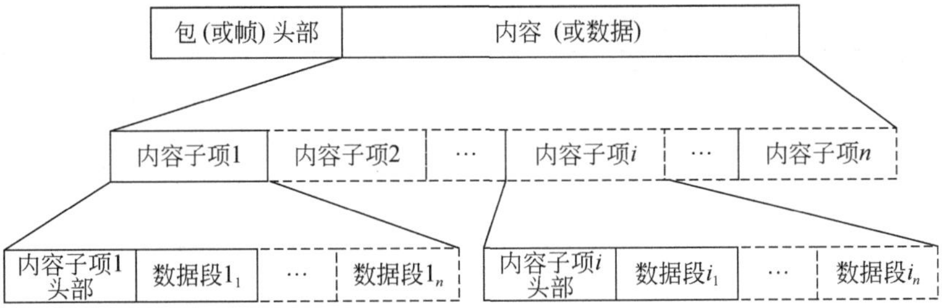

图 26-3　数据包(或帧)结构关系

3）数据内容头部

数据内容头部的表述方式可与数据包头部的相似，只是各信息项具体的表达按数据内容头部的要求。

4）数据段

数据段是数据格式标准的主体内容，将占有数据格式标准的绝大部分幅面。标准的数据段部分最好先对数据进行分类，如按信息(或电文)类型分类，然后分别确定数据段的组成结构格式，如数据段的分割符、数据类型、数据段长度、数据段内容等。对每类数据可用文字和表格进行描述，主要包括数据字段名称、数据字段编号、数据类型、数据长度(如表达的字节位数或二进制位数等)、数据内容说明(或数据含义)等，如表 26-2 所示。数据段的内容也可以用数据位划分表来表达，如表 26-3 所示[9]。数据分类和汇总的格式，可参考表 26-4 所示的表达格式。

表 26-2　数据格式表达

数据字段名称	数据字段编号	数据类型	数据长度/bit	数据内容说明
电文编号	DF002	uint12	12	电文编号 1302
BDS 历元时间	DF549	uint20	20	—
轨道面径向改正值	DF365	int22	22	—
SSR 更新间隔	DF391	bit(4)	4	—

表 26-3　数据的字节位表达方式

<table>
<tr><th>字位 / 信息项</th><th>B7</th><th>B6</th><th>B5</th><th>B4</th><th>B3</th><th>B2</th><th>B1</th><th>B0</th><th rowspan="5">基本信息</th></tr>
<tr><td>TC B0</td><td>信息类型</td><td>旅行时间类别</td><td>信息数标识</td><td>未定义</td><td colspan="4">连续路链数(高 4 位)</td></tr>
<tr><td>TC B1</td><td colspan="8">连续路链数(低 8 位)</td></tr>
<tr><td>TC B2</td><td>未定义</td><td colspan="3">路链等级</td><td colspan="4">起始路链号(高 4 位)</td></tr>
<tr><td>TC B3</td><td colspan="8">起始路链号(低 8 位)</td></tr>
</table>

表 26-4　数据分类和汇总表达格式

数据分类	数据分组	数据编号	数据名称	数据内容长度/B①
广域增强数据产品	BDS 广域增强电文组	1300	BDS 轨道改正电文	8.5+16.875×Ns②
		1301	BDS 钟差改正电文	8.375+9.5×Ns
		…	…	…
	GPS 广域增强电文组	1057	GPS 轨道改正电文	8.5+16.875×Ns
		1058	GPS 钟差改正电文	8.375+9.5×Ns
		…	…	…
	GLONASS 广域增强电文组	1063	GLONASS 轨道改正电文	8.125+16.75×Ns
		1064	GLONASS 钟差改正电文	8+9.375×Ns
		…	…	…

注:①1B 为 8 位二进制;②Ns 为卫星数量。

表 26-2～表 26-4 中所填数据只是一些实例,可为其他数据格式标准的制定提供参考,不是固定的内容。三个表头的信息项内容也可根据所制定的数据格式标准的具体需要修改。

参 考 文 献

[1] 360 百科. ISO/OSI 七层模型[EB/OL]. http://baike.sogou.com/v6873774.htm[2017-5-10].

[2] 中华人民共和国国家标准总局. 信息交换用汉字编码字符集 基本集[S]. GB 2312—80. 北京:中国标准出版社,1980.

[3] 中华人民共和国国家质量监督检验检疫总局,中国国家标准化管理委员会. 信息技术 中文编码字符集[S]. GB 18030—2005. 北京:中国标准出版社,2005.

[4] 中华人民共和国国家质量监督检验检疫总局,中国国家标准化管理委员会. 信息技术 通用多八位编码字符集(UCS)[S]. GB 13000—2010. 北京:中国标准出版社,2010.

[5] International Standardization Orgnization/International Electrotechnical Commission. Information technology—Universal Coded Character Set(UCS)[S]. ISO/IEC 10646:2016. Amd. 2. Geneva: ISO,2016.

[6] 360 百科. 字符集[EB/OL]. http://baike.so.com/doc/201915-213495.html[2017-5-10].

[7] 360 百科. Unicode[EB/OL]. http://baike.so.com/doc/4443890-4652181.html[2017-5-10].

[8] 中华人民共和国国家质量监督检验检疫总局,中国国家标准化管理委员会. 信息技术 数据通信 15 插针 DTE/DCE 接口连接器和接触件编号分配[S]. GB/T 9952—2008. 北京:中国标准出版社,2008.

[9] 中华人民共和国国家质量监督检验检疫总局,中国国家标准化管理委员会. 卫星导航动态交通信息交换格式[S]. GB/T 27605—2011. 北京:中国标准出版社,2011.

第27章　产品品种规格标准的研制

27.1　产品品种规格标准的特点

产品品种规格类型的标准主要是指产品品种规格、参数系列、系列型谱、型式尺寸等方面的标准，标准的主要内容是产品的品种和规格关系。这类标准的内容有很强的技术性和规划性，相当于产品品种发展的顶层设计，因此这类标准具有重要的技术地位。产品品种规格标准的制定，不应采用标准编制的总结固化方法，即对现有产品品种规格进行统计和罗列来建立。这类标准对产品的发展具有重要影响，且技术性很强，其制定应采取标准研制的方法，要对标准的技术内容进行深入的研究和分析，在获得标准实质性的全面技术要素和技术方案后，再进行程序性质的标准撰写。

产品品种规格标准的篇幅通常不会很大，标准的内容只是品种规格研究优化选取结果的反映，但标准的编制说明的篇幅将是非常大的，会是标准篇幅的十几倍或几十倍。这类标准的编制说明需要反映标准研制的总体技术思路、品种规格优化选择、压缩的技术分析和大量的统计数据等，它是标准整个技术研究价值的反映。产品品种规格标准建立的时机可以有三种情况：第一种是在产品发展前先期建立，第二种是在产品品种规格发展的中期建立，第三种是在产品品种规格发展到相当大规模后再建立。第一种情况的时机对产品发展是最有利的，但难度很大，缺乏实际应用的真实结果支撑；第二种情况的时机是在产品品种规格经过一定时间的无序发展后，开始品种规格的规划，品种规格的规划工作有一定的实际需求支撑，可控制产品现有品种规格的发展和指导产品品种规格未来的发展，属中度有利情形；第三种情况是在产品品种规格已发展到相当的规模，并形成了庞大的品种规格后，再进行产品品种规格的梳理和优化，是一种事后优化行为，属于统型性的工作，可用于治理产品品种规格杂乱的现状，规范在研产品品种规格的发展，指导老产品的改造和未来产品的发展。产品品种规格类标准的研制，主要是产品系列化的标准研制，属于“三化”（通用化、系列化、模块化）类型的标准。

产品品种规格杂乱、无序发展的不利影响主要是提高产品的研制成本、增长研制周期、增大产品保障负担、缩小产品批量、增加产品质量风险等。研制产品品种规格标准，能支持产品的事前“三化”设计和事后“三化”统型工作。建立产品品种规格标准，能提高产品间零部组件的**互用**和**再利用**的机会。产品品种规格标准对减轻产品保障负担、降低成本、缩短周期、降低风险具有重要的作用意义。产品品种规格标准的研制，为产品的发展提供了一条优化发展的技术道路。

27.2 产品品种规格标准的内容结构

产品品种规格标准是产品标准类别之一，但标准的内容结构不同于产品规范，标准研制的要点也与产品规范研制的要点[1-3]不同。产品品种规格标准是产品发展的规划性标准和约束性标准，规划和约束的要素是产品的品种类型和规格关系，标准的内容主要是反映产品的分类与命名关系、品种规格关系、使用指导等。产品品种规格标准的全要素内容结构一般为范围、引用文件、术语、分类与命名、选型原则、品种规格、性能要求、质量要求、管理要求、应用指导等。但不是所有产品品种规格标准的内容结构都必须拥有以上全部的内容结构。标准的内容结构可以根据标准的实际情况进行剪裁。产品品种规格标准内容要素、要素属性和内容要素要求如表 27-1 所示。

表 27-1 产品品种规格标准的内容结构要素

序号	标准内容要素	要素属性	内容要素要求
1	范围	必备要素	列出标准主要标题结构构成的主题内容；给出标准的品种规格适用范围和标准的适用时机，参照使用的范围
2	引用文件	选择要素	列出标准内容中引用过的标准和文件
3	术语	选择要素	标准中有特定含义或未定义过的术语
4	分类与命名	选择要素	品种规格主要属性的分类与命名关系
5	选型原则	选择要素	品种规格选型的主要原则及其内涵
6	品种规格	必备要素	品种规格的型式、主参数系列、辅参数系列、相关尺寸关系等
7	性能要求	选择要素	给出产品品种规格对应的主要使用功能、性能和相应的测试方法
8	质量要求	选择要素	给出品种规格产品共性的外观、可靠性、寿命等通用质量特性等要求
9	管理要求	选择要素	给出品种规格使用、调整、添加、删除等管理要求
10	应用指导	选择要素	给出品种规格适用的产品类型的应用指导关系
11	根据需要增加	选择要素	通常增加一些规范性附录或资料性附录

产品品种规格标准的范围内容主要是规定两个方面的内容：一是规定标准的主题内容，即标准结构内容的组成范围；二是规定标准的适用范围，即标准适用的产品类型及用途范围和标准应用的时机范围。产品品种规格标准适用的时机范围有三种情况：一是适用于在研产品，二是适用于未来发展产品，三是适用于老产品改造。在研产品和未来发展产品是标准应用的主要对象，老产品改造可作为参照

使用。分类与命名、选型原则、品种规格是产品品种规格标准研究的主要内容。品种规格关系是标准的核心内容，这方面内容形式的不同，形成了这类标准的几种类型，这些类型一般为形式尺寸类、参数系列类、品种参数系列类、系列型谱类、全谱系类等。形式尺寸类标准主要是给出产品优化出的固定形状关系，按尺寸变量关系等形成形状系列。参数系列类标准主要是给出产品主参数科学合理的系列数值关系。品种参数系列类标准主要是给出产品的品种关系，再对每种品种给出其主参数合理的系列数值关系。系列型谱类标准主要是给出主参数系列关系，再针对每一主参数值给出由辅参数、功能或结构关系等形成的产品型谱。全谱系类主要是给出各品种关系及其主参数系列，再给出每一主参数的型谱关系。产品品种规格各类标准的类型、主要内容、表述方式、作用如表 27-2 所示。

表 27-2　产品品种规格标准的内容表述关系

标准类型	主要内容	表述方式	作用
形式尺寸类	产品相似性的形状、尺寸系列	绘制具有尺寸变量的产品结构形状图，编制形状、尺寸规格系列表	控制和规划产品形状
参数系列类	产品参数系列；或产品参数系列、技术要求	编制产品主参数、辅参数系列表；或绘制具有尺寸变量的产品结构图、编制产品主参数、辅参数系列表；或绘制具有尺寸变量的产品结构图、编制产品主参数、辅参数系列表、编写要求文字	控制和规划产品规格
品种参数系列类	产品品种分类、各品种的参数系列；或产品品种分类、各品种的参数系列、技术要求	列出产品品种分类、编制产品主参数、辅参数系列表；或列出产品品种分类、绘制具有尺寸变量的产品结构图、编制产品主参数、辅参数系列表；或列出产品品种分类、绘制具有尺寸变量的产品结构图、编制产品主参数、辅参数系列表、编写要求文字	控制和规划产品的品种和规格
系列型谱类	参数系列、型谱型式；或参数系列、型谱型式、技术要求	编制产品主参数系列、型谱型式表；或绘制具有尺寸变量的产品结构图、编制产品主参数系列、型谱型式表；或绘制具有尺寸变量的产品结构图、编制产品主参数系列、型谱型式表、编写要求文字	控制和规划产品的规格和型谱
全谱系类	产品品种分类、各品种的参数系列、型谱型式、技术要求	列出产品品种分类、绘制具有尺寸变量的各类产品结构图、编制各类产品主参数系列、型谱型式表、编写要求文字	控制和规划产品的品种、规格和型谱

这类标准内容结构简单，文本篇幅不会太大，但标准中的品种规格规定是以大量产品品种规格统计、分析和参数系列化理论研究为基础确定的。因此，这类标准的工作重点是产品品种规格关系的研究和合理发展关系的研究。产品品种规格标准主要研究产品品种分类、产品品种规格统计、产品规格主参数和辅参数的确定、

参数系列数学模型方案设计(可设计多方案)、品种规格优选原则、产品发展的顶层设计分析、产品现有品种规格的压缩和优选分析、标准内容构建、标准应用关系构建等。产品品种规格标准研究的主要技术内容如下。

27.3　产品品种规格的分类与命名

标准的产品品种规格的分类关系主要从不同属性关系分别进行类别研究,分类研究的方法基于对产品品种规格的大量统计和产品品种规格属性的分析。产品品种规格的分类需要从产品品种规格的统计中获得属性启示,再对属性进行价值性分析来确定。产品品种规格的分类属性存在一定的普遍规律性,这些规律属性可对标准中的品种规格分类提供指导和借鉴。产品品种规格标准分类的属性关系主要有结构关系分类、形状分类、用途分类、性能分类、功能分类、材料分类、安装方式分类、使用部位分类、输出特性分类、工作原理分类等。这些分类属性关系用例子能更清楚地说明,有助于对品种规格的分类工作进行指导。例如,开关按结构关系可分为推拉式、旋转式、翘板式、按钮式、拨动式等;把手按形状可分为U形、L形、环形、Y形等;灯具按用途可分为照明用、信号用、广告用、舞台用等;直流充电器按充电性能可分为300mA、500mA、700mA、1000mA等;车辆按使用功能可分为客车、货车、消防车、救护车、工程车等;把手按材料可分为钢制、铝制、塑料制、柔性材料制等;保险器按安装位置可分为插拔式、压紧式、整体式等;汽车灯具按安装位置可分为车首灯、车尾灯、外侧灯、仪表灯、舱室顶灯等;灯具按输出特性可分为白光灯、红光灯、黄光灯、蓝光灯、绿光灯等;灯具按工作原理可分为白炽灯、卤钨灯、氙灯、LED灯、日光灯、节能灯等。标准中的分类内容是产品品种规格分别规定各自特性的需要,也是方便标准使用者准确选择所需产品品种规格的需要。通过产品品种规格的类别研究,可建立产品设计的思维脉络和品种规格发展的轨迹,同时为产品品种的使用提供清晰特征关系的指导。

当研制的产品品种规格标准对象还没有命名方法时,可在产品分类的基础上,研究给出产品的命名方法。品种规格的命名包括名称和代号的命名,名称命名是产品类别的文字命名,代号是用字母和/或数字组成的字符串命名。代号命名可表达产品的一个或多个属性的分类关系,例如,表达品种、主参数规格、型谱型式等的代号。通过产品代号命名,可简洁表达和方便辨别产品的属性和规格关系,且实现产品品种规格表达的唯一化。

27.4　产品品种规格的优选原则

产品品种规格标准应有助于产品品种规格的优选。为了理性地指导标准中品种规格的优选，需要建立科学的优选原则。优选原则内容需要具有产品特点的针对性，才能发挥原则对品种规格准确选取的价值作用。切忌提出一些空泛的大道理式的原则。优选原则主要有两个方面的用途：一是用于指导对标准中的品种规格的选用，二是用于指导对标准进行未来新品种规格的补充。

品种规格的优选原则主要可有“性能优先”、“先进性”、“经济性”、“节能性”、“安全性”、“方便性”、“耐用性”、“紧凑性”等原则，这些原则对各类产品具有普遍性意义。但对于某种具体产品，这些原则既不是全部都需要，也不是就全够了。对于某类产品品种规格标准优选原则的确定，可在借鉴以上原则的基础上，进行必要的剪裁或补充即可形成。原则选择确定后，要对每一条原则结合具体产品描述其针对性的内涵，以指导标准的使用和维护等。没有产品针对性内涵的原则是不具有可操作性的，因此在每条原则里要写清楚特定内容，例如，在车辆灯具品种规格标准的“节能性”原则的内涵里，表明应以省电的 LED 光源代替发光效率低的白炽光源；又如，在保险器品种规格标准的“方便性”原则的内涵里，表明应以方便的插拔保险器代替紧固式的换丝保险。

27.5　产品品种规格的优选

产品品种规格标准中的品种规格是通过科学研究选择出来的。优选研究的主要内容有：品种规格的搜集、统计、分析；研究确定产品发展的主参数和辅参数；选择适合的参数系列化的数学模型；对产品进行发展的顶层设计；应用优选原则对现有产品品种规格进行压缩；对顶层设计结果和压缩优选结果进行协调，提出标准中的品种规格优选方案。

产品品种规格的搜集、统计需要设计一个表格来进行。表格的设计关系到品种规格统计的质量和统计的工作效率。统计信息不全面将会影响品种规格选取的分析，甚至导致统计工作返工。统计表的信息项，一般可包括对象名称、型式、规格参数、性能、重量、外形尺寸、功耗、价格、寿命、安全等级、用途、应用的产品型号、产品图或照片等。品种规格统计时最好按类别属性相同的集中，如开关品种规格分别按钮式、旋转式、钮子式、翘板式等型式集中。在同一类别中，规格按从小到大排序。对初步完成的统计表，应用产品的分类关系进行检查分析，看是否有未统计的缺类，如果有，再进行补充统计。对产品品种规格的统计表进行研究，确定形成支配品种规格发展的主参数、辅参数和型式等，如开关按手动操作型式、工作电流、电压、尺寸等，发动机按输出功率、缸径尺寸、汽缸数、汽缸布置方式等。品种规格主参数选择后，选择主参数系列化适用的数学模型。参数系列化的数学模型主要有感觉系列、组数系列、等差数值系列、等比数值系列、模数系列、指数系列等。感觉系列主要适用于人体器官感觉相关的参数，组数系列主要适用于货币面值系列，等差数值系列主要适用于尺寸绝对值增减限制关系的数值系列(如鞋子、衣服、帽子、锅尺寸等),等比数值系列主要适用于数值相对值增减限制关系的数值系列(如车辆的吨位、动力功率),模数系列主要适用于建筑材料、包装箱尺寸等,指数系列主要适用于声音、电信号等系列[2-4]。产品品种规格标准的研制,不仅是对现有的不合理品种规格进行压缩,更重要的是指导、引领和规范未来发展,因此需要对产品的品种规格发展进行顶层设计。产品品种规格发展的顶层设计是:从产品最大可能的用途范围来考虑和规划产品的品种规格发展,对主参数按一定规律进行科学离散,形成一个分布合理、能以较少品种满足大部分使用需要的数值系列关系,构建技术资源充分利用、以最少的品种规格覆盖最大用途范围的价值系列。顶层设计的系列数值关系最好要参考统计形成的事实参数系列,即由使用频次多的参数形成的"多数系列"。产品品种规格的压缩可以事实参数系列为依据,使现有品种规格参数值向事实参数值相近归并,同时对不符合优选原则的品种规格进行性能、先进性、安全性、质量、操作性、经济性等问题的淘汰和剔除,形成优选的事实参数系列方案。将事实参数系列方案与顶层设计理论参数系列方案进行融合与协调,确定品种规格标准的参数系列方案。标准的品种规格参数系列建立的协调原则是:事实参数与理论参数不一致时,事实参数为多数情况的保留事实参数,事实参数为少数情况的,保留理论参数;当研究提出的理论系列证明比实际系列有突出优势时,也可以直接将理论系列制定为标准。品种规格参数系列标准内容形成后,要对标准中的每一个品种规格进行应用的各项指标关系的适用性分析。当标准中的品种规格证明完全适用后,还应进行品种规格发展的覆盖全面性分析,要保证标准中确定的品种规格能覆盖全面的发展需求。

27.6 产品品种规格标准的管理内容

产品品种规格的控制既要靠技术关系,也要靠管理关系。为了支持产品品种规格标准的有效、正确使用和维护,标准中可以规定管理内容。标准规定的管理内容主要涉及五个方面:一是使用标准中品种规格的管理;二是不使用标准中品种规格的管理;三是标准中增加或剔除产品品种规格的管理;四是标准中执行程度不同的内容;五是品种规格定型相关的管理。这五个方面的管理内容对品种规格标准具有一定的通用性,本章对五个方面的管理给出了以下典型的管理内容,供该类标准制定参考。

(1) 产品设计采用标准中的品种规格时,不用再进行重复设计,只需要在设计文件中填写标准编号和所选定品种规格的命名即可(含产品品种规格设计图样的标准)。

(2) 产品设计时未采用标准中的品种规格,要新设计时,需要按有关规定办理申请手续，待申请批准后，方能进行新品种规格的设计。

(3) 当需要增加或剔除标准中的产品品种规格，增加或剔除的品种规格数量不多时，应办理标准修改手续，通过标准修改单进行增加或剔除；当增加或剔除的品种规格数量较多时，应申请标准修订，通过标准修订工作进行增加和剔除。

(4) 标准中强制执行的品种规格要优先使用；标准中过渡使用的品种规格不具有长期的存在性，应限制在特殊情况下使用，特殊情况的含义由相关管理部门解释。

(5) 标准中的品种规格经过定型的可直接采购，未经过定型的应按其技术要求进行复验或验证后采用。

27.7　产品品种规格应用指导关系的设计

标准建立的品种规格是优化精选出来的，精选出的标准品种规格是能覆盖和替代淘汰了的品种规格的，这些覆盖和替代关系往往只有标准研制者知道，标准的使用者并不知道这个技术背景。为了帮助标准使用者正确用好标准，标准中应提供标准应用的指导关系。在标准中可以设计一个资料性附录，对标准中具有品种规格覆盖和替代关系的，列出其覆盖和替代被淘汰品种规格的关系，用于指导标准中品种规格的应用。另外，在产品品种规格标准中，还可以设计一个资料性附录，对标准中规定的品种规格列出适合应用的产品对象、安装位置、作用效果等信息，以帮助标准的应用。标准中的一个品种规格通常是“一对多”适用的，即一种品种规格一般可适用于多个应用对象，必要时，可在标准中的适合位置，说明或标明品种规格广泛适用的特点和性质。

参考文献

[1]　麦绿波.产品标准的研制方法[J].标准科学，2014，(5)：6-10.
[2]　麦绿波.系列化的理论和设计研究(上)[J].中国标准化，2014，(3)：45-49.
[3]　麦绿波.系列化的理论和设计研究(中)[J].中国标准化，2014，(4)：57-60.
[4]　麦绿波.系列化的理论和设计研究(下)[J].中国标准化，2014，(5)：81-84.

第 28 章　命名标准的研制

28.1　命名标准的概念和用途

命名是赋予对象规范性标志或标识的行为。命名的通俗含义就是取名。命名标准是对预定对象进行规范性取名的规则和要求。命名标准本质上是赋予对象"身份标志"和/或"身份标志"管理等的标准。命名标准的命名不是从人文角度进行的命名，主要是从技术或专业角度进行的命名，不考虑人们对对象寄予的期望等人文表述(如"发财"等)，主要考虑对象的科学分类关系，将分类特点反映在命名对象的名称上。命名标准一般不只是采用文字名称给对象取名，更主要的是采用代号给对象取名。用代号取名不仅可避开不同相近对象文字取名难以避免的名称重复问题，而且还可用简短的代号避免名称过长的问题，代号命名能够很容易地实现名称的简化和唯一化。对于产品而言，给其命名代号就是给产品赋予型号，因此有些标准也称为产品型号命名标准。对于材料而言，给其命名代号就是给材料赋予牌号。型号和牌号分别是产品和材料种类的唯一化名称。命名标准通常是用于给对象种类赋予唯一化名称，或用于给每个个体对象赋予唯一化名称。给种类命名是种类对象里有多于一个的相同对象的情况，如产品型号等；给个体对象命名是被命名对象本身就是唯一的情况，如建筑物地址、个人身份等。命名标准的作用只是规定命名的方法，一般不是规定对象命名的结果，命名结果通常是分类代码标准的内容，而命名标准是规定命名管理的规则和方法的。

命名标准的对象可以是任何需要命名的对象，可以是产品、材料、地址、人员身份、文件、事项等，数量比较多的命名标准是产品型号的命名标准和材料牌号的命名标准。需要用标准进行命名的对象，一般是发展比较多和比较快的对象或种类规格比较多的对象。

用命名标准命名可实现命名的科学性、规律性和协调性。用命名标准命名可解决随意命名带来的命名重复、表达复杂、不协调、不易识别、不易记忆等问题。用命名标准命名可实现高质、高效的取名，提高命名的质量和效率，同时还具有命名的权威性。命名的权威性和科学性是命名容易被认可和接受的要求。不具有权威性和科学性的命名不容易被广泛使用和持续使用。

命名标准与信息代码标准看起来相似，但实际上是不同的，主要在作用上、用途上和表达形式上不同：命名标准的作用是给出命名对象代号名称的编制方法，而信息代码标准的作用是给出对象的分类和代码结果;命名标准命名的名称代号主要是要考虑供人识别、称谓、表述、交流、维护等使用,也包括供计算机管理系统使用,而信息代码标准采用的代号主要是考虑供计算机信息存储、识别、交换、处理等使用,一般不用考虑人的使用需求;命名标准命名的代号主要采用便于人识别、记忆和交流的字母的,或以字母为主数字为辅的组成形式,而信息代码标准采用的代号主要采用便于计算机信息存储、识别、交换、处理使用的数字的,或以数字为主字母为辅的组成形式的。

命名标准的建立出自对大量对象种类状况的管理需求,或对象种类快速增长的管理需求。由于产品、材料、文件等生成大量的种类、规格、牌号、款式等,需要对每一种或一个对象进行唯一性命名,以实现对它们的准确管理和系统性管理。解决这些对象种类或个体唯一名称的有效途径是采用命名标准。命名标准既为这些对象提供科学命名的方法,又为对象的"起名"确立了合法性地位。命名是对象名称统一化的工作,需要专门的机构来统一管理,以保证对象命名的唯一性和有序化。命名工作如果不是由专门的机构来统一管理,而是由各命名对象产生者自己命名,即使大家都使用了相同的命名标准,也会造成不同对象的相同命名和相同对象的不同命名等混乱现象产生。所以,统一化的命名通常要指定或授权专门的机构来统一管理。

命名标准命名可实现命名对象管理的规律化和有序化,并能科学、规范地给予对象简明的名称。命名标准主要有三个方面的用户:一是命名的管理机构使用,用标准作为赋名的依据;二是命名对象产生者使用,用标准指导编写对象命名申请和申请提交工作;三是命名对象的使用者,根据标准的命名规则解读命名代号表达的含义。有了命名标准不仅使命名能够统一,也方便了命名对象的管理,还方便了涉及命名对象身份的技术、贸易等的合作交流与文件起草等。

28.2　命名标准的类型

命名标准的类型是围绕命名需求形成的,这些标准类型可从多个角度分类。从命名对象的角度,命名标准可分为产品命名或产品型号命名、材料命名、软件版本命名、文件命名、方法命名、谱系命名、地址命名、用户命名等标准。产品有各技术专业的产品,如机械、电力、电子、机电、光电、化工、生物等,产品命名是一个庞大的命名体系,每个技术专业的产品都会有自己的命名标准,大的技术专业的命名标准甚至要拆分成多个子专业产品来建立。材料命名也是一个庞大的命名体系,材料可按材质、性能、规格等建立命名标准,如按材质分就可分为黑色金属、有色金属、塑料、橡胶、木材、石材、陶土等材料。软件版本命名是针对软件的变化进行的命名,以便对各类软件变化的每个版本进行识别,同时用于软件改进的维护管理。

文件的命名是用于对文件的产生取名和文件变化的维护管理，命名可给文件身份标识、产生年代、变化状况或类别等信息，便于文件的标识和查找，典型的文件命名有技术文件命名(或图样代号)、标准的命名等，如用“产品代号＋组部零件代号＋尾注号”对技术文件的身份进行命名、用“标准代号＋标准编号＋年代号＋标准名称”对标准的身份进行命名等。方法命名是对大量的和不断产生的方法进行命名，以便于对方法的管理，如加工艺方法命名可针对不同的加工方式、加工内容、加工材质等进行工艺方法命名。谱系命名也是一个巨大的命名对象体系，如基因谱系命名，涉及动物、植物等大量的种类，具有复杂的类别关系，可按基因的结构、特性等分类，通过科学分类，既可实现对最小种类命名的唯一性，也可实现对每个个体对象命名的唯一性。地址命名的对象主要是网络系统的地址、地域的地址等，这里的网络地址是一个广义的概念，有信息网络地址、电力网络地址等，地址的属性有物理地址或逻辑地址等，地址命名要求每个地址是唯一的。用户命名一般包括用户名和用户地址，命名可用文字、数字、字母表示，为了简明也可用字母和数字代号表示，用文字进行注释。用户的命名的对象有电力用户、自来水用户、煤气用户、信息网络用户、通信网络用户等，用户的命名是个体唯一的。

从命名对象身份的深度，命名标准可分为个体命名、类别命名等标准。个体命名是一对一的命名，即一个名称对应一个具体对象，作用是给对象发放简化、唯一化的名称，如地址命名、用户命名、人的身份命名等。凡是按个统计的对象，如地址对象、用户对象等，都有一对一命名的需要。类别命名是一对多的命名，即一个命名对应一个种类，或者说同一种类中的所有对象拥有的是一个命名，作用是给相同个体相同的名称，如产品、材料、文件等的命名。相同的型号产品、相同的生产批产品、相同的材料等一般用分类命名(一对多命名)。在类别命名中，同样是一对多的命名，有些对象的类别命名是比较细的，如型号产品、材料牌号的命名等，有些对象的类别命名是比较粗的，如基础性原材料的命名等。

从标准内容组成关系，命名标准可分为命名管理、命名规则及分类、命名规则及分类和管理等标准。命名管理标准主要是给出命名的管理关系，明确命名由什么机构负责、命名如何申请、命名审批程序等，命名的方法性内容由管理机构自己选择确定，是用于统一管理命名使用的标准。命名管理标准的另一种用途是，要控制命名结果含义的知悉范围，用于对保密性对象的命名。命名规则及分类标准主要是给出命名的规则和命名的方法，规则明确了命名代号如何编制，分类给出了命名对象的分类关系，供编制命名代号使用，但不包括命名的管理关系，是一种供相关方普遍使用的公益性标准，如供各企业相关对象的自己命名使用。命名规则及分类和管理标准主要是给出命名的管理、规则及分类关系，是一种内容比较全面的命名标准。

从命名对象的变化角度，命名标准可分为对对象增长的命名标准和对对象变化的命名标准。对对象增长的命名标准是对不断出现的对象种类或对象个体给予命名代号,是对象“出生”的命名,如产品型号的命名。对对象变化的命名标准是对一种对象的不断变化给予命名代号,是对象“变化”的命名,如文件版本的命名。

从命名实施的角度,命名标准可分为对象用户自己使用的、机构统一命名管理使用的、机构和对象用户共同使用的等标准。对象用户自己使用的标准是指对象产生用户和对象使用用户自己使用的标准,这类命名标准主要是规定命名的规则和分类内容。机构统一命名管理使用的标准主要是命名管理标准或命名规则及分类和管理标准,这些标准给机构的命名管理提供了操作的依据。机构和对象用户共同使用的标准主要是命名管理标准和命名规则及分类和管理标准,这些标准给机构的命名管理提供了操作的依据,给对象用户提供了办理命名申请的指导。

从不同角度对命名标准的分类和讨论,相当于从多个维度了解和认识命名标准的范围、需求、特点、内容构成及用途等。

28.3　命名标准研制的主体定位

制定一个好的命名标准是一项标准研制工作[1],需要进行深入的研究工作,这些研究需要基于熟悉命名对象的类别、特性、使用等。命名标准的研究需要广的专业知识面和强的综合能力的支持。命名标准的研究内容主要包括五个方面:①标准类型的确定;②标准内容结构的确定;③命名代号的编号方法研究;④命名对象的分类方案研究;⑤命名的管理模式研究。这五个方面的内容构成了命名标准的核心内容或核心要素,是命名标准研制的重点研究内容。命名标准的类型及其内容结构是命名标准的主体,标准的主体定位主要是研究确定标准的类型及其内容结构,它们是标准的根基和框架,决定标准的内容组成和用途的大方向,是标准内容的引导和基础架构。标准的主体关系到标准的研制目的和用途,有正确的标准主体才能引导研制出符合预定目的和用途的标准。本节主要讨论标准主体的定位,标准的命名代号的编号方法、分类方案和管理模式在下面几节中讨论。

28.3.1　标准类型的确定

命名标准主体定位的首项内容是标准类型的确定。标准的类型关系标准服务什么对象、由哪些内容组成和标准用于什么等问题,因此标准类型需要多个维度的要素来确定。28.2 节从多个角度论述了命名标准的类型,由此看出,一个类型维度是难以定位完整的标准类型的。因此,标准的类型确定,需要几个类型维度来完整反映。本章采用标准的对象、内容组成、命名深度三个维度来确定标准的类型。标准的对象维度是指标准服务的使用对象,如产品、材料、文件、方法、地址、用户等。标准的内容组成维度是指标准内容的组成功能,如命名管理、命名规则及分类、命名规则及分类和管理等。标准的命名深度维度是指标准命名到的层次深度，如命名到个体(一对一命名)、命名到类别(一对多命名)。根据以上设计的三维要素的标准类型确定关系，构建出一个标准类型确定空间，如图 28-1 所示。每个命名标准研制前，可根据标准命名的对象、内容组成、命名深度三个维度的需要来定位命名标准的类型，并根据标准的类型确定标准的内容结构关系。

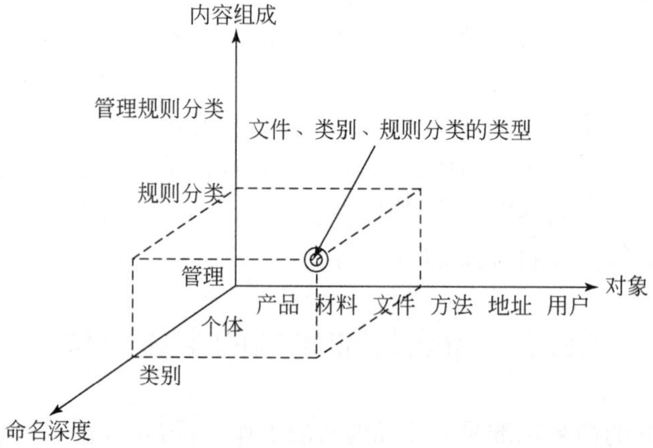

图 28-1 命名标准类型确定的关系空间

28.3.2 标准内容结构的确定

标准的内容结构是标准的骨架，要根据确定的标准类型来搭建。为了方便各类命名标准的研制，下面搭建一个比较全面的命名标准的内容结构，给命名标准的构建提供一个范例性的典型结构，具体结构如下：

(1) 范围(主题内容和适用范围)；

(2) 规范性引用文件(本标准所引用的标准和文件)；

(3) 术语和定义(在本标准中有特定含义的术语及定义和需要定义的术语)；

(4) 总则(总体性和原则性要求，如唯一性、完整性、多用性、不变性等)；

(5) 命名组成(命名组成的图形和文字表达等)；

(6) 命名编号方法(命名代号的编号关系设计，代号和名称的给法)；

(7) 命名分类方案(设计命名对象的分类关系，给定各类别的字母代号)；

(8) 命名示例(给出新对象常规、功能、系统级、改型、增加类别等命名示例)；

(9) 命名管理(统一管理机构、命名要求的范围、申请命名的时机、申请填写、申请提交、申请批准、补充申请别名、命名使用等)；

(10) 附录(申请表格式或类别用途说明等)。

标准的第一章“范围”主要规定标准的主题内容和适用范围，适用范围应明确适用的对象面，对新对象和老对象的适用关系。第二章“规范性引用文件”不是必备章，如果标准中无引用文件，可不设这一章，但标准中的命名名称如果涉及大量标准术语，应引用相关术语标准。第三章“术语和定义”不是必备章，但应保留，用于定义与命名名称密切相关的术语，如“基本名称”、“名称”、“型号”、“改型”、“命名”、“正式命名”、“别名”等，以便对标准内容的准确理解。其他章设置可根据标准定位的类型决定取舍。命名申请表的格式可放到附录里。命名对象的分类及代号如果篇幅太大，也可放到附录中，但应作为规范性附录。以上命名标准的结构由两部分组成，一部分是依据《标准化工作导则 第 1 部分：标准的结构和编写》(GB/T 1.1—2009)[2]确定的标准的通用结构，另一部分是为命名标准设计的特色结构。

以上设计的命名标准结构是一个内容相对全面的结构，具体的命名标准可直接采用这个结构，或根据标准主体定位的标准类型对以上结构进行裁剪采用，也可以根据需要增补标准结构。以上命名标准各章的结构顺序不是必需的，可根据标准的定位进行调整。

28.4　命名代号的编号方法

标准的命名代号的编号方法是命名代号的结构、表达关系和编号规则的内容，通常要求代号具有唯一性、识别性、简明性、涵盖性、维护性等。命名的唯一性要求每一个命名，无论是种类对象命名还是个体对象命名，在命名的名称集中的每一个代号名称不能有重复的，以保证命名对象身份的唯一性。命名的识别性要求命名的代号应具有经人阅读学习后能知道代号所表示的对象的身份或特征，这一性质要求命名的代号能服务人的直接使用和人与人之间的交流。命名的简明性要求命名的代号要尽量简短，以最少的符号表达最多的信息量。命名的涵盖性要求命名的表示结构具有很大的包容量，能涵盖当前的命名对象，也能涵盖未来的命名对象，这主要依靠命名代号采用的编码关系选择合理性。命名的维护性要求命名代号能反映对象的变化，用以标识同类对象的变化和顺序。命名代号的编号方法在落实满足“五个性”的要求上，要研究编号结构的组成关系、代号长度、涵盖的含义范围和符号采用等。命名代号的编号方法建立的研究工作是代号资源能力的设计，如果代号资源能力设计得不够，将不能满足命名对象不断增长的需要，代号资源能力设计得过大，将会带来代号使用和管理的时间与空间占用的浪费。

本节的命名代号的编号方法主要对应 28.3 节标准结构中的第四、五、六、八章的内容。第四章为“总则”，主要是列出该标准的总体要求和原则性内容的条款，如命名的唯一性、简明性、易识别性、完整性、多用性、不变性等原则的具体条款。“完整性”是指命名的内容和表达的完整性，如产品命名包括型号和名称，且包括对应的英文名称。“多用性”是指对对象正式命名后，允许根据需要增加“别名”或“商名”等，使命名在正式用途之外可增加其他需要的用途名称，如给命名的产品型号增加“别名”——“飞狐”，用于产品的形象表达和商业宣传，以促进产品销售。“不变性”是指命名代号一旦用于某个对象，将不再用于其他对象，以避免命名改变对象带来的混乱。“总则”中的条款要有针对性的操作内容，不能写成空洞的口号。

第五章为“命名组成”，主要内容是给出命名的表达组成关系，一般用命名表达关系的组成图表示，以帮助对命名表达关系的理解，如图 28-2 所示。命名的组成一般由代号部分和名称部分组成，“代号”和“名称”中的“型”字不是必有的，是产品命名的组成情况。图 28-2 是一个产品型号命名组成关系的示例，其他命名对象可参照这个命名组成，按自己的命名需要构建其命名组成关系。

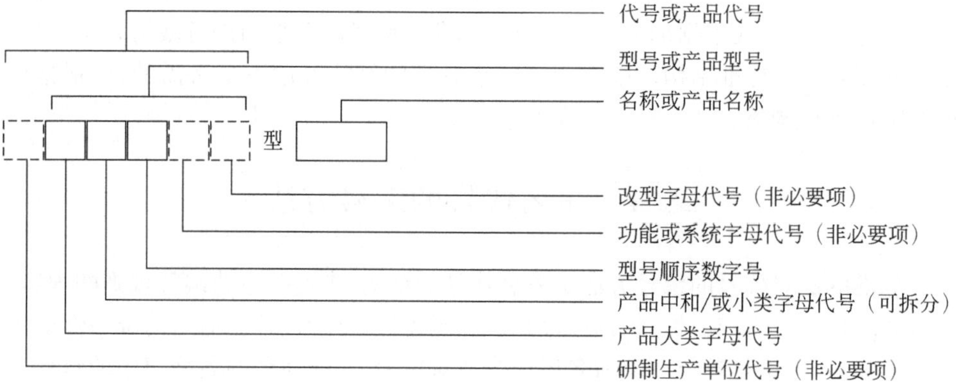

图 28-2 产品型号命名组成关系示例

第六章的“命名编号方法”主要是规定命名组成中的代号和名称的给法等内容。从命名简明的角度，希望代号位数少，从命名覆盖能力宽的角度需要代号位数多，因此代号位数少和命名覆盖能力宽是一对矛盾，应合理综合设计。在代号每位符号的选择上，应考虑其表达能力，如数字的表达能力是 10 个，字母的表达能力为 24 个(如不考虑用 I、O 字母)，字母加其他符号的表达能力在 30 个以上(含@、#、¥、&、+等)，应全面分析权衡决策。为了简明和信息系统管理的方便，命名中的代号或型号应用字母和数字表示。字母可以用汉语拼音或英文字母，无论是用汉语拼音或英文字母，通常选择表达意思的第一个字母。对于需要进行国际交流或交往的命名，最好采用英文字母。代号应尽量简短，一个层次的分类(如大类、中类、小类)用一位字母。字母用大写字母表示，以示庄重和减小与数字混淆的情况。与数字相邻的字母不使用 I、O 字母，以免与数字的“1”和“0”混淆。

为了详细说明命名方法，以产品为例进行说明。对于其他对象的命名方法可比照产品的情况进行相应转换。命名代号中的字母主要用于表示分类、功能、系统、改型、单位等。对于产品对象,“研制生产单位”、“功能”、“系统”、“改型”等代号不是必有代号,根据发生的情况或需要给出。某个相同型号产品由多家单位研制生产时,当需要区别来源时,可在代号的头部加“研制生产单位”代号。对于产品类别,某些类别“功能”比较多,可加“功能”字母进行区别,以免错供和错买产品。当某类产品有同名的“单体”和“系统”产品时,可加“系统”字母代号加以区别,因为系统产品和单体产品在组成、功能和价格等方面都有很大差别。当某型产品发生“改型”情况时,需要在原型号后加表示“改型”的字母,如对“改型”对象进行“改进”需要可在“改型”的字母后再加数字。“改型”的先后顺序一般按字母顺序从“A”开始排序,“改型”的“改进”按阿拉伯数字顺序从“1”开始排序,如“改型”“A”的第一次“改进”的代号为“A1”。产品命名中的“改型”和“改进”表达,是对产品变化表达的一个巧妙方式,用很简单的字母和数字表达清了原型号变化的关系。如果“改型”用文字进行表达,可能用许多文字也难表达清一系列的变化关系。命名代号中的顺序数字号部分是用于顺序表示命名对象最小类别的数字号或每种最小类别中个体的数字号。顺序数字号按自然数(1、2、3、…)从“1”开始顺序编号。命名中的“名称”,一般是给最小类别或最小类别中个体的“名称”,并在“名称”中反映一些产品的结构、功能等特征,以标识最小类别或小类别中个体的身份,使其具有可识别性。用“名称”命名类别或个体中难免会出现重名,此时身份的区别主要靠命名的“代号”。需要进行对外交流或交往的命名对象,“名称”应分别有中文名称和英文名称。完整的命名使用应包括“代号”和“名称”,为了简化命名的使用,也可以只使用“代号”。“代号”部分对于类别或个体都是唯一性的,是不会重复的,而名称是有可能重复的,也允许重复。

第八章的“命名示例”主要是针对各种命名情况,给出具体示例,以便对命名方法的理解和使用提供具体参照。对于命名标准,示例是非常重要的章节,因为命名代号中的每位字母和数字都存在多种选择的可能性,没有示例很难清晰理解和正确使用标准。系统性地给出各种情况的示例,使命名的操作一目了然。

命名的编号方法,既要考虑对当前命名的需要,也要考虑对未来命名的需要,还要考虑命名代号人工管理的适应性和计算机信息系统管理的适应性,因此命名方法的研究是一个多维度的研究,是一个命名对象的适用性、容量的适应性、发展的适应性等研究。

28.5　命名对象的分类方案

命名标准的第七章为“命名分类方案”,主要用于支持命名对象的代码编制,是命名标准中专业性要求很高的部分,是命名对象的科学分类方案研究内容,如果命名对象是复杂对象,这部分将是命名标准所占篇幅最大的部分。对象分类方案的建立可基于对现有品种的统计，然后分析提出合理的分类方案；对象分类方案也可以采用本专业已建立的分类关系；对象分类方案还可以对已有分类方案进行修改建立。分类可以按对象的用途、技术专业关系、结构关系、组成关系、规格关系、形状关系等之一进行分类，也可以用多个属性进行分类。使用多属性进行分类时，要避免等价的和高度相关的多属性一起使用。如果使用多属性，最好使用不相关或弱相关的多属性一起进行分类，这样才能增强对象分类的细化能力。第七章中的“分类”研究成果应通过表格形式进行表达，如图 28-3 所示。图 28-3 中的类别中文名称、代号、说明为必需项，其他项可根据需要进行增加和删除。分类的代号通常用字母表示。

×××分类及代号

类别中文名称	类别英文名称	代号	说明

图 28-3　分类及代号表式样

必要时，为提高命名对象的容量，对象的分类的层次应该多一些，如分为三层类、四层类等，这样既可以提高命名对象的容量，还可以提高命名对象的信息分辨能力。命名对象的分类研究也是命名对象用途或品种等的顶层设计性质的研究，具有规划对象发展或布局的战略性意义。

28.6　命名标准的管理内容

命名标准中的第九章为“命名管理”，主要是研究命名的管理模式，研究命名的申请、编号、批准、使用和维护等的程序和要求，涉及命名由谁管、管什么、怎么管等问题。命名申请主要是明确申请的对象、申请的条件、申请的程序、申请表的格式、申请的填写要求等内容。命名的批准有三种模式：一是统一命名和批准；二是产品研制生产者自己命名和批准；三是产品研制生产者自己先命名再由管理机构统一协调后批准。对于需要统一的命名，命名的编号只能由指定的一个管理机构统一给定，以避免编号重复和留空等问题产生。命名的使用在标准的管理部分应进行明确，如用于作为研制和生产对象的身份、销售身份、对象信息管理等。命名管理的维护内容主要体现在：对已命名对象的维护；对标准中没有的新命名类别进行增加的维护；对不可能再使用的命名类别进行剔除的维护等。

命名标准的管理，应给出分类增加的管理条款。在标准制定时，把所有可能的类别都考虑全是不可能的。如有增加类别时，马上修订标准也是不现实的，因此标准应给出类别增加时如何进行命名的规定。命名类别的增加管理有三种情况：在标准相应的类别中自行增加类别（命名不需要统一管理的）；办理规定的程序手续增加类别（命名需要统一管理的）；增加类别的备案和公示（命名需要统一协调但不强制的）。产品型号命名的增加类别主要有专业类别、现有类别中的下层次类别、功能类别、系统类别等。

参考文献

[1]　麦绿波. 标准的编制和研制[J]. 中国标准化，2013，(6)：57-61.

[2]　中华人民共和国国家质量监督检验检疫总局，中国国家标准化管理委员会. 标准化工作导则 第 1 部分：标准的结构和编写[S]. GB/T 1.1—2009. 北京：中国标准出版社，2009.

第 29 章　术语标准的研制

29.1　术语标准的概念和用途

术语标准是系统性规定某些领域、学科或专业术语及其定义的标准，以给出术语的规范性名称和准确概念。术语标准主要解决两个问题：一是统一术语的称谓；二是统一术语相应概念的认识。术语标准研制的重点是术语的简明表达、精准定位的研究，以及术语概念的正确性、深刻性和完整性的研究，这些要求是术语标准研制的难点。理论上，每个领域和专业都要有术语标准。而实际中，术语标准的制定重点主要是在技术专业和新兴领域上，因为人文、生活等方面的术语可通过权威性的字典、词典、辞海、百科全书等工具书获得，不必重复制定为术语标准。术语标准统一的术语不应该是几条或几项术语，即不是某类技术的几个术语，而应是具有一定数量规模和分类关系的术语系统，如某类技术专业的术语或某学科的术语等。一个术语标准应是该标准范围内的术语概念体系，要以系统性的思考来构建术语概念体系。系统性制定术语(系统性的术语项)，有利于术语间的概念相互支持、相关性查找和系统性使用的方便。当术语的数量太多时，标准就会过于庞大，难以在短时间内完成标准制定，满足标准的及时性需要，因此术语量过大的标准应进行拆分，如术语数超过 200 个，或是 200 个的倍数时，可将其拆分为若干个术语子标准[1]。当有大的标准研制团队时，标准的术语量是 200 个的几倍也是可行的。标准的术语是标准相应领域和级别范围的权威性共同语言或通用语言，标准的级别越高，这种共同语言的通用范围就越大，如国际标准的术语通用范围大于国家标准的术语通用范围，国家标准的术语通用范围大于行业标准的术语通用范围等。术语标准化是其他标准化的前提和根基，术语标准是重要的基础性标准。术语标准制定，往往是某个领域、专业或标准化技术委员会的首项标准化工作。术语和定义的内容不只是专门的术语标准独有的，它在各类标准中也是普遍拥有的独立章节内容。由此可以看出，术语和定义既是标准化的根本性和基础性内容，也是标准的普遍性内容。本章论述的内容不仅用于指导独立术语标准的研制，也适用于指导其他标准的术语部分内容的撰写。

建立术语标准既是对学科或技术专业学术基础的统一化工作，也是对学科或技术专业重要概念的一次梳理、校准和规范的工作。术语标准是学科和技术专业重要的学术建设工作，它是学术概念的认识基准，具有学术的根基性和基础性的支撑作用，需要专业学识广博、学术认识深刻、抽象思维能力强、文字表达功底深的人来研制，因此应是由学科和技术专业权威性的专家和学者来主导的研究工作。术语概念的精准定义是一项高要求工作，既要有概念内涵认识的深刻性和精准性，又要有概念表达的简洁性和完整性。术语标准的建立是一项严谨、细致、耗时的研究工作，是专家、学者对学术概念的再提炼、再学习、再认识、再统一的过程。一个认真的术语标准讨论会，一天通常只能讨论完几条术语，由此可见专家对术语及其概念的学术兴趣和重视程度。术语概念为人们提供了思维的“细胞”，术语概念掌握的深度和广度将反映一个人在学术上的思维能力和理论基础功底。建立术语概念标准将为学术的理论建设和基础建设发挥重要作用。

术语不统一，将给学术会议交流、论文交流、论著交流等带来障碍，降低相互学习、取长补短的效率，甚至会使相互间的交流产生误解；术语不统一，将使社会性的协作设计、制造等工作难以进行，甚至导致错误，尤其是国际性联合设计和制造的合作工作；术语不统一，还会给贸易、旅游、影视等文化的国际化发展带来不利影响。术语的统一不仅可消除交流障碍，还可以减轻同一概念多个术语的学习负担，也可以避免同一概念多定义差异的理解耗费。

术语主要应用于：学术性会议、政治性会议、贸易展览会、技术合作、贸易洽谈等活动；产品研制、工程建设等设计文件的撰写；企业生产工艺和操作等文件的撰写；服务质量、流程等文件的撰写；项目论证、合同等文件的撰写；交通、公共场所等提示和指示语言的表述；论文、教材、论著等的撰写；学校教学、学术论坛、培训等活动。统一术语是以上活动开展的必要条件，是文件、书籍、论文、资料等撰写的必需要求。有了统一术语，会议交流、业务洽谈等活动才能顺利进行；有了统一术语，文件、论文、书籍、资料等才能被顺畅阅读和正确理解。

29.2　术语标准的类型

术语标准从标准的内容组成角度，主要有两种：一种是“术语型”标准；另一种是“术语和符号型”标准。第一种“术语型”标准只规定术语及其定义，不包括符号内容。第二种“术语和符号型”标准由两部分内容组成：一部分是术语及其定义；另一部分是符号。符号既可以是术语标准中有术语的符号，也可以是术语标准中无术语的符号。术语标准中无术语的符号纳入，一般是这些符号使用很普遍，需要用标准进行统一，但符号对应的术语是很容易理解的普通术语，不需要再专门定义，如“距离”、“高度”等。

从学科的角度，术语标准数量非常多，如按《学科分类与代码》(GB/T 13745—2009)的二级学科分，至少可分为 676 个(标准中的二级学科分为 676 个)，如按三级学科分，至少可分为 2382 个(标准中的三级学科分为 2382 个)[2]。由此可见，需要制定术语标准的种类是非常多的。

从工作的行业分，术语标准的种类也非常多，几乎各行各业都需要有自己的术语标准。

术语标准至少在工业、农业、服务业、科学技术、教育、经济、社会事业等领域都有需要，每个领域都可理出大量的术语标准需求。

29.3 术语标准的结构

术语标准的内容结构主要由格式性结构和主题性结构组成。格式性结构主要由标准的“范围”、“规范性引用文件”、“术语和定义”、“符号”、“参考文献”、“索引”等组成。主题性结构由术语内容的组成所决定，这是标准的核心部分和特色部分。术语标准研制的结构，主要是搭建术语的主题性内容结构。术语标准的主题性内容结构一般由术语的分类方案决定。术语标准的典型性结构为：

(1) 范围(主题内容和适用范围)；

(2) 规范性引用文件(本标准所引用的标准和文件)；

(3) 术语和定义(按术语分类关系，规定术语及其定义的个性章节)；

(4) 符号(按符号分类关系或符号字母顺序，规定符号)；

(5) 参考文献(列出标准建立参考的主要文献)；

(6) 索引(按术语拼音字母顺序和对应词语种字母顺序建立索引)。

标准的第一章“范围”主要规定标准的主题内容和适用范围：主题内容主要是列出术语分类的一级标题名称，如果术语只作为一章，符号作为一章时，主题内容列出术语章中分类的二级标题名称及符号；术语的适用范围以术语标准的用途范围来表述，如“本标准适用于××领域或专业的科研、生产和教学等”。第二章“规范性引用文件”不是必备章，术语标准一般可不设这一章。术语标准保留第二章“规范性引用文件”的情况主要缘于：将某术语标准作为本标准的一部分，在标准正文中写明“××确立的术语适用于本标准，并是本标准术语和定义的组成部分”；本标准与某术语标准共同组成某专业(或领域)的术语和定义时，在标准正文中写明“本标准确立的术语和定义与××协调一致，它们共同组成××专业(或领域)的术语和定义”；本标准中的有些术语和定义项是来自现行已有术语标准中的术语和定义，写法是在摘引的术语的定义后另一行用方括号引出标准编号和条号，如“[GB/T 20000.1—2014，定义 5.2]”。以上三种情况都应在“规范性引用文件”中列出标准正文提及的标准。

“术语和定义”章是术语标准的核心部分，如果标准类型为“术语型”标准，那么“术语和定义”的内容可按术语的分类分为多个章，如按产品组成的层次关系，“术语和定义”可分为基础术语、系统术语、组件术语、零部件术语等章节；如按技术原理关系,“术语和定义”可分为基础术语、A 技术术语、B 技术术语等章节;如按车辆产品组成功能关系,“术语和定义”可分为基础术语、车体术语、动力术语、行动术语等章节。如果标准类型为“术语和符号型”标准,那么标准的主题内容可分为术语章和符号章两章,每章可在本章内按其分类关系用二级标题进行分类。符号章一般是纳入与术语相关且需要统一的符号(符号的术语不一定在标准中)。术语标准一般情况不需要设附录,除非是将相关术语大量引用时。标准研制中的有些术语和定义是由其他标准的术语和定义更改形成的或标准的建立涉及重要的参考文献时,应设立参考文献章,并列出主要参考的文献。术语标准一般需要设索引章,按术语名称的汉语拼音字母顺序排序和对应词语种字母的顺序列出。

以上术语标准的结构是一个内容相对全面的结构,具体的术语标准的结构可根据标准类型的定位对以上结构进行裁剪构建,也可以根据需要增补标准结构。术语标准的结构在标准类型中是比较简单的,结构设计的重点主要是在术语分类的科学性和使用的方便性上。

术语标准内容的研制主要是五个方面:一是术语标准的类型的定位,二是术语概念体系设计,三是术语的分类,四是术语条目的选择,五是术语和定义的研究及表述。

29.4　标准类型定位和术语概念体系设计

本节主要论述术语标准的类型定位、术语的概念体系设计、术语的分类、术语的分层和排序、术语条目的选择。

29.4.1　术语标准的类型定位

术语标准的类型定位由术语标准需包含的内容决定。术语标准的内容只考虑规定术语和定义的,术语标准的类型定位为“术语型”标准。术语标准的内容不仅考虑要规定术语和定义,而且还考虑要规定符号的,术语标准的类型定位为“术语和符号型”标准。术语标准是否需要规定符号内容取决于所规定术语的相应符号在使用中是否统一,或是否存在不统一带来的问题,如果相应的符号使用中比较统一,可不需要专门用标准来规定符号,否则,应在标准中规定术语相应的符号。

29.4.2　术语的概念体系设计

体系是事物按特定关系建立的相互联系的有机整体,是事物秩序化的集合,是系统组成的系统。事物的特定关系可以是结构、功能、性能、形式、能力、概念等。体系有机整体内的联系有上下层的隶属联系、性能输入输出的联系、功能相互支持的联系、能力相互配合和支持的联系、概念包含与被包含的联系等。概念是对客观实体、现象、思考和想象结果的认识表达。概念是思维体系中的支撑要素，是事物本质特征、共同特征或识别特征抽象的认识，是事物认识各层次的知识单元。概念是一个事物区别于其他事物的本质特征或辨识特征描述。术语是由概念抽象出标识概念的简洁名称或指称。

术语标准的概念体系不同于知识的概念体系，不是把所有知识指称的概念都作为标准的术语概念。标准术语的概念体系是精练的知识概念体系，以标准的功能来精选重要的概念，分清易混淆和存在歧义的概念，统一不同认识的概念，改正不准确和不严谨的概念等。术语标准的概念体系是与术语体系相对应的概念体系，是标准术语概念的分类和分层的关联系统。理想的标准概念体系应该层次分明、结构合理，便于下定义和规范指称，也便于协调和容纳不同语言的相应术语体系[3]，能系统性地表达认识对象。概念体系是术语含义的集合，每个术语的概念都有其在体系中的位置。概念体系是通过其指称术语体系化链接的，它是隐性的体系，其显性部分是术语体系。构建术语标准的概念体系的主要工作是确定概念的术语范围、术语的选择、术语的分类和分层、术语命名其及内涵表达。通过这些工作建立的术语概念体系是一个有概念指称、有检索路径、有内涵表达的术语概念体系。术语标准的概念体系应能统一和兼容标准级别适用范围内的各种语言对应的概念体系，如国家标准的术语应能统一和兼容其他民族语言对应的概念体系，国际标准的术语应能统一和兼容其他国家语言对应的概念体系。概念体系的统一和兼容要通过概念体系间的协调来实现，具体的协调方法可按《术语工作 概念和术语的协调》(GB/T 16785—2012)实施[4]。在建立概念体系时，要对术语的理论进行深入研究，最好对术语和概念及其相关的理论词汇有系统性的认识。这些词汇主要包括概念体系、概念、概念域、概念图、层级关系、联想关系、属种关系、整体与部分关系、序列关系、因果关系、时间关系、指称、口头指称、书面指称、术语、缩写词、名称、简单术语、复合术语、优先术语、许用术语、拒用术语、被替代术语、新术语、紧缩词、陈述语、借用术语、缩写词、缩合词、首字母缩写词、截短术语、定义、客体、特征、特征类型、本质特征、区别特征、内涵、外延、个别概念、一般概念、上位概念、下位概念、属概念、整体概念、种概念、部分概念、并列概念、等义现象、同义现象、反义现象、单名现象、单义现象、同形同音异义现象、多义现象、术语集、系统术语集、专门语言、术语工作、术语学、术语工作规则、术语精选、术语编纂、术语标识、术语处理、语料库、语境、术语数据、术语条目、术语词典、词汇、系统排列、混合排列、主题排列、宏观结构、微观结构、语法标记、专业标记、语言标识符、国家标识符、源标识符等[5]。标准概念体系的设计是概念体系范围、概念体系横向和纵向划分(分类和分层)、多概念体系统一和兼容等的设计。

29.4.3　术语的分类

术语的分类也是术语概念的分类，是术语概念体系的横向设计，是确定术语板块清晰“切开”的界面，是使术语之间不重复、不遗漏的界限。术语分类为术语的同类归并提供依据，使术语的表述按类集中，方便相关术语的撰写、引用、查找等。术语的分类一般可按学科分类、原理分类、功能分类、组成分类、型式分类、用途分类、事项分类等。技术性和知识性对象的术语一般按学科、原理分类等。学科分类可参考相关标准、权威论著、教科书等，如学科分类的标准有GB/T 13745—2009《学科分类与代码》[2]。产品的术语一般按原理、功能、组成、型式等分类。管理、服务的术语一般按功能、用途、事项等分类。分类是术语和定义的“口袋”，分类确定得科学、合理，术语就能很方便地找到适合放置的“口袋”，且可使同一标准中不同类别中的术语间不会出现交叉和重复(交叉是指放这个类或那个类都行，重复是标准中有两个或多个相同术语)。

术语的分类除了从学术角度考虑分类外，还需兼顾各类术语数量的均衡性和方便术语查找的习惯性，不要使有些术语类别只有2～3条术语，有些术语分类不符合思维习惯或认识范式。术语分类是学科知识划分的设计工作，是术语标准研制重点讨论的学术性内容之一，需要知识渊博和权威度高的专家、学者来牵头或参与。术语的分类是术语集合的结构化，可对术语集合进行水平结构化和层次结构化。术语标准中的分类能用一种属性分类的，最好是用一种属性分类。当一种属性不能完全表达类别关系时，也可用两种或多种属性来分类。例如，光学术语的分类，用光谱分可分为基础、X射线、紫外、可见光、红外、太赫兹、综合光电等一级类别，因激光有多种谱段的激光，不应将其放入某一光谱中，而且每个光谱都放激光降低了激光的学术地位，同时也不协调，对于这种情况，需要用光谱和原理两个属性进行分类方能合理。术语标准的分类方案一时难以达成一致意见时，可提出两个或三个分类方案，在术语条目准备好后，试着将术语条目放入分类“口袋”中，通过实践比较几个分类方案的优缺点后再决定最终的分类方案。

29.4.4　术语的分层和排序

术语的分层和排序也是术语概念的分层和排序，是术语概念体系的纵向设计，即术语的层次设计和术语条目的排序设计。术语的分层本质上是类别中的分层，要从分类的顶层开始分层。在术语的概念体系中，概念由上位概念、同位概念和下位概念构成。上位概念是层级系统中，可划分为若干个下一级概念的概念[1]；下位概念是层级系统中，可与一个或一个以上概念并列，组成上一级概念的概念[1]；同位概念是层级系统中，同级的并列概念。概念体系的分层设计就是上位概念、下位概念和同位概念划分的设计。

术语的条目排序按:通用到专用排序;出现先后次序排序,即被引用方的术语先于引用方术语;使用频率高到使用频率低的排序。

29.4.5　术语条目的选择

术语分类及其条目是标准的技术框架和纲目,是概念定义建立的导向和位置。标准中的术语不是罗列专业领域中的所有术语,而是对现有的术语进行有针对性的选择。选择到的术语条目才是术语标准的工作内容。术语条目的选择是在广泛搜集的基础上进行的。术语条目的搜集主要来源于相关国际标准、国内标准、学术论文、论著、工程文件、教科书、非术语的其他标准、下层次相关术语标准等。制定术语标准的目的和作用是统一术语的称谓和概念。术语标准规定的术语不是全部术语的罗列,标准中的术语条目主要按以下因素进行选择:

(1) 标准对象相应学科或专业中的重要术语和概念,如学科或专业的基础性、根本性、支撑性的术语,其他术语依赖的术语,使用频率比较高且含义深刻的术语,如黑体、辐射等;

(2) 不容易理解的术语和概念,其涉及深层次的原理和技术关系;

(3) 容易混淆和存在歧义的术语和概念,如相近不相同的术语和概念;

(4) 现行使用的术语与其概念不对应,如术语不能顾名思义到概念的基本内涵;

(5) 术语的概念不正确和有错误的术语,如术语概念的描述与客观现象或科学原理不对应,与普遍认同的概念不对应等;

(6) 随技术的发展和技术变革新产生的术语和概念,即新兴的术语和概念;

(7) 与国际上定义的概念不统一的术语,需进行协调更正;

(8) 对于外来的术语和定义,存在翻译不准确、不正确的;

(9) 概念相同、术语不相同的术语,如抽运与泵浦、激光与镭射等;

(10) 术语相同、概念不同的术语(同专业领域的和不同专业领域的),如放大倍率(光学专业和电子专业都有)、抖动(机械专业和电子专业都有)等,需要按各专业的内涵定义自己的概念;

(11) 同一概念有多术语称谓和多种表达概念,需精简术语和概念,确定优先术语及其概念,优先术语最好只选一个;

(12) 有术语无概念的,术语已出现在出版物中和交流中,但还没有给出正式的概念;

(13) 有概念无术语,概念已出现,还没有给出相应的正式术语;

(14) 术语的概念过于简单和浅显的,需要对术语的概念进行深入性和学术特征性的内涵表达;

(15) 需要用数据才能定清楚的概念而没有数据表述,如红外辐射没有辐射的

波长范围;

(16) 需要用公式才能定清楚的概念而没有公式表述,如激光光束质量评价没有评价公式。

以上术语条目的选择因素,既适用于尚未建立术语标准和需要制定术语标准的情况,也适用于已有术语标准需要修订术语标准的情况。

29.5　术语和定义的表述

同一个标准中,术语和概念的关系是密切的对应或映射关系,最好是一对一的关系,即一个术语只有一个概念,即"单名单义"。必要时,也可是多对一的关系,即多条同义术语对应一个定义或概念,但要有一个优先术语,其他同义术语应是为了术语的统一而过渡期保留的或暂时保留的。术语标准不期望同一概念有多个术语并存。术语和概念的定义绝不能是一对多的关系,即一个术语对应多个定义或概念,如果是术语同名而定义不同义,那么要拆分为多条术语,并注明适用的领域,最好术语的名称要有所区别。

29.5.1　术语的表述

术语的表达应为规范词体,符合以下几项要求:术语用字量要少,简明精干,不需要在术语上体现概念的所有要义,重点体现主要要义即可(术语及概念的书籍除外),使术语易记易读,并节省术语表达的工作量和提高表达的效率,但表达不能粗浅到空洞无实意和空泛无针对性的广泛适用;术语的词性一般应是实义词,即名词、动名词或动词,不应是介词、连词、副词等配合性表达的词,少数情况会涉及形容词;术语的词义要与概念的定义密切关联,具有"顾名思义"的作用,不能词不达意,严禁术语表达的选取与其概念定义毫不相关,甚至是反义表达;不同概念尽量避免使用相同的术语来表达,尤其是同领域的术语,不同领域的不同概念也许难免使用相同术语表达不同概念的情况;术语的用词要考虑方便组合成词组、构词、派生词的使用;术语的用词要精准、简明、易读、兼顾习惯,以提高术语的认同性、稳定性。

29.5.2　定义的表述

术语概念定义的表达是术语标准的核心内容,是术语标准的重要价值部分。好的术语概念定义不仅能用于发挥对术语的理解和辨别作用,而且还能发挥作为权威基准的解释作用,以及对术语的内涵的深化学习和提高学术认识水平的作用。术语的定义可以有三种表达深度:一是给出初步理解概念,起区别术语的作用;二是深化给出概念底层原理的关键支撑要素,使其能服务和支持教学;三是既深化给出概念底层原理的关键要素，又给出密切相关的关系和数据等，使其能服务和支持科研。

标准制定采用的是凝聚专家集体智慧的方式来工作，加上标准要求严谨和一丝不苟的工作态度，以及标准规定的征求意见、审查等严格程序环节所发挥的协调和把关作用，使标准的成果可比其他出版物能更被公认、更加完善和可靠。高质量的术语标准要从术语定义的叙述形式和内容两个方面下工夫方能实现。

在术语概念定义表达的形式上：可用文字表述，也可用文字、公式、图形、表格进行表述；术语定义不采用以术语作为主语和加系动词等重复性和多余性的引导方式表述，例如，“标准化”的术语定义不应以“标准化是……”或“是指……”等类似重复性和多余性的语言来引导定义的内容；也不应采用多余的托底式表述方式，例如，“用于……的术语”或“表示……的术语”；不应自定义或循环定义，例如，不应将“光阑”定义为“用于遮挡光线的光阑”；概念的定义要用简洁、准确、充实的语言来表达，不能像写教科书或论文那样长篇大论，要言简意赅地抓住概念的本质含义，但又不能丢掉支撑概念必要的诸要素；术语定义不能悬空，要有反映术语本质的准确承接落地的主词，一般用宽泛性概念的词作承接落地的主词，如“××技术”、“××活动”、“××方式”、“××方法”、“××现象”、“××功能”、“××特性”、“××过程”、“××状态”、“××文件”、“××条款”、“××措施”、“××设备”、“××仪器”、“××装置”等，例如，“规程”的定义不能写成“为设备、构件或产品的设计、制造、安装、维护或使用而推荐惯例或程序”，应写成“为设备、构件或产品的设计、制造、安装、维护或使用而推荐惯例或程序的文件”[6]，不能没有承接落地的主词“文件”；术语概念定义的落地主词要准确，不能错配，例如，“规范”的定义为“规定产品、过程或服务需要满足的要求的文件”[6]，不能写成“规定产品、过程或服务需要满足的要求的条款”，落地主词应为“文件”而不是“条款”；术语概念的定义不应写成要求[6]，不能按要求的语气来写，例如，“规范”的定义不能写成“应规定产品、过程或服务需要满足的要求的文件”。

在术语概念定义的内容上：要避免过于笼统，无实质性具体内容，写成“既无错也无用”的术语概念定义；表达概念的内容不能层面太高，概念定义的内容应深入到原理、机理、功能等本质性的概念内涵要素中，以使定义能发挥提供深化学习、深刻认识、深入研究等作用，而不仅仅是起对术语大概了解的作用(存在许多术语写得太简单，只能起对概念大概了解的作用，甚至不足以支撑了解，这种术语对本专业的人员没有用，对非本专业的人员也没有用)；标准中的有关术语定义最好能发挥技术基准依据、判断基准、计算依据、评价依据等技术基准和依据作用，应在定义中给出权威性的可靠数据、公式等，为学科或专业的科学研究、产品设计、教学等提供权威技术依据，如“光学辐射”的术语定义为“波长范围为 0.01～1000μm 的电磁辐射”，“明视觉”的术语定义为“环境亮度大于 3cd/m^2时的视觉特性”等；概念定义的表述既要深入实质性的理论和技术要素，又不能写得过于啰唆，要抽象本质性的全面要素；概念定义要以表达内涵为主，外延为辅，不能以外延表达概念定义，因为内涵是概念的本质特征并能言简意赅地覆盖概念，而外延是概念的各种表现形式，需要大量枚举才能覆盖概念。

29.6　术语标准的表述格式

术语标准的主题性内容由大量的术语及其概念定义的表述组成，即由术语项的表述组成，这些术语项要按规定的格式进行表述，术语项的表述符合了规定格式，才是规范的表述。术语项的表述格式的掌握主要是掌握常规表述格式和全面关系表述格式。

29.6.1　术语项常规表述格式

术语项常规表述格式是术语标准中用得最多的表述格式，或者说是一种简洁的表述格式和主流的表述格式。术语项常规表述格式的要素主要有术语的条目编号、优先术语、其他语言的对应词、概念定义[1]，其组成关系如图 29-1 的 3.3 示例所示[6]。在术语标准中，大部分的术语项都是用如图 29-1 的 3.3 所示的常规表述格式来表述的。术语项常规表述格式为：术语的条目编号字体用黑体，置于条目起始顶格排；优先术语字体用黑体，置于条目编号后，另起一行空两个字排；其他语言的对应词字体用黑体，如果只有一种语种（通常是英语），空一个字排在优先术语之后；概念定义字体用宋体，置于对应词之后，另起一行空两个字排。概念含义除了用文字表述外，为了深化表达，也可增加公式、图形和表格的表述方式，公式、图形和表格的表述格式按有关标准的规定。

3.3 　　**指南　guideline** 　　给出某主题的一般性、原则性、方向性的信息、指导或建议的文件。

图 29-1　术语项常规表述格式示例图

一个术语项，一般只选一个优先术语，如果需选取多个优先术语，则每个优先术语独占一行，并配对应词，字体用黑体，如图 29-2 的 3.4 示例所示[1]。

3.4 　　**自然数　natural number** 　　**非负整数　nonnegative integer**

图 29-2　多优先术语表述格式示例图

术语的注解或补充说明在术语右旁加圆括号叙述，字体用宋体，如图 29-3 的 3.5 示例所示[1]；术语条目加方括号的部分是优先术语可省略的部分，字体用黑体，如图 29-3 的 3.6 示例所示[1]。

3.5 **规格化**（用浮点表示制） 3.6 **环形网[络]**

图 29-3　术语注解或补充说明和省略的表述格式示例图

如果优先术语需列多语种的对应词（如英语、法语、俄语），每种对应词单独占一行，空两个字排，对应词的前面加白体字体的语种代码（标准规定的语种代码），空一个字排黑体的对应词，如图 29-4 的 3.7 示例所示[1]。

3.7 **标准** en　**standard** fr　**norme** ru　**стандарт**

图 29-4　优先术语的多语种对应词表述格式示例图

当某语种需要有同一语种的多个对应词时，首选的对应词用黑体，其他对应词用白体，并用分号隔开，如图 29-5 的 3.8 示例所示[1]。

3.8 **管理程序**　**supervisory program**; executive program; supervisor

图 29-5　同一语种多个对应词表述格式示例图

当术语与另一语种对应词在概念的外延上不完全相等时，在该对应词前加“≈”表示该词为近义词[1]。术语未找到适当的对应词时，对应词可暂缺，暂缺处用五个小圆点“.....”表示[1]。选择了多个优先术语时，可只编排第一优先术语的对应词，非优先术语可以不编排对应词[1]。

29.6.2　术语项全面关系表述格式

术语项全面关系表述格式是术语标准中规定可以用于表达术语和定义的所有

可能使用的表达要素的格式，是术语常规项和增加的附加信息项所构成的所有表述要素的格式。术语项全面关系表述格式的要素主要有术语的条目编号、优先术语、对应词、概念定义、注音（如汉语拼音、国际音标）、缩略形式（如果优先术语是完整形式）、完整形式（如果优先术语是缩略形式）、符号、语法信息、专业领域、源文献、非优先术语状态标识（许用的、拒用的和被取代的）、参照的相关条目、术语惯用法示例、注等[1]。术语的条目编号、优先术语、对应词、概念定义的表述字体、位置、方式的格式按以上所述的术语项常规表述格式。术语附加信息项的表述格式如下。

1）注音

术语注音在注音对象右旁加圆括号进行标注，注音分别有汉语拼音或国际音标的注音，圆括号为宋体，注音字母为小写白体，同一术语标准中有相同术语书写的不同含义不同发音时，需注音，例如，标称数允许的变动量——**公差**（gōng chā）和派遣外出去办理公务——**公差**（gōng chāi）。

2）缩略形式和完整形式

关于术语的缩略形式和完整形式，哪种形式是优先术语就将哪种形式置前，缩略形式或完整形式另起一行空两个字排，优先术语字体为黑体，许用语字体为宋体，如图 29-6 的 4.2 示例（完整先，缩略后）和 4.3 示例（缩略先，完整后）[1]所示。对应词的缩略形式紧跟对应词排，用分号分开，字体与对应词同字体，如图 29-6 的 4.4 示例所示。

4.2

光盘驱动器　optical drive

光驱

用激光束在光盘上进行数据读出、记录和擦除操作的驱动装置。

4.3

黑体　blackbody

全辐射体　full radiator; full emitter

4.4

全球卫星导航系统　globle navigation satellite system; GNSS

图 29-6　术语缩略形式和完整形式的表述格式示例图

3）符号

符号置于许用术语之后，另起一行空两个字排，量的符号字体用白体的斜体，单位符号用白体的正体，如果符号来自国际权威性组织，应在符号右旁用白体以方括号标出组织名称，并在注中给出相应符号量的单位名称，如图 29-7 的 4.5 示例所示[1]。

4.5

电阻　resistance

R[IEC+ISO]

<直流电>在导体中没有电动势时，用电流除电位差。

注：电阻用欧姆表示。

图 29-7　术语符号的表述格式示例图

4）语法信息

语法信息一般不用标注，需要时，在优先术语的右旁或优先术语及其对应词的右旁，用宋体字在圆括号中标出，标注的内容是优先术语的词性，如“名词”、“动词”等，如图 29-8 的 4.6 示例和 4.7 示例所示。

4.6

黑体（名词）　blackbody

4.7

黑体（名词）　blackbody(noun)

图 29-8　术语语法信息的表述格式示例图

5）专业领域

当同一术语标准中有多个不同概念的同名术语时，应对每个术语的定义标注专业领域，专业领域置于定义开头的尖括号中，字体为宋体，如图 29-9 的 4.8 示例和 4.9 示例所示[1]。

4.8

抖动　jitter

〈电磁兼容〉信号在短时间内的不稳定性，可以是幅度或相位的不稳定，也可以两者兼有。

4.9

抖动　jitter

〈通信〉数字信号的各个有效瞬时相对于其理想时间位置的短期非累积偏移。

图 29-9　术语专业领域的表述格式示例图

6）源文献

如果术语的定义引自另一项标准，应在定义后另起一行，在方括号内以宋体标出该定义出自的源文献的编号和章条号，并在“规范性引用文件”中列出该定义所出自的源文献。源文献可以是规范性引用文件中允许引用的文件，多数情况是标准，如图 29-10 的 4.10 示例所示[1]。

4.10

色调　hue

色相

表示红、黄、绿、蓝、紫等颜色特性

[GB/T 5698—1985，定义3.6]

图 29-10　术语源文献的表述格式示例图

7）非优先术语状态标识

非优先术语有许用术语、拒用术语和被取代术语的状态，许用术语不需要专门标识，按图 29-6 的 4.2 示例和 4.3 示例以及图 29-10 的 4.10 示例的表示即可。拒用术语和被取代术语在相应的非优先术语右旁加圆括号用宋体进行状态标识，如图 29-11 的 4.11 示例和 4.12 示例所示。许用术语、拒用术语和被取代术语只有必要时才列入。

4.11

质量　mass

重量（被取代）

4.12

分辨力　resolution

分辨率（拒用）

图 29-11　非优先术语状态标识的表述格式示例图

8）参照的相关条目

参照的相关条目置于定义之后，另起一行空两个字排，字体为宋体，用“参见”及冒号引出。如果参见的术语为优先术语，优先术语及其条号的字体为黑体，参见条目多于一个时应用逗号隔开，该“参见”用于指出定义中未出现的需参见的条目。对于定义和注中的参见术语，优先术语为黑体，在参见术语右旁加圆括号，在圆括号内以黑体列出参见术语的相应条目编号，如图 29-12 的 4.13 示例所示。

9）术语惯用法示例

说明术语和定义的示例置于“参见”之后（如果有“参见”时），另起一行空两个字排，“示例”自身的字体用宋体，以“×语示例:”引出，示例内容的字体可采用各种

> 4.13
>
> **程序库**　program library
>
> **计算机程序**（2.81）的有组织的集合。
>
> 参见：**软件库**（2.447），**系统库**（2.494）。

图 29-12　术语参照的相关条目的表述格式示例图

字体，为避免与正文混淆，示例可用实线方框框起来，与正文隔开，如图 29-13 的 4.14 示例所示[1]。

> 4.14
>
> **同音异形异义现象**　homophony
>
> 发音相同，书写形式和意义均不相同的异义现象。
>
> 汉语示例：
>
> 枇杷（一种常绿乔木或其果实）；
>
> 琵琶（一种弦乐器）。
>
> 英语示例：
>
> sun（太阳）；
>
> son（儿子）。

图 29-13　术语示例的表述格式示例图

10）注

注置于定义之后，如有示例时，应置于示例之后，另起一行空两个字排，字体用小五号宋体。注用于说明术语相应符号的单位，术语的相关内容，术语更改的出处，术语的作用、地位、价值等。如果术语是由某标准的术语更改形成的，要在注中说明术语更改出自的标准编号及其条号，且该术语标准应列入参考文献中，如图 29-14 示例所示[1]。

> 4.15
>
> **概念协调**　concept harmonization
>
> 在彼此密切相关的两个或多个概念之间，减少或消除细微差异的活动。
>
> 注1：概念协调是标准化工作不可缺少的组成部分。
>
> 注2：改写GB/T 15237—1994，定义8.3.3。

图 29-14　术语注的表述格式示例图

29.6.3 符号项的表述格式

术语标准需要包含符号内容一般是为了在术语标准的适用范围内统一符号的使用,使符号的使用避免多样化和方便交流。统一符号可使科学和技术的交流减少很多解释性的描述和符号辨别的转换,使语言交流和书面交流更加顺畅和效率更高。

当术语标准涉及的符号较多时,应专门设一个独立章,章名为"符号与单位"。"符号与单位"的内容可设计为一张表,表头信息为符号、名称、单位、说明;当符号在术语条目中已列出过的,表头信息为条文号、符号、名称、单位、说明。条文号为符号所列入的术语的条文编号;符号为表达术语的字母符号,字体为斜体;名称为符号的名称,字体为宋体;单位为符号所用的计量单位字母,字体为正体;说明主要是列出符号出自的标准编号,如国际标准化组织(ISO)标准的编号、国际电工委员会(IEC)标准的编号等。

29.6.4 参考文献和索引的表述格式

1. 参考文献的表述格式

参考文献应置于最后一个附录之后,另起一页,标题为居中的黑体字"**参考文献**",所列参考文件均应空两个汉字以带方括号的序号起排,字体为宋体,超行时顶格编排,每个文件之后不加标点符号,参考文件清单的排序按"规范性引用文件"排序,所列参考文献的书写格式同"规范性引用文件"的书写格式;参考文献中不应包括"规范性引用文件"中已列出的文件,应包括标准制定中所参考的重要文献和定义所参考的相关标准[1,6]。

2. 索引的表述格式

术语标准应有索引,标准中所用语种均应编排索引。索引是术语标准的最后一个要素。索引应置于参考文献之后,另起一页,标题为居中的黑体字"**×语索引**"。汉语术语索引按汉语拼音字母顺序编排,以单独占一行的黑体首字母引领;如果术语是以阿拉伯数字或外文字母开头或全部为外文字母组成的,则在索引中按拉丁字母、希腊字母、阿拉伯数字的顺序排在全汉字索引之后;索引内容至少包括术语和与其对应的条目编号,左边顶格排术语,右边顶格排条目编号;条目中的术语和索引中的术语以及条目中的对应词和索引中的对应词,字体形式应相同,例如:黑体或宋体;黑体或白体;索引中的术语和对应词的编号字体为黑体;多语种术语标准中,语种的索引次序应与该语种在条目中的次序相同[1,6]。

参考文献

[1] 中华人民共和国国家质量监督检验检疫总局,中国国家标准化管理委员会.标准编写规则 第1部分:术语[S].GB/T 20001.1—2001.北京:中国标准出版社,2001.

[2] 中华人民共和国国家质量监督检验检疫总局,中国国家标准化管理委员会.学科分类与代码[S].GB/T 13745—2009.北京:中国标准出版社,2009.

[3] 中华人民共和国国家质量监督检验检疫总局,中国国家标准化管理委员会.术语工作 原则与方法[S].GB/T 10112—1999.北京:中国标准出版社,1999.

[4] 中华人民共和国国家质量监督检验检疫总局,中国国家标准化管理委员会.术语工作 概念和术语的协调[S].GB/T 16785—2012.北京:中国标准出版社,2012.

[5] 中华人民共和国国家质量监督检验检疫总局,中国国家标准化管理委员会.术语工作 词汇 第1部分:理论与应用[S].GB/T 15237.1—2000.北京:中国标准出版社,2000.

[6] 中华人民共和国国家质量监督检验检疫总局,中国国家标准化管理委员会.标准化工作导则 第1部分:标准的结构和编写[S].GB/T 1.1—2009.北京:中国标准出版社,2009.

第 30 章　分类和代码标准的研制

30.1　分类和代码标准的概念和需求

分类和代码标准主要是信息的分类与代码标准，是对对象的信息属性或信息特征进行分类，并建立信息分类项代码的标准，标准的对象是需要应用信息化的各种对象。对对象进行信息分类和代码编码工作，是对象信息进行计算机存储、处理、交换和管理的需要。信息分类和代码的标准成果主要是服务于计算机系统对象信息的存储、处理、交换和管理用途，因此信息分类和代码方案要有利于计算机信息存储、处理、交换和管理的高效性、节约性和方便性要求。

用标准规定信息分类和代码内容，可提高信息分类和代码的科学性、协调性、权威性、广泛使用性。制定信息分类和代码标准，可满足大量不断增长的各类信息的计算机管理需要。制定分类和代码标准，是统一信息管理对象分类和代码的需要，是协调相关对象信息分类和代码的需要，是规范信息分类和代码的需要。

设计信息化、生产信息化、物流信息化、服务信息化、交通信息化、通信数字化、管理信息化等，导致了信息分类和代码标准井喷式的增长需求。信息代码是表达各种事物或事项信息的数字化“名称”、“标签”、“身份”或“符号”，是所有信息化的基础。数字化的信息代码是信息系统处理信息最快速和最省空间的表达类型，是信息系统表达形式的最佳选择。任何对象如果没有信息代码，就不可能参加信息系统的存储、传输、交换、处理等信息活动。所有需要信息化的对象，都必须有信息代码，信息代码是对象信息进入计算机系统的必要条件。信息代码只有实现统一，信息才能广泛互通和交换。制定标准化的信息代码是建立统一化信息代码的有效途径。制定信息分类和代码标准可为信息代码的统一性、协调性和科学性提供可靠保障。

30.2　分类和代码标准的类型

信息分类和代码标准的类型是围绕需求形成的，这些标准类型可从多个角度分类。从对象的角度，信息分类和代码标准可分为产品、设备、物资、学科、地址、符号、人事、财务、文件、行业、行政区划、企业、院校、职业等标准。产品对象从技术专业角度，可分为机械、电力、电子、机电、光电、化工、生物、医药等产品代码。产品对象代码是一个庞大的代码体系，每个专业领域的产品都会有自己的信息分类和代码标准，大的专业领域的信息分类和代码标准甚至要拆分成多个子专业产品来建立。在产品代码中，还有从业务角度划分的产品代码，而不是从技术专业角度划分的代码，如可运输产品代码和不可运输产品代码等。设备代码通常从使用管理角度按功能进行分类，如切削设备、冲压设备、铸造设备、锻压设备、动力设备、检测设备、监控设备等代码。物资代码主要是原材料和基础性产品的代码，从企业角度分可分为原材料、辅料、燃料、设备、配件、工具等代码。学科代码主要以学科属性分类，如以自然科学、农业科学、医药科学、工程与技术科学、人文与社会科学五大类按 3 层学科分类赋码。地址代码一般是对个体对象赋唯一代码，有物理地址和逻辑地址，如 IP 地址为逻辑地址，常见的 IP 地址码有 IPv4 和 IPv6，IPv4 的地址代码长度是 32 位二进制数，分成 4 个 8 位二进制段(a、b、c、d 段)，每段是 0～255 的十进制数，IPv6 采用 128 位地址长度，具有更大的地址空间。字符代码是数字、字母、运算符号、标点符号、单位符号等的代码，典型的基本符号代码是单字节的 ASCII，8 位二进制数组合表示 128 种或 256 种可能的字符。标准 ASCII 使用 7 位数(第 8 位数为 0，作为奇偶校验位，可表示 128 个字符)。上述其他对象的分类与赋码不一一赘述。

按对象赋码的深度，信息分类和代码标准可分为个体代码、类别代码等标准。个体代码是一对一的代码，即一个代码对应一个对象，作用是给对象发放简化、唯一化的代码，如 IP 地址代码、人的身份代码、地理地址代码等。一对一的代码适用于无相同性的对象、按个统计的对象，如地址对象、人等都需要一对一的代码。类别代码是一对多的代码，即一个代码对应一个种类，或者说同一种类中的所有个体或对象拥有的是一个代码，作用是代表相同对象的身份，如产品、设备、物资、文件等的代码。一对多的代码适用于相同的或重复性产生的对象。

从标准内容的组成或标准的使用功能角度，信息分类和代码标准可分为“编码方法”、“分类和代码”、“代码”等标准。“编码方法”标准主要是给出代码的编码规则，不给出具体的代码，是提供编号方法的标准，不是要给出统一代码的标准，是一种供共享编码知识成果的标准，如为企业开展编制信息代码提供权威性编码知识服务的需要。“分类和代码”标准主要是给出服务于专门目的的编码规则、分类方案和分类代码的标准，既用于指导代码编制，又用于统一专门用途的分类及其代码，是信息分类和代码标准中比较多的类型。“代码”标准是为了统一专门用途的信息代码，是只规定专门用途代码及其名称的标准。“代码”标准规定的对象信息关系一般比较简单，不需要建立编码规则，也不需要建立分类体系，直接规定信息项代码即可，如性别代码、政治面貌代码、国籍代码等。

从代码的分类属性关系角度，信息分类和代码标准可分为隶属关系分类代码、多属性关系分类代码、混合关系分类代码、组合关系分类代码等标准。隶属关系分类代码是对象代码的组成用隶属关系来表达，代码反映了隶属的各层关系，上层类别和下层类别之间是隶属关系，一个上层码可以有多个属于其的平行下层码和多层码，这种代码也称为隶属制代码，属纵向关系分类代码。[1]多属性关系分类代码是一个对象代码的组成由对象的多个特定属性所表达，如由结构、功能、材料、层次等属性的代码组合的代码表达，这些属性是对对象具有很好描述性的属性，这种代码也称为分类制代码，属横向关系分类代码。[1]混合关系分类代码是相同对象由隶属关系分类代码和多属性关系分类代码合成的代码。组合关系分类代码是由相同的分类方法不同分类对象组成的代码体系或不同的分类方法不同分类对象组成的代码体系，如国民经济行业分类与代码就是由农业、工业、服务业等不同分类对象组合成的分类和代码体系。

从代码的使用角度，信息分类和代码标准可分为计算机使用的代码、人机共同使用的代码、人使用的代码等标准。计算机使用的代码标准是供计算机系统或网络进行信息交换和处理用的标准，标准规定代码的目的不是用于人与人之间的信息交流，如标准 ASCII。人机共同使用的代码标准，既是为计算机信息管理使用制定的代码标准，也是为人与人交流使用制定的代码标准，如人的身份证代码标准规定的身份代码。人使用的代码标准，主要是为人与人之间信息交流使用制定的代码，这类代码一般比较简短，主要目的是提供方便性、简洁性或保密性等的信息表达，如电报代码、产品组件代码、人的特殊身份代码等，当然这些代码也可供计算机管理使用。

以上对信息分类和代码标准从不同角度的分类和讨论，从多个维度深入了解和认识了信息分类和代码标准的种类、用途、内容构成等。

30.3　分类和代码标准的结构

信息分类和代码标准的内容结构由标准的内容组成所决定，是标准研制的纲要，重点在于分类和代码内容的设置。为了方便各类信息分类和代码标准的研制，下面搭建一个比较全面的信息分类和代码标准的内容结构，给信息分类和代码标准的构建提供一个范例性的典型结构，具体结构如下：

(1) 范围(主题内容和适用范围)；

(2) 规范性引用文件(本标准所引用的标准和文件)；

(3) 术语和定义(在标准中有特定含义的术语及定义和需要给出定义的术语)；

(4) 原则(给出分类和编码需要遵循的原则)；

(5) 分类方法(给出分类方案，明确分类类目和名称，说明各类目间的关系)；

(6) 编码方法(给出编码结构、码位的组成及长度关系、代码符号类型、编制方法等)；

(7) 分类与代码表(设计规范的分类与代码表,各类别代码、名称、说明的填写格式及填写,并对表的内容作必要文字说明);

(8) 附录(给出几种典型情况的编码示例等);

(9) 索引(对于分类和代码数量庞大的标准建立索引)。

标准的第一章"范围"主要规定标准的主题内容和适用范围,主题内容可用本标准的"术语和定义"章节以下和"附录"章节以上的一级标题列出,适用范围应从对象适用的情况和标准用途的范围来限定,如"适用于科研、生产、销售、管理等的信息处理和交换",并明确不适用的方面,如《学科分类与代码》[2]中不适用的表述:"本标准的分类对象是学科,不同于专业和行业。本标准的分类不能代替文献、情报、图书分类及学术的各种观点。"第一章"范围"以下的章的设置可根据标准类型的定位和内容需要取舍。第二章"规范性引用文件"不是必备章,如果标准中无引用文件,可不设这一章,但标准中的分类名称如果涉及大量现行标准术语,应引用相关术语标准。第三章"术语和定义"可定义标准编号方法的术语、标准分类名称中的一些特殊术语,例如:"隶属关系分类法"或"多属性关系分类法"等;表达分类层次或层级大小的"纲"、"目"、"科"、"属"、"种"等[3]的术语,以便对标准内容的准确理解;以及分类与代码表中不易理解或易误解的名称或术语等。第三章"术语和定义"不是必备章,如果标准中无需要定义的术语可不设这一章。第四章"原则",不是必备章,是为"编码方法"和"分类"标准设置的章,已建立分类和代码的标准不需要这一章。设置"原则"时,提出"编码方法"和"分类"标准需遵循的主要原则,如"科学性"、"协调性"、"可扩展性"、"系统性"、"兼容性"、"唯一性"、"简明性"、"适用性"等原则,"原则"的内容要有针对性,并有具体的约束和指导内容相呼应。标准内容结构中的第五、六、七章是各分类和代码标准重点研究的个性章节内容,这些章节研究的要素和内容将在下面详细论述。附录可用于放置编号方法应用的示例,作为资料性附录。当标准中的分类和代码数量很多时,应在标准的最后部分建立索引内容,以方便信息名称和代码的查找、核对和使用。以上信息分类和代码标准的内容结构由两部分组成,一部分是依据国家标准 GB/T 1.1《标准化工作导则 第1部分:标准的结构和编写》确定的标准的格式结构[2],另一部分是为信息分类和代码标准自身特色设计的主题性结构。

以上设计分类和代码标准的结构是一个内容相对全面的结构,具体的分类和代码标准可直接采用这个结构,或根据标准类型的定位对以上结构进行裁剪采用,也可以根据需要增补标准结构。以上分类和代码标准各章的结构顺序不是必需的,可根据标准的定位进行调整。

30.4　分类方案设计

30.4.1　各分类法的特点

分类方案设计是分类和代码标准顶层性设计的内容，是该类标准的研究重点。分类方案由分类方法决定，研究分类方案主要是研究分类方法。分类和代码标准常用的分类方法主要有隶属关系分类法、多属性关系分类法、混合关系分类法、组合关系分类法等，也有的书籍和标准将隶属关系分类法和多属性关系分类法分别称为线分类法和面分类法[4,5]。隶属关系分类法是将分类对象向下按隶属关系一层一层展开，形成一个树根状的隶属体系关系，所有的子层或子单元都属于最上层，同层之间没有隶属关系，每个下层都有其隶属的上层，是同支系大概念包含小概念、高层包含低层、整体包含部分的分类关系。隶属关系分类的优点是：分类关系直观、简单，符合人自然的朴素分类习惯，容易确定分类和代码的关系；类别之间的上位类、同位类、下位类[5]界限清楚，容易辨别类别之间的归属和并列关系，有利于进行分类对象间的比较；容易建立对象的属类体系。缺点是类别表达的信息单一、类别调整的灵活性差等。隶属关系分类法本质上是一维属性关系分类法，这个维度是对象概念的层次大小维度，对象种类间的不同是上下层的不同和同层次的不同，是分类和代码标准中用得比较多的方法。

多属性关系分类法是对象的分类由多个选定属性表达，如由功能、形状、结构形式、材料、用途等属性表达，是以多维度定位的分类方法。在产品分类中，多属性关系分类法习惯称为“分类法”[1]。多属性分类法的优点是：给予对象较多的表达信息，具有较强的对象属性的表达能力；分类对象没有归属限制，具有独立性；类别间属性重新组合的灵活性强；分类对象有很好的通用性和广泛适用性。缺点是：表达关系维度多，比较复杂；难以在头脑中形成直观的分类体系概念。多属性关系分类法中分类种类的不同至少是对象多属性中的一个属性维度不同，或多个属性维度不同。

混合关系分类法中包含隶属关系分类法和多属性分类法，分别有隶属分类为主多属性分类为辅的分类法和多属性分类为主隶属分类为辅的分类法，它具有两种分类法的优缺点，适合用于对复杂对象进行体系性的全面分类表达。

组合关系分类法是多个对象分类体系间的合成，合成的方式有：不同对象采用隶属关系分类法进行分类的合成；不同对象采用多属性关系分类法进行分类的合成；对一部分对象采用隶属关系分类法进行分类，对另一部分对象采用多属性关系分类法进行分类的合成。组合关系分类法是不同对象的隶属关系分类模块的组合、不同对象的多属性关系分类模块的组合、不同对象的隶属关系分类模块和多属性关系分类模块的组合。组合关系分类法适合用于大型的分类体系，如国民经济行业分类与代码[6]，可方便地利用现有的对象分类模块来组合新用途的分类和代码体系。

30.4.2 分类方案的设计

1. 隶属关系分类方案

隶属关系分类方案设计首先要确定以哪个属性作为隶属属性以及分层的关系。隶属属性通常就是分类和代码标准的对象，如“学科分类与代码”的隶属属性就是“学科”，“动物分类代码”的隶属属性就是“动物”。分层一般以类目大小、层次高低或包含与被包含等为分层关系。然后确定分类的层次细度，或者说确定分为多少个隶属层，如分为3层或5层等，以及最低层是到什么层，如最低层分到部件或零件。对每个层级要给出表达层级大小的名称，例如：以“门”、“目”、“种”、“类”、“型”、“式”、“级”、“省”等作为类目名称[5]；以“大部类”、“部类”、“大类”、“中类”、“小类”、“产品”等作为类目名称[4]。隶属方案的构建应遵循：分类从上位到下位依次进行，不宜有空层；类目的划分应始终保持同一属性；类目的划分应完整，应形成完整的分类体系，能全面反映各类目应有的范围；同位类目间不应交叉与重复[5]。

隶属关系分类方案设计可用《学科分类与代码》(GB/T 13745—2009)[7]为例进行说明：①该标准的隶属属性为“学科”；②学科按学科大小或包含与被包含分层；③“学科”分为三层；④学科的最底层为国家宏观管理和部门应用的学科层；⑤“学科”的层次名称分别为“一级学科”、“二级学科”、“三级学科”。该标准共设一级学科62个，二级学科676个，三级学科2382个，一级学科为三位代码，二级学科为五位代码，三级学科无代码(列入说明中)[7]。

2. 多属性关系分类方案

多属性关系分类方案设计首先要明确标准研制对象采用多属性关系分类方案的意图和价值意义，因为多属性关系分类比较复杂，技术难度大，如果没有明确的价值优势需求和基础工作准备，可能难以完成和做好分类和赋码工作。也就是说，能用隶属关系分类法达到同样目的的，应优先采用隶属关系分类法，该方法使用自然、容易。当决定采用多属性关系分类法后，先要确定分类由几个属性组成，如2个属性或3个属性。接着确定组成代码的具体属性是哪些，如属性为“功能”、“形状”和“等级”。多属性方案的构建应遵循：属性确定的分类位应是固定的；属性间没有重复和交叉[5]；多属性组成的分类项具有独立性，相互之间没有归属性。

多属性关系分类方案设计可用《公民身份号码》(GB 11643—1999)[8]为例进行说明：①该标准用多属性或平行的多信息类别才能完整表达公民的身份，这是标准采用多属性分类方法的必要性；②公民身份用 4 个属性表达；③公民身份的 4 个属性分别为“居住地址行政区划”、“出生日期”、“性别顺序号”、“校验码”。关于公民身份证号码的多属性信息设计，存在着不完善的地方，采用的属性信息类中有非固定信息，如“地址行政区划”信息类采用了会变化的“居住地址行政区划”信息类，而未采用固定性的“出生地址”信息类，这使得经常变化工作地的人的信息与现实不符合，如果“居住地址行政区划”信息是用于反映户口所在行政区划，对于户口迁移者也是与现实不符合的。这个问题说明分类方案设计不好，将降低信息使用的有效性或产生误导的问题。

3. 混合关系分类方案

混合关系分类方案是由隶属关系分类和多属性关系分类混合形成的方案，因此，方案设计首先要明确标准的分类结构是以哪种分类为主体，以隶属关系分类为主多属性关系分类为辅，还是以多属性关系分类为主隶属关系分类为辅。当确定了对象的分类结构关系后，可对相应的分类关系分别应用前面所论述的隶属关系分类方案设计方法和多属性关系分类方案设计方法进行设计。

混合关系分类方案设计可用某类汽车产品的混合关系分类方法为例进行说明：①该方案以多属性关系分类为主隶属关系分类为辅；②多属性关系分类部分由“功能”、“构成”、“阶段”三个属性类组成，如“功能”有“发动机”、“离合器”、“仪表”、“轮系”等，“构成”有“组件”、“部件”、“零件”，“阶段”有“原理样机”、“初样机”、“正样机”、“设计定型”等；③隶属信息类为产品代号，它给产品的各信息项赋予了一个归属[1]。

4. 组合关系分类方案

组合关系分类方案设计首先要明确标准研制对象是哪些，如有几个对象纳入分类和代码标准中。然后确定各对象的分类方法是用隶属关系分类，还是用多属性关系分类。当确定了对象及其分类关系后，可对每种对象按其相应的分类关系分别应用隶属关系分类方案和多属性关系分类方案进行分类设计。

组合关系分类方案设计可用《国民经济行业分类》(GB/T 4754—2017)[6]为例进行说明：①该标准的对象分别为农业、林业、牧业、采矿业、制造业、建筑业、交通业等 20 个门类的生产对象；②每个对象均采用隶属关系分类法进行分类；③将这 20 个门类的生产对象的隶属关系分类模块按一定的顺序组合在一起。

30.5　编 码 设 计

编码设计就是编码方法的设计。通过分类方案设计确定了标准的分类方法后，如隶属关系分类法、多属性关系分类法、混合关系分类法或组合关系分类法后，就可进行标准的编码设计。编码设计主要包括三个设计内容：一是编码的结构设计，二是代码符号的设计，三是代码的使用续编。

30.5.1 编码的结构设计

编码的结构设计主要是设计编码分类类别组成、各类别的含义、各类别码的组成位数、码长的性质（变长或固定）、类别码的分隔关系、完整编码的码长、编码结构图等。以下论述各种分类方法的编码结构设计内容。

1. 隶属关系分类法的编码结构设计

隶属关系分类法的编码结构设计的主要内容为：从隶属分类体系的角度设计代码组成的结构关系，确定隶属分类体系由多少类别层（级）组成，如由三层类别组成；明确各层的名称和含义，如“大类”、“中类”、“小类”；按各类别的可能最多数量设计各类别代码的位数，类别最多数量少于 10 个的可用 1 位代码，类别最多数量少于 100 个的可用 2 位代码，如果考虑留有增长空间，最多数量按最大可能数加预留数；确定码长，码长的性质有固定码长和变化码长，无分隔符号的代码应采用固定码长，有分隔符号的代码可有变化码长或固定码长，变化码长的代码通常放到最后一个段码，一般情况应使用固定码长，以减少出错的机会；对于需要供人阅读使用的代码，可使用分隔符号分隔各类别成分，分隔符号一般采用下圆点或短下划线；代码总长度为所有符号位的总和，包括代码符号和分隔符号等在内。隶属关系分类法无分隔符号和有分隔符号的编码结构图分别如图 30-1 和图 30-2 所示。图 30-1 的结构是一种无分隔符号的典型隶属分类的编码结构，隶属是按层级进行划分的，主要是为计算机信息处理和交换使用，考虑了验证代码录入和信息交换中正确性的校验位，没有考虑人阅读的方便性。校验位的数值由代码各数字位按给定的权重运用设定的数学模型进行计算获得。当代码输入出现错误时，代码校验计算的结果不会等于校验位的数值，就可发现代码有错误。图 30-1 的结构也可在最小类后设固定位数的流水码位。图 30-2 的结构是一种有分隔符号的典型隶属分类的编码结构，隶属是按层级进行划分的，考虑了代码为人阅读使用以及计算机信息处理和交换使用，分隔符号的设置方便了人的阅读。代码的最后段为流水代号，可以是变化码长度的，可以为人工添加小类的属类使用。流水码后可加分隔符号设校验位。如果分类和代码标准的对象是不断增长的对象，适合采用设流水代码的结构，或标准中不设置流水码，留给用户自己添加。

2. 多属性关系分类法的编码结构设计

多属性关系分类法的编码结构设计的主要内容为：从多属性分类体系的角度

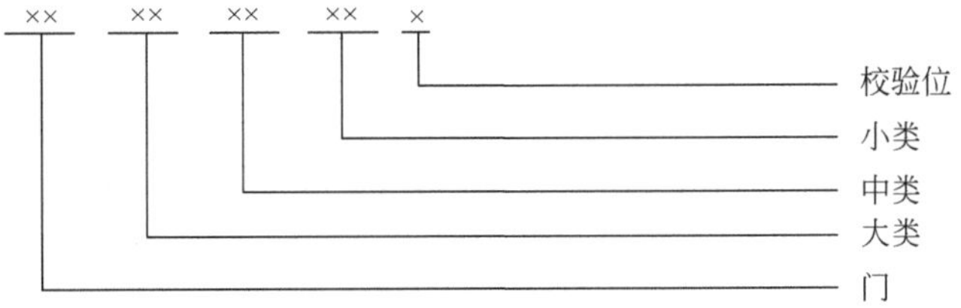

图 30-1　隶属关系分类法无分隔符号编码结构示意图

图 30-2　隶属关系分类法有分隔符号编码结构示意图

设计代码组成结构关系，确定多属性分类体系由多少属性类别组成，如由四个属性类别组成；明确各属性类别的名称和含义，如“地址”、“出生日期”、“性别”、“校验位”；按上述方法确定各类别码的组成的位数、码长的性质、类别码的分隔关系、完整编码的码长。多属性关系分类法无分隔符号的编码结构图如图 30-3 所示，有间隔符号的在图 30-3 基础上按图 30-2 方式加间隔符即可。

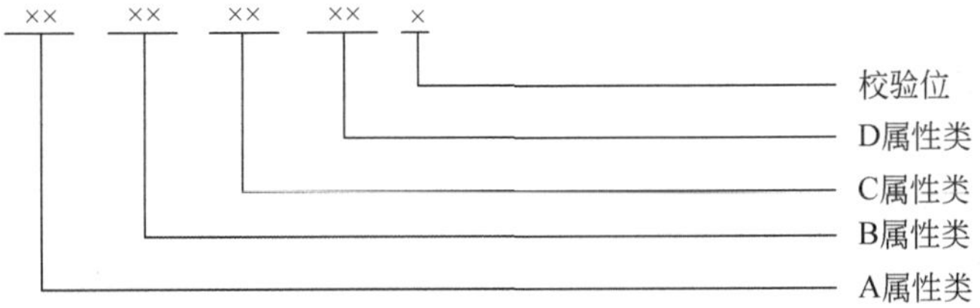

图 30-3　多属性关系分类法无分隔符号编码结构示意图

3. 混合关系分类法的编码结构设计

混合关系分类法的编码结构有两种构型设计，一种是以多属性编码结构为主、隶属编码为辅，另一种是以隶属编码结构为主、多属性编码为辅。多属性编码结构为主、隶属编码为辅的编码结构在多属性编码结构的基础上加隶属对象的代码组成，如图 30-4 所示。隶属编码结构为主、多属性编码为辅的编码结构在隶属编码结构的基础上加多属性代码组成，如图 30-5 所示，属性代码后可加分隔符号设校验位。

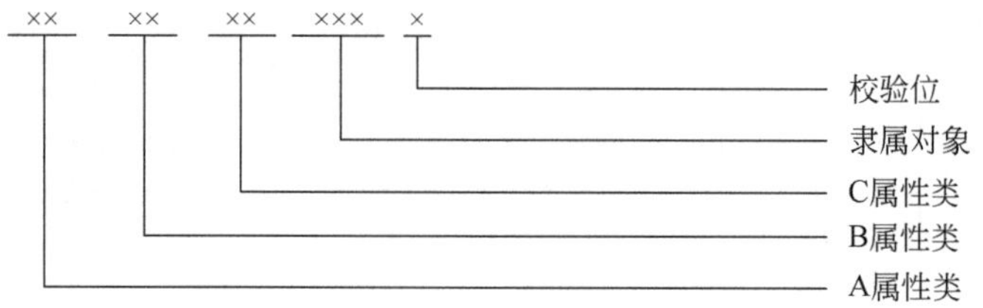

图 30-4　多属性关系分类法为主体的混合分类编码结构示意图

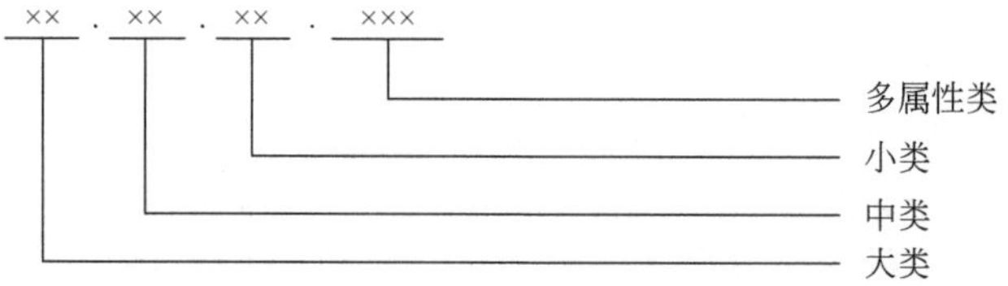

图 30-5　隶属关系分类法为主体的混合分类编码结构示意图

4. 组合关系分类法的编码结构设计

组合关系分类法的编码结构设计是设计多对象代码体系模块的组合，各对象代码体系的码位长度、性质、有间隔符或无间隔符、代码符号类型等能保持一致的最好保持一致，如不能保持一致的可按各自的特点设置，其编码结构和代码体系如图 30-6 所示。

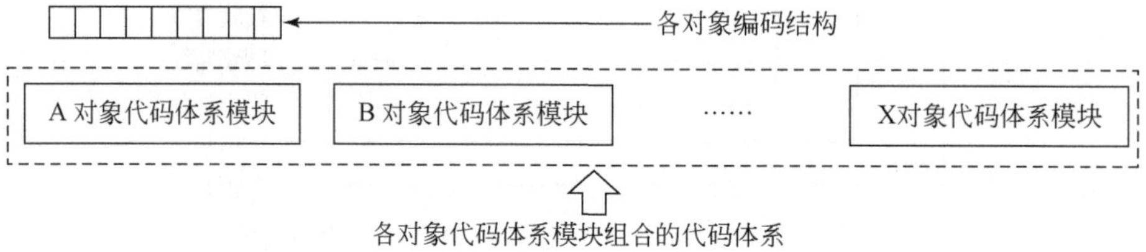

图 30-6　组合关系分类法编码结构及代码体系示意图

30.5.2　代码符号的设计

信息分类和代码的符号主要是用于计算机信息处理和交换的，代码的符号一般应全部采用阿拉伯数字，以方便代码校验和提高信息处理的效率(应采用整型数字和字符串)。每个代码位使用的阿拉伯数字为 0～9 共 10 个符号。当需要采用数字与字母混合的代码时，应以数字代码为主体，字母代码设置在整个代码的端头，原则上字母码不要插在数字码中间。使用字母代码时，一般应用汉语拼音字母或英语字母，不要大写字母(A～Z)和小写字母(a～z)同时混合使用。对于代码结构位数固定的代码间，尽量不要使用分隔符号。当使用代码间的分隔符号时，以使用下圆点"."或短下划线"_"为主，尽量不使用"&"、"#"、"*"等其他符号，使代码分隔符号简单，不干扰识读，且能在大多数软件平台中能广泛使用。长度变化的代码应使用阿拉伯数字代码，可通过高位补"0"使码长固定化。

30.5.3　代码的使用续编

许多信息分类和代码标准主要是给出体系化的分类和编码方案，往往只是为最底层编码对象提供了编码的主体关系和前端基础，具体的个体代码或最底层类别代码是根据使用目的由标准用户续编的或细分的，如用顺序号对标准底层类别续编该类对象代码。编码结构底层类别的细分分别可用两种概念，即时空排序概念和逻辑排序概念细分。时空排序概念细分是按对象出现的时间先后顺序排序，或按对象的空间坐标位置从近至远规律排序，或按对象的大小关系排序。逻辑排序概念细分是按原因→结果关系、前提→结论关系、形式→内容关系、结构→功能关系、动机→行为关系等逻辑方式，以及按时间先后顺序(时间逻辑)或大小关系、方位顺序(空间逻辑)排序(时空的排序逻辑)。逻辑排序为全能型的排序。

一个代码体系对现有类别的代码续编后，形成了完整对象的身份体系，这是一个细致和工作量巨大的工作，如果代码体系的分类因为新的发展需调整或修改，就会使相当数量的对象编码成果失效。解决这一问题的途径是建立两段代码，一段是对象的分类代码，另一段是对象的唯一身份代码，用两段码组合标定对象。当分类代码段进行了修改，用新的分类段代码替换旧的分类段代码即可完成代码更新。对象唯一身份代码段采用"无实义代码"，即无含义的阿拉伯数字串，阿拉伯数字串的码长设定为能容纳相应编码体系所有可能的编码对象，这段代码对每一个对象都是唯一的，但它们没有对象对应的规律性。

30.6　信息分类与代码表

信息分类与代码表是信息分类与其代码表达的表格，是这类标准使用的基准性内容或要形成标准化的主要内容部分，是代码的查找和核对使用频率最高的部分，是标准提供使用依据的重要部分。信息分类与代码表的设计要简洁、易阅读、适用，不宜设计成复杂性表格。为了指导信息分类与代码表的编制，下面分别给出典型性的隶属分类法的分类与代码表和多属性分类法的分类与代码表的试样，供编制标准中的信息分类与代码表参考，如图30-7和图30-8所示。对信息分类与代码表赋码时，要为对象未来发展可能增加的信息类别预留空码。表的说明部分可对每个类别都写，也可以只写需要说明的类别。图30-8中的每一个属性的代码都可以与其他属性的代码进行任意组合形成完整代码，但各属性的代码格式和内容不能改变。

×××分类代码表

代码	名称	说明
01	×××	×××
0101	×××	×××
010101	×××	×××
010102	×××	×××
……	……	……
0102	×××	×××
……	……	……
02	×××	×××
0201	×××	×××
020101	×××	×××
020102	×××	×××
……	……	……
0202	×××	×××
……	……	……

图 30-7　隶属关系分类法的分类代码表示例

×××分类代码表

代码及码位	名称	说明
00	×××	(A属性分类与代码)
01	×××	×××
…	……	……
99	×××	×××
…	……	……
00	×××	(B属性分类与代码)
01	×××	×××
…	……	……
99	×××	×××
…	……	……
00	×××	(C属性分类与代码)
01	×××	×××
…	……	……
99	×××	×××
…	……	……

图 30-8　多属性关系分类法的分类代码表示例

30.7　标准代码的应用方式

代码主要用于对对象进行标识，是对象的“身份标签”，为对象信息的处理和交换提供了方便。代码的应用方式主要有：用于计算机系统支持信息处理和交换；制作成条形码粘贴在物品上作为识别标签，可通过光电快速扫描读取和录入电子装置中；制作成二维码粘贴在物品上作为识别标签，可通过光电快速扫描读取和录入电子装置中；应用于射频识别(RFID)标签中，可用射频信号识读和跟踪粘贴 RFID 标签的对象。以上四种应用都离不开相关的信息分类和代码标准，信息分类和代码标准为各种信息代码的应用提供了统一的表达和使用的内容。没有信息分类和代码标准，就不能统一对象身份的表示。没有统一的对象身份表示，对象的信息就不可能进行识别和相互交换。

参考文献

[1] 麦绿波，等. 产品设计文件的编制与管理[M]. 北京：中国标准出版社，2016.

[2] 中华人民共和国国家质量监督检验检疫总局，中国国家标准化管理委员会. 标准化工作导则 第 1 部分：标准的结构和编写[S]. GB/T 1.1—2009. 北京：中国标准出版社，2009.

[3] 中华人民共和国国家质量监督检验检疫总局，中国国家标准化管理委员会. 中国动物分类代码 第 1 部分：脊椎动物[S]. GB/T 15628.1—2009. 北京：中国标准出版社，2009.

[4] 洪生伟. 基础标准学[M]. 北京：中国标准出版社，2009.

[5] 中华人民共和国国家质量监督检验检疫总局，中国国家标准化管理委员会. 标准编写规则 第 3 部分：分类标准[S]. GB/T 20001.3—2015. 北京：中国标准出版社，2015.

[6] 中华人民共和国国家质量监督检验检疫总局，中国国家标准化管理委员会. 国民经济行业分类[S]. GB/T 4754—2017. 北京：中国标准出版社，2016.

[7] 中华人民共和国国家质量监督检验检疫总局，中国国家标准化管理委员会. 学科分类与代码[S]. GB/T 13745—2009. 北京：中国标准出版社，2009.

[8] 中华人民共和国国家质量监督检验检疫总局，中国国家标准化管理委员会. 公民身份号码[S]. GB 11643—1999. 北京：中国标准出版社，1999.

第 31 章 图形符号标准的研制

31.1 图形符号标准的概念和用途

符号有文字符号和图形符号两类。文字符号主要是用字母符号、数字符号、字词符号、标点符号、数学符号、多符号元素组合等形式表达的，是用于传递规定信息的抽象视觉符号。图形符号主要是以图形作为表达形式，是图形简化为相似特征的视觉形象，是用于传递相关指定信息的形象化视觉符号。图形符号以图形为主要表达特征，是可不依赖语言传递的符号[1,2]。图形符号是一种形象的视觉语言，以形象特征表达概念，具有信息表达直观、形象、简化、易理解、易识别、易记忆、视觉响应快、易普及等优点。图形符号也可看成一种象形语言，是容易实现国际通用的象形语言。图形符号依靠形象图进行识别，具有广泛的可识别性，既可服务于识字人群，也可服务于不识字人群。图形符号可通过非教育性的简单学习就可掌握，可通过阅读标准及书籍学习、人教人学习、看图猜测学习等。图形符号也可凭借生活的经历就能识别，不存在国家、民族、性别、年龄的差别。图形符号是一种直观、朴素的象形语言，具有国际识别性，相当于一种国际性的图形语言。图形符号既是一个大概念，也是一个具体概念，作为大概念，图形符号包括单纯的图形符号和图形标志，作为具体概念，图形符号只是单纯的图形符号。只由图形构成的图形符号为单纯的图形符号，可以单独使用，独立用来表达特定含义；单纯的图形符号多数情况是与其他符号组合构成复合的图形符号，作为表达的结果状态，如作为图形标志使用。图形标志主要由图形符号、颜色、几何形状（或边框）、文字符号等元素组成[1,2]，是一种复合的图形符号。图形符号和图形标志可通过书写、绘制、打印、印刷等方式表现。图形符号标准是规定图形符号表达形式和表达含义的标准，不包括文字（字母、数字等）符号的标准。以字母、数字符号为主作为表达内容（纯字母或以字母为主数字为辅表达）的标准一般属于命名类标准和术语类标准；用数字符号为主表达内容的标准一般属于信息分类代码类标准。图形符号标准和图形标志标准也是重要的基础性标准之一，广泛应用于公共场所和公共环境中。随着国家间贸易国际化、旅游国际化、制造国际化、学术国际化、医疗国际化、人道主义国际化等趋势的增强，图形符号标准的需求在快速增长。图形符号标准和图形标志标准的制定，主要用于解决图形符号四个方面的问题，一是满足图形符号需求的增加和填补图形符号标准的空白，二是最大范围地统一图形符号的表示，三是优化、完善和规范现有的图形符号表示，四是将广泛使用的优质图形符号提升到标准的权威地位上。图形符号标准和图形标志标准的级别越高，图形符号和图形标志的通用性就越强、使用面就越广。

在现实中，许多人对图形符号和图形标志的称呼经常是混淆的。从学术角度，图形符号和图形标志是有明确区分界限的。用于代替物体或事物的实际样子或结构形状的图形为图形符号，一般用简图表示，通常在技术设计时用于代表设计对象的实际形状，如电阻、电容、集成电路等图形符号。用于提示、指令、提醒、警告、禁止等的图形符号为图形标志，通常是由图形符号与其他符号、颜色、边框线等一起混合组成的图形符号，如禁止吸烟的图形标志等。图形标志往往不仅给出其标志对象的简化的表达，而且还给出相关的提示、指令、警告、禁止等信息，例如，卫生间图形标志不是简化的卫生间图形，而是标识这是卫生间、其位置和使用性别。

图形符号和图形标志主要用作标识或标志。标识或标志是“表明特征的记号”[3]，标识和标志是不同表达形式的同义概念。图形符号和图形标志主要有警示标志、辨别标识、导向标志、提示标志、禁止标志等。警示标志是警告人们有危险、危害或安全隐患等的提示或告诫，如易燃易爆品警示标志、高压电警示标志等。辨别标识是通过图形符号方便人们辨认其指示或提示其含义的图形标志，如收银台的标志、企业 Logo 标志等。导向标志是“图形与箭头结合所构成的引导标志，用以引导人们选择目的方向”[1,2]，如逃生的出口标志、线路导向标志等。提示标志是“向人们提供某种信息（如标明某设施或场所等的位置和用途）的图形标志”，如饮水处标志等。禁止标志是“禁止人们的某种行为及要做的动作或操作的图形标志”，如禁止吸烟的标志、禁止携带危险品的标志、禁止蹬踏的标志等。

图形符号和图形标志主要是应用于公共场所设施、公共平台、文件中的表述等的标识，如交通标识、设备标识、地图标识、企业 ID 标识、信息网络中各种功能标示、服务事项标示、技术制图要素标示、危险/危害的警告、某种行为/动作或操作的禁止要求等。目前已有的图形符号已超过 1 万个以上，随着网络信息的发展和国际化的发展，图形符号语言的需求将不断增长。

31.2　图形符号标准的类型

社会服务、社会管理、产品设计、产品运输、设备使用、设备管理等对图形符号和图形标志都有突出的需求，使图形符号和图形标志的标准发展形成一定的数量规模和由各子体系组成了大体系。通过对图形符号标准进行分类，可理顺图形符号和图形标志的标准体系，支持各种使用目的的图形符号和图形标志标准体系的构建，为图形符号和图形标志标准的发展指明方向。图形符号标准和图形标志标准可从标准要素构成、标准使用用途、标准使用领域、标准所属关系等角度分类。

从标准要素构成，图形符号标准和图形标志标准可分为图形符号表示规则标准类、图形符号设计原则和方法标准类、图形符号标准类、图形标志标准类等。图形符号表示规则标准类是用于指导和规范相关领域图形符号建立的工作原则和工作程序的标准，不是给出具体图形符号和图形标志的标准。图形符号设计原则和方法标准类是用于指导图形符号具体设计的设计方法标准，是为图形符号和图形标志的建立提供技术性指导的标准，也不是给出具体图形符号和图形标志的标准。图形符号标准类、图形标志标准类是给出标准适用范围对应的具体图形符号和图形标志的标准，以为图形符号和图形标志的需要提供标准图形式样，对图形符号和图形标志进行统一和规范。

从标准的使用用途，图形符号标准和图形标志标准可分为技术文件用图形符号标准类、设备用图形符号标准类、标志用图形符号标准类[4]。技术文件用图形符号主要是用于技术设计的图形符号，包括设计元素表示的简图用符号、标注用符号等。简图用于表示设计对象或设备的组成元素（如电阻、电容、电感等）、连接关系等，标注主要用于表示尺寸、距离、角度、形状、位置、定向、相互关系、加工方式、质量等级等。技术文件用图形符号标准类主要是指电气图形符号、管路系统图形符号、光学系统图形符号、建筑图形符号、电器图形符号等方面的图形符号标准。设备用图形符号主要包括显示符号、控制符号、图标等，显示符号呈现设备的功能（如充电、切削等）、工作状态（如开、关、运行、停止、告警等），控制符号给出操作内容的提示（如加料、加热、冷却、放水等），图标用于指示对象的身份（如电梯、变压器等）。设备用图形符号标准类主要有电气设备图形符号、消防设备图形符号、医疗设备图形符号、通信设备图形符号、化工设备图形符号、机床设备图形符号等方面的图形符号标准。标志用图形符号标准主要包括公共信息图形符号、安全符号、交通符号等标准，公共信息图形符号主要用于公共场所标识、提示、导引等，安全符号给出注意安全的提示或对危险物品、危险环境的提醒警告（如油料运输车、酒精运输车、高压电线等的危险警告标志），交通符号主要给出道路标识符号、乘车标识符号、交通设施标识符号等。公共场所图形符号主要有通用图形符号（卫生间、停车、银行、问询、饮用水等标识）、旅游休闲图形符号、客运货运图形符号、运动健身图形符号、购物图形符号、医疗保健图形符号、办公教学图形符号、公园景点图形符号、无障碍设施图形符号等方面的图形符号标准[5-12]。标志按组成符号要素可分为图形标志、文字标志、单一标志、组合标志、集合标志，按标志的地位可分为主标志、辅助标志、补充标志，按标志的用途可分为公共信息标志、道路交通标志、安全标志、禁止标志、警告标志、指令标志、安全条件标志、消防设施标志、区域信息标志、局部信息标志等。

从标准的使用领域，图形符号和图形标志标准可分为社会服务和管理用图形符号和标志标准类、交通用图形符号和标志标准类、电气用图形符号和标志标准类、包装贮运用图形符号和标志标准类、消防用图形符号和标志标准类、安全用图形符号和标志标准类、认证和评定用图形符号和标志标准类、商业用图形符号和标志标准类、设备用图形符号和标志标准类、产品设计用图形符号和标志标准类、信息网络用图形符号和标志标准类、企业用图形符号和标志标准类等。

从所属关系，图形符号和图形标志标准可分为公有图形符号和图形标志标准类、私有图形符号和图形标志标准类。公有图形符号和图形标志标准类主要是指由政府组织制定的国家级、行业级、地方级的图形符号和图形标志标准，以及由公认机构、专业协会、学会组织（或社会团体）制定的图形符号国际标准和团体标准。私有图形符号和图形标志标准类主要是指由企业自己制定的企业生产和管理用，以及企业形象标识的企业 Logo 的企业级图形符号和图形标志标准，如麦当劳、肯德基、奔驰、宝马等的企业形象标志。

31.3　图形符号标准的结构

图形符号标准的内容结构主要由格式性结构和主题性结构组成。格式性结构主要由标准的“范围”、“规范性引用文件”、“术语和定义”、“附录”等组成。主题性结构由标准图形符号方面的内容构成，这是标准的核心部分和特色部分。研制的标准结构，主要是搭建标准的主题内容结构。图形符号标准的主题内容结构一般由图形符号标准的类型决定。图形符号标准全面性的结构如下：

(1) 范围（主题内容和适用范围）；

(2) 规范性引用文件（本标准所引用的标准和文件）；

(3) 术语和定义（在本标准中有特定含义的术语及定义、需要定义的术语和引用的术语和定义）；

(4) 图形符号的表示规则；

(5) 图形符号的设计原则和方法；

(6) 图形符号表（以表格方式列出图形符号或/和图形标志的图形及表述）；

(7) 图形符号的使用（阐述图形符号的使用场所和设置要求）；

(8) 参考文献（列出图形符号建立的主要参考文献）；

(9) 索引（按图形符号名称的拼音字母顺序和对应词字母顺序建立索引）。

标准的第一章“范围”主要规定标准的主题内容和适用范围。主题内容主要是给出标准类别相应的主题性内容，如“本标准规定了××图形符号的表示规则”、“本标准规定了××图形符号的设计原则和要求”、“本标准规定了××领域的图形符号”等。适用范围由所规定的主题性内容决定，当规定的主题性内容是“图形符号的表示规则”、“图形符号的设计原则和要求”时，适用范围为“本标准适用于××领域或专业的图形符号的设计、研制、编制”等；当规定的主题性内容是“图形符号”、“图形标志”时，适用范围为“本标准适用于××领域或专业图形符号(或标志)的制作和使用”等。第二章“规范性引用文件”不是必备章，当标准中的部分图形符号引自现行的某标准时，或标准中的图形符号与现行的某图形符号标准构成一个整体，并在标准正文中提及了这些标准时，需设这一章。第三章“术语和定义”不是必备章，当图形符号标准中有需要专门定义的术语、使用了同指称不同含义的术语需专门定义、引用了现行术语时，需设这一章。第四章、第五章、第六章、第七章是标准的主题性和核心性章，但不是四个章节必须同时存在的，多数标准可能只有图形符号这一章，或图形标志这一章，因为图形符号或图形标志是这类标准规定的主要目标内容。如果图形符号标准是一套系列标准，那么这套标准的第一个标准一般会是规定图形符号表示规则或图形符号设计要求的标准，随后的各组成部分标准为给出各相关图形形式和含义的图形符号标准。一般情况下，图形符号标准不需要设附录，但当需要对比相近图形符号的差异时，或本标准的图形符号需要与其他标准的图形符号配合使用时，可设置附录列出这些图形符号。标准研制中的有些图形符号是由其他标准或文献的图形符号更改形成的或标准的建立涉及重要的参考文献时，应设立参考文献章，并列出主要参考的文献。标准规定的图形符号达到一定数量时(如50个以上)，一般需要设索引章，按图形符号名称的汉语拼音字母顺序排序和对应词语种字母的顺序分别列出。

以上图形符号标准的结构是一个内容相对全面的结构，具体的图形符号标准的结构可根据标准类型的定位对以上结构进行裁剪构建，也可以根据需要增补标准结构。图形符号标准的结构在标准类型中是比较简单的，结构设计的重点主要是在图形符号分类的科学性和使用的方便性上。

31.4　图形符号的研制程序

图形符号标准是一种高度通用性的语言，它要求不依赖于教育背景和国家语言背景就能识别，这种语言的产生，需要科学和有效的工作程序来保证其使用的必要性、广泛的可识别性、制作的简单性等。当需要图形符号而没有相应标准时，可按以下程序研制图形符号[4]，然后经过必要的程序将其制定为标准。

(1) 调查和论证清楚需要建立和传递哪些信息的图形符号。

(2) 分析这些图形符号应用在什么方面和领域、预期的使用者、使用环境，明确属于哪种图形符号类别。

(3) 理清图形符号描述的内容，描述图形符号的功能和含义。

(4) 查找和搜集与拟建立图形符号相关的国内外各级标准和其他资料。

(5) 选择可以直接采用的现行标准中的图形符号，以保证图形符号间的协调性，避免图形符号的重复产生和矛盾情况产生。

(6) 对于需要而无现行标准可选的图形符号，按标准规定的图形符号表示规则和设计要求[4,13-22]进行图形符号方案的设计。

(7) 对设计的图形符号方案进行易理解性和易记忆性测试。

(8) 根据测试结果对图形符号进行修改完善，直到获得满意的方案，然后确定图形符号设计方案。

(9) 向相关的标准化管理机构登记注册确定的图形符号方案。

对于第(5)项程序，至少应与以下相关标准进行协调[4]：

① 机械简图或电气简图用图形符号应分别引用 GB/T 20063(所有部分)、GB/T 4728(所有部分)中的符号；

② 设备用图形符号应引用 GB/T 16273(所有部分)中的符号，并宜采用 ISO 7000 中的符号；

③ 电气设备用图形符号应引用 GB/T 5465(所有部分)中的符号；

④ 公共信息图形符号应引用 GB/T 10001(所有部分)中的符号；

⑤ 安全标志应引用 GB/T 31523(所有部分)中的符号。

以上图形符号的研制程序是建立标准化图形符号的程序，不是图形符号标准建立的程序，图形符号标准建立的程序按标准建立的程序进行。图形符号建立的标准化是图形符号标准建立的基础性工作或前期准备工作，可为图形符号标准的建立提供可靠、有效的图形符号资源。图形符号标准建立也应参考以上程序进行。图形符号的研制也可与其标准研制同步进行。

31.5　图形符号的表示规则

图形符号的建立，应遵循图形符号的表示规则和方法。图形符号的表示规则要素主要包括图形符号的含义、名称、表现三个方面的内容[4]。

31.5.1　图形符号的含义

图形符号的含义应表示清楚，容易正确理解，不易引起混淆，应遵守以下规则：

(1) 图形符号与其含义应是“一对一”的关系，即一个含义对应一个图形符号，或一个图形符号表达一个含义。

(2) 图形符号应尽量设计成对其的理解与方向无关，即其正确理解的无方向选择性或含义的方向不变性；当图形符号的设置因为方向不同会产生理解偏差时，应有专门说明保证其正确理解。

(3) 同一图形符号用在不同领域，在不引起混淆的前提下，也可表示不同含义，但同一领域的一个图形符号只能有一个含义。

(4) 表达含义相似，但为了实现不同功能或为了满足不同视图要求而设计了不同形式的图形符号,这些图形符号均应赋予不同含义。

31.5.2 图形符号的名称

每个图形符号应有一个相应的名称及其含义。图形符号的名称应准确地对应相应图形符号的含义和图形标志的提示、提醒、指令、警告等的含义。不同的图形符号一般不应用相同的名称。不同的含义相同的图形一般不宜用相同的名称。图形符号的中文名称应有相应的英文对应词,来自国际标准的图形符号的英文对应词应采用国际标准中的命名。

31.5.3 图形符号的表现

图形符号的表现需要考虑四个方面的特点,一是使用群体,二是观察的距离,三是图形的表现方式,四是图形表现的抽象性。不同类别的图形符号有不同的表现特点,下面分别给出技术文件用图形符号、设备用图形符号、标志用图形符号的表现特点,如表 31-1 所示[4]。

表 31-1 图形符号的表现特点

图形符号类别	使用群体	观察距离	图形的表现方式	图形的表现状态
技术文件用图形符号	专业	近	线条	较抽象
设备用图形符号	专业、非专业	中	粗线条	抽象与具体之间
标志用图形符号	非专业	远	实心图形	较具体

技术文件用图形符号主要用于简化表达产品设计组成部分、连接关系、制造关系等的符号,只有经过专业培训或教育的人员才能绘制和看懂,属于专业人员使用的图形符号;技术文件用图形符号主要是绘制在技术文件中,因此是近距离观察的;技术文件用图形符号绘制在设计文件和工艺文件中,其画法要符合技术制图,因此是用线条绘制的;技术文件用图形符号为了降低绘制难度和提高绘制效率,采用的是简化画法,因此表现形态比较抽象。

设备用图形符号主要用于设备及其组成部分身份和设备使用相关对象的识别,使用者包括设备的制造者和设备的使用者,因此使用的群体包括专业人员和非专业人员;设备用图形符号一般印制在设备及其外包装上,通常要求超出明视距离也应能看得清楚,属于中距离进行观察的图形符号;设备用图形符号由于要求在中距离能看清楚,所以表达的线条需要采用粗线条;设备用图形符号要满足设备的制造者和设备的使用者都能看懂,其表现形态需要直观些,而设备本身有一定的专业性,使其趋于一定的抽象性,因此其图形符号的表现形态介于抽象和具体之间。

标志用图形符号主要是为人们使用公共设施、在公共场所和环境使用商业服务等提供提示、指令、禁止、警告等信息，是服务大众的，因此这些图形符号的使用群体是非专业的；由于图形标志往往贴在公共场所和环境中，所以要求在远距离应能看得清，其图形需要设计为实心图形；由于图形标志主要是服务于大众的，所以图形标志的表达应是通俗、易懂的，表现的图形形态应是比较直观和具体的。

31.6　图形符号的设计要求和方法

图形符号的设计要求和方法是图形符号标准研制的核心技术部分，是图形符号建立需要全方位考虑的内容，设计要素主要包括基本要求、绘制基础、设计要素以及效果、组合、否定、测试、修改完善、方案确定等内容[4]。

31.6.1　基本要求

图形符号的设计首先是要符合图形符号表示规则，其含义、名称、表现应符合 31.5 节的要求。

31.6.2　绘制基础

技术文件用图形符号应在基本网格上按照 GB/T 16901.1—2008 的要求设计；设备用图形符号应在基本图形上按照 GB/T 16902.1—2017 的要求设计；标志用图形符号应在基本模型上设计，其中公共信息图形符号应按照 GB/T 16903.1—2008[4]的要求在模板上设计。

技术文件用图形符号应在基本网格中进行设计，图形符号设计的基础为平行线间距为 1M(模数)的基本网格，该网格可再细分 0.1M 或 0.125M 两种网格。对于同一图形符号或组成符号，只能用两种网格系统中的一种进行设计，并在设计说明中表明[23]。设备用图形符号设计依托的基本图形由 12.5mm 的方格组成的边长为 75mm 的正方形及叠加在其上的七种几何形状(2 个不同直径的圆形、2 个不同方向的长方形、1 个正方形、1 个斜置正方形、1 个六边形)的通用图形构成[16-20]。标志用图形符号设计依托的基本模型由边长为 5mm 的网格分割的四种几何形状(正方形、斜置正方形、圆形、正三角形)的通用图形构成[1,2]。

31.6.3　设计要素和效果

图形符号设计的理念为形象化、生活化、简洁化、易理解，杜绝复杂性、细腻化的表达方式。

1. 设计要素

图形符号设计考虑的要素主要有图形符号的图形、大小、点线角元素、几何边框、尺寸、颜色、文字、修改等。

图形：图形的设计应形象、简单、易辨认、易制作；设备用图形符号用基本图形符号(标准化的图形单元)设计原型符号(设计的原始图形符号)，原型符号中宜避免出现填补区域。

大小：图形符号的大小应满足正常视力在使用距离能轻松地看清；多符号元素组合的图形应合理布置空间，使各组成部分都有清楚显示的平等机会，图形间或符号间占用的面积应尽量均衡。

点线角元素：技术文件用图形符号应有相同的基准点，基准点应位于 1M 或 0.5M 网格交点上；连接点应位于 1M 或 0.5M 网格交点上；弧线的端点应位于网格的交点上；水平线的中心线和垂直线的中心线应位于 1M 或 0.5M 网格的网格线上；斜线的中心线或弧线的中心线应与 0.5M 网格的网格交点相交；直线的端线宜与网格交点重合；图形符号的线宽与所采用的模数 M 的比例为 1∶10，图形符号中的字符笔画与图线同宽度；如需增加线宽度，任何两线宽度之比至少为 2∶1；技术文件用图形符号中平行线的最小线间距应不小于线宽的 2 倍，设备用图形符号原图中平行线的最小线间距不宜小于线宽的 1.5 倍；技术文件用图形符号的线间相接或相交而成的锐角不宜小于 15°，设备用图形符号的原型符号中应避免小于 30°的角；与网格线不平行的直线，其与网格线的夹角应按 15°递增，或按照一定的斜率规律确定[23]。

几何边框：几何边框主要用于图形标志，边框应采用标准化的形状和尺寸关系，主要有正方形标志边框、斜置正方形标志边框、圆形标志边框、正三角形标志边框[4]；正方形标志边框用于提示标志，斜置正方形标志边框用于警告标志，圆形标志边框用于指令标志，带有斜杠的圆形标志边框用于禁止标志，正三角形标志边框用于警告标志。

尺寸：图形符号和标志的尺寸以在适合的距离上大多数人能看清楚为准；图形符号和标志限定最小尺寸，不限定最大尺寸，但大尺寸图形符号不应大到浪费材料和占用不必要的过多空间；图形的长和宽之比不宜大于 3∶1；图形标志的尺寸为标志边框的外缘尺寸，图形尺寸为标志边框的内缘尺寸；设备用图形符号缩放复制的最小尺寸 $S=L/100$，S 的单位为毫米(mm)；图形标志的尺寸与观察距离 L 相关，它们的最小尺寸是观察距离乘一系数，各几何形状图形标志的最小尺寸要求如表 31-2 所示[23]。

表 31-2　图形标志的最小尺寸要求

几何形状	最小图形尺寸	最小标志尺寸
正方形	$12L/1000$	$25L/1000$
斜置正方形	$14L/1000$	$25L/1000$
圆形	$16L/1000$	$28L/1000$
正三角形	$20L/1000$	$35L/1000$

颜色：图形符号采用特定的颜色表达特定的含义，颜色的使用不能矛盾，颜色主要表达的含义为：红色表达禁止、否定、限制；黄色表达警告；蓝色表达指令；绿色表达提示；黑色和白色提供一般信息，制成黑图形与白衬底或白图形与黑衬底[23]。警告潜在危险和危害时应选取由黄色和对比色黑色组合形成的安全标记；禁止接近或禁止行为时应选取由红色和对比色白色组合形成的安全标记；命令必须执行指令时应选取由蓝色和对比色白色组合形成的安全标记；表示安全状况（如应急疏散）时应选取由绿色和对比色白色组合形成的安全标记[24,25]。产品或其包装上使用的安全标签为：高等级风险应使用衬底色为红色的安全标志；中等级风险应使用衬底色为橙色的安全标签；低等级风险应使用衬底色为黄色的安全标签[24,25]。安全标志的衬边颜色为：禁止标志的衬边颜色为白色；指令标志的衬边颜色为白色；警告标志的衬边颜色为黄色；安全状况标志的衬边颜色为白色；消防设施标志的衬边颜色为白色[24,25]。

文字：图形符号中的文字应从标准字符集选择，即采用 GB/T 1988—98 中的编码字符；字体采用 GB/T 14691—93 中的 B 型直体；文字以水平方向和垂直方向标注，应符合 GB/T 4458.4 的要求；文字与周围图形的最小间距应不小于粗线宽的 2 倍[23]。

修改：设备用图形符号为了与设备的设计要求相一致，对符号原图可进行改变线宽、圆滑拐角、填实图形符号的区域、按照 GB/T 16902 修改箭头的设计、中断相交的线条、否定图形符号等修改[16-20]。

2. 设计的数据要素

图形符号设计的数据要素是图形符号量化设计和评价需使用的数值或数据，这些数值包括图形符号尺寸、设计基础尺寸、图像反差、醒目度、可见度、观察距离、观察角、视角、视敏度、分辨力、偏移、偏移角、标志高度、距离因数、表观尺寸、亮度对比度、亮度因数、逆反射系数等数值。设计基础尺寸主要是设计的基本网格、基本图形、基本模型的尺寸；图像反差为图像中最大光密度与最小光密度间的差；醒目度为视野内的标志较其环境背景易于引起注意的程度；可见度为在一定距离、光线下，标志被视觉感知的可能程度；观察距离为在观察者视野内，标志对于观察者清晰且醒目的最大距离；观察角为标志平面与观察者视线所形成的夹角；视角为从观察者眼睛到被观看标志的最长轴两端的连线形成的夹角；视敏度为观察者能够清楚地看到图形标志中最小细节对应角度的能力，人的平均视敏度为 1 分；分辨力为观察者区分图形细节的视觉能力；偏移为标志中心到观察者视野法向中心线的垂直距离；偏移角为标志中心点的法线与观察者视野法向中心线之间的夹角；标志高度为几何形状为圆形的标志的直径或几何形状为矩形（或三角形）的标志的高；距离因数为观察距离和标志高度之比；表观尺寸为不考虑标志的实际尺寸而对标志大小的主观感觉;亮度对比度为安全标志中对比色亮度与安全色亮度的比值,其中对比色亮度大于安全色亮度;亮度因数为在相同照明条件下,试样表面沿某一给定方向的亮度与全反射或全透射散射体的亮度之比;逆反射系数为平面逆反射材料沿观察方向的发光强度除以该逆反射面在与入射光垂直的平面上的照度与其面积之积[1,2]。图形符号设计和评价时,应采用这些数据进行设计和评价,才能实现图形符号设计和评价的科学化。

3. 设计效果

图形符号设计应实现易识别、易理解、易区分、易记忆、易普及、艺术性、人性化、丰富性的效果,各个设计效果的内涵如下。

易识别:图形符号的图形或标志应采用常识性的事物形象,表达要直观、简洁、形象,图形表达的事物应容易清楚辨认或轮廓重现。

易理解:图形符号应形象化表达含义,通俗易懂,易于与预定含义联系,使含义容易理解,不依赖于教育背景、语言背景、国家背景、民族背景就能靠常识看懂其含义,具有很强的文字表达的替代性,不易误解和混淆。

易区分:图形符号应容易与可能同时使用的其他图形符号相区别,也能与相似的图形符号相区别。

易记忆:图形符号应采用简单、常见、生动和特点突出的视觉形象,不宜采用复杂性和细节性的表现内容,要使各类人群都容易记住。

易普及:图形符号的采用不能有不同民族、不同国家忌讳的图形,且应容易绘制和书写。

艺术性:图形符号的设计应有艺术的抽象性和艺术的美观性,使人们在对其识别和理解的基础上获得美的享受,并且为图形符号设置的场所增加艺术的美感。

人性化:除警告危险和需远离的物品及环境的图形符号外,图形符号的设计要考虑有友好、温馨、亲和等感觉。

丰富性:图形符号通过图形与图形、文字符号、颜色等组合,以用简单关系表达出多种含义,实现图形符号含义表达的丰富性。

单图形或符号的设计要考虑符号具有独立使用意义和与其他符号的可组合性,以及多符号相加可形成多含义性。

31.6.4 组合

图形符号可由单图形构成,也可由多图形和多符号元素构成。图形符号多含义的表达应采用多表达元素的组合来实现,以简化图形符号表达的复杂性,减轻记忆负担,降低设计和制作难度,避免通过设计复杂的图形来实现。构建组合图形的符号元素主要为图形、文字、几何形状、颜色等符号,它们应是标准化的符号元素。

图形符号的组合设计应遵循以下设计原则：

(1) 图形符号需表达多含义时，应采用多元素符号组合设计；

(2) 组合元素间的表达含义要协调，不要抵触；

(3) 能用颜色表达含义时，不要增加其他表达符号；

(4) 能用图形、颜色、几何形状元素表达清楚时，不要用文字表达；

(5) 能用少的符号表达清楚时，就不要用多的符号表达。

31.6.5　否定

图形符号的否定设计涉及否定的概念、否定的程度、否定的表达形式和涉及否定的表达策略[4]。

1. 否定的概念

图形符号中的否定是对事物存在的否定、功能的否定和行为的否定等。行为的否定表达的是"禁止"、"不准"、"不许"等。

2. 否定的程度

否定的程度分为两种程度，即全部否定和部分否定。全部否定是否定图形符号的整体内容；部分否定是仅否定图形符号的某部分的内容。

3. 否定的表达形式

图形符号上施加否定要素时，不应干扰图形符号的清晰度和理解性。当否定要素的施加对图形符号的理解带来较大影响时，在不妨碍正确理解的前提下，可用图形符号的镜像进行表示。

否定的表达方式主要有：

(1) 否定直杠，覆盖在图形符号上面从左上至右下的红色直杠；

(2) 叉形，覆盖在符号要素上面的两条以适当角度倾斜的直杠组成的交叉图形；

(3) 涂红，将需要否定的符号要素涂红；

(4) 红色圆环直斜杠，将红色圆环直斜杠盖在禁止内容的图形上。

4. 涉及否定的表达策略

如果既可用肯定形式也可用否定形式传递信息，应采用肯定形式。与否定要素结合的图形符号，可能时应以肯定形式表达，例如，"禁止双向行驶"应表示为"单向行驶"。

31.6.6　测试

图形符号的测试主要是对设计的图形符号测试其易理解性和易误解的概率。当测试结果符合相关要求时，图形符号的设计才算是成功的。图形符号的测试应按相关标准的要求进行，其中标志图形符号的测试应按 GB/T 16903.2—2013 的要求。图形符号理解度测试对象的方案数量应不超过三个，测试环节包括测试材料的准备、被试图形符号、被试图形符号在理解度测试中的任务、理解度测试结果分析、结果分类、分析回答类别、结果的表示、综合不同地区的测试结果、确定最易理解的方案等内容。不能通过测试的图形符号是不允许使用的，也不能进行登记注册。测试只存在小的完善问题时，可通过完善性修改后，提交注册或纳入标准中。

31.6.7　修改完善

对于完成测试的图形符号，可能会有三种结论，一是合格可以使用，二是适当修改完善后可以使用，三是不合格不能使用。测试结论为第一种的可直接进入“方案确定”环节。测试结论是第二种的可能会有两种情况，一种是按测试修改意见修改后即可进行“方案确定”环节，另一种情况是按测试修改意见修改后，需再进行测试验证。测试结论为第三种的需要重新设计，根据测试提出的问题，再设计新图形符号方案，然后按首次设计情况提交测试。

31.6.8　方案确定

测试通过和测试修改通过的图形符号方案以注册完成方案确定，或纳入标准制定内容中并以标准图形符号完成方案确定。一个图形符号只能有一个注册号，注册代码的组成应按 GB/T 16900—2008 的要求，主要由标准编号、图形符号在标准中的编号、图形符号的注册号组成[23]。

31.7　图形符号内容的表达

图形符号的内容一般用表格形式表达，表格栏目的设置主要为“编号”栏、“图形符号”栏、“名称”栏、“说明”栏等，如表 31-3 所示[26]。“编号”是图形符号的身份代号，一般用阿拉伯数字表示。图形符号的编号可整体一起按流水顺序编号，也可按分类关系分别顺序编号。同一标准中，一个编号只对应一个图形符号，仅当图形符号的应用场合不同需增加符号时，一个编号才可对应多个符号。“图形符号”是标准的核心内容，标准研制确定的图形符号放入“图形符号”栏中。符号编排的前后顺序可按专业分类、功能分类、隶属分类等编排。技术文件用图形符号栏的表格间距不宜小于 20mm；设备用图形符号应连同角标一起放入“图形符号”栏中，四个角标所界定的正方形尺寸为 25mm×25mm；标志用图形符号在“图形符号”栏中的尺寸由标志边框的形状决定，正方形标志边长为 45mm（小型的正方形边长宜为10mm），斜置正方形标志边长为 45mm，圆形标志直径为 50mm，正三角形标志边长为 63mm。“名称”栏填入表达符号含义的名称和英文对应词。同一标准中，一个名称仅应对应一个图形符号或图形标志。“说明”栏用于说明符号对应的功能、应用场所、使用的颜色、绘制、制作和设置方法等方面的内容；当“图形符号”栏中的图形符号摘录自其他标准时，在“说明”栏中应给出该图形符号摘自的标准编号和符号编号，也包括采用国际标准的符号；当某符号通过修改代替了原标准中的相应符号（一个或多个）时，在“说明”栏中应给出该符号对应的原符号的标准编号和符号编号[26]。

表 31-3　图形符号内容表达示例

编号	图形符号	名称	说明
06-11		感烟火灾探测器（点式） Smoking detector(point type)	采用 ISO 6790(5.11) 报警启动装置符号
06-12		气体火灾探测器（点式） Gas detector(point type)	采用 ISO 6790(5.12) 报警启动装置符号
06-13		电话 Telephone	采用 ISO 6790(5.13) 报警启动装置符号
072	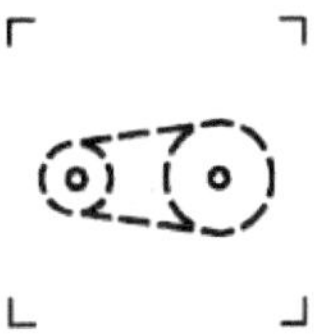	链传动 Chain drive	采用 ISO 7000:2014(0014)
073	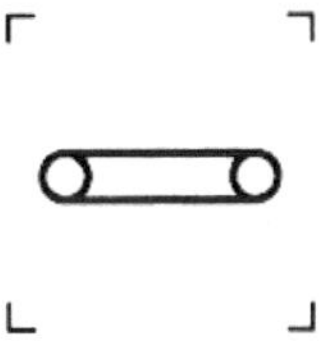	输送带 Conveyer belt	采用 ISO 7000:2014(0229)

续表

编号	图形符号	名称	说明
074	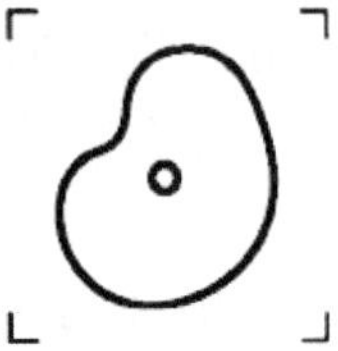	凸轮 Cam	采用 ISO 7000:2014(0016)
075	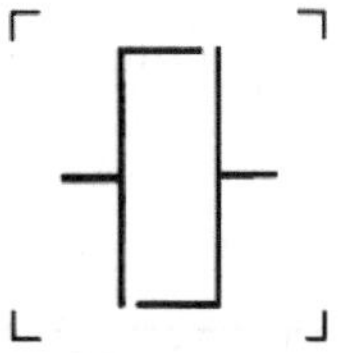	联轴器 Coupling	采用 ISO 7000:2014(0015)
076		搅拌器,一般符号 Agitator,general	采用 ISO 7000:2014(0131)
077		通风器,一般符号 Ventilator,general	采用 ISO 7000:2014(1118)

在表 31-3 中:编号“06-11”、“06-12”、“06-13”的图形符号为技术文件用图形符号[26];编号“072”、“073”、“074”、“075”、“076”、“077”的图形符号为设备用通用图形符号[27],原型符号是含有角标的图形符号图样,角标用于方便原型符号的精确定位和确定比例[16-20]。

公共信息图形符号的符号要素内容的表达表格栏目的设置为“序号”栏、“符号要素”栏、“名称”栏、“含义”栏、“说明”栏,如表 31-4 所示[5-12],在表 31-4 中,序号“37”、“52”、“53”的图形符号为通用符号要素,可为图形标志的组成提供基本图形素材。

表 31-4　公共信息图形符号的通用符号要素的表达示例

序号	符号要素	名称	含义	说明
37		插头	表示电插头	可作为图形符号单独使用表示插头，也可与其他符号要素组合形成新的图形符号，如手机充电器、照明用品等
52		不可见波	表示与不可见波有关的信息，如电磁波、声波等信息	可与其他符号要素组合形成新的图形符号，如感应出水、刷卡、音量调节等； 可根据需要增加线条的数量
53		可见波	表示与可见波有关的信息，如光等	可与其他符号要素组合形成新的图形符号，如电灯形状、请勿使用闪光灯等； 可根据需要调整线条的角度和间隙，也可增加或减少线条数

当同一符号因应用场合不同而具有多种表现形式时，可增加相应的符号栏，并根据符号的内容、特点、应用场合等对新增符号栏进行命名，如增加图色和底色反转的“小型的图形符号栏”，如表 31-5[5-12] 所示。在表 31-5 中，编号“044”、“074”、“017”、“104”、“108”的图形标志为带有小图形符号的公共信息标志用图形符号。

表 31-5　有小型图形符号栏的图形符号内容表达示例

编号	图形符号	小图形符号	含义	说明
044			银行 Bank	表示可进行存款、取款、汇兑、贷款等业务的场所或位置
074			信息服务 Information	表示不设工作人员，仅提供平面图、地图、指南、手册等各种信息的场所或位置

续表

编号	图形符号	小图形符号	含义	说明
017			卫生间 Restrooms	表示卫生间或其位置，需要根据男、女卫生间的实际位置使用本符号或其镜像符号
104			请勿翻越栏杆 Do not climb over railings	表示该处不允许翻越栏杆
108			请勿使用手机 No using of mobile phones	表示该处不允许使用手机

安全信息的图形标志通常是带颜色的图形标志，其表格的形式同表 31-3，各类安全信息的图形标志的表达示例如表 31-6 所示[24-26]。在表 31-6 中，编号“1-02”、“1-03”的图形标志为正方形绿色图形标志，用于表示安全状态的图形标志；编号“2-01”、“2-03”的图形标志为正方形红色图形标志，用于提醒碰到紧急状态时要采取的行为；编号“3-01”、“3-05”的图形标志为正方形蓝色图形标志，用于碰到紧急状态时要采取的保护指令；编号“13”、“14”、“15”的图形标志为斜置正方形图形标志，是用于表示危险的图形标志；编号“4-03”、“4-10”的图形标志为红色圆环直斜杠图形标志，是用于表示禁止的图形标志；编号“5-01”、“5-04”的图形标志为正三角形橙色背景的图形标志，是用于警告，提醒注意有危险的图形标志；编号“5-22”、“5-28”的图形标志为正三角形黄色背景的图形标志，是用于提醒，提醒注意存在可能的伤害物的图形标志[24-26]。

表 31-6　安全信息的图形标志内容表达示例

编号	图形符号	名称	说明
1-02		紧急出口;安全出口(右向) Emergency exit(right hand)	标示通往安全场所的疏散出口 修改 ISO 7010(E002)
1-03		疏散集合点 Evacuation assembly point	标示疏散后安全的集合地点的位置 采用 ISO 7010(E007)
2-01		火灾的报警按钮 Fire call point	标示火灾报警按钮的位置 采用 ISO 7010(F005)
2-03		手提式灭火器 Portable fire extinguisher	标示手提式灭火器的位置 采用 ISO 7010(F001)
3-01		通用指令标志 General mandatory action sign	表示一个必须执行的动作 该标志不能单独使用,需要使用辅助标志给出所需执行动作的详细信息 采用 ISO 7010(M001)

续表

编号	图形符号	名称	说明
3-05		必须戴防毒面具 Wear respiratory protection	表示必须戴防毒面具 采用 ISO 7010(M0017)
13		剧毒品	
14		自燃物品	
15		爆炸品	
4-03		禁止烟火 No open flame; Fire, open ignition source and smoking prohibited	表示禁止吸烟和使用各种形式的明火 采用 ISO 7010(P003)

续表

编号	图形符号	名称	说明
4-10		禁止踩踏 No stepping on surface	表示禁止在某表面踩踏 采用 ISO 7010(P019)
5-01		通用警告标志 General warning sign	表示一个通用的警告 该标志不能单独使用，需要使用辅助标志给出危险的详细信息 采用 ISO 7010(W001)
5-04		当心着火 Warning;Flammable material	警告来自易燃物质的危险 采用 ISO 7010(W021)
5-22		当心铁丝网 Warning;Barbed wire	警示来自铁丝网的危险 采用 ISO 7010(W033)
5-28		当心碰头 Warning;Overhead obstacle	警示来自头顶障碍物的危险 采用 ISO 7010(W020)

表 31-3～表 31-6 中的内容是用于说明图形符号表内容的设置，不一定是图形符号在标准中的正式编号，有的是来自源标准，有的不是来自源标准。公共图形符号和图形标志内容的表达表，必要时可设“注册号”栏，当图形符号进行了注册，获得注册号时，可将赋予的注册号填入“注册号”栏。图形符号制定为标准时，标准中的图形符号表可不设“注册号”栏，因为作为确定为标准的图形符号应该是获得或等价注册批准的图形符号，可不再需要明示。

31.8　图形标志的使用场所和设置要求

图形符号标准制定后，需正确使用方能发挥其应有的作用。图形符号应符合以下使用场所要求和设置要求[23]，其使用效果才能达到预定的使用目的。

31.8.1　使用场所[23]

图形符号按其类别用于相应的场所。技术文件用图形符号主要用于设计文件、工艺文件、产品说明书中等。设备用图形符号主要用于设备、设备包装、设备说明书、设备使用场所等。图形标志主要应用于公共场所，具体应用为：公共信息图形标志主要用于下列(1)～(4)所列场所和设施；交通标志主要应用于(9)所列场所和设施；安全标志和消防安全标志应用于下列全部场所。

(1) 旅游景点、公园、机场、码头、车站(火车、汽车、电车、地铁等)、市区街道等公共场所。

(2) 宾馆、饭店、旅馆、购物场所、银行、邮政局、会议中心、文化中心、培训中心、影剧院、娱乐场所、体育场(馆)、展览馆、博物馆、图书馆、医院等服务场所和设施。

(3) 飞机、船舶、火车、汽车、电车、地铁等运输工具。

(4) 江岸、河岸、湖岸、海岸等。

(5) 工矿企业、仓库、货栈等场所、设施和物品。

(6) 工程施工现场。

(7) 林区、矿区、油田、钻井平台等场所和设施。

(8) 科研院所、机关、学校、幼儿园、住宅小区、写字楼、养老院、疗养院等场所和设施。

(9) 公路、铁道、水路、桥梁、隧道等场所和设施。

(10) 其他场所和设施。[23]

31.8.2　设置的一般要求

图形标志应在所有需要辨识、提示、提醒、指令、警告、禁止等地方和设施上设置，其设置不能存在对人身和生命伤害及危害的潜在危险。图形标志的尺寸和对比度应能满足大部分人的观察视力，设置的图形符号的大小应按标准中的图形符号或小型图形符号进行等比例放大或缩小，并设在醒目和最容易看见的地方。图形标志的设置要考虑使用的方便性和正确性，设在最大需要信息的位置，相关标志应配合使用(与导向和提示标志结合)，设置方向不会造成误解。图形标志的设置要考虑与环境的协调性、标志间的协调性等。

31.8.3　设置的具体要求

图形标志设置的具体要求为设置地点、设置方式、设置方向、设置高度、观察条件、设置数量等，各设置要求的详细内容[23]如下。

(1) 设置地点：导向标志应设在人们选择目标方向的地点和通向目标的最佳路线上，提示标志和服务信息标志应设在提示设施正面、入口处、邻近处和靠近设施的路线上，禁止、指令、警告、提醒等标志应设在相应设备和设施处、预防位置处、附近醒目位置处。

(2) 设置方式：图形标志的设置应牢固、能长期保留，不应采用容易被移动、移走、覆盖、撕掉等设置方式。

(3) 设置方向：设置有方向性的标志时，应避免标志方向与实际目标方向不相符，必要时可用镜像调准标志方向；设置禁止标志的斜直杠应与水平成 45°夹角。

(4) 设置高度：公共场所标志的设置高度一般应与人眼平齐或高于人眼高度；交通标志的高度按相关规定设置。

(5) 观察条件：图形标志应设置在明亮的地方，标志面的观察照度应达到正常观察要求量值，标志面照度不够时可加照明光源照明；标志的颜色在自然光下和人工光源照明下的变化应符合相关规定；标志的偏移距离应尽可能小，对于最大观察距离的观察者，偏移角不宜大于 15°，如受条件限制无法满足该要求，应适当加大标志尺寸；图形标志设置的观察角应尽可能接近 90°，对于最大观察距离的观察者，观察角不应小于 75°。

(6) 设置数量：图形标志的设置数量应满足信息引导和连接的需要，既不要漏设，也不要滥设。

参 考 文 献

[1] 中华人民共和国国家质量监督检验检疫总局，中国国家标准化管理委员会. 图形符号 术语 第 1 部分：通用[S]. GB/T 15565.1—2008. 北京：中国标准出版社，2008.

[2] 中华人民共和国国家质量监督检验检疫总局，中国国家标准化管理委员会. 图形符号 术语 第 2 部分：标志及导向系统[S]. GB/T 15565.2—2008. 北京：中国标准出版社，2008.

[3] 中国社会科学院语言研究所词典编辑室. 现代汉语词典[M]. 5 版 . 北京:商务印书馆,2005.

[4] 中华人民共和国国家质量监督检验检疫总局,中国国家标准化管理委员会. 标志用图形符号表示规则 第 1 部分:公共信息图形符号的设计原则[S]. GB/T 16903. 1—2008. 北京:中国标准出版社,2009.

[5] 中华人民共和国国家质量监督检验检疫总局,中国国家标准化管理委员会. 公共信息图形符号 第 1 部分:通用符号[S]. GB/T 10001. 1—2012. 北京:中国标准出版社,2013.

[6] 中华人民共和国国家质量监督检验检疫总局,中国国家标准化管理委员会. 标志用公共信息图形符号 第 2 部分:旅游休闲符号[S]. GB/T 10001. 2—2006. 北京:中国标准出版社,2006.

[7] 中华人民共和国国家质量监督检验检疫总局,中国国家标准化管理委员会. 标志用公共信息图形符号 第 3 部分:客运货运符号[S]. GB/T 10001. 3—2011. 北京:中国标准出版社,2011.

[8] 中华人民共和国国家质量监督检验检疫总局,中国国家标准化管理委员会. 标志用公共信息图形符号 第 4 部分:运动健身符号[S]. GB/T 10001. 4—2009. 北京:中国标准出版社,2010.

[9] 中华人民共和国国家质量监督检验检疫总局,中国国家标准化管理委员会. 标志用公共信息图形符号 第 5 部分:购物符号[S]. GB/T 10001. 5—2006. 北京:中国标准出版社,2006.

[10] 中华人民共和国国家质量监督检验检疫总局,中国国家标准化管理委员会. 标志用公共信息图形符号 第 6 部分:医疗保健符号[S]. GB/T 10001. 6—2006. 北京:中国标准出版社,2006.

[11] 中华人民共和国国家质量监督检验检疫总局,中国国家标准化管理委员会. 标志用公共信息图形符号 第 9 部分:无障碍设施符号[S]. GB/T 10001. 9—2008. 北京:中国标准出版社,2009.

[12] 中华人民共和国国家质量监督检验检疫总局,中国国家标准化管理委员会. 公共信息图形符号 第 10 部分:通用符号要素[S]. GB/T 10001. 10—2014. 北京:中国标准出版社,2015.

[13] 中华人民共和国国家质量监督检验检疫总局,中国国家标准化管理委员会. 技术文件用图形符号表示规则 第 1 部分:基本规则[S]. GB/T 16901. 1—2008. 北京:中国标准出版社,2008.

[14] 中华人民共和国国家质量监督检验检疫总局,中国国家标准化管理委员会. 技术文件用图形符号表示规则 第 2 部分:图形符号(包括基准符号库中的图形符号)的计算机电子文件格式规范及其交换要求[S]. GB/T 16901. 2—2013. 北京:中国标准出版社,2014.

[15] 中华人民共和国国家质量监督检验检疫总局,中国国家标准化管理委员会. 技术文件用图形符号表示规则 第 3 部分:连接点、网络的分类及其编码[S]. GB/T 16901. 3—2009. 北京:中国标准出版社,2009.

[16] 中华人民共和国国家质量监督检验检疫总局,中国国家标准化管理委员会. 设备用图形符号表示规则 第 1 部分:符号原图的设计原则[S]. GB/T 16902. 1—2017. 北京:中国标

准出版社,2017.

[17] 中华人民共和国国家质量监督检验检疫总局,中国国家标准化管理委员会. 设备用图形符号表示规则 第 2 部分:箭头的形式和使用[S]. GB/T 16902.2—2008. 北京:中国标准出版社,2009.

[18] 中华人民共和国国家质量监督检验检疫总局,中国国家标准化管理委员会. 设备用图形符号表示规则 第 3 部分:应用导则[S]. GB/T 16902.3—2013. 北京:中国标准出版社,2013.

[19] 中华人民共和国国家质量监督检验检疫总局,中国国家标准化管理委员会. 设备用图形符号表示规则 第 4 部分:图形符号用作图标的重绘指南[S]. GB/T 16902.4—2017. 北京:中国标准出版社,2017.

[20] 中华人民共和国国家质量监督检验检疫总局,中国国家标准化管理委员会. 设备用图形符号表示规则 第 5 部分:图标的设计指南[S]. GB/T 16902.5—2017. 北京:中国标准出版社,2017.

[21] 中华人民共和国国家质量监督检验检疫总局,中国国家标准化管理委员会. 标志用图形符号表示规则 第 2 部分:理解度测试方法[S]. GB/T 16903.2—2013. 北京:中国标准出版社,2013.

[22] 中华人民共和国国家质量监督检验检疫总局,中国国家标准化管理委员会. 标志用图形符号表示规则 第 3 部分:感知性测试方法[S]. GB/T 16903.3—2013. 北京:中国标准出版社,2013.

[23] 洪生伟. 基础标准学[M]. 北京:中国标准出版社,2009.

[24] 中华人民共和国国家质量监督检验检疫总局,中国国家标准化管理委员会. 安全信息识别系统 第 1 部分:标志[S]. GB/T 31523.1—2015. 北京:中国标准出版社,2015.

[25] 中华人民共和国国家质量监督检验检疫总局,中国国家标准化管理委员会. 安全信息识别系统 第 2 部分:设置原则与要求[S]. GB/T 31523.2—2015. 北京:中国标准出版社,2015.

[26] 中华人民共和国国家质量监督检验检疫总局,中国国家标准化管理委员会. 标准编写规则 第 2 部分:符号标准[S]. GB/T 20001.2—2015. 北京:中国标准出版社,2015.

[27] 中华人民共和国国家质量监督检验检疫总局,中国国家标准化管理委员会. 设备用图形符号 第 1 部分:通用符号[S]. GB/T 16273.1—2008. 北京:中国标准出版社,2008.

第32章　团体标准的理论关系和构建方法

32.1　团体标准的起源

团体标准虽然不算是一个新鲜名词，但在我国算得上是一个新事物，最初称为联盟标准[1]。尽管团体标准在新修订的《中华人民共和国标准化法》颁布之前还没有正式的法律地位，但团体标准已在企业发展内需的推动下和政府标准化管理机构的鼓励下纷纷开展，并已成为一个客观存在。国内多个省市的企业联盟围绕需求，制定了红木家具、燃气热水器、电压力锅、空气净化器、移动通信等产品的团体标准[2]。团体标准能有今天的形势，主要得益于国家鼓励解放思想和推动企业创新发展的大环境。

团体标准主要起源于美国、英国、德国等国家，由专业学会、协会、商会、企业联盟等机构制定，以建立企业供给市场所需的产品、技术、服务等标准，形成相互协调和共同发展的环境。世界上制定团体标准著名的和权威性的民间机构主要有美国国家标准学会(ANSI)、美国机械工程师学会(ASME)、美国材料与试验协会(ASTM)、电气和电子工程师协会(IEEE)、美国保险商实验室(UL)、美国石油学会(API)、欧洲电子元器件委员会(CECC)、德国工程师协会(VDI)、英国石油学会(IP)、挪威船级社(DNV)、日本工业标准调查会(JISC)等[2]。

尽管团体标准涉及的载体对象和标准数量在不断发展扩大，但团体标准作为一种新事物在理论、方法和管理方面还需要有系统、清晰的内容，需要研究给出团体标准系统性的理论关系和方法，为团体标准的发展提供理论指导和支持。研究提出团体标准系统、清晰的理论关系和方法，对团体标准的健康和有序发展是非常必要的。团体标准的理论关系和方法主要有：团体标准的概念及地位；发展团体标准的目的和意义；团体标准的性质和特点；团体标准的范围；团体标准的研制和编制；团体标准的管理等。

32.2　团体标准的概念及地位

32.2.1　团体标准的概念

团体标准的概念是：**社会团体为需统一化的事项经协商一致制定的自愿性标**

准。以上团体标准的概念包含以下内涵:团体标准是社会团体制定的标准,它的范围包括学会标准、协会标准、商会标准、联合会标准、企业联盟标准等,联盟标准也属于团体标准,团体标准是个总概念;团体标准制定的目的是为某特定事项实现统一化,以实现统一化为根本目的;特定事项是统一化的载体,通常为产品、接口、数据交换、试验方法、评价方法、管理、服务等;团体标准经过社会团体中相关方自愿参加,协商一致,达成共识并同意而建立;团体标准作为一类标准,符合广义标准的概念定义,即为"统一化的约定集合"[3];团体标准的制定是自愿参加的,标准的使用也是自愿性的,这个自愿是基于可获取共同利益的驱使。

32.2.2 团体标准的地位

1988年通过的《中华人民共和国标准化法》规定了四级标准的法律地位,即国家标准、行业标准、地方标准和企业标准。2017年新修订的《中华人民共和国标准化法》[4]规定了新四级标准的法律地位,即国家标准、行业标准、地方标准、团体标准和企业标准,团体标准与企业标准同属第四级。2017年新修订的《中华人民共和国标准化法》使团体标准有了正式的法律地位。2017年新修订的《中华人民共和国标准化法》还大力推动团体标准的制定,其第十八条明确规定:"国家鼓励学会、协会、商会、联合会、产业技术联盟等社会团体协调相关市场主体共同制定满足市场和创新需要的团体标准,由本团体成员约定采用或者按照本团体的规定供社会自愿采用。"[4]该法表明了制定团体标准是国家的意志。

《中华人民共和国标准化法》(1988年版)所规定确立的国家标准、行业标准、地方标准和企业标准,已分别拥有《国家标准管理办法》、《行业标准管理办法》、《地方标准管理办法》、《企业标准化管理办法》等相应标准制定法规,使这些标准的制定和管理有很好的管理和操作的依据。目前,《团体标准管理办法》正在制定过程中,将会为团体标准的制定提供很好的指导。而团体标准是介于企业标准与地方标准或行业标准间的一个类别,从协调面上它没有达到地方标准或行业标准的宽度,但又大于一个企业的单一的范围,可以把团体标准看成一种企业标准的升级形式,或者说是企业标准的扩展种类,比企业标准高半级。

32.3 发展团体标准的目的和意义[1]

团体标准的建立出自在一定范围有共同的统一化利益、标准制定响应速度快和协调一致难度低的需求。政府部门管理的国家标准、行业标准、地方标准通常有严格、完整的标准制定程序和要求,而且标准协调范围宽,程序行程周期长,对于新技术达成一致意见难度很大。对于政府部门管理的国家标准、行业标准、地方标准,通常标准论证和立项所需时间为半年,标准编制时间两年及以上,标准审批、发行半年，共计三年时间，即使是快速制定程序也需约两年。根据摩尔定律，集成电路技术升级换代的周期为 18 个月，即一年半时间。由此可以看出，当电子技术对象的标准还未发布时，产品技术已经升级到了下一代，导致标准还未发布就已经过时。随着产品和技术的生命周期越来越短，高层级标准的制定周期已不能满足产品迅速发展的及时性要求。如果企业采取制定本企业的企业标准来解决标准需求，由于是一家行为，难以被其他企业认同，不容易广泛推广。因此，需要有能体现同业多家企业的共同利益、响应快、制定周期短的一种标准。团体标准就是这样一种标准，它具有这些特点：标准立项简单，因为是在联盟内或团体内自主决定；制定团体标准是小范围共同利益的要求，标准技术内容容易协调；标准制定过程自主掌握，不必进行复杂的过程，制定周期短；参加团体标准制定的各方是产品和技术的密切相关方，技术成分单纯，专业性强，不易掺杂其他干扰性成分。团体标准由于立项简单、协调容易、制定周期短、专业性强等特点，有利于新产品、新技术标准的及时推出，有利于企业新产品的市场发展。团体标准出现的根本意义是满足新技术和新产品创新发展的需要，满足市场发展的需要，增加标准的市场配置和有效供给。团体标准制定可有以下具体的意义。

1）由市场配置标准资源

团体标准不同于政府主导制定的国家标准、行业标准、地方标准，是民间机构根据企业产品和技术的市场发展需要自主制定的标准，属于市场配置的标准资源。这种由市场配置的标准资源，具有与市场需求结合紧密、需求响应及时等优点，使标准资源的产生有明确使用需要，标准“定以致用”，可避免盲目制定标准的人力、财力资源的浪费，以及避免“为制定标准而制定的标准”对产品和技术发展的不利干扰。

2）增加标准的有效供给

2017 年新修订的《中华人民共和国标准化法》明确规定了团体标准制定的法律地位，使团体标准成为我国整个标准资源的一个组成部分，为标准资源的供给开辟了一个市场化的、更大的渠道。美国现已制定了约 9 万项标准，其中民间机构制定的有 8 万多项，政府标准仅有近 1 万项；日本民间制定标准的机构近 200 家，共制定了 5000 多项团体标准；俄罗斯民间机构和科研机构制定了面向市场需求的“组织标准”几十万项[2]。团体标准将是一个巨大标准产生源，能增加标准的有效供给。

3）发挥标准引领作用

传统的标准制定主要发挥的是重复使用作用，制定的标准是固化科技成果和有效经验，为已进入市场的产品的再生产提供依据。而团体标准制定推进了标准引领和先导作用的发挥，使标准由事后固化转换为事前或事中制定。团体标准制定使标准制定模式不只是聚焦在技术积累和产品质量一致性保障等为生产制定标准的作用上，而是在推动发挥为产品和技术的研发和市场推广制定标准的作用。

4）构建企业间的良性发展关系

当今的市场经济已不是个别企业能垄断和通吃市场的时代，单一企业很难快速推动新技术和新产品进入市场，而需要产业共同联合的力量。只有相关或同业企业联合制定的标准才有利于快速向市场推入新产品。团体标准将企业间的竞争由你死我活的关系转变成为利益共同体的共赢关系。团体标准也代表了一种社会的进步潮流，使商业发展模式由野蛮竞争向合作共赢的文明发展模式转变，是化敌为友的良方。团体标准构建了企业间强强联合的格局，支持了企业间良性发展关系的构建。

5）支持企业创新发展

无标生产是不可取的，等标生产也是难以容忍的。制定团体标准可以为创新的和新兴发展的技术和产品快速进入市场提供及时的标准依据，有利于为新产品、新技术进入市场提供信任标签，支持企业技术创新的发展，引导企业由制造向创造和制造并重转变。团体标准可使创新成果及时标准化，为新产品抢占市场份额赢得了先机，支持了优者优先发展，优者掌握市场的技术话语权的关系。团体标准相当于一种允许有实力的优秀企业优先发展的政策。

6）提高产品技术水平

国家标准、行业标准、地方标准在产品标准的技术指标方面，通常是给出产品的最低允许指标或产品的平均水平，否则，标准就不能使大部分企业所接受和实施。团体标准是一小部分愿意结盟的优势企业共同制定的先进指标的标准，只要这小部分优势企业接受即可。团体标准的技术指标应该是优于相关的国家标准、行业标准、地方标准的技术指标，优于平均技术水平的指标，由此引导了产品技术水平的提高和产品质量的提高。团体标准给产品技术水平在平均技术水平以上的产品提供了发展的舞台。团体标准有利于引导产品进入精品化和高端化。

7）回归本质使用利益

在企业价格战的恶性竞争中，消费者的利益主要是降价的经济利益，在这种过度降价的背后，企业往往以产品性能和材料的降低为代价，真正吃亏的还是消费者。团体标准改变了企业竞争的方向，企业在保证产品安全、环保、节能的前提下，通过团体标准将竞争转向提高产品功能、性能、质量和服务水平上，实际是转向了有利于消费者的环节上，给消费者带回到了本质的使用利益上，这个利益既包括产品使用相关的直接利益，也包括在环保、安全等方面的公益利益。

8）避免研发损失

单一企业新技术产品的研发难免会有疏漏，会被竞争对手进行弥补和改进而废除，将使研发企业造成大量费用投入的损失。竞争对手间的相互弥补和改进都会造成具有技术缺陷的那方的投入付诸东流，如 3.5 英寸（in，1in≈2.54cm）磁盘淘汰了 5 英寸磁盘，U 盘又淘汰了 3.5 英寸磁盘等。企业间通过制定团体标准，可以共同探讨产品标准的技术内容，优势互补，共同完善产品标准的技术内容，构建由集体智慧凝聚的企业间的共同标准，避免单一企业技术底蕴不深厚和技术考虑不周全建立的缺陷标准造成的无效研制的大量浪费。

9）凝聚企业的力量

团体标准凝聚了企业间的技术力量，体现了“团结的力量”，成为企业间团结的纽带和灵魂。团体标准的凝聚一方面是技术方面的凝聚，另一方面是产业链上的凝聚，技术的凝聚形成了技术的相互支持和共同增强，产业链上的凝聚带来产业链的合理整合和集约发展。

10）净化标准的制定动机

团体标准的制定出自产品发展进入市场的需要、企业间技术协调的需要，这种标准制定具有单纯或纯正的标准制定动机。由于团体标准制定没有政府常规固定的标准制定经费的支持，也不是高层级的标准，不会受到“为钱”、“为名”的标准制定者的青睐。企业制定团体标准的过程不但不能赚钱，而且还要投入人力和财力，目的就是支持新产品及新技术的发展和进入市场，提高产品的技术水平和保障产品的质量，因此团体标准的制定模式可净化标准的制定动机。如果政府想要用经费鼓励团体标准的制定，应该在团体标准制定及实施后，对证实有意义和有价值的团体标准再进行事后补贴，以维护这块标准“净土”。

32.4 团体标准的性质和特点

32.4.1 团体标准的性质

团体标准的性质是团体标准重要的理论内容之一，是团体标准自身应该具有的性质，也是期望团体标准应具有的性质。这些性质可用来指导团体标准的产生和检查团体标准的合格性。团体标准应具有以下性质。

1）原创性

团体标准以推动企业新技术、新产品（含新方法、新服务等）的市场发展和应用为目的，解决新技术和新产品市场发展的标准空缺问题，尤其是龙头企业原创的或自主创新的高新技术和产品的标准。团体标准的制定不应与上级标准相重复或与同级标准（其他团体标准）相重复，不应以转换国际标准和国外先进标准而形成，因此原创性是团体标准应具有的性质。原创性是团体标准价值增值的性质、引领发展并发挥先导作用的性质、避免其与同级标准重复和与比其层级高标准重复的性质。

2）先进性

团体标准是满足新技术和新产品发展所需标准空缺的需要而制定的标准，体现了对领先、新颖、新兴技术发展渴望的支持，因此团体标准的功能和性能指标等应优于或高于同类的国家标准、行业标准、地方标准，或者团体标准是以指标先进的标准填补该类标准的空白。团体标准应代表同类、同期标准的先进水平。

3）专业性

团体标准是为了满足特定专业和领域的技术与产品发展及进入市场的需要，因此它有明显的专业针对性。或者说，团体标准不应是制定大基础性标准和大通用性标准的种类，也就是说团体标准一般不应该聚焦制定政府“责任田”中的标准，否则就会造成与高层级标准重复制定的现象。而且制定大基础性标准和大通用性标准也不是专业技术团体的优势。但也不排除有些团体标准会成长为大基础性标准和大通用标准。

4）共利性

团体标准是为了获得共同利益才制定的特定技术专业群体的标准，是特定技术专业群体共同贡献、利益共享、协调一致的标准产物。团体标准所属团体参加各方有平等参加权和表决权，如果团体标准的建立没有基于共同利益，就很难被通过。单方企业利益的标准只应定为企业标准。团体标准没体现团体的共同利益，就不符合团体标准建立的原则，因此，团体标准具有利益共同性（共利性）特点。

5）延升性

团体标准是一种成长型的标准，成长的历程一般为**创建→使用→升级**。团体标准不以成为团体标准为最终目标。随着团体标准的制定和实施推广，其所规定的技术和产品的应用范围会不断扩大，扩大的范围与团体标准所规定的技术和产品的应用可扩展性密切相关，应用扩展潜质越好的团体标准，其扩展性越好。团体标准的应用扩展，本质上是标准适用范围的扩展。这种扩展会使标准的适用范围从特定团体领域扩展到地方、行业、国家，甚至扩展到国际，这是团体标准延升性中“延”的性质。团体标准适用范围扩展的结果，可使其提升为地方标准、行业标准、国家标准，甚至是国际标准，这就是团体标准延升性中“升”的性质。团体标准的延升性是团体标准使用范围的延性和向高层级标准的升性。从服务于上层级标准建立的角度，团体标准就相当于充当了其上层级标准孵化器的作用。

6）市场性

团体标准是服务于市场需要所产生的标准，具有显明的市场性。团体标准的市场性主要表现在三个方面：一是团体标准是为市场需要而建立的；二是团体标准的有用性是通过市场检验的；三是团体标准的存在期是由市场决定的。团体标准是否需要建立由市场需求选择；团体标准是否有用由市场说了算；团体标准是否需要保留由市场决定，市场对团体标准进行优胜劣汰。

以上团体标准的原创性、先进性、专业性、共利性、延升性、市场性六个性质构成了团体标准的理论依据和身份标签，可用于作为团体标准建立的立项评审，以及团体标准制定过程审议和制定终点审查和批准的判据。一项团体标准不一定具备以上全部六个性质,但至少应具备三个性质,六个性质全具备的团体标准是满意的团体标准。

32.4.2 团体标准的特点

团体标准除了以上团体标准自身的性质外,其理论关系还包括团体标准组织、建立和使用等方面的特点,这些特点主要如下。

1) 民间性

团体标准是由学会、协会、商会、联合会、产业技术联盟等社会团体机构组织制定的,是非政府的民间社团组织制定的民间性标准,不同于政府主导制定的国家标准、行业标准、地方标准。团体标准的民间性主要体现在团体标准组织机构、参加者、制定过程管理、维护管理等的民间性。

2) 非赢利性

团体标准以解决企业新技术、新产品发展的标准需求为目的,不是一种标准产业,不应以赢利为目的,因此团体标准是一种非赢利的建立过程和非赢利的使用成果,但可有偿提供。团体标准的非赢利性可使团体标准的制定保持其最初的纯正动机和标准的公益性质。

3) 自愿性

自愿性是团体标准的一个特色。团体标准的自愿性主要体现在单位和个人的自愿性:参加团体标准的机构或个人的行为是自愿的;参加团体标准制定的行为是自愿的;实施团体标准是自愿的。参加团体标准制定机构的自愿性出自:有利于扩大企业的交往和宣传;有利于获得企业间相互了解和相互支持的机会。参加团体标准制定的自愿性出自:有利于使自己的优势技术和产品获得制定为团体标准的机会;可获得标准制定的话语权;推荐自己的先进技术制定为团体标准;有防止不公正标准和有害标准产生的话语权机会;及时获得团体标准制定的信息,避免自己重复制定标准的耗费;可方便地获取和使用团体标准的技术和方法价值,避免本企业低水平重复研究的耗费和风险。这种自愿性是企业间共享利益的自愿性。实施团体标准的自愿性出自:有利于自己的优势技术和产品通过制定为团体标准进入市场和广泛推广;以团体标准的先进内容促进本企业技术水平的提高;与相关企业间建立协调统一的技术配合关系,形成相关企业间的协调和集约发展关系。

4) 自主性

团体标准在标准立项决策、编写时间周期、技术指标水平、审批和批准管理、标准印刷、标准实施、标准维护等环节都能由社会团体自主决定,使标准在及时满足使用需要、改进存在的问题等方面有更有利的机制条件。

5）平等性

团体标准制定在制定活动的参加上对每个单位和个人是平等的，在标准同意的表决权上也是平等性的。平等性使团体标准制定更有凝聚力，更容易保证公正性。

6）及时性

团体标准具有社会团体自主决定制定时机、制定周期、发布实施时间，因此响应市场的需求快。及时性使团体标准具有了快速提供标准的优势，给新技术、新产品依靠标准进入市场提供了更便捷的机会。

以上团体标准的特点为团体标准的组织、建立和实施等添加了自己的特色和优点。此外，团体标准的产生不同于国家标准、行业标准等，是一种**自下而上**的推进过程，是基于企业争取技术和产品的市场认同和创新发展的需要，由基层企业的萌动、涌动、推动、行动而发展起来的；而国家标准、行业标准等的产生是**自上而下**的[1]，各相关政府机构按各自的发展需要组织编制相应的标准体系，再以标准体系或标准规划指导标准制定/修订的论证和制定/修订工作的开展。

团体标准的执行属性将涉及多重性，即有强制性的、推荐性的和指导性的。团体标准中涉及的国家法律、法规和强制性标准规定的安全、环保、卫生、健康等内容应是强制性的，涉及技术、产品、方法等内容应是推荐性的，涉及产品的外观和款式等内容应是指导性的。

32.5　团体标准的范围

32.5.1　团体标准的形式范围

团体标准的形式范围可以包括文件标准、实物标准、行为标准等。文件标准主要用于产品、技术等方面的统一；实物标准主要用于校准、比对等方面的统一；行为标准主要用于服务、艺术等方面的统一。

目前，团体标准的主要形式是文件标准，即用文字、图形、表格、图片等方式描述技术关系和要求来实现统一的标准。根据技术和产品提高精度和保证质量的需要，可扩展到制定标准物质、标准样品等物质团体标准。根据服务业提高服务质量和服务规范的需要，可扩展到制定行为团体标准。

32.5.2　团体标准的类型范围[1]

团体标准的制定的对象可以是各种进入市场的产品，如冶金、机械、电子、通信、光学、化工、农业、软件等产品，但团体标准并不适合各种标准类型，只适合制定几种特定类型的标准。对于基础性、通用性、应用范围广的标准，是不宜制定团体标准的,如制图方法、图形符号、量和单位、术语、公差与极限、螺纹、齿轮、程序语言、通用接口等。对于包含企业自有的技术底蕴和技术诀窍的设计标准和工艺标准等,也不是团体标准制定的主要类型。团体标准制定的主要标准类型是产品标准、产品接口标准、空缺的试验方法标准等,标准的内容是产品与用户利益和社会利益相关的内容,如产品性能质量、安全、环保、节能、性能、安装接口、通信接口、外形尺寸、互换、维护、动力输入输出技术制式、备附件等。团体标准针对的产品通常是具有优势的新技术产品和符合市场、社会新发展趋势的产品,如软件、通信技术、机器人技术、人工智能技术等。团体标准也有可能通过对某些新技术、新方法的标准制定逐步扩大发展成为通用性广的标准,甚至成为基础标准,如 ASCII 代码标准、软件语言标准等,但这种是少数情况。

32.6　团体标准的研制和编制[1]

团体标准研制、编制的水平和质量取决于标准研制、编制工作组的组成,团体标准研制、编制的工作组应由技术理论水平高、实践经验丰富的科技人员和标准化人员组成。团体标准研制、编制的程序可采用简化的和短周期的国家标准或行业标准的编制程序,主要包括标准征求意见阶段、审查阶段和批准阶段。团体标准的编写格式应按 GB/T 1.1—2009 规定的格式,以方便未来标准升级和利用普遍熟悉的标准编写技能。团体标准研制、编制的文档材料包括标准征求意见稿、送审稿、报批稿、标准编制说明、标准意见汇总处理表、标准审定等材料,研制的团体标准应有技术研究和试验验证的报告。团体标准研制、编制的一个重要环节是标准技术内容的正确性和有效性的验证工作。

32.7　团体标准的管理[1]

团体标准的管理主要是标准立项、标准编制或研制、标准编号、标准审批发布、标准归档、标准使用、标准维护等管理。团体标准作为一个新事物,其管理还没有一套明确的国家法规制度依据。要使这项工作既要不断快速发展,又要健康有序,应使标准制定的制度建设和实践探索齐步进行,团体标准管理的制度可借鉴和参照国家标准、行业标准管理的相关制度制定。团体标准的管理主要是保证团体标准制定的质量水平,根本目的是保证标准立项需求的准确性和必要性、标准内容的有益性和有效性的实现。

团体标准管理的主要环节要素为:标准立项管理的重点是控制项目立项的论证和评审,把好必要性和可行性关;标准编制或研制的管理主要在于对参加编制或研制人员的专业技术水平和资质的把关、对标准制定过程实施质量的把关;标准审批发布管理在于把好标准技术审查关，参加标准审查的人员应是企业一流技术水平的科技人员，标准的通过可以采用团体成员投票表决等方式；标准的编号由秘书处按规则编制，标准编号应采用“T/（社会团体代号）（团体标准顺序号）—（年代号）”的组成关系[5]，如“T/CAS 186—2017”；团体标准不需要进行备案，而是通过专门的标准信息公共服务平台向社会自我声明公开，标准信息公开的内容主要有团体标准的名称和编号、涉及专利的信息（如果有专利）等，国家鼓励自愿公开团体标准的功能和性能指标等主要内容或标准全文；社会团体应声明其公开的团体标准的合法合规性和真实性，并对声明的内容负责；团体标准的使用应建立团体的标准实施监督机制和操作关系，进行检查、指导和协调标准的实施；团体标准的维护管理主要是标准的文档管理、标准实施情况反馈机制的建立与实施、标准复审、标准修改或修订、标准废止等；国家标准的复审周期规定为不超过五年，团体标准的内容是比较活跃的，其复审周期可以短一些，可定为复审周期不超过三年等；团体标准所属的社会团体应制定团体标准的版权管理规则，为团体标准版权的管理和涉及的问题的处理提供依据。

团体标准的管理还涉及团体标准的制定原则、标准团体的组成方式、标准团体的运行方式等顶层性和全局性的内容。团体标准的制定原则主要有先进性、有效性、公益性、绿色性、健康性等。标准团体的组成方式可有同业企业组成的团体、上下游企业组成的团体、本地区企业的团体、跨省区企业的团体、国内外企业的团体等。标准团体的运行模式可以有团体成员体选举的秘书长（轮值的）执行制（类似于联合国模式）、团体成员体选举的主席（轮值的）主持制（类似于国际标准化组织模式）。

团体标准管理要注意解决好标准制定容易产生的问题和薄弱环节，这些问题和薄弱环节主要有标准重复制定、标准技术和文本质量低、标准制定有杂念等。团体标准机构通常对标准资源的现有情况掌握有限、不够准确等，这会导致标准的重复制定或相似制定，因此应充分利用社会上的权威标准资源平台，对团体标准的立项进行查重和甄别。团体标准机构由于工作经验积累少，在标准的技术质量和文本质量把握方面还缺少指导和掌控的经验，应借用专业标准化研究机构的力量加强标准技术和文本质量的指导和把关。团体制定标准要坚持初心，制定有实际价值的需求标准，不要被用标准占位、扬名、谋利等杂念诱惑，而制定出一些空洞、重复、相似的“虚标准”。

32.8　团体标准的发展趋势[1]

团体标准对企业的创新发展已发挥了突出的有益作用，在社会各方面的推动和支持下，将会发挥更大的作用，并会有以下发展趋势：

（1）团体标准的发展将会由工业团体标准扩展到农业团体标准和服务业团体标准等；

（2）企业技术联盟团体标准将会扩展到行业、专业的学会、协会的团体标准；

（3）国内的团体标准将会向国际性团体标准的方向拓展。

团体标准代表着标准发展的新兴力量，对技术的创新发展具有强大的支持作用，同时将会引导标准新的发展方向，引导标准新的有效模式的产生。

参考文献

[1] 麦绿波. 联盟标准的理论和方法的研讨[J]. 中国标准化，2013，(4)：60-64.

[2] 康俊生，晏绍庆. 对社会团体标准发展的分析与思考[J]. 标准科学，2015，(3)：6-9.

[3] 麦绿波. 广义标准概念的构建[J]. 中国标准化，2012，(4)：57-62，66.

[4] 中华人民共和国主席令第七十八号. 中华人民共和国标准化法[Z]. 中华人民共和国全国人民代表大会常务委员会，2017-11-4.

[5] 中华人民共和国国家质量监督检验检疫总局，中国国家标准化管理委员会. 团体标准化 第1部分：良好行为指南[S]. GB/T 20004.1—2016. 北京：中国标准出版社，2016.

第 33 章　标准的军民通用模式[1]

33.1　标准军民通用的意义和研究总体思路

走军民融合式的发展道路是富国强军发展方式的必然选择。“军民融合”与“军民结合”、“寓军于民”是一脉相承的，是“军民结合”、“寓军于民”的继承和深化。军民融合式发展使国防建设和社会经济建设有机结合，使国防和军队建设质量效益相统一，可充分利用国民经济科技成果和国防科技成果，是国防和社会经济又好又快发展的有效途径。“融合”的本质就是要实现技术资源、人才资源、物质资源和社会资源的共享和利用[2]。标准是技术军民融合的关键因素，标准的军民通用是解决技术军民融合的一项重要内容。技术军民融合是军民融合的核心要素，标准是技术的载体和精华，标准的军民通用是解决技术军民融合的一项重要内容和有效的实现途径。技术军民融合的发展要求，对标准的发展模式提出改革的要求。

美国国防部围绕降低军品采办成本和充分利用社会资源的目的，于 1994 年开展军用标准的改革工作。美军的军用标准改革共调查、清理、审查了 29000 多项军用规范和标准，工作结果是废止了 9600 项，其中，6100 项为无代替废止，3500 项为以非政府标准、性能规范、商品说明书和指导性手册代替而废止，另有 8100 项军用规范被宣布为对新设计无效，仅供重复采购原有装备和系统的保障件使用[3]。美军标准改革的目的就是鼓励军用装备研制和军用物资采购尽量采用民用标准和民用技术，以降低军用成本，同时扩大军用需要的社会提供能力。这一改革导引了标准的发展方向，相当于在鼓励扩大发展军民通用标准的数量，严格控制军用专用标准发展的数量。

标准通常按照使用领域分为民用标准和军用标准，民用标准由国家的标准化管理部门进行管理，军用标准由军队的标准化管理部门进行管理。标准的用途属性既涉及标准的承载对象的性质，也涉及标准管理部门的意志。本章不是从标准的管理意志关系来研究标准的军民通用问题，而是从标准本身的特性入手来研究标准的军民通用问题。研究标准的军民通用关系旨在扩大标准的军民通用范围和数量，由此尽可能消除“军技民用”、“民技军用”的障碍。研究标准的通用性问题，要坚持理性、客观、有效的原则，首先要脱离管理利益关系，从标准的理论关系入手进行研究。标准自身是存在客观的用途属性规律的，但通常标准的用途属性被管理的行为所改变。如果不从理性角度进行标准客观用途属性规律的研究，就很难说清标准的管理导致了哪些不应该形成的标准用途属性。标准用途属性客观规律的研究就是标准本征用途属性的研究。研究的重点是标准对象用途属性的模式、标准种类的通用性关系、标准内容的通用性关系等。标准的通用性研究，具体是研究标准的归属通用、标准类别通用、标准内容通用问题。当有了标准军民通用性研究成果后，可以使标准对象的军民通用性判断由主观逐个判断转变为客观按类划分，减少人为趋向性争端，使其回归到标准的本征使用地位。

33.2 标准军民关系的管理模式分析

标准的军民关系管理模式涉及三类因素，第一类是标准管理的归属因素，第二类是标准用途属性因素，第三类是标准属性的标记因素。对于标准军民关系管理涉及的三类因素，理论上可将三类因素展开为以下情况。标准的管理归属因素是与标准的管理机构设置密切相关的，标准的管理归属关系可以有：军用标准管理部门、民用标准管理部门、军民通用标准管理部门；军用标准管理部门、民用标准管理部门；一个统一的标准管理部门；民用标准管理部门；军用标准管理部门。标准的用途属性是标准实体对象的适用范围，标准的用途属性因素有民用、军用、军民通用、统一使用。标准的属性标记是用于对标准实体的标记，标准的属性标记因素可以有军用标准、民用标准、军民通用标准、一种统一的标准。标准军民关系管理模式由以上标准的管理归属关系、用途属性因素、标记因素组合形成，其可能的组合关系如图 33-1 所示。理论上，标准管理机构、标准类型、标准标记分别可以对应其他因素的一个、二个或三个，图 33-1 中表达的是一种可能的关系，不代表每种可能都有现实存在。民用标准管理机构可以管理民用标准、军用标准和军民通用标准，军用标准管理机构可以管理军用标准、民用标准和军民通用标准，军民通用标准管理机构可以管理民用标准、军用标准和军民通用标准，统一标准管理机构只管理统一标准；民用标准标记可标记民用标准、军用标准和军民通用标准，军民通用标准标记可标记军民通用标准、民用标准和军用标准，军用标准标记可标记军用标准、民用标准和军民通用标准，统一标准标记只标记统一标准。由图 33-1 可构建以下九种标准军民关系管理模式。模式 A：军用标准管理机构管理军用标准，民用标准管理机构管理民用标准，军用标准标记为军用标准，民用标准标记为民用标准，民用标准中包含标记为民用标准的军民通用标准；模式 A 的公式化表达为民用标准(含标记为民用标准的军民通用标准)∈民用机构＋军用标准∈军用机构(民用标准∈民用机构指民用标准属民用机构管理，军用标准关系同理)；这种模式类似于美国模式，美国民用标准中的相当部分可为军用直接采用。模式 B：军民通用或统一标准管理机构管理民用标准、军民通用标准和军用标准，三种标准分别按其用途属性标记为民用标准、军民通用标准和军用标准；模式 B 的公式化表达为(民用标准，军民通用标准，军用标准)∈军民标准统一管理机构；这种模式类似于俄罗斯模

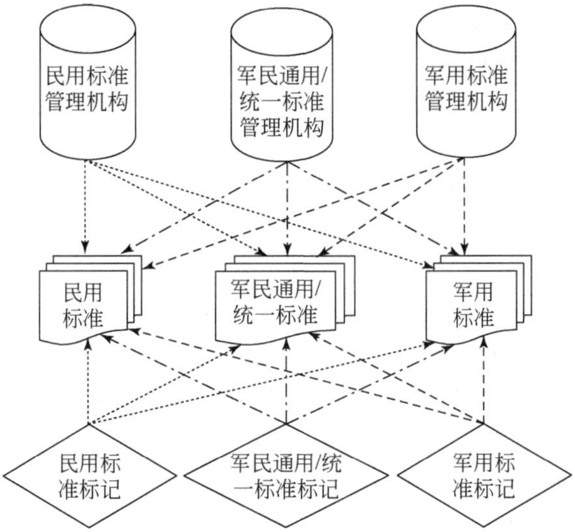

图 33-1　标准管理的组合关系

式，俄罗斯的民用标准、军民通用标准、军用标准都有标记给出用途属性关系。模式 C：民用标准管理机构管理民用标准、以民用标准标记的军民通用标准、以民用标准标记的军用标准，三种标准标记为民用标准；模式 C 的公式化表达为（民用标准，民用标记的军民通用标准，民用标记的军用标准）∈民用机构；这种模式类似于日本模式。模式 D：民用和军用标准管理机构分别管理各自标准，民用和军用标准分别相应标记；模式 D 的公式化表达为民用标准∈民用机构＋军用标准∈军用机构；这种模式类似我国当前模式，民用、军用标准各自形成相对完整的标准体系。模式 E：民用标准管理机构管理民用标准和军民通用标准，军用标准管理机构管理军用标准，军用标准和民用标准分别相应标记，军民通用标准标记为军民通用标准；模式 E 的公式化表达为（民用标准，军民通用标准）∈民用机构＋军用标准∈军用机构。模式 F：民用标准管理机构管理民用标准，军用标准管理机构管理军用标准和军民通用标准，军用标准和民用标准分别相应标记，军民通用标准标记为军用标准；模式 F 的公式化表达为民用标准∈民用机构＋（军用标准，军民通用标准）∈军用机构。模式 G：民用标准管理机构管理民用标准，军用标准管理机构管理军用标准和军民通用标准，军用标准和民用标准分别相应标记，军民通用标准标记为军民通用标准；模式 G 的公式化表达为：民用标准∈民用机构＋（军用标准，军民通用标准）∈军用机构。模式 H：民用、军用、军民通用标准管理机构分别管理对应的标准，三类标准分别按各自属性标记；模式 H 的公式化表达为民用标准∈民用机构＋军民通用标准∈军民通用机构＋军用标准∈军用机构。模式 J（避开用易误读的 I）：军用标准管理机构管理三类标准，并分别标记或统一标记；模式 J 的公式化表达为(民用标准,军民通用标准,军用标准)∈军用机构;模式J也可按标记的不同方式分为两类,即分别标记类和统一标记类。以上九类(或十类)模式虽然是显得像理论化的组合关系,但除模式J外,大部分模式是现行存在于某些国家的或近似存在的。模式A存在军民两套标准管理机构,需要进行标准制定的协调,避免两条线重复制定,另外,军民通用标准未明示,使用时不一定很方便。模式B是标准统一协调制定的模式,这种模式要求标准制定管理工作一开始就要建立这种体制。模式C也是一种标准制定协调的管理模式,只是有些明确的用途属性未明确标明。模式D军民两套标准管理独立运行,容易造成自成体系,标准重复交叉制定,带来不必要的重复劳动。模式E是存在军民两套管理时的一种协调重复制定的模式。模式F和模式G也是存在军民两套管理时的一种协调重复制定的模式,但其军民通用标准不利于民用采用,标准会难以获得或被认为是高成本要求的标准。模式H会形成较多的标准管理机构,造成机构臃肿。模式J由军用机构管理所有属性的标准,不利于民用产品发展,一般不会发生。以上九类(或十类)模式中,模式A、B、C、E是有利于标准军民通用的精简模式,其中模式B应该是一种最有利的模式。

33.3　标准类别的军民通用性分析

当选择了合理的军民标准管理关系后,并不能解决每项标准军民关系属性的正确划分。标准的军民属性关系的合理格局,只有在有利的管理关系下,有一相对正确的划分,才能最终实现。对标准军民属性的区别,最直接的方法就是对标准对象逐项进行分析。这种区分方法耗时多,且工作量很大,难以接受。其实,标准的军民属性是有规律存在的。标准是技术关系的反映,无论是军用产品或是民用产品,都是对技术关系的应用,因此必然可以从技术的用途属性中找到标准的用途属性。如果某些技术具有通用性,故暗示这些技术的标准也就具有普遍适用性。通常,越是基础的技术,越具有军民通用性。由此推理,越是基础的标准,越具有军民通用性。从标准的类别上,可以分析出其基础性或军民通用性。通过对标准类型的研究,可建立起标准类型的用途属性的特定关系。通常,以技术为对象的标准具有很广的通用性,以产品为对象的标准有明显的军用、民用、军民通用属性。标准的军、民用途属性的分开,通常是在产品对象和极少数技术对象上。通过对标准类别的分析,可以理出哪些类别的标准是军民普遍适用的,哪些类别的标准是有军用或民用显著特征的。技术标准的军民用途属性可通过分析技术标准的类别来获得。技术标准主要包括概念类标准、表达类标准、技术方法类标准、产品类标准等。概念类标准包括术语、词汇等方面的标准;表达类标准包括符号、代号、代码、制图方法、图形符号、形位公差、极限与配合、互换性、量和单位等标准;技术方法类标准包括模型方法、设计方法、制造方法、试验方法、运输方法、贮存方法、使用方法、维护方法、销毁方法等标准；产品类标准有材料/辅料、工具、工装、半成品、标准件、零件、部件、组件、分系统、产品整机规范等标准。标准的用途属性主要由标准承载的技术和产品内容的用途属性所决定。仔细分析可以看出，在四类标准对象中，概念类、表达类、技术方法类对象主要是记载技术关系的，因此这三类标准的军民通用性很强。即使在术语标准和设计标准中会有一些内容只是针对军用技术关系的，但绝大部分标准或标准的绝大部分内容都会是军民通用的，这种通用性是技术的底层性质所决定的，技术的底层性质包括技术概念、技术原理、设计技术、制造技术、试验技术等。例如，术语标准由基本技术概念和专用技术概念组成，标准中的专用技术概念必须以基本技术为支撑，对于军用使用者既需要专用概念，也要基本概念，对于民用使用者也是同样的情况，术语中的专用概念绝大部分具有通用性，因此术语标准应该是一种全覆盖的军民通用性标准，很难写成纯军用性的标准，如需表达军用内容，写成军民通用性标准更有利于各类使用者根据需要选用。军民性质分离显著的标准是产品规范。首先，产品规范的描述对象产品就有明确的民用产品、军用产品和军民通用产品之分。由此可以看出，标准在种类上客观就有较确定的军民用途属性关系。标准类别的军民属性关系可用表格关系表示，如表 33-1 所示。以标准的种类界定标准军民用途属性可避免标准军民用途属性划分上的主观性错误，减少标准用途属性划分上的分析工作量，大大降低标准军民属性的分析成本。即使在产品规范类标准中，材料/辅料、工具、工装、半成品、标准件、零件、部件等基础性对象的标准大部分也是具有军民通用性的，军用专用的标准一般是高层次的军用专用的组件、分系统、整机等对象的标准。基于以上分析，军用标准的制定的重点应放在军用产品规范上、针对军用产品鉴定/定型的试验方法上和军用接口标准上。对于基础性的、技术方法性的和军民通用性产品等标准应作为军民通用标准的制定对象。应用标准类别军民用途属性研究的关系（表 33-1），可以解决军民标准横向关系的融合，军民标准横向融合关系如图 33-2 所示。

表 33-1　标准类别的军民属性关系表

标准类别	概念类标准	表述类标准	技术方法类标准	产品规范类标准
标准类型	术语、词汇等标准	符号、代号、代码、制图方法、图形符号、形位公差、极限与配合、互换性、量和单位等标准	模型方法、设计方法、制造方法、试验方法、运输方法、贮存方法、使用方法、维护方法、销毁方法等标准	材料/辅料、工具、工装、半成品、标准件、零件、部件、组件、分系统、产品整机规范等标准
标准技术特点	基本技术为主，有少量专门技术	技术共用性强	通用技术关系为主，少量专门技术	低层次产品通用性强，高层次产品突显专门用途属性

续表

标准类别	概念类标准	表述类标准	技术方法类标准	产品规范类标准
标准用途属性	军民通用性为主	基本属军民通用性	军民通用性为主	军用、民用、军民通用
标准的军民特点	会有少量专门属性	基本无	会有少量专门属性	有明确的军用、民用专门属性

图 33-2　标准横向融合关系

33.4　标准内容的通用性分析

从标准的类别分析可以看出，标准用途属性个性化比较强的是产品规范，但用途属性很强的产品规范并不是整个标准都有很强的专用属性表达，除非这类产品是没有其他用途的产品对象，如坦克、导弹等，否则，即使是一个军用产品系统规范，其内容通常也不会是全部都是军用特有的，如军用热像仪、军用汽车等。经认真分析可以发现，在产品规范的内容结构中，某些部分是具有军民通用性或适用于军民对象使用的。对于具有军民两方面应用的产品类型，其产品规范的使用专属性往往集中在产品规范的功能、性能指标、环境适应性指标、五性指标等内容结构上，而其他内容是可以通用的，这一特点为制定最少产品规范满足最大使用范围提供了客观依据。军用产品比民用产品通常是增加一些特殊功能，且性能、环境适应性和五性指标要求高。原因是军用装备为取得作战优势，敌我双方装备需要竞争功能和性能指标等，高性能的武器装备能压制低性能的武器装备。例如，军用的夜视观瞄装备，一方的夜间观察距离为 2km，另一方的夜间观察距离为 3km，显然后者处于优势地位，因为 3km 夜视装备方可先于 2km 夜视装备方先发现对方，获得打击的先机。而对于民用产品，性能、环境适应性等指标的确定是针对使用需要的，只要满足使用就行，不必要花费更多的成本来提高用不上的指标和小概率的特殊使用环境所要求的指标。对于军民通用技术形成的军用产品规范，当把产品规范中的指标值都去掉时，这时它再也显示不出军用特征。例如，军用热像仪规范，将其最小可分辨温差、最小可探测温差、分辨力、工作温度、振动、冲击、淋雨等指标值去掉时，这一标准已看不出其军用特征，只要换成民用产品的指标值就成为民用产品规范。对于具有军民应用性质的产品,其军用产品规范从文字量(含数字、符号等)关系看,一般有 70%左右的文字内容不是表达军用信息关系的,军用信息关系的表达只占整个文本文字的 30%左右。军用产品规范的非军用专属性的本质关系来源于产品技术具有军民通用性。对于具有军、民两个领域应用关系的产品技术,其军用产品规范可以通过内容关系的设计,建立起通用性的内容关系。一种方法是通过编制一类产品的填空规范来实现,即将产品规范的指标部分留作填空内容,供军品或民品根据需要填写。另一种方法是编制指标分级规范,即在规范的各指标位置不是只给出一个指标,而是在每个指标关系处给出系列等级或分级指标列表,将各指标处的指标按从高到低或从低到高分级列出来(覆盖军用和民用),供使用者选用。这两种产品规范的模式,可建立一类产品规范的通用母体,使产品规范具有军民通用性和多种型号产品的通用性。完全不能写成军民通用性的产品规范,只会是那种只有独有用途属性的产品对象的规范。应用标准内容结构军民属性研究的关系,可以解决军民标准纵向关系的融合,军民标准纵向融合的关系如图 33-3 所示,这个纵向是标准通用性和详细性关系形成的标准纵向。

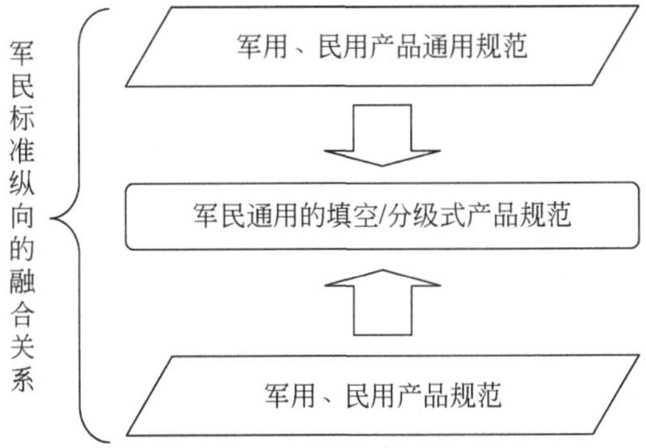

图 33-3　标准纵向融合关系

33.5　标准综合分析

从标准的管理角度,最有利军民标准通用和军民标准协调发展的是模式 B,即"(民用标准,军民通用标准,军用标准)∈军民标准统一管理机构",在这种管理关系下,军民标准的关系很容易协调,也不容易发生军民通用标准双边重复制定和相似标准制定的情况。如果现实已分别有军民两套标准管理机构时,模式 E"(民用标准,军民通用标准)∈民用机构+军用标准∈军用机构"是一种有利的模式。标准的管理无论采用哪种模式,管理民用标准和军民通用标准的机构应以制定概念类、表达类、技术方法类、民用产品规范类、军民通用产品规范类标准为主，管理军用标准的机构应以制定军用产品规范、军用产品定型试验规程、军用接口标准等为主（仅指技术标准方面）。除了在标准的管理和标准的类别上考虑标准的军民通用性外，在标准的内容上也要尽量考虑标准内容的通用性。对于具有军民两用背景的产品，产品规范应尽可能地考虑制定为指标填空式产品规范或指标分级式产品规范，指标填空式产品规范的民用和军用产品专用属性指标可通过制定单篇型号规范（仅给出型号专属指标数值关系的规范）给出。当指标填空式产品规范或指标分级式产品规范与单篇型号规范组合时，可形成特定型号系统性的产品规范。指标分级式产品规范是一种内容全面性表达的规范，使用时需根据使用属性和要求进行选用剪裁。

对于概念类、表达类、方法类和产品类四类标准，在属性上可分为基础类标准、军民通用类标准、军和民专属类标准。基础类标准是天然的军民通用性标准，这类标准主要是表达类和基本技术概念类标准；军民通用类标准由基础类标准中的军民通用部分和其他军民通用标准（如军民通用产品、军民通用方法等标准）组成，这类标准大部分是概念标准，方法标准，材料/辅料、基础件、通用功能装置等产品规范等；军和民专属类标准是需要制定为专门用途的标准，这类标准主要是部分产品整机规范，小部分概念标准，小部分方法标准，小部分材料/辅料、基础件、通用功能装置等产品规范等。军用类、民用类、军民通用类标准在数量上的关系可能是军民通用类标准数量最大，其他标准的数量顺序为民用类、军用类，这个标准数量比例关系不一定是严格的现实存在，只是标准数量比例关系的合理推论，它们的数量比例关系如图 33-4 所示。军民通用标准椭圆与民用标准圆和军用标准圆的交集部分是原民用标准和军用标准经过军民通用性分析后，确定为具有军民通用性的部分，这两个部分的标准主要是基础性和通用性标准。

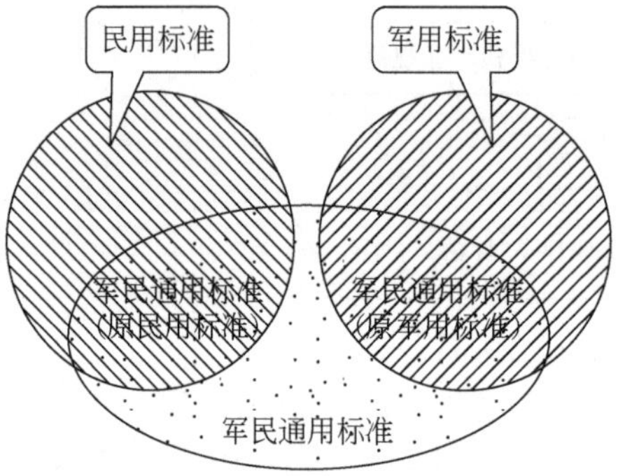

图 33-4　标准属性间数量比例关系

随着军民工业技术水平差距的缩小，应逐步淡化标准的专门用途属性关系，使标准有更宽的使用范围，使军民技术有更好的双向流动性，有利于增强国防和国民经济发展。在现实中，对于同时从事军品和民品研制、生产的企业，其设计、制造和试验技术手段通常是共用的，企业的标准体系也是军民通用的，企业标准没有企业军用标准和民用标准之分，而是以军民通用关系存在的。

扩大标准的军民通用范围，有利于促进军用装备尽快采用民用先进技术和产品，促进军用产品的技术创新，降低军用装备的成本费用，还能“军技民用”，促进社会经济发展能力的提高。标准军民通用带来的技术军民融合,还可以分别改进军用产品和民用产品质量和效益的统一关系。

参考文献

[1] 麦绿波.标准的军民通用关系研究[J]. 中国标准化,2013,(2):51-56.

[2] 麦绿波.军民融合中的技术管理问题研究[C]. 中国工程科技论坛.北京:中国兵工学会,2010:45-49.

[3] 路易斯·克拉茨.美军标改革最终报告[J]. 洪益群,译.军用标准化快讯,2003,(2):1-8.

第34章　标准途径的技术积累模式[1]

34.1　技术积累的内涵和价值

在经过长期的资本、产品、市场占有的博弈平衡后，企业间的竞争主要转向企业技术底蕴和企业文化方面的软实力竞争。企业技术底蕴的厚重，来自企业长期技术积累的结果，它决定着企业的可持续发展能力，越来越受到企业经营者的高度重视。技术积累作为一个名词也许不会太陌生，但作为一项有学术概念和有学术方法的工作来论，也许人们普遍会感到陌生。学术性方面，将涉及技术积累的概念如何界定，技术积累的范围是哪些，技术积累的对象是什么，技术积累采用何种途径，技术积累按什么方法开展等。这些问题是使技术积累由无意到有意开展、由个别到群体开展、由自发到组织开展、由无目标到有目标开展所必须解决的问题，是技术积累快速和高质量增长所必须解决的问题，也是技术积累有效发挥作用所必须解决的问题。

技术积累是企业从事技术活动过程中获得的一种寓于企业系统之中的知识积累和技术能力的递进过程[2]。企业技术积累可分为两个层次：一是个人层次的知识和能力的积累，它以企业职工个人为载体，是企业技术积累的基础；二是组织层次的知识与能力的积累，它是对个人技术积累的结构化、系统化整合和升华，而非个人技术积累的简单求和[3]。组织层次的技术积累是技术积累的高级形式，它具有技术积累增长快、技术积累质量高、技术积累作用效果好等特点。技术积累和技术底蕴有相同之处，也有不同之处。相同之处在于它们的对象是相同的，不同在于一个是过程或活动，一个是阶段结果。技术积累是知识积累和技术能力递进的过程或活动，技术底蕴是知识积累和技术能力递进的阶段结果。技术底蕴是技术研究和技术实践成就掌握的广度和深度。技术积累对企业的发展有以下重要的价值作用。

1）提升企业的市场竞争力

企业通过开展技术积累，可巩固和增强企业技术优势，有利于增强用户对企业技术能力的信任度，有利于巩固和发展优势产品市场，有利于开拓新品市场，有利于在同业企业的竞争中增强市场的防御和进攻能力。企业一旦形成丰厚的技术底蕴，就能在激烈的市场竞争中处于领先地位。技术积累是企业市场竞争力的根本源泉。

北大方正数码印刷系统，经过 20 多年的技术研究开发和积累，历经八代版本的技术更新，使得技术性能居世界先进行列，开辟了前景广阔的国际市场业务。北大方正的例子说明，长期的技术发展和积累，可使企业站到国际市场的显耀位置[4]。企业核心竞争力的形成是技术积累的结果。

2）提升企业的技术创新能力

创新就其本质而言取决于企业技术的内在条件，是一个利用已有知识产生新知识，并充分运用企业的生产制造技术能力，将技术知识物化为新产品的过程。因此，企业技术积累水平与企业的技术创新能力成正比，是企业创新能力的重要支撑。技术积累是技术创新的营养供给，是技术创新的重要支持要素。创新过程每一环节的实现都必须建立在相应技术积累基础之上，技术积累是企业创新发展的根本性的内在基础。技术创新和技术积累是互相支持和互相推动的。技术积累支持了技术创新的产生，技术创新反过来又增加和丰富了技术积累。企业注重并积极开展高效的技术积累，就能从根本上提高自身的创新能力，能显现出强大的竞争力。

3）增长企业的技术财富

企业技术积累的对象包括设计技术、制造技术、试验技术、材料技术、通用件、标准件、设计数据、试验数据、专利技术等，这些对象是企业几十年，甚至上百年资金、智力、时间、人力投入的成果，因此是企业宝贵的技术财富。这些技术财富，通常是以技术文档和技术骨干为载体保存的。储存于技术骨干身上的技术是无形的和不稳定的，因此企业并未完全获得和真正拥有。但企业可造就留住老人才和培养新人才的环境，使无形技术和能力得到保留和增长。同时，还应尽量使人为载体的技术转化为文档化载体的技术。企业还要同时对文档化的技术进行长期、不断的积累，获得有形技术的增长。有形技术和无形技术的同时积累，可使企业技术财富的增长最大化。

4）提升人员的技术素质

组织开展技术积累时，企业技术人员需对企业现有的技术进行广泛筛选和分析提炼，必要时还要对技术性能指标、精度等进行试验验证，并按编写规定书写出来。在这个积累提炼的过程中，企业技术人员往往可以发现一些平常未完全吃透的技术关系，需要通过查阅资料、咨询、讨论、验证等方式，把这些技术概念和内涵进一步弄清楚。通过这样的技术积累工作过程，无论是新员工还是老员工，都是一次技术的再学习、再认识、再提高的过程，技术积累过程是企业技术人员一次良好的技术素质普遍提高的有利机会。

34.2 技术积累的问题

从以上分析可以看出，技术积累对企业有重要的价值：提高企业的市场竞争力；提升企业的技术创新能力；增长企业的技术财富；提升人员的技术素质等。可以说，技术积累对企业发展意义重大，但企业技术积累的状况并不太乐观。企业技术积累薄弱的主要问题有以下几个方面。

1）重硬轻软问题

企业通常对可见、外在、有形、价值关系明确的设备、设施、厂房等硬件的投入是比较重视的，定期自觉地进行硬件的维护、补充和完善。而对于无形、内在、不可见、价值关系不明确的软件性技术的积累缺乏自觉动力，基本上是随其自发进行的。企业管理者普遍存在重硬轻软的观念，形成了重视硬件轻视软件的习惯，主要原因是对技术积累的价值和作用缺乏基本认识，使技术积累这项重要的企业能力被弱化，使企业的发展无形中被减速。

2）重近轻远问题

由于企业要面对产品生产及销售资金回笼的压力，产品的研制和生产被放到了企业的重中之重的位置。产品作为企业当期的和应急的重点工作，处于企业高度重视的地位，得到企业人员、经费、保障条件等方面的落实和支持。而对于支持产品研制和生产的设计技术、工艺技术、试验技术的积累，尽管它们对企业的发展有着长远性、战略性的作用，由于不是当期能见效的，往往不被放在重要的位置来组织开展。由于有些企业的领导按任期机制任用，对潜在性、长期性的技术积累事业缺乏投入的远见和热情，形成了重视近期效果、轻视远期作用的现象。

3）重外轻内问题

企业技术积累工作除了受到“重硬轻软”和“重近轻远”的挤压外，还受到“重外轻内”的挤压。同样有“软的”和“远的”性质的市场宣传与广告，它们在企业中的待遇和技术积累是不一样的。市场宣传和广告是外在业务，容易感受到外面环境影响的效应，因此在企业的重视度也是比较高的。而技术积累问题的影响是内部的，带来的紧迫感没有外部的急，因此企业会觉得“耽误得起”，自然地形成了重视外部、轻视内部的习惯。

4）缺乏方法指导问题

技术积累工作即使有的企业领导具有慧眼，高度重视，但是，技术积累以何途径进行、应用什么方法、积累对象是谁等方法性内容的缺乏也是阻碍技术积累开展的重要原因。技术积累工作的开展，当前还缺乏明确的理论和方法的指导。领导重视只能解决技术积累的意识和支持问题。如果技术积累没有明确的途径、对象和方法，那么技术积累这盘“菜”就等于没有“菜谱”，是无法做出来的。

以上种种原因，使企业技术积累形成了无意识、无组织、无计划、无投入、低层次和低效率的状态。企业的技术积累主要停留在领导的号召上和靠个人自发的技术积累，这一层次的效果离组织层次的技术积累效果还是有很大距离的，因此企业技术积累的总体水平不高。技术积累工作的薄弱，严重制约了企业的创新发展，反过来，企业创新不力和发展缓慢又有碍于为技术积累提供良好的素材。因此，探索技术积累的有效途径，快速提高企业技术积累的水平，变不利状态为有利状态，已成为企业当前必须解决的首要问题[3]。

34.3　技术积累的途径分析

技术积累中的技术知识有信息性知识、经验性知识和过程性知识。信息性知识主要指技术数据、分析方法、设计计算方法、工艺方法、试验方法等知识。信息性知识具有易记载和较强的流动性，可进行传播扩散。经验性知识是对技术工作和管理工作适应完成的认识。过程性知识是操作局部环节的适应完成的认识，如操作诀窍认识等。经验性知识和过程性知识很难用语言文字进行结构化表述，其流动性差，复制困难，只能由企业员工亲自投身技术实践进行逐步积累[3]。

技术积累的技术能力有开发能力、制造能力、试验能力、设备操作与维修能力、生产组织能力、质量管理能力、安全保障能力、节能减排能力等。技术能力是企业的人员、技术、设备、管理等要素结合形成的，只要其中的一个要素变化，技术能力就会变化。技术能力是企业长期参与生产技术实践的积累性产物，一旦形成，便具有较强的稳定性，它难以通过市场进行简单的买卖交易而发生流动。企业技术能力具有一定的文化性，不像实物有形资源那样对任何企业一律同质和简便易得，其专一性和企业个性特色十分明显[3]。

技术积累的技术有技术标准、技术专利、设计文件、工艺文件、试验文件、试验数据资源、技术研究分析报告、计量技术、质量体系、安全体系、环境体系、生产能力、维护能力、开发能力、员工操作技能等。技术标准、技术专利、设计文件、工艺文件、试验数据资源、技术研究分析报告、计量技术、质量体系、安全体系、环境体系等技术属于显性技术，它们通常以纸张和电子介质为载体，是可以记录、看到和公开学习的，是技术积累操作性比较好的类别。生产能力、维护能力、开发能力、员工操作技能等属隐性技术，它们通常包含在员工的个人素质中，由传承和个人的学习和做事态度体现，保存在个人的意识中，在做事的硬件状态、组织状态和人与人的配合状态中动态发挥，难以用准确的静态关系显现出来。

企业技术积累要由非组织性的随意积累上升到组织性的有序积累，应对需积累的技术进行梳理，找准有效途径和重点对象，有计划有步骤地开展。在技术积累的类别上，隐性技术以个人为载体，难以记录和表达，不适合作为技术积累的主体。

在显性技术积累的技术中,技术标准、技术专利、设计文件、工艺文件、试验文件、试验数据资源、技术研究分析报告、计量技术、质量体系、安全体系、环境体系等技术是可记录的,但对这么大范围的技术开展技术积累工作,在人力、物力和财力上都是一个很大的负担。在人力、财力、物力、时间等有限的条件下,要有效进行技术积累,需要确定技术积累有效的工作途径,才能长期地坚持开展下去,才能达到事半功倍的效果。为了确定技术积累的最佳途径,首先是剔除优势明显低于显性技术类的隐性技术类,然后对显性技术间的各技术途径进行重要特点比较,选择对研制/生产的使用关系、成熟度、适用性、知识系统性、经济性、时效性和市场公认度等因素综合最突出的技术途径。具体的对比如表 34-1 所示。

表 34-1　技术积累途径特点比较表

途径 特点	技术标准	技术专利	设计/工艺/试验文件	技术研究分析报告	计量技术	体系文件(质量/安全/环境)
研制/生产使用关系	密切	密切	密切	远	中	支持性(中)
成熟度	高	不确定	高	低	高	中
适用性	宽	窄	宽	中	窄	窄
知识系统性	好	差	中	差	差	中
经济性	好	不确定	中	不确定	中	中
时效性	长	不确定	中	短	中	长
市场公认度	高	不确定	中	低	高	高
评价总分	21	13	17	9	14	15

注:特点按三分进行量化,最好的为 3 分,中为 2 分,最差的为 1 分,不确定按中计分,即 2 分。

从表 34-1 的比较可以看出,技术积累途径中得分最高的是技术标准,也就是说以技术标准形式进行技术积累比其他技术形式进行技术积累的作用和效果要显著得多,标准途径的技术积累是企业技术积累的首选途径。

34.4　标准技术积累的优势和特点

从以上分析可以看出,以技术标准途径进行技术积累,有突出的优点。标准可使技术积累结构化、系统化、长期化、可学习化、稳定化,可将个人技术积累转换为组织技术积累,因为标准的制定本身就是以组织方式进行的。以标准方式进行技术积累具有重要的价值意义,这些价值除了表 34-1 所列的之外,还有市场话语权地位的作用,这些价值关系主要体现在以下几个方面。

1) 使用关系密切

技术标准是企业产品设计、制造、试验等技术工作的重要依据,也是产品开发定型/鉴定、出厂验收的重要依据，直接用于企业科研、生产的各项技术活动中，与企业产品开发和生产活动密切相关。另外，设计、制造、试验等技术工作是否贯彻标准，关系到技术的协调性和有效性，技术工作贯彻标准是不可缺少的，因此技术标准与企业产品的研制和生产工作有密切的使用关系。

2）成熟度高

标准的制定通常需要考核和确认技术和产品的成熟度，技术和产品的成熟度达不到一定程度，一般不宜制定为标准。标准对技术和产品进行了成熟度筛选。用标准固化的技术对产品具有很好的可用性。标准技术的成熟度还表现在工程化程度上。在产品标准中，专门列出了产品的可靠性要求和环境适应性的高温、低温、淋雨、振动、冲击、盐雾、低气压、沙尘等要求，同时规定了相应的试验验证考核，因此符合标准要求的产品和技术，一定有很高的工程化程度，工程化程度高，技术成熟度就高。

3）适用性宽

标准的技术积累不是一对一将具体技术进行复制，而是要提炼、优化、提升诸多具体技术的共性内容，形成在一定范围内具有普遍适用性的技术，以发挥标准广泛指导技术发展的作用，因此标准适用范围宽。

4）知识系统性好

标准具有两个系统性关系，一个是标准间的外系统性关系，另一个是标准内容的内系统性关系。标准通常是按标准体系设计的关系来确定标准间的外部关系的，以保证标准制定的全面性、标准间的协调配套性，同时避免标准间的重复交叉问题。标准的内容是由标准编写格式规定的，以保证对不同的标准编写人，拥有同等系统性的标准结构设置，以此保证标准编写内容的系统完善性。因此，由标准积累的技术，其知识具有很好的内、外系统性。

5）经济性合理

标准具有明确的经济性要求，不是把产品和技术指标最先进的定为标准，而是选择性价比综合好的产品和技术定为标准。如果产品选择最高指标定入标准，就等于把产品的高额成本转嫁给用户。如果产品选择低指标定入标准，就等于让用户消费劣质产品。因此，标准是站在用户的角度上作了经济性合理选择的结果。

6）时效性长

标准在选择制定对象和确定标准内容时，一般都要考虑长期使用，并且是周期式稳定的。标准到一定的时间周期后，需进行有效性复审，并根据标准复审的意见进行相关修订。标准中的技术是一种长期保留的周期性阶梯动态维护的有效技术。

7）公认度高

标准的内容是业内利益各方争取和妥协的平衡结果，既有技术和产品提供方的认同，又有使用方的认同，即有较好的普遍认同性。标准是发布后各利益方能知道的，所以各方有同等的准备机会。标准还是可公开获得的，在市场上可购买，不会受到获取限制，标准显示出了其公正性，因此标准具有很高的公认度。

8）拥有市场话语权地位

市场是以标准作为技术和产品合格关系依据的，标准是技术和产品内容的表达或技术话语的表述，企业的产品和技术一旦定为团体级及其以上的标准，就成为其约束范围的依据准则。哪些技术和产品能拥有技术话语权，取决于它们是否能进入相应级别的标准。承担相关国家级标准、行业级标准、地方级标准、团体级标准的制定，企业等于获得了这些范围的技术和产品的市场技术话语权。

34.5　标准技术积累的方法

技术积累通常有三种力度的积累：一是个体自发积累；二是制度化的规则推动积累；三是组织专项活动积累。在三种力度的技术积累中：个体自发积累的成效是比较弱的；制度化的规则推动积累的成效一般，主要原因是好的技术积累需要投入较多的时间和精力来提炼和升华，有时还需要做必要的试验验证，如果没有安排充足的专门时间和提供必需的保障条件，技术积累的行为可能就是一种应付程序的结果；组织专项活动开展的技术积累成效比较好，专项积累活动有组织、时间、人力、经费、条件等保障，同时，还有目标、职责、进度、过程管理、验收审查等控制，技术积累在数量上和质量上都能得到保证。因此，企业应周期性地开展专项标准技术积累，使企业的技术知识和能力能及时积累，尽早发挥作用。做好技术积累就应有一套科学的方法，开展标准技术积累可按以下方法进行：

（1）成立标准技术积累的专项组织机构，并建立由设计、工艺、试验等方面的技术骨干组成的工作队伍。

（2）组织机构要制定工作职责、预定目标、进度安排、经费需求、保障措施等工作方案，提交企业主管领导审批。

（3）组织编制需积累技术的技术体系方案，方案中应包括设计、工艺、试验、操作技能、材料/辅料、工装、设备、计量、通用件等方面的技术要素。然后，将技术体系中的技术对象按相应的设计标准、工艺标准、试验标准等标准类别关系转换成标准对象，使技术积累体系转换为标准制定的规划体系。

（4）根据标准规划体系制订标准编写计划。标准编写计划要将标准项目落实到编写人或编写小组，并明确标准初稿、征求意见稿、送审稿、报批稿完成的时间节点，以及阶段评审的组织形式。

（5）专项组织机构应组织编写“技术积累标准编写指南”，下发到每个标准项目编写组。同时，开展管理人员和标准编写技术人员的标准编写培训，培训的重点内容为：各类型标准编写的基本格式和表述；各类型标准内容的组成结构；标准编写的典型类型的范例；标准涉及的抽样、不确定度、可靠性、电磁兼容性等技术知识；标准编写的工作程序等。

(6) 每个项目组应按标准编写指南和培训知识，开始标准编写工作。标准编写的技术要在现有的基础上提炼和升华，必要时要进行试验验证，技术尽量提炼共性和通用的内容。

(7) 标准编写达到初稿、征求意见稿、送审稿阶段时，应组织专家进行讨论和审查。标准审查主要审查技术内容的正确性、适用性、先进性、经济性、可操作性等是否具备。

(8) 标准送审稿完成审查后，应根据审查意见进行修改，形成标准报批稿，并按企业管理程序进行报批。

(9) 标准批准后，应公布和印刷，并开展必要的标准宣传和贯彻工作。

(10) 标准一旦发布实施，就应在实际的技术工作中使用，并应对标准的使用进行实施监督。

(11) 标准在使用过程中，要对标准实施的问题进行搜集（包括低级错误等），并将搜集汇总的标准使用信息反馈给企业相应的管理机构，以对标准进行勘误或修订。

以上方面构建了标准技术积累的方法。标准技术积累有两方面的效果：一是制定包含企业技术诀窍的企业技术标准，积累宝贵的企业技术财富；二是以企业领先的技术优势制定团体级、地方级、行业级、国家级的标准，获得市场的技术话语权地位。前者带来的是内部效果，后者带来的是外部效果。开展技术积累工作，既要注重技术积累的内部效果，也要注重技术积累的外部效果。内部效果主要是通过技术积累增厚企业技术知识和技术能力，增强企业产品研发能力、生产能力、质量保障能力等。外部效果主要是通过技术积累，提炼一些行业优势的技术，制定为团体级标准、行业级标准、国家级标准，甚至是国际标准，提高企业的技术知名度，获得产品技术的话语权，占据市场的主动地位。为了发挥专利和标准双重技术作用，在制定标准时，企业可将一些高价值专利纳入标准中，制定有专利内涵的标准，可取得产品发展的优势地位。对于一些有自主知识产权的重要技术，企业应积极争取将其制定为国际标准，支持产品国际化发展，提升企业的国际竞争力。

参 考 文 献

[1] 麦绿波. 标准途径的技术积累模式[J]. 中国标准化，2011，(4)：44-49.

[2] 傅家骥. 技术创新学[M]. 北京：清华大学出版社，1998.

[3] 施培公. 我国企业技术积累若干问题探讨[J]. 科研管理，1995，(6)：33-37.

[4] 王选. 长期技术积累才能进入国际市场[N]. 计算机世界，2004-2-16(A29).

第35章　标准的合格评价[1]

35.1　标准评价要素的提出

标准是权威性、有效性的依据，是知识的精华和集体智慧的结晶。标准本应是知识宝典、权威依据和公认规则的地位，而现实并不令人满意，标准还未受到普遍高度重视。标准未被高度重视主要有两个原因：一是所制定的标准不一定是需求的；二是所制定的标准即使是需求的，但标准的内容有用性不强。当标准经过了标准制定程序，拥有了标准的封面和内容格式时，不一定就算是真正的标准，只能说它拥有了标准的形式。如果标准的制定程序环节没有严格实施，只是走了过场，那么完成的标准就不能算作是合格的标准，只能算作完成了标准建立的形式关系。标准最重要的部分不是形式，而是内容。标准是有效知识和工作的依据，不是简单地在文本封面上印上"标准"二字它就是标准了。每年都有大量的标准制定出来，在这些标准中，哪些是合格的，哪些是不合格的，这是一个迫切需要解决的问题。什么样的标准才算符合要求的真正标准呢？这首先需要回答真正的标准是用什么要素来进行评价的，或真正的标准应具备什么样的要素。

判断一个标准算不算真正的标准不是一个简单的问题，因为有用的标准涉及需求、内容、品质、使用、影响等多方面的要素，需要有一套复杂的关系来判定。标准的判断和评价需要丰富的要素体系来支持，方能做出精确的判断和评价。进行标准的合格评价，需要设计一套评价要素关系。合格标准应具有的要素主要包括需求要素、知识要素、特征要素、价值要素、影响力要素等。

35.2　标准的需求要素

标准的需求要素是标准的目的要素，制定标准的动机是从目的出发的，标准制定的必要性来自标准的需求要素。标准的需求是标准制定具有目的性的根据，没有需求而制定的标准将成为无人理会的标准。标准需求的背后是标准化的需求，标准化是标准的果，这些需求要素可以看成制定对象的标准化需求点。有标准化需求点的对象，才有制定标准的必要性。标准的需求要素是体系化的，和标准的作用有一定关系[2,3]，标准对象应具有统一需求、基准需求、复现需求、仲裁需求、评价需求、约束需求、规范需求、指导需求等要素中的一个或两个及以上。

35.2.1　统一需求要素

语言、文字、符号等信息类关系在未形成统一关系时，信息的交换和交流是无效的和不可识别的。信息关系需要统一来实现它们交流的可识别性。文字、语言、术语、概念、代码、符号、信息格式、表达关系、标志、图形符号等信息的互联互通需要标准为它们建立统一的关系。实际上，所有的标准制定的需求都可以看成是为了统一这个根本需求，但为突出需求的特点，其他需求用更突出其需求关系的词语来表述。这个统一需求要素是指狭义的统一关系，是为共同使用的统一需求，针对的对象主要是信息类的对象。

35.2.2　基准需求要素

基准需求要素是解决对比的根本依据问题，这个基准主要是量值传递的基准、物质基准、要求基准等。没有基准就没有比较，比较给出定量的具体关系，比较也给出大小、多少的定性关系。量值传递的基准、实物的物质基准、要求性的工作目标基准等需要以标准的形式建立其基准地位。基准是主观规定的，但这个规定不是随意的，是以科学和技术研究及合理性分析的成果为支持背景的。没有基准的关系，科学、技术和贸易活动就无法进行。

35.2.3　复现需求要素

为了使做出的产品质量或做事的质量都一样，需要用标准将复现的关系因素(或复制基因)固定下来。标准固有的复现性特性可实现时间上和空间上的复现，即今天做的产品跟明天和以后做的都一样，不同人和不同地点做的产品也一样。需要复现的对象一般是产品或工作行为，这些对象实现复现需求的标准是产品标准、服务标准。针对复现需求制定的标准主要是为保证质量一致性的标准。

35.2.4　仲裁需求要素

对于产品的性能测试，通常可以有多种方法途径获得测试结果，这就面临哪个测试是最可靠的选择问题。这时产生了仲裁的需求。仲裁需求通常出现在方法和数据关系的选择上，标准选择了可靠的、合理的方法，使其具有了仲裁的地位。仲裁标准的制定对象主要是试验方法、测试方法、检验方法、数据关系等标准。方法或数据一旦定为标准，就成为仲裁的基准方法或数据，是用于判定其他方法的测试结果或获得的数据是否有效的依据。

35.2.5　评价需求要素

评价可以有多种方式，有依赖评价模型的，也有依赖专家知识的，或依赖综合关系的。最符合客观实际且比较稳定的评价是人们期望的。满意的评价需要用标准的方式来选择和优化。有效的评价模型、方式、方法、程序等是标准中的标准化需求点。评价的标准对象主要有安全评价、质量评价、环境评价、水平评价、技能评价、状态评价等方面的标准,满意的评价标准取决于其中是否包含评价的标准化需求点。评价标准是合理解决评价方法需求等问题的有效途径。

35.2.6 约束需求要素

对于影响和危害公共利益的行为,需要进行约束,这种约束可以通过制定标准来进行控制,如废气、废水、废渣的排放,能源高耗浪费等。约束类的标准是为了保护环境和资源等的标准,这类标准主要是废气排放限值、废水排放限值、废渣处理要求、单位产值能耗限值等标准。

35.2.7 规范需求要素

图样、表格、文字类技术文件、管理文件、标准等编写格式等是涉及表达完整性、准确性、简明性、美观性等的问题,如果不进行统一的规范,将会造成文件内容缺失、不可识别、内容多余、表达杂乱等问题。标准是解决文件规范化问题的有效手段,这类标准主要是技术文件、管理文件的表述和格式要求,以及标准编写规定等标准。

35.2.8 指导需求要素

标准的需求有硬性的控制需求,也有软性的指导需求。指导需求是将成熟、有效的技术或管理经验制定成标准,提供工作的指导。指导性的标准需求主要是设计方法、计算方法、设计准则、技术手册、工作手册等标准。

解决统一需求、基准需求、复现需求、仲裁需求、评价需求、约束需求、规范需求、指导需求等问题是标准的优势和使命,每项标准的制定,至少应该具有以上一项需求要素,才能说标准制定是必要的。必要的标准不等于真正的标准,真正的标准还要看标准的其他要素是否具备。标准的需求问题归结起来是为了实现共同使用和重复使用统一化目的的需求。

35.3 标准的知识要素

标准符合了需求要素只能说标准的制定是必要的,但必要不等于有用,标准是否有用的关键取决于标准是否有知识要素。标准的知识要素是标准内容的核心和有用性的支撑,是标准研制或编制的重点内容。标准的知识要素主要有基础知识、方法知识、产品技术知识、通用特性知识、服务知识、管理知识、操作知识等要素,一项标准至少要有一种知识要素。

35.3.1　基础知识要素

庞大的基础标准系统由术语、符号、制图、技术管理、结构要素、公差与配合、标准化、质量、计量、信息代码、材料/辅料、标准件等的有效知识构建，这些知识的可靠性、有效性和广泛使用性决定了基础标准的可靠性、有效性和广泛使用性。

35.3.2　方法知识要素

方法标准主要是以科学研究的成果知识作为标准的主体内容的，有的内容以科学的研究成果的应用作为根本内容制定为标准，如数学、物理学等科学模型应用方法标准、测试方法标准、优先数系标准、抽样方案标准等。

35.3.3　产品技术知识要素

产品技术知识是技术标准中的主要知识，它们是各专业的设计技术、制造技术、试验技术知识。大部分技术标准都是表达设计、制造、试验知识的标准。这三类技术是每一类产品专业都必需的知识，产品的专业可分为冶金产品、电器产品、机械产品、电力产品、通信产品、电子产品、光学产品、化工产品、医疗产品、轻工产品、食品等。如果将产品专业作为横轴，设计、制造、试验等技术作为纵轴，两维平面将组成一个庞大的技术知识矩阵关系，它是产品技术标准建立所需的知识要素。

35.3.4　通用特性知识要素

技术标准知识中除了产品技术知识外，还有一类支持产品工程化水平的通用特性知识，这些技术知识主要是可靠性、维修性、保障性、测试性、安全性、电磁兼容性、环境适应性、人机工效等，它们是产品质量特性及其他通用特性内容，是产品工程化水平的重要体现，是通用特性标准和产品标准的必要知识。在产品标准中，普遍存在着可靠性等通用特性理解不深、表达不清的问题，使产品稳定、好用、耐用的这些性能不能在产品中很好体现。在产品的竞争上，通用特性已成为产品优劣的差别因素，因此通用特性是其本类标准和产品标准中的重要知识要素。

35.3.5　服务知识要素

涉及宾馆服务、餐饮服务、商业服务、旅游服务、电信服务、法律服务、医疗服务、金融服务、物业服务等方面的标准，服务知识的有效和精要部分应成为服务标准的主体内容，以保证标准有实际价值和效果。服务的知识是保证服务质量和效率的要求，具有服务的专业性特点，服务知识是服务类标准的主要支撑知识。

35.3.6 管理知识要素

管理类的知识是管理标准的主要支撑内容，这些知识包括战略管理、计划管理、运营管理、人力资源管理、财务管理、供应管理、营销管理、物资管理等知识。有用的管理标准应包含有效的管理知识，管理标准中的知识应该是来自管理理论研究成果和经实践证明有效的管理知识，不是一般教科书和讲座性的知识。

35.3.7 操作知识要素

操作知识主要是为了保证设备、工艺工序、过程工作、岗位工作等操作行为的可靠、安全、高效而提炼的程序性操作知识，这些知识应用的标准类型为设备操作规程、工序操作规程、安装操作规程、搬运操作规程、岗位工作程序等标准，这些知识进入标准保证了标准的有用性。

每项标准必须要有知识要素，而且标准中的知识应是完整的、具体的和有效的，这样，标准才会是有用的，否则，标准将是空洞的和无用的。以上标准的知识要素部分只是举例说明，标准的知识范围比这个范围要多，如信息交换标准等尚未列出。

35.4 标准的特征要素

有了知识要素的标准不等于标准就是满意的，还要看标准中纳入知识的质量。知识的质量体现在知识的公认性、合理性、先进性、协调性、可操作性、科学性等方面，知识的质量要素构成了标准的特征要素。

35.4.1 公认性要素

标准的公认性体现在标准的业内认同性、标准的公益性、标准的级别等。标准的业内认同性取决于标准征求意见过程的完善性，对各方意见的充分兼容，体现了公平、公正、公开原则。标准的公益性在于标准实施的结果是普遍受益，而非个别利益集团的保护伞。标准的级别关系标准的公认性，级别越高的标准公认度越高，如国家标准的公认性高于行业标准的公认性，行业标准的公认性高于企业标准的公认性。制定高级别的标准更要重视公认性的落实。

35.4.2 合理性要素

标准是普遍接受的约定，不是极值关系的追求，标准应具有合理性。标准的合理性体现在技术和经济关系的综合最佳，既要充分考虑标准实施的经济成本，也要重视先进技术的应用。合理性在于标准内容的定位符合用户的期望和发展趋势，同时是大部分标准使用者可接受的。

35.4.3　先进性要素

先进性是标准技术含量的一个重要方面，主要体现在标准符合新的发展要求，有引领作用，短期不会过时，有最新技术成果的渗透。标准的先进性关系到标准的生命力，如日本电视标准曾采用模拟电视技术，结果被欧美数字技术的电视标准所代替。标准的先进性程度可进行等级划分，即国际领先、国际先进、国内领先、国内先进、国内一般等水平。

35.4.4　协调性要素

标准协调性不好将降低标准内容的意义和价值，甚至被彻底否定。标准的内容不应与其他标准的内容基本重复、大量重复，不应基本靠引用构成，不应与其他标准的内容存在矛盾或冲突，不应与法律、法规相抵触，也不应包含不属于标准文体的大量解释性和说明性的叙述等。协调性是为了保证标准制定的贡献的实质性和价值性，保证标准的可用性和有益配合性，避免对现行标准使用的干扰。

35.4.5　可操作性要素

标准的可操作性是适用性的要求。标准的可操作性体现在标准内容的全面、具体、清楚，标准的使用简单，使用条件普及，标准的内容经不同人的使用结果是相同的。标准内容的程序环节不完整、内容表述不清楚、内容关系太复杂、内容概念难理解等都属于标准操作性不好的因素，这样的标准就无法使用。

35.4.6　科学性要素

标准的科学性体现在标准内容的背后应有科学道理和理论的依据，不是一种纯经验的过程罗列的或想当然的内容。科学性的另一个方面体现在标准的内容是经过试验验证是正确的和可靠的。标准内容的提出是基于科学关系的研究，并用试验进行了验证，这样的标准内容才具有科学性。标准为保证其科学性开展的工作量，可能会比标准撰写的工作量大得多。

标准的特征要素不是只要有一项或两项就可以的，它是希望全面拥有的要素，也就是说，一项标准中应该拥有六项特征要素，这样才能保证标准的内容质量水平。

35.5　标准的价值要素

标准的需求要素落实的是标准制定的目的，有了标准的目的不等同于有了标准的效果，效果是最终追求。标准在确立了必要性后，就是要通过建立标准的知识要素、标准的特征要素来注入标准的价值要素。实实在在注入了知识要素和特征要素的标准，在标准实施或使用时就能释放出其价值。标准的价值要素主要有互通价值、效率价值、降本价值、保护价值、引领价值、秩序价值等要素。标准的价值可以通过预测推断和标准实施证实来进行评价。价值要素是标准合格性评价的重要因素。每项标准制定时都应针对其价值特点，检查支持其价值形成的要素和内容是否进入标准，有了价值要素和内容的标准当其实施时就能产生相应的价值。以下给出了一些价值实现的要素和方式。

35.5.1 互通价值要素

互通价值是通过标准的统一作用，解决信息形态统一和信息含义统一的问题，使信息的交流具有可识别性和可理解性。信息类标准的价值主要就是互通价值。

35.5.2 效率价值要素

效率价值是标准制定和使用追求的最普遍价值，有效的标准普遍都有这项价值，它也是标准化意义重要的体现内容。发挥效率价值的标准是研究出新的节省工作时间的程序或方法，将其制定为标准的程序或方法，通过标准的实施缩短完成任务的工作时间，提高工作效率。效率价值的另一个方面是，即使没有新的工作程序或方法，将成熟的工作程序或方法总结制定为标准，避免每次工作时重复设计工作程序和方法的技术劳动时间，由此节省前端的程序或方法的策划时间，提高工作效率。

35.5.3 降本价值要素

标准的降本价值有多种途径来体现：依靠效率因素，通过标准实施提高效率带动降本；将减少加工成本的改进工艺方法制定为标准的加工方法；在产品标准中采用等效的低成本材料代替昂贵的材料，降低产品的制造成本；通过合理的系列化标准，减少产品的品种规格，体系性地降低产品成本；制定通用件标准，扩大零部件的使用范围，提高产品的批量数量，降低产品成本；将优化的设计方法定为标准，减少多余的材料使用和多余的加工环节，降低产品成本。

35.5.4 保护价值要素

通过制定和实施具有保护性或限制性的安全、环境、能耗、食品等标准，可防止或控制安全、环境、健康、资源耗费等问题的产生，避免这些问题造成的大量损失，由此获得潜在的巨大价值。保护价值不是赚钱的价值，是为了避免事故或问题造成的损失和事前消除危害的措施，以不损失现有的价值而获得价值。

35.5.5　引领价值要素

引领价值是有先导性内容的标准具有的价值，这种内容与技术的先进性和产品发展的潮流有关，这类要素通常存在于信息化标准、先进设计方法标准、先进加工方法标准等内容中。引领价值主要通过研制创新性技术并同时制定标准来注入，它将会产生突出的价值，改变生产和生活方式等。

35.5.6　秩序价值要素

秩序价值与效率价值、互通价值、保护价值相关，是这些价值的综合体现。对于流动的关系制定规则标准，将使流动有序、高效和避免事故发生。交通标准的制定和实施可带来秩序价值。交通标准包括道路交通、水面交通、水下交通、空中交通、空间交通等，其价值也分别体现在这些关系中。凡涉及解决先后问题的标准，都可能带来秩序价值。

标准的价值性不同于需求关系，需求只是提出了一种期望状态，价值性来自前后两个结果状态的对比，以差异体现。当标准有了一个对应的标准化状态时，不等于有了价值性，如果新建立的标准实施形成的标准化状态与前一个标准的标准化状态无多大价值要素的差异，那么这个标准的建立是无意义的。标准的价值是多维度体现的，有经济、科技、社会、军事等各方面的价值。标准附着的价值要素可以是单价值关系的，也可以是多价值关系的，例如，一个方法标准可能的价值性在于提高工作效率，另一个方法标准的价值性既有提高工作效率的价值，还有降低成本的价值等。

35.6　标准的影响力要素

标准合格评价的另外一个维度要素是标准影响力要素。标准的影响力与标准的需求、知识、特征、价值要素有相关性，但不是直接性的，它是另一个单独的要素维度。标准的影响力涉及的是标准的适用范围、出售量、使用频率、执行性质等影响要素。

35.6.1　适用范围影响要素

标准的适用范围是标准产生影响力的一种要素，这个要素主要是通过标准级别来体现的，标准的级别关系主要有国际标准、国家标准、行业标准、地方标准、团体标准、企业标准等，标准的级别关联了标准的适用范围，适用范围越广的标准影响力越大。

35.6.2 出售量影响要素

标准的出售量影响要素是通过标准销售出去的数量来评价的。这一要素涉及三个方面的内容:对标准名称关心的人群数量大小;使用标准的人群大小;标准的有用性和质量水平。有的标准销售得好是因为标准的使用人群大、价值高,受到使用者的普遍欢迎。也有的标准销售数量多,但不一定都被真正使用了,可能是标准的名称受人关注,但标准使用价值不高,买来的标准可能被闲置一边。对于没有人买或卖得很少的标准肯定是有问题的标准(当正常发行时)。

35.6.3 使用频率影响要素

标准使用频率影响要素是标准被用户使用的次数。标准的使用频率是体现标准有用性的重要关系,是标准影响力的最主要的要素,标准使用频率越高,标准的有用性越突出。

35.6.4 执行性质影响要素

标准的执行性质影响是标准实施要求严格程度的影响。标准执行性质的影响可分为强制性、推荐性和指导性。强制性执行的标准影响力高于推荐性的,推荐性的高于指导性的。

标准的影响力的大权重要素是标准的使用量和标准的使用频率,当标准的使用量为零或标准的使用频率为零时,标准的影响力相当于为零。标准如果没有被使用,就不会产生实质性的影响力,无论它是国际标准还是国家标准。

标准的影响力要素是用多因素标定的。标准的影响力要素最好是事前分析评价,不应在标准制定后再分析影响力的定位。标准的影响力分析对标准制定的必要性也是一个很好的支持。对于有些标准,经分析,认为其发行量和使用频率会很低时,应对标准的制定慎重考虑。标准影响力要素的分析将给出标准的使用范围合理的定位,同时也能给出标准印刷预测的数量。

35.7 标准合格评价要素的应用

标准合格评价的要素可应用于建立评价模型,通过评价模型对标准进行各种需要的评价。评价模型可以建成图形评价模型、表格评价模型和公式评价模型。公式评价模型比较复杂,本章不展开深入讨论。图形和表格评价模型相对简单,这里提出两种评价模型构建的基本思路。标准合格评价的图形评价模型可建立一圆形图,分为五个扇区,每个扇区对应一种要素,将每一扇区按各大要素数划分其包含子要素的间隔数,标准评价时按拥有的要素填空,空的填入量与高满意成正比。

表格模型可建成数值化积分模型，将每大类要素及其子要素列入表格中，按权重关系给每一个子要素赋予数值，用表格对评价项进行逐个子要素打分，累积最终得分得出评价结果。标准合格评价的要素可用于标准的立项评价、标准研制/编制的指导、标准验收评价、标准发布实施后的标准后评价等。

标准的合格评价，还可应用本书作者新提出的“标准内符合性评价方法”和“标准外符合性评价方法”。“标准内符合性评价方法”是对制定中的标准和制定后的标准，评价标准所规定的内容与标准所承载对象（如产品、技术、服务等）的全面技术要素的符合性，评价标准的文本与标准编写规定的符合性，评价标准的工作过程与标准制定程序的符合性等，评价的事项和要素是本标准建立的工作事项和要素。“标准外符合性评价方法”是对制定中的标准和制定后的标准，评价标准所规定的技术体制与国际、国家、区域等标准规定的相关技术体制的符合性，评价标准所规定的接口与国际、国家、区域等标准规定的相关接口的符合性，评价标准所规定的安全、环境、质量等要求与国际、国家、区域等标准规定的安全、环境、质量等要求的符合性，评价的方式是将本标准建立的工作事项和要素与外界环境高层次标准（国际、国家、区域等标准）规定的工作事项和要素进行对比，以比较发现标准内容存在的不协调、不安全、不健康、不环保、质量不可接受、不能广泛使用等的问题。“标准内符合性评价方法”和“标准外符合性评价方法”与本章上述的评价方法在评价事项和要素上有一定的交集，但它们的评价结论上是不同的，因此，各评价方法有其适用的方面，它们的评价结论可服务于各自所对应的关注面。

参考文献

[1] 麦绿波. 标准的合格评价研究[J]. 标准科学，2014，(3)：6-10.
[2] 麦绿波. 标准的功能和作用（上）[J]. 标准科学，2012，(10)：6-8.
[3] 麦绿波. 标准的功能和作用（下）[J]. 标准科学，2012，(11)：6-10.

第五篇　标准实施与监督篇

第36章　标准实施的方法

36.1　标准实施的目的

标准是科学、技术、管理等有效知识和经验的结晶，是一种经过验证的有效性知识。实施标准本质的和深刻的意义在于：用标准的有效知识为研制、生产、管理、服务等提供有效知识、解决方案、规范模式、可靠依据等，以形成良好的状态，获取满意的效果。一项发布的标准，无论如何先进和有用，只有通过贯彻和实施，才能体现出标准的作用和效果。标准实施是标准制定的根本目的，标准只有很好地实施，制定的意义和价值才能得以体现。标准是标准实施的根据，标准实施是标准制定的目的，两者相互依赖、相互支持。标准实施是用标准建立标准化状态的活动。没有标准的实施，就不可能迅速、广泛地形成标准化的状态。

标准实施的主体是企业，企业无论是以主动的或是以被动的行为去实施标准，都是想要实现以下目的：

(1) 保证产品的生产和使用符合法规要求，避免给社会及用户带来环境、安全、健康等危害以及受到法律追责和惩罚；

(2) 保证产品或服务的质量水平，获得用户的满意评价和信任，争取更多的产品或业务的市场份额；

(3) 通过标准实施，提高企业的质量效益、发展水平。

标准编制和研制需要方法的支持，同样，标准的实施也是需要方法支持的。标准的实施和标准的制定具有同等重要的地位，需要专业性的技术和方法来支持，否则，就会出现标准的误使用、过使用、欠使用、时机不当使用、不使用等问题[1]。标准误使用的情况主要是标准选择不正确，使用了名称相似内涵不同的标准、使用作废的标准等，如以测试可见光系统的试验方法标准作为测试红外系统的试验方法标准使用，标准已有新版的A版标准时，仍使用被替代的老版标准等。标准过使用是未结合产品的实际应用环境、性能要求或价格定位，盲目(或过保险考虑)选用最高等级标准或标准中最高的指标，或选择过多的标准来进行全面约束，如望远系统的光学材料按显微物镜的材料要求来选择，北纬30°以内地区使用的产品，要求低温适应性为－50℃等。标准欠使用是未按用户或合同要求，为了降低成本，选用标准中的低等级要求或减少执行标准规定的要求，如测距望远镜按旅游望远镜的要求执行，军用装备没有执行可靠性、维修性、保障性、测试性、安全性的要求等。标准时机不当使用是以前阶段的标准或标准要求用于后阶段，或以后阶段的标准或标准要求用于前阶段，如以台架试验标准作为定型试验标准使用，以定型阶段的文件完整性来要求工程研制阶段的文件完整性。标准不使用是产品的研制或生产时，不去查找相关的标准或知道有标准也未应用，导致研制或生产的产品不符合相关的性能和质量要求。所以，标准的使用问题会带来不良后果，致使事与愿违。标准只有在正确实施后，才能发挥应有的效果。标准实施不只是一个态度问题，更重要的是要学习和掌握标准实施的方法，才能保证标准正确和有效的实施。

标准是约束性的东西，而任何具有约束性的东西都与个体的自由倾向形成对立，标准的约束也不例外，如何使个体的自由倾向接受标准的约束，这就需要有标准实施方法来引导标准实施，杜绝随意或自由选取的行为，将标准实施行为规范到“约定”的道路上。要做好标准实施，就需要深入地对它进行研究，研究建立标准实施的理论关系，构建标准实施的有效方法，为标准实施提供理论和方法性的指导。标准实施需要研究的理论要素和方法关系主要有：标准的执行模式、标准的选取、标准实施方案的制定、标准实施准备、标准实施活动及措施等。为了使标准实施方法的内容具体和有可操作性，以下主要以产品为对象进行标准实施的理论和方法的论述，因为产品的标准实施是标准实施中最复杂的，以此给出标准实施的普遍性理论和方法的内容。

36.2　标准的执行模式

标准有强制性标准、推荐性标准和指导性标准，因此标准的执行模式不都是一样的，应根据标准的使用属性确定标准的执行模式。标准的执行模式可分为严格执行模式、剪裁执行模式和参照执行模式。

36.2.1　标准的严格执行模式

标准的严格执行模式是：标准中的指标和内容条款必须依法严格执行，不能自行降低和减少标准的执行要求。需要严格执行的标准主要是国家的强制性标准和军队的特定标准，这些标准主要涉及环境保护、食品安全、用品安全、财产安全、健康卫生、危险品运输及贮存、国防装备等。强制性标准的严格执行地位是法规赋予的，《中华人民共和国标准化法》(2017 年修订)明确规定：强制性标准必须执行[2]。还规定：不严格执行强制性标准属违法行为。生产、销售、进口产品或者提供服务不符合强制性标准……依法承担民事责任[2]。所说的强制性标准包括标准属性是强制性的和标准中某些内容是强制性的。有些标准整个标准的属性是强制性的,有些标准是标准中的部分涉及环境保护、安全、卫生等的内容是强制性的。

36.2.2 标准的剪裁执行模式

标准的剪裁执行模式是:标准中的指标和内容条款可以根据使用的适用情况进行选取,不需要对标准的全部要求和条款完全执行。可以采用剪裁执行方式的标准主要是推荐性标准,这些标准主要是术语、制图、公差、标准件、成套试验方法、管理体系,不涉及环保、安全的产品标准、制造标准等。《中华人民共和国标准化法》第二条规定:国家鼓励采用推荐性标准[2]。推荐性标准的执行,是用户和供方双方可协商的。是否执行推荐性标准是信任和认可度问题,不是违法问题。标准主体是推荐的,其内容中也可能会有强制性的条款,推荐标准中的强制性条款应严格执行。当推荐性标准被法律、法规引用时,其性质就变为了强制性的。当推荐性标准的内容被合同引用时,它的执行关系将涉及合同法追责的范畴,具有了与法规相关的强制属性。

36.2.3 标准的参照执行模式

标准的参照执行模式是:在没有被证明比标准中的内容更好时,原则上应尽量采用标准中的内容,因为这些标准内容是优化的知识和有效经验的提炼,采用这些内容可以避免失误的损失和自己摸索的耗时耗费。参照执行的标准主要是指导性的标准,这些标准主要是设计手册、工艺手册、设计准则、计算方法、管理模型等标准。这类标准往往是优选的方法类标准和模型类型标准,可为标准使用者提供有效的经验和方法,避免走弯路导致的人财物耗费和失败风险或研制和生产出低水平、低质量的产品。

36.3 标准的选取

标准实施是针对实施对象的,不是针对标准的,逻辑上是由对象找标准,而不是由标准去找对象。标准实施对象选对标准是正确实施标准的前提。对象需实施的标准需要从上万项甚至是几十万项现行标准目录中找到适合的,并不是一件容易的事,尤其是面对大量名称相近的标准对象,以较少的标准内容阅读量来选准标准是需要技巧、方法和经验的。标准选取的方法主要涉及标准检索、标准对象筛选、标准的分析选取等流程。

36.3.1 标准检索

标准选取的第一个流程为标准检索。标准检索一般有两种检索工具,一是书本式的标准目录检索，二是计算机的数据库检索。数据库的检索是效率最高和更新最快的检索工具，最好优先利用数据库检索。想要准确地找到合适的标准对象，就要分析确定标准名称的关键词、标准级别（国际标准、国家标准、行业标准、地方标准等）、标准专业类别等，以此作为实施标准检索的要素和限定。实施标准的级别，关系到标准的权威性和适用范围的广度。级别越高的标准，权威性越高，适用范围越广。在不同专业中，会出现名称相近、内容大相径庭的标准，检索时应使用标准的专业类别，限制和缩小标准的检索范围，以利于聚焦欲寻找的标准。标准检索的成果提供了标准实施的备选对象。

36.3.2　标准对象筛选

通过标准检索找到一些相近名称的标准后，需要对这些对象进行初步筛选，以缩小备选标准对象的数量，为标准的分析选取减少不必要的分析工作量。检索到的备选标准对象的筛选，主要是应用版本、年代、法规、专业、范围五个因素进行分析筛选。标准对象的筛选方法分别为：版本筛选法，即对标准编号相同的标准对象，剔除被替代版本的标准或老版的标准；年代筛选法，即对标准内容基本相同的标准，剔除年代长的标准；法规筛选法，即阅读标准中引用的法规，剔除引用过时法规或引用废止法规的标准；专业筛选法，即分析名称相近标准中的专业分类号，剔除专业不相关的标准；范围筛选法，即阅读标准正文首页中的适用范围描述，剔除范围不包含实施对象的标准。

36.3.3　标准的分析选取

标准实施的备选对象经过筛选后，提供了比较符合的标准对象清单。而标准的实施是要求准确的标准实施对象，因此实施对象需要经过标准内容适用性的分析后才能最终确定。标准内容适用性的分析包括属类、用途、指标体系、工作项目、测评等的适用性分析。属类适用性是分析标准是否包含实施对象的类别；用途适用性是分析标准规定的对象用途与实施对象的用途是否一致；指标体系适用性是分析标准规定对象的指标结构关系或组成关系是否是与实施对象的指标结构或组成关系属同类的；工作项目适用性是分析标准中的工作项目与实施对象要求的工作项目是否对应；测评适用性是分析标准中的测评方法是否适用于实施对象。

标准的选取有两种情况，一是个别实施标准的选取，二是成体系实施标准的选取。对于个别实施标准的选取，其结果为几项标准代号、名称的清单及其文本；对于成体系实施标准的选取，其结果为标准贯彻实施目录，或标准贯彻实施目录及其文本。标准实施的两种选取情况在流程关系上是差不多的，但是，对于成体系实施标准的情况，要对标准开展分类建立工作，在标准的选取过程中，还应增加标准成套性或配套性的分析工作。

36.4　标准实施方案的制定

标准的选取是对标准对象的适用性进行分析，而标准的实施方案则是对标准的具体内容(章、条、款、项)的适用性进行分析。标准实施对象选定后，就要考虑制定标准内容的实施方案。标准的实施方案主要有两种，一种是全面实施方案，另一种是剪裁实施方案。无论是全面实施方案还是剪裁实施方案，都是基于标准内容的分析来确定的。

36.4.1　标准内容的分析方法

对标准内容的分析，是对选定标准的实施内容进行具体化确认，它要求对性能指标体系、指标值、工作项目、方法、工作程序等各种要求进行技术层面上的全面分析，分析可以归纳为以下步骤。

1）全面分析和消化标准的内容

首先深入了解标准全部条款的确切含义，把握其实质内涵，然后判断其是否适用，以及分析标准贯彻实施后能带来的效益和意义。

2）摸清实施对象的背景和条件

为了确定标准内容对特定对象的适用性，还要了解标准制定的特定背景；摸清实施对象的背景和具备的条件，如实施对象的功能性能、使用要求、维护保障、研制生产的资源条件和技术水平、实施标准的目标和任务等，只有摸清实施对象的背景和要求条件，才能正确地判别标准内容的适用性。

3）综合权衡选择实施内容

根据标准内容和实施对象的背景和条件，综合权衡效能、经费、周期诸要素，做出标准内容的选择方案，方案包括删减不适用的内容、补充需要的内容，以及协调标准的矛盾、交叉内容等。

4）核对和协调实施内容

对标准的实施内容编制“实施方案表”，“实施方案表”包括标准严格实施的内容、删减的内容、补充的内容和协调修改的内容等；承制方应与委托方就“实施方案表”进行核对和协调，共同确认实施方案。为了查看标准实施方案与实施目标标准的差异，可编制一份标准实施对照表，供双方确认时使用。

5）实施方案的签署确认

对双方确认的标准实施方案，应以书面形式，由双方代表在实施方案上进行签署，作为合同和研制任务书编制的依据。

36.4.2　全面实施方案制定

全面实施方案是制定标准全部内容实施的方案。原则上，标准全面实施方案的对象是强制性标准，但也可以是推荐性标准和指导性标准。推荐性标准或指导性标准属自愿执行的标准，如果双方认为实施对象全面执行所选标准的全部内容是有利的或必需的，也可以将推荐性标准或指导性标准的内容制定为全面实施的。

36.4.3　剪裁实施方案制定

剪裁实施方案是根据实施的合理性，选择性地制定实施内容的方案。剪裁实施是对选用标准中的全部要求进行分析、评估和权衡，确定其对特定产品的适用程度，对标准中的一些内容进行修改、删减或补充，提出适合于特定实施对象的个性化要求的过程。对标准的剪裁，要结合特定需求和条件选择确定实施标准的具体要求、具体指标、具体程序或方法等，它是一种多因素综合权衡的过程，也是对标准选用的深化和细化。它最终决定了实施标准的具体内容和要求，因此它对支持科研、生产和使用，保证效能和效益具有决定性意义。标准剪裁的工作具有很高的技术性和方法性要求，要求标准剪裁的执行人员由有技术素养的产品设计专家、工艺专家和综合管理者来承担。他们既要深入理解标准内容，又要掌握产品的制造过程及能力和使用条件，把制造能力、使用要求和标准规定很好地结合起来。

标准内容的剪裁有绝对剪裁、阶段剪裁等方式。绝对剪裁是将标准的内容一次剪裁好直接使用。阶段剪裁是将标准的内容按阶段关系剪裁成几个阶段的实施版本，分阶段（如论证、方案、工程研制、设计定型、生产定型等阶段）实施。无论是绝对剪裁还是阶段剪裁，除了标准正文的剪裁外，还会涉及对标准中引用标准的剪裁，这需要对引用标准的内容进行仔细分析后做出选择。

36.5　标准实施准备

制定了标准的实施方案后，标准的实施还需要标准实施的准备来支持。标准实施尽管技术难度没有标准制定大，但标准的实施涉及的因素往往比标准的制定更复杂，这些因素包括实施方的管理现状、设备条件、人的因素等，要实施好标准，就要使相关因素为标准实施做好配合准备。标准实施的准备包括标准实施的方案准备、组织准备、知识准备、手段准备和物质条件准备。

标准实施的方案准备见 36.4 节的内容。标准实施的组织准备是建立标准实施的组织机构，明确标准实施的负责人和参加的各类人员，明确标准实施的机构和人员的职责。标准实施的知识准备主要是通过编制标准实施教材和标准宣贯培训来落实。标准通常是不写标准要求背后的道理和理由的，而标准的理解又需要这些道理和理由，因此标准的理解需要通过标准实施教材的应用和培训来解决对标准内容的认识问题。标准实施的手段准备是建立标准实施的辅助支持手段，以帮助标准的实施。标准的辅助支持手段主要通过开发一些标准实施的辅助软件或工具来建立，如开发标准实施的电子化模板、评价软件、信息查询系统、模拟操作系统等。标准实施的物质条件准备包括标准实施的场地、设备、仪器、工装、材料等方面的准备，这些准备需要针对标准实施的具体内容，一项项找到这些条件，并标清楚设备和仪器的型号、规格、精度等，标清楚工装功能、尺寸、规格，标清楚材料的性能和规格等。

36.6 标准实施活动及措施

标准实施主要在产品研制、产品生产、企业管理、商业服务、贸易、条件建设、技术改造等活动中开展。条件建设、技术改造活动标准实施的重点是落实国家的环境保护、健康、卫生、安全的要求，落实国际单位制的要求，落实供电和供能技术体制的要求。产品研制活动标准实施的重点是落实产品开发、功能性能、质量、安全、技术体制、接口、节能环保、资源节约、维护和维修等要求。产品生产活动标准实施的重点是落实工艺规程、工装、操作规程、检验方法、节能环保、资源节约、生产安全、作业场所健康卫生、验收规则等要求。企业管理活动标准实施的重点是建立科学化、程序化、简约化、高效化的管理关系。商业服务活动标准实施的重点是建立客户满意、透明、节俭、规范、诚信等关系。贸易活动实施标准的重点是落实双边法规、透明原则、非垄断、非壁垒等要求。

标准实施有直接使用标准、引用标准、编制标准化文件、编制执行文件、建立标准实施支持手段等措施。直接使用标准措施是把标准直接作为执行文件下发使用，这种情况适用于使用单一或少数标准的情况。引用标准措施是在合同或研制任务书中引用实施的标准对象和内容。编制标准化文件措施是通过标准化文件给出标准的实施项目（如贯标目录）和内容（标准大纲等），并可对标准内容作具体实施的说明，这种情况适合实施大量标准的情况。编制执行文件的实施措施是将标准的实施内容编制成更具体的相应执行文件，如型号规范、技术条件等，使标准的实施内容融入工程的执行文件中去实施。建立标准实施支持手段的措施主要有编制标准实施指导教材、开展标准实施培训、开发标准实施工具/产品、开发标准实施的模拟学习系统、建立标准实施指导的网络化环境等（36.7 节将深入展开讨论）。标准实施有系统性的和单一性的、有难的和易的、有长周期的和短周期的等，标准的实施要根据具体情况确定适合的实施措施。

36.7　标准实施的支持手段

36.7.1　标准实施的支持手段类型

标准的实施既需要方法的支持，也需要手段的支持。作者经多年实践和理性思考，归纳出了标准实施的方法论关系。要让标准实施的方法能有效发挥作用，还需要有标准实施的支持手段来配合。标准实施的方法，主要解决标准实施“如何做”的问题，而标准实施的支持手段解决标准实施“用什么来帮助”的问题，两个方面形成了标准实施的有效配合关系。

标准实施的支持手段，目前还缺乏系统性的研究和专题内容的研究，本章将聚焦这一问题，深入地进行标准实施手段的类型和内容等的研究。标准实施的支持手段主要是用于解决标准的理解、标准内容的直接应用、标准使用的辅助支持、标准应用交流等问题的手段。解决这些问题的研究成果，就是标准实施的支持要素和支持手段。标准实施的支持手段类型，归纳起来有以下五种：

(1) 标准实施指导教材；

(2) 标准实施培训；

(3) 标准实施工具/产品；

(4) 标准实施的模拟学习系统；

(5) 标准实施指导的网络化环境。

以上标准实施的支持手段具有对领域和行业的通用性，具有对标准类型的通用性，也具有对标准属类的通用性。标准实施支持手段的领域和行业通用性是指五种类型的标准实施支持手段可适用工业、农业、服务业、社会事业等领域及其行业，它们不会因为领域和行业的不同而不能适用。标准类型的通用性是指以上标准实施的支持手段对基础标准、产品标准、方法标准等标准类型的实施支持是普遍适用的，这些手段不仅可以用于支持基础标准的实施，也能支持产品标准和方法标准的实施。标准属类的通用性是指以上标准实施的支持手段，对技术标准、管理标准、工作标准属类的标准实施支持都是普遍适用的，其中技术标准属类对标准实施支持手段的需求更普遍、更多和更深化。有了标准的实施方法和实施支持手段，标准的实施就有了理论、方法和工具的支持，标准的实施就有了做好的基础。在以上提出的标准实施支持手段中，标准实施指导教材和培训是传统的实施手段，需要特别重视发展和采用标准实施工具/产品、模拟系统、网络环境等先进的标准实施手段，使标准的实施更加广泛、方便、高效，它们将会把标准实施推向一个崭新的阶段。

36.7.2 标准实施指导教材

由于标准的内容要求简洁，标准只是给出了规定性的内容，不讲内容的道理和由来。标准给出的是“应该做什么”或“如何做”，并不给出标准规定后面的背景、道理和技术依据等，使得对标准规定的理解会表面化或歧义化，甚至会产生误解。内容复杂的标准往往涉及技术概念、原理、程序方法和经验技巧等，很难通过直接阅读标准就能深入理解，需要在标准制定者的解读下方能很好掌握。因此，标准的实施者要用好标准，就要像标准制定者一样了解标准制定的目的背景、技术路径的选择、标准规定要点的内涵、内容的验证、实施效果的预测等。解决这些需求的途径有两种，一是人对人的指导，二是用可读性好的资料指导。由标准制定者对大量的标准使用者进行个别辅导是不现实的。而且，人对人指导存在传授时间受限、传授效率低、传授人知识局限性等问题，因此这不是一种有利的指导选择。如果要使标准实施者随时能得到指导，这就需要有普遍可获得的标准实施的支持性手段来解决。撰写标准实施的指导性教材并进行发行，需求者就可随时购买，使大量的人可按自己的时间随时深入了解标准内容。标准实施指导教材是标准实施的指导性知识，可把标准背后的道理、经验和考虑等释放出来，帮助实施者对标准的理解。为标准的正确理解提供必要的知识，是标准正确实施的必要条件。标准实施教材一般由标准制定的专家团队进行撰写，以专家集体的知识保证教材内容的全面性和可靠性，弥补个人知识的不完备。标准实施指导教材内容撰写的总体要求是：从标准知识范围的宽度和认识的深度进行大量的延伸。具体内容要针对标准实施过程中可能遇到的普遍性问题、难点问题以及会有歧义的内容进行详细解释、内涵延伸，要大量注入理论性、方法性、实践性、经验性、应用示例的解读内容，填补标准“不讲道理”、“不教学”的“空缺”。指导教材要能帮助标准实施者实现在认识上能深化和在应用上能简化的愿望，通过教材的使用能起到“无师自通”的作用。标准实施指导教材是能使标准使用者及时、准确、方便获得标准实施知识的有效方式。理论上，每一项标准都可以编写其标准实施指导教材或实施指南，而在实际中，往往只把编写教材的精力投入到重要性和基础性的标准上。

36.7.3 标准实施培训

即使编写了好的标准实施指导教材，也并不能完全解决标准实施的所有需求。主要的问题有：许多科研人员不太注意关心和跟踪标准出版的相关信息，即使标准已发布，也不能及时掌握标准现有情况的信息；有些科研人员没有自觉学习标准知识的习惯；有些标准内容只靠单向自己学习很难理解，只有双向的老师和学员间的相互交流才能很好理解等。以上这些标准实施方面的问题，采用标准实施宣贯培训是一种很好的解决方式。如果对发布的标准进行及时、深入、透彻的宣贯培训：

可使标准使用者对标准中难点问题和复杂问题的理解有了听讲解和交流沟通的学习机会;能促进不善于自学的人掌握标准的内容;能使不习惯跟踪标准发布信息的人知道现在出版了什么有关标准。

标准实施培训,可为标准编写人员与标准使用人员之间建立起一座沟通的桥梁,创造面对面传授知识、经验和共同探讨标准实施中难点和疑点的机会,使参加培训的人员能深刻、正确地理解标准,有利于用好标准。通过培训,可方便地获得标准和标准培训的教料,为参加培训的人员(或标准实施者)提供标准信息和相关资料。培训是一种有组织的知识传递、技能传递、信息传递等活动。标准尽管规定了方方面面的内容,但许多内容是复杂知识和技术关系的凝练,很难直接理解,需要工作经验丰富、造诣深的专家解读才易理解,因此标准使用培训是解决标准正确理解的有效方法之一。通过专家的宣贯和解读,使来自方方面面的所有相关人员对标准实施的认识达到统一。标准培训是短时间输出高密度知识的方式。为了做好标准培训工作,标准培训要聚焦在标准使用难理解的内容和易歧义理解的内容上。标准实施培训提供了一种面对面的指导方式,弥补了指导教材不能解决的要靠互动理解的问题。不是每一种标准的实施都需要进行培训,开展实施培训的标准对象主要是基础标准和方法标准,因为基础标准和方法标准的使用面广,要求实施的统一性强,而且标准背后往往有比较深刻的道理和理论,难以直接理解和掌握。

标准培训的要素是教材、教师、学员和时间安排。四个要素把握得好,才会有高质量的培训结果。培训的教材应按教科方式对疑难条款逐条解释编写。培训的教师应该是标准的起草人中技术内容贡献的核心人物,也可以是精通标准内容、熟练标准使用的专业人员。参加标准培训的学员应该是标准的直接使用者和标准的间接使用者,并在参加培训前对标准有一定程度的掌握。培训的时间不能太短,也不能太长,时间太短内容讲不透,时间太长学员难以集中精力。

36.7.4　标准实施工具/产品

传统的标准实施方法是通过标准实施者学习和消化标准文本的内容,然后在相关的工作中落实应用标准的要求,即从标准到人的方式,如图 36-1(a)所示。一种有效的标准实施方式是利用标准实施工具/产品来实施标准,即从标准到标准实施工具/产品再到人的方式,如图 36-1(b)所示。图 36-1(a)的标准实施关系只为标准实施者提供了标准,图 36-1(b)的标准实施关系为标准实施者提供了标准和标准实施的工具/产品,使标准的实施更高效、更准确、更可靠,例如,应用图样格式的标准实施的工具/产品,不仅可使设计者从大量的图样格式制作中解放出来,把精力放在技术内容的设计上,而且还能高效、准确地在设计工作中应用规范化的图样格式。图 36-1(b)的标准实施存在着标准实施工具/产品各自开发和统一开发两种方式:

由各标准实施者自己分别进行标准实施工具/产品开发的方式，既会带来标准实施工具/产品开发重复劳动的浪费，又会造成标准实施水平的参差不齐；统一开发并提供标准实施工具/产品的方式，可使标准使用者不需要花费大量时间建立自己的实施条件，通过直接运用统一的标准实施工具/产品开展标准实施，可大大节省开发的时间和费用，省去标准实施者各自消化和转换标准内容带来的精力耗费和错误机会，以及工具与标准符合性审查的工作量，更重要的是能提高标准实施的效率和效果，还统一了标准实施的质量。

图 36-1　标准实施方式图

标准实施工具/产品的主要类型有：电子化格式工具/产品；电子模型工具/产品；评价辅助软件；关系转化的软件；对比基准、样品工具/产品；测试装置或仪器等。标准实施工具/产品有两种用途，一种是将标准的内容做成可直接使用的产品，另一种是将标准的内容做成用于支持标准实施的产品。标准实施的电子化格式工具/产品主要包括表格模板、图形格式、表达标注格式、编辑器等工具/产品。对标准中规定的规范表格、图形关系和表达标注等，可开发严格符合标准规定的表格模板、图形格式、标注符号等产品直接使用，实现直接贯标。对于规定文件编写的标准，可开发文件编写格式的“编辑器”，统一文件编写的版心、封面、章节、字体、行距等格式关系。对于评价标准，可开发应用标准中评价数学模型或评价关系、设置结构化选择的评价软件，实现评价标准实施的方便化、规范化和自动化或半自动化。对于紧固件、轴承、管件、密封件等标准件标准，可开发其零件和部件的三维实体模型，供设计选用时直接调用。对于两种形态转换的标准，可开发两种标准关系转换的软件，使一种标准化形态自动转换为另一种标准化形态，如将三维设计模型转换为二维图样，这既可避免重复设计劳动，又可保证对应设计关系的完全一致化。对于规定等级基准和对比关系的标准，可开发基准样和对比样品的工具/产品，如颜色对比板、粗糙度等级对比板、试验校准标准样品等，为标准的实施提供方便、可靠的判断。对于试验方法标准，可开发符合标准方法的测试装置或仪器，使标准的测试方法的实施具有统一的实施基础。

36.7.5　标准实施的模拟学习系统

为了正确、熟练地掌握标准规定的程序和方法，可开发帮助标准实施的模拟系统。适合使用标准实施模拟系统的标准主要是规定程序、过程、方法的标准，如设备操作规程、试验规程、评价方法、抽样方法、管理体系、管理方法等标准。程序、过程和方法类标准涉及的环节比较多，环节间又涉及先后顺序，还涉及操作正确和错误的选择，而且这些程序和方法往往比较抽象，因此需要多次标准使用过程的重复训练或培训，才能很好地理解标准内容和熟悉标准内容。用实际环境训练标准实施技能，将带来很大的成本负担，另外在时机上也不方便随时训练。采用模拟训练系统或仿真技术可很好地解决近似于实况训练的问题，并可大大降低培训和学习的成本，同时还提供了最大的方便，不受真实训练的自然环境、条件等限制。正如飞行员的驾驶培训，就采用了飞行操作模拟训练的方式。同样，标准实施模拟系统的使用也可避免使用真实环境和条件带来的高额成本和不方便，可进行大批量人员的培训和长时间的训练。

标准实施模拟系统建立的功能和内容应该有标准实施的操作设备和场所环境、标准执行的程序关系、操作的选择、操作正误的判断、重要操作的提示、标准实施效果的评价等。标准实施的环境应通过仿真建立标准所规定的实施操作“平台”、场所等。测试方法使用的环境为测试方法所对应的测试装置或仪器及其操作面板、按钮、把手等；工艺方法标准使用的环境是工艺操作的工序设备和装置及加工等；评价方法标准使用的环境是评价的手段和场所等。这些操作设备和场所环境需要用操作设备和场所环境仿真技术进行制作，使其逼真现实操作设备和场所环境。标准的执行程序是标准方法内容或程序内容的顺序，这个顺序是测试方法、管理方法、工艺方法等的步骤，在模拟系统中可制作出程序的全貌，具体使用时是完成一个步骤后再显示下一个步骤。操作选择是模拟系统提供仿真操作多种可能的操作情况，供标准使用者选择。操作正误的判断是模拟系统对操作者的操作给出正确或错误的裁判性判断。重要操作的提示主要是针对一些复杂的操作，模拟系统应能给出提示性的道理指导，以增强训练者的正确选择能力。操作实施系统结果评分是对标准模拟使用者的操作结果进行评价，评价操作的水平等级。这种标准实施模拟系统可用于标准实施者的培训，也可用来对操作者进行上岗资格评价。

36.7.6　标准实施指导的网络化环境

以上的标准实施支持手段中，除了标准培训会议可有双向交流外，培训者或标准实施者都是面向书籍、面向物体、面向软件或电子显示的，尽管这些支持手段有其各自的优点，但缺乏人与人之间的互动交流和指导功能。人与人之间互动的指导，具有服务于个性化的优势，有利于每个人解决自己的实际问题，既能对最初级的情况进行指导，也可以对标准有很深刻认识者进行高层次再提高。采用网络化环境进行标准实施指导，可服务于各个地区的人员，实现“零距离”、“零等待时间”的指导。标准实施网络化环境指导，需要选择网络化交流平台，进入系统实施互动交流。网络化交流平台可选择 QQ、微信、微博、Facebook、“网络会议”等平台。QQ 和微信既可以支持问答双方的实时文字交流，也可以支持问答双方的实时语音交流；微博可实时针对普遍问题，实时公布解答的文字答案；Facebook 可以支持问答双方的面对面语音交流；“网络会议”可支持双边多人的面对面语音交流。标准实施网络化环境指导与现场会议培训相比，有其独特的优点：同样是“一对一”或“多对多”交流，网络化交流可省去参加交流者的路途费用和路途时间；网络化比现场可允许更多的听众，不受现场教室空间的限制；网络化给“教师”和“学生”都留有“答”和“问”各自的自由度，问方可随时问，答方可等到有合适的答案时答；问题和答案可以文字形式长期公布，可使其他人有充分的时间来思考和学习。

36.8　标准实施的检查与评价

标准的实施应作为一个闭环关系来管理。标准实施后，要进行标准实施的检查和评价。标准实施的检查是检查标准实施方案的落实情况，要逐条检查标准实施内容的落实，并记录未实施内容的理由或原因。标准实施检查也要检查标准实施的支持手段和物质条件的落实情况。标准实施的评价主要是评价标准实施的效果。标准实施的效果主要从技术进步、质量水平提高、客户满意度、规范秩序、效率提高、节约费用、节省时间、履行社会责任等方面进行有益性评价，同时要评价标准实施带来的问题，以便为未来改进提供参考。

标准的实施也是一项专业性的技术业务，需要应用专业化的技术，制定标准实施的方案和措施，才能使标准的实施达到应有的效果。标准的实施是一个常规性的工作，也是一个长期性的事，针对标准实施，不应只制定临时的或偶然性的标准实施措施，还应建立标准实施的长效机制。

参考文献

[1]　梁丽涛，等. 标准的选用与剪裁[M]. 北京：国防工业出版社，2010.
[2]　中华人民共和国主席令第七十八号. 中华人民共和国标准化法[Z]. 中华人民共和国全国人民代表大会常务委员会，2017-11-4.

第 37 章 标准产品化

37.1 标准产品化的概念

记录标准内容的文本载体产品化已经是一个传统的做法和人们对标准产品的普遍概念。本章所说的标准产品化是一种新的标准产品的概念，是指以标准的内容为根本或依据，通过一定的设计和加工，使标准的内容转换为可直接使用、使用功能增强或支持标准使用的标准产品。标准产品化不是指使描述标准内容的文本载体的产品化，或者说不是指把标准文本作为销售产品的情况。标准产品化主要是指标准内容的产品化。通过标准产品化，可使标准的使用从基于对标准内容抽象表述的理解回到使用标准内容本身，变成既不再需要理解和消化标准的内容含义，也不需要依赖标准内容理解的宣贯活动，而是直接使用标准内容产品或使用辅助标准应用的产品，以获得与标准制定预期使用目标一致的统一化效果。

标准产品化包括实物标准的产品化、文件标准的产品化、行为标准的产品化和现象标准的产品化等。实物标准是直观使用的标准对象，它的产品化有清楚的实现路径，只要将其做成商品就能实现标准的产品化。而文件标准的应用通常是通过阅读标准文本理解后，再通过相关的技术活动或标准实施活动还原标准意图。文件标准是一种描述性标准，标准只是给出了规定和要求等意识性内容，标准的内容通常是不能直接使用的，如果要使标准的内容能直接使用，就需要对标准的内容进行产品化的设计、开发、制作等，使标准的内容成为能直接使用的产品或商品。标准的产品化除了具有直接使用功能外，还意味着产品化对象可成为货架式商品，方便需求者的获取。行为标准的产品化和现象标准的产品化也是需要专门的设计和制作形成，有直接使用的标准产品和辅助标准使用的产品。现象标准几乎全部是通过产品化状态使用的。

实物标准和文件标准主要是一种静态状态，行为标准和现象标准主要是一种动态状态。标准产品化可使标准的产品化成果成为静态状态或动态状态，即标准产品化可使静态的标准内容状态转换成动态的标准状态，也可以使动态状态的标准内容状态转换成静态的标准状态。标准的静态状态转化为动态状态是通过应用计算机和软件技术对标准进行产品化设计和制作实现的，如将标准的内容开发成可互动仿真的、实时响应的、自适应的等状态，或将文本标准描述的动态内容复现出来等。标准的动态状态转换为静态状态是通过图片、照片、图画等将动态状态的瞬间捕捉形成静态状态的。

标准产品化的形成方式有两种：一种是标准建立时，直接建立产品化的标准，如物理标准物质/样品、化学标准物质/样品等；另一种是标准制定后，对标准进行产品化设计和制作，将标准内容制作成产品化，如对代码文件标准的产品化、模板标准的产品化等，坚固标准件(螺栓、螺母等)是传统的典型标准产品化的例子。标准产品化的实现技术主要有计算机和软件技术、视频音频录制技术、相关仪器设计研制技术等。应用计算机和软件技术形成标准产品化产品的型式有三维数字模型、电子模板、编辑器、智能终端、仿真操作软件、智能软件等。标准产品化涉及的标准类型有"三化"零部件标准、接口标准、术语标准、分类代码标准、符号代码标准、数据标准、算法标准、测试测量方法标准、评价方法标准等，几乎所有的标准都可以有自身特色的产品化型式和产品化占有比例的大小。

标准实施或使用的传统方式是通过对标准内容的理解转换为标准实施技术活动来实现的。即使是标准实施者都很认真，总会因为不同人对标准的理解不同而存在标准实施的差异，因此标准的使用效果就很难一致。尽管有人想到对标准的使用进行相关支持手段的开发，但各使用者的自行开发将会造成大量重复性技术劳动浪费，且低水平的重复性开发还会造成标准实施质量的降低。集中专业技术力量进行标准产品化开发，可保证标准产品化开发的质量和水平，避免重复性开发带来的技术劳动和资金等的浪费和低质量标准产品化的产品被使用。

标准产品化具有支持标准实在使用、缩短标准实施准备时间、减少标准实施投入、保证标准使用效果等突出意义。应用标准产品化成果可为标准的实施降低学习难度，提高标准使用的效率，降低标准使用成本等。标准产品化是支持标准实施和推广使用的有效途径。标准产品化将增强和方便标准的使用。

37.2 标准产品化的类型

尽管标准的分类已有多个属性的划分方式，如学科属性、载体属性、管理属性、用途属性、使用性质属性、应用领域属性、标准内容结构属性等，但标准产品化的分类不宜采用以上分类，应按相同的产品化型式来分类，这样才有利于标准产品化的规划、发展和管理。进行标准产品化的分类时，要从标准已有的产品化、可产品化、希望能产品化的范围来扩展对标准产品化类型的认识。标准产品化的类型可分为以下种类：

(1) 实物类标准的产品化；

(2) 实物表达类标准的产品化；

(3) 数据元类标准的产品化；

(4) 表示类标准的产品化；

（5）模板类标准的产品化；

（6）程序类标准的产品化；

（7）软件类标准的产品化；

（8）行为类标准的产品化；

（9）现象类标准的产品化。

以上类别是以相同产品形态划分的，或是以相同的标准产品化表达方式划分的。在上述同一个标准产品化的类别中，会有以学科属性、载体属性、管理属性、用途属性、使用性质属性、应用领域属性、标准内容结构属性划分的多个属性类别的标准共存于一个标准产品化类别中的情况。例如，在实物表达类标准的产品化中，会有机械专业、光学专业、化工专业等不同学科属性类别的"三化"零部件标准的标准数字模型并存。又如，在数据元类标准的产品化中，会有术语标准、分类代码标准、符号标准等不同用途属性的标准类别并存。因此，标准产品化的类别不能用传统的标准属性关系来划分，而是要用标准产品化的形态来划分，这些形态的差别基于不同的产品化技术的应用，如三维模型形态、数据库形态、电子模板形态、仿真软件形态等（这些形态属于"软件驱动的电子化"形态）。

实物类标准的产品化对应的是物理标准物质/样品、化学标准物质/样品、生物标准物质/样品等标准，产品的表现形式是标准规定的物质对象自身，其作用是物质基准或标准样品，主要用于仪器、设备的校准或产品制造的实物比样基准等；实物表达类标准的产品化对应通用件、标准件、系列件等标准，产品的表现形式为三维数字模型，其作用是可直接使用模型成果，避免模型重复制作，用于作为产品设计模型、仿真试验模型和产品制造模型等；数据元类标准的产品化对应术语标准、分类代码标准、符号标准等，产品的表现形式为数据库中的规范化数据，其作用是可将标准产品化数据直接导入计算机信息系统的相关数据元数据库中，避免数据重复制作和录入工作；表示类标准的产品化对应公差与配合标准、形位公差标准、螺纹标准、制图标准等基础标准，产品的表现形式为交互式电子软件，其作用是为标准文本的各要点位置提供互动的多媒体解释功能，使标准与标准宣贯功能合为一体；模板类标准的产品化对应文件编制模板标准、模板化的评价标准等，产品的表现形式为电子模板或评价终端，其作用是提供可直接填写的标准化电子模板或评价的模板终端，不需要每个标准用户根据标准的规定重复制作模板；程序类标准的产品化对应操作规程标准、测试规程标准、计量规程标准等标准，产品的表现形式为仿真软件，其作用是提供仿真标准操作流程和要求的标准化操作环境，为标准使用者提供标准化操作的培训和学习环境；软件类标准的产品化对应软件构件标准、软件典型配置项标准、软件接口标准等，产品的表现形式为标准规定的软件对象自身，其作用是为软件开发人员提供可直接使用的标准化软件构件、软件模块、软件接口等；行为类标准的产品化对应语言发音标准、劳动行为标准、艺术行为标准等，产品的表现形式为标准规定的行为对象自身，其作用是为标准使用者提供如临现场的声音、动作等标准化行为的展现；现象类标准的产品化对应光波长的长度基准、原子频率的时间基准等，产品的表现形式为捕获和产生现象并能输出基准现象的标准装置，其作用是为现象基准的需要提供直接使用的标准化现象产生和输出的装置或仪器。

标准产品化的发展可根据以上分类，按标准已有产品化、标准可产品化、标准希望能产品化的思路来策划和规划。

37.3 实物类标准的产品化

实物类标准是具有精准的物理特性、化学特性、生物特性等的标准物质、标准样品等，其主体形式是物质的，主要用于测试仪器校准、产品检验的标准比样、量值传递的基准等，如 pH 标准溶液、颜色标准样品、基准量规等。标准物质分为一级标准物质和二级标准物质：一级标准物质用于标定比它低一级的标准物质，或校准高准确度的仪器设备；二级标准物质用于产品生产检验等。标准物质标准通常用两个形式表达，一是实物标准，二是描述标准物质特性的文件标准。实物类标准的产品化就是将标准性物质的实物型式标准制作为性能稳定、均匀的商品，给用户提供可直接使用的基准或标准样品。实物类标准产品化是其与生俱来的使命，不是一种新建立的标准用途和形式，它是传统的、直接使用的物质型标准。物质标准产品化的要点是标准物质的性能要精准、稳定、一致，且具有相关审批手续、质量一致性的批量产出能力等。

37.4 实物表达类标准的产品化

实物表达类标准是指对具有标准化属性的实物对象进行规定的标准类别，这些实物对象主要有标准件、通用件、系列件、模块件、通用接口件等基础性的实物件，是具有“三化”属性的组件、部件、零件等，这类标准属于描述实物的标准类别。实物表达类标准是用文件标准对这些实物对象进行规定的标准，如紧固件标准、通用件标准、存储模块标准等文件标准。制定这类标准的目的是使这些“三化”零部件能广泛使用和生产，成为市场上的货架产品。实物表达类标准的产品化有两种型式：一种型式是按标准制造出的实物产品，如 M3 螺栓，可直接用于产品系统的研制和生产中；另一种型式是按标准建立的三维数字模型，作为设计成果，可直接用于产品仿真的设计、制造和试验中或产品实物的设计、制造中。第一种实物型式可称为物理实物，第二种实物型式可称为数字化实物（制造使用时属逻辑实施），两种实物都是可视化的和结构形式与实物相同的，称其为“实物”正是因为其结构形式与实物相同、拥有与实物完全相同的可视形态、可作为母样直接使用。由于实物表达类标准产品化中的物理实物产品化已经是一种事实，这里不再赘述，而这类标准的数字化实物的产品化正在探索，需要研究推进其开展。实物表达类标准数字化实物型式的产品化的表现形式为实体数字模型标准。

实体数字模型标准的型式是一种数字化三维实体模型标准。通过从已有的多次反复利用的组件、部件、零件中选择标准化特征突出的对象，如通用化件、系列化件、模块化件，建立三维实体数字模型描述标准；也可直接开发标准化特征突出的三维实体模型，建立模型标准。三维实体模型标准相当于电子标准件，是可视化表现的实物标准，属于虚拟实物标准，它具有实物的许多信息，但又不是真正的实物本身。这种标准具有直接可利用的优点，可在产品设计中直接使用，避免重复设计，也可转化为制造数字模型，用于制造出其表达的实物，还可以用于仿真试验中等。三维实体模型标准具有视觉的直观性、技术表达的全面性和直接使用的完备性等优点。三维实体模型标准可以是各种产品层次的，如产品的、组件的、部件的和零件的等。三维实体模型标准的建立也需要遵循标准制定的程序，包括标准技术研究、标准征求意见、标准审查、标准编号和标准审批发布等。三维实体模型标准编号可建立类似于通用件的编号。在产品设计中，三维实体模型标准可看成一种新型的标准件来对待，用其标准编号来表达其身份。

37.5　数据元类标准的产品化

数据元类标准是规定基础数据或基础信息的标准，这类标准有术语及定义标准、信息分类代码标准、符号标准、数据元标准、元数据标准、基础数据标准等类别，属于描述概念和信息交换元素的标准，是一种文件型的标准。数据元类标准的内容是有直接使用需求的，但需要将标准规定的数据信息（术语、信息代码、符号等）转换为电子化信息，方能直接使用。数据元类标准的产品化的方向是将这类标准转化为数据库标准，最好是将这类标准直接制定为实时版数据库标准，以方便标准内容电子化检索和作为信息交换的资源直接使用。

实时版数据库标准是以数据库为载体的电子标准，标准适用的对象为术语及定义标准、符号标准、数据标准、代码标准等。实时版数据库标准有利于解决标准数据量大、更新频率高的问题。对于数据量大、更新频率高的标准对象，采用目前的纸质印刷方式出版标准，存在标准印刷成本高、标准更新速度慢、标准内容检索劳动量大等问题。实时版数据库标准在表达上可采用表格模式，载体为数据库，封面具有标准封面的各种信息要素，检索采用软件应用界面的功能。实时版数据库标准制定也需要按标准制定程序进行。实时版数据库标准的修订，可采用短周期和实时的简化审批手续，以电子公文实时进行标准的审批操作。标准修订周期可为一个星期、一个月、一个季度或一年等。实时版数据库标准有利于大数据量标准的低成本发行、标准新内容的快速补充、标准错误的快速更正、标准检索的操作方便快捷等。建立实时版数据库标准需要重点考虑与传统标准不同的两个内容，一是建立标准版本管理的专门编号，二是建立标准及时性修订的管理程序。实时版数据库标准的版本管理的编号应能反映标准的更新周期、版次、修改或补充次数、修改时间、修改内容等信息。实时版数据库标准的修订应分为大周期和小周期，大周期仍然为几年，小周期为一个星期、一个月、一个季度或一年等。大周期的修订程序按常规的标准修订程序，小周期采用动态短周期性修改或维护程序。小周期修改需采用新的快捷模式，其主要机制为：标准制定发布后，保留原标准编制组继续工作的责任和义务；标准修改或补充的内容采用电子邮件征求主要用户意见；将征求意见的情况和修改的内容以电子邮件报标准的管理部门；管理部门按特殊管理程序快速审批。实时版数据库标准解决了数据量大、更新频率高等标准所面临的现实问题，保持了标准的持续有效性，焕发了标准的活力，使标准的成果能充分利用，效用大大发挥。

37.6 表示类标准的产品化

表示类标准是通过对标准的阅读理解，将标准的认识转化为标准化行为的标准类别，这类标准的内容一般无法形成可直接使用的标准产品，如公差与配合标准、形位公差标准、螺纹标准、制图标准、建设技术规程标准、管理方法标准、产品规范、材料技术要求等，属于描述表示、方法、过程、流程、产品等的标准。这类标准的产品化是一种辅助和支持标准内容认识的产品。产品规范、材料技术要求等标准虽然规定的对象是实物产品，但它们不同于标准件标准、通用件标准等实物表达类标准，它们不是作为标准化属性使用的产品，即不是起标准化作用的产品，而是用标准对标准化对象进行规范化和统一化的产品，因此不应对产品规范、材料技术要求等标准规定的对象进行直接使用的标准产品化。表示类标准的产品化主要是建立辅助标准阅读理解的产品，如建立具有交互能力的电子标准产品，简称交互式电子标准。

交互式电子标准是一种软件式产品，标准产品化的产品中的标准文本部分本身与传统的文件标准无差别，最主要的区别是标准的内容链接着相应的解释文字、图片、图形、表格、公式、注解、视频等内容，读者可根据需要选择标准内容解释信息的推送。这种标准建立了标准使用者和标准之间的问答交互关系，例如：对标准中的引用文件，选中或点击后就可打开全文，进一步全面和深化地对引用标准的了解；标准中的某个概念，选中或点击后可打开对它的解释；标准中的某个设备，选中或点击后可打开看到其形状图片；标准中的某个工艺，选中或点击后可看到其解释和操作过程的视频。交互式电子标准是标准与多媒体的标准实施指南融合为一体的产品，是一种软件式标准产品，适用于应用面广的通用基础标准和技术复杂度高的标准。这类标准产品化的标准对象也适用于检测和维修类标准，可将操作的每个步骤以图形和示例给出，展示正确和错误的步骤，提高标准使用者操作的正确性和快捷性，防范错误操作的产生。

37.7　模板类标准的产品化

模板类标准是规定固定格式、计算模型、数值列表等的标准，例如，文字文件编写格式标准、表格文件编写格式标准、图样绘制格式标准、安全评价方法标准、能力评价标准、抽样方案标准等，属于表达关系固定、影响因素单一、算法关系固定的标准类别。这类标准的产品化可看成对格式、方法、算法、数值等的模板化和格式化。格式标准主要是进行几何要素和表达要素的模板化；计算模型标准主要进行特定计算步骤和过程及结果表达的模板化；数值标准主要进行固定的表格化数值的模板化。这类标准的产品化方向是建立电子化标准模板产品，如电子化文件填写格式模板、电子格式化的评价方法终端、电子表格值或算法的软件等，属于直接使用型的电子产品，或是可直接输出标准化结果的电子化产品。模板类标准中的方法标准不同于表示类的方法标准，它属于仅由人就可决定结果的方法标准，即人按标准的方法进行操作，就可形成最终结果的方法标准。而表示类标准的方法属于需要人和设备一起才能决定结果的方法标准。

电子模板标准是一种将标准的规定内容和填写格式结合起来的电子式标准，适用于格式模板和打分评价类的标准对象，如文档格式标准、安全评价标准、环境评价标准、保密评价标准、资产评价标准、能力评价标准等。这种标准的产品化要开发一个填写模板或评价操作的模板，将原文规则的内容放在模板左边，评价填写的模板放在右边，以方便评价对照要求使用或打分操作。模板类标准除了提供填写模板外，还应带有案例选取功能（提供参考）和案例存储库，可将每次完成的案例存储于案例库中，以为标准的精准使用提供更多的参考和借鉴。标准案例对于格式类或评价类标准的使用是非常重要的，因为对于每个具体的格式模板或评价模板的应用对象，都会有自己的个性，会出现大量规则以外的情况，难以准确认识和评价，就会造成许多模板填写和评价结果的差异。一定数量的标准案例会为正确填写模板或精准评价提供有益的参考和帮助，有利于各应用事项的结果统一。使用这种标准格式模板产品可直接填写内容和输出规范化格式的文档，不像过去那样要先制作或印刷模板后方能填写内容。在评价方面使用这种模板标准对评价打分是非常方便的，不用先翻阅标准后再打分，可边看标准边打分，并且还可借鉴案例的支持。另外，使用这种标准对打分的修改也很方便（不像纸张模板那样会造成修改的纸张浪费)，对所有专家打分的统计也很方便。使用模板标准还可节省大量打分表格纸张和印刷的耗费，还可大大提高工作效率。

37.8　程序类标准的产品化

程序类标准主要是指方法、流程类的标准，有技术方法程序类、操作方法程序类等标准，如设计方法标准、试验方法标准、测量方法标准、检验方法标准、操作规程标准等，属于描述过程的标准类别。程序类标准的产品化不是标准内容的产品化，而是辅助标准内容学习的产品化，是通过对标准的方法或流程建立仿真操作环境和操作流程形成的仿真性质的产品，以支持对标准方法或程序的学习、熟悉和标准方法使用的培训，是标准学习和培训类的产品。程序类标准的产品化产品一般不能支持标准使用产生真实结果，因为这类标准的程序执行的真实结果需要许多复杂的真实物理环境，例如，操作试验方法需要真实的试验仪器或设备，操作工艺方法需要真实的加工设备和物料等。对于能获得真实结果的程序方法标准，可将其产品化归入模板类标准的产品化中，如设计计算方法标准的产品化，只需应用专业知识和数学就可算出结果。程序类标准产品化主要是通过开发模拟操作产品实现的，这是一种仿实景的模拟操作器或操作产品。

模拟操作产品将标准中的操作方法和程序注入模拟操作产品(模拟操作器)中，标准使用者如同身临其境地操作设备或仪器等对象，以实现对标准方法和程序的正确掌握。这种产品能打开与真实设备或仪器外观相同的操作界面，供标准使用者操作，以熟悉标准操作的程序和方法。这种标准的文本和模拟操作器是绑定在一起的，是一种软件式标准产品，适用于试验方法、检验方法、测量方法、校准方法、计量方法、操作规程等类型的标准对象。程序类标准产品化的模拟操作器可以是只有显示界面操作的，也可以是用仿真操作杆进行操作的，后者是一种半实物仿真的产品，其不仅可以用于熟悉操作程序，还可以练习操作手感，但后者的制作成本要高许多。这类产品除了可仿真操作步骤或程序外，还可以仿真测试原理的动态过程、演示测试过程、提供测试示例说明等。标准的模拟操作模式将标准的抽象描述与实景感受相结合，使标准的使用具有直观性、趣味性和可操作性，给标准的产品赋予了标准使用培训的功能和帮助标准学习的功能，使标准更容易被推广和应用。

37.9　软件类标准的产品化

本章的软件类标准是指规定具有标准化属性的软件实体的标准，如软件构件标准、软件接口标准、软件典型配置项标准等，不包括软件开发类、软件质量保证类、软件文档编制类等标准。软件类标准的产品化就是将这些由标准规定的软件实体对象制作为产品或商品，如软件构件、典型功能的软件配置项、软件接口等产品，以为标准化的软件实体提供广泛使用和重复使用的机会，减少软件不必要的重复开发和验证。软件类标准的产品化，有点像硬件的实物表达类标准的产品化，如标准件标准、通用件标准的产品化，可以将它们形象地称为"软件标准件"。这类产品由专门封装的软件编程构成。软件类标准的产品化将是今后标准产品化发展的重点内容之一，将为软件的良性发展提供必要的基础软件资源。

37.10　行为类标准的产品化

行为类标准是规定行为基准、行为流程、行为表现等的标准，行为的范畴为声音行为、动作行为、声音及动作行为等，这些行为标准有语言发音标准、唱歌的声调标准、生产加工行为标准、服务劳动行为标准、体操行为标准、游泳行为标准、戏曲表演行为标准、乐器演奏行为标准等，行为可包括人类的行为和可驯化的动物的行为。行为类标准有三种作用的标准，一是标准内容本身就是基准，二是标准内容是指导标准使用者实现标准行为的内容，三是标准内容包括基准内容和指导实现标准行为的内容。因此，行为类标准的产品化可对应三类作用制作产品：第一类是标准内容直接使用的产品，如语言发音标准产品、音乐声调标准产品；第二类是讲解行为标准的产品，如用文字、图片、照片和声音等对行为标准的内容进行讲解的产品；第三类是讲解及示范行为标准的产品，如示范标准行为和讲解标准行为的视频音频产品。以上三类行为类标准产品化的产品技术特点为：对录制的标准声音和声调进行播放的产品；应用文字、图片、照片和声音等方式进行标准讲解的产品；对标准行为进行录像、录音、制作动画、讲解等制作的视频音频多媒体产品。行为标准化是一种表现形式的标准化，不同于科学技术及管理的标准化，前者主要通过感官感受和训练来实现标准化，后者主要通过意识认识和知识及技术环境应用来实现标准化。因此，行为类标准产品化的产品制作的技术和手段，主要是应用音频和视频技术及设备来实现的。

37.11　现象类标准的产品化

现象类标准是规定某些自然现象作为某些计量基准的标准，有些自然现象基准远远高于人工制作的基准。这类现象中可作为基准标准的有光波长的长度基准、原子跃迁共振频率时间基准、约瑟夫量子电压基准、量子化霍尔电阻基准、单电子隧道电流基准、阿伏伽德罗常数 N_A 或普朗克常数 h 标定的质量基准等，例如，以激光波长作为长度基准，以铷原子频率、铯原子频率、氢原子频率作为时间基准等。用于作为基准的现象,通常可作为最高科学基准。现象类标准内容的核心就是现象本身,因此现象类标准的产品化的要点就是要获取现象。现象类标准产品化的产品是要能获取或产生标准规定内容的现象,并是能输出现象基准的装置或仪器。现象类标准产品化的产品是直接使用标准规定内容的产品,这类产品的精度要求很高,设计和制造的难度很大。现象类标准只有产品化才能使用,或者说现象类标准的贯彻实施必须通过标准产品化后才能落实,不通过仪器设备获得现象或产生现象并输出现象,就没有标准的实在内容可提供。

37.12 标准产品化的特点和好处

标准产品化的产品成果型式可分为两种:一种是标准内容可直接使用的产品成果,如信息代码标准、产品模型标准、数据库标准、电子模板标准等;另一种是理解标准内容的产品成果,如交互式电子标准、模拟操作标准等产品。标准产品化的途径不是唯一的,可以在类别间横跨,例如,术语定义标准的产品化,既可以制作成数据库标准产品,也可以制作成交互式电子标准产品;又如,工艺方法标准的产品化,既可以制作成交互式电子标准产品,也可以制作成模拟操作标准产品。标准产品化是标准贯彻实施的一种实现途径,使用标准产品化产品的过程和结果,就是贯彻实施标准或支持贯彻实施标准的过程和结果。就目前的情况而言,标准产品化的技术途径大部分是应用计算机技术和软件技术来实施的,但标准产品化实现的技术途径并未限制在计算机技术和软件技术内,例如,标准件标准的产品化产品是标准件实物的,现象类标准的产品化产品是采用精密仪器设备的,当有更新的技术出现时,标准的产品化会增加新的实现途径。

标准产品化是支持标准实施的一种有效途径,对标准的实施可带来以下好处:

(1) 方便标准内容的直接使用,不需要将文字描述内容转换为使用内容的过程工作;

(2) 可节省标准内容使用的准备和制作时间周期;

(3) 可避免标准使用者准备和制作标准内容带来的费用增加和出错机会;

(4) 产品化的标准产品可通过产品市场渠道进行推广,大大提高标准实施的范围和实施的实在性;

(5) 有利于提高标准的重复使用率,使标准成果得到充分利用;

(6) 有利于加速标准化状态的形成、扩大标准化的效果和影响。

标准产品化是标准实施的一种实在性措施,为标准的实施提供了专门的手段支持,解决了标准实施对标准产品和标准使用辅助产品的需求问题。有了标准产品化的产品,标准实施的推动不再只靠意识认识的单一作用力,将会形成由意识认识与标准产品化的产品共同起作用的联合作用力,标准的实施将会出现新的有利格局。

第 38 章　标准实施监督的方法

38.1　标准实施监督的概念和意义

标准实施监督是对标准使用或执行的检查、指导、推进和评价等的活动。《中华人民共和国标准化法》(2017 年修订)第三条将标准实施监督列为标准化的三大任务之一,即制定标准、组织实施标准以及对标准的制定、实施进行监督[1],是督促、落实和检查标准使用的一种措施和管理环节。标准实施监督的内容主要由检查、指导、推进和评价组成。标准实施监督的检查是对标准实施对象贯彻标准或执行标准的过程、结果进行检查,一是检查是否贯彻标准,二是检查标准是否全面贯彻,三是检查标准贯彻的程度。标准实施监督的指导是对标准实施的过程进行指导,主要包括标准实施程序的指导、实施要求的指导、实施方法的指导。标准实施监督的推进是对标准实施过程进行督促和支持,消除标准实施过程的拖拉和障碍,使标准实施得以开展和顺利开展。标准实施监督的评价是对标准实施效果进行的不同方面的评定和确认。标准实施监督的推进有精神和物质两方面的推进,精神方面的推进是督促性和要求性的推进,物质方面的推进是提供标准实施设备、设施等物质等条件的支持和帮助。标准实施监督是一项专业性要求的工作,需要熟悉标准知识、标准实施的程序、标准实施的要求等。

标准实施监督与质量管理和保障有密切的关系,是质量管理和保障的重要内容之一。标准实施监督的过程就是服务于保障质量的过程,而且是对质量的根本内容标准的实施进行保障,是质量依据的实施监督。质量管理反过来也为标准实施监督提供法规依据的支持,两者形成了相互依靠和相互支持的关系。

标准实施监督的工作是具有权力和管理属性的工作,会诱导出现官僚化和利益化的现象,它的偏颇会引起人们对工作公平性、公正性、公开性的质疑,因此这种工作需要严格的程序和方法的保障,才能保证工作的公平性、公正性、公开性和客观性。

标准实施监督是落实标准实施的保障措施,对于有标准执行自觉性的相关者起到的是督促作用和支持作用,对于缺乏标准执行自觉性的相关者起到的是推动作用和督查落实作用,对于有不良的标准实施动机的相关者起到的是防范作用和保证真实性作用。标准实施监督是标准使用的闭环环节,如果没有这个环节,标准的实施就不能保证被落实或可能会被降低要求来实施等,会给标准实施对象的相关用户和公共利益带来损失。

实施标准是需要支付成本的，一些不诚信和缺乏道德的厂商会为增大自己的利益，在标准实施上偷工减料、降低指标和要求，以谋取更大的商业利益，损害用户和公众利益。标准实施监督就是要阻断或阻止这种标准实施中的不诚信和缺乏道德的行为，为标准实施的质量进行保障和守护。

标准实施监督属于预防性和保障性的措施和环节，它具有防患于未然的作用，同时具有保障标准内容高质量使用和减少损失的作用。如果没有标准实施监督环节，一旦有不严格执行标准的行为和假装执行标准的行为，就会导致安全、质量等事故发生，给用方和供方双方带来不必要的损失。标准实施监督是问题解决的“事前性”工作，可避免事后性的问题发生的损失和成本。

标准实施监督除了以上所述的预防性作用和保障性作用外，还有对这些不良行为和后果惩罚和及时遏止的作用，以免不良行为和后果的蔓延和扩散带来更大的损失和不利影响。标准实施监督还为标准问题的发现提供了及时和可靠的途径。

38.2 标准实施监督的分类

标准实施监督在监督的主体、对象、方式等方面是多类型的。标准实施监督从不同角度有不同的分类，按监督的主体，监督可分为自我监督(第一方监督)、使用方监督(第二方监督)、主管部门监督(第二方或第三方监督)、专业中介监督(第三方监督)。按监督的对象，监督可分为过程监督(设计、制造、试验、研制、管理等过程)、产品监督、服务监督、环境监督。按监督的方式，监督可分为检查监督、评审监督、审查监督、鉴定/定型监督、审批监督、认证/评定监督等。

自我监督是产品生产或服务提供单位自己的行为，是一种内部控制和保障的措施，是对自己提供的产品或服务有诚信和负责任的表现。使用方监督是用户为了保障自己的支付应得利益所采取的一种措施，措施的内容主要是产品或服务的检测和评审验收等，这类用户往往是企业用户或政府用户等，个人用户通常是没有能力和财力开展这种监督的。主管部门标准实施监督是职责范围内的标准实施监督，这个主管部门可以是国家的政府部门、业务主管部门、地方的政府部门或项目主管部门等。专业中介监督是一种商业性的专业能力的监督，为委托方提供专业性监督服务，主要依靠专业技术能力和测试验证手段提供服务，可服务于企业用户、政府用户或个人用户等，它和第一方和第二方没有影响公正的利益关系。

过程的标准实施监督是指对有相关标准规定的过程性工作实施标准的情况进行的监督，以提高过程工作的水平、效率和质量，这些过程工作包括设计、制造、试验、研制、管理等过程性工作。产品的标准实施监督是对产品功能、性能、安全性、可靠性、标准化等符合产品标准要求的实施监督，以保证产品的使用安全和功能性能质量，包括食品、药品、家电产品、材料、农业产品、设备仪器、能源产品、家具、日用品等。服务的标准实施监督是指对有相关标准规定的服务事项进行标准实施情况的监督，以保证服务的质量和消费者的权益，服务的事项包括餐饮、宾馆、金融、医院、商场、机场、邮政、电信等。环境的标准实施监督是指涉及会对环境造成不利影响行为的标准实施监督，以对环境进行生活使用资源(水、土地等)的安全性保证，以及植物可再生性恢复的保护等，这些行为包括"三废"(废气、废水、废渣)处置、矿山开采、木材开采、占用耕地等。

检查(或督查)监督是对项目的阶段环节以随机抽查方式进行标准实施检查，也可以是专门的标准化检查，检查项目的标准实施状态和效果，以保证标准实施的自觉性和常规性。评审监督是按阶段规定的评审环节，对某技术方案(设计方案、试验方案、制造方案等)落实标准的情况进行的技术评审和评价，以促进和保证阶段工作标准执行的符合性和标准利用的充分性。审查监督是通过技术审查或专门的标准实施审查，对某项目标准实施的情况进行全面性审查的方式，以保证某项目标准的实施；审查通常是一种终点性的评定行为，如验收审查等；审查监督还可以对项目实施标准的情况进行专门的标准化审查来实施监督，以保证标准实施监督的针对性和专业性效果。鉴定/定型监督是在产品系统最终全面评价时，对产品标准实施的全面性、有效性进行检查和评价，以保证产品全面、深入和有效地实施标准。审批监督是由项目的审批人在进行了审批前的各环节监督后，由审批人在批准前最后进行一次标准实施检查和确认，以纠正标准实施可能的偏离和疏漏。认证/评定监督是应用专业的认证能力和条件，对产品、服务、过程的标准符合性进行认证监督或标准符合性评定监督，这种监督活动需要应用相关的标准、工作程序、资质人员和测试设备仪器等的支持，以通过实际测试等"硬"行为证明产品、服务、过程的标准符合性。

38.3　标准实施监督的依据和时机

38.3.1　标准实施监督的依据

标准实施监督的依据主要有法律、制度、文件、合同、协议等，在这些资料中，有的规定了标准实施监督的总体要求，有的规定了标准实施监督的程序，有的规定了标准实施监督的具体标准等。《中华人民共和国标准化法》第三条和第二十二条分别规定了标准实施监督的任务和职责[1]。对于一些涉及安全性、健康卫生、环境影响的产品，标准的实施要求一般会列入所属行业有关的制度和文件中，这些要求就成为相关产品标准实施监督的依据。

标准实施监督的另一个依据是合同和技术协议中列出需实施标准的依据。在涉及产品、工程建设等方面的合同中，合同中对象的具体性能和质量通常要靠相关标准来表达，因为一般合同签订双方是没有时间和专业能力来系统、细致地表达具体合同对象的技术内容的，所以需要利用已有的相关标准来支撑合同具体内容的表达。在产品研制和工程建设时，一些合同任务扩展的内容和深化的内容需要用协议来协调和表达，协议中的内容也要依靠标准的内容来支撑，协议中涉及的标准为相关的产品研制和工程建设的技术性内容提供了专业性依据。

38.3.2 标准实施监督的时机

标准实施监督的时机是在标准实施或执行的过程中和在标准实施形成结果后。在标准还没有开始实施或标准实施前，没有内容开展标准的实施监督，此时，标准实施的对象没有注入标准实施的状态和结果提供检查和评审，因此，没有对应的监督活动可开展，标准实施监督一般没有“事前”监督。标准实施的过程监督属于“事中”监督，包括过程的硬监督和过程的软监督。标准实施过程的硬监督是产品研制、工程建设或社会事业等过程管理制度、合同等所规定的必须评审和检查的环节，如产品的设计方案评审、正样机评审等。标准实施过程的软监督是产品研制、工程建设或社会事业等过程中，为加强、督促和指导标准实施而进行的非管理制度、非合同规定必须进行的调查、抽查、检查等监督活动，如产品研制的标准化督查、工程质量现场抽样调查、市场商品抽查检测等。“事中”的标准实施监督属于实施问题“预防性”和实施对象“挽救性”的监督。标准实施形成结果的监督属于“事后”监督，“事后”监督的时机主要是产品鉴定和定型评审、工程竣工验收评审、废水排放区域的水质抽查等。“事后”的标准实施监督属于实施问题和实施对象“判定性”的和“做出结论”的监督。

38.4 标准实施监督的要素

科学、有效的标准实施监督应是由系统性的多要素组成的，标准实施监督不仅仅是监督或检查的活动，而应该是由标准实施监督的依据、实施监督的机构、实施监督的人员、实施监督的工作活动、实施监督的手段、实施监督的结果处理、实施监督的评价、实施监督的信息管理等系统性要素的共同作用形成。

38.4.1 实施监督的依据

在标准实施监督开始之前，要搜集和准备好标准实施监督相关的法规、制度、合同、协议、强制性标准、推荐性标准等，这些文本的准备应该系统、完备，它们是标准实施监督的前提和依据。法规、制度、合同、协议等为标准实施监督提供了法律地位的要求依据，强制性标准、推荐性标准为标准实施监督提供了内容依据。

38.4.2　实施监督的机构

标准实施监督应有专门的机构负责，使工作职责化、专业化、常规化地开展。标准实施监督机构可以单独设立，也可与其他机构合并设立，单独设立还是合并设立取决于工作量的大小和工作持续时间的长短。标准实施监督机构应明确其工作职责、权利、条件、人员配备、工作模式等。标准实施监督机构应根据任务和责任范围设立，可分别有企业、部门、行业、社会和国家等的机构。

38.4.3　实施监督的人员

标准实施监督的人员可以分为两类，一类是主持标准实施监督工作并全程管理的人员，另一类是为标准实施监督提供测试、验证、检查等的专门的技术服务人员。为了保证标准实施监督的质量，标准实施监督人员应是具有实施监督专业知识和资质的人员，两类人员应分别拥有相应的知识和资质。特别是主持标准实施监督全过程的专业人员，要求应更高，他们应该具有专业技术知识、标准知识、监督知识、资格证书、分析问题能力、指导能力、报告撰写能力和职业道德等。对标准实施监督人员，应进行制度化、专业化的培训，以保证和保持职业素养。标准实施监督人员不应是监督事项的产生者（或当事人），而应是与监督事项无责任关系的人员。

38.4.4　实施监督的工作活动

标准实施监督的工作活动有系统工作方式和单项工作方式。系统工作方式主要是对项目进行全过程周期的标准实施监督，实施监督的内容是全面的，主要包括检查监督（含标准化检查）、评审监督、审查监督（含标准化审查）、鉴定/定型监督、审批监督、认证/评定监督。单项工作方式就是应用系统工作方式中的一种监督方式进行监督，如应用检查监督或评审监督进行某种特定需要的标准实施监督，进一步的说明事例为某标准管理机构调查某标准的实施情况、某市场监督管理机构抽查某产品的标准符合性等。

38.4.5　实施监督的手段

通过标准实施工作，标准要求的内容被物化到标准实施对象上，如将标准对产品规定的功能、性能、可靠性、环境适应性等要求落实到产品上。这些指标落实的程度需要用相应的仪器和检测设备来测试。因此，标准的实施监督要根据对应的类型，准备相应的标准实施监督的测试手段，以对执行标准的结果进行测试和证实。测试的仪器和设备应是经检定合格的和符合精度要求的。标准实施监督的测试手段不一定要标准实施监督主体(机构)自己拥有和自己测试,可以利用有资质的测试机构的条件和能力进行测试,或委托有资质的测试机构进行测试。

38.4.6 实施监督的结果处理

标准实施监督对象无论是采用系统工作方式或单项工作方式实施监督后,应进行标准实施监督的结果处理,给出标准实施监督的结论。结果处理的内容主要包括:明确标准实施监督发现的问题;对标准实施监督发现的问题进行报告、通报或公布;对标准实施监督发现的问题提出整改要求,包括整改内容、时间期、复查验证等;对问题的整改进行过程调查、监督和核实;对整改完成的状态进行复查验证,并确定是否达到要求。对于重大问题或颠覆性问题,结果处理不采用以上过程,而是直接否定,对象的标准实施工作必须重新设计方案并重新进行。

38.4.7 实施监督的评价

对被认定为有效的标准实施监督工作,应进行标准实施监督的评价,评价的内容包括对象标准符合性程度评价、对象综合质量评价、标准依据评价、工作方法评价等。每类评价可设计其相应的评价指标项来进行。评价可针对其评价指标采取统计评价、抽样评价、客户调查等评价方式来获得评价数据。标准实施监督评价的结论有四类用途:对象标准符合性程度评价结论主要是给标准实施监督委托方的或用户的,以掌握对象实施标准的全面性和彻底性;对象综合质量评价结论主要是给标准实施监督委托方或用户的,以掌握标准实施带来的效果;标准依据评价结论主要是给标准制定管理机构的,以反馈标准使用存在的问题,支持标准的修改/修订和完善工作;标准实施监督工作方法评价主要是给标准实施监督机构和人员的,以掌握实施监督工作存在的不足,不断改进标准实施监督工作。

38.4.8 实施监督的信息管理

标准实施监督工作是一个大量涉及对象信息、标准信息、测试数据、问题信息、处理情况信息、过程管理信息等各种信息的工作,因此信息管理手段配置和信息管理是标准实施监督工作系统性、准确性、有效性、高效化的必备内容。信息管理手段配置和信息管理可为法规、标准、产品等信息的查寻、监督各阶段信息的互用、数据的处理、文档的制作等提供重要支持。标准实施监督信息管理的内容可包括实施监督工作安排管理、实施监督过程管理、实施监督依据信息管理、实施监督检测数据管理、实施监督各类报告的制作和管理、实施监督案例信息管理、标准问题反馈信息管理、整改问题与改正措施及改正结果信息管理、实施监督评价信息管理等。标准实施监督管理应开发专门的标准实施监督信息管理平台及其数据库,使其信息管理更具针对性和有效性。

38.5　标准实施监督的系统性流程

标准实施监督的运行只有建立了由各个相互支持要素组成的标准实施监督工作系统，才能显著提高其工作的效率，充分发挥其工作的效果，带来标准实施监督的显著成果。标准实施监督的要素构成了标准实施监督的工作重点，标准实施监督的流程构成了标准实施监督的工作主线，由其串联起了各项工作重点，形成了系统性的标准实施监督工作。标准实施监督工作的系统性流程如图38-1所示。

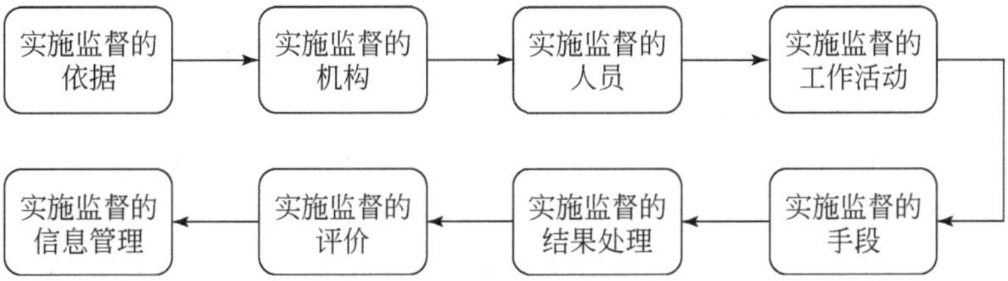

图38-1　标准实施监督工作的系统性流程

图38-1为标准实施监督工作的逻辑流程，这个工作流程的含义是，前面的工作为后面工作的提供前提、准备和保障，使后面的工作顺利进行。标准实施监督的依据为监督工作开展提供了明确依据；实施监督的机构对标准实施监督制定工作计划；实施监督的人员消化资料，从专业角度对实施监督工作进行方案设计；机构和人员对标准实施相关工作开展监督检查活动；应用实施监督的手段对标准实施对象进行标准实施相关指标的测试、验证；人员对实施监督的结果进行相应的处理；对实施监督的结果进行四类评价（见38.4.7节）；在过程中和最终阶段应用实施监督的信息管理系统进行信息查寻、信息处理、信息存储、文档制作等工作。本书提出和建立的系统化的标准实施监督工作模式能全面提升标准实施监督的专业水平和有效性，对标准实施监督工作有很好的指导和借鉴作用。

参考文献

[1]　中华人民共和国主席令第七十八号.中华人民共和国标准化法[Z].中华人民共和国全国人民代表大会常务委员会，2017-11-4.

第 39 章　标准符合性评定

39.1　标准符合性评定的概念和意义

标准符合性评定属标准实施监督的范畴，是促进和确认标准实施的一种措施或方式。标准符合性评定(assessment of conformity to standard)是指直接或间接确定产品、服务和管理体系等符合标准、技术规范等的专门活动，包括第一方(提供方)、第二方(使用方)、第三方(中介方)的各类检验、检查、鉴定、测试、比对、验证、验收、注册、认可、认证等活动。简言之，标准符合性评定就是证明被评定对象符合标准、技术规范等的活动。标准符合性评定可简称为符合性评定(conformity assessment)。经常有人将标准符合性评定误认为是对标准的评定。标准符合性评定不是评定标准，是评定产品、服务和管理体系等是否符合相关标准、技术规范等。

标准符合性评定最早起源于以标准为依据开展的产品认证，即 1903 年英国以英国国家标准为依据开展铁轨认证并授予风筝标志[1]，进而发展成为政府立法管理的认证制度。认证的发展经历了四个阶段：以本国法规、标准为基础的认证；国与国之间的双边或多边互认的认证；以区域法规、标准为依据的区域认证，如欧洲共同体的电工产品认证；以国际标准和指南等为依据的国际认证，如电工产品安全认证、质量体系认证等[1]。

国内将“符合性评定”称作“合格评定”。其实，“符合性评定”和“合格评定”都是从英文“conformity assessment”翻译来的，这个词组的本源词组是“assessment of conformity to standard”，应译为“标准符合性评定”。原文中的关键词是“conformity”，“conformity”可有多个含义，可译为“一致”、“符合”或“合格”等。如果将“conformity”译成“合格”，那么对本源词组“assessment of conformity to standard”的翻译就成为“标准合格评定”，意思就成了对标准是否合格的评定，而本源词组的含义为是否符合标准的评定，评定的对象是产品，不是标准，这显然会造成误解。如果将“conformity”译成“符合性”，对本源词组“assessment of conformity to standard”的翻译就是“标准符合性评定”，这就完全符合原定含义。因此，“conformity assessment”称为“符合性评定”更确切。从认证所做的评定工作看，只是评定产品、服务和管理体系等是否符合标准和技术规范，这种评定的方式不等同于对产品的合格做出结论的要求。产品的合格判定是按产品生产批的抽样方案、检验事项、检验方法等进行的持续性检验，不是一次认证结果定结论的；“合格”是涉及对象判定具体数量的概念，是要一个一个产品或一定数量的产品来论的，当对某企业的某种产品认证为合格，实际上这个企业生产的产品总会有一定概率的不合格品，这就会与认证结论形成悖论；还有，产品还未认证就用“合格”这个词似乎有先下结论的不当；“符合性”是一个程度词，评价对象的“符合性”结论可落在0%～100%的任何程度，这样用词是客观的。以上对“合格评定”用法的讨论是学术性的。作者倾向用“符合性评定”的称谓，鉴于有关规章采用了“合格评定”词组，可以将“符合性评定”和“合格评定”看成在这类业务上是等价的即可。

标准符合性评定的概念是由标准符合性认证评定（简称认证）和标准符合性认可评定（简称认可）的概念和实践发展而来的，现已作为认证和认可的总概念。“认可”（accreditation）是由授权机构按照有关法规和标准对从事认证、实验、检查等活动的机构或人员具备执行认证任务的能力进行评审、证实和颁发证书的活动。“认证”（certification）是由第三方机构对产品、服务、管理体系等的标准符合性进行评审、证实和颁发证书的活动。认可是面向评定机构的评定，认证是面向产品、服务等的评定。认可是对认证机构的执业资格进行评定。认证相当于代替消费者或用户对进入市场的产品、服务进行以标准为依据的检测和评定，以使消费者或用户对其获取的产品、服务等的信任，是一种集中专业力量为消费者或用户对其消费的产品、服务等进行专业化的质量认定，以为消费者或用户大大降低对其消费、使用的产品或服务质量的评定成本和大大减少其评定时间。开展标准符合性评定工作具有以下显著意义：

（1）保护消费者的权益，为消费事项提供安全、健康、环保和质量等保障；

（2）促进产品和服务等的质量水平提升，带来产品和服务等供应范围的扩大，获取更大的企业利益；

（3）提高产品和服务等的信誉度，促进国际贸易的便利化，降低国际贸易成本，缩短商品流通周期，获取更大的经济效益；

（4）促进企业完善安全、质量、环境等管理体系建设和提高管理水平，使其向市场提供的产品和服务等更令用户满意；

（5）促进认证机构、实验机构、检测机构的技术能力和管理水平的提高；

（6）统一认证的标准和技术，互认有效的认证结果，避免重复性测试、试验的耗费；

（7）强化国民的标准和质量意识，提高社会发展的文明水平。

此外，标准符合性评定在标准方面有两大意义，一是促进标准使用作用的发挥，二是以实际活动检查标准的有效性。标准符合性评定既是对标准所规定对象实施标准的考核，也是对标准自身的考核；产品的标准符合性评定既是对产品的考评，反过来也是对标准进行检验。标准符合性评定强化了标准的使用，建立了标准实施监督的重要措施和渠道，突出了标准制定的意义和价值，落实了标准制定的目的。尽管标准符合性评定已在开展，但标准符合性评定开展的深度、广度和实质性还远远不够，应该从治理标准源头问题和深化标准符合性评定的实质性为要点来开展标准符合性评定。作为依据的标准不好，标准符合性再好也是无意义的。好的标准才能保证满意的产品质量，劣质标准将败坏产品的声誉。如果标准符合性评定只"为走程序而走程序"和"为评定而评定"，将会丢失标准符合性评定证实产品"可靠"和"满意"的初衷，可能导致经过认证的电器不能保证安全，经过认证的食品不能保证健康。当前还存在标准制定和产品认证没有紧密结合的问题，制定标准的不知道认证中暴露的标准问题，从事认证的不知道标准的技术内涵和目标，各自做各自的工作，难以落实"标准提供可靠依据"和"认证监督保证质量和安全"的主旨。因此，标准制定和标准符合性评定应作为标准化的两个轮子，并驾齐驱，共同推进标准化向前发展。制定标准要加强对标准符合性认证的了解，从事认证的要熟悉标准的技术内容和实施效果。标准符合性评定既是标准实施监督的重要内容，也是对标准制定成果的完善性考核，需要作为标准化的重点方向来加强。标准符合性评定与标准制定紧密结合是标准符合性评定的发展要求，这种结合有利于提升标准符合性评定对产品质量"保证"的信誉度，反过来也有利于发现标准制定成果存在的"漏洞"。标准的制定与标准符合性评定紧密结合，就是标准的建立和标准使用的紧密结合，是标准制定的初衷和最朴素的目的。

认可属于面对机构能力的评定，是对认证的保证，向社会负责和国家负责。认证属于面对用户直接使用事项(产品、服务等)的评定，是对产品和服务的保证，向消费者和市场负责。尽管认可和认证评定的目的和对象不同，但它们是有关联性的。认可是认证保证的前提和先行活动，它们之间的关系为：认可委员会→认证机构→认证产品、服务和管理体系等，即认可委员会对认证机构进行评定，认证机构再对产品、服务和管理体系等进行评定，实验室、检查机构属于认证机构的范畴。

39.2 标准符合性评定的类别及认证分类

标准符合性评定包括标准符合性认可评定和标准符合性认证评定两类，标准符合性认可评定是对标准符合性认证评定的评定，标准符合性评定的基本关系如图 39-1 所示。图 39-1 表明，标准符合性评定由认可评定和认证评定组成，认可评定先对认证评定进行评定，认证评定才能对认证对象进行评定。认可评定是认证评定开展的前提和保证。

认可评定是面向机构的评定和能力的评定，评定的主要对象是认证机构、实验室、检查机构、能力验证提供者、标准物质/标准样品生产者等，如图 39-2 所示。认可评定的目的是保证执行特定评定任务的机构以及提供特定服务和产品的机构具

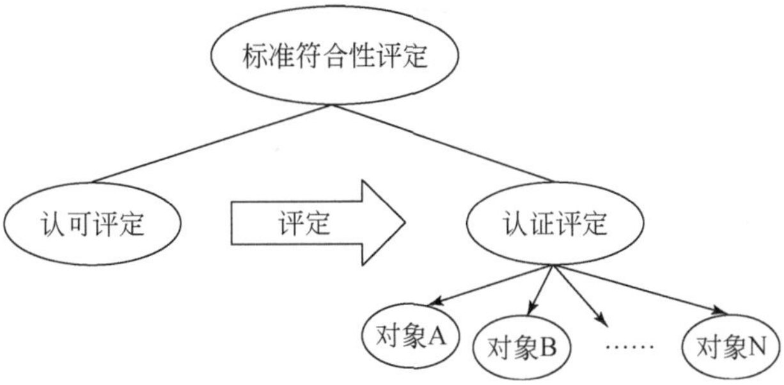

图 39-1　标准符合性评定的基本关系

有相应的能力资质，能力包括人员能力、技术能力、硬件能力、环境能力、管理能力等。认证机构是开展产品、服务、管理体系认证的机构，如铁路产品认证机构；实验室是具备从事某专业测试、计量、试验、分析等业务能力的机构，如力学实验室；检查机构是具备实施特定检查工作能力的机构，如纺织品商检机构；能力验证提供者是具备某种或某几种能力验证能力的机构，如金属材料力学验证机构；标准物质/标准样品生产者是具备生产符合相关标准规定的某专业标准物质/标准样品能力的企业。认证机构、实验室、检查机构、能力验证提供者、标准物质/标准样品生产者之间在评定业务上是密切相关的，它们从不同的专业技术角度为认证的实施提供技术和管理的支持。

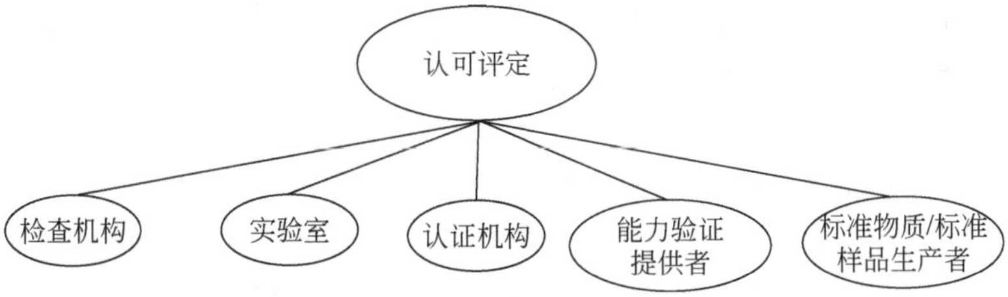

图 39-2　认可评定的对象类别

认证评定是面向产品和服务提供者的评定，评定的内容主要有产品、服务、管理体系三大方面，如图 39-3 所示。产品认证评定的类别有食品、药品、农产品、家电、化妆品、材料、电力、电子、石化、机械等各类产品，产品认证是一个巨大的认证评定领域。服务认证评定的类别有信息服务、金融服务、法律服务、家政服务、物业服务等。管理体系认证评定的类别有质量管理体系、安全管理体系、职业健康管理体系、环境管理体系、风险管理体系等。图 39-3 中的有些对象类别是大类，如电力产品、铁路产品等，认证时将会按产品的技术专业细分。产品的标准符合性评定是标准符合性评定中开展最广泛并与消费者最密切的符合性评定。

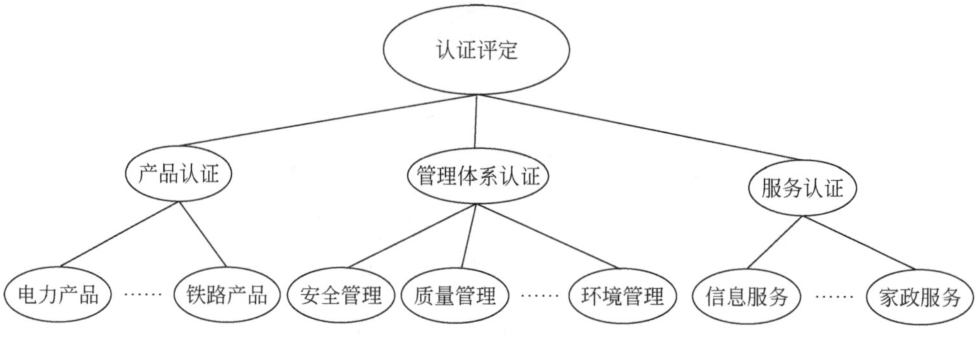

图 39-3 认证评定的对象类别

标准符合性评定按评定的实施性质可分为两大类：一大类是强制性的标准符合性评定；另一大类是自愿性的标准符合性评定。或者说，一个是强制性认证，另一个是自愿性认证。强制性认证是对那些涉及安全、卫生、健康、环保等关系人民根本利益的产品和服务等的认证。关系产品和服务质量的认证为自愿性认证。产品和服务的自愿性认证虽然不是强制的，但它们会为获取市场和消费者的信任地位而“积极自愿”。

标准符合性评定按评定的作用方式，可分为三大类：第一大类是认可评定；第二大类是认证评定；第三大类是认可互认或认证互认。认可评定和认证评定是要对认可评定对象（机构或人员等）和认证评定对象（产品、服务、管理体系等）开展程序性的实际评定活动的评定，是要耗费人力、技术、设备设施、资金等资源和时间的评定。认可互认或认证互认是认可或认证相关的管理机构或认可机构间或认证机构间通过相互考查和考核，确认对方的能力和资质，通过签署相互承认的协议，彼此承认认证或认可结果的符合性评定方式。

标准符合性认证按工作范围，可分为国际性认证、区域性认证、国家认证。国际性认证是认证组织的业务已在世界范围开展和得到世界公认的认证，如美国保险商实验室（UL）对全球制造商的产品进行的认证；区域性认证是由某个地区多国自愿组织建立的认证联合体开展的在区域范围的有效的认证，如欧洲电子元器件委员会（CECC）；国家认证是各国政府授权相关组织开展的在国家范围内有效的产品、服务、管理体系等的认证。

标准符合性认证按认证的实施主体，可分为自我认证、用户认证、第三方认证[2]。自我认证是企业为保证产品质量所开展的自我摸底、自我控制、自我检查的认证，是企业自我管理的一种措施。用户认证主要是组织机构用户的认证，不是个人用户，个人用户一般是没有能力对其所购买的或欲购买的产品开展认证的，用户的认证主要是销售性公司、军队等。第三方认证是与供方和用户不涉及公正性的利益关系并获得认证资质的机构所开展的认证。

标准符合性认证按产品质量认证模式，可分为：模式 1——型式检验；模式 2——型式检验＋认证后监督＋市场抽样检验；模式 3——型式检验＋认证后监督＋工厂抽样检验；模式 4——型式检验＋认证后监督＋市场和工厂抽样检验；模式 5——型式检验＋质量管理体系检查＋认证后监督＋质量管理体系复查＋市场和工厂抽样检验；模式 6——企业质量管理体系认证；模式 7——批检；模式 8——百分百检验[1]。以上认证模式是国际标准化组织对世界各国和地区所采用产品质量认证模式的分析以及总结归纳出的八种产品质量的认证模式。为了能方便看清各认证模式的组成内容和相互关系，本书设计了一个表达各产品质量认证模式的内容及相互关系的图，如图 39-4 所示。型式检验是按规定的检验方法和检验项目对产品的样品进行的相关标准和技术规范的符合性全部检验。批检是按规定的抽样方案对批产品的抽样件进行的产品对相关标准和技术规范的符合性检验。百分百检验是对每一件产品均要进行的规定内容的检验。图 39-4 中的八种认证模式中，模式 2 包含模式 1，模式 3 包含模式 1，模式 4 包含模式 1、模式 2、模式 3，模式 5 包含模式 4，模式 5 对其前面的所有模式而言内容是最全的，模式 6、模式 7、模式 8 分别只包含一种检查型式，且三种检查型式各不相同。

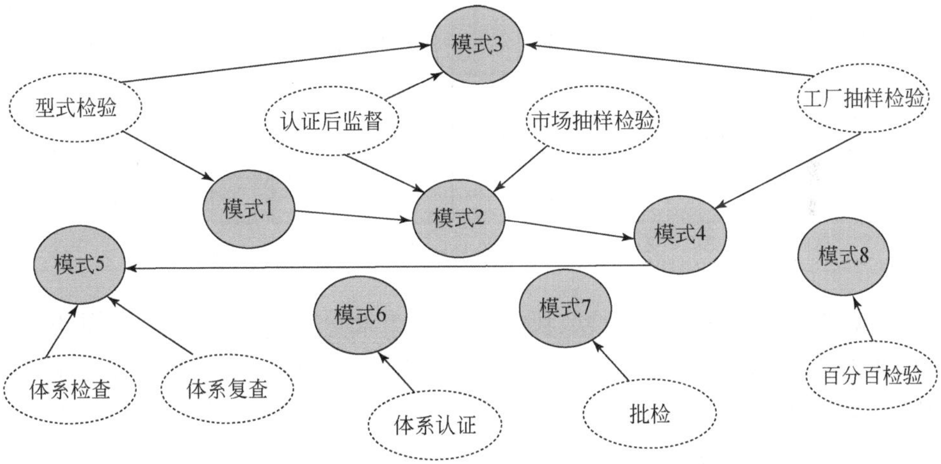

图 39-4　认证模式的内容及相互关系

39.3　标准符合性评定的体制与机制

标准符合性评定工作的体制可归纳成由四类机构支撑开展的：一是建立标准符合性评定依据的机构或称为“立法机构”，负责符合性评定法规起草、制度建立、标准制定等，是符合性评定依据和规则建立的机构，如 ISO、IEC 等，以及国家的立法机构、标准管理和制定机构等；二是对标准符合性评定的执法工作或认证认可工作开展进行监督检查的机构或称为“监督机构”，如国家的符合性评定的认证认可管理委员会；三是从事标准符合性认可和认证评定的实施机构或称为“执法机构”，如认可评定机构、产品、服务等认证机构、实验室、检查机构等，即负责对认证机构、实验室、检查机构、能力验证提供者、标准物质/标准样品生产者的认可评定的机构，以及负责对产品、服务和管理体系进行认证评定的机构；四是集标准符合评定的立法和执法于一体的机构，即符合性评定的规则、标准等建立和认证工作都开展的机构，如 IEC(其建立了电工产品检测与认证组织，即国际电工委员会电工产品合格测试与认证组织(IECEE))、欧洲标准化委员会等。标准符合性评定的体制关系如图 39-5 所示。

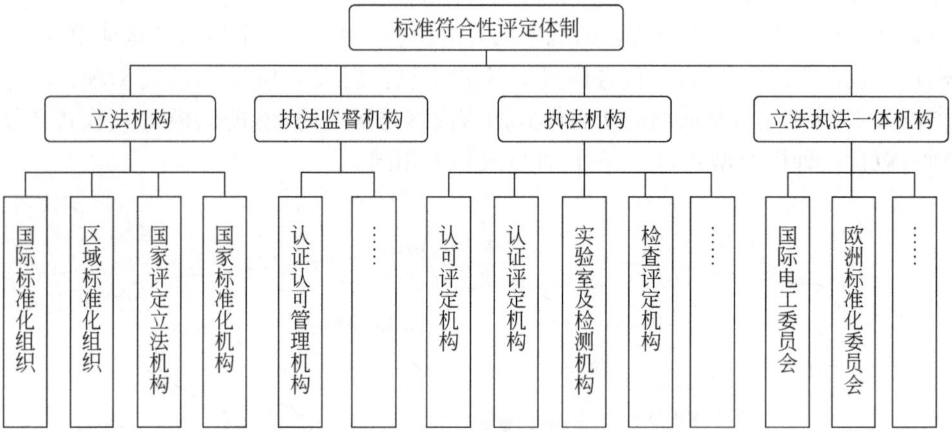

图 39-5　标准符合性评定的体制关系

国际性标准符合性评定立法、执法、培训和学术交流的权威性组织或机构有国际标准化组织符合性评定委员会(ISO/CASCO)、国际电工委员会符合性评定局(IEC/CAB)、国际认可论坛(IAF)、国际人员认证协会(IPC)、太平洋认可合作组织(PAC)、国际实验室认可合作组织(ILAC)和亚太实验室认可合作组织(APLAC)等。

标准符合性评定的机制建设主要是建立认证认可工作的法规、制度、标准、导则、指南、程序等。国际两大标准化组织是标准符合性评定机制建设最权威的主力机构，它们均设有专门的标准符合性评定工作管理机构负责机制建设，ISO/CASCO 负责组织制定、修订符合性评定国际标准、导则，IEC/CAB 负责认证认可领域的制度建设、方针制定、体系模式的建立等工作。ISO 和 IEC 联合制定的符合性评定工作国际标准、导则等已有几十项，而作为产品和服务认证依据的标准数量更多，这类标准的数量在万级(由各相应的专业技术委员会制定的)。

标准符合性评定中的一个重要机制是互认机制，即相互承认或接受认证认可结果。互认包括双边互认或多边互认。互认有两国政府间或认证机构间的互认、区域性组织中互认、国际认证认可组织间的互认。互认的内容为在相同法规(或等价法规)、标准规定下实施的检测、检查、认证、认可等结果。

39.4　标准符合性评定的依据

实施标准符合性评定的基本条件是要有相关依据。实施标准符合性评定的依据主要有两类：一类是规定标准符合性评定工作开展的法规、制度、标准、导则等；另一类是对产品、服务等的功能、性能、质量特性等进行规定的标准。规定标准符合性评定工作开展的法规、制度、标准、导则主要是由 ISO、IEC 以及本国相关机构制定的。实施认证的产品、服务的标准主要是国际标准化组织、国际性专业组织、地区性专业组织、各国的标准化机构等制定的。

在符合性评定的标准和导则等依据建立方面，ISO 是最具权威性的和贡献最突出的。IEC 在符合性评定方面也很重视，从 20 世纪 80 年代开始，就与 ISO 一起共同制定顶层的标准符合性评定的标准和指南等的依据。从 20 世纪 80 年代至今，ISO、ISO/IEC 共制定标准符合性评定认可和认证工作方面的顶层指南和标准共计 80 多项，现在仍然有效的有 30 多项，这些指南和标准已成为全世界各国标准符合性评定工作开展的主要依据。

作为符合性评定工作开展依据的指南和标准主要有：ISO/IEC 指南第 23 号：1982《第三方认证体系标注标准符合性的方法》、ISO 指南第 27 号：1983《认证机构误用其符合性标志的纠正措施指南》、ISO/IEC 指南第 60 号：2004《符合性评定——良好行为代码》、ISO/IEC 指南第 68 号：2002《符合性评定结果承认和接受的协议》、ISO/IEC 17000：2004《符合性评定——词汇和通用原则》、ISO/IEC 17007：2009《符合性评定——起草用于符合性评定的规范性文件的指南》、ISO/IEC 17011：2017《符合性评定——认可符合性评定机构的认可机构要求》、ISO/IEC 17020：2012《符合性评定——检查机构的通用要求》、ISO/IEC 17021-1：2015《符合性评定——管理体系审核与认证机构的要求 第 1 部分：要求》、ISO/IEC 17021-2：2016《符合性评定——管理体系审核与认证机构的要求 第 2 部分：环境管理体系审核与认证机构能力要求》、ISO/IEC 17021-3：2017《符合性评定——管理体系审核与认证机构的要求 第 3 部分：质量管理体系审核与认证机构能力要求》、ISO/IEC 17021-4：2013《符合性评定——管理体系审核与认证机构的要求 第 4 部分：大型活动可持续性管理体系审核与认证机构能力要求》、ISO/IEC 17021-5：2014《符合性评定——管理体系审核与认证机构的要求 第 5 部分：资产管理体系审核与认证机构能力要求》、ISO/IEC 17021-6：2014《符合性评定——管理体系审核与认证机构的要求 第6部分:业务连续性管理体系审核与认证机构能力要求》、ISO/IEC 17021-7:2014《符合性评定——管理体系审核与认证机构的要求 第7部分:道路交通安全管理体系审核与认证机构能力要求》、ISO/IEC 17021-8:2019《符合性评定——管理体系审核与认证机构的要求 第8部分:团体可持续发展管理体系审核与认证机构能力要求》、ISO/IEC 17021-9:2016《符合性评定——管理体系审核与认证机构的要求 第9部分:反贿赂管理体系审核与认证机构能力要求》、ISO/IEC 17021-10:2018《符合性评定——管理体系审核与认证机构的要求 第10部分:职业健康和安全管理体系审核与认证机构能力要求》、ISO/IEC 17021-11:2018《符合性评定——管理体系审核与认证机构的要求 第11部分:设施管理(FM)管理体系审核与认证机构能力要求》、ISO/IEC 17024:2012《符合性评定——人员认证机构的通用要求》、ISO/IEC 17025:2017《符合性评定——检测和校准实验室能力的通用要求》、ISO/IEC 17043:2010《符合性评定——能力验证的通用要求》、ISO 15189:2012《医学实验室质量和能力要求》、ISO 15190:2003《医学实验室安全要求》等。有关符合性评定的管理体系认证的标准主要有ISO 9000《质量管理体系》系列、ISO 14000《环境管理体系》系列、ISO 22000《食品安全管理体系》、ISO 26000《社会责任指南》、ISO/IEC 27000《信息安全管理体系》系列、ISO 31000《风险管理》等。

我国标准符合性评定相关的法规主要有法律文件、行政法文件、部门规章文件、行业规范文件,这些文件主要有:《中华人民共和国产品质量法》、《中华人民共和国标准化法》、《中华人民共和国计量法》、《中华人民共和国进出口商品检验法》、《中华人民共和国认证认可条例》、《国家认可机构监督管理办法》、《实验室和检查机构资质认定管理办法》、《实验室资质认定评审准则》、《产品质量检验机构计量认证/审查认可(验收)评审准则》、《实验室资质认定评审员管理办法》、《强制性产品认证标志管理办法》及《中国合格评定国家认可委员会评定委员会工作规则》等。

我国符合性评定的标准主要是采用转化ISO/IEC的符合性评定指南和17000系列标准,建立了我国的GB/T 27000系列标准,这些标准主要有:GB/T 27000—2006《合格评定 词汇和通用原则》、GB/T 27001—2011《合格评定 公正性 原则和要求》、GB/T 27002—2011《合格评定 保密性 原则和要求》、GB/T 27003—2011《合格评定 投诉和申诉 原则和要求》、GB/T 27004—2011《合格评定 信息公开 原则和要求》、GB/T 27005—2011《合格评定 管理体系的使用 原则和要求》、GB/T 27007—2011《合格评定 合格评定用规范性文件的编写指南》、GB/T 27011—2005《合格评定 认可机构通用要求》、GB/T 27021.1—2017《合格评定 管理体系审核认证机构要求 第1部分:要求》、GB/T 27021.2—2017《合格评定 管理体系审核认证机构要求 第2部分:环境管理体系审核认证能力要求》、GB/T 27021.3—2016《合格评定 管理体系审核认证机构的要求 第3部分:质量管理体系审核认证的能力要求》、GB/T 27021.4—2018《合格评定 管理体系审核认证机构要求 第 4 部分:大型活动可持续性管理体系审核和认证能力要求》(2019 年 7 月 1 日实施)、GB/T 27021.5—2018《合格评定 管理体系审核认证机构要求 第 5 部分:资产管理体系审核和认证能力要求》(2019 年 7 月 1 日实施)、GB/T 27022—2017《合格评定 管理体系第三方审核报告内容要求和建议》、GB/T 27023—2008《第三方认证制度中标准符合性的表示方法》、GB/T 27024—2014《合格评定 人员认证机构通用要求》、GB/T 27027—2008《认证机构对误用其符合性标志采取纠正措施的实施指南》、GB/T 27028—2008《合格评定 第三方产品认证制度应用指南》、GB/T 27040—2010《合格评定 合格评定机构和认可机构同行评审的通用要求》、GB/T 27043—2012《合格评定 能力验证的通用要求》、GB/T 27053—2008《合格评定 产品认证中利用组织质量管理体系的指南》、GB/T 27060—2006《合格评定 良好操作规范》、GB/T 27068—2006《合格评定结果的承认和接受协议》、GB/T 27308—2011《合格评定 信息技术服务管理体系认证机构要求》、GB/T 27309—2014《合格评定 能源管理体系认证机构要求》、GB/T 27025—2008《检测和校准实验室能力的通用要求》。

中国合格评定国家认可委员会(CNAS)将认可文件分为认可规则、认可准则、认可指南和认可方案四大类[3],统称认可规范,各类文件的内涵如下。

(1) 认可规则(R 系列):CNAS 实施认可活动的政策和程序,包括通用规则和专项规则类文件。

(2) 认可准则(C 系列):CNAS 认可的合格评定机构应满足的基本要求,包括基本准则(如等同采用的相关 ISO/IEC 标准、导则等)。

(3) 认可指南(G 系列):CNAS 对认可准则的说明或应用指南,包括通用说明和专项说明,或应用指南类文件。

(4) 认可方案(S 系列):CNAS 针对特别领域或行业对上述认可规则、认可准则和认可指南的补充。

39.5　机构和评定的要求和内容

标准符合性评定的保证是通过符合性评定机构和评定内容保证的。由于符合性评定机构包括认可机构和认证机构,所以符合性评定的质量由对认可机构、认证机构和评定的要求及规定的内容来保证。

39.5.1　认可机构的要求和内容

认可机构是评审认证机构的机构。认可机构只有具备一定的条件和能力时,才有资格对认证机构进行评审或认可。认可机构的资格是通过对其全面的要求和内容来保证的,对认可机构的要求和内容主要有以下方面[4]。

1）组织结构

认可机构应是经注册的法人实体，具有法律责任。认可机构具有做出认可决定的权利，对认可决定负责。认可机构应责权明确，对重要事项要明确全权负责的最高管理者。认可机构的组织结构和动作应保证活动的客观性、公正性及信息的保密性。认可机构应对其活动引发的责任做出安排，有开展其活动所需的财力资源。对其依据标准等文件开展的认可活动认可机构应清楚表述。

2）管理

认可机构应按要求建立、实施和保持管理体系，并持续改进体系的有效性。认可机构应对与认可活动有关的所有文件建立控制程序，管理的相关要素还包括记录、不符合与纠正措施、预防措施、内容审核、管理评审、投诉等。

3）人力资源

认可机构应有足够的有能力的人员，并具有与其所从事工作的类型、范围，与工作量相适应的教育、培训、技术知识、技能和经验。参与认可过程的人员应具备相应的资格、经验和能力，熟悉认可程序、认可准则和其他相关要求。认可机构应对评审人员进行监视、评价和记录，提出后续改进措施，以保证他们有持续的令人满意的表现。

4）认可过程

认可机构应公开认可评审和认可过程涉及知情权、公正性等方面的最新详细信息。认可过程的重要环节有认可申请、资源评估、评审分包、评审准备、文件和记录的审查、现场评审、评审发现问题的分析和评审报告、认可的决定和授予、申诉、复评和监督、扩大认可、暂停认可、撤销认可、缩小认可、认证机构记录、实验室能力验证和其他比对。

39.5.2　认证机构的要求和内容

认证机构（或评定机构）是从事认证、检验、检测、检查等的机构，这些机构只有通过对其资格要求的认可评审，才能保证它们实施认证的质量和信任。对认证机构的要求和内容主要有以下方面[5,6]。

1）组织结构

认证机构应是经注册的法人实体，具有法律责任。认证机构应将其组织结构形成文件，并明确管理层和其他认证人员及各委员会的任务、责任和权利。认证机构要责权明确，对重要事项要明确全权负责的最高管理者。认证机构的结构应有维护公正性的委员会，并对委员会的组成、权限、任务、权利、成员能力和责任等形成正式文件。

2）人力资源

认证机构应有充足的人力资源，人力资源主要由管理层人员、参与认证活动的人员、外部审核员和外部技术专家等组成，应确定与特定认证方案相关的每个技术领域所需的能力和认证活动的每项职能所需的能力。认证机构应对每位审核人员进行现场见证，保持人员资格、培训、经历、隶属关系、专业状况、能力以及提供过的相关咨询服务等的最新记录。认证机构应确保所有参与审核和认证活动的人员均有令人满意的表现。

3）信息和文件

认证机构在信息和文件的管理及提供方面应有明确的要求并严格执行，这些方面主要包括可公开获取的信息、认证文件、获证客户目录、认证资格的引用和标志的使用、保密、认证过程和要求的信息、认证机构的变更通知、客户的变更通知等。

4）认证方案

认证机构对每个认证领域应制订认证方案，方案包含的要素有认证范围、工作和任务描述、所要求的能力、机能（适用时）、前提条件要求（适用时）、行为规范（适用时）等。认证方案还应包括认证过程的要求、认证方案开发和评审过程的内容。认证机构应确保对认证方案实施了持续的、系统的评审和确认，并保证认证方案的所有要求均得到满足。

5）认证过程

认证机构对于认证过程应有明确的时间计划、范围、地点、要求、评审事项、责任等要求。认证机构应掌握和遵守认证过程的要求，认证过程主要的方面有申请过程、评审过程、考核过程、认证决定、认证暂停、认证撤销、缩小认证范围、再认证过程、证书/徽标/标志的使用、对认证决定的申诉及投诉等。

6）管理体系

认证机构应建立、实施和保持能够支持和证实其持续达到标准要求的管理体系，并形成文件。管理体系建立、实施、保持的主要方面有管理总则、管理体系文件、文件控制、记录控制、管理评审（评审输入、评审输出）、内部审核、纠正措施、预防措施等。

39.5.3　认可机构与认证机构的责任

认可机构和认证机构都应履行各自的义务。认证机构应承诺在申请认可或已认可的领域内持续满足认可要求。认可机构应公开已认可的认证机构的认可状态信息并定期更新。认可机构应有保护和使用认可标识以及规范引用认可资格的政策，并指导、规范认可标识的使用和认可资格的引用。

39.5.4　产品认证评定的要求和内容

认证机构认证的对象主要是产品、服务、管理体系，产品认证是对象最多和最具代表性的，可以产品的认证来了解评定的要求和内容。认证机构开展产品认证的要求和内容主要有以下方面[7]。

1）认证申请

申请认证需要按专用的表格填写认证申请表。认证申请表应明确申请方提出认证的特定产品或产品组，且这些产品或产品组应是在产品认证方案中所确定的。

2）初始评审

认证机构确认接受申请后应当按照产品认证方案进行初始评审的安排。认证机构对特定认证方案中所包括的全部活动负责，这些活动包括取样、检测、生产过程或质量体系的评审和获证产品的监督。

3）评价（复核）

认证机构应当通过确定生产过程或质量体系的初始评审结果和初始检测结果是否满足规定的要求来进行评价。

4）决定

认证机构完成评价后，应当对其符合性做出决定。决定结果的符合性表述可以采取报告、声明、证书或标志的形式，以传递满足规定要求的保证信息。

5）许可

在做出认证决定并与申请方签署许可协议后，认证机构应当授予许可。

6）认证范围扩大

被许可方希望将认证范围扩大到与已获证产品具有相同规定要求的附加产品类型或型号时，应向认证机构提出申请。在此情况下，认证机构可以决定不进行生产过程或质量体系的评审，而只需对扩展类型产品的抽样检测样品确定符合性，如检测合格应扩大认证范围并修改许可协议。当扩大认证的范围超出许可覆盖的产品类型和现场时，必须对未覆盖到的新增部分重新进行评审。

7）监督

认证机构应以相关标准和产品认证方案为基础对产品、生产过程、质量体系实施监督，监督结果应通知被许可方。在某些情况下，监督可不必重复初始合格评定的全部要素。

8）符合性证书或标志的使用

符合性证书和符合性标志具备所有权性质，其构成和使用的控制受法律保护。符合性标志应直接施加到每一个单独产品上，当条件不允许时，标志可以施加到产品的最小包装上。特定情况下，可以配合符合性证书或标志使用其他标记。

9）被许可方的公开信息

被许可方有权发布对已获得授权许可的产品出示符合性证书或施加符合性标志。被许可方不得制作和发布已认证产品和非认证产品混淆的各种广告和宣传。

10）保密性

认证机构有责任确保其雇员和分包方对被许可方的全部相关信息进行保密。

11）符合性证书或标志的误用

当发现符合性证书或标志未经授权使用、被错误使用或误导性使用时，认证机构应当采取行动并进行处理。

12）产品许可的暂停

当实施的监督结果显示产品不符合要求、被许可方不恰当地使用证书或标志且没有采取纠正措施、有其他违反产品认证方案或程序的情况时，可暂停特定产品许可，并通知被许可方对正式暂停进行确认。

13）撤销

当监督表明不符合的性质严重、被许可方没有履行其应付的财务责任、有任何违反许可协议的情况、暂停情况下被许可方采取的措施不够充分时，应当撤销许可。撤销许可的情况还包括被许可方不希望延长许可使用等自身的主客观原因。

39.6　标准符合性评定的标志

标准符合性评定的标志主要有产品认证标志和管理体系认证标志，认证标志的一些样式如图 39-6 所示。使用认证标志最典型的对象是产品，产品认证标志是

图 39-6　著名的标准符合性标志的样式

产品的标准符合性证明和标签，主要使用在认证产品上或内包装上，也可同时使用在产品铭牌、外包装物、产品使用说明书或出厂合格证等上面，用于证明产品符合相应的标准或技术规范。世界上，影响面比较大的产品认证标志有美国保险商实验室安全标志 UL、英国安全标志 BSI、欧盟市场准入标志 CE、日本电器产品安全认证标志 S、中国的强制性产品认证标志 CCC、瑞典电器安全标志 S、法国国家标准标志 NF、英国国家标准标志 BS、日本工业标准标志 JIS、澳大利亚国家标准标志 AS、印度国家标准标志 ISI 等，如图 39-6 所示。认证标志可分为标准符合性标志和安全标志两种。产品带有认证标志，不仅可以给用户或消费者传递产品质量可靠的信息，也可展示企业的良好形象。具有标准符合性标志的产品代表其经过了有资质的认证机构的标准符合性认证，能给用户或消费者传递产品质量可信任的信息。

参考文献

[1] 李春田. 标准化概论[M]. 5 版. 北京：中国人民大学出版社，2010.
[2] 郎志正，尹奇铭. 标准化工程学[M]. 北京：中国标准出版社，1991.
[3] 中国合格评定国家认可委员会网站. https://www.cnas.org.cn[2017-8-12].
[4] 中华人民共和国国家质量监督检验检疫总局，中国国家标准化管理委员会. 合格评定 认可机构通用要求[S]. GB/T 27011—2005. 北京：中国标准出版社，2005.
[5] 中华人民共和国国家质量监督检验检疫总局，中国国家标准化管理委员会. 合格评定 合格评定机构和认可机构同行评审的通用要求[S]. GB/T 27040—2010. 北京：中国标准出版社，2010.
[6] 中华人民共和国国家质量监督检验检疫总局，中国国家标准化管理委员会. 合格评定 人员认证机构通用要求[S]. GB/T 27024—2014. 北京：中国标准出版社，2014.
[7] 中华人民共和国国家质量监督检验检疫总局，中国国家标准化管理委员会. 合格评定 第三方产品认证制度应用指南[S]. GB/T 27028—2008. 北京：中国标准出版社，2008.

第六篇　标准维护篇

第 40 章　标准复审的方法[1,2]

40.1　标准复审的目的和意义

标准复审是在标准发布一定时期后，对标准的适用性进行再确认的技术活动。尽管标准的适用性在标准制定时，已通过标准征求意见、标准审查和标准报批等环节的专家把关得到认定，但标准中的技术或管理等内容会随着时间的推移而落后，形成了制用时间差(制定时间与使用时间的差)带来的不适用。技术和管理内容一旦进入标准后，就会转化为静止状态。而标准对应的在现实中的技术、管理、工作等内容会随着时间的推移进行改进、提升和发展，会造成标准内容的相对落后。标准复审就是要找出标准内容因制用时间差带来的适用性变化的程度。标准的不适用性在两个环节可以发现：一个是在标准使用时；另一个是在标准复审时。标准使用时发现的不适用问题，很少有人会主动地将其传递到管理方，所以不会为标准的管理留下问题痕迹。而标准复审的使命就是专门发现标准不适用问题，因此在没有机制解决标准使用时发现问题的传递时，标准复审是标准不适用问题发现的唯一渠道。

有些书籍把标准复审定义为"标准使用一定时期后的有效性再确认"，这一概念与本书定义的"标准发布一定时期后的再确认"是有区别的。实际上，标准复审的对象包括已使用的标准和未使用的标准。标准复审的对象不是以使用关系决定的，而是以发布时间关系决定的，也就是说，标准复审并不是对标准使用(或实施)一定时期的对象进行复审，而是对标准发布一定时期的对象进行复审。标准复审选取对象的界限是标准发布的时间周期长度，如三年、五年等。另外一个需要厘清的概念就是，标准复审不是复审标准的"有效性"，而是复审标准的"适用性"。标准的有效性是由标准的管理决定的，如标准发布后没有公告"废止"，标准就是"有效"的，即使标准实际上已不能使用。标准复审就是要为"不适用的有效标准"进行管理操作提供依据。"不适用的有效标准"是指标准内容已不适用，但标准的地位还是在法定的有效期内，即标准尚未被管理机构宣布为"废止"。

标准复审具有以下目的和意义：

(1) 摸清标准内容的适用性情况，为标准的修改、修订、废止等管理操作提供依据。

(2) 发现标准间的重复、交叉、矛盾等问题,为多个问题标准的整合制定或修订提供依据。

(3) 了解标准的应用情况,摸清哪些标准有用、哪些标准不用、哪些标准好用、哪些标准不好用,掌握标准发布后的使用阶段、发挥的作用、存在的问题和标准所处的性状(必要性、实用性、协调性、先进性),为后续标准制定对象的选择、标准内容的撰写和标准的审查把关等提供明确指导。

(4) 通过标准复审揭露标准类别发展的需求和重点,为标准体系的合理调整和重构提供指导,为标准体系表中的已有标准部分提供所需标准资源;**标准体系构架是标准的宏观关系,标准是标准体系的微观关系,标准的宏观关系决定标准的微观关系的存在空间,标准的微观关系决定标准的宏观关系的存在意义,标准复审的微观关系将为标准体系构架的宏观关系提供调整根据。**

从以上标准复审的目的和意义可以看出,标准复审对保持现行标准的适用性和对后续标准制定的改进等都有重要作用。标准复审是标准维持健康状态的必备环节,就像人们要定期检查身体一样。标准复审的结论和意见是根治标准问题的依据。没有全面、准确的标准复审意见,就不可能制定出解决标准现存问题的有效方案,这就如同没有全面、正确的病情诊断结果,就不可能对症下药一样。在一个标准的全寿命周期中,标准往往不会只复审一次,而会经历许多轮的复审,只要标准的主题客观上是有需求的,或标准没有被废止或整合,标准就会在其寿命周期中按一定时间规律不断接受复审。

40.2 标准复审的周期

标准的复审是按周期性规律进行的,这个周期是由标准内容的稳定性周期决定的。标准内容稳定性周期的规律与标准的类别和标准的技术专业类别有关。在标准类别方面,计量单位、制图、术语、公差与配合、互换性、标准件等基础类标准内容的稳定性周期比较长;产品规范(或制造验收规范)类标准内容的稳定性较差;产品接口标准、产品系列标准内容的稳定性要好于产品规范的稳定性;试验方法和数学方法等方法标准内容的稳定性比产品规范的好,但可能没有产品接口标准和产品系列标准的稳定;工艺标准内容的稳定性有两种情况,通用工艺标准内容的稳定性比较好,专用工艺标准内容的稳定性要差些,有些专用工艺的稳定性比产品规范的还要差。在技术专业类别方面:基础设施建设和建筑类标准内容的稳定性比较好,如铁路、公路、电站、房屋建筑等;食品、药品等涉及健康的标准内容的稳定性比较好;传统制造业标准内容的稳定性比较好,如机械、冶金等;技术发展比较快的高新技术类标准内容的稳定性差,如通信、电子、光电等技术。标准内容的稳定性周期决定了标准应该进行复审的周期。标准的复审周期除了要用标准类别和技术专业类别确定外，为了保证标准的适用性，标准的复审周期还有一个法规上的最长周期规定。《中华人民共和国标准化法》[3]第二十九条中规定："标准的复审周期一般不超过五年"。法规规定的标准复审周期传递了一个要求，标准复审周期不应长于五年。对于技术发展比较快的技术领域的产品规范，其标准的复审周期可以定为三年或四年。

标准复审的正常情况是以周期确定标准复审的对象，这是一种常规的复审关系，这种复审的好处是工作量不会太大，周期不会太长，费用也不会太多，但缺点是不容易暴露标准体系的整体性问题。标准复审的另一种情况是按标准清理整顿的方式进行全部标准的集中复审，这是一种"超龄"标准积累到一定程度的非常规全面复审，复审工作量较大，周期较长，费用也较多，好处是能够掌握标准体系中标准的整体适用性情况和标准间存在的问题。在实际工作中，无论是哪一级的标准，往往标准复审时的标龄都超过了法规规定的复审周期，甚至超出法规规定复审周期的几倍。标龄超期的原因主要是标准复审需要投入大量的人力、财力和时间等，而这些需求要素又很难落实。因此，各级标准的复审往往不能按周期性关系进行，而是积累成清理整顿性的全面集中复审，将各年代超龄的标准合在一起进行集中复审。如果标准复审要建立成每年周期性的复审状态，就要每年复审一批本年到期的标准。如果集中复审的超龄标准的时间跨度很大，想要重新建立年度复审的关系时，用一年或两年的时间集中复审标龄超期及到期的标准，集中复审完成后，每年就只复审年度标龄到期的标准，以此保持年度复审关系。

40.3　标准复审的程序

标准复审的程序主要为成立复审工作机构、制订复审计划、设计复审文档、分配复审任务、标准内容复审及文档填写、复审审核和评审、复审文档上报等，复审程序关系如图 40-1 所示。标准复审由被复审标准对象的管理部门组织，并成立标准复审工作机构，工作机构包括总体技术组、专业技术组、分专业技术组等组织机构。标准复审工作机构要对复审标准进行分类和项目编目，搜集要复审的相应的标准全文文本，制订复审的工作时间周期计划；复审计划应包括总的复审时间、专家复审时间、承担单位审核时间、复审评审时间、复审文档撰写时间和整理上报时间等。

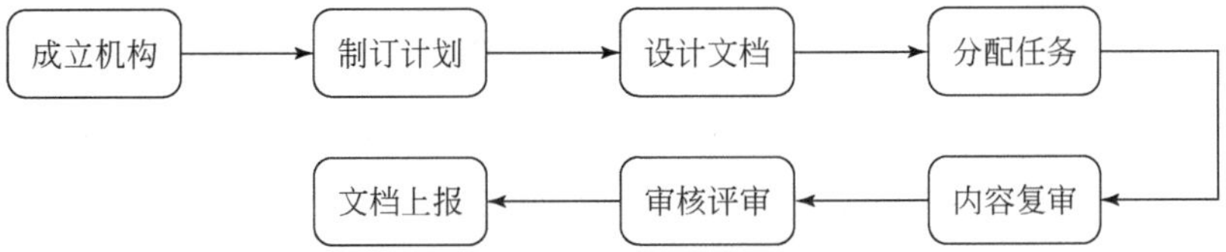

图 40-1　标准复审程序图

标准复审的成果是用文档表达的，为了避免给复审专家带来设计和制作文档的工作量，并规范复审文档的格式，工作机构应统一设计单项标准复审表格、标准复审结论汇总表格、标准复审报告等文档格式，以供复审工作使用。复审任务应按分类和分层落实，分类落实就是按标准的技术专业属性分类确定复审单位和复审专家，分层落实是按组织层次作用，分层确定工作职责任务，如总体技术组→专业技术组→分专业技术组→单位→专家。标准内容复审的单位和专家由专业组来选择，一般应为标准的主要起草、使用或对标准相关技术有优势的单位和专家。标准的复审要落实到具体的技术专家，以使责任落地。一项标准可以由一个专家复审(一人签字)，也可以由几个专家共同复审(多人一起签字)。复审时，复审专家先填写“标准复审表”的基本信息，格式如表 40-1 所示。表 40-1 只是一个样表，没有留足够的填

表 40-1　标准复审表格式

<table>
<tr><td>标准编号</td><td></td><td>标准名称</td><td></td><td>标准批准部门</td><td></td></tr>
<tr><td>标准提出部门
/归口单位</td><td></td><td>主要起草单位</td><td></td><td>标准总页数</td><td></td></tr>
<tr><td>复审结论(打钩)</td><td>□有效</td><td>□需修改</td><td>□需修订</td><td>□应废止</td><td>□过渡使用</td></tr>
<tr><td colspan="6">标准应用的产品类别及方式：</td></tr>
<tr><td colspan="6">标准用于的阶段：</td></tr>
<tr><td colspan="6">应用标准解决的问题及现状：</td></tr>
<tr><td colspan="6">必要性分析：</td></tr>
<tr><td colspan="6">实用性分析：</td></tr>
<tr><td colspan="6">协调性分析：</td></tr>
<tr><td colspan="6">先进性分析：</td></tr>
<tr><td colspan="6">内容要素体系分析：</td></tr>
<tr><td colspan="6">标准“应废止”理由及建议；“废止”后建议替代的标准：</td></tr>
<tr><td colspan="6">标准“需修改”、“需修订”的主要内容及理由：</td></tr>
<tr><td colspan="6">“需修改”、“需修订”标准实施修改、修订建议的起止时间和承担单位：</td></tr>
<tr><td colspan="6">标准“过渡使用”建议的理由和过渡期时间：</td></tr>
<tr><td colspan="6">标准整合制定、需与本标准配套使用的标准制定和标准新制定等需求建议：</td></tr>
<tr><td colspan="6">复审专家意见
复审人签字及联系电话：　　年　月　日</td></tr>
<tr><td colspan="6">复审单位意见
(单位盖章)　　年　月　日</td></tr>
<tr><td colspan="6">复审评审意见
主审人签字及联系电话：　　年　月　日</td></tr>
</table>

写空间，在制作实际的标准复审表时应留出填写意见的空间。为了保证“标准复审表”中基本信息填写完整、规范，表中的基本信息的填写应遵循：“标准编号”的填写应包括年代号；“标准名称”应填完整的标准发布的名称，不应填简写名称；“标准批准部门”为标准制定的管理部门，即印在标准封面下端的部门；“标准提出部门”和/或“标准归口单位”在标准前言的最后一部分可找到；“主要起草单位”在标准前言的最后一部分可找到，如果起草单位多于 3 个单位，则只填写到 3 个单位；“标准总页数”应填写标准的正文页数与附件页数的总和（有些标准的附件未编页号）。专家对“标准复审表”的基本信息填写完成后，要对复审标准从头到尾进行仔细审读，对应复审表的栏目逐项填写意见，提出初步复审结论，进行签署。专家复审后，专家所在单位（单位作为复审承担者时）应对复审意见和结论进行审核确认。专业技术组应对单位确认的结论和意见进行审核。总体技术组要组织专业相关的专家组成专家评审组，对复审结论和意见进行评审，当专家评审组的意见与复审人或单位的意见不一致时，以复审评审组的意见为主，评审组可以更改复审单位和复审人的结论和意见（最好与复审承担人和单位沟通后确定），评审组中的标准主审专家要在标准复审表中签字，评审组要形成评审组的总体评审意见，并签署专家组签名表。总体技术组汇总各专业技术组的文档，形成总的标准复审表册、汇总表、总报告等文档，并按规定要求上报标准管理部门。

40.4　标准复审的方式

标准复审的方式可以有多种关系模式：从复审标准的数量关系可分为个别复审和成批复审；从复审标准安排的时间关系可分为周期性复审和集中复审；从对标准复审的操作关系可分为手工复审和软件工具辅助复审；从对标准复审的细致关系可分为常规复审和深度复审。标准复审最主要的是复审的质量和可信度，它关系到复审成果可利用的价值。复审方式中，与复审质量密切相关的是复审细致关系。下面分别对常规复审方式和深度复审方式的目的、技术工作内容和作用等进行重点论述。

40.4.1　常规复审方式

常规复审方式的目的是获得标准适用性的总体结论或定性结论，为标准的修改、修订安排或公布废止等提供依据。常规复审主要是按照表 40-1 的列项进行复审。常规复审的内容要素主要有标准应用的情况、标准的“四性”状态分析、标准内容要素体系分析、标准的问题、标准改进建议等。标准应用的情况有标准应用的产品或型号、应用的阶段、应用标准解决的问题三个方面；标准的“四性”状态分析有标准的必要性、实用性、协调性、先进性；标准内容要素体系分析是对标准的内容构成进行完整性、协调性等进行体系化的分析;标准的问题主要是用于得出标准“需修改”、“需修订”、“应废止”、“过渡使用”等结论的问题或理由;标准改进的建议包括标准“需修改”、“需修订”实施、“过渡使用”时间期、标准整合制定、标准配套使用制定、标准新需求制定等的建议。常规复审的工作深度和工作成果,只能给出支持标准复审结论(“需修改”、“需修订”、“应废止”或“过渡使用”)确定的理由,或给标准问题的解决提供初步信息,不能为解决标准的具体问题提供全面的细节信息和操作依据。常规复审可采取手工操作的复审方式,也可采取开发复审软件工具辅助复审的方式。当复审标准的数量在几百项或一千项以上时,采用复审软件工具辅助复审工作是非常必要的。复审软件工具的功能内容应该包括标准项目信息表填写模板(标准项目基本信息清单)、复审表填写模板(表 40-1)、从标准项目信息表自动向复审表导入基本信息的功能、复审表审查提示功能、汇总复审表生成汇总表功能等。

40.4.2 深度复审方式

标准深度复审主要是为需要进行修订和修改的标准提供具体的问题细节信息,以保证标准的修订和修改工作的可操作性。通常,标准根据常规复审的结论安排了修订,但修订后标准不适用的问题依然不能得到很好解决,原因是标准修订时没有标准存在问题的全部细节内容,修订什么内容往往由修订任务的承担者自己决定。在标准修订的管理方面,由于没有掌握标准的全部问题细节信息,也无法对标准修订的立项和验收进行把关控制。另外,标准的修订任务往往被有些单位用作获取科研任务的机会,修订只是走过场式地改几个问题交差了事。因此,要解决好标准的适用性问题,只进行标准的常规复审是不够的。为了使标准复审的成果能为标准修订工作和修订验收工作提供支持,标准的复审应该进行深度复审,以全面发现和找出标准中的各个具体问题。标准深度复审一般应在常规复审完成的基础上进行,通过剔除常规复审结论为“应废止”和“有效”的标准,以对深度复审标准的对象范围进行“瘦身”,使深度复审聚焦在结论为“需修改”和“需修订”的标准上,避免深度复审全面性开展工作,将复审的精力投放到“应废止”或“有效”的标准上,造成大量无效工作的浪费。

标准深度复审的方法有标准结构“拆分式”和标准对象“集合式”。标准结构“拆分式”的深度复审是将要复审的标准进行内容结构拆分,将标准内容拆分的粒度拆到标准的最底条目层次,要求复审人对拆分的标准条目进行逐条复审表态,每个复审条表态的选择有“内容适用”、“内容落后”、“内容空洞”、“内容不完整”、“内容实施条件不具备”、“内容不可实施”、“内容不需要”等,也可以用专家自己的语言对复审条目的问题进行具体描述。结构“拆分式”的标准深度复审是标准内容条目化的深度复审,复审做到标准的每一条内容都要得出结论,无论是适用或不适用方面的结论，致使标准的内容被真正进行了全面、深入的复审。条目化深度复审的成果适合于指导标准原型文本结构无太大变化的修订。

对于多个标准对象间存在重复、交叉、矛盾、相近等问题，需要进行整合修订的标准，深度复审的方式适合采用标准对象“集合式”复审。“集合式”深度复审是对多项存在重复、交叉、矛盾、相近等问题的标准进行集中起来同时复审。复审时将相关标准放在一起，逐条对比出标准间条款存在的重复、交叉、矛盾、相近等内容，对每个标准写出与其他标准相关性的问题意见和处理结论，然后提出一个多标准整合为一个或两个等标准的方案，并且要给出整合标准的名称和内容结构关系，即提出整合标准的名称及其二级或三级及以上的标准内容标题。“集合式”深度复审适用于多标准需整合修订的复审，其成果适合用于指导多标准的整合修订。

深度复审最好借助软件复审工具来开展，无论是标准结构“拆分式”还是标准对象“集合式”复审，这样可大大减轻深度复审在结构形式及格式上制作的巨大工作量，使复审专家把精力用于技术适用性的分析和判断上，同时可大大提高审查工作的效率和减少复审文档编辑工作的差错。

40.5　标准复审的内容及要素

在标准常规复审和深度复审中，对于复审表中列出需要回答或表述的内容和要素，可按以下内涵进行复审及表述。

40.5.1　标准应用情况的分析

标准应用情况的复审主要是复审以下三个方面的内容和要素。

1）标准应用的产品类别及方式

根据标准的应用领域和范围，结合标准的通用和专用程度，填写标准应用的产品类别（大类、中类、小类）及具体应用的型号。标准应用的方式有两种：作为研制、生产或验收等依据应用；作为起草研制、生产或验收等文件参考使用。

2）标准应用的阶段

针对标准在各个科研阶段、管理阶段或生产等阶段的实际应用情况进行填写，如产品立项论证、任务书编制、总体方案制订、工程方案制订、定型试验、设计定型、质量监督、生产定型、生产过程、验收交付等阶段。标准应用的阶段可以是一个阶段，也可以是多个阶段。

3）应用标准解决的问题及现状

针对标准应用的具体工作阶段，填写标准的作用、解决的具体问题、实施的效果。标准的作用有：提供重要技术依据、提供科学的技术或管理方法、统一品种规格、避免重复劳动、建立合理关系、规范技术文件编制等。标准解决的问题有：补齐指标体系、纠正过去的不精确方法、以通用接口替代专用接口、解决测试不准确问题等。标准实施的效果有:避免重复技术劳动、提高工作效率、建立良好工作秩序、节省工作费用、减少材料浪费等。例如,在××产品××试验中以××标准的××条目作为依据,统一了××试验的方法,解决了过去测试结果不可比对的问题,使产品测试结果得到用户的信任。

40.5.2 标准“四性”分析和评价

标准的“四性”分析和评价是对标准的必要性、实用性、协调性、先进性进行分析和评价,是标准复审的定性判断,为标准复审结论的确定提供重要依据。

1) 必要性

以标准所服务的对象和标准执行情况为依据,审核标准是否符合重复使用或共同使用需要的,以此判定其必要性。有必要性的标准一定可以从中找到应用对象的标准化需求点,需要的标准一定是存在地区、部门、单位、人员之间等需要统一的需求,存在不同时间和不同空间需要统一的需求。标准必要性的表述包括:统一技术概念和符号的需要(术语标准等);统一产品研制、生产性能的需要(产品详细规范);统一产品性能试验评价的需要(试验方法、试验规程等);统一产品间和产品与保障设备间连接的需要(接口标准);统一技术体制制式的需要(通信体制、电源参数、系列化等要求);保障产品工程化水平的需要(可靠性、维修性、保障性、测试性、安全性、电磁兼容性、环境适应性、人机工效等标准);规范过程活动的需要(生产过程、运输过程、操作等标准);保证基础材料和元器件质量的需要(材料、元器件、标准件等规范);指导产品论证的需要(论证指南、产品通用规范等);规范技术文件格式的需要(各类技术文件的编写标准)等。

当标准规定的内容没有反映标准化的需求点时,这样的标准就可以算作是不必要的。只在某一小点需要统一的关系,不必要制定为企业级及其以上级别的标准。一个单位自身内部的标准,不必要制定为行业级及其以上级别地位的标准。

2) 实用性

这里所说的实用性是以标准规定的工作项目、技术方法、技术要求、指标参数等内容是否具有可实现性、可应用性、可操作性来判断的。标准复审的实用性主要包括两个方面的内容:一方面是标准内容的实用性;另一方面是标准实施要求与实际条件的符合性。标准的实用性是以分析使用情况来进行判断的,没有使用或不能使用就看作是不实用的。标准实用性的问题主要有:标准内容空洞,如某些具体内容“见相关详细规范”等,缺乏可执行的具体依据;标准内容不系统,一些重要内容缺失;标准规定的内容不清楚,容易引起歧义;标准规定的内容太复杂,大部分人不能理解;标准规定的实施条件难以建立,或建立起来成本太高;等等。

3）协调性

协调性审查主要是审查标准间相关内容的重复、交叉、矛盾等，以及对同一技术内容规定的多义性。标准的协调性也是通过复审发现问题进行判断的，主要是靠使用过程发现的问题和标准对比发现的问题，找出协调性方面的缺陷。标准的协调性问题主要有：标准在同一标准体系中出现名称或内容覆盖性的重复、标准对象的相近重复，即标准间存在覆盖和被覆盖的关系；标准在同一体系中出现标准间的内容交叉，即标准间的内容错位重复；标准存在与上级法规规定有冲突的内容；标准在同一体系中存在标准间内容相冲突的矛盾情况；在同一标准中和标准间存在同一技术关系的多义性，如不同的密位制式在同一标准体系并存，有的标准采用 6000 密位制式，有的标准采用 6400 密位制式等。

4）先进性

先进性审查主要是对现行标准规定的技术体制、数学模型、指标参数、技术方法、方法程序、管控要求、评价方法等与先进水平的对比，以及对产品、技术、管理等的引领、牵引作用等进行判断，也可以与国外先进水平对比作出判断。先进性的尺度可以用国际领先水平、国际先进水平、国内领先水平或国内先进水平等的尺度，这个领先水平无论是国际的，还是国内的，都是判断的依据。判断某事项的先进性，首先要找到这一事项的国际先进或国内先进水平，再用这个水平去衡量标准的水平。当定位了标准的国际先进或国内先进水平，还要判断这一水平保持的持续时间，是五年，还是八年等，以此分析这一水平能保持先进性多长时间。一个标准中，有个别指标处于国际领先水平，不一定就能确定标准为国际领先水平的，还要看这个指标是不是关键性的，更重要的是要看综合起来的指标、系统性的指标是否是国际领先水平的，只有看关键指标、综合指标才是客观、有效的评价。

40.5.3　内容要素体系分析

为了深化标准的复审，应该对标准的要素体系进行分析，从标准内容的要素体系关系发现标准的缺陷，在系统层次评判标准的完善性。标准的内容要素体系可分为三个方面的体系，一是标准的指标体系，二是标准的方法体系，三是标准的要求体系。在一个标准中，可能会同时具有三个体系的内容，也可能只有一个体系或两个体系的内容。指标体系一般是存在于产品规范中，反映的是产品技术指标的全面性、协调性、合理性、可实现性等关系；如果产品规范中指标体系不完整，指标不协调、不合理、不可实现，产品规范标准就存在缺陷，就会给产品的性能设计带来质量隐患和设计返工的成本；指标体系的审查，主要是审查指标体系的完整性和指标的合理性。方法体系一般存在于产品试验方法标准和评价方法标准中，反映的是方法的完整性、正确性、可重复性等关系；如果标准中构建方法体系的程序不完整、方法不正确、可重复性差，方法标准就存在缺陷，就会给标准应用对象带来不正确的测试结果和不可信的评价;方法体系的审查,主要是审查方法体系的完整性和方法的正确性、有效性、可重复性等。每一个标准的内容都应该是系统的,都有自己的定性的要求体系,要求体系是指标准中指标体系和方法体系等数值化和程序化以外的定性内容;要求体系反映的是标准规定内容的完备性、逻辑性、协调性等,如果标准的内容缺乏匹配、逻辑混乱、上下矛盾,标准就存在缺陷,标准的使用效果就要打折扣;要求体系的审查,主要审查标准要求的完备性、逻辑性、协调性。对于标准的三类体系中的问题,应该在复审时,以意见和建议的方式提出具体的问题和建议改进的内容。

要素体系的分析是深度复审必须要进行的,而且是要细化到要素的每个条目都要得出结论。常规复审也应进行要素体系分析,可以只关注关键要素。标准内容的三种体系的分析,需要本专业高层次的专家才能承担,这些体系内容反映的是标准的系统性关系和要点的准确性关系,需要专家抽象一个理想的标准要素关系,再与实际标准的内容进行对比,方能做出有水平的分析结论。

40.6 标准复审的结论及意见

标准复审进行了应用情况的分析、"四性"分析和评价、内容要素体系分析等工作后,需要给出被复审标准的复审结论,复审结论可按以下要点来定位。

40.6.1 复审结论的定位

标准复审的结论一般有四个:"有效"、"需修改"、"需修订"、"应废止"。对于标准中的一些特殊情况,复审结论也可设为五个,增加一个"过渡使用"。

1)"有效"

标准经复审尚未发现实质性问题,标准仍能满足当前的科学技术水平发展的需要,符合国家的法规和方针政策,标准在产品科研、生产等活动中的应用实在,标准具有必要性、实用性、协调性和先进性,内容系统性完整,无须修正。

2)"需修改"

标准总体上具有必要性、实用性、协调性和先进性,存在个别文字表述、要求或技术指标等方面的问题需稍作更正、修改、补充或删除即可解决。整个修改量占比不应超过标准文本量的10%。通常,标准修改量10%不一定好衡量,也可以用修改时间量来确定标准的修改量。修改的标准其所需的修改量一般应在1个月内能完成,且修改的内容不属于需要试验验证的,这种情况的更改可定位为"需修改"。

3)"需修订"

标准有其存在的必要性,但是在实用性、协调性、先进性或内容体系等方面存在一定量的需纠正的问题,或者标准技术内容修改量较大。这些问题包括:技术落后，不能适应产品科研、生产等需求；与国家法规政策不协调或不适应；与其他使用范围的标准以及顶层标准在相同内容方面有交叉、重复或矛盾等不协调情况；标准要素体系结构有缺陷，系统性不好；标准实施条件要求过高，影响标准的实施；标准内容空洞，缺乏具体依据，实用性不强等。当标准更改所需的修改工作量较大、工作周期较长，需要接近一个标准制定的全部或大部分工作程序和时间周期时，标准更改的方式应确定为“需修订”。标准只要存在以上有重要影响的问题之一便可实施修订。

4）“应废止”

标准违背标准化基本原则，违背现行相关法律、法规，如与环境保护、食品安全、社会文明等法规的规定相冲突；标准应用的对象已淘汰，没有标准应用的对象；标准已有新版标准可以完全替代，没有存在的价值；标准实施条件和场合只有极个别标准用户具备，绝大部分标准用户不具备，标准不能普遍使用；标准实施成本很高，超出合理承受范围；标准中隐含无法避免的质量和安全隐患；标准没有找到应用的对象，标准自发布以来从未售出过，或从未使用过。当标准存在以上问题之一时，标准复审的结论应为“应废止”。

5）“过渡使用”

标准有以下情况之一的，复审结论可确定为“过渡使用”：标准对应的产品已过时，但老产品还仍有用户订货；标准有替代的新版标准，但新版标准实施的条件还不完全具备；使用老版标准的习惯转换为使用新版标准需要过渡时间；在老版标准的内容和新版标准的内容间，存在部分内容是互补关系。结论为“过渡使用”的标准，除内容具有互补性的标准外，是预定要废止的标准，过渡期到时，标准应该审批为废止，并公布。有互补性关系的“过渡使用”标准对应的新版标准，应择机修订，纳入“过渡使用”标准中的互补内容，然后废止“老标准”。

40.6.2　复审意见的表达

按表40-1的标准复审表格式，标准复审要填写的意见和建议有五个方面：标准“应废止”的理由及建议；标准“需修改”、“需修订”的主要内容及理由；“需修改”、“需修订”标准实施修改、修订建议的起止时间和承担单位；标准“过渡使用”建议的理由和过渡期时间；各种需要制定标准的建议。这些意见或建议可按以下方式填写。

1）标准“应废止”的理由及建议

列出标准“应废止”的理由及实质性问题，问题可参考40.6.1节中的4）列出，“应废止”的建议写为“被淘汰”、“被替代”、“被整合制定”、“不需要该标准”等之一。建议还包括给出替代废止标准的现行标准的编号及名称。

2）标准“需修改”、“需修订”的主要内容及理由

列出标准“需修改”、“需修订”的主要条目、具体内容和理由，“需修改”、“需修

订”的理由可分别参考 40.6.1 节中的 2)或 3)列出。写意见的顺序是首先提出存在的问题,之后提出建议的结论和意见。

3) “需修改”、“需修订”标准实施修改、修订建议的起止时间和承担单位

根据需要的急迫程度,提出“需修改”、“需修订”标准建议实施修改、修订的起止时间,建议适合的标准修改、修订的承担单位,必要时,可以提出标准修改、修订的关键承担人员。承担单位原则上应该是原版标准起草的单位和人员,如果原版标准存在明显的质量问题,应该更换成更适合的承担单位和人员。

4) 标准“过渡使用”建议的理由和过渡期时间

标准复审结论拟定为“过渡使用”的,要明确给出“过渡使用”的理由,“过渡使用”理由可参考 40.6.1 节的 5)所列理由表述;建议的过渡使用时间周期一般不应太长,如过渡期为 1 年、2 年或 3 年等,以免落后状况的长期延续。

5) 各种需要制定标准的建议

当标准间存在突出的重复、交叉、矛盾等问题时,应提出消除这些问题的标准间整合或合并制定的建议。当发现本标准的使用需要有配套标准才能有效使用,而又无现行的配套标准时,应提出配套使用标准项目的制定建议。根据发展的现状、趋势、标准体系分析,发现有标准需求空缺时,应提出标准制定要求建议。需制定的标准项目建议至少应包括标准名称、标准级别、制定起止时间、参考标准等,也可以同时建议标准制定的主要内容和承担单位。

40.7 标准复审的成果应用

只要是认真、深入开展的标准复审工作,其复审的成果就是有很大用处的。标准复审的成果主要有每项标准的复审表、复审结论汇总表、复审技术报告等。标准复审成果可用于两个方面:一是用于标准的全寿命周期管理;二是用于标准的修订、修改、整合以及完善标准体系等工作。

40.7.1 标准全寿命周期管理应用

标准的管理部门对复审工作成果进行审核确认后,可应用标准复审的“有效”、“需修改”、“需修订”、“应废止”、“过渡使用”结论,对标准体系中的标准项目进行标准全寿命周期的管理。对结论为“应废止”的标准,经审批后发布标准废止公告;对结论为“需修订”、“需修改”的标准,制订计划安排标准的修订和修改工作;对结论为“过渡使用”的标准,在标准现行有效目录中注明标准“过渡使用”标识和过渡使用期,标准过渡使用到期时,按程序公告标准废止。

40.7.2　标准修订工作应用

标准复审成果的另一重要用途是用于标准修订、修改、整合以及完善标准体系等工作。标准修订、修改、整合以及完善标准体系等工作往往存在与复审成果脱节的现象，原因是标准修订承担者手上没有标准复审时分析的相关资料。因此，标准管理部门应该应用标准复审时提出的标准问题，特别是深度复审提出的条目化问题，支持标准修订、修改、整合等项目的论证、项目实施、项目验收等。项目论证时，复审资料可提供给标准修订、修改、整合等的论证申请者，作为修订、修改、整合等论证的理由；项目实施时，复审资料可提供给标准修订、修改、整合等任务的承担者，用于对照落实标准需要修订、修改、整合等的具体条目，或用作标准修订、修改、整合等的任务目标；项目验收时，标准修订、修改、整合等的管理部门可用复审提出的问题，对照修订、修改、整合等标准的条款，逐条进行检查，看修订、修改、整合等标准是否完成了预定要改正的问题。复审成果提出的标准体系中的问题，可用于支持标准体系的完善工作。

参考文献

[1]　麦绿波. 标准复审的方法(上)[J]. 标准科学，2015，(7)：23-27.

[2]　麦绿波. 标准复审的方法(下)[J]. 标准科学，2015，(8)：21-24.

[3]　中华人民共和国主席令第七十八号. 中华人民共和国标准化法[Z]. 中华人民共和国全国人民代表大会常务委员会，2017-11-4.

第 41 章　标准修订的方法

41.1　标准修订的概念

标准修订的数量是标准制定的数量的几倍,因为每个被制定的标准在其全寿命周期中平均将会经历几次修订。标准修订方法的有效性将决定标准修订结果的有效性,标准修订质量是现行标准质量的重要保证,因此建立好的标准修订方法对指导标准修订工作的有效开展非常重要。在现有的标准化论著中,几乎未见到标准修订方法的论述,或没有论述标准修订的专门章节。目前,国家级标准有几万项,行业级标准有十几万项甚至几十万项,企业标准的数量大得更多,由此将会带来的是标准制定数量几倍的标准修订数量。分析归纳标准修订的规律,建立标准修订的专门理论和方法是非常必要的,本书正是出于这一需求,研究撰写了本章的内容。

标准修订就是对存在影响使用问题的标准进行更改或改正的活动。标准修订是对已制定并发布实施的标准,经过一定时期的使用后,通过标准复审或标准使用者修订建议,暴露出标准存在影响使用的明显问题,经标准化管理机构审批,安排实施的程序化标准修改工作。国家标准对标准的**修订**定义为:“对规范性文件实质内容和表述的全面必要的更改”[1]。该定义明示了标准修订的三个重要信息,一是标准修订要有更改的**必要性**,二是标准所要修改的内容是**实质性**的内容,三是标准的更改工作是**全面性**的。凡需要修订的标准,应该是存在实质性问题且必须修改的标准。**标准修订是标准一个使用寿命周期退化末端期的“修复”再生活动,能给标准带来新一轮的使用寿命周期**。标准修订是标准改版或换版的工作,是以新的标准内容版本替代旧的标准内容版本的工作。标准修订可继承和利用标准前版的工作成果,在此基础上进行改进、补充、完善和提升,以较少的技术投入、人力投入、时间投入获得一个符合新的使用要求和满足未来需要的全新标准,取得事半功倍的作用。标准原版本和修订后版本的内容间的关系如图 41-1 所示。图 41-1 中,A 为标准修订前版本的内容或前版标准的内容,B 为对 A 版标准修订后的版本内容,C 为 A 版标准和 B 版标准共有的内容,M 为 A 版标准和 B 版标

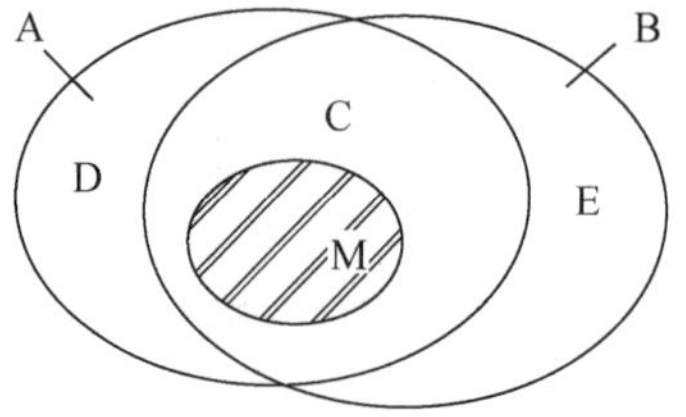

图 41-1　标准修订前后内容间的关系

准共有内容中有修改的部分，C－M为A版标准和B版标准共有部分中没被修改的部分，D为A版标准中未被B版采用的部分，E为修订标准版本B新增加的内容部分。

需修订的标准尽管存在影响使用的问题，甚至存在严重不利影响的问题，但它还是属于需要的标准或有需求的标准，因此通过标准的修订使其内容更新、改进，使其重新发挥标准的有益作用或积极作用。

不是所有存在问题的标准都要通过修订来解决问题的。当标准的问题是数量不多的问题、非实质性问题、不会带来严重后果的笔误问题、错误容易识别的问题、编辑性错误问题等时，可以不采取标准修订的模式，而是采取标准**修改**的模式进行标准的改正。标准修改有**勘误**方式的修改和**修正**方式的修改。修改模式是一种简单、快捷的标准改正模式，只需将问题的改正表述写在修改单上（通常一页纸的修改单），用简单的审批手续就能审批，通过发布审批了的修改单对标准的问题进行改正。标准的修改一般不变更标准的版本，或不发布标准的新版本，只是对需修改标准附加勘误页或修正方案[1]。勘误方式的修改是对已出版的标准文本中的印刷、文字错误以及其他类似错误以发布单独的勘误页进行改正；当需勘误的问题太多时，可通过印发新版本标准进行更正[1]。修正是以发布单独的标准修正案对标准内容的特定部分进行更改、增加或删除[1]。对于标准的问题数量多、问题不易发现或问题的不利影响突出的，标准的改正应采取修订的模式。对于标准的问题数量不多，但问题的不利影响重大，如一些重要数据的笔误等，标准的改正也应该采取修订的模式，修订是标准全面性的改正，是要改变标准版本的改正。

当标准的问题属于标准规定的对象已经淘汰（不再使用）或标准规定的事项与规律法规相冲突时（标准的内容以与法律冲突而立足的，不是修订能解决的），这种问题的标准就不属于修订的范畴，应采取废止的方式进行处理。废止的标准将从标准公布目录和标准体系表中彻底删除，不再存在和不再使用。

标准修订工作是标准承前启后、继往开来的工作，是在继承原标准有效内容的基础上，修改原标准存在的问题，充分考虑满足当前和未来发展的需要进行完善。标准修订是标准与时俱进的工作，通过对标准存在的技术落后问题进行改进和提升，使标准可继续发挥先导、引领、依据、指导、规范、保障、保护等作用。

41.2　标准修订的依据和目标任务

41.2.1　标准修订的依据

标准修订是标准全寿命周期的管理内容，属于标准化管理机构或标准化组织（以下简称标准管理机构）的管理范围，因此标准修订是标准管理机构安排的任务。

企业标准、团体标准、行业标准、国家标准、国际标准等，标准修订都是相应的标准管理机构的任务安排。标准修订作为标准管理机构专门管理的一个事项，其依据就是标准管理机构的规章和工作计划，现实中各级标准修订的依据正是如此。

标准修订的确定是要有依据的。标准修订的依据主要是标准内容存在的实质性问题。解决标准内容实质性问题的修订工作，是由两个渠道提出并安排的：一是标准管理机构统一组织标准复审确定的需要修订的项目，并按一定的管理程序审批同意下达的标准修订计划；二是标准使用者或起草者对标准使用过程中发现的实质性问题提出的标准修订建议，经过标准管理机构按一定的管理程序审批同意下达的标准修订计划。

通过标准复审结论提出的标准修订的工作安排的特点是周期性、大批量的修订，好处是可批量化地办理标准修订的审批手续，工作效率高，并有利于标准间协调性问题的解决，缺点是问题标准等待修订的时间周期长、标准问题的反映会缺乏深入性和细致性。由标准使用者或起草者对标准使用过程中发现的实质性问题提出的标准修订建议的工作安排的特点是及时性、个体性的修订，好处是问题标准的问题来自实际使用过程的发现，问题找得比较实，能在比较短的时间内得到改正，缺点是标准修订项目需按逐个审批方式安排，管理成本大、效率低，且不利于发现标准间的协调性问题。

标准修订的任务依据无论来自哪种提出渠道，只要是需要修订的标准的问题是实在的、理由是充分的，都是有意义的，它们的差别只是在问题标准提出的及时性、准确性、细致性、数量和效率等上。

标准修订的工作是标准的一次全面“翻新”的工作，与标准制定周期相当，需要动用相当的人力、物力、财力和时间等，因此标准修订的必要性也要经过论证、评审、审批来确定。或者说，标准的修订立项与标准制定立项一样，也是要基于标准修订必要性论证的。标准修订的必要性论证应避免为了名誉、利益等而进行的“为修订而修订”的无意义耗费情况的发生。标准修订的论证，就是要给标准修订项目的立项提供充分的技术依据支持。

41.2.2 标准修订的目标和任务

要做好标准的修订工作，就要有能解决标准中存在问题的明确目标和任务。标准修订的目标是宏观的，任务是具体的。标准修订的目标不同于标准制定的目标。标准制定的目标主要是全面建立标准规定的知识架构、知识内容等，解决标准的有无问题或填补标准的空白。标准修订的目标是对已有标准的内容进行全面评价，解决标准的错误改正、内容完善、水平提升等问题。

标准修订的任务主要是根据标准修订论证提出的具体问题，逐条列出标准中的问题条目以及问题解决的工作内容方案。标准修订只有任务清楚、措施有效，才能达到标准修订预期的目的。对于标准修订列出的每条任务内容，要注明标准修订开展的工作类型。任务的工作类型主要有调研、分析、计算、推导、验证、修改、新版信息表述等。

41.3　标准修订的程序和内容

由于标准修订是一个全面性的标准更新工作，所以标准修订需要经过相当于标准制定的全面程序。对于标准修订问题协调难度不太大、工作量不太多的标准，标准修订的程序或阶段也可以有部分减省。标准修订程序的减省也称为标准快速制定程序，其减省情况主要有两种[2]：一是省略标准的起草阶段，程序代码为 B；二是省略标准的征求意见阶段，程序代码为 C。标准修订程序减省的项目需要在标准的论证时明确，并反映在标准修订的计划中，用 FTP-C 或 FTP-B 表示，FTP 表示快速程序[2]。减省标准修订阶段的项目，不仅标准的工作程序阶段可按计划明确的相应类型省略，还可以缩短标准修订的时间周期。如果修订的标准不能较多地利用原标准的内容基础，标准的修订应按标准制定的全程序 A[2] 进行工作。标准修订不宜简单地按标准制定的方法工作，而应针对标准修订的特点，采用标准修订的有效性方法进行工作。有标准修订特色的工作程序和内容主要如下。

1）组成标准修订工作组

标准修订工作组原则上应由上一版本标准或原标准的工作组成员组成，只要原标准工作组是符合专业资质要求的和对原标准制定是有责任心和显著贡献的。如果原标准工作组成员的专业技术水平和经验欠缺，那么应增加一些知识水平高、经验丰富的专家，减少一些一般性成员。由原标准工作组成员组成标准修订工作组的意义是：原工作组对原标准的内容比较熟悉，可很快聚焦工作重点，节省了解标准内容的时间，有利于标准重点内容的改进和提升；原标准工作组建立了原标准制定相关的单位和专家资源，有利于协调标准的技术关系和获得高质量的标准征求意见；原标准工作组继续标准修订工作，也是对标准前期贡献者的尊重。

2）搜集资料和调研

工作组要围绕标准修订的重点问题的解决，搜集相关资料和调研。调研可以采取现场调研、网络调研、电话调研等方式。调研的对象主要是发现问题和提出问题的专家。调研的重点为：标准复审提出的详细问题和使用发现的问题；问题所造成的影响是哪些，达到什么程度；对问题解决有什么好的技术途径和方法等。

3）撰写标准修订大纲

为了有目标和有措施地开展标准的修订，应通过对标准修订目标、任务和调研问题的分析，撰写标准修订大纲。修订标准的标准修订大纲不同于全新标准制定的标准编写大纲，将大纲的重点放在标准的内容结构上。标准修订工作因有原标准的内容结构基础,大纲撰写的重点应放在修订问题的梳理和分析上。问题的梳理和分析应基于标准复审意见、标准修订论证报告中提出的标准问题、标准修订工作调研发现的问题和工作组通读标准发现的问题等。标准修订大纲是一个包括标准内容结构关系在内的、全面给出标准具体目标问题的大纲。标准修订大纲所列的具体目标问题,可转成标准修订的工作任务,将大纲的任务问题作成问题解决的实施方案,即对大纲中的每一个问题应拟定解决的措施或技术途径。问题解决的措施和技术途径有:调研核实工作;指标、数据的计算验证工作;指标、数据的试验验证工作;理论推导和分析工作;对比分析工作;与相关法规和标准的协调性分析工作;格式性和编辑性的核对工作等。为了有利于聚焦标准问题,避免问题的遗漏,可对原标准制作一个问题的"镂空"和"加空"的标准版,给问题的解决方案或结果留出标准的填空位置。问题的"镂空"和"加空"标准版可以称为标准问题的"账本",对解决了的问题进行"登记入账",可为全面、不遗漏地解决标准修订问题提供了一个提醒和"归零"的工具。这个工具可在标准修订工作的全程中,作为标准问题讨论的查询源、解决方案的记录簿、完成情况核查的确认单等的常用工具。

4) 形成标准初稿

根据标准修订大纲、原标准和对标准问题初步的修改方案,形成标准修订的初稿或第一轮标准修订稿。标准修订初稿应建立起标准新的内容结构、修改了该时刻可能修改的问题、标注出需要试验验证的问题、标注出需要协调的问题等。标准修订初稿的一项特色内容是要对标准的前言进行重点撰写,要在前言中列出对前一版标准主要技术内容修改的变化关系或前后两版标准内容的变化对比,并且要阐明标准所代替标准的历次版本的发布情况。

5) 试验验证

根据标准修订大纲中所列的问题解决措施中的试验验证事项,对原标准中的相关问题修改的技术数据进行试验验证,以确定数据修改的合理性和正确性。试验验证包括应用设备仪器对样品的测试验证、产品的使用效果验证和统计历史数据验证等。

6) 形成标准征求意见稿

对标准修订的初稿组织一定范围的专家进行讨论和修改,并应用试验验证结果,形成标准的征求意见稿和标准征求意见稿的编制说明。标准征求意见稿应对标准修订的绝大部分问题和重点问题落实了修改。标准修订大纲中所列问题及其解决措施和方案、标准的试验验证数据及其结果可作为标准征求意见稿编制说明的主要内容。

7) 标准征求意见

标准征求意见稿征求意见的面要广泛,应包括标准对象的研制、生产、使用等各个方面,特别是标准利益的相关方。标准征求意见可采取信函征求意见和会议征求意见。采用信函征求意见时，发送的标准征求意见稿必须带上标准编制说明和标准意见汇总处理表的空白表。提供标准意见汇总处理表的空白表可方便标准意见提出方对意见的填写。会议讨论征求意见一般效果比较好，但是工作成本高。

8）标准意见的汇总处理

对于信函标准征求意见的回复或会议讨论提出的意见，标准工作组要逐条研究和分析，首先是要弄清所提意见的真正含义，然后在意见汇总处理表中对每条意见给出采纳或不采纳的结论。意见处理结论为不采纳的，一定要给出不采纳的明确理由。在意见汇总处理时，也许会发现一些对试验验证结果不满意的意见和新提出的试验验证的要求，对这些意见在不能提供验证结论或证明时，应再次开展必要的试验验证工作。

9）形成标准的送审稿

根据征求意见的内容及其处理结论、试验验证的结果，形成标准的送审稿、送标准审稿编制说明、标准征求意见稿意见汇总处理表。在标准送审稿的前言，应对原标准主要技术内容的变化进行全面性的阐述。编制说明中应制定专门表格对比标准修订前后标准内容和数据等的变化，如图 41-1 中 M 的内容。对修订内容涉及范围比较大、技术问题难度大、标准要素相关方协调难度大的标准，应在标准审查前先召开标准预审会，加强标准的技术把关和协调。

10）标准审查

标准修订工作组在认为标准送审稿达到审查所要求的质量时，可向标准管理部门提出标准审查申请。修订的标准在召开审查会前，应将标准送审稿、送审稿编制说明、征求意见稿意见汇总处理表等提前一段时间发给参加标准审查会的专家，以便参会专家会前对标准的技术内容有一个充分预审的时间。标准审查的重点主要有四个方面：一是审查标准是否完成了应修改的原标准的问题，包括标准复审意见中的、标准修订论证中的和标准修订组发现的问题，即以复审意见、论证报告、任务书、修订组的修订大纲等为依据；二是标准送审稿全文；三是标准送审稿编制说明；四是标准征求意见稿意见汇总处理表。

11）形成标准报批稿

标准审查会通过了标准的审查后，应按标准审查意见对标准送审稿、送审稿编制说明、征求意见稿意见汇总处理表进行修改，并形成标准报批稿、报批稿编制说明及送审稿意见汇总处理表。

12）标准报批

将形成的标准报批稿、报批稿编制说明及送审稿意见汇总处理表报相应标准审查机构审查，并由标准审查机构进行必要修改后，报标准审批机构进行标准的编号、审批和出版发行。

以上标准修订程序是一个完整的工作程序，程序中的序号 4）、5）、6）、7）、8）是可按修订计划标明的相应快速程序进行省略的程序环节。当修订标准的内容结构及内容变化范围不大(需变化的比例不超过标准全文内容的15%左右)、无对相关利益方有明显影响的数据变化以及无必要试验验证内容时,标准的修订可以省去程序中的序号4)~序号8),标准可以在原标准的基础上进行必要修改直接形成送审稿进行审查;当修订的标准的内容结构及内容没有较多变化(需变化的比例为标准全文内容的15%~30%)、无对相关利益方有重要影响的数据变化以及无必要试验验证内容时,标准的修订可以省去程序中的序号4)和序号5);当标准的修订在内容的结构、内容的组成、内容的数据等上都有较大变化,且要进行试验验证时,标准修订程序的12道程序环节一个都不能省,要全程序环节开展标准修订工作,以保证标准修订的质量和技术水平。上述标准修订的全程序及快速程序的关系如图41-2所示。标准修订工作执行的程序环节可归纳为:对原标准内容的修订范围大、技术难度高的,修订工作执行全程序环节,即按程序A执行;对原标准内容的修订范围中等、技术难度中等的,修订工作执行省略程序环节中的省初稿环节,即按程序B执行;对原标准内容的修订范围小或中等、技术难度小的,修订工作执行省略程序环节中的省征求意见环节,即按程序C执行。

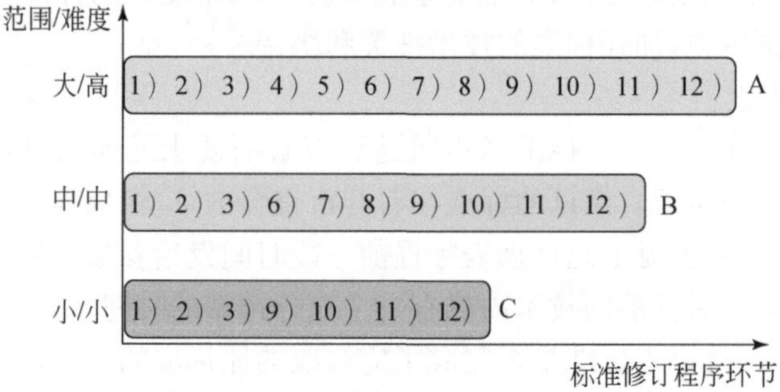

图41-2　标准修订的全程序及快速程序的关系

在以上由12个环节组成的标准修订程序中,未阐述标准修订管理方面的详细内容,因为这些内容在标准制、修订相关的管理文件和标准中可以查到,这里就不再赘述。

41.4　标准贡献履历的建立

按照当前标准修订后对贡献者的记录方式,只有当前版本的标准修订人员及其单位被记录在标准上,其之前所有版本的贡献者不再反映。实际上,往往一个标准最重要的贡献是首创第一版标准的贡献,当然也有标准的重要贡献在中间版或后面版的。标准是一种知识产品,是长期使用的知识和规则工具。标准是对知识进行有效性提炼并升华为规则性的知识，有些标准甚至是有效性知识的创建，对于从事这种服务于大众、社会和公共利益的知识贡献者，应该对他们给予尊重，对他们对标准所做的贡献名誉进行铭记和保护。因此，标准的修订应建立标准贡献的履历，即在标准的前言处，不仅记录标准变化的历次版本，同时应记录标准历次版本的贡献成员及其单位，如同字典、辞典等一样，将字典、辞典历次版本的主要编写人员记录在书的本版说明之前[3]，如果人员太多的，可记录前 5 名。这是一种保护和尊重知识贡献的做法，值得标准领域借鉴，使标准领域成为尊重和保护知识贡献的领域。修订的标准建立标准贡献履历至少有四个意义：一是对标准贡献人的尊重和贡献名誉保护；二是可为历次版本标准的贡献和责任追溯提供信息；三是有利于在标准领域建立尊重知识、尊重贡献的良好氛围和正派风气；四是可对那些有标准修订立项便利条件、技术水平及能力不够而又喜欢贪图虚功的人起到一定的监督和遏制作用。标准修订有改好的情况，也有改差的情况，修订结果是"好"还是"差"取决于标准修订工作配置的人员实力和水平，通常高的人员配置实力得出"好"的结果，低的人员配置实力得出"差"的结果。建立标准贡献履历，可方便对比标准各版本工作人员配置的实力和水平，为修订标准人员配置的正确选择提供参考。标准贡献履历的建立，对吸引各界学术权威和专家参加标准制定或修订工作，为标准建设发挥才智和贡献知识是非常有利的。只有一个懂得尊重知识和保护贡献的环境，才会有事业繁荣发展和蒸蒸日上的新局面。

参考文献

[1]　中华人民共和国国家质量监督检验检疫总局，中国国家标准化管理委员会. 标准化工作指南 第 1 部分：标准化和相关活动的通用术语[S]. GB/T 20000. 1—2014. 北京：中国标准出版社，2014.

[2]　中华人民共和国国家质量监督检验检疫总局，中国国家标准化管理委员会. 国家标准制定程序的阶段划分及代码[S]. GB/T 16733—1997. 北京：中国标准出版社，1997.

[3]　中国社会科学院语言研究所词典编辑室. 现代汉语词典[M]. 5 版. 北京：商务印书馆，2005.

第 42 章　标准维护的方法

42.1　标准维护的概念

标准内容的先进性、协调性、有效性、可操作性不是固定不变的，而是会随着技术和社会的发展发生变化的，这种变化会使标准变得不先进、不协调、不适用、不好用等。解决这一问题的有效方法就是对标准进行维护。正如汽车等产品一样，需要通过定期或定行驶里程对汽车进行机油、机油滤清器、汽油滤清器、空气滤清器的更换维护，使汽车又恢复到初期的良好工作状态。标准维护的概念是：**使标准保持良好状态或适用状态所开展的问题信息搜集、问题分析、内容调整、改进、完善等活动**。标准维护是解决标准存在问题的措施或活动，这些措施包括直接解决问题的措施和辅助解决问题的措施。标准维护的活动可使出现不良状态或不适用状态的标准又能回到良好的使用状态。

标准维护的范围不仅仅是文件标准，也包括实物标准、行为标准、现象标准等类型的标准，只是文件标准可能占有较多的数量。不同类型标准出现的问题是不一样的，因此不同类型标准的问题改正所采取的措施也是不同的，如实物标准的维护改正不仅是修改实物相应的标准文本，并且要对实物的内容标准存在的问题进行改正，实物问题的改正是标准维护最重要的部分。

从维护的需要和维护的目的角度，标准的维护类似于汽车等产品的维护，即标准也需要维护，标准维护的目的是使其能有效使用。但标准的维护在做法上与汽车等产品的维护是不同的，汽车等产品的维护是恢复产品原状态的维护，而标准的维护是改进和/或提升标准原状态的维护，是通过对标准内容的改进和/或提升，使标准满足新时期和新环境的使用要求，使其在新的应用时期仍然适用。因此，标准的维护是“与时俱进”的维护，是使标准内容变到更良好的使用状态，而不是使标准内容回到原来状态。

标准维护的意义在于保持标准的持续“管用”、“好用”，正如汽车要定期维护才能保证安全和好用一样。没有标准维护就没有标准有效使用状态的持续保持。标准维护是保证标准持续有效的需要，是延长标准使用寿命周期的需要，是低成本、快速再次获得有效标准资源的需要，是充分利用标准投入成果的需要。

标准维护是标准学内容的重要组成部分，是标准学的收官部分，也是标准理论体系中的一个薄弱环节。在现有的标准和标准化论著中，几乎没有有关标准维护的论述。本章的内容就是要加强标准维护的理论建设，填补标准维护的理论和方法空白，构建标准维护的应用方法和工作内容，指导和推进标准维护工作的系统性、深入性、实质性和有效性开展，使标准维护为标准保持有效、好用、适用状态进行“保驾护航”。

标准维护是系统性的工作，不是标准制定、修订周期中的某个环节使用的方法，它是涉及标准使用信息的反馈采集、标准复审信息采集、标准修改或修订、标准体系项目确认、标准维护系统建设、相关政策支持等方面的工作。在方法上，标准维护可看成是多因素集成和应用的方法，是对标准的适用性和有效性进行监视和及时改正响应或周期改正响应及落实的工作。标准维护只有形成系统性相关信息的集成、协同和配合，才能及时和有效地实施。标准维护不是由连续性的多种工作组成的，而是依靠多种离散性工作的相互支持来完成的，这就需要一个平台来集成这些因素，使这些因素共同工作，完成标准维护所需的相关运作。标准维护涉及的因素主要是一些信息性的、知识性的，集成并运行信息、知识最有效的手段是软件系统平台，因此标准维护工作是需要有专门工具的，需要建立一个标准维护的软件系统平台来完成。如果没有专门的标准维护的软件系统，标准维护是很难全面性、及时性和有效性开展的。

42.2　标准维护的分类

标准维护是标准学中的一项专门知识。一项专门的知识应该有其分类，以便指导这门知识的学术研究方向、定位研究对象和应用方向。标准维护方面尽管积累的研究素材和成果极少，但也可从多个属性角度对其进行分类。以下标准维护的分类是针对标准维护的特点归纳形成的，这些标准维护分类可为标准维护的研究和发展提供思想营养和指引方向。

标准维护按时间关系，可分为标准的周期维护和标准的实时维护。标准的周期维护是设定一个时间周期，如 3 年或 5 年，定期对标准进行一次“体检”，即复审，对有问题并影响使用的标准采取必要的措施进行改正，使其变到满足使用要求的状态。标准的实时维护是通过建立标准使用信息实时反馈的机制和工具，对标准使用中存在的问题进行及时采集和反馈，通过对标准问题分析，确定标准问题对使用的影响程度，对影响使用的标准采取必要的措施进行改正，使其变到满足使用要求的状态。目前对标准的维护主要是周期维护，而实时维护尚未开展。因为标准实时维护需要有支持标准实时维护实施的条件，这些条件包括运行标准实时维护的软件系统和支持实时维护的政策机制，还要有能进行实时维护操作的标准型式，如数据库型标准等。

标准维护按标准中问题改正方式的难度关系，可分为勘误维护、修改维护和修订维护。标准勘误维护是针对标准中少量明显的笔误问题，按相关规定程序发布正确和错误内容对照表进行改正的维护方式。标准修改维护是针对标准中少量具体的描述问题，但用勘误维护不易表达清楚的问题，按相关规定程序发布问题修改单进行改正的维护方式，通常由单页或几页修改单构成。标准修订维护是对标准中比较多的问题，尤其是存在重要技术问题和需要进行试验验证的问题，对标准的全文所进行的系统性改进和提升的版本更改的维护方式。标准的勘误维护和修改维护是附页性的维护，一般是不更改标准版本的维护，因此用这两种维护方法进行的维护应该是管理手续简单和工作效率高的维护类型。

标准维护按维护对象的身份，可分为正式标准的维护和标准项目的维护。正式标准的维护是对正式审批发布并有标准编号的标准进行勘误、修改或修订的问题改正的维护，维护的对象是客观存在的标准实体。标准项目的维护是对标准体系中所列出需要制定的标准对象的名称、等级、制定必要性、主要内容简述等信息进行分析和改变性的工作。标准项目的维护是非实体标准的维护，是预定要制定为标准的对象的维护。对于标准体系规划为必要性的标准制定项目，超过预定的制定时间后还未制定的标准项目，可初步认为也许是需求不迫切或不必要的项目，需要对其需求的必要性进行重新判定，决定其是否有必要继续放在标准体系中。标准项目维护的主要方面是决定现存标准项目“要”和“不要”的维护。标准项目维护的另一种情况是对标准项目的表达信息根据新的环境和需求进行适用性修改。正式标准的维护是对标准内容的维护，标准项目的维护是对标准项目说明信息的维护或标准项目“去”或“留”安排的维护。标准项目的维护除了对标准制定项目外，也包括标准体系中的已有标准实体的对象，这些项目对象的维护主要是依靠标准复审的结论信息和标准实施改正（勘误、修改、修订）后的信息，用这些信息对它们在标准体系中的状态进行更新和调整，如有的现存标准的状态由“有效”改为“需修改”、“需修订”、“过渡使用”、“应废止”等，有的标准状态由“需修改”、“需修订”改为“有效”等。标准项目的维护就是对标准体系表中的标准项目的信息表达状态进行确认、更改的活动。

标准维护按对维护所起的作用性质，可分为直接维护和辅助维护或间接维护。直接维护是对标准存在影响标准使用的问题实施直接改正操作的维护，如标准的勘误、修改、修订等维护操作或行动。辅助维护或间接维护是为标准直接维护实施提供信息、手段、机制等的操作或行动，如标准使用信息反馈的采集、标准复审信息的采集、标准维护问题改正的提出、标准维护管理运行手段的使用等工作。无论是直接维护还是辅助维护或间接维护，都是标准维护正常运行必不可少的，没有标准使用问题的发现和提出，标准的直接维护就成了“无米之炊”，也就没有标准维护要解决的问题对象或目标。

42.3　标准维护系统

标准维护系统在没有计算机软件的时代是一种标准维护的工作系统，这种工作系统在没有现代化的手段支撑时，是很难实质性运行的，或者说运行的能力、效果和实时性很差。现在称的标准维护系统，是指标准维护运行的软件系统。标准维护是多环节共同联合工作形成的一种功能，或者说是系统性集成工作形成的功能，因此，需要通过一个软件平台才能集成和运行这个功能。只有具有了标准维护的系统平台，标准维护才会由一种概念、设想转变成一种有标准专业性内涵的和有标准维护自身特色的能力。

标准维护的软件系统既是一个标准维护的流程系统，也是一个标准维护的功能系统，其维护的服务范围应该包括标准实体对象的维护和标准体系表中标准项目的维护，因此标准维护软件系统应该有两大标准维护服务功能板块，一块是服务于标准实体的，另一块是服务于标准体系中的标准项目的，如图 42-1 所示。标准实体维护板块的功能应该包含标准使用信息的采集模块、标准复审信息的采集模块、标准使用问题分析汇总模块、标准维护草案建议模块、标准维护实施信息反馈模块（含勘误、修改、修订等维护）、标准实体维护履历数据库等。标准体系中的项目维护板块的功能应该包含标准制定信息和内容问题纠正信息采集模块、标准项目状态更改模块、标准项目状态分析模块等。标准维护系统应包含标准全文数据库和标准体系数据库，如图 42-1 所示。

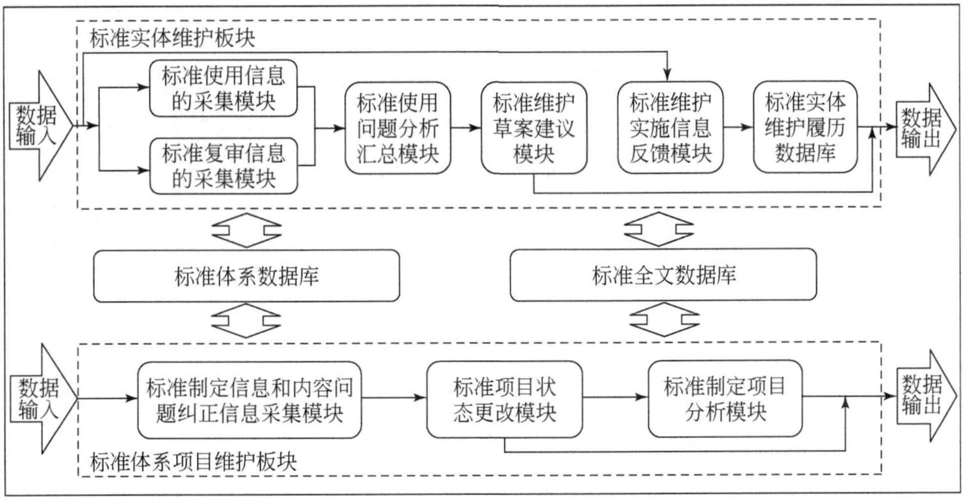

图 42-1　标准维护系统的功能组成及相互关系

标准实体维护的程序为：①标准实体维护板块的“数据输入”，将实时采集的标准实施中的各项标准使用中发现的标准内容问题传输给“标准使用信息的采集模块”，对问题进行格式化处理；②标准实体维护板块的“数据输入”将实时采集标准复审中发现的标准内容问题传输给“标准复审信息的采集模块”，对问题进行格式化处理；③“标准使用信息的采集模块”和“标准复审信息的采集模块”分别将格式化处理的问题传输给“标准使用问题分析汇总模块”进行分析，汇总认定的问题，将两类问题合并消除交集问题，形成最大化问题；④“标准使用问题分析汇总模块”将认定的问题传给“标准维护草案建议模块”，“标准维护草案建议模块”根据标准问题的性质、数量、难度决定问题纠正采取的方式，即勘误、修改或修订，用格式化的空白建议草案形成标准维护的建议草案，并将形成的“标准维护草案建议”直接传输到“数据输出”处进行输出，为维护方案的确定和实施提供支持；⑤将实施的标准维护结果(标准勘误、修改、修订等维护)的信息，通过“数据输入”处直接传输到“标准维护实施信息反馈模块”，该模块抽出问题及其改正结果形成格式化表格，并传输给“标准实体维护履历数据库”；⑥“标准实体维护履历数据库”将输入的标准问题及其改正结果放入相应标准信息项的设定位置，以为今后标准的情况变化提供查询，然后传输给“数据输出”处进行输出。标准实体维护的程序流程关系如图 42-1 所示。

标准体系项目维护的程序为：①标准体系项目维护板块的“数据输入”实时将标准制定信息和标准内容问题纠正信息传输给“标准制定信息和标准内容问题纠正信息采集模块”，采集模块将这些信息进行格式化制作后传给“标准项目状态更改模块”；②“标准项目状态更改模块”根据输入的标准项目新的状态信息，对标准体系中的相应项目进行状态更改，将项目的更改状态可作为这些项目的最终状态数据，分两支输出，一支传输给“标准制定项目分析模块”，另一支直接传输到“数据输出”处进行输出；③“标准制定项目分析模块”用新输入的标准制定项目信息覆盖原项目后，对未变化的超过预定制定时间的需制定标准项目进行统计后输出，提交标准体系工作组或标准体系维护专家进行必要性的再判定，断定的结论再从标准体系项目维护板块的“数据输入”进入，按①和②程序对需制定标准项目状态进行保留和删除的操作，形成标准制定项目的新状态。标准体系项目维护的程序流程如图 42-1 所示。

42.4　标准维护方案的提出和实施

对于标准维护系统推送的标准问题，将标准问题的信息按格式化输出，并提供给相应标准问题处理专家组，专家组对标准的问题信息进行分析，确定标准问题的改正适合采用勘误、修改或修订中的哪一种方式。如果标准问题的改正适合采用勘误或修改的方式，那么专家组应采用规范格式的标准勘误或修改建议报告，撰写标准勘误或修改建议报告，报相关的标准管理机构，管理机构按相应的标准改正简化程序进行审批。如果标准问题的改正适合修订的方式，那么专家组应采用规范格式的标准修订建议报告，撰写标准修订建议报告，报相关的标准管理机构，管理机构按相应的标准修订程序安排论证并审批。对审批的标准勘误、修改或修订工作，按相关的工作程序实施，实施后将相关的信息传输给标准维护系统。

对于标准维护系统发现的标准体系中需制定的标准项目超过预定的制定期限还未启动标准制定工作，将需制定标准项目的信息输出，并提供标准体系编制的工作组或标准体系维护的常设专家组，标准体系工作组或标准体系维护的常设专家组对标准项目制定的必要性进行再分析。如果分析认为项目是必要的，那么给出标准项目保留的结论(保留结论可有两种方案：一是名称不变保留；二是改变名称保留)，保留的项目需重新给出标准制定的新的时间期间；如果分析判定项目是不必要的，那么给出标准项目删除的结论。标准项目维护的专家组结论按规定的程序进行审批。标准维护系统按审批的标准项目结论，对标准体系中的相应标准项目进行信息和状态更改。

42.5　标准维护的机制建设

尽管标准维护是保证标准持续有效的重要工作，但这项工作一直没有作为一项专业化的工作实质性地开展，主要原因是缺乏标准维护系统性的理论、标准维护需要的相关机制和信息化手段来支持。没有标准维护系统的理论，标准维护专业化的设计就无法开展。本章为标准维护提供了系统性的理论和方法。标准维护缺乏相关机制，就没有人作为一项责任搜集和及时传递标准使用中发现的问题，也没有人将标准复审的成果信息及时传递到标准维护系统中来，使标准维护工作的开展没有重要的依据信息。《中华人民共和国标准化法》第二十九条明确：“……应当建立标准实施信息反馈和评估机制……”[1]，这为信息反馈机制的建设提供了有力支持。没有标准维护专门功能的软件手段，大量的标准维护信息的实时接收、存储和处理就无法进行，42.3 节已设计了标准维护软件系统的基本功能和流程，可为标准维护软件系统的开发提供指导。为了指导标准维护机制的建立，提出以下标准维护机制建立的几点考虑：

(1) 对于标准制定工作组，应对其制定的标准承担标准使用问题搜集和实时反馈传递到标准维护系统的责任和义务；

(2) 对于广大的标准用户，应在标准相应网站的标准维护窗口及时对标准使用问题进行填写和发送，以支持标准维护的信息采集；

(3) 标准复审的组织机构应将标准复审提出的问题和结论信息，通过相应标准管理网站的标准维护窗口，及时传递到相应标准维护系统；

（4）应建立可操作性强的标准勘误、修改建议的提出方式和简化的审批制度，为标准小问题的快速维护打开实施的便捷渠道；

（5）标准管理机构在标准制定和标准修订审批发布后，应及时将标准制定和修订的审批、发布信息传到其标准维护系统中；

（6）标准体系项目的状态调整和修改应在相关制度中建立相关工作实施和审批的条款，以支持标准体系项目的及时维护。

标准维护工作是需要多方配合才能有效开展的，这些配合需要从政策和制度上做出明确规定，使相关方面能依法、依规履行相应的责任和义务。只有标准维护的工作真正开展起来，现行标准才能大比例地保持在适用性状态中，否则，现行标准将会有相当比例处于不好用和不能用状态，甚至是带来危害的负效状态。只注重标准的产生或制定，而不注重标准的维护，工作带来的成果似乎不少，但工作的效果将会大打折扣。标准制定最重要的是标准的有效使用的数量和使用的效果。标准制定的初衷是使其有效使用，如果只有数量，而没有适用性，数量再多也是没有意义的。人们期望的标准数量，是有适用性的标准数量，标准维护工作正是为了解决标准持续适用性的问题，或为标准持续“有用”、“管用”、“好用”、“耐用”提供保证。标准维护就是对标准持续适用性的维护。

参考文献

[1] 中华人民共和国主席令第七十八号. 中华人民共和国标准化法[Z]. 中华人民共和国全国人民代表大会常务委员会，2017-11-4.